Magdalena Kayser-Meiller & Dieter Meiller
Unterwegs im Cyber-Camper

De Gruyter Populärwissenschaftliche Reihe
ISSN 2749-9553, e-ISSN 2749-9561

Können Hunde rechnen?
Norbert Herrmann, 2021
ISBN 978-3-11-073836-0, e-ISBN 978-3-11-073395-2

Der fliegende Zirkus der Physik
Fragen und Antworten
Jearl Walker, 2021
ISBN 978-3-11-076055-2, e-ISBN 978-3-11-076063-7

Wie alles anfing
Von Molekülen über Einzeller zum Menschen
Manfred Bühner, 2022
ISBN 978-3-11-078304-9, e-ISBN 978-3-11-078315-5

Zeit (t) – Die Sphinx der Physik
Lag der Ursprung des Kosmos in der Zukunft?
Jörg Karl Siegfried Schmitz-Gielsdorf, 2022
ISBN 978-3-11-078927-0, e-ISBN 978-3-11-078935-5

Lila macht kleine Füße
Können wir unseren Augen trauen?
Werner Rudolf Cramer, 2022
ISBN 978-3-11-079390-1, e-ISBN 978-3-11-079391-8

Einstein über Einstein
Autobiographische und wissenschaftliche Reflexionen
Hanoch Gutfreund, Jürgen Renn, 2022
ISBN 978-3-11-074468-2, e-ISBN 978-3-11-074481-1

Magdalena Kayser-Meiller & Dieter Meiller

Unterwegs im Cyber-Camper

Annas Reise in die digitale Welt

DE GRUYTER
OLDENBOURG

Magdalena Kayser-Meiller wurde 1973 in Amberg, Deutschland geboren. Sie studierte Germanistik, Amerikanistik, Film- und Theaterwissenschaften an der Friedrich-Alexander-Universität in Erlangen und schloss das Studium als Magistra Artium ab. Anschließend absolvierte sie ein Volontariat bei den Nürnberger Nachrichten, wo sie seitdem als Redakteurin tätig ist.

Dieter Meiller wurde 1970 ebenfalls in Amberg geboren. Er hat ein Diplom in Kommunikationsdesign von der Technischen Hochschule Nürnberg Georg Simon Ohm sowie einen Master in Computer Science und einen Doktor der Naturwissenschaften von der FernUniversität in Hagen. Einige Jahre war er als Mediendesigner, Softwareentwickler und als selbstständiger Unternehmer tätig. Seit 2008 ist er Professor für Medieninformatik an der Ostbayerischen Technischen Hochschule Amberg-Weiden.

ISBN 978-3-11-073821-6
e-ISBN (PDF) 978-3-11-073339-6
e-ISBN (EPUB) 978-3-11-073342-6
ISSN 2749-9553

Library of Congress Control Number: 2022950750

Bibliografische Information der Deutschen Nationalbibliothek
Die Deutsche Nationalbibliothek verzeichnet diese Publikation in der Deutschen Nationalbibliografie; detaillierte bibliografische Daten sind im Internet über http://dnb.dnb.de abrufbar.

© 2023 Walter de Gruyter GmbH, Berlin/Boston
Illustrationen: Dieter Meiller
Satz: Dieter Meiller
Umschlagfotos: Michael Sommer
Druck und Bindung: CPI books GmbH, Leck

www.degruyter.com

Dank

Wir danken unseren Familien, Freundinnen und Freunden, die uns beim Schreiben unterstützt und inspiriert haben, vor allem Andreas Kayser, Herbert Winter, Jelena Torbica, Sabine Härlin und Lilo Weidel – Ihr seid super! Wir danken Ute Skambraks von De Gruyter für die fachkundige Begleitung und die Hühner-Idee. Außerdem danken wir unseren eigenen Hühnern Nené und Prillan für ihre professionelle Unterstützung.

Magdalena Kayser-Meiller und Dieter Meiller

Vorwort

Hey, liebe Leserinnen, liebe Leser, willkommen in Annas Welt, schön, dass Ihr reinblättert!

Wir bieten Euch hier ein Kombi-Paket: Ihr lest einen Roman und ein Sachbuch in einem – wie beim Marmorkuchen gibt es zwei Elemente, die vermengt sind. Trotzdem seht Ihr deutlich, wo das eine beginnt und das andere endet. Zusammen schmeckt es Euch, wie wir hoffen.

In dem Buch findet Ihr die abenteuerliche Geschichte von Anna: Die Handlung beschreibt frei erfundene Erlebnisse der Bloggerin Anna, die als digitale Nomadin von Thailand über Tschechien bis Chile unterwegs ist. Immer wieder spielen Hühner eine entscheidende Rolle in ihrem Leben.

Sie bloggt viel über technische Themen: Im Sachteil geht es um das, was die digitale Welt im Innersten zusammenhält. Querbeet um Nullen und Einsen, um Verschlüsselung und virtuelle Realität, um Bitcoin und Blockchain, um Handys und Hypertext. Das Ganze richtet sich an Interessierte, die gern etwas mehr wissen wollen – aus verschiedenen Bereichen der Technik: Gedacht ist das Buch vor allem für Laien, aber auch für Profis, die einen Überblick mit einer unterhaltsamen Geschichte drumrum mögen. Vieles ist vereinfacht dargestellt, aber es wird zum Teil anspruchsvoll, und Ihr werdet durchaus intellektuell herausgefordert. Immer am Ende eines Blog-Eintrags sind die wesentlichen Inhalte leicht verständlich in einer Info-Box zusammengefasst.

Ihr könnt auch im Stichwortverzeichnis nach interessanten Fachbegriffen stöbern und dann an der entsprechenden Stelle im Blog nachschlagen.

Anna schreibt ihren Blog in Form von Briefen: Unter dem Nickname Ada Lovelace richtet sie ihre Zeilen an Charles Babbage. Diese beiden digitalen Pionierpersönlichkeiten haben wirklich gelebt. Charles Babbage (1791 bis 1871) hat verschiedene Maschinen konstruiert und zum Teil auch gebaut, die komplexe Rechenoperationen durchführen können – sie gelten als wichtige Vorläufer des Computers. Mit seiner Analytical Engine nahm er das Konzept des modernen Computers vorweg. Leider wurde diese Maschine nie fertig. Ada Lovelace (1815 bis 1852) hat einen Text, basierend auf einem Vortrag von Charles Babbage, aus dem Französischen übersetzt und mit üppigen Ergänzungen versehen, die weit über Charles Babbages Ausführungen hinausgehen. Was sie darin beschrieb, war der erste Algorithmus: Ada Lovelace war eine Software-Vorreiterin.

Wie wäre es, wenn Ada Lovelace in der Zeit reisen könnte? Wenn sie im 21. Jahrhundert landen würde und ihrem geschätzten Freund und Mentor Charles Babbage beschreiben könnte, was sich inzwischen an technischem Fortschritt etabliert hat? Diese Idee haben wir unserer Romanfigur Anna verehrt. Sie nimmt sich auf ihrer wilden Tour rund um den Globus immer wieder eine kleine Auszeit und bloggt.

Der Wissensdurst, der Ada Lovelace und Charles Babbage angetrieben hat, imponiert uns. So vieles gibt es auch heute zu entdecken und zu verstehen. Gerade digitale Neuerungen scheinen auf den ersten Blick ziemlich kompliziert. Dabei sind viele Errungenschaften nachvollziehbar für jede und jeden mit ein bisschen Interesse. Das treibt unsere Heldin Anna um: Sie erklärt, sie hilft dabei, mehr zu verstehen. Wir hoffen, Ihr taucht gern mit ein in digitale Zusammenhänge und in Annas Abenteuer: gute Lese-Reise, viel Spaß!

Kastl, November 2022

Magdalena Kayser-Meiller und Dieter Meiller

Inhalt

1 Thailand

Neben mir gackert es laut. Evita stolziert auf den Hof, legt ruckartig den Kopf schief und lässt den Schnabel in eine Ritze zwischen den Steinplatten sausen, aus der ein bisschen Unkraut sprießt. Seit zwei Wochen haben wir hier im Coworking-Space Zuwachs bekommen: Weil die Henne immer wieder vom Nachbargrundstück aus zu uns herübergeflattert ist, hat sich mein Kollege Chuck ihrer angenommen. Offenbar hat er der Nachbarin das Huhn abgekauft, es vor ihrem Kochtopf gerettet – sie macht ein fantastisches grünes Curry mit Chicken – und hat das Tier auf den Namen Evita getauft. Er findet, „sie sieht im Profil aus wie Madonna in diesem Film, bloß ohne die blonden Haare – schau doch mal, der Gesichtsausdruck!"

Ich sehe nichts, was auf Madonna hinweist, lasse Chuck aber in seinem gefiederten Glück. Ohnehin hat er einen Hühner-Spleen, der nicht von schlechten Eltern ist. Schon kommt er gurrend auf Evita zu und legt ihr ein paar dünne Reisnudeln hin, die von seinem Frühstück übrig geblieben sind.

Wir teilen uns ein Büro in Bangkok, einen kleinen Raum mit drei Schreibtischen und einer Klimaanlage, die immer wieder schlappmacht, so dass wir eine abenteuerliche Serienschaltung an Ventilatoren aufgestellt haben. Den dritten Tisch hat Marcia gemietet, eine Amerikanerin, die den Hühner-Wahnsinn von Chicken-Chuck mit einem Achselzucken und vielen Vogel-Witzen recht cool nimmt.

Allerdings hat auch sie geschluckt, als er das erste Mal mit einer Kette auftauchte, an die er sich ein Paar Hühnerfüße gehängt hatte. „Er hat wohl von diesen Pilzen zuviel erwischt", wisperte sie mir zu. Von denen hat er meiner Meinung nach schon öfter eine zu heftige Dosis abgekriegt. Als er einmal im Sonnenuntergang mit ruckendem Kopf und einem selbstgebastelten Häubchen aus Federn auf und ab stolziert ist, war ich kurz davor, ihn zum Arzt zu bringen.

Es sei seine Art, sich auf neue Aufgaben einzustimmen, hat er mir dann erklärt, als er merkte, dass Marcia und ich uns wirklich Sorgen um ihn machen. Das hat mich nur bedingt beruhigt. Allerdings hat er – die Haube immer noch auf dem Kopf – sich dann an seinen Rechner gesetzt und 17 Stunden durchprogrammiert. „Ins Pentagon habe ich es noch nicht geschafft", mehr hat er nicht darüber rausgelassen, was er Neues angepickt, äh, angepackt hat.

Inzwischen gehören die baumelnden Klauen vor seinem Brustkorb zu seinem Anblick dazu – ich habe mir ein paarmal fasziniert die Struktur der

Krallen angeschaut, wie schuppig-geschichtet sie sind. Wenn ich nicht gewusst hätte, dass sie von Hühnern stammen, wäre ich nicht direkt draufgekommen. Dinosaurierhaft sehen sie aus. Nicht mal zum Schlafen nimmt er sie ab. Zumindest behauptet er das. Wie auch immer: Ab und zu ein frisches Ei von einer glücklichen Evita ist was wert. Wobei Chuck sie eifersüchtig hütet und nur selten eins rausrückt. Das kann ich allerdings angesichts der vielen kulinarischen Verlockungen hier verschmerzen.

Er ist ein spezieller Kerl, aber in seinem Metier genial. Genaueres weiß ich auch nach längerer Coworking-Nachbarschaft nicht, aber er verdient gut. Aus finanziellen Gründen müsste er sich das Büro gar nicht mit uns teilen, vermute ich. Aber ihm gefällt es, wenn jemand um ihn herum ist, wenn eine konzentrierte Arbeitsatmosphäre herrscht. So hat er es genannt, als ich mich für den Tisch interessierte und ihn auch prompt bekam. In unserer Straße gibt es mehrere Büros, in denen Leute aus vielerlei Ländern arbeiten, die meisten davon sind wie Chuck im Computerbusiness. Sehr viele Leute in meinem Alter, Ende 20, auch einige Jüngere und einzelne, die schon ein Stück älter sind.

Chuck sagte mir, dass er in seinem Büro lieber Kollegen aus anderen Branchen neben sich sitzen hat, „sonst wird mir das ewige Fachsimpeln zu viel". Außerdem glaube ich, dass er seine Jobs lieber ohne Profi-Nachbarschaft abwickelt.

Ums Fachsimpeln kommen wir aber trotzdem nicht drumrum, wenn wir in eins der Cafés um die Ecke gehen. Immer wieder machen wir wie eine eingeschworene Büro-Crew zusammen Pause. Dann landen wir regelmäßig mit einem Grüppchen an einem der Tische, es geht los mit immer seltsameren Nerd-Gesprächen, und wir haben schon ein paarmal spontan den Feierabend um einige Stunden vorgezogen und sind miteinander versumpft. Mit Lisa aus Schweden verstehe ich mich sehr gut, sie programmiert für eine große skandinavische Firma Steuerungen vor allem für Haushaltsroboter. Ian aus Melbourne ist bei einem australischen Stromnetzbetreiber, und Alan stammt aus dem Mittleren Westen der USA und ist Freelancer: Er arbeitet in Bangkok nebenher als DJ und setzt uns gern auf die Gästeliste seiner Partys.

Oft landen wir am frühen Nachmittag in einem Café, das Martina aus München mit ihrem Freund Aisun aus Thailand aufgemacht hat. Martina backt hervorragende Kuchen, und es tut schon ab und zu gut, sich mal in der eigenen Muttersprache austauschen zu können. „Ihr seid wie die aus Big Bang Theory", sagt sie immer wieder: Bei uns kreisen die Gespräche oft ums

Programmieren, um Datentransfer, um das Internet oder um Handynetze, Satelliten oder Sicherheit im Weltraum.

Das tut gut: Wir haben einen großen gemeinsamen Level, auf dem wir uns austauschen können. In Deutschland bin ich oft irgendwann gegen eine Wand aus Unwissen gelaufen, nicht unbedingt Desinteresse, aber so eine antrainierte Einstellung von „och, das ist mir zu hoch". Ich finde, die Digitalisierung ist so eine mächtige Umwälzung – und die Kernpunkte davon kann jeder Mensch begreifen, wenn er es ordentlich vorgesetzt kriegt.

Wer etwas darüber wissen will, dem erkläre ich auch gern, was die digitale Welt im Innersten zusammenhält. So weit ich selbst den Durchblick habe. „Du bist eine Zeugin Zuses", sagt meine Schwägerin Almut dann zu mir. Weil ich den innigen Wunsch habe, dieses Wissen an andere weiterzugeben – in Erinnerung an Konrad Zuse, den deutschen Computerbau-Pionier. Er hat einen Computer konstruiert und am Esstisch seiner Eltern zusammengebaut. Den Wissensdurst und die Entdeckerlust von ihm und anderen Pionieren aus aller Welt bewundere ich: was sie angetrieben hat, was heute noch in immer neue Weiten trägt.

Seit kurzem habe ich einen Blog dazu begonnen, auch wenn Bloggen ein bisschen altmodisch ist. Ich stehe auf Vintage, und ich mag das Bloggen: Es ist wie ein digitales Tagebuch zu einem Thema. Darin erkläre ich in einfachen Bausteinen, was ich rund um die Digitalisierung, um Computer, Handynetze und anderes wissenswert finde. Mit der Idee dazu trage ich mich schon seit über einem Jahr, aber hier in Bangkok habe ich losgelegt.

Davor haben wir uns im Café über den Film „Zurück in die Zukunft" unterhalten, den wir alle mögen. Mich hat darin immer die Wendung fasziniert, dass die Hauptfigur Marty McFly aus der Zukunft einen Brief an den Zeitmaschinen-Erfinder Doc Brown schreibt. Darin hat er dem Erfinder eine entscheidende Information mitgeteilt.

Das hat mich auf eine Idee gebracht: Wie wäre es, wenn Ada Lovelace, eine zu Unrecht wenig bekannte Digital-Pionierin aus dem 19. Jahrhundert, in der Jetztzeit gelandet wäre: Sie könnte das, was sie erlebt und sieht, ihrem Pionierskollegen und Zeitgenossen Charles Babbage schreiben. Ich habe mich vor allem in meinem Studium mit der Geschichte des Computers befasst und dabei bin ich auf Charles Babbage gestoßen, der in England lebte und eine damals bahnbrechende Rechenmaschine, seine Analytical Engine, konstruierte. Leider konnte er sie nie bauen. In Erinnerung blieb er mir vor allem, weil seine Leistung durch die Erläuterungen von Ada Lovelace (was für ein

Name – so würde ich auch gern heißen) Bedeutung gewonnen haben. Sie hat den ersten Algorithmus geschrieben, könnte man sagen. Die beiden sind also echte Vorreiter. Schon manchmal habe ich mir vorgestellt, ich würde aus Adas Augen aufs Heute blicken. Was würde sie sich denken, wenn sie sehen könnte, wohin ihre ersten Schritte geführt haben?

Mit den digitalen Errungenschaften ist es wie mit so vielen anderen: Sie haben ausgeprägte Pluspunkte. Und eine Kehrseite gehört auch dazu. Über diese Zweischneidigkeit denke ich oft nach – was vom digitalen Fortschritt würde ich mit Freuden hergeben, auf was möchte ich nicht mehr verzichten? „Die Antwort auf beides: Katzen-Videos", schrieb mir Chuck dazu auf meine Frage auf Twitter. Und setzte gleich nach: „Obwohl das Huhn eindeutig die interessantere Spezies ist."

Mein Ada-Blog spukt also schon eine Weile als Notiz in meiner Handy-App herum. Ein neues Projekt, denn ich habe schon eine Reihe davon gestartet: Mit AnnasJustice ging es los, dabei ging es um Ungerechtigkeiten. Da war ich noch Schülerin. Thema war vor allem Mobbing in sozialen Netzwerken. Eine meiner Mitschülerinnen bekam es mit 13 Jahren mit einem Typen zu tun, der ihr Gesicht in Porno-Fotos montiert hat. Er schickte die Bilder rum, dazu einen Haufen Lügengeschichten. Das machte mich so wütend, dass ich eine Plattform gründete, auf der sich Leute mit solchen Erlebnissen melden konnten, sich austauschen und um Rat fragen, alles anonym. Der Foto-Manipulierer hat richtig Ärger bekommen – immerhin das. Die Plattform gibt es noch, allerdings nicht unter meiner Ägide, denn leider hat sich das Thema noch nicht erledigt.

Weiter ging es mit dem Bloghouse mit meiner WG am Anfang des Studiums in Deutschland, alle Mitbewohnerinnen und Mitbewohner haben mitgemacht. Dieser Blog ist schon lange eingeschlafen, die nachfolgenden WG-Bewohner fanden das viel zu old-school.

Das kümmert mich wenig, ich mag das Bloggen. Es hilft mir, meine Gedanken zu ordnen. Und ich bekomme die Ideen von anderen mit, wenn ich lese, was andere schreiben, oder wenn ich Reaktionen auf meine Einträge bekomme. Ich richte meine Worte in die Welt und weiß: Meine Botschaft ist da. Dafür braucht es viele Voraussetzungen. Technische vor allem.

Wenn man sich überlegt, wie vergleichsweise schwierig Kommunikation früher war, als es nur den geschriebenen Brief auf Echtpapier gab: Die reale Ada schrieb im 19. Jahrhundert mit der Hand an Charles, tütete das Ganze ein, adressierte, frankierte und gab den Brief auf. Dann war der tage- oder wochenlang unterwegs, bis der Empfänger ihn lesen konnte und die Antwort in derselben Geschwindigkeit in die andere Richtung auf den Weg schickte. Wenn man Echtpapier nach Übersee sendet, dauert es ja immer noch ziemlich lang, verglichen mit elektronischer Post. Aber den Weg einer papierenen Botschaft kann sich jeder vorstellen, Informationen auf Papier, das transportiert wird, in Schiffen und Postkutschen oder mehr als hundert Jahre später mit Flugzeugen und E-Transportern – logisch.

Wer einen Blog liest, twittert, im Internet surft, mit dem Handy telefoniert, mailt, Fotos teilt und Filmchen schaut, greift auf eine scheinbar unglaublich komplexe Technik zurück. Dabei sind die Elemente, aus denen diese Technik besteht, gar nicht so unhandlich. Man muss Informatik nicht zum Beruf machen – man braucht nur ein bisschen Freude daran, Informationen aufzunehmen. Zu verstehen. Und darüber schreibe ich meinen aktuellen Blog.

Den ersten Impuls, das Ganze als Blog anzulegen, hatte ich in der Berliner Wohnung meines Bruders – er ist ein so kluger Mensch, aber auch er kennt sich in vielen Bereichen des digitalen Lebens nur wenig aus.

Vor kurzem scrollte ich in Bangkok durch die Filmchen in meinem Handy und fand eine Szene in Jakobs Küche: Jakob kochte gerade, seine Frau Almut und die zehnjährige Emilia waren mit Mathe beschäftigt, und ich filmte den Kater Meierhofer, der gerade mit ein paar Streichhölzern und einem Tischtennisball gespielt hat.

„So, zu wievielt sind wir jetzt mit Anna in der Küche?", hört man Almuts Stimme. Nach einer kurzen Pause sagt Emilia „öhm, 1-0-1". „Fast, wir sind vier Personen", sagt Almut. „Mann, ich habe doch den Meierhofer mitgezählt", antwortet Emilia. „Ja, dann ist es richtig", meine Kamera dreht sich zu Almut, die mit Emilia abklatscht. „Wir üben gerade Binärzahlen", sagt Emilia in die Linse. „Hab ich mir fast gedacht", antworte ich aus dem Off und halte sieben Streichhölzer hoch. Emilia sagt: „Sieben, also äh... 1-1-1." „Ich bin wirklich beeindruckt", lobe ich sie.

Ich erinnere mich, dass wir uns danach noch unterhalten haben – Binärzahlen waren in Emilias Mathe-Unterricht eigentlich gar nicht dran, das hat Almut extra mit ihr geübt. Wir hatten das Thema schon oft beredet. Dass es in Mathe noch viel mehr zu wissen gibt als die Grundrechenarten. Als Doktorandin der Philosophie ist Almut mit vielen Themen beschäftigt, und Mathe – vor allem die Geschichte der Mathematik – ist ihr Steckenpferd. Jakob ist Geschichte- und Erdkundelehrer und findet es interessant, alle möglichen Gesellschafts- und Denkmodelle zu diskutieren.

Im nächsten Film ist nur Emilia zu sehen, sie hatte mich gebeten, sie zu filmen. „Ich heiße übrigens jetzt Millicent", sagt sie in die Kamera. „Wieso denn?", will ich wissen. „Milli heißt tausend, und hundert heißt cent", erklärt sie. „Und milli und mili aus Emilia – verstehst du?" „Freilich", sage ich, „aber warum willst du tausendhundert heißen?" Emilia verdreht die Augen. „So halt, weil's cool ist, als Rapperin", sagt sie und hebt Meierhofer in die Kamera. „Rapperin, aha", antworte ich, aber Emilia-Millicent hält die Hand vor die Kamera, der Film endet.

Zahlen und die Symbole dafür gingen mir im Kopf herum, die römischen Zahlen, wieder ein ganz anderes System. Auch darüber hatten wir in Berlin noch geplaudert – dass M bei den römischen Zahlen für tausend steht, C für hundert und L für fünfzig. Almut hatte die Theorie, dass L die untere, eckig gemachte Hälfte von C darstellt, genauso wie ein X, also zehn, zweimal V ist: zwei gespiegelte V aufeinandergestapelt. Jakob erzählte von den alten Sumerern, die nicht nur zehn Ziffern hatten wie wir, sondern 60. Dass das riesige Computer gebraucht hätte, darüber hatten wir geplaudert, denn das binäre System – Strom fließt oder kein Strom fließt – ist genial einfach. Kurz darauf gestand Jakob, dass er das mit den Binärzahlen, den Bits und Bytes immer nur halb kapiert hat.

Wenn Jakob, ein so gescheiter Mensch, so etwas nicht ganz kapiert, dann wird es höchste Zeit, dass er es ordentlich und handlich erklärt bekommt: in meinem Blog. Ein gutes Projekt für mich, das ich jetzt in Thailand angefangen habe. Als erstes habe ich mir die Domain reserviert, postlagernd.org heißt sie: Früher konnte man Briefe an jemanden auch an ein Postamt schicken, postlagernd, und der Adressat hat sie dort abgeholt. Praktisch, wenn man auf Reisen war. Oder wenn man aus irgendeinem Grund nicht wollte, dass der Rest des Haushalts die Korrespondenz mitbekommt. So schreibe ich als Ada Lovelace an Charles Babbage – beide schon tot. Aber sollte Charles irgendwann eine Möglichkeit finden, kann er die Briefe unter postlagernd.org „abholen" und lesen.

Ada Lovelace und Charles Babbage sind nicht so bekannt wie Konrad Zuse oder Alan Turing, aber die beiden haben Entscheidendes geleistet: Charles Babbage hat Neuland betreten. Den Durst nach Wissen kannten er und Ada Lovelace sicher genauso gut wie Jakob, Almut und Emilia, wie Chuck und Marcia und ich. Babbage begab sich in die Tiefen der Mathematik und der Philosophie und setzte seine eigenen Ideen um: Er entwarf Anfang des 18. Jahrhunderts die bereits erwähnte Analytical Engine, einen mechanischen

Computer, und verfeinerte die Pläne sein Leben lang. Funktionieren sollte das Gerät mit Lochkarten, den allerersten Programmen, die auf papierene Karten gestanzt waren. Angetrieben von einer Dampfmaschine sollte Babbages Engine bei weitem nicht nur die vier Grundrechenarten beherrschen, sondern hochkomplexe Aufgaben ausführen können.

Ada Lovelace, die Tochter von Lord Byron, übersetzte eine französische Mitschrift von einem Babbage-Vortrag ins Englische und ergänzte den Text so reich, dass ihre Anmerkungen selber solide Beiträge zu den Grundlagen der Informatik, der Algorithmen, der Programmierung wurden.

Über die Umstände und die Früchte dieser Zusammenarbeit habe ich meine Masterarbeit geschrieben. Ich habe mir oft gewünscht, ich könnte die beiden treffen, ihnen mailen, ihnen Fragen stellen und vor allem erfahren, was sie zu den Entwicklungen sagen würden, die es inzwischen auf ihrem Fachgebiet gegeben hat. Ich habe mir während des Schreibens meiner Master-Thesis oft vorgestellt, ich sei Ada Lovelace. Sie war Übersetzerin, das ist ist auch mein Beruf, und hat mit ihrer Arbeit Babbages Text ergänzt, mit etwas eigenem erweitert – so wurde sie eine Pionierin des Digitalen. Die beiden haben im England des vorvorigen Jahrhunderts Grundlagen geschaffen, aus denen so vieles, so buntes herauswächst.

Ich setze mich zurecht und stelle mir ganz konkret vor, ich wäre Ada: Rüschenkleid, dunkle lange Haare, hineingebeamt in ein neues Jahrtausend. Unterwegs mit einer Art Zeitmaschine. In eine Ära, in der Computer allgegenwärtig sind: Ich, Ada, schreibe Charles von meinem Leben in einer digitalen und analogen und wilden Welt mitten im 21. Jahrhundert, von einem wackligen Plastiktisch in Bangkok aus, ins England des 19. Jahrhunderts – und ich fange gleich an:

1.1 Moderne Zeiten
– Was ist digital?

Posted by Ada L. 15. Februar

Lieber Charles,

Digital. Das Wort steht für Modernität. Digitale Transformation ist ein Begriff, der die Veränderung der Gesellschaft beschreibt, von einer überkommenen „analogen" Form des Lebens zu einer modernen „digitalen". Viele Tätigkeiten im Arbeitsleben werden digitalisiert, was oft bedeutet, dass sie durch andere ersetzt werden oder gar ganz wegfallen. So sterben einige Berufe aus oder wandeln sich grundlegend. Fotolaborant ist ein solcher Beruf. Niemand steht mehr während seiner Arbeit in einer Dunkelkammer und belichtet Filmmaterial, da auch Fotos digital aufgenommen werden. Wer sich mit digitalen Bildern befasst, macht eine Ausbildung zum Mediengestalter oder zur Mediengestalterin. Die Zahl an Reisebüro-Mitarbeitenden oder Bankberater*innen am Schalter sinkt, da digitale Geschäftsmodelle solche Berufe mehr und mehr überflüssig machen. Derlei Umbrüche beschreibt man als Disruption, also als Bruch mit den herkömmlichen Traditionen, anstatt eines eher fließenden Übergangs bei der Transformation.

So ist der Begriff digital zu einem geflügelten Wort geworden, das Ängste wecken kann – oder aber eine von neuen technischen Möglichkeiten geprägte, interessante Zukunft verheißen kann. Das Wort ist überladen mit Bedeutungen.

Die ursprüngliche Herkunft des Wortes ist allerdings viel einfacher und älter. „Digitus" bedeutet „Finger" auf Latein und weist auf das Zählen mit den Fingern hin. „Digit" im Englischen bedeutet ebenfalls Zahl oder vielmehr die Stelle einer Zahl, im Sinn von Einer-, Zehner- oder Hunderter-Stelle.

Der heute verwendete Begriff digital soll andeuten, dass etwas mithilfe von Computertechnik funktioniert. Bei der digitalen Transformation wird eine Tätigkeit mithilfe von Computertechnik neu oder anders ausgeführt. Der Begriff Computer kommt von „to compute", was so viel wie „rechnen" bedeutet. „Computer" war im 19. und frühen 20. Jahrhundert noch die Bezeichnung für Frauen, die in einer Abteilung eines Unternehmens die Berechnungen durchführten.

Heutzutage meint man mit Computer eine Maschine, die mittels Digitaltechnik rechnet. Dabei assoziiert man mit einem Computer eher weniger

Rechenvorgänge. Ein Handy ist ein Computer, und Computer sind heutzutage moderne Medien-Maschinen, mit denen man sein Leben, seine Arbeit und seine Freizeit gestaltet. Trotzdem ist die Grundlage aller dieser Medien das digitale Rechnen.

Also, was ist das nun mit diesem digital? Und was ist der Unterschied zu analog? Wenn man mit den Fingern zählt, so kann man sagen, dass das, was man zählt, abzählbar ist. Die älteste Vorstellung von Zahlen ist die einer abzählbaren Menge, beispielsweise von Schafen in einer Herde. Man spricht hier auch von den natürlichen Zahlen. Nicht abzählbar hingegen sind Dinge, die man miteinander vergleicht, beispielsweise beim Vermessen von Gebäuden. Setzt man die Höhe einer Pyramide mit einer Neigung von 45 Grad mit der Strecke vom Fuß bis zur Spitze ins Verhältnis, so bekommt man keine glatte Zahl als Ergebnis.[1]

Im Altgriechischen bedeutet analog verhältnismäßig. Würde man das Ergebnis auf eine ganze Zahl runden, so bekäme man wieder eine digitale Zahl. So ist analog erst einmal genauer als digital. Doch der Trick beim digitalen Rechnen ist, dass man Zahlen nicht absolut genau benötigt, sondern nur hinreichend genau. Wichtiger als die absolute Genauigkeit ist, dass es schnell und auch einfach geht.

Und man kann mithilfe von digitalen Zahlen auch Dinge tun, die man nicht mit Zahlen in Verbindung bringen würde. Man kann damit andere Dinge repräsentieren, das Fachwort dafür lautet: codieren. Musik, Bilder, Filme und Texte können mit digitalen Zahlen beschrieben werden.

Einen Text kann man ganz einfach in eine Zahlenfolge umwandeln, indem man die Buchstaben durchnummeriert. 1 für A, 2 für B und so weiter. Das Wort „Hallo" würde sich als Zahlenfolge so in 8, 1, 12, 12, 15 darstellen lassen. Dies hat nichts mit einem Geheimcode zu tun, da der Zweck der Umwandlung in Zahlen nicht die Verschlüsselung, sondern die Repräsentation von Text als Zahl ist.

Man kann nicht nur Texte als Zahlen repräsentieren, sondern alles Mögliche. Töne aus der Tonleiter könnten leicht als Zahlen dargestellt werden, indem man die Tonhöhen nummeriert: C gleich 1, D gleich 2 und so weiter.

---

1 Beispielsweise hat eine Pyramide von einem Meter Höhe bzw. ein rechtwinkliges Dreieck mit einer Katheten-Länge von einem Meter eine Hypotenuse der Länge $\sqrt{2}$m, das ist eine irrationale Zahl mit unendlich vielen Stellen.

Auch Farben in Bildern können so codiert werden, indem man den Farbwerten Zahlen zuordnet. 1 für Rot, 2 für Grün.

Ein Vorteil der digitalen Darstellung ist, dass man beliebig viele exakte Kopien herstellen kann. Die Daten können, da sie endliche ganze Zahlen sind, exakt repräsentiert werden. Bei Platten- oder Kassettenaufnahmen war dies früher nicht möglich. Dort waren die Kopien immer leicht anders, bei wiederholtem Kopieren wurde der Unterschied zum Original immer größer, die Qualität wurde immer schlechter. Mit dem Computer hat man nun eine Maschine hat, die Zahlen speichern und mit ihnen rechnen kann, sie kann sie also auch verändern. Daraus ergibt sich die Möglichkeit, prinzipiell alles, was man als Zahl darstellen will, zu verarbeiten.

---

i Digital bedeutet: als Zahl darstellbar. Alle digitalen Medien, also Texte, Bilder, Filme und Musik, werden in Zahlen codiert und so gespeichert und übertragen. Die Signale sind nicht kontinuierlich und stufenlos, sondern in endliche ganzzahlige Teile unterteilt.

In Martinas Café in Bangkok unterhält sich Lisa mit Luz über neue Programmiersprachen, Chuck kriegt sich nicht mehr ein über eine witzige App, die Alan programmiert hat, und Marcia und ich grinsen uns über unseren Eistee-Gläsern zu, in denen die Eiswürfel klonkern und die vom Kondenswasser triefen. Ben, der Südafrikaner, hat wie immer eine Kleinigkeit zu essen vor sich auf dem Tisch – genüsslich lässt er sich Mango-Klebreis schmecken, während er sich ebenfalls Alans App anschaut: Alan hat sich offenbar von Chucks Hühner-Spleen inspirieren lassen und ein Spiel entworfen, in dem ein Huhn durch ein Labyrinth unterwegs ist. Dabei muss es Feinden ausweichen und allerlei Aufgaben lösen, um neue Leben zu gewinnen oder Kraft zu tanken. Unter anderem muss es kleine Bugs – so nennt man Fehler in nicht funktionierendem Code, hier sind es tatsächlich Käfer – finden und aufpicken, dabei zermalmt es knackend den Chtitinpanzer.

Außerdem muss sich das Huhn gegen Fressfeinde zur Wehr setzen, indem es sie in die Flucht singt. Da kommt eine sehr einfache Karaoke-Version zum Einsatz, die Chuck gerade mit einer schrägen Interpretation von „Don't Cry for

Me, Argentina" austestet, Marcia singt eine schiefe zweite Stimme dazu. Die beiden ernten dafür indignierte Blicke von Luz. Sie stammt aus der Nähe von Buenos Aires und schätzt es nicht, wenn man eine der Hymnen ihres Landes nicht mit der gebotenen Hingabe schmettert.

Chuck und Lisa überlegen mit Alan, wie sie die App für verschiedene Programmier-Umgebungen anpassen können. Ich beobachte die Runde, vergleiche im Kopf die Szene mit einer Kaffeepause in einem deutschen Büro – und gratuliere mir mal wieder zu meiner Entscheidung. Sehr vieles gefällt mir hier sehr gut.

Doch es gibt auch Momente, in denen mich das Heimweh packt. So weit weg zu sein von meiner besten Freundin Lola und von meinem Bruder Jakob und seiner Familie ist immer wieder hart. Emilia ist mein Patenkind. Nur aus der Ferne zu sehen, wie sie wächst und wie sie sich verändert, ist nicht immer leicht. Zwar sehen wir uns regelmäßig im Video-Chat. Aber sie im Arm zu halten, mit ihr Kissen- und Kitzelschlachten zu veranstalten oder im Schlafanzug Filme im Bett anzuschauen und dazu heißen Kakao zu trinken, das ist nicht ins Online-Leben übertragbar.

Ich habe für mich beschlossen, mich treiben zu lassen, als ich aufbrach. Erstmal richtig weit weg, auf die andere Seite der Weltkugel, also ging es erstmal nach Australien und jetzt nach Thailand. Als nächstes will ich meinen anderen großen Traum umsetzen: in einem Bus zu unterwegs sein. So ein Leben, mit meinen vier Wänden auf vier Rädern, habe ich mir schon immer gewünscht.

Chuck prostet mir mit einem bunten Getränk zu. „Hey Anna, sag nochmal das wahnsinnige bayerische Wort", ruft er. Ich schüttle die Heimweh-Gedanken ab und rufe „Oachkatzlschwoaf", und die anderen kringeln sich über den „irren Sound", den ich da fabriziere. „Wie heißt das in – äh, reales Deutsch?", fragt mich Lisa, die ein bisschen Deutsch in der Schule gelernt hatte. „Eichkätzchenschwanz – chipmunk's tail", verdeutliche ich, als sie immer noch fragend schaut. Chuck grinst und überlegt laut, ob er nicht auch eine App mit Tier machen will. Leider habe Alan ihm ja schon die Hühneridee weggenommen, aber er würde dann eben mit einem legendären Eichhörnchen-Spiel dagegenhalten.

„Anna, du machst dann die deutsche Version für mich", schreit er über den Tisch. „Gern", antworte ich, „oder du nimmst den berühmten bayerischen Wolpertinger als Hauptfigur". „Bavarian Wol-what?", er schaut fragend und wechselt rüber an meine Tisch-Ecke. Ich erkläre ihm, dass es in Bayern Fabelwesen gibt, die aus Körperteilen verschiedener Tiere bestehen. „Ein Hase mit Hirschgeweih, Eichhörnchenschwanz und Hühnerflügeln und Fuchspfoten", nenne ich ihm als Beispiel, „oder eine Eule mit den Hörnern eines Ziegenbocks und den Hinterbeinen eines Hasen."

Chuck ist begeistert und will wissen, wo denn diese geheimnisvollen Tiere leben. „Oh, die sind sehr schwer zu finden. Dazu braucht man eine gut-aussehende junge Frau und einen attraktiven jungen Mann. Der muss viele schwer zugängliche Stellen am Waldrand oder in Hecken kennen, und wenn sich so ein Paar bei Einbruch der Dunkelheit auf die Jagd macht, können die beiden diese versteckten Stellen gemeinsam aufsuchen und gründlich absuchen – zwinkerzwinker, du weißt schon", erkläre ich ihm, und Chuck wird immer enthusiastischer. „Das wird mein neues Spiel", ruft er.

Gemeinsam spinnen wir die Idee weiter, allerdings erstmal ohne die eroti-schen Möglichkeiten, die die Geschichte ja hergibt: Der Spieler könnte sich aus verschiedenen Wolpertinger-Zutaten einen Avatar bauen. Andere machen sich auf die Jagd nach ihm, es müsste auch Waffen und verschiedene Kampf-Situationen geben. „Du kannst dir dann scharfe Hörner oder starke Hufe oder besonders stinkige Stinktier-Drüsen als Waffen verdienen", überlegt Chuck. Er hat schon einen argen Knall, aber ich mag ihn. Zum einen seine überschäu-mende Fantasie, aber auch seine Fachkenntnisse. Und kollegial ist er auch.

Zweimal hat Chuck mir schon einen Übersetzer-Job weitervermittelt, dafür bin ich ihm sehr dankbar. Ich bin freie Übersetzerin mit einem Schwerpunkt für technische Texte, ich habe Informatik und Anglistik studiert, Spanisch noch dazu genommen als zweite Fremdsprache, und kann das alles auf diese Weise gut kombinieren. Ein paar Stammkunden habe ich, die mir das Überleben sichern, aber zusätzliche Aufträge sind immer willkommen.

Als digitale Nomadin bin ich einerseits nicht in den üblichen Netzwerken präsent, die in Deutschland viel miteinander zu tun haben. Online natürlich schon, aber echte Meetings sind gerade wieder im Kommen. Andererseits ist es für viele meiner Kunden auch der exotische Kick, wenn sie mit mir per Video-chat reden und sehen, wo ich gerade bin. Einige haben mich weiterempfohlen. Dass Chuck mir geholfen hat, freut mich, er ist wohl richtig gut im Geschäft: die Leute bei den von ihm vermittelten Firmen waren immer voll des Lobes über ihn.

Sie müssen sich ja auch nicht mit einem Kollegen das Büro teilen, der „rubber chicking" betreibt: Chuck hat eine eigene Variante des „rubber duck debugging" erfunden. Das an sich ist schon eine wahnsinnige Idee: Programmierer nehmen sich als Helferin eine Quietscheente mit an den Arbeitsplatz und reden mit ihr, erklären ihr, was sie programmieren und führen eine – sehr einseitige – Diskussion über ihr Programm. So versuchen sie auch, möglichst viele Bugs, also Fehler im Code, zu finden. Das Entchen übernimmt dabei die Funktion einer freundlichen Instanz, die nicht schimpft und nicht zur Eile antreibt. So weit, so seltsam. Marcia hat Chuck und mir ein Filmchen dazu getweetet, denn was die Gaudi-Idee eines Programmierers war, ist inzwischen eine internationale Mode geworden.

„Ach was, rubber duck", hat Chuck nur verächtlich gesagt und sich ein paar Tage später ein Gummihuhn neben seinen Laptop gesetzt. „Als ob eine Ente jemals einem Huhn das Wasser reichen könnte." Seitdem hängt das schlaffe Viech auf Chucks Schreibtisch, Marcia hat es wegen seiner Null-Körperspannung „Karate Chick" genannt: der Auftakt für eine unendliche Reihe an „chick"-Witzen, die wir nicht immer an Chuck weitergeben können, denn sonst wird er unleidlich. Dann macht er aus Rache Gacker-Wettbewerbe mit Evita und ihren Kolleginnen von der anderen Seite des Zauns.

Wir haben auch eine Menge an albernen Spitznamen für Chuck ausgesucht: Ob Chuck Duck oder Chicken-Chuck besser klingt, philosophieren Marcia ich immer mal wieder an einem tropisch-warmen Abend bei einem kühlen Singha-Bier. Chuck Duck könnte in einer neuen Geschichtenserie in Entenhausen ein Verwandter von Dagobert und Donald sein, der als genialer Hacker entweder an das Geld von Dagobert rankommen oder es vor Angriffen anderer schützen kann.

Chuck Duck als neuer Disney-Charakter! Wir haben uns beömmelt und uns genau überlegt, wie man Chucks Dreadlocks, das offene gestreifte Hemd und die immer recht speckigen Shorts nebst Flipflops an den Zeichenstil der Comic-Enten anpassen könnte. Marcia ist Illustratorin und hat sofort den Stift geschwungen. Chuck war diesmal über die Geflügel-Witzeleien hocherfreut, vor allem, weil wir ihm einen Auftritt im legendären Entenhausen zutrauen würden. Auch wenn er „die Geschichte mit Hühnern deutlich wertvoller" fände. Den Zettel mit den ersten gezeichneten Entwürfen von Marcia hat er an die Wand über dem Wasserkocher gepinnt.

Nachdem wir aus dem Café wieder im Büro zurück sind, gibt er seinem Huhn erstmal frisches Wasser, denn Evita hat es wieder mal geschafft, ihren Napf umzuschmeißen. Nun sitzt Chuck auf den Fersen wippend vor Evita, die genüsslich neben den Betonplatten, mit denen der Hof teilweise ausgelegt ist,

ein Staubbad im Sand nimmt, und schnalzt und gurrt auf sie ein. „Hoffentlich legt er sich nicht dazu", denke ich und schüttle lächelnd den Kopf.

Mit den Eigenheiten seiner Mitbewohner oder Working-Space-Nachbarn muss man sich bis zu einem gewissen Grad abfinden. Oder weiterziehen, so habe ich das bisher gehandhabt. Wenn es zu viel Stress um dreckige Spülen, sehr unterschiedliche Vorstellungen über WC-Hygiene oder stundenlange Vorträge über Sternzeichen gab, nahm ich das als Signal, meine Zelte abzubrechen und mir eine neue Station zu suchen.

Ich habe mir auf dem Rückweg ins Büro eine halbe Ananas mitgenommen, ein Stand an unserer Straße verkauft die Früchte. Nach sechs Wochen in Bangkok bin ich immer noch süchtig nach dem frischen, süßen, saftigen Obst. Die Verkäufer legen die Ananashälfte in eine kleine Plastiktüte und schneiden die Frucht in mundgerechte Stücke, mit einem Messer, das scharf genug ist, die Ananas gut zu zerteilen, aber nicht so scharf, dass die Plastiktüte kaputt geht. Mit einem Holzstäbchen picke ich mir die safttriefenden Happen aus dem Beutel und genieße. Ein Stück spendiere ich Evita, die staubend angetrippelt kommt und mit schiefem Kopf ihren Schnabel auf das Obst niedersausen lässt. Wassermelone liebt sie auch, wir haben durchaus Überschneidungen bei unseren Vorlieben im Speiseplan. Chuck sitzt schon wieder an einem seiner Rechner. Er hat ein ganzes Arsenal an Monitoren in seinem Arbeitseck aufgebaut und klickert in die Tasten.

In Bangkok lässt es sich gut leben und arbeiten, finde ich. Viele haben mich gefragt, warum ich nicht nach Phuket oder Ko Phangan oder an einen anderen Ort mit Strand gehe, wenn ich schon in Thailand die freie Auswahl habe. Dann antworte ich, dass ich nach Monaten am australischen Strand inzwischen auch gern mal etwas Abwechslung habe. Und ich kann ja jederzeit aufbrechen, wenn ich die Großstadt über habe.

Im Moment finde ich es wunderbar, abends durch verschiedene Viertel zu schlendern und einfach zu schauen: Es gibt Straßenzüge, in denen es lauter kleine Läden nebeneinander gibt, garagenartig, alle mit einem Metallrollo statt einer Tür, in denen bergeweise Schrauben, Muttern, Werkzeug und andere Metallwaren liegen. Andere Viertel beherbergen Schneider und Stoffhändler. Ich liebe es, durch die engen, staubig warmen Gänge zwischen den Ballen zu gehen, mir die Farben und Texturen anzuschauen, die Knöpfe und Bänder, Litzen und Schleifen, Pailletten und Schmucksteine. In den winzigsten Durchgängen zwischen Häusern stehen Leute mit kleinen fahrbaren Ständen und bieten Snacks an. In einer sehr unscheinbaren Sackgasse habe ich eine Thai-Frau entdeckt, die die besten Fischbällchen macht, die ich je gegessen habe. Sie brät den Teig, schiebt die fertigen Bällchen – eigentlich sind es eher Fladen – in die Plastiktüte, gibt geschnittene Gurken und unglaublich scharfe Chilistückchen dazu sowie ihre besondere Soße aus einer kleinen Flasche. Die Schärfe von Fisch und Chili, dazu die lindernde milde Gurke: ein weiterer Imbiss, den ich unwiderstehlich finde.

Erfrischend ist es, immer wieder aus der Hitze der Stadt in eines der klimatisierten urbanen Einkaufszentren einzutauchen und ins Kino zu gehen. Die Klimaanlagen sind dort so kühl eingestellt, dass ich mir angewöhnt habe, immer einen dünnen Pullover mitzunehmen, denn sonst wird es zu kalt.

Dabei fällt mir Almut ein, meine Schwägerin, die auch im höchsten Hochsommer im glutheißen Berlin immer eine Jacke für meine Nichte Emilia und eine für sich selbst mitnimmt, „denn man weiß ja nie". Ich seufze ein bisschen, weil ich an Emilia denke.

Bei unserem letzten Video-Chat hat sie mir nochmal vorgeführt, wie toll sie inzwischen die Binärzahlen beherrscht. Aber sie war nur kurz beim Chat dabei, weil sie mit ihren Freunden noch Skateboard fahren wollte. Almut, Jakob und ich plauderten noch ein bisschen, sie erzählten mir, dass sie wenig

Lust haben, zum Geburtstag meiner Mutter nach Bayern zu fahren. „Aber wenn wir nicht fahren, kriegen wir es ewig aufs Butterbrot geschmiert", sagte Jakob und zuckte die Achseln. „Du hast es gut, bei dir stellt sich die Frage gar nicht", sagte Almut. „Nein, im Moment zumindest nicht, aber wenn ich überlege, wie oft sie mir schon mitgeteilt hat, dass sie ja nichts anderes erwartet hat von mir, der Enttäuschung auf zwei Beinen – egal, ob ich zu ihren Festen kam oder nicht..." Ich sprach nicht weiter, Jakob nickte wissend und Almut sah mich voller Mitgefühl an.

Mit meiner Mutter war es schwierig, immer schon gewesen, für mich noch viel schlimmer als für Jakob. Er ist zwar der Ältere, aber als Junge, Jugendlicher und junger Mann hat er in ihren Augen viel mehr richtig gemacht als ich. In meiner Beziehung zu meiner Mutter war der Wurm drin, ich war ihr zu wenig ehrgeizig, vor allem in Naturwissenschaften nicht eifrig genug. Dabei hatte ich meine Freude an Chemie, Biologie und auch Mathe und Physik – allerdings setzte meine Mutter mich so vehement unter Druck, dass ich rein aus Trotz mein Interesse runterdimmte. Bloß bei der Informatik war ich Feuer und Flamme, egal, was meine Mutter dazu sagte. Für sie ist das aber nur die kleine zurückgebliebene Schwester der großen, reinen Mathematik, und meine guten Noten in Informatik haben ihr nicht imponiert.

Seit ich einen halben Globusumfang Abstand zwischen uns gebracht habe, geht es mir etwas besser. Gleichzeitig finde ich, mein Leben sollte nicht mit einem ausgeklappten Meterstab um sie herumlaufen. Ich beschließe jetzt endgültig, dass ich nach Bangkok wieder nach Europa zurückkehren werde, mir dort einen Bus kaufen und losfahren. Ans Mittelmeer, nach Italien und Frankreich, Spanien und Portugal, Griechenland, Kroatien. Im Moment genieße ich noch die thailändischen Verlockungen, aber es wird langsam Frühling in Europa – mal sehen, wann ich wieder zurückkehre.

Aber jetzt laufe ich noch ein Stück durch Bangkok, atme die schwere, feuchte, warme Luft. Durch das Gewusel der Tuktuks und anderen Fahrzeuge in den größeren Straßen schlendere ich zum Fluss. Schlammig-braun fließt der Chao Phraya durch Bangkok. Einige Boote sind flussauf- und abwärts unterwegs, eine Art Bus auf dem Wasser. Eins meiner liebsten Verkehrsmittel hier. Und der berühmte schwimmende Markt ist auf diesem Fluss, auf dem Obst, Gemüse, Blumen und Gewürze in allen Farben und Düften zu haben sind: ein Postkartenmotiv. Ganz früh morgens gehe ich dort gern hin. Heute schlendere ich abends unter den gelblichen Wolken, über mir schwingt sich das unglaubliche Gewirr an Stromleitungen von Haus zu Haus, und schaue aufs Wasser.

Meine Gedanken wandern nach Berlin, wo ich gerne am Landwehrkanal und an der Spree unterwegs bin, wandern weiter nach Süden ins Pegnitztal, wo ich herkomme. Über die Ozeane sind alle Wasserwege verbunden, ein Adernetz, das den Planeten überzieht: wie die unsichtbaren Datennetze, die uns alle verbinden. Vor mir fließt Wasser, das – als reines chemisches Element – nur aus H und O, aus Wasser- und Sauerstoff besteht. Im digitalen Ozean tummeln sich eigentlich nur Nullen und Einsen, sinniere ich. Und schon habe ich eine Idee, was ich alias Ada an Charles schreiben werde:

1.2 An und aus
– Dual

Posted by Ada L. 20. Februar

Lieber Charles,

in meinem letzten Brief habe ich Ihnen geschrieben, was digital eigentlich bedeutet. Umgangssprachlich versteht man unter digital allerdings nicht nur, dass alles als Zahl repräsentiert wird, sondern auch, dass es „binär" ist. Binär kommt von binarius, lateinisch für zweifach. Das beschreibt das Format der Zahlen. Wenn wir im Alltag Zahlen schreiben, so tun wir dies in einem speziellen Format, mit arabischen Ziffern und deren Zehner-Stellenwertsystem. Das kommt uns ganz selbstverständlich vor: So haben wir es gelernt, dieses System ist das für uns gebräuchliche – es scheint uns naturgegeben.

Diese Form der Zahlendarstellung wurde aber erst im 16. Jahrhundert durch Adam Ries[2] und seine Rechenbücher für Schulen bekannt. Vorher waren die römischen Zahlen gebräuchlich, die kein Stellenwertsystem besitzen. Die Zahlenwerte ergeben sich einfach durch die Addition (oder Subtraktion) der Werte ihrer Symbole. So steht III für den Wert 3 und XVIII für 18, da X für 10, V für 5 und I für 1 steht. Der Vollständigkeit halber sei hier noch erwähnt, dass, wenn Symbole mit niedrigeren Werten vor solchen mit höheren Werten stehen, diese davon subtrahiert werden: IV steht für 4.

So unterscheidet sich das römische System gravierend von unserem heute gebräuchlichen arabischen System. Darin gibt es zehn Symbole, die Zahlen ausdrücken: 0 bis 9 mit den entsprechenden Werten. Eine Zahl links von einer anderen hat den zehnfachen Wert einer 1 an dieser Stelle: 213 kann man auch schreiben als 2*100 + 1*10 + 3*1.

$$213_{Dez} = 2 \ast 10^2 + 1 \ast 10^1 + 3 \ast 10^0$$

Nun zum Binärsystem: Es hat keine arabischen Ziffern, sondern Bits. Bit ist eine Kurzform von Binary Digit, also binäre Ziffer. Binär drückt aus, dass es nicht zehn, sondern nur zwei Ziffern gibt, die bekannten Nullen und Einsen. Das Verfahren, Werte mit nur zwei Ziffern darzustellen, war schon lange bekannt,

---

2 Bekannt als Adam Riese

in Indien und China bereits vor mehreren Tausend Jahren. In der europäischen Wissenschaft beschäftigte sich im 18. Jahrhundert der bekannte Mathematiker Gottfried Wilhelm Leibniz intensiv damit. Er sah in der Einfachheit des Systems sogar einen Beweis für die Existenz Gottes. Er baute auch mechanische Rechenmaschinen, allerdings rechneten diese mit Zahnrädern im Dezimalsystem. Auch Ihre Maschinen, lieber Charles, rechneten mit Dezimalzahlen und Zahnrädern, die Ziffern von 0 bis 9 darstellen. Natürlich waren Ihre Konstruktionen viel fortschrittlicher als die von Leibniz.

Der Grund, warum man gerne minimal wenig Ziffern haben will, ist technischer Natur, denn man muss die Ziffern speichern. Je mehr Ziffern, desto komplizierter wird die Technik. Bei einer mechanischen Uhr kann man sehr gut mehrere Stellungen in einem Uhrwerk als Drehung eines Zahnrades ausdrücken. Bei der Elektronik, die der Digitaltechnik zugrunde liegt, ist das schon komplizierter. Man könnte Zahlen durch verschiedene Spannungswerte ausdrücken: 10 Volt für eins, 20 Volt für zwei, 30 Volt für drei und so weiter. Man kann sich vorstellen, dass die Elektronik ziemlich komplex wird, wenn man das umsetzen will. Tatsächlich gab es erste Digitalrechner, die dies realisierten (der Mark I, entwickelt von Howard H. Aiken, ab 1943).

Aber man kam dann schnell auf die Binär-Lösung und einigte sich auf nur zwei Zustände, null und eins, an und aus, Strom und kein Strom. Der erste echte Digitalrechner wurde 1941 von Konrad Zuse in Deutschland gebaut. Ein weiterer großer Vorteil von nur zwei Zuständen ist die Kommunikation. Wenn wie beim Morsen nur zwei Symbole gebraucht werden, lang und kurz, kann man Daten leicht auf die Reise schicken, über Kabel, via Funk, mit Licht über Glasfaserkabel.

Auf den ersten Blick ist es widersinnig, aber zwei Ziffern genügen: 0 steht für den Wert null und 1 natürlich für eins. Der Trick: die nachfolgenden Stellen. Sie haben nicht den zehnfachen Wert der vorherigen, sondern nur den doppelten, da es auch nur zwei und nicht zehn Ziffern gibt. Beispiele: 1 bedeutet eins, 10 nicht den Wert zehn, sondern zwei, da die zweite Stelle den doppelten Wert der vorherigen Stelle hat. 11 entspricht drei. 100 bedeutet vier, 101 ist fünf, 110 ist sechs und 111 ist sieben. Man muss sich nur auf den Gedanken einlassen, dass die Darstellung einer Zahl nicht identisch mit ihrem Wert ist, sondern diesen ausdrückt.

Stellenwerte der ersten drei Stellen:

4 2 1

Zählen im Binärsystem:

```
0 0 1 = 1 (0*4 + 0*2 + 1*1)
0 1 0 = 2 (0*4 + 1*2 + 0*1)
0 1 1 = 3 (0*4 + 1*2 + 1*1)
1 0 0 = 4 (1*4 + 0*2 + 0*1)
1 0 1 = 5 (1*4 + 0*2 + 1*1)
1 1 0 = 6 (1*4 + 1*2 + 0*1)
1 1 1 = 7 (1*4 + 1*2 + 1*1)
```

213_{Dez}
$= 128 + 64 + 16 + 4 + 1$
$= 1*2^7 + 1*2^6 + 0*2^5 + 1*2^4 + 0*2^3 + 1*2^2 + 0*2^1 + 1*2^0$
$= 11010101_{dual}$

Wer den Begriff Bit schon gehört hat, kennt sicherlich auch das Byte: Ein Byte sind immer acht Bits. Warum acht und nicht zehn? – Der Grund ist, dass man bei den ersten Datenspeichern noch sehr ressourcenschonend vorgehen musste, da Hardware teuer und schwierig zu realisieren war. Man überlegte sich, wie viele Stellen denn nötig sind. Fünf sind zu wenig, da die größte Binärzahl mit fünf Ziffern, die 11111, nur den Wert 31 hat. Mit sieben Ziffern kann man schon Zahlen bis 127 darstellen, mit acht Ziffern Zahlen von 0 bis 255. Mit den Zahlen wollte man gerne Buchstaben und Zeichen codieren, alle 26 Klein- und alle 26 Großbuchstaben, erst einmal ohne Umlaute, da die führenden Computerhersteller damals englischsprachig waren. Dann brauchte man noch alle Zahlen selbst als Symbole, die man ebenfalls codieren musste, sowie Sonderzeichen wie Satzzeichen und andere Symbole, die sich auf damaligen Schreibmaschinen-Tastaturen befunden haben, und noch ein paar mehr. Man kam mit maximal 127 Zeichen gut aus.

Da hängte man aber noch eine Bit-Stelle dran, da man mit den Bytes nicht nur Text darstellen, sondern gerne noch ein wenig rechnen wollte, und im Zahlenraum bis 127 kann man nur wenig rechnen. So einigte man sich auf acht Bits mit dem Maximalwert von 255. Für Rechnungen reicht das zwar meist noch nicht, aber hier half man sich, indem man zwei Bytes für Zahlen nahm – dann konnte man schon bis 65.535 rechnen. Mittlerweile nimmt man mehr, beispielsweise 64 Bits zum Rechnen (acht Bytes), und kann damit sehr große Zahlen ausdrücken.

Ein interessanter Aspekt des Digitalen ist, dass man tatsächlich nicht unendlich genau rechnen kann. Obwohl man das vielleicht, beeindruckt von der Leistungsfähigkeit von modernen Computer-Systemen, annehmen könnte: Wegen der beschränkten Anzahl von Bits gibt es immer eine maximal größte Zahl, daher sind den möglichen Rechenoperationen Grenzen gesetzt. Jedenfalls sind das Bit und das Byte immer noch die Bausteine, aus denen alle Daten bestehen.

Zur Repräsentation der Zahlen im Computer genügen Bits mit nur zwei Zuständen. Diese können nur die Werte 0 und 1 speichern. Jede Stelle im Binärsystem hat dabei den doppelten Wert der vorherigen. Die ersten vier Stellen haben die Werte 1, 2, 4 und 8. Wenn man binär von 0 bis 7 zählt, geht das so: 0, 1, 10, 11, 100, 101, 111. Ein Byte hat acht Bits und kann Werte von 0 bis 255 speichern. Ein Kilobyte sind 1000 Bytes, ein Megabyte 1000 Kilobytes, ein Gigabyte 1000 Megabytes und ein Terabyte 100 Gigabytes und so weiter.

Bevor ich in Thailand Station machte, war ich in Australien. Zum Start wollte ich so weit wie möglich von zuhause weg. Also auf nach down under, dachte ich mir.

Nach meinem Studium war für mich klar, dass ich mit dem Übersetzen weitermachen wollte – ich hatte schon als Studentin einiges in der Richtung gemacht. Einer meiner Dozenten, Josef Kölbl, der wie ich auch an Computergeschichte interessiert ist, hat mir dann den Floh ins Ohr gesetzt: „Wenn du übersetzt, kannst du von überall auf der Welt aus arbeiten." Im anderen Ohr hatte ich gleichzeitig die Stimme meiner Mutter, die mir – wie so oft – zuraunt: „Du bringst sowieso nichts Richtiges zustande, Informatik ist keine echte Wissenschaft." Nichts wie weg von solchen Botschaften, dachte ich mir. Beide Impulse haben mich direkt nach Sydney katapultiert.

Dort nahm ich mir erstmal ein Zimmer in einem Hostel, nach wenigen Tagen fand ich einen Coworking-Space über eine der Online-Börsen. So landete ich bei Pierre, Raoul und Bernadette, einem Algerier, einem Mexikaner und einer Schweizerin, die alle drei in der Reisebranche arbeiteten. Mit ihnen war es lustig, wir gingen zu Konzerten und schmissen eine Runde Gin Tonic nach der anderen. Das Zusammensein mit ihnen half mir, den Einstieg ins Nomadenleben zu finden. Bei Raoul im Apartmenthaus wurde eine Wohnung frei, die wochenweise zu mieten war, und ich griff zu. Mit den Jobs, die mir mein früherer Dozent Josef Kölbl vermittelte, und neuen Kontakten durch meine Büro-Nachbarn komme ich seither mit dem Geld gut klar. Als fahrbaren Untersatz habe ich mir ein Fahrrad organisiert: Zu Fuß und mit dem Fahrrad lassen sich neue Orte intensiver erkunden als vom Auto aus.

Stundenlang radelte und lief ich durch Sydney, vor allem die Tour am Strand entlang zum hochgelegenen Waverley-Friedhof direkt an den Klippen hat es mir angetan: Vom berühmten Bondi Beach aus ist es ein schöner Spaziergang. Von meinem Apartment-Haus war ich mit dem Rad schnell am Beach. Das Gefühl, gleichzeitig in einer Großstadt und am Strand zu sein, hat mir die ersten Wochen sehr versüßt. Zumal ich im beginnenden Herbst aus Deutschland in den Frühling nach Sydney gereist bin und den November in Berlin nicht vermisste – nach einem schönen Spätherbst landete ich direkt wieder im Frühsommer.

Ich schwelgte in einem überwältigenden Sushi-Angebot, lernte australische Biersorten kennen – eines meiner Lieblingsbiere war das mit den vier X, ich machte bei meiner Tour in den Norden natürlich eine Führung in der XXXX-Brauerei in Brisbane mit, wanderte in Cairns, genoss das Sea-Kayaking in Byron Bay, schnorchelte am Great Barrier Reef – ich ließ es mir gutgehen.

Doch als ich wieder in Sydney zurück war, verabschiedeten sich kurz darauf Bernadette und Raoul, die zusammen nach Neuseeland weiterzogen, und mit den Nachmietern im Büro kam ich nicht gut klar: Saufen und Grölen im Büro, Riesensauerei in Küchenzeile und WC, und das nicht nur einmal.

In diesen Gedanken spaziere ich weiter durch Bangkok, als sich meine beste Freundin Lola per Video-Anruf meldet: Sie ist wach, weil sie sich gerade um ihren dreibeinigen Hund kümmert, der im Moment magenkrank ist, mitten in der Nacht geheult hat und Streicheleinheiten braucht. Lola hat ein großes Herz für Tiere, vor allem für Hunde, und betreut eigentlich immer mindestens ein Geschöpf, das ihre Zuwendung braucht. Jetzt will sie „mal hören, was in der großen weiten Welt jenseits von Hundekotze so abgeht", wie sie sich ausdrückt.

Ich erzähle ihr, dass ich gerade in Erinnerungen an Sydney versunken bin, bis hin zu den Exzessen meiner chaotischen Coworking-Nachbarn. Sie steuert dafür noch ältere Reminiszenzen an komplett versaute Küchen und Bäder bei mit ein paar WG-Erinnerungen an unseren Mitbewohner Mario, der nie seinen Putzdienst erledigt hat und uns beide zur Weißglut, aber auch immer wieder sehr zum Lachen gebracht hat. Dann erzählt sie mir, wie „greislich das Wetter in Bayern" ist, und dass sie lieber in Bangkok versonnen an ein paar Büro-Idioten in Sydney denken würde als im mittelfränkischen Hochnebel gegen den Trübsinn anzukämpfen. Vom Hochnebel sieht sie allerdings im Moment nicht mal was, denn es ist finster in Deutschland.

Ich wünsche ihr, dass die Sonne sich mit neuen Durchsetzungskräften in Europa blicken lässt, und sie richtet mir viele Grüße an Charles Babbage und Ada Lovelace aus – ich habe ihr während unseres Studiums immer wieder von meinen Idolen vorgeschwärmt. Nach dem Gespräch bin ich gleich etwas besser drauf, setze mich in ein Café und bestelle einen Assam-Tee, Charles und Ada zu Ehren.

Ada hat für Charles übersetzt. Auch ich bin Übersetzerin, begleite Texte aus einer Sprache in die andere. Für die Arbeit bin ich spezialisiert auf technische Texte, aber für mich zur Freude sind auch belletristische Texte mein Metier – und Gedichte mag ich sehr. Mir gefällt es, genau das Wort oder die Wendung zu finden, die dem Original möglichst exakt entspricht. Dabei versuche ich, die Gedankengänge des Autors oder der Autorin mitzugehen. Es ist etwas Beglückendes, wenn ich merke, es gelingt mir. Dieses Glück des Begreifens kennt wahrscheinlich jeder. Das ist sogar manchmal bei Patentrechts-Sachen so, bei literarischen Texten natürlich ausgeprägter.

Und beim Bloggen teile ich mein Glück, mein Begreifen, denn vieles, was um uns herum und mit uns passiert, ist es wert, genau angeschaut zu werden. Wenn ich in Bangkok im Café oder in der Berliner U-Bahn sitze und manche Unterhaltungen höre, dann juckt es mich in den Fingern, die Leute besser zu informieren. Ich möchte mit dem Megaphon herumlaufen und die Basics erklären, ich möchte die grundlegenden Wissenszutaten für unser digitales Zeitalter jedem nahebringen, ich möchte Wissensdurst wecken und dann kühle, frische Informationen ausschenken.

Während ich an einer Garküche vorbeischlendere, kriege ich eine dicke Nase voll Gewürz- und heißem Öl-Dunst ab und muss ein paarmal niesen. Auf der Suche nach einem Taschentuch finde ich in meinem Rucksack ganz klein zusammengeknüllt eine alte Quittung aus einem Café in Berlin. Was hatte ich denn da gegessen vor mehreren Monaten? Ich streiche das Papier glatt und lese: „Gro§er Cappuccino €3.70, KŠsespŠtzle €10.90".

Ob Berlin, Sydney oder Bangkok: Überall auf der Welt gibt es Themen für meinen Blog, merke ich mal wieder. Der Bon weist auf ein weiteres Thema, das jeder kennt: Warum kommt manchmal Kauderwelsch raus, wenn Umlaute oder Zeichen wie das scharfe ß getippt werden? Warum enthält die Mail von manchen Leuten diese Sonderzeichen, und warum klappt es bei anderen reibungslos? Eindeutig ein Thema für den Blog.

1.3 Bleiwüste aus Bits
– Digitale Texte

Posted by Ada L.   20. Februar

Lieber Charles,

Zeichen sind so etwas Faszinierendes – und es lässt sich so vieles damit konstruieren: Zahlen und Buchstaben, Rechnen und Sprache. Vieles ähnelt sich, spiegelt sich. Und der Computer macht aus 0 und 1 so vielerlei, beherrscht die für uns Briten so lustig aussehenden deutschen Umlaute – auch wenn es da manchmal hapert, aber dazu gleich mehr – und japanische Schriftzeichen.

Wie stark sich das Übersetzen verändert hat, wie viel leichter die Sprachen und Schriften anderer Völker, anderer Kulturen zu erlernen oder wiederzugeben sind. Damit auf einem Computerbildschirm oder einem Ausdruck die richtigen Zeichen dargestellt werden, ist einiges an Metamorphosen notwendig, sozusagen die Gestalt und die Kleidung auf dem blanken Gerüst: Es besteht nur aus Nullen und Einsen und ist doch so wandelbar.

Wie entstehen aus den Nullen und Einsen Texte? Wie gerade beschrieben, kann man Buchstaben einfach durchnummerieren. Das hat man auch bereits bei den ersten Digitalcomputern schon so gemacht, jedoch war jedes dieser frühen Geräte ein Unikat, jedes hatte sein eigenes System der Nummerierung. So ist man in den 1960er Jahren darauf gekommen, dass ein einheitlicher Standard günstig ist, wenn man Informationen austauschen will. Damals begann man auch, die ersten Computer zu vernetzen. So wurde der ASCII-Standard geschaffen, der „American Standard Code for Information Interchange". Für alle Zeichen auf einer Schreibmaschinentastatur gab es hier eine Nummer. So auch für die Zeichen für Ziffern und für Groß- und Kleinbuchstaben sowie das Leerzeichen und den Zeilenumbruch. Wie bereits erwähnt, sollte alles in sieben Bits passen.

Hier sind ein paar Beispiele: Die drei ersten Großbuchstaben A, B, C, die Kleinbuchstaben a, b, c und die ersten Ziffern 1, 2, 3:

```
0100 0001 A
0100 0010 B
0100 0011 C

0110 0001 a
0110 0010 b
0110 0011 c

0011 0001 1
0011 0010 2
0011 0011 3
```

In den rechten vier Bits werden tatsächlich die Zeichen durchnummeriert. In den linken vier Bits wird dann gekennzeichnet, ob es sich um Groß- oder Kleinbuchstaben oder Ziffern handelt. Beim Wert 4 sind es Großbuchstaben, beim Wert 6 Kleinbuchstaben und beim Wert 3 Ziffern. Das ganze Byte ergibt dann die Zahl. 64 steht für „A".

Der Text „Hallo Welt" wird also in Bytes so gespeichert:

```
0100 1000  H
0110 0001  a
0110 1100  l
0110 1100  l
0110 1111  o
0010 0000
0101 0111  W
0110 0101  e
0110 1100  l
0111 0100  t
```

Als Dezimalzahlen:

72, 97, 108, 108, 111, 32, 87, 101, 108, 116

Wobei hier das Leerzeichen in der Mitte die Nummer 32 ist.

Dummerweise reicht so ein Byte mit maximal 256 (0-255) möglichen Nummern nicht aus, um Texte aus aller Welt auszudrücken. Bei den 256 möglichen Zeichen kann man nicht mal alle europäischen Zeichen unterbringen, also keine deutschen Umlaute wie Ä, Ö, Ü oder andere Zeichen wie das spanische Enje (ñ) wie in Cañon oder kyrillische oder griechische Buchstaben wie α, β, γ. So musste man schon bald das System überarbeiten und mehr Bits für die Codierung verwenden.

Zuerst fiel man wieder zurück in die Anarchie: Die Hersteller von Computer- und Betriebssystemen begannen wieder, ihre eigenen, auf dem ASCII-Standard aufbauenden Codierungen zu verwenden, die nicht miteinander kompatibel waren. Die Auswirkungen sind sogar noch heute manchmal zu bemerken: Man bekommt eine E-Mail, in der manche Zeichen, vor allem Umlaute oder das scharfe ß seltsam durch eigenartige Zeichen ersetzt worden sind. Auch sieht man ab und zu Webseiten, in denen das passiert ist.

Der Grund dafür ist folgender: Die Autor*innen der Texte verwenden beispielsweise einen Apple-Computer mit dem dazugehörigen Betriebssystem. In der Software, mit dem der Text erstellt wurde, ist als Zeichencodierung Mac OS Roman eingestellt. Tatsächlich kann man in eigentlich allen Schreibprogrammen, also auch in Mailprogrammen, die Zeichencodierung einstellen.

Oft passiert nun folgendes: Die Texte werden mit Copy-Paste in ein anderes Programm kopiert, welches eine andere Codierung eingestellt hat. Oder es wird etwas in dem einem Programm geschrieben und mit einem anderen geöffnet. Beispielsweise könnte man auf dem Mac das Programm „TextEdit" zum Schreiben verwenden und dann den fertigen Text in die E-Mail hineinkopieren. Oft fällt hier den Autor*innen noch nichts auf.

Erst, wenn nun die Leser*innen der Texte diese mit ihrem eigenen System, sagen wir, Windows mit Outlook ansehen, bekommt der Text dieses eigenartige Aussehen, da dort eine andere Zeichencodierung eingestellt ist. Es ist interessant, dass diese Fehlcodierungen immer wieder auftreten. Oft sind die Stellen, an denen ein Fehler gemacht wurde, nur schwer zu identifizieren.

Heutzutage verwendet man am besten das Unicode-System „UTF-8". Dies ist sozusagen die Lingua Franca der Zeichencodierung. Es besitzt variable Byte-Längen, also ein, zwei, drei oder mehr Bytes. Man kann das System laufend erweitern. Wenn man an das Ende des Zahlenraums gelangt, wird dieser einfach erweitert, indem man ein Byte hinzufügt.

Die ersten 127 Zeichen sind identisch mit dem ASCII-Code. Es gibt so ziemlich für alle Zeichen in allen Sprachen eine Nummer, ob für arabische oder kyrillische Buchstaben oder asiatische Zeichen. Für die große Zahl an chinesischen Schriftzeichen gibt es genauso Unicode-Nummern wie für indianische Sprachen oder für verschriftlichte Laute von Südsee-Dialekten. Sogar für Fantasie-Sprachen wie Elbisch aus dem Herr der Ringe-Universum oder für Klingonisch aus der Star-Trek Serie gibt es einen kleinen Bereich im Zahlenraum der Unicode-Tabelle.

Erwähnenswert ist noch folgender Umstand: Es ist nur die Nummer, aber nicht die visuelle Darstellung der Zeichen festgelegt. Die Zeichencodierungen regeln nur die Zuordnung von Nummer zu Bedeutung (als Zeichen). Wie dieses Zeichen, also eigentlich die Nummer, auf dem Bildschirm dann dargestellt wird, wie sie für die Nutzer*innen aussieht, ist hier nicht geregelt. Dafür muss man noch eine geeignete Schriftart zur Verfügung haben, einen Font. Wenn es in diesem Font für ein bestimmtes Zeichen kein Bild gibt, kann dieses auch nicht dargestellt werden. Wenn man chinesischen Text wie im Original sehen will, benötigt man einen entsprechenden Font, der Bilder für die Zeichen liefert.

Im Schreib-Alltag kann man mit der Situation konfrontiert werden, dass man in einer einheitlichen Schriftart beispielsweise mathematische Symbole darstellen will. Allerdings hat die eingestellte Schriftart eben keine Definition für diese Zeichen, so dass man einen anderen Font für die Darstellung seiner mathematischen Ausdrücke einstellen muss, der Bilder für die Zeichen bereitstellt. Die bisherige Beschreibung der Text-Codierung bezieht sich auf die Repräsentation von Buchstaben in digitaler Form. Eine direkte Anwendung dieser Codierung sind Texte in Messenger-Diensten wie Whatsapp oder anderen Chat-Programmen. Dort kann man nur Zeichen aus einem Alphabet eingeben, wobei dieses nicht nur die Buchstaben, sondern alle möglichen Unicode-Zeichen umfasst. Darin sind auch Symbole für Emojis enthalten. Beispielsweise hat das Kackhaufen-Emoji (Pile of Poo) die Nummer 128169, welches 2008 in die Unicode-Tabelle aufgenommen wurde. Auf älteren Geräten, bei denen der entsprechende Font (Schriftart) mit den Bildern für die Zeichen wie den Kackhaufen nicht installiert ist, sieht man dann lediglich einen Platzhalter, beispielsweise ein leeres Rechteck mit einem Fragezeichen darin.

Emojis sind Piktogramme, also kleine Bilder, die Emotionen ausdrücken sollen. Reine Textnachrichten sind oft missverständlich. Es kann Unstimmigkeiten geben, wenn man nur via Text-Nachrichten kommuniziert, da die Beteiligten die Texte falsch interpretieren können. So ist es hilfreich, wenn man beispielsweise mit einem Smiley (Nr. 9786) angeben kann, dass die Botschaft fröhlich gemeint war. Der Smiley, das lächelnde Gesicht, tauchte bereits vor der Digitalisierung in handschriftlichen Briefen auf. Der Philosoph Ludwig Wittgenstein schlug schon kleine Gesichter mit Mimik vor, um Sachverhalte auszudrücken, die man nicht in Worte fassen kann ([45], S. 338).

Im ASCII-Zeitalter vor der Einführung von Unicode musste man zur Darstellung dieser Symbole auf die Kombination der verfügbaren Zeichen zu einem Bild zurückgreifen. Einen Smiley kann man als Kombination von Doppelpunkt, Minus und einer schließenden runden Klammer darstellen :-), wobei das Gesicht liegend dargestellt wird. Eine solche Kombination nennt man Emoticon. Der Vorteil ist, dass diese auch auf allen älteren Geräten funktionieren. So werden diese immer noch eingesetzt und oft automatisch in Smileys umgewandelt, wenn man sie eintippt. Viele Möglichkeiten der Gestaltung bietet reiner digitaler Text nicht, wobei man die Gestaltung von Bildern mittels reinem Text noch weiter treiben kann, mit sogenannter ASCII-Art, also Kunst aus reinen ASCII-Zeichen [8]:

```
    ^-^
  ('v')
  (( ~ ))
--"---"--
```

In der unteren Abbildung sieht man, wie man das Verfahren der Darstellung für Emoticons auf mehrere Zeilen ausdehnen kann. Die Kunst ist es hierbei, aus dem reduzierten Zeichenvorrat ein gut erkennbares Bild zu kreieren. Eine weitere Stufe ist es, fotorealistische Darstellungen zu schaffen, indem man Zeichen verwendet, um Grauwerte darzustellen, um mit ihnen zu „malen". So hat ein Punkt „." sehr viel Weißraum. Ein Ad-Zeichen hingegen sehr wenig „@". So kann man, indem man ein einzelnes Zeichen als Bildpunkt verwendet, ein Schwarz-Weiß-Bild generieren.

```
:**=.
 +###=.
 :-*#*#=.                                      .-
 .-=*%#%*:                              +%*
  :-=#%%#++*+=---:.                     :*#+-
  :*%%%#**%%%*++=+#*#%##*+*++##**%%#=.
  .=+##+=+%%#*+*++*++=+#**==#**#**+=*+.
  :#%==+*%#*+****+*%=+#=*#-=@+***+**=-
  -%@=*#*+===+**=+@%:-**=**+==%*=+==+-
  :##+=*+=*=-=+*#+-#@++*+=+++++#%-+*-*#=
  =+++==*%##++**+--=--+**++#%==--*####%-
  +***#@#*+**++++*#%#.:*++++##-##+=*##*++
 .#%#%@*==**###%%*--%%==---==+##:+#%#*=--.
 :%%@%#+=++*+*###@@%-*@#+=----+*%#*######*#-
 :%@%=++#%#%%%#*****%*%*+=---*%%##+=+*%@#+-.
 .%@%+###%@@%%%*++*+*==+%%%#**#@%*##*#@@@#**==+===
 +@@#@@@@@@@@@%*++**=:-*@@%#%@#=*#++#%#**+-+#=::=
 .*%%%%@%%%##+:-=+**+-...+@@@*++#%#*+=+--=+--:::
  .=**##**##*++=+***+=-==+*%@####%%@@@#+*%%#+----=
  :++++#%%*+****+#%%#%#%@@@@@%.%@@@@@@##%%#++==+=
   +##*==*###%%%%####%%%%#*#@@@@@@%@@%*=+===++=
   :=##++=+*#%@@@@%%#####%@@@@@@@@@%%*++++++++*=
   .#@%#*##%##%@@@@@@@@@@@@@@@@%#++=+*++*#%@##
    :##*****+*#%@@@@@@@@@@@@@@@@%*++++++=**%@@@@*
    :+++++++=++++#%@@@@@@@@@%%#*++++*++*#*#**%%**
```

Ein Aspekt der Typografie ist hier noch wichtig: Früher hatten alle Zeichen auf dem Computerbildschirm die gleiche Breite, analog zu den Typen einer Schreibmaschine. Typografisch ist dies eher unschön. Bereits beim Buchdruck mit Bleisatz haben die Lettern unterschiedliche Breiten. Ein „i" ist schmaler als ein „W". So ist der Weißraum zwischen den Buchstaben ausgeglichen. Anders ist es bei nichtproportionaler Schrift (Monospace). Diese ist technisch einfacher zu realisieren, da das Display lediglich in ein Raster eingeteilt werden muss, das man dann mit den Zeichen füllen kann.

Solche Schriftarten gibt es noch immer, beispielsweise den Font „Courier". Man nimmt diesen gerne, wenn man Text mittels Einrückung formatieren möchte. So verwenden Programmierer*innen ausschließlich nichtproportionale Schriftarten für das Schreiben von Programm-Code. In der Alltagskultur wirkt deshalb die Verwendung von Monospace-Fonts als Gestaltungsmittel immer digital und technisch. Für die Darstellung von ASCII-Art ist die Verwendung von Monospace-Fonts unerlässlich.

Anhand der früheren Technik mit der Monospace-Darstellung kann man auch erklären, wie nun die Texte, also die nummerierten Buchstaben, tatsächlich auf einen Screen kommen. Eine der ersten Anwendungen, die man mit Computern, die über einen Bildschirm und eine Tastatur verfügten, umsetzen wollte, war das Schreiben. Mittels Textverarbeitungsprogrammen, die damals aufkamen, konnte man Texte tippen und speichern. Das bekannte Microsoft Word ist ein Nachfolger dieser Programme. Eine Anforderung damals war es, mindestens 80 Zeichen in einer Zeile darstellen zu können. Weniger Zeichen wären einfacher, da weniger Speicherplatz benötigt wurde, aber man einigte sich auf einen Standard von 80 Zeichen. Eine Schreibmaschinen-Normseite hatte 60 Anschläge, da wollte man mit einem Computer noch ein wenig mehr haben.

Wie erwähnt, kann man auch Farben digital codieren. Auf den ersten Computern mit Bildschirm gab es nur zwei Farben, beispielsweise schwarz und weiß. Typisch war auch schwarz und grün, das Grün sollte augenschonender sein. Computerbildschirme, auch die modernen Touch-Displays auf Handys, funktionieren nach demselben Prinzip: Sie bestehen aus einem Raster aus farbigen Punkten, den Pixeln (Bildpunkten). Auf modernen Geräten mit „Retina"-Displays sind die Punkte so klein, dass man sie nicht mehr mit bloßem Auge erkennen kann. Ein iPhone 12 hat eine Punktdichte von 458 ppi (Pixel pro Inch).

Will man nun Buchstaben auf einem Screen zeichnen, muss man festlegen, wie viele Punkte dieser breit und hoch ist. Das folgende Beispiel bezieht sich

Abb. 1.1: 4x4 Raster

auf ein früheres Verfahren, wie es bei den alten Personal-Computern angewendet wurde. Das Prinzip hat sich allerdings nicht geändert, es ist lediglich
erweitert worden und natürlich heutzutage erheblich komplizierter. Aber die
Einfachheit des Prinzips kann man so gut nachvollziehen. Will man also einen
einzelnen Buchstaben möglichst einfach zeichnen, muss man sich überlegen,
wie klein das Raster sein darf, um überhaupt sinnvoll alle Buchstaben darstellen zu können. In der unteren Darstellung sieht man ein Raster aus 4 x 4 Pixel,
damit könnte man den Großbuchstaben „A" zeichnen (Siehe 1.1).

Leider bekommt man damit kein „S" hin, wie man durch Ausprobieren
selbst herausfinden kann. Zudem würden die Buchstaben, wenn man sie ohne
Abstand neben- und untereinander darstellen will, aneinanderstoßen und
miteinander verschmelzen. Da man die schwarzen und weißen Punkte als
Bits (0 und 1) codiert, sind acht Punkte eine gute Breite für einen Buchstaben.
So kann man eine Zeile eines Fonts mit einem Byte (8 Bits) darstellen. Hier
sieht man den Buchstaben „A" als Pixelfont, wie er typischerweise früher
dargestellt wurde. An den Seiten links, rechts und unten ist Weißraum, damit
die Buchstaben im Text nicht aneinander stoßen (Siehe 1.2).

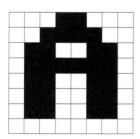

Abb. 1.2: 8x8 Raster

Als Dualzahl und als Dezimalzahl ergibt sich daraus:

```
0,0,0,1,1,0,0,0,0 =  48
0,0,1,1,1,1,0,0,0 = 120
0,1,1,0,0,1,1,0,0 = 204
0,1,1,1,1,1,1,0,0 = 252
0,1,1,0,0,1,1,0,0 = 204
0,1,1,0,0,1,1,0,0 = 204
0,1,1,0,0,1,1,0,0 = 204
0,0,0,0,0,0,0,0,0 =   0
```

So ergibt sich die Zuordnung: „A" ist die ASCII-Nummer 65, das darzustellende Font-Zeichen kann man als die Zahlen-Liste 48, 120, 204, 252, 204, 204, 204, 0 codieren. Eine Bildschirmseite mit 80 Zeichen pro Zeile und 50 Spalten ergibt dann ein Pixelraster von (80 * 8) x (50 * 8), also 640 x 400 Bildpunkten, was dem damals populären Video-Standard VGA (Video Graphics Array) entspricht. Zum Speichern aller dieser Pixel (schwarz/weiß) benötigt man also 32.000 Bytes, das sind 32 Kilobytes.

In einem Computersystem mit einer solchen Grafik wird dann, wenn eine Taste mit einem „A" gedrückt wird, von der Tastatur ein Signal mit der Nummer 65 an diesen gesendet. Aus der Zeichentabelle mit dem Font im Speicher wird die Byte-Liste mit der Nummer 65 herausgelesen und an der Position, an dem sich der Cursor aktuell befindet, dargestellt.

Das Prinzip ist immer noch dasselbe, jedoch gibt es mittlerweile Fonts mit unterschiedlicher Breite für die Zeichen. Zudem sind die Zeichen auf unterschiedliche Größen skalierbar. Will man einen anderen Font zum Schreiben haben, muss man diesen auswählen oder bei Bedarf installieren. Ein Font ist eine Zuordnung von Unicode-Nummer und Bild, wie beschrieben.

Bei digitalen Texten wird jedem Zeichen, also jedem Buchstaben, jeder Zahl und jedem Sonderzeichen, eine Nummer zugeordnet. Diese Zuordnung ist standardisiert. Der erste Standard war der ASCII-Standard (American Standard Code for Information Interchange), in dem die ersten 127 Zeichen (ohne deutsche Umlaute) definiert wurden. Dieser Standard wurde dann zum heute universell gültigen Unicode-Standard erweitert. Mit diesem kann man alle möglichen Zeichen definieren. Zeichencodierung im Unicode-Standard legt nicht das Aussehen des Textes fest. Dazu muss man einen Font auswählen. Dort werden Bilder definiert, die das Aussehen der Zeichen aus der Unicode-Tabelle festlegen. Gibt es kein Bild zu einer Nummer, kann dieses Zeichen auch nicht dargestellt werden.

1.3.1 Lorem ipsum
– Formatierte Texte

Man hat es allerdings meist mit formatierten Texten zu tun. Wie so häufig in der Computertechnik bauen die Verfahren dabei auf die gerade beschriebenen Verfahren auf, so wie auch Unicode auf ASCII aufbaut. Nur ist es nicht so, dass es für fett oder kursiv dargestellte Zeichen eine andere Zeichen-Nummer und eine andere dazugehörige Darstellung („Glyphe") gibt, da man für alle Darstellungs-Kombinationen eine riesige Menge an einzelnen Varianten erzeugen müsste.

Im klassischen Bleisatz war das allerdings so, dort gab und gibt es jeweils spezielle Lettern aus Blei für die gewünschte Formatierung. Im Digitalen läuft das anders: Hier heißt das Zauberwort „Markup", also Auszeichnung. Diejenige Stelle, die anders formatiert werden soll, wird markiert und beispielsweise fett dargestellt. Außerdem gibt es Kombinationen von verschiedenen Markierungen, also kann man ein Wort fett und kursiv darstellen.

Den meisten User*innen wird dieses Verfahren intuitiv in Textverarbeitungsprogrammen klar. Das mit Abstand beliebteste Programm dieser Art ist Microsoft Word. Es gibt noch das freie LibreOffice: Das stellt eine Gemeinschaft von freiwilligen Entwickler*innen als „Open-Source"-Software zur Verfügung (mehr dazu später). Exklusiv für die Apple-Computer gibt es noch das Programm „Pages".

Will man in diesen Programmen ein Wort oder mehrere Wörter anders formatieren, so wählt man dieses Textstück aus und ändert dessen Stil über die Auswahl aus einem Menü. So kann man Text als Überschrift definieren und eine andere Textstelle als Absatz und darin wieder einen Satz als kursiven Text. Tatsächlich wird der Text mit Markierungen versehen, die ebenfalls Textbausteine sind. Diese Textbausteine werden allerdings nicht auf dem Bildschirm gezeigt; stattdessen wird der Text innerhalb dieser Markierungen anders dargestellt, also fett, kursiv oder als Überschrift. Den Ausgangstext mit den Markierungen nennt man Quelltext, das sichtbare Ergebnis heißt gerenderter Text.

Gerendert bedeutet, dass die Grafik nicht vorab generiert wurde und bei Bedarf aus einer Tabelle herausgelesen wird, sondern dass die Grafik für den Text zum Zeitpunkt der Darstellung berechnet wird. Zugrunde liegt dafür natürlich auch eine Beschreibung des Aussehens der Buchstaben, wie beim Pixelfont. Ein Beispiel, wie das Verfahren prinzipiell funktioniert. Der Quelltext:

```
<h1>Lorem ipsum</h1>+++
<p>Dolor sit amet, <i>consectetur adipisici</i> elit.</p>
```

wird als gerenderter Text so dargestellt:

Lorem ipsum

Dolor sit amet, *consectetur adipisici* elit.

Die Markierungen (Tags) bestehen aus einem Anfang und einem Ende: Alles, was zwischen <i> und </i> steht, wird als kursiv (italic) markiert. H1 bedeutet hier Überschrift (Heading) erster Ordnung. Das Beispiel verdeutlicht das Prinzip, im Web kommen die Tags aus dem Beispiel tatsächlich so vor. Die Tags in den genannten Schreib-Programmen sind aber noch etwas komplizierter.

Wichtig zu erwähnen ist noch, dass die Tags nicht das konkrete Aussehen festlegen: In allen Zeitungen und Büchern, egal ob digital oder Print, gibt es Überschriften und kursiven Text. Diese Texte sehen allerdings je nach Verlag oder Zeitschrift immer anders aus, die Überschriften aus Zeitschrift A sehen anders aus als die von Zeitschrift B. Bei den Tags wird nur festgelegt, um was für eine Art von Textpassage es sich handelt, das Aussehen wird dann global in einer extra Stil-Definition festgelegt. So kann man auch beispielsweise bei Word den Stil global ändern, ohne dass man jede einzelne Überschrift verändern muss.

Formatierter Text wird mit Auszeichnungen (Markup) versehen. So können verschiedene Textteile als Überschriften oder als fett gedruckt markiert werden. Über zentral festgelegte Stile wird dann das Aussehen definiert. Der Text mit dem Markup ist der nicht sichtbare Quelltext, der dann „gerendert", also dargestellt wird. Diese Vorgehensweise findet man in Word-Dokumenten ebenso wie bei der Darstellung in Webseiten.

Ah, die Tage in Bangkok sind produktiv. Ich komme zum Arbeiten, schaffe richtig was weg, denn das Zusammensein mit Marcia und Chuck beflügelt mich: Sie sind motiviert, mit Elan bei der Sache. Wir arbeiten in einer Atmosphäre gemeinsamer Konzentration, obwohl jeder sein eigenes Ding macht. Ich bin wieder mal zutiefst froh, in Sydney dann nach dem anhaltenden Ärger bald den Stecker gezogen zu haben: weiter nach Asien. Thailand war da meine erste Wahl: Dort hatte ich schon einmal Urlaub gemacht und fühlte mich wohl mit der Lebensart, dem Klima, dem Essen und der Atmosphäre. Also packte ich in Sydney meine Sachen, ließ bedauernd meinen bequemen Sessel in der Wohnung, den ich gefunden und repariert hatte. Ich hoffe, dass meine Nachmieter ihn ebenfalls in Ehren halten.

Eigentlich hatte ich geplant, in Bangkok nur kurz Station zu machen, um weiter nach Süden auf die beliebten Inseln zu wechseln; als ich dann auf Instagram und Twitter erste Eindrücke von der sehr lebendigen digitalen-Nomaden-Szene in Bangkok mitbekam, schaute ich mich versuchsweise dort um und landete bei Chicken-Chuck und Marcia. Ein Glückstreffer für einige produktive und sehr lustige Wochen.

Doch wie der Name schon sagt, sind digitale Nomaden ein unstetes Völkchen, und erst hat Marcia angekündigt, sich auf den Weg nach Spanien zu machen. Und nun ist auch Chuck weitergezogen: Zuerst wollte er nur für ein Wochenende in den Norden des Landes in ein winziges Dorf zu Freunden. Jetzt schreibt er mir, er wird auf unbestimmte Zeit dort bleiben. Ich nehme das zum Anlass, auch wieder meine Habe zu packen. Bevor ich Asien ganz verlasse, will ich aber wirklich mal am Strand arbeiten und allen Klischees vom vagabundierenden Arbeiten im Cyberspace entsprechen. Zum Feierabend dann Mai-Tai auf Ko Phangan zur Full Moon Party, das wäre doch was.

Ich frage Chuck und Marcia um Rat, die schon ausgiebig durchs Land gereist waren. Auf ihre Tipps hin kaufe ich mir ein Ticket für den Nachtzug von Bangkok. Mit dem rattere ich nach Surat Thani, um von dort im Bus weiter nach Krabi zu fahren. Bahnfahren finde ich sowieso eine wunderbare Sache, aus dem Fenster schauen, während das Land vorbeizieht.

Zwar wird es in Thailand, weil es so nah am Äquator liegt, recht früh und recht schnell dunkel. So lange es etwas zu sehen gibt, schaue ich nach draußen. Immer wieder abgelenkt von dem deutlichen Gegacker, das aus einem Korb dringt, den eine ältere Thai-Frau mit ins Abteil gebracht hat. Sie hat wirklich ein lebendes Huhn dabei, wie ich sehe, als sie den Korb öffnet, um dem Huhn etwas zu trinken anzubieten.

Ein Mann kommt ins Abteil, barfuß, und hängt sich mit langen Zehen in die Polster der Sitze ein: Er schiebt die Sitze unten und oben zu Liegeflächen zusammen, bezieht sie mit Laken, und die sitzenden Fahrgäste werden zu liegenden. Der Zug rattert unter mir, schaukelt mich in einen unruhigen Schlaf. In Surat Thani steige ich mit einer Schar Rucksackreisender in den klimatisierten Bus nach Krabi. Zum Glück ist er nicht so voll, ich kann allein einen Zweiersitz in Beschlag nehmen. Einziges Manko: Aus der Klimaanlage tropft es mir direkt ins Gesicht herunter, und ich versuche, eine geeignete Position zu finden. Schließlich setze ich meine Baseballcap auf, die hält das meiste ab.

In Krabi finde ich ein günstiges Zimmer und gehe sofort zum Meer, um mit einem Longtail-Boat nach Railay Beach zu fahren. „Einer der schönsten Strände, finde ich", schwärmte Marcia. So fahre ich mit einem der „Railay, Railay"-rufenden Bootsmänner die kurze Strecke, nehme einen Fußweg durch einen ausgehöhlten Kalkfelsen zum Strand und gebe ich ihr recht: Ein Bilderbuch-Strand erstreckt sich vor mir, im Wasser hoch aufragende, bewachsene Felsen. Hier um die Ecke wurde ein uralter James-Bond-Film gedreht, „Der Mann mit dem goldenen Colt", recherchiere ich, mit Roger Moore in der Hauptrolle, 1974 kam er in die Kinos. Ein Oldie. Wenn er in irgendeiner Kneipe hier abends läuft, schaue ich ihn mir an, nehme ich mir vor. In den Kneipen in Bangkok gibt es für die Touristen ein Unterhaltungsprogramm: Bands treten auf, alle möglichen Serien und Filme laufen da. Und eben auch alte Kinohits, vor allem, wenn sie einen Bezug zu dem Ort haben. Auch „The Beach" ist in den Evergreen-Angeboten immer wieder dabei.

Aber als erstes breite ich meinen Sarong im Sand aus, laufe mit Schwimmbrille und Schnorchel los und lasse mich endlich Schritt für Schritt ins Meer gleiten. Prachtvoll sind diese allerersten Minuten im relativ warmen Wasser –

ein Glücksgefühl erfüllt mich bis in die kleinen Zehen. Erst schwimme ich ein kurzes Stück, um mich vom Strand und dessen Geräuschen zu entfernen. Ich lasse mich von den Wellen schaukeln, die das viel sanfter erledigen als der Zug, mit dem ich nach Surat Thani gerumpelt bin.

Nach meiner Dümpelpause möchte ich sehen, was sich unter mir im Wasser so alles tut. Mit langen Zügen schnorchle ich nach unten, schaue mir die bunten Fische an, sehe, wie die Strömung eine Wasserpflanze bewegt, und beobachte, wie ein paar sandfarbene Fische zum Fressen in ein Feld aus dunkelgrünen Fransen einkehren. Die pfeilschnellen Skalpellfische, silbriggrün und unglaublich viele, deren australische Kollegen mich auch vor Byron Bay entzückt haben, schnellen auch hier in einem Riesenschwarm um mich herum und sind gleich wieder weg. Über Schnorcheln und Schauen werde ich ein bisschen müde, lasse mich am Strand von der Sonne trocknen und packe meine Sachen in den Sarong, den ich auch als Strandtasche benutze.

In Krabi dusche ich mich ausgiebig und mache mich auf, den Nachtessensmarkt zu erkunden, von dem Marcia begeistert war. Dort stehen die Stände dicht an dicht, Gasflaschen auf dem Boden, angeschlossene Lampen werfen unterschiedlich hellen Schein auf vielerlei Sorten von Speisen, von denen ich viele noch nie gesehen habe. Fisch? Fleisch? Gemüse? Scharf? Süß? Keine Ahnung – und die Verständigung läuft mit Händen, Füßen und einigen Missverständnissen. Neben mir beißt eine blonde Touristin mit Rastazöpfen herzhaft in etwas, was ich nicht näher definieren kann, kaut und schluckt – und bricht fast zusammen: Sie lässt den Rest des Happens fallen, ihre Augen tränen, die Nase läuft, sie röchelt.

Das ist mir auch passiert an meinen ersten Tagen und Wochen in Thailand: ein Gefühl, als würde sich die Schleimhaut im ganzen Mund ablösen. „Du hast etwas Mörderscharfes erwischt, oder?", frage ich sie auf Englisch, sie nickt, während ihr die Tränen über die Wangen rinnen. „Bin gleich wieder da", verspreche ich ihr, reiche ihr schonmal eine Serviette und hole schnell eine Banane. Die kriegt sie als erstes, dann ordere ich eine Schale blanken Reis. „Iss das, das hilft", sage ich, und kann nachempfinden, wie auf ihre geschundene Mundschleimhaut jetzt weiche, süße, neutralisierende Banane trifft. Es lindert wirklich die ärgsten Schärfe-Pfeile, und sie tupft sich mit der Serviette das Gesicht ab. „Kennt jeder hier", sage ich lächelnd und klopfe ihr auf den Rücken. „In zehn Minuten ist es vorbei. Kauf dir ein Eis, das tut auch gut. Und trink auf keinen Fall Wasser, das bringt gar nichts." Sie keucht auf Deutsch „danke" hervor, geht langsam weiter und winkt mir nochmal zu.

Ich beschließe, nicht ganz so experimentierfreudig zu essen, und finde auch hier eine Frau, die hervorragende Fischbällchen macht. Nach dieser köstlichen Vorspeise besorge ich mir gebratenes Gemüse mit Knoblauch und Meeresfrüchten in einer würzigen, dunklen Soße, die ebenfalls mit kleinen Chilistücken ordentlich geschärft ist. Inzwischen halte ich das gern aus und tunke sie mit dem klebrigen Reis, den ich als Beilage bekomme, auf. Als Nachtisch vertilge ich ein paar Pomelo-Stücke auf einem Mäuerchen.

Bei einem Typen, der mir freundlich zuzwinkert und „Homemade special Icetea" anbietet, hole ich mir einen Becher mit dem lustig aussehenden Getränk, das mit Zitronenschnitzen und Melonenstücken garniert ist. „No alcohol?", frage ich, er schüttelt lächelnd den Kopf. „Nooooo alcoholll, just niiiiice taste", sagt er langgezogen und grinst mich an. Ich verstehe zwar nur die Hälfte, grinse einfach zurück und ziehe im Weitergehen immer wieder einen Schluck aus dem Papierhalm. Es schmeckt gut, nicht zu süß, mit einem erdigen Unterton – ein besonderer Tee vielleicht, überlege ich, und flaniere weiter, ehe ich wieder kehrt mache, um nochmal durch die Gassen des Markts zu laufen. Jetzt staune ich über das nahezu unirdische Hellrot, die Melonenstücke strahlen im Licht der Lampen über den Essensbuden. Sie scheinen zu vibrieren in einem besonderen Rhythmus, ich schnipse ihn mit, weil sich das genau richtig anfühlt.

Außerdem kribbeln meine Finger, sie scheinen stärker durchblutet als sonst: Ich kitzelschnalze den Takt. Das sieht sehr lustig aus, ich kichere, vor allem, als ich sehe, wie der Topf einer Köchin sich im gleichen Rhythmus aufbläst und wieder abschwillt. Ich kann den Rhythmus steuern: Wenn ich langsamer schnalze, wächst und schrumpft ihr Topf langsamer, wenn ich den Takt erhöhe, überträgt sich auch das. Ich muss noch mehr lachen. Der Köchin scheint das auch zu gefallen, denn auch sie lacht und schaut auf ihre ebenso pulsierende Hand, die noch größer ist als der Kochtopf. Hellblaue und gelbe Girlandenmuster laufen über ihre Haut, immer schneller, immer wilder. Auf einmal sieht es aus, als würden Schlangen ihre Arme emporgleiten, und ich bekomme Angst. Die Schlangen züngeln in meine Richtung, sie werden jetzt schneller und dicker, winden sich zu mir und haben Augen, die wie die von Kaa aus dem Dschungelbuch aus sich drehenden Spiralen bestehen. Ich gehe weiter, schaue woandershin. Aber sogar mit geschlossenen Augen sehe ich riesige Spiralenaugen und schuppige Zungen, die sich immer wieder teilen und in meine Richtung zucken. Ich stolpere über einen Eimer, falle hin, stehe wieder auf. Mir wird schlecht, wie sehr, merke ich erst, als ich mich bereits hinter einen Strauch am Rand des Markts übergebe.

Zittrig setze ich mich auf eine Bank, zu meinen Füßen wabern Netze, die sich wölben und blähen und zusammenschnurren, in Neonfarben flackern und sich langsam beruhigen. Ich bewege mich kaum, warte einfach. Die Muster auf dem Boden werden wieder zu Spalten im Beton, aus denen Gräser wachsen.

Für das Ganze gibt es nur eine Erklärung: Habe ich Magic Mushrooms erwischt? Die sind eigentlich verboten, werden allerdings unter der Hand verkauft – aber ich wollte ja gar keine. Noch einmal wallt die Übelkeit auf, und ich muss mich nochmal erbrechen, ich schaffe es gerade noch zu einem Gullydeckel. Danach lässt das flaue Gefühl langsam nach, so dass ich weitergehen kann, mir eine Cola hole und dann langsam wieder in mein Quartier zurückkehre.

In meinem Bett trinke ich in kleinen Schlucken das kalte Getränk – das tut gut. Trotz des Koffeins fühle ich mich steinmüde, schaffe es gerade noch, die Zähne zu putzen, und falle beim Berühren des Kissens in tiefen Schlaf.

Neben meinem Bett öffnet sich eine breite Flügeltür, die Sonne scheint hell auf einen Strand, der direkt vor meinen Füßen beginnt – ich stehe auf und laufe auf dem hellen Sand, der angenehm kühl wirkt, obwohl die Sonne schon hoch am Himmel steht. Palmen wippen im leisen Wind, ich laufe am Rand des Wassers entlang auf eine Hügelkette zu, die unglaublich schnell näherkommt. Ein besonders geformter Fleck mit einer goldenen Mitte erregt meine Aufmerksamkeit, und ich steuere darauf zu: der Eingang zu einer Höhle, wie ich gleich darauf sehe. Daraus kommt ein Leuchten, das mich anlockt. Nach einem offenen Bereich verengt sich die Höhle zu einem Gang mit marmorglatten Wänden, die das Licht reflektieren. Gleichzeitig wird das Leuchten immer intensiver, ohne zu blenden, und dann stehe ich in einem großen Saal. Auf einem Podium sitzen in weißen Sesseln zwei Menschen – es sind Ada Lovelace und Charles Babbage, wie ich sofort erkenne. Beide haben je ein dickes, flauschiges, weißes Huhn auf dem Schoß, das sie mit ihren Händen, die in weißen Handschuhen stecken, streicheln. „Komm programmieren", sagen sie in dumpfem Ton, bevor eine Welle aus Nullen und Einsen hinter ihnen die Höhlenwand herunterflutet und mich zu verschlingen droht.

Schweißgebadet fahre ich hoch, mein Herz klopft wie irre und ich habe einen ekelhaften Geschmack im Mund.

In meiner Colaflasche ist noch ein Rest, den stürze ich runter, und spüle mit reichlich Wasser nach – zum Glück habe ich mir als allererstes nach dem

Ankommen ein Sixpack große Flaschen gekauft. Meine Güte! Was habe ich da für einen Drink erwischt. Um Magic Mushrooms mache ich immer einen großen Bogen. Ich kann es gar nicht leiden, wenn meine Synapsen anders verstöpselt werden. Ich fahre mir durch die Haare und lasse mich wieder auf mein Kissen fallen. Hoffentlich muss ich nicht wieder in die Höhle, denke ich noch, und gleite wieder in den Schlaf.

Falls ich etwas geträumt habe, kann ich mich nicht erinnern. Den Tag verbringe ich vor allem im Bett, hole mir nur Salzcracker und Cola und schlafe die meiste Zeit.

Am Morgen danach wache ich früh und stocknüchtern auf. Oweiowei – was für eine Rausch-Achterbahn das war! Ich schüttle mich und stelle mich unter die kalte Dusche. Magic Mushrooms, ohne es zu wollen – habe ich unwissentlich einen Code benutzt, den ich nicht kenne? Dass mir sowas passiert, als Reise-Profi, unglaublich.

Heute brauche ich ein ausgleichendes Programm, keine Exzesse, keine unbekannten Getränke. Also nehme ich einen Mini-Bus zum Tiger Cave-Kloster in einem Tal, das man durchwandern kann, in dem Mönche leben. Ein Ziel, das nicht nur mich anlockt – eine ganze Reihe von Kleinbussen ist mit uns unterwegs. Eine Treppe mit über 1200 Stufen führt nach oben, auf der einiges an Abfall herumliegt. Es gibt auch Abfalleimer, aber auch eine ganze Reihe an Kapuzineräffchen, die in den Hinterlassenschaften der Besucher herumwühlen, die Einwickelpapierchen von Schokoriegeln abschlecken und aus Cola-Dosen noch den letzten Tropfen der zuckersüßen Flüssigkeit raussüffeln. Sie sind die menschlichen Kollegen gewöhnt, die hier auch unterwegs sind, und lassen sich von den Entzückensschreien und unzähligen Handys, die auf sie gerichtet werden, kaum aus der Ruhe bringen.

Ich mache auch ein paar Fotos, als ein Affe zielgerichtet auf mich zugerannt kommt und sofort versucht, den Klettverschluss meines rechten Schuhs aufzumachen. Ich stemme meinen Fuß ganz fest hinein und sage ihm deutlich, dass das mein Schuh ist, den er nicht bekommt. Doch er zerrt und zupft immer weiter, hat den Verschluss ganz geöffnet und aus den Laschen gezogen. Ich zische ihn an, und irgendwann trollt er sich. „Du bist ganz schön mutig", sagt ein junger Mann mit strubbeligen Haaren und einem riesigen Adler-Tattoo quer über seine Brust. „Der hätte dich auch beißen können." Ich lächle und nicke ihm zu. Mit Mut hatte das aber rein gar nichts zu tun – an diese Möglichkeit habe ich in dem Augenblick einfach nicht gedacht. Ich wollte nur auf keinen Fall meinen Schuh hergeben. Mir richten sich im Nachhinein noch ein bisschen die Nackenhaare auf beim Gedanken an keimtriefende Affenzähne.

Diese Gedanken verfliegen schnell, als ich Stufe für Stufe den Weg nach oben nehme. Zum Glück habe ich mich für einen frühmorgendlichen Ausflug entschieden, denn schon jetzt ist es ziemlich heiß und anstrengend – mittags wird es noch heftiger sein, denke ich, und nehme mal wieder einen Schluck aus meiner Wasserflasche.

Oben fühle ich mich absolut belohnt für alle Strapazen: Der Rundblick ist umwerfend, ich sehe Inseln im bilderbuchblauen Meer, umgeben von Mangroven, das Waldgebiet, kleine Menschen, die den Aufstieg noch vor oder gerade schon hinter sich haben. Und die große Buddha-Figur hier oben ist ebenfalls beeindruckend: Was es für eine Anstrengung gewesen sein muss, die hier oben zu errichten, kann ich nur erahnen. Ich mache ein paar Fotos und genieße dann den Ausblick ohne ein Gerät vor den Augen.

Obwohl ich oft und gern allein verreist bin, gibt es Momente, in denen ich ein Gegenüber vermisse: Über diesen Ausblick, diese Eindrücke würde ich jetzt gern mit jemandem reden. Seit längerem bin ich ganz allein – gleichzeitig ein Genuss und eine Herausforderung, wieder in das Reisen und Entscheiden ohne Mitbewohner oder Working-Space-Nachbarn reinzukommen. Dieses Mal fiel mir der Abschied von Bangkok auch viel schwerer als von Sydney: Wenn man geht, weil man genervt ist, ist das natürlich leichter. Jetzt fehlen mir Marcia und Chuck und unsere Runde mit den Nachbarn aus anderen Büros. Vielleicht schaue ich mir nachher ein paar Folgen einer meiner Lieblingsserien an. Wenn ich „The Big Bang Theory" sehe, fühle ich mich zurückversetzt in meine Studi-Zeit. Alle möglichen Serien haben Lola und ich früher gemeinsam in der WG an verregneten Wochenenden geglotzt.

Ich nehme mir eine Audio-Notiz auf – auch das eine Art der Kommunikation – und mache mich auf den Weg zurück. Jetzt immer mit ein bisschen Sicherheitsabstand zu den Äffchen.

1.4 I have a stream
– Digitale Medien

Posted by Ada L.   25. Februar

Lieber Charles,

Gestreamte Musik und Videos gehören zum Alltag aller digital Natives, also der Personen, die mit dem Internet aufgewachsen sind: Es ist völlig selbstverständlich, auf diese Weise Filme anzuschauen, Musik zu hören, Bilder zu machen und zu verschicken. Die Frage, woher diese Medien kommen und wie sie funktionieren, stellen sich die wenigsten; außer, wenn sie sich einen entsprechenden Anbieter suchen müssen. Dabei geht es meist nur um die finanzielle Frage. Auch wenn sie – ohne groß nachzudenken – elektrische Geräte benutzen, machen sich doch viele Leute Gedanken über nachhaltige Energieerzeugung. Bei Strom ist klar, er wird in Kraftwerken erzeugt. Umweltschädliche Kohlekraftwerke oder Atomkraftwerke haben keinen guten Ruf.

Woher die Bilder, Töne und Videos kommen, also nicht von welchem Dienstleister die Technik bereitgestellt wird, sondern wie sie erzeugt und übertragen werden: Dafür scheint sich kaum jemand zu interessieren. Man könnte meinen, dass viele Leute die Existenz dieser Medien für eine Selbstverständlichkeit halten, wie die Luft zum Atmen.

Dabei steckt nicht nur hinter der kreativen Produktion von Serien und Musik eine ganze Industrie, sondern auch hinter der Technik. Die Bereitstellung und Übertragung der Daten beim Streamen und auch die Wiedergabe verbrauchen einen Großteil des produzierten Stroms und sind somit mitverantwortlich für die Klimakrise. Auch viele umweltbewusste Menschen sehen sich täglich stundenlang Streaming-Videos an. Was ganz deutlich zeigt, dass der technische Aspekt der digitalen Medien oft ausgeblendet wird. Höchste Zeit also, einen genaueren Blick darauf zu werfen, wie digitale audiovisuelle Medien funktionieren.

Streaming von Videos und Musik verbraucht Strom und ist deshalb schädlich für das Klima, solange kein Ökostrom dafür eingesetzt wird. Entscheidend ist auch der Übertragungsweg. So ist die Glasfasertechnologie umweltfreundlicher als die Übertragung mit Kupferkabel. Mehr Treibhausgasemissionen entstehen, wenn mit Mobilfunk gestreamt wird. Je neuer hier die Technologie ist, desto besser. So ist 5G leistungsfähiger als 4G oder 3G.

Von meinem Ausflug mit dem tollen Ausblick zurück, beschließe ich, mir eine Kneipe mit Live-Musik zu suchen. Langsam schlendere ich an weiteren Ständen vorbei, an denen es Kleidung und allerhand Flitter und Tand für Touristen zu kaufen gibt, und sehe dann eine Reihe von Bars, in denen schon viele Leute sitzen. An vielen Abenden bin ich voller Freude in so eine Runde gesprungen, auf Reisen fällt es mir meistens leicht, Kontakte zu knüpfen. Heute bin ich ein bisschen scheu, merke ich, der Plan mit der Band ist da wahrscheinlich genau richtig.

In dem Moment sehe ich die blonde Rasta-Frau, die mir zuwinkt: „Hallo, Retterin! Karla, schau mal – sie hat mir so lieb beigestanden, als ich das scharfe irgendwas gegessen hatte. Darf ich dir ein Getränk spendieren?", fragt sie mich. Neben ihr sitzt eine junge Frau mit schwarzem Prinz-Eisenherz-Haarschnitt, in dem einige sauber definierte violette Strähnen aufleuchten. „Gern", antworte ich, und kurz darauf prosten wir uns mit Mojitos zu – die gibt es auch in Südostasien.

Franziska heißt die Rasta-Frau, sie und ihre Freundin Karla stammen aus Karlsruhe, sie kennen sich seit ihrer Schulzeit. Inzwischen ist Franziska in Leipzig und Karla in Berlin gelandet. Schon ewig wollten sie zusammen eine

Fernreise machen, erzählen sie. „Und jetzt hat es endlich geklappt", Franziska strahlt. Die beiden haben nur noch sieben Tage bis zu ihrem Rückflug und wollen die ganz geruhsam verbringen – sie wollen auf irgendeine Insel, haben aber noch nichts fest gebucht. Ich erzähle ihnen von Ko Lanta, der Insel, die mir Marcia empfohlen hat, und lade sie ein, auch dorthin zu fahren, und sie stimmen spontan zu. Ich freue mich: Nette Gesellschaft ist mir recht im Moment, und wenn wir doch nicht klarkommen sollten – ein anderes Resort mit etwas Abstand ist schnell gefunden.

Ein fast durchsichtiger Gecko sitzt an der Wand, als ich mich mit meiner frisch aufgeschnittenen Ananas an den Tisch auf der kleinen Veranda setze. Er tut so, als wäre er ein Teil der Mauer, und ich beobachte ihn, während ich frühstücke. In meiner ausgeblichenen pastellgrünen Plastiktasse dampft der heiße Instant-Kaffee, ich rühre Milchpulver hinein und nehme den ersten Schluck. Morgens will ich trotz der Hitze einen Kaffee haben, an die Instant-Variante habe ich mich inzwischen gewöhnt.

Noch sind die Touristenscharen nicht hier unterwegs, noch sind die Strände ziemlich unaufgeräumt, und ich habe ein genaueres Bild der Plastikmüllberge im Meer, als mir lieb ist. Dafür kann ich morgens einen einsamen langen Strandlauf machen.

Hier gefällt es mir richtig gut. Ich habe eine kleine Hütte auf Stelzen gemietet, keine 100 Meter vom Strand entfernt, Franziska und Karla wohnen nebenan. Jedes Häuschen hat eine kleine Terrasse, auf meiner sitze ich, wenn mal ein Regenguss aufs Dach prasselt und die lehmigen Wege in roten Matsch verwandelt, der mir in meinen Flipflops durch die Zehen quatscht.

Eigentlich wollte ich zwei Wochen gar nichts tun, aber einige Stammkunden haben mich um dringenden Einsatz gebeten, so dass ich mir doch etwas Arbeit mitgenommen habe. Wie in Sydney und in Bangkok nütze ich vor allem die Morgenstunden, um etwas zu schaffen, und ich arbeite ein paar Anleitungsschritte ab. Wenn es tagsüber zu heiß wird, besteht meine Sport- und Schönheits-Einheit vor der Arbeit oft in zwanzig Minuten Yoga-Übungen im ersten Sonnenlicht, bevor ich mich ans Übersetzen mache.

Dann frühstücke ich meine Ananas und etwas Papaya, dazu schaue ich mir meinen Stamm-Gecko ganz genau an – ich tue zumindest so, als wäre es immer derselbe. Einmal lässt er seine lange klebrige Zunge hervorschnellen und schnappt sich eine kleine Fliege. Fasziniert sehe ich zu, wie sein Verdauungssystem in Gang kommt: So durchsichtig ist der kleine Kerl.

Eine kleine Pause vom Bildschirm und ein bisschen Bewegung tut Not, daher bringe ich mein Frühstückstablett zurück ins Hauptgebäude, ein großes Haus mit offenen Wänden. Dann drehe ich eine flotte Runde am Strand und mache mich an einige kniffligere Abschnitte in einer Anleitung für Mobile Homes. Nur Urlaub zu machen, das schaffe ich gerade nicht. Immerhin: Falls mir das zu technisch ist, habe ich mir ein paar Gedichte mitgenommen, die ich nur für mich übersetze.

Manchmal übersetze ich sogar richtig berühmte Autoren und Autorinnen wie Ralph Waldo Emerson oder Emily Dickinson – die verehre ich zutiefst. Natürlich sind die schon längst meisterhaft übersetzt, aber ich mag es, selber nochmal die Originalverse zu erkunden, zu schmecken, ob es noch ein treffenderes Wort gibt.

Das sind meine Fingerübungen für schöne Sprache, berauschende Wendungen und etwas mehr blumige Ausdrücke als in den technischen Texten. Doch auch da ist es für mich eine Herausforderung, anschaulich und sprachlich korrekt zu formulieren, damit die Benutzerinnen und Benutzer verstehen, was zu tun ist. Das ist ja beileibe nicht bei allen Gebrauchsanleitungen so. Aber meine Kunden legen Wert auf diesen Service und lassen sich das auch was kosten. Gut für mich – und ich hoffe, auch gut für die Anwenderinnen und Anwender.

Inzwischen gibt es viele Gebrauchsanleitungen als App oder auch als Anwendung im Virtuellen Raum (VR): Dann setzen sich die Anwender eine Brille auf und werden durchs Menü oder durch die einzelnen Installationsschritte gelotst. Dass der Text, der dazugehört, auch gut klingt, das ist meine Aufgabe. Manche Unternehmen machen sich nicht die Mühe, das auch sprachlich korrekt und im besten Fall auch geschmeidig zu gestalten. Andere schon, und die engagieren solche Leute wie mich.

Ich klappe mein Laptop wieder auf und lege nochmal los. Und erlaube mir nach einer weiteren Arbeitseinheit wieder eine Pause: Im Bikini greife ich mir Schnorchel und Brille, hüpfe die leicht ungleichmäßigen Stufen hinunter und bin schon im Wasser und schwimme die ersten Züge. Auch wenn ich inzwischen schon oft hineingetaucht bin: Die Unterwasserwelt hier ist prachtvoll, das lässt mich jedes Mal wieder staunen. Das Wasser ist glasklar, der Boden steinig und sandig, und es gibt unglaublich bunte Fische. Einem schwarzen kleinen Fisch, der neugierig auf mich zusteuert, halte ich meinen Zeigefinger hin – wie wenn man einen Hund kennenlernen möchte, den man erstmal an der Hand schnuppern lässt. Der Fisch ist allerdings nicht an Freundschaft, sondern an Essbarem interessiert, und beißt mir in die Fingerkuppe. Also lieber keinen zu engen Kontakt mit der hiesigen Tierwelt, denke ich, und kurve weiter.

Jäh fällt unter mir der Meeresboden ab, in einer tiefen Stufe, und ich sehe emsiges Gewusel und Unterwasserpflanzen, die in der Strömung hin und her schwanken. Ein wohlbekannter eiliger Schwarm von kleinen silbernen, pfeilförmigen Fischen biegt abrupt vor mir nach unten ab und saust weiter. In mir perlt ein Urlaubsglück nach oben, ich schwimme jetzt zügig und sehe meinen Schatten über die Unebenheiten am Boden segeln. Super – im Meer zu sein, in Thailand, abertausende von bunten Fischen unter mir, imposante Wolken am Himmel über mir. So eine Art von Pause ist in einem normalen Büro halt nicht drin, denke ich und lächle in die Welle, die mir sanft ins Gesicht klatscht.

Wieder vor meiner Hütte angekommen, scheuche ich ein paar Kakerlaken aus meinen Flipflops. Zum Glück gibt es gerade Leitungswasser – das ist in diesem Resort nicht immer so. Damit spüle ich mir unter der Dusche das Salzwasser ab und schlüpfe in mein rotes Lieblingskleid. In der Nachbarhütte sind inzwischen Karla und Franzi aufgewacht, sie laden mich zu meinem zweiten, ihrem ersten Kaffee ein, und ich setze mich zu ihnen.

„Na, heute schon übersetzt?", fragt mich Karla, die selbst in tropisch-feuchter Hitze ihren unglaublich glatten schwarzen Pagenkopf trägt, in dem die violetten Strähnchen manchmal neongrell in der Sonne leuchten. „Tatsächlich habe ich schon ein bisschen was gemacht", antworte ich, und Franzi schaut ungläubig. Sie ist eine ausgeprägte Langschläferin und versteht es überhaupt nicht, dass ich freiwillig früh aufstehe. „Ist doch dei' Urlaub, Alter", sagt sie, ihr badischer Dialekt schimmert leicht durch, und schüttet mir Kaffee nach: Der Pulverkaffee fließt hier aus einer etwas angeschabbelten hellblauen Plastikkanne, dazu gibt es Kaffeeweißer, den ich in die Tasse rieseln lasse. Für echte Espresso-Gourmets eine unsägliche Angelegenheit, aber auf meinen Reisen habe ich mir schnell abgewöhnt, zu viel zu erwarten. Ich freue mich, überhaupt einen zu kriegen.

„Genau, es ist mein Urlaub, und ich habe mir für die Zeit hier vorgenommen, mit meinem Hobby-Projekt weiterzumachen: Ich habe einen Blog angefangen, der erklärt, was die digitale Welt im Innersten zusammenhält", sage ich. „Boah, ich frühstücke noch", sagt Franzi, aber Karla lächelt mich an: „Erzähl."

Ich berichte von meiner Idee, von der Szene mit meiner Nichte Emilia und Jakob und Almut, und von meinem Vorbildern Ada Lovelace und Charles Babbage. Auch Karla hat von Babbage und Lovelace noch nichts gehört, kennt aber Turing – „der Film mit Benedict Cumberbatch, oder?". Dank Filmen hat Turing eine breitere Bekanntheit bekommen, andere wichtige Wegbereiter sind noch wenig bekannt. Wenn es nach mir geht, soll sich das ändern – und unter anderem auch dafür blogge ich, aber vor allem, um die scheinbar hohe Schwelle vor technischen und digitalen Zusammenhängen schön nach unten zu drücken.

„Seit ich als Nomadin unterwegs bin, ist das mit dem Bloggen noch wichtiger geworden für mich. Schon vorher habe ich immer gern geschrieben, Tagebuch, Notizen an mich und andere, und Bloggen ist eben nochmal eine neue Form. Mein neuer Blog zeigt ganz simpel, was in der digitalen Welt wichtig ist, für jeden und jede verständlich", versuche ich, zu erklären, worum es mir geht..

Karla blinzelt in die Sonne und nickt: „Postlagernd.org – schau ich mir an", verspricht sie. Franziska löffelt etwas Suppe aus ihrer Schale. Sie liebt thailändisches Essen, ist aber bei der Schärfe seit Krabi etwas vorsichtiger geworden. „Könnte ich als Technik-Honk das auch verstehen?", will sie wissen. „Klar", sage ich, „genau für Leute, die keine Profis sind, ist mein Blog gedacht – für Leute, die Fragen haben. Ich meine, du hast sicher auch schon oft darüber gerätselt, warum manchmal auf einem Kassenzettel statt Ö oder scharf-ß ein ganz seltsames Zeichen gedruckt ist, den Eintrag dazu kannst du schon online lesen. Auf der Liste habe ich noch einiges, zum Beispiel darüber was es mit dem Darknet auf sich hat: Jeder hat es schon gehört, aber was das genau ist und was da alles abgeht. Das ist nicht nur Waffen und Porno, allerdings schon auch, und darüber gibt es dann auch mal einen Blogeintrag", sage ich zu ihr gewandt. „Ja, wirklich – das habe ich mir schon oft gedacht und hab das dann aber immer aus den Augen verloren", jetzt ist sie interessiert. „Könntest du vielleicht auch noch was machen, warum in Deutschland der Handyempfang immer noch an so vielen Stellen nicht funktioniert – aber in Finnland oder sonstwo im Ausland in der hintersten Pampa schon?", fragt sie. Ich verspreche ihr, darüber nachzudenken – konstruktive Anregungen sind immer willkommen. Oft kommen aus den Kommentaren auch weitere Fragen, die mich direkt ins nächste Thema tunken.

„Und eine Frage hätte ich noch", legt Franzi nach. „Ich hab hier doch so eine Smartwatch, die sich eigentlich mit meinem Handy synchronisieren sollte. Aber ab und zu spinnt diese Funktion", sie ruft die App auf, die normalerweise Daten von ihrer Smartwatch empfangen und in eine Statistik einordnen sollte. Dann kann sie über die Zeit die Entwicklung von diversen Fitness-Markern beobachten.

Innerlich seufze ich leicht: Das ist das Problem, wenn man sagt, was man von Beruf ist. Sicher kennen das vor allem Ärzte, denen Leute auf Sektempfängen ungefragt bedenkliche Leberflecken am Bauchnabel (wenn der Arzt noch Glück hat) zeigen, oder Dentisten, denen ihr Gegenüber auf einer Vernissage mit verwaschener Aussprache und zwei Fingern in der Wange eine vielleicht kariöse Stelle am hintersten Backenzahn unter die Nase hält. Bei mir sind es Smartphone oder eben -watch, Laptop oder Tablet: Irgendwas macht Sperenzchen, ich sage das übliche: aus- und wieder anschalten. Manchmal liegt es an irgendwelchen Einstellungen. So ist es auch in diesem Fall: Franzi musste dem Phone noch einmal erlauben, die Daten von der Uhr zu empfangen und zu verarbeiten. Wobei ich fair sein will: Oft ändern sich bei Handys oder mobilen Diensten die Rahmenbedingungen. Die Auswirkungen auf einzelne Vorgänge sind nicht immer leicht zu durchschauen. Außerdem freue ich mich ja, wenn ich jemandem helfen kann.

Franzi hüpft mit ihrer wiederbelebten Phone-Watch-Kombination davon, sie will gleich mal ein kleines Workout machen und das Ergebnis hochladen. „Sonst hält mich meine Uhr ja für eine faule Sau", ruft sie. Ich lächle und ziehe die Augenbrauen hoch. „Aber letztlich zählt doch, wie fit du wirklich bist, und nicht das, was ein Gerät von dir glaubt, oder?" Franzi grinst mich über die Schulter an, hält kurz inne und zuckt mit den Schultern. „Eigentlich schon, aber es gibt mir inzwischen auch ein gutes Gefühl, zu sehen, wie ich besser werde", sagt sie und läuft los.

Karla mustert mich unter der hochgeschobenen Sonnenbrille schon eine ganze Weile. „Alles okay?", frage ich schließlich. „Hmmmmmm", macht sie. Nimmt dann die Brille vor die Augen und verkündet, sie will allein ein Runde spazieren gehen. Ich nutze die Zeit für einen kleinen Blog-Eintrag – genau, um digitale Fotos und Filme wollte ich mich kümmern – und lege los, in Gedanken an Charles Babbage, der ganz schön staunen würde, wenn ihm Ada ein kleines Video aus Thailand schicken würde. Nebst der Empfehlung, sich unbedingt mal den Film „The Imitation Game" über Alan Turing anzuschauen.

1.5 Früher war mehr Pixel
– Digitale Bilder

Posted by Ada L.   1. März

Lieber Charles,

ich wünschte, Sie könnten ein digitales Foto vor sich sehen, es vergrößern, und mit mir staunen, wie viele Details es zeigt. Dabei ist jedes Bild aufgebaut aus kleinen Bausteinen: den Pixeln. Beginnen wir also mit dieser kleinsten visuellen Einheit eines Bilds, mit dem Pixel: Das Wort ist eine Verschmelzung der Begriffe Picture und Element, eben der atomare Baustein eines Bildes. Wie bereits erklärt, kann man auf monochromen Bildschirmen einen hellen und dunklen Bildpunkt mit einem Bit repräsentieren. Kommt Farbe ins Spiel, wird es komplizierter, man muss jeweils eine Farbe mit einer Nummer indizieren. Dafür gibt es zahlreiche Verfahren. Eine Farbe auf dem Screen oder Fernseher wird als RGB-Wert übertragen. Dies war bereits beim analogen Fernsehen so. Das hat mit der Eigenschaft des Lichtes und mit der Physiologie des Auges zu tun. Weißes Licht besteht aus einzelnen Spektralfarben, die zusammen weiß ergeben. Im Regenbogen werden die einzelnen Farben sichtbar, aufgrund der Brechung. Eine weitere physikalische Erklärung führt hier allerdings zu weit.

RGB steht für Rot, Grün und Blau, die drei Grundfarben der additiven Farbmischung. Strahlen drei Lampen mit diesen Farben in der gleichen Intensität übereinander, ergibt sich weißes Licht. Durch die Helligkeitsregelung der einzelnen Lampen kann man beliebige Farben erzeugen. Mischt man Rot mit Blau, ergibt sich Violett. Mischt man Rot mit Grün, ergibt sich Gelb.

Das klingt erst einmal verwunderlich, da man mit dem Malkasten andere Erfahrungen gemacht hat: Mit Wasserfarben bildet sich bei dieser Mischung eine Art Graubraun, was Kinder oft frustriert, wenn sie bunte Bilder malen möchten. Mit dem Malkasten arbeitet man allerdings mit subtraktiver Farbmischung: Wenn weißes Licht auf eine rote Fläche fällt, so wird im Farbpigment der nicht-rote Anteil des Lichts verschluckt und das verbleibende Licht zurückgeworfen. Die Grundfarben bei der subtraktiven Farbmischung sind beim Malkasten Rot, Gelb und Blau. Die Drucker nehmen Magenta, Gelb und Cyan. Diese drei Farben übereinander sollten eigentlich Schwarz ergeben. Jedoch sind die Farben nie so deckend und rein, so dass die Drucker noch Schwarz als Druckfarbe hinzugeben. Dies ist das sogenannte CMYK-Verfahren (<u>C</u>yan, <u>M</u>agenta, <u>Y</u>ellow, blac<u>k</u>).

In der digitalen Welt wird das beim Desktop-Publishing angewendet, wenn man Entwürfe für den Druck am Computer erstellt und diese dann drucken will. Die Farbpatronen der Tintenstrahldrucker enthalten diese Farben.

Auf dem Screen werden die Farben allerdings mit der additiven Farbmischung erzeugt: Alle Bildschirme bestehen aus rasterförmig angeordneten Bildpunkten, die ihrerseits wieder aus drei kleinen Lampen für Rot, Grün und Blau bestehen. Heutzutage sind diese nahezu unsichtbar, da man eine sehr hohe Auflösung an Bildpunkten hat.

Man misst die Punktdichte mit der Einheit ppi, Pixel per Inch. Ein Handy (iPhone 12) mit einem Retina-Display hat beispielsweise 460 ppi. Auf einem Inch (2,54 Quadratzentimeter) sind also 460 kleine Punkte angeordnet, die ihrerseits wieder aus drei Lampen bestehen, sogenannten OLEDs, organischen LEDs. Dies ist wiederum eine Abkürzung für Light Emitting Diode, Leuchtdiode. Da man diese Pixel eigentlich nicht mehr mit blankem Auge sehen kann, zumindest im normalen Leseabstand, spricht man von einem Retina-Display.

Die Retina ist die Netzhaut des Auges. Sie enthält Fotorezeptoren, die Licht in Nervenimpulse umwandeln, unter anderem die sogenannten Zapfen. Sie reagieren auf die Farben Rot, Grün und Blau. Im Retina-Display ist die Dichte an Dioden so hoch, dass die Netzhaut keine Unterschiede mehr erkennen kann: Das Bild erscheint so nicht mehr abgestuft oder „gepixelt", sondern gestochen scharf.

Eine weitere wichtige Maßeinheit ist die Auflösung in Anzahl Pixel pro Breite und Höhe des Screens. Diese ist unabhängig von der Größe des Screens, im Gegensatz zu der Punktdichte. Die Auflösung sagt nichts über die Pixeldichte aus. Für gängige Auflösungen gibt es Bezeichnungen: Full HD bedeutet, der Screen hat eine Auflösung von 1920 x 1080 Pixel. 4K steht für 4096 x 2160 Pixel, wobei 4K für Vier Kilo-Pixel, also 4000 Punkte in der Breite steht. Es gibt auch Fernseher mit 8K (7680 × 4320). Vermutlich wird die Auflösung, bedingt durch den Kommerz, immer weiter steigen, auch dann, wenn man irgendwann absolut keinen Unterschied mit dem Auge wahrnehmen kann. Hier stellt sich die Frage nach der Nachhaltigkeit.

Sehen wir uns einen Pixel aus der Nähe an: Er kann für seine drei Lampen Rot, Grün und Blau unterschiedliche Helligkeiten annehmen. Die Helligkeit einer Lampe wird meist in einem Byte codiert. Somit ergeben sich 256 verschiedene Helligkeitsstufen, 0 steht für: Lampe ist ganz dunkel, 255 für Lampe ist ganz hell. Man hat also mit drei Lampen 256^3 mögliche Farbmischungen: rund 16,7 Millionen Farben kann man darstellen. Die Abstufungen sind so fein, dass man hier von „True Color" spricht.

Interessant ist, dass man zwar sehr viele, aber eben nicht alle in der Natur vorkommenden Farben darstellen kann. Das wird einem klar, wenn man die Aufnahme eines Sonnenuntergangs in einem romantischen Film sieht und sich an einen echten Sonnenuntergang erinnert. Schon alleine die Leuchtkraft eines Fernsehers, also die Leuchtkraft der Pixel, ist viel geringer als die der echten Sonne. Vielleicht gibt es aber bald richtig gute Fernseher, bei denen man dann eine Sonnenbrille braucht. Neben den Auflösungen und den Pixeldichten versucht man nämlich auch, den Helligkeitsumfang beziehungsweise die Abstufungen der Lampen zu erhöhen, um so einen besseren Kontrast für die Bilder zu bekommen. So werden bei „Deep Color" 10 Bits und mehr verwendet. Bei Filmen spricht man von HDR (High Dynamic Range)-Videos.

Digitale Bilder sind aus einzelnen Bildpunkten (Pixeln) aufgebaut. Jedes Pixel besteht aus drei Farbkomponenten, Rot, Grün und Blau. Die Mischung der drei Farben ergibt die Farbe und Helligkeit des Pixels. Jede Farbe hat 256 Helligkeitsstufen, somit gibt es 16,7 Millionen mögliche Farben. In der additiven Farbmischung werden die Farbanteile addiert. Sind alle drei Farben maximal hell, mischen sie sich zu Weiß. Rot und Grün mischen sich zu Gelb.

Als Karla wiederkommt, hat sich auch Franzi wieder zu mir gesetzt und liest ein bisschen. Karla bittet mich um ein Gespräch unter vier Augen – das erste von einer ganzen Reihe. „Ich habe da eine Job-Idee für dich", beginnt sie. „Seit ein paar Monaten arbeite ich bei Moonshot in Deutschland, sagt dir das was?" Ich nicke: „Die US-Firma mit den Flugtaxis". „Genau, so in der Art. Wir haben ja eine ganz neue große Niederlassung in Brandenburg, gleich neben Tesla, und wollen wirklich groß in den europäischen Markt einsteigen. Und dazu brauchen wir jede Menge juristisches und technisches Hin und Her auf Deutsch und Englisch, vieles müssen wir auch aus rechtlichen Gründen auf Deutsch anbieten: Anleitungen, Sicherheitshinweise undsoweiter. Wäre das was für dich?"

Das haut mich ziemlich um: Moonshot ist ein ganz dicker Fisch. Wenn ich da den Fuß in der Tür hätte, wäre das eine echte Chance und eine Eins-A-Referenz. „Wow – natürlich, aber du kennst mich ja kaum", sage ich und lächle Karla fragend an. „Schon, aber ich habe ein gutes Gefühl – und wir müssen natürlich noch einiges klären." Sie lächelt auch, und wir sprechen ausführlich über meine Abschlüsse, meine bisherige Arbeit und den zeitlichen Rahmen.

„Einen Haken hat die Sache für dich vielleicht doch: Mindestens zum ersten Meeting, eventuell auch zu weiteren, wird erwartet, dass das Team nach Brandenburg kommt", sagt Karla. „Sogar in Zeiten von Video-Konferenzen und Online-Meetings?", frage ich. „Ja, das gehört zur Firmenkultur von Moonshot. Das ist jetzt in vielen Firmen zu beobachten, eine Art Gegenbewegung zu den ganzen Meetings im digitalen Raum. Die gibt es natürlich weiterhin, gerade bei uns mit den internationalen Standorten. Aber die Firma hält sich etwas darauf zugute, auch die Kultur des analogen Treffens hochzuhalten. Das heißt aber nicht, dass jede Woche ein Treffen vor Ort läuft. Könntest du dir das vorstellen? Wo wolltest du nach Ko Lanta hin, wieder nach Bangkok?" Ich erzähle Karla von meinem Coworking-Space, der sich gerade eh aufgelöst hat, und von meinem Traum, mit einem Bus durch Europa zu reisen, der durch ihr Angebot jetzt noch einmal viel verlockender wurde. „Das wäre doch was, und wenn du von Spanien oder Italien nach Brandenburg kommen sollst, bist du schnell im Flugzeug nach Berlin", sagt Karla, „oder im Nachtzug", ergänze ich. Karla verspricht, die Sache mit ihrem Team zu besprechen, und ich werde ihr die nötigen Unterlagen mailen. Beschwingt tanze ich in meine Hütte, um am Laptop das Nötige zusammenzustellen.

Nebenbei hat sie auch einen Erfinder aus Bayern erwähnt, der an der Entwicklung der Sitze für die europäischen Moonshot-Flieger mitarbeiten soll. Ich drehe mich noch einmal um und frage Karla nach dem Typen: „Der Erfinder, das ist doch nicht etwa Josef Kölbl?", frage ich, und Karla nickt überrascht: „Das ist jetzt nicht wahr, oder? Ist die Welt echt so klein?"

Josef Kölbl ist freier Dozent an der Uni Berlin, ich hatte einige Kurse bei ihm belegt. Weil wir beide die tiefe Begeisterung für die Geschichte des Computers und der digitalen Entwicklung teilen, hat er meine Masterarbeit mitbetreut. Er hat mich auch massiv ermutigt, das mit der digitalen Nomadin mal auszuprobieren. „Er hat mir neulich schon erzählt, dass er eine ‹super Sach› am Start hat, aber noch keine Details verraten darf, und er hat gemeint, dass für mich vielleicht auch was drin ist", erinnere ich mich. „Ja, dann sieht das doch gut für dich aus, wenn zwei Leute dich im Team haben wollen", Karla grinst mich an. „Deine Referenzen brauche ich aber trotzdem." „Kriegst du. Mensch, das ist ja echt heiß. Josef Kölbl ist auch bei Moonshot dabei." Ich schüttele lächelnd den Kopf.

Moonshot. Die Firma, die bald schon andere zukunftsweisende Elektromobilitäts-Unternehmen überflügeln könnte. Mit neuen Flugmobilen, die als Taxis ohne Stau von A nach B unterwegs sind. Direkt neben der großen Tesla-Fabrik in Brandenburg ist vor kurzem jetzt auch das europäische Werk von Moonshot fertig geworden, die Produktion läuft an, und für Übersetzungen von Patenten und Anleitungen und allen möglichen Texten brauchen die natürlich Leute.

Zwei Tage später kommt Karla grinsend und mit ihrem Handy winkend auf meine Terrasse rüber: „Bestell den Schampus, du bist jetzt auch ein Moonshot-ty", ruft sie, ich umarme sie spontan, und Franzi kommt mit drei Gläsern mit einem sehr roten, sehr alkoholischen Getränk in einer Karaffe hinterher. „Auf Moonshot", sagt Karla, „auf das scharfe Essen in Krabi", setzt Franzi dazu, und „auf euch und uns alle drei", schließe ich, bevor wir trinken. „Uaaah, da braucht man auch eine Banane und Reis zum Neutralisieren danach", Franzi schüttelt sich, und wir brauchen noch ein weiteres Glas von dem Getränk, um festzustellen, ob es jetzt wirklich ganz so ekelhaft schmeckt, oder ob man sich dran gewöhnt.

„So wie bei Club Mate", Franzi grinst, „trinkst du das auch so gern? Das ist doch das Nerd-Getränk." Ich erzähle von meinem ersten Kontakt mit der Freak-Brause, bei dem es mir tatsächlich so ging: Die erste Flasche schmeckte nicht besonders, aber nach etwas Gewöhnung „mag ich es recht gern. Aber ich habe in Deutschland nicht immer einen Kasten davon daheim stehen – und von dem hier werde ich auch keinen Kasten anschaffen", ich schwenke mein leeres Glas. „Ich hole noch eine Runde. Nochmal dasselbe oder mal was anderes?" Wir wechseln zu Gin Tonic und lachen uns schlapp über alle möglichen Geschichten. Als Franzi dann ihre Soundbox aufbaut und Playlists von ihrem Leipziger Lieblingsclub spielt, tanzen wir barfuß auf unserer Terrasse, wechseln dann zum Strand und üben uns in wilden Schritten, „Ausdruckstanz: Dreck dagegen", schreit Karla und macht einen so großen Ausfallschritt, dass sie das Gleichgewicht verliert.

Eine Gruppe schwedischer Rucksack-Urlauber kommt, angelockt von der Musik und unserem Gelächter, auch dazu, und wir kramen alle unser Tanzschul-Wissen raus und tanzen Cha-Cha oder Tango auf Songs von Björk, Astrud Gilberto und Adele, dass der Sand stiebt. Mit Sven, einem der Jungs, versuche ich, auf Ed Sheeran Polka zu tanzen, bis wir kichernd und voller Sand auf der Treppe zu unseren Hütten sitzen und uns gegenseitig Lieder vorsummen, die wir erraten müssen. Sven ist ziemlich gut, sowohl als Sänger als auch als Ratender, er kennt viele alte 80er-Hits wie „Relax" von Frankie goes to Hollywood, und summt gut erkennbar den Beatles-Song „Lucy in the Sky with Diamonds". Das eröffnet eine Runde Beatles-Lieder, die wir mitsingen. Dann irgendwann verabschieden sich die Schweden, ich schaue Sven etwas bedauernd nach, aber bin zu müde und zu angeschickert, um ihn aufzuhalten.

„Wie kommt die Musik über die Luft aus meinem Handy zu der Soundbox, Anna, das musst du auch mal erklären", fordert mich Franzi mit schwerer Zunge auf, als sie die Box einpackt und wir zusammen zu unseren Hütten gehen. „Kommt auf die Liste. Für heute erstmal gute Nacht", sage ich ihr, putze mir ganz kurz die Zähne, schmeiße den Ventilator an und falle ins Bett.

Ganz früh morgens bin ich schon wach, obwohl ich so spät ins Bett kam. Ich beschließe, als erstes ins Meer zu gehen und so hoffentlich meinen Brummschädel zu besänftigen. Als ich die ersten Schwimmzüge mache, sehe ich etwas weiter drüben einen bunten Schnorchel aus dem Wasser ragen. Noch ein Frühaufsteher? Karla und Franzi sind das sicher nicht, die schlafen gern aus. Der Schnorchel kommt näher, ich tauche unter und sehe unter Wasser: Sven. Das freut mich, ein weiterer Schub gegen den Kater.

Wir winken uns zu, glubschen uns durch die Schwimmbrillen an. Er deutet mit dem Kopf Richtung Ufer, wir schwimmen nebeneinander, bis wir beide Luft holen müssen im flacheren Wasser. Wir stehen beide da, hochgeschobene Brillen auf dem Kopf, das Wasser trieft aus den Haaren. Er gefällt mir immer noch, auch verkatert, denke ich, und grinse ihn an. „Guten Morgen", wünscht er mir auf Deutsch, ich revanchiere mich mit einem „God morgon – ich kann bloß ein bisschen Schwedisch", und wir lächeln uns an wie blöd. „Kaffee?", fragt er, ich nicke. Er reicht mir seine Hand, ich nehme sie und zusammen laufen wir durch die Wellen zum Strand. Fühlt sich gut an. Er lächelt mir von der Seite zu, sagt nichts, und auch ich bin ruhig, höre auf die Geräusche des Meeres, höre Vögel und Insekten, eine ferne Melodie von einem der Resorts, und das Geräusch unserer Schritte.

Sven hat eine Hütte mit einer etwas größeren Terrasse als meine. Er reicht mir ein weiteres Handtuch und holt uns eine Tasse Kaffee. Während ich meine Haare trocken tupfe, schaue ich mich um. Durch die offene Tür sehe ich, dass Sven für einen Rucksackreisenden relativ ordentlich ist: Seine Klamotten sind gestapelt, er hat echte Bücher dabei – eine gewichtige Entscheidung für einen Rucksackreisenden. Dafür ist sein Bett noch nicht gemacht, die Laken sind zusammengeknüllt. Da kommt er schon wieder, lächelt leicht. „Ich habe dir Kaffeeweißer und Zucker mitgebracht, ich hoffe, es reicht", sagt er und stellt das Tablett auf den etwas wackeligen Tisch. Ich reiße zwei Päckchen Weißer auf und lasse den Inhalt in die Tasse rieseln, danach falte ich beide Papierhüllen zusammen und versuche, den Tisch etwas besser auszubalancieren. „Für den Moment geht's", sage ich, und er bedankt sich.

Wir trinken, schauen uns an, neben der Tasse besuchen seine Finger die meinen, er streichelt meine Handinnenfläche. Sein Blick ist offen, freundlich. Wir sprechen nichts. Ein warmes Kribbeln geht von seiner Berührung aus, strahlt aus, dazu halten unsere Blicke einander fest. Anscheinend ohne eine Bewegung von einem von uns sitzen wir jetzt ganz dicht nebeneinander, unsere Arme berühren sich, köstlich warm und fremd und anziehend. Die Härchen auf seiner Haut streifen meinen Unterarm. Mit meinen Fingerkuppen streiche ich über seine Schulter, sein Schlüsselbein. Seine Hand an meiner Taille, sein Mund an meinem Ohr, an meiner Wange. Ich rieche seinen Atem, Salz und Kaffee. Da treffen sich endlich unsere Lippen, leicht, zart, mit einem Echo weit nach innen.

Nach diesem langen ersten Kuss lösen wir uns voneinander, schauen uns an, lächeln. Er räuspert sich, nimmt einen Schluck aus seiner Tasse, schüttelt leicht den Kopf und grinst. „Unglaublich", sagt er, und ich nicke nur. „Ich sehe dich zum zweiten Mal, aber ich habe das Gefühl, ich kenne dich schon so gut", er lächelt mich an. „Anna. So ein schöner Name." Ich lege den Kopf schräg und blinzelte, sage immer noch nichts. „Anna", sagt er nochmal. „Was wollen wir machen?" Ich lächle, sage: „Am liebsten würde ich sofort mit dir ins Bett gehen – aber das wäre ja wohl eine unverantwortliche Sache und ganz und gar unüberlegt und frivol." „Genau", stimmt er mir zu, „unmöglich", während wir aufstehen und in seine Hütte gehen – und es ist unüberlegt, frivol und wunderbar mit ihm.

Erst als wir wieder auf der Terrasse sitzen und Kokosnuss-Stücke essen, erfahren wir die Basics übereinander: er ist zwei Jahre älter als ich, kommt aus Örebro, einem Ort mitten in Schweden – „berühmt für die Architektur seines Wasserturms, damit ist eigentlich alles gesagt", meint er. Und er ist Astronom und Informatiker – ich kann mein Grinsen gar nicht mehr bezähmen – und mit seinen Freunden auf Asien-Tour, bevor er seinen nächsten Job antritt. Allerdings vergeht mir das Grinsen, als er mir den näher schildert: Er wird in

Chile in der Atacama-Wüste am ELT, am Extremely Large Telescope, arbeiten. Das ist ein Wunschtraum von ihm, seit er ein kleiner Junge war, erzählt er mir: die Himmelskörper zu erforschen, mehr über den Weltraum zu erfahren. Dazu hat er auch technisch viel Knowhow einzubringen. Im Moment wird am ELT noch gebaut, es dauert viel länger, als zunächst geplant. Aber er darf dabei sein, wenn es daran geht, das neue Teleskop einzurichten, damit zu arbeiten. Chile, Teleskopschauen, das klingt richtig gut – ist allerdings auch ziemlich weit weg.

Ich beschließe, ganz ZEN-mäßig den Augenblick zu leben und nicht über die Zukunft zu grübeln. Jetzt sitzt er da, neben mir, warm und schön, lächelt mich an. Wer weiß, was aus uns wird? Für heute Mittag eine angenehme Gesellschaft, befinde ich. Wir machen einen langen Spaziergang am Strand, schwimmen nochmal, duschen, wühlen uns durch die Laken seines Betts und sind abends trunken vor Sonne, Zärtlichkeit, guten Gesprächen, bis wir mit Karla, Franzi und Svens Freunden zum Essen gehen. Karla blinzelt mir zu, Franzi zeigt mir den Daumen nach oben, ich verdrehe die Augen und bin glücklich.

Ganze zwei Tage können wir so den süßen Rahm unseres Zusammentreffens abschöpfen, dann muss Sven weiter und zurück nach Schweden. Von dort wird er in drei Wochen aufbrechen nach Chile. Der Abschied ist hart – obwohl wir uns erst so kurz kennen, war mit ihm sofort eine Innigkeit da, die ich mit meinen bisherigen Freunden so nicht erlebt habe. Ein Verstehen, oft ohne Worte, das mich beglückt hat.

Meine Tränen lasse ich erst frei fließen, als Sven auf dem Boot außer Sicht ist und ich einem Schemen von Kielwasser schniefend hinterhergewinkt habe. Karla hängt sich bei mir ein, Franzi schlägt vor, erstmal in eine nette Kneipe zu gehen, und das machen wir. Schauen uns irgendeinen total blödsinnigen Godzilla-Film an, der dort zu sehen ist. „Was für ein Schrott", sagt Karla, „Hauptsache, keine Schnulze" antworte ich. „E-Mail für dich könnten wir anschauen", schlägt Franzi vor, und ich boxe sie in die Seite. Denn Sven und ich haben uns x-mal versprochen, dass wir in Kontakt bleiben – mit allen digitalen Mitteln, die es gibt. Ich mache gleich mal einen kleinen Film für ihn, gehe nochmal ein kurzes Stück an „unserem" Strand entlang. Er sitzt im Flugzeug und kann den Film die nächsten Stunden sicher nicht anschauen, aber wenn er in Stockholm ist, gibt es eine – naja, ehrlicherweise eine ganze Reihe von Botschaften von mir an ihn.

Mit Franzi und Karla habe ich gute Gespräche, das tröstet mich über den ersten Abschiedsschmerz hinweg. Es ist lange her, dass ich mich Knall auf Fall verliebt habe, denn meine letzte Trennung war ziemlich heftig: Mein Ex-Freund war überbestimmend, wollte über jeden Schritt meines Lebens Bescheid wissen und war rasend eifersüchtig. Es hat mich einige Zeit gekostet, zu erkennen, wie übergriffig er war. Einen echten Cut zu setzen, war ebenfalls schwierig. Auch um die Sache mit ihm richtig hinter mir zu lassen, war ich weit weg nach Australien gegangen.

Franzi erzählt einige ihrer früheren amourösen Geschichten, Karla wiederum hält sich eher zurück – sie erwähnt nur kurz einen schlimmen Vorfall in den USA, wo sie bis vor kurzem im Silicon Valley gearbeitet hat. Franzi nickt und nimmt sie kurz in den Arm: „Du bist so eine toughe Frau, und ich bin sehr froh, dass du das hinter dir hast und wieder nach Europa zurückgekehrt bist." Klingt schlimm, finde ich, aber frage lieber nicht nach – Karla soll sich nicht unter Druck fühlen. „Mindestens ein Ozean zwischen einem selber und so manchen Idioten ist schon was wert", sage ich, eine Weisheit, die wir drei mit einem weiteren Drink begießen: auf unseren letzten gemeinsamen Abend, denn Franzi und Karla werden am nächsten Tag abreisen.

Nach meiner ersten Tasse Kaffee sehe ich Karla, die zu meiner Hütte rüberkommt. Ich hole ihr auch einen, sie trinkt die ersten Schlucke schweigend und setzt dann an: „Ich… habe noch eine Frage an dich, an dich als Informatikerin, aber von mir als privater Karla." „Ja, gern – raus damit", sage ich. Sie versenkt sich weiter in den Kaffee, vermeidet es, mich anzuschauen, und ich lasse ihr Zeit.

Etwas stockend am Anfang, dann immer flüssiger erzählt Karla mir von ihrer beruflichen Laufbahn. Nach ihrem Wirtschaftsrechts-Studium in Deutschland und den USA, das sie mit Topnoten abgeschlossen hat, fing sie bei Squillion an, der großen Tech-Firma an der Westküste. „Ich war so glücklich und stolz, dass ich dort einen Job bekommen habe", sagt Karla. Ich bin beeindruckt, das ist eine Riesenfirma: „Squillion – We all are Warriors?" zitiere ich den berühmten Werbeslogan. Karla lacht bitter und winkt ab. „Genau – Warriors der übelsten Sorte", sagt sie.

Die ersten Wochen waren, erzählt sie weiter, unheimlich interessant und fordernd. In der Marketing-Abteilung arbeitete sie sich zügig ein, sie hatte bei vielen Praktika schon in dem Themenbereich Erfahrungen gesammelt. Gemeinsam mit zwei Kollegen und einer Kollegin entwarf Karla eine neue Struktur für Werbung, die auf Apps, Websites und in sozialen Medien laufen sollte – ein

Haufen Arbeit. Der ihr dadurch versüßt wurde, dass einer aus dem Team, Jim, ihr sehr sympathisch war, was anscheinend auch auf Gegenseitigkeit beruhte.

Jim brachte ihr mal eine Blume mit, schenkte ihr einen Fitness-Riegel, besetzte ihr den letzten Cross-Trainer im Gym. „Ständig wurden wir ermutigt, eigentlich mehr genötigt, nach längeren Phasen am Schreibtisch auch für genügend Bewegung und Ausgleich zu sorgen, die haben damit geworben, dass ihre Mitarbeiter für sie der größte Schatz sind und sie für deren Wohlbefinden sorgen wollen", sagt Karla. Natürlich auch, was Bewegung anbelangt. Daher war es üblich, zusammen in das firmeneigene Fitness-Studio zu gehen. „Dann haben wir auf dem Laufband oder den Ergo-Bikes weiter Brainstorming gemacht, haben gewitzelt und gelacht, es war eine tolle Stimmung." Jim pustete ihr ein Stäubchen aus dem Haar, streifte wie zufällig ihre Hand, lächelte sie intensiv an – Karla war kurz davor, sich ein Herz zu fassen und ihn nach einem Date zu fragen, als es passierte.

„Es war heftig – als ich eines Morgens ins Büro kam, war die Stimmung ganz komisch. Verhaltene Blicke und Gekicher von einzelnen Kollegen, aber kaum kam ich näher, waren sie auf einmal ganz beschäftigt. Ich ging aufs Klo, um mich zu vergewissern: Keine Frühstücks-Reste im Gesicht, keine Zahnpaste-Spur auf dem Revers." Doch als sie ihren Laptop startete, sah sie, dass jemand namens love-your-boobs ihr eine Mail geschickt hat – einziger Inhalt: ein Foto von Karla. Zu sehen war sie, wie sie sich vor dem Fitnessraum umzog, gerade in dem Moment, als sie ihren BH abgestreift hatte, um in ein Sport-Tanktop zu schlüpfen. Karla war schockiert, konnte auf einmal die Blicke zuordnen: Alle, wirklich alle um sie herum hatten dieses Foto gesehen. „Als erstes bin ich gleich nochmal auf die Toilette gegangen", sagt Karla, dort sortierte sie ihre Gedanken und beschloss: das Ganze ignorieren. „Mit steinerner Miene ging ich wieder ins Büro, und irgendwie brachte ich diesen Arbeitstag hinter mich, dann den nächsten. Stillhalten, dachte ich, dann geht es von allein weg. Das hat so knapp eine Woche funktioniert, ich war schon etwas entspannter", sie holt tief Luft. „Dann ging die Serie weiter." Es folgte eine Mail mit Fotos, bei denen sie sich nach dem Duschen abtrocknet, einmal zu sehen, wie sie sich ohne Unterhose nach ihrer Sporttasche bückt, „die war von but-your-butt-is-best – und die ging dann auch an die ganze Abteilung". Ich bin schockiert, berühre sie an der Schulter, aber Karla ringt kurz um Fassung und lächelt mich dann schmal an.

„Absender war jedes Mal ein anderer Account, aber jedes Mal war deutlich zu sehen, dass es im Fitness-Studio von Squillion war?", frage ich, um sicherzugehen, dass ich das Ganze richtig verstanden habe. „Yep", bestätigt Karla knapp. „Und wie haben die bei Squillion das dann geahndet?", frage ich. „Tja – gar nicht", sagt Karla. „Es hätte ja theoretisch jeder sein können, der Zugang zum Fitnessraum hat – von Putzkolonne über Trainer bis wasweißich. Meine lieben Kollegen konnten unschuldig tun. Aber das allerschlimmste war, nachdem ich mit den Bildern zu meiner Vorgesetzten gegangen bin, dass immer mehr Leute davon Wind gekriegt haben und ich dann die war, die alle gemieden haben. Als würde mit mir was nicht stimmen. Zuerst gab es noch so ein bisschen Mitleid, aber die anderen gingen schnell auf Distanz."

Auch Jim ließ Karla fallen wie eine heiße Kartoffel, beschränkte den Kontakt auf das für die Arbeit Notwendigste, verlegte sogar seine Kaffeepausen. „Erst wollte ich ihn zur Rede stellen, aber ich war so durch, hab mich so klein und elend gefühlt – jedes Mal hat er sich wieder mit irgendeiner Ausrede vorm gemeinsamen Essen oder Sport gedrückt, als wäre es ihm unangenehm, auch nur mit mir an einem Tisch zu sitzen – da habe ich es einfach gelassen. Jetzt war eben ich die mit den Schmuddelfotos, die komische, in einem Wort: das Opfer."

„Wie bitte?", rufe ich, denn ich kann es nicht fassen, dass Jahre nach MeToo, nach Jahrzehnten der feministischen Debatten und dem Streben nach Gleichberechtigung immer noch so etwas passieren kann. „Das kann doch nicht sein!" „Doch", sagt Karla, und schaut über das Holzgeländer der Terrasse. „Und deine Chefin? Die muss doch was unternommen haben?" „Naja, sie war zuerst ein bisschen mitfühlend, dann aber aalglatt: Sie meinte, wenn es nochmal vorkommt, soll ich ihr Bescheid geben, ansonsten soll ich das nicht so schwer nehmen – und ich sei doch auf den Fotos ganz gut getroffen." Dazu fällt mir erstmal gar nichts ein. „Was für ein grottiger Macho-Spruch – von einer Vorgesetzten", sage ich. „Jedenfalls hatte ich nach dieser Meldung kein bisschen den Eindruck, dass ich mir von ihr Unterstützung und Hilfe holen könnte", sagte Karla.

„Hast du denn eine Vermutung, wer das gewesen sein kann?", frage ich weiter. „So weh es mir tut: Ich tippe auf Jim und/oder die anderen beiden, mit denen ich immer beim Sport war", antwortet Karla. „Wasserdichte Beweise habe ich aber nicht. Bloß: Als ich in der Umkleide alles nach einer Kamera abgesucht habe, fand ich nichts. Auf den Überwachungsfilmen, die den Gang davor auch im Blick haben, ist absolut nichts zu sehen. Das seltsamste kommt aber noch: Nachdem ich das erste Foto bekommen habe und schonmal panisch in der Umkleide alles abgescannt habe, war nichts zu finden. Das zweite und das dritte Bild folgten – ich konnte es dank der Klamotten, die ich darauf anhatte, ziemlich genau datieren. Danach schwor ich mir erstmal, nie wieder da rein zu gehen. Doch dann beschloss ich, dem Arsch, der das eingefädelt hat, eine Falle zu stellen", erzählt Karla weiter.

Das Einzige, was sie in den folgenden Wochen aufrecht gehalten hat, war der Wille, sich zu wehren. Also wartete sie eine Weile ab, tat den anderen gegenüber so, als hätte sie das alles weggesteckt – „robuster Humor aus old Europe und so'n Quatsch", erklärte sie mir. Gleichzeitig installierte sie selbst eine kleine Kamera, die sie mit einer Sporttasche auf einem Spind tarnte – und hoffte, dass ihr der Spannerfotograf auf den Leim gehen würde.

Es dauerte etwas, „und jedes Mal bin ich beim Umziehen halb durchgedreht, aber ich durfte ja nichts nach außen zeigen", bis die Kollegen wieder tätig wurden. Sie kamen frühmorgens, nach dem Putztrupp, aber vor den meisten anderen. „Ich habe sie ein paarmal gefilmt, zweimal Jim, erschütternderweise, aber auch die beiden anderen haben sich abgewechselt. Auch Ashley, eine Frau, war dabei. Sie haben ihre Kamera auch immer wieder an neuen Orten platziert – und dann kam auch wieder eine Mail mit einem Foto von mir nur in Unterhose beim Socken-Ausziehen, Absender: Sorrow-rolls", Karla schnaubte.

„Kummerröllchen... solche Idioten. Dann hattest du doch alles – Beweise undsoweiter – auf Film und dazu die Mail", sage ich. „Ja, schon. Aber rat mal, wie das ausging. Die drei anderen haben behauptet, sie wollten den Umkleiden-Spanner selber jagen und die aktuelle Mail sei nicht von ihnen. Und ich war dann auf einmal die paranoide Kollegin, die sogar ihre besten Buddies verdächtigt. Meine Kollegin Ashley war beleidigt, hat einen auf weibliche Solidarität gemacht. Aber am allermeisten hat sich Jim echauffiert: Er tat sehr enttäuscht, dass ich so einen Verdacht hege, wo er doch gerade angefangen hätte, mich zu mögen. Mögen! Pah! Der hat mich total manipuliert – denn eigentlich, habe ich dann erfahren, war er mit der Tochter von einem aus dem Firmenvorstand liiert. Und mit mir hat er die ganze Zeit komm her-geh weg gespielt. Jedenfalls hatte sich der Wind gedreht: Auf einmal waren die anderen die Opfer von mir, einer rufschädigenden Männermörderin. Keiner wollte mit mir im Team zusammenarbeiten. Jim hat mir einmal über die Schulter zugerufen: „I love your boobs, but I loathe you, ich liebe deine Titten, aber ich verabscheue dich." – „Wie in der Mail? love-your-boobs?" – Karla nickte und schaute mich fest an. „Und die Adresse von dieser ersten Mail habe ich niemandem gegeben, erst die weiteren – diese Worte kann er nur gekannt haben, wenn er sie selber benutzt hat. Aber das hat mir dann schon keiner mehr geglaubt, die Äußerung hat auch keiner mitgehört. Seit diesem Moment wusste ich also ziemlich sicher, wer dahintersteckt, aber das hat mir rein gar nichts genützt."

„Bist du zur Polizei?", frage ich, aber Karla lacht nur kurz auf und schüttelt den Kopf. „Meine Vorgesetzte hat mich zu sich bestellt und mir unmissverständlich mitgeteilt, wenn ich mit der Sache nicht klarkomme, sollte ich mich schnellstmöglich vom Acker machen und kündigen – und kein einziges Wort über die Sache nach draußen verlieren, falls ich Wert auf ein halbwegs anständiges Arbeitszeugnis lege. So sinngemäß: Wenn ich jetzt Rambazamba mache, dann kriege ich nie wieder einen anständigen Job in der Branche. Ich muss dir sagen: Ich war so fertig mit den Nerven, dass ich direkt eingewilligt habe. Aber seitdem geht mir die Geschichte nach. Vor allem fürchte ich, dass die lieben Kollegen genau so weitermachen. Und dass dann die nächste Frau – oder vielleicht auch ein Typ, wer weiß – sich mit solchen Sauereien rumschlagen muss, und dann wieder die nächste. Wenn nie eine das Ganze hochgehen lässt, läuft das immer so weiter. Und solche Kerle wie Jim kommen durch mit ihren perversen Mobbing-Spielchen, machen Karriere, heiraten tolle Töchter. Die werden nie mit ihren Taten konfrontiert. Und das kann ich nicht akzeptieren."

„Gab es denn in der Firma niemanden, mit dem oder der du gut reden konntest? Eine Person, die sich nicht von den Stories der Kollegen blenden hat lassen? Oder eine Vorgängerin oder Kollegin, der das auch schon passiert ist", frage ich. Karla überlegt, zuckt dann mit den Schultern und meint: „Mit einer der Rezeptionistinnen habe ich immer wieder Kaffee getrunken. Mit ihr konnte ich ganz gut reden. Im Vertrauen hat sie mir einmal erzählt, dass eine meiner Vorgängerinnen auch nach wenigen Monaten wieder gegangen ist und an ihrem letzten Tag rumgeschrien hätte, sie werde diesen sexistischen Laden verklagen. Dann sei aber nichts mehr gekommen von der", Karla streckt sich in ihrem Stuhl, setzt ihre Sonnenbrille auf. Der Tag hat wolkig begonnen, gerade kämpft sich die Sonne durch und erreicht auch unseren Tisch.

„Ansonsten hatte ich fast nur Kontakt zu den drei Kollegen, die wahrscheinlich diese reizenden Fotos von mir gemacht haben." In ihrer Abteilung gab es sonst kaum jemand, mit dem sie engeren Austausch pflegte, und von ihrer Vorgesetzten hatte sie keinerlei Unterstützung zu erwarten. „So etwas wie einen Betriebsrat gibt es in den USA ja nicht", sage ich, und Karla nickt. „Ich hätte natürlich trotzdem zur Polizei gehen können oder mir einen Anwalt nehmen – ich habe aber den ganzen Aufwand gescheut und mir Sorgen gemacht, dass ich dann am Schluss mangels Beweisen weiter als die paranoide Spalterin gelte, mit der erst recht keiner zusammenarbeiten will", sagt sie.

„Ich danke dir, dass du mir das alles anvertraut hast", antworte ich und überlege mir, wie ich diplomatisch meine Frage anbringe. „Wir kennen uns ja noch nicht sehr gut. Aber ich bin absolut solidarisch mit dir. Bloß: Wie kann ich dir darüber hinaus helfen?", so versuche ich es. „Tja, Anna, mich hat diese Episode gelehrt, auf mein Bauchgefühl zu achten, und ich fand dich von Anfang an sehr okay. Sonst hätte ich dir auch nie den Job bei Moonshot angedient. Dazu kam dein Lebenslauf, mit dem du dich beworben hast. Als ich mich dann bei deinen Blogs umgeschaut habe, bin ich auf ‹AnnasJustice› gestoßen, den du – wann genau? aufgezogen hast. Da dachte ich mir: Der kann ich das erzählen. Das alles miteinander hat mich dazu bewogen, dir die ganze Sache zu offenbaren – gestern war ich schon fast so weit, wollte aber unseren letzten Abend hier nicht mit der Geschichte zum Kippen bringen."

Oha. AnnasJustice. Den Blog habe ich schon vor Jahren begonnen, los ging es mit allen möglichen Beobachtungen und Erlebnissen bei mir vor der Haustür, eben die Foto-Schnipselei von einem Jungen, der das Gesicht eines Mädchens in ein Pornobild montiert und das Ganze exzessiv geteilt hat. Das war dann auch schnell geklärt, aber an fiesen Vorfällen gab es keinen Mangel: Eine Mitschülerin von mir, deren Mutter aus Indien stammt, hatte einen Shitstorm geerntet, weil sie in unserem Ort zum Christkind gekürt wurde. Dass das eine wunderschöne, dunkelhaarige junge Frau mit dunklem Teint machen soll, ging allen Ernstes einigen Leuten in der Kreisstadt nicht ein, es gab seitenweise üble Kommentare auf sozialen Medien. Daneben kamen natürlich auch viele Meldungen, die sie unterstützten. Solche Erlebnisse waren für mich der Anlass, einen Blog zu gründen – ich wollte den besonneneren Menschen eine mindestens so laute Stimme geben wie den Idioten.

Was kann eine unbekannte Bloggerin da tun, fragten mich andere (meine Mutter zum Beispiel) – allerdings durchaus berechtigt. Eine unbekannte Bloggerin wird weder den Lauf der Welt ändern noch die grundlegende Gemeinheit der Menschheit umdrehen. Aber ein Appell für Anstand, ein Gefühl dafür, dass auch andere unter den Ungerechtigkeiten leiden und das nicht einfach still erdulden wollen – das kann im Alltag von manchem Einzelnen etwas bewegen und ein Netzwerk schaffen für mehr Mut, mehr Kooperation. In dem sich die Leute trauen, hinzuschauen und aktiv zu werden.

Als ich dann studierte, schlief der Blog ein. Es gab andere Projekte und viel zu lernen und zu entdecken. Eine Schülerin aus meiner alten Schule hat mich gefragt, ob sie ihn weiter betreiben darf, und ich habe mich sehr gefreut, dass der Blog auf diese Weise weiterlebt. Als Gastautorin habe ich auch ab und zu was beigetragen, als digitale Nomadin dann mit einem etwas anderen, globaleren Aspekt: als ich merkte, wie sehr die Besucher die Zustände in den Ländern verändern, in denen sie unterwegs sind. Eine Art Gentrifizierung auf globaler Ebene: Länder und Ecken, die schick sind bei einer Art Boheme der Reisenden, werden beliebter, teurer und schließlich für die eigentlichen Bewohner nicht mehr finanzierbar. Außerdem gibt es abartig viel Müll und Landschafts- und anderen Ressourcenverbrauch in den Ländern, die richtig boomen. Vor allem hat mich auch die Einstellung mancher meiner Kolleginnen und Kollegen schockiert: Sich das Angenehmste rauspicken und für den Rest nicht verantwortlich fühlen, das konnte es doch auf Dauer nicht sein, jedenfalls nicht für mich.

In einer tollen Wohnung mit Pool zu leben, die Vorstellung war am Anfang der Hammer, ich war total wild drauf, das auf Bali oder einem anderen tollen Ort auch zu genießen. In Sydney kam ich dann aber mit einer Putzfrau ins Gespräch, deren Mann als Gärtner und Pool-Service-Mann jobbte und die beide lange auf Bali gearbeitet haben. Danach war ich nicht mehr so entspannt: Der Lohn, den auch die digitalen Nomaden zahlten, war miserabel, der Wasserverbrauch durch viele neue Häuser mit Pool riesig – um nur ein paar Beobachtungen zu nennen.

Auch auf Thailand auf den Inseln ist das zu beobachten: Hütten für die Besucher wurden gebaut, nach wenigen Jahren abgerissen und durch größere ersetzt, die dann wieder nach wenigen Jahren durch noch komfortablere Bauwerke abgelöst werden. Ein verheerender Konsumkreislauf.

Unter anderem damit habe ich mich im Blog auseinandergesetzt. Und schließlich habe ich mich auch dazu entschieden, statt vorwiegend zu fliegen, lieber ökologisch weniger schädlich unterwegs zu sein – auch daher mein Entschluss, in Europa weiterzumachen. Schon als Kind hatte ich den Traum, in einem Pferdewagen Urlaub zu machen. Das hatte ich in einem Buch gelesen und fand es total schick. Inzwischen hat sich der Traum gewandelt: So ein Camper wäre das richtige Transportmittel für mich.

Karla räuspert sich, ich habe mich in meinen Gedanken etwas verloren und kehre innerlich wieder zu unserem Gespräch zurück: „AnnasJustice, klar. Aber ich muss gestehen, ich habe den Blog schon länger in neue Hände übergeben – wenn ich dort noch gebloggt habe, ging es vorwiegend um globale Themen."

„Klar, ich habe ja auch gelesen, was du dort geschrieben hast. Doch mir gefällt die Art, wie du denkst, dass du den Respekt vor anderen und vor der Umgebung wichtig nimmst, gerade auch in den frühen Einträgen. Und ich habe mir gedacht, dass du als Bloggerin und Informatikerin sicher auch Kontakt zu Leuten hast, die mir vielleicht helfen können. Ich bin immer noch nicht durch mit der Sache, merke ich – ich frage mich, ob ich die Mail-Adressen, von denen die Fotos geschickt wurden, mit der richtigen Unterstützung nicht doch zurückverfolgen könnte. Die drei Leute – auch Jim – sind immer noch bei Squillion, das weiß ich. Und so lange niemand sie stoppt, machen die sicher weiter. Es braucht Beweise, damit man sie auffliegen lassen kann, verstehst du?" Aahh, daher weht der Wind. „Ich verstehe", sage ich langsam, „ich überlege mal – allerdings muss das jemand sein, der wirklich was drauf hat und der – naja – ein echter Hacker ist." „Klar", bestätigt Karla und schaut mich fragend an.

„In Filmen ist das immer so leicht, da haben alle einen überernährten Nerd an der Hand, der in einer schmuddeligen Wohnung hockt, von dort aus alles aufs Korn nimmt und sich überall reinhackt. In der Wirklichkeit ist das nicht so leicht, lass mich mal nachdenken." Als ich sehe, wie sich Karlas Blick verdüstert, setze ich nach: „Nutz du doch die Zeit und schreib mir alles, jedes Detail, über die Mails und die Fotos und deine Zeit bei Squillion auf, und das Ganze schickst du mir bitte über eine sicher verschlüsselte Mail", ich erkläre ihr, wo sie sich dazu registrieren muss. Karla nickt, schnauft tief durch und sagt: „Jetzt brauche ich dringend noch einen Kaffee und was Gutes zu essen", und ich stimme ihr aus tiefstem Herzen zu.

Ich habe natürlich gleich an Chuck gedacht, er ist der Einzige, der mir spontan einfällt, der wirklich was mit Hacking am Hut hat. Mit ihm bin ich immer wieder in Kontakt, aber vorerst will ich Karla davon noch nichts erzählen, um keine verfrühten Hoffnungen zu wecken. Denn: Der Hacker ist ein scheues Geschöpf, ob dies- oder jenseits des Gesetzes machen die immer lieber ihr Ding etwas im Verborgenen. Also werde ich bei Chicken Chuck behutsam vorfühlen, ob und wie er in dieser Sache tätig werden könnte. Immerhin habe ich schonmal einen Pfeil im Köcher.

Karla lächelt mich an, dankt mir – „wir bleiben sowieso in Kontakt", sagt sie. „Klar", sage ich, als Franzi verschlafen mit wippenden Rastazöpfen herüberflipflopt und schweigend als erstes Karlas Kaffee austrinkt. Karla holt Nachschub, wir plaudern über die Rückreise und verabreden uns für Leipzig, Berlin und – falls die beiden die Sehnsucht nach Natur und Provinz überkommt – das Nürnberger Land. „Oder wir besuchen dich da, wo du gerade gelandet bist", kündigt Karla an. „Hervorragende Idee, ich werde euch in meinem Camper gern bewirten", ich grinse die beiden an.

So ist die Zeit für die nächste Abreise gekommen: Etwas wehmütig winke ich schon wieder einem Boot, das vor kurzem liebgewonnene Menschen woandershin bringt.

Mit einem ausgiebigen Spazier-, Schwimm- und Arbeitsprogramm will ich meine letzten Tage auf Ko Lanta ausklingen lassen, und arbeite am Abfahrtstag von Karla und Franzi tatsächlich noch einiges weg. Dann miete ich mir einen Motorroller und fahre einfach so ein bisschen auf der Insel herum. Bemerkenswert, was für andere Leute um mich herum ebenfalls auf diesem Allround-Verkehrsmittel unterwegs sind: Ganze Großfamilien finden auf einem Roller Platz, plus noch einiges an Hausstand. Eine stoische Großmutter lenkt den Roller, vor sich zwei kleine Kinder, hinter sich eine junge Frau, die mit einer Hand sich und mit der anderen einen großen eckigen Eimer gut festhält, während die Seniorin souverän durch die ausgewaschenen Kies-Rillen des Weges steuert. Ich finde es am Anfang gar nicht so einfach, wie es aussieht, mit dem Roller durch die teilweise zerklüfteten, teilweise kiesbedeckten Wege zu kurven, aber ich kriege schnell etwas Routine und lerne, nicht zu schnell, aber auch nicht zu langsam unterwegs zu sein.

Ein Abstecher zum Wasserfall und zum Leuchtturm stehen noch auf meiner Liste. Dorthin wandere ich auf einem sehr schmalen Trampelpfad, sehr idyllisch. Bis auf die Gruppe von seltsamen Touristen, die sich alle mit ihren recht umfangreichen Rucksäcken nach mir umdrehen, als ich sie überhole, und mir fast alle dabei ihr Gepäck in den Rücken oder gegen den Kopf hauen und tumb schauen.

Dafür erwische ich am Wasserfall tatsächlich auch einige Minuten, in denen ich allein das rauschende Wasser anschauen kann. Als dann irgendwann auch die Rucksack-Spezialisten kommen, trete ich den Rückweg an und setze mich noch für ein Weilchen in eine Bar. Dort mache ich mir ein paar Notizen, überlege, was meine nächsten Ziele sind. So richtig will sich keine große Ruhe mehr einstellen, merke ich, und beschließe, dass es für mich auch Zeit ist, aus Thailand abzureisen.

Auch das macht mich etwas wehmütig: Thailand ist ein wunderbares Land, ich fühle mich hier sehr wohl. Auch nach Australien will ich gern nochmal reisen. Andererseits freue ich mich drauf, meine Nichte Emilia, meinen Bruder Jakob und meine Schwägerin Almut zu treffen, auf meine Tante – und auf meine beste Freundin Lola, die ich mal wieder in die Arme schließen will. Und ich habe mich vollgesogen mit asiatischer Lebensart, mit wilden Manga-Aufdrucken auf allem, was man bedrucken kann, mit kleinen Geisterhäusern vor den Gebäuden, mit Schreinen und großen Buddha-Figuren mit geometrisch gestalteten Füßen, mit der Essenssuche an den vielen kleinen Ständen – und mit dem türkis-klaren Meer, den Mangrovenwäldchen, den Fischen und Korallen, den kleinen durchsichtigen Geckos, die zackig und schnell die Mauern entlang huschen. Ein ganzes Kaleidoskop aus Eindrücken rauscht durch meinen Kopf. Daneben blüht ein kleiner Gedanke auf: Vielleicht ist ja auch ein schneller Trip nach Schweden drin, denke ich.

Also winke ich mit lachendem und weinendem Herzen aus dem Fenster, als mein Flugzeug in Bangkok startet und Kurs nimmt auf Berlin.

2 Berlin

Nach dem Gewimmel in Bangkok, den vielen Düften und Gerüchen, den Tuk-Tuks ist die Umgebung in Berlin auf einmal weit und luftig, eine ganz andere Atmosphäre. In Berlin sind auch viele Leute unterwegs, aber das läuft ganz anders ab. In Bangkok habe ich mir manchmal an einem schwülen Nachmittag einen deutschen kühlen Moment gewünscht; jetzt fröstelt es mich trotz Mütze und extra-Paar Socken in der Berliner Märzkälte.

Ich begleite Emilia auf ihrem Weg in die Schule, sie zeigt mir die beste Abkürzung durch einen Hinterhof und ihre Lieblingsschaukel auf einem Spielplatz mit sehr langen Seilen, so dass man richtig weit in die Luft kommt. Mit Handschuhen schiebe ich sie an, eine bleiche Sonne lugt aus dem Hochnebel. Jakob kocht für uns alle, danach spielen wir Pantomime und lachen uns kaputt oder schauen, alle zusammen auf dem großen Sofa und den dicken Sitzkissen in eine Runde gekuschelt, einen Film an.

Mit einer Freundin aus Studienzeiten, Grace, sitze ich in ihrer WG auf dem Balkon – eingemummelt in eine dicke Jacke und eine Decke – und frühstücke, treffe weitere frühere Studienkollegen in den Kneipen, in denen wir schon während unseres Studiums gern saßen. Die meisten haben einen guten Job, sind schon mit Freund oder Freundin zusammengezogen, und es geht ans Familiengründen. Viele verlassen langsam die ganz jungen, hippen Viertel und ziehen etwas weiter raus.

Das mit dem Familiengründen ist etwas, was ich mir auch für mein Leben wünsche, aber erstmal will ich noch ein bisschen unterwegs sein, ohne festes Ziel und ohne jemanden an der Seite, der sesshaft werden will. Sven ist schon nach Südamerika aufgebrochen, er konnte mit einem Freund dort noch eine Reise vor seinem Jobantritt vorschalten. Das hätte ich an seiner Stelle auch unbedingt gemacht, auch wenn das heißt, dass wir uns vorerst nicht treffen werden. Nach Schweden werde ich also nicht fahren. Nach Norden will ich auch einen Trip machen, aber als erstes zieht es mich in den Süden. Trotzdem nagt ein kleiner trauriger Zahn manchmal an mir, etwa wenn ich von Grace höre, dass sie mit ihrem Manuel eine „super Wohnung in fast noch Friedrichshain" gefunden hat. Und dass sie ihre fruchtbaren Tage dank einer App ständig im Blick hat. Da kommt es mir gerade recht, dass sich Karla meldet mit dem Termin für das erste Treffen bei Moonshot. Ich stehe nach einem kurzen Fußweg vor dem Tor, ein riesiger Zaun umgibt mitten in der flachen Brandenburger

Landschaft ein großes Areal. Durch die dicht gesetzten senkrechten Metallteile lässt sich das, was drinnen ist, nur erahnen; ich sehe große Flächen und schemenhafte Gebäude. Bei Moonshot ante portas, denke ich, und laufe zur Pforte. Mit dem Bus bin ich hier rausgefahren, die Haltestelle ist ein Stück entfernt.

Es sieht sehr abgespaced aus hier, Area 51 trifft Kiefernwäldchen. Beziehungsweise killt Kiefernwäldchen. Ich erinnere mich an die Proteste der Naturschützer, die gegen die Ansiedlung der ersten ultragroßen Fabrik hier gerichtet waren: Tesla hat sich hier niedergelassen, das war der Anfang. Allerdings hieß es damals, dass die Kiefernwälder ökologisch nicht so wertvoll seien, und es wurde gebaut. Ich war ein bisschen hin- und hergerissen: Einerseits fand und finde ich es fragwürdig, weitere riesige Flächen zuzubauen, auch der Wasserverbrauch ist immens. Andererseits sind Tesla und nun Moonshot Wahnsinnschancen für die Region und für Deutschland; dazu nein zu sagen, wäre auch nicht zukunftsgewandt.

Ich werde mir jetzt mal selber ein Bild machen von allem hier. Neugierig spähe ich durch die senkrechten Schlitze und komme dann an die Pforte. Nach dem Sicherheitsprocedere – Pass, Einladung, ich erhalte eine Art Smartwatch – werde ich zu einem internen Busstop gelotst, wo schon einige andere Leute warten. Dort holt uns ein nahezu lautloses E-Mobil ab und fährt uns minutenlang über das Gelände. Schade, ich hatte kurz gehofft, wir erleben als Fluggäste ein Moonshot-Mobil und werden zum Meeting geflogen.

Die Scheiben in dem Minibus sind getönt und auch ziemlich staubig, so dass ich von meinem Sitzplatz aus nicht allzu viel von den Bauten draußen mitkriege. Neben mir sitzt ein Mann mit einer Umhängetasche, der intensiv in die Lektüre eines Textes auf seinem Tablet vertieft ist. Uns gegenüber sitzen zwei junge Typen, die – tippe ich mal – genauso wie ich zum ersten Mal hier bei Moonshot sind, so wie sie durch die Fenster schauen. Der eine grinst mir zu, ich lächle zurück. Als der Wagen stoppt, wartet Karla bereits auf uns und winkt mir zu.

Nacheinander steigen auch die anderen aus und werden von Karla begrüßt, die ein tolles Kleid mit auffälligem Muster in Petrol trägt – passend zu den aktuellen Strähnchen in ihrem Pagenkopf. Wir umarmen uns kurz, „wir sprechen dann später richtig, okay?" flüstert sie mir ins Ohr und führt uns ins Innere eines Gebäudes zu einem Aufzug, der in der Optik von der Mondrakete von Tim und Struppi gehalten ist. Sehr dezent, denke ich, und lächle in mich hinein.

Oben höre ich nach der zweiten Automatiktür eine Stimme, die ich gut kenne: „…und wenn die Kiki dann bei mir auf dem Kanapee sitzt, dann fang ich zum Singen an, und dann singt sie mit – das hab ich im Internet auch schon öfter gesehen, dass Herrchen mit ihren Hunden singen, also sowas Schönes", dröhnt es durch die halb offene Tür. Josef Kölbl, unüberhörbar. Ich freue mich, und so bald ich eintrete, wird seine Stimme noch lauter: „Aaaa, die Anna! Ja, so eine Freude! Super, dass es geklappt hat", ruft Josef Kölbl, packt mich bei den Oberarmen und zieht mich an sich. „Josef, ich freu mich auch", sage ich in das Revers seines dunkelgrünen Cord-Jacketts. „Ja sowas, gell! Moonshot!", ruft Josef weiter.

Inzwischen sind alle Bus-Passagiere in den Raum getreten, und Karla wartet mit leicht schief gelegtem Kopf auf eine Gelegenheit, uns alle vorzustellen. „Schön, dass Sie alle bei uns auf dem Land angekommen sind", sagt sie und lächelt leicht, und wir Gäste schauen uns um. Ländlich ist wirklich nicht das Attribut, das mir einfiele. Der Raum, in dem wir stehen, ist minimalistisch eingerichtet. Weiß gebeizter Holzboden, weiße Wände, weißer klobiger Tisch, weiße Stühle und bodentiefe Fenster, die auf das hinausschauen, was an Wald noch da ist.

Jeder von uns stellt sich vor, Josef Kölbl sagt mit seinem üblichen Understatement, er sei als Berater für ein paar technische Details dabei. Ihn kenne ich seit meiner Zeit als Studentin. Die Professorin, bei der ich meinen Bachelor gemacht habe, hat mich zu ihm geschickt, als ich neben dem Studium einen Job suchte. Kölbl war vorher auch Professor, hat Maschinenbau unterrichtet. Inzwischen arbeitet er vor allem als Erfinder, er hat Sitze für Lkw, Züge und Traktoren entwickelt, ebenso Bürostühle und Autositze, und soll nun maßgeblich konstruieren, wie die Sitzlandschaft in einem Moonshot-Flugzeug funktionieren und aussehen soll.

Außerdem ist Josef Kölbl beseelt von der Geschichte des Computers. Deswegen haben wir uns unzählige Male über Charles Babbage und Ada Lovelace unterhalten – er hat sogar eine Zeitlang überlegt, ob er in seiner Garage eine Analytical Engine nachbauen soll, hat es aber nie in die Tat umgesetzt.

„Kyphose und Lordose", raunt Kölbl mir zu, so leise, wie er dazu im Stande ist. Das sind Bezeichnungen, weiß ich inzwischen aus vielen Gesprächen mit ihm, für die Krümmung der Wirbelsäule: runder Rücken heißt Kyphose, und die Kurve nach vorne, bis ins Hohlkreuz Lordose. Also schaue ich mich am Tisch um: Die zwei jungen Typen aus dem Bus sind – sagen sie – für die Ausgestaltung des Armaturenbretts für den deutschsprachigen und europäischen Markt zuständig. Beide lümmeln kyphös am Tisch, während der Tablet-Benutzer, die Mensch gewordene Lordose, schon wieder nur Augen für sein Display hat. Auch Karla sitzt aufgerichtet da und zwinkert mir zu. Ich grinse Josef an, er tätschelt meine Hand und ruft: „Super wird das!" Er hat einfach eine unbändige Energie – ich habe richtig gute Laune, noch bevor ich weiß, was für mich bei der ganzen Sache rausspringt.

Karla schaut ihn leicht irritiert an und spricht weiter: „Als erstes habe ich hier eine Grußbotschaft von unserem Firmengründer Joe Sinatra" sagt sie und drückt einen Knopf auf einer Fernbedienung. Eine ganze Wand ist offensichtlich ein mächtiges Display, darauf erscheint das Moonshot-Logo, und eine Fanfare erklingt, die in ein swingendes „Fly me to the moon", gesungen von Frank Sinatra, übergeht. Joe ist über 27 Ecken mit Frank Sinatra verwandt. Das Moon-Thema verbindet sie offensichtlich auch.

„Hey, Guys", palavert dann das riesenhafte Antlitz von Big S., wie er genannt wird, „great to have you here – how about a small flight around the world?", er zieht seine buschigen Augenbrauen hoch, sein Markenzeichen, und wartet scheinbar auf unsere Antwort. Er greift in seinen Hipster-Bart, dreht seinen Kopf so, dass sein Ohr zu uns gewendet ist, und sagt: „I can't hear you", und während er uns seinen Bart wieder frontal zuwendet, ruft Josef laut: „Yes! Fly us to the moon!", und ich muss lachen. Karla und die beiden Armaturenbrett-Typen grinsen, Laptop schaut immer noch ungerührt, als der Rundflug mit dem neuen Gerät losgeht. Die typische Silhouette des Lunatic – so heißt das Fluggerät – taucht im Gegenlicht auf, es startet in der aufgehenden Sonne von einer Wiese, toll gefilmt, aber auch nichts, was man nicht schon so oder so ähnlich gesehen hat. Eine Armbanduhr, die in Überblendungen zu sehen ist, zeigt, wie schnell und bequem die Passagiere mit der Lunatic unterwegs sind: wenige Minuten vom Times Square zur Freiheitsstatue. Dann sieht man Flugstrecken in Europa, es geht über die Straßen von Paris, über die Seine, einmal um den Eiffelturm, und ganz zum Schluss fliegt das Gerät noch eine Runde ums London Eye, das dem Betrachter zuzwinkert.

Es ist wie im Kinofilm. Dass das wirklich bald möglich sein soll für jeden Menschen, also jeden, der sich das leisten kann, ist für mich noch nicht ganz vorstellbar. Sollte die Ära, in der wir wirklich vor allem in fliegenden Mobilen unterwegs sind, so nahe sein? In vielen Science-Fiction-Filmen – von Metropolis bis Blade Runner – war diese Art der Fortbewegung das, was die Zukunft von der Gegenwart absolut unterscheidet, denke ich, und bin gespannt auf weitere Informationen.

Nach der Einstimmung will uns Karla den Stand der Dinge für die deutsche Lunatic-Edition zeigen und fasst einige Fakten zusammen, nachdem wir alle auf einem kleinen Gerät eine Verschwiegenheits-Erklärung unterschrieben haben. Ich weiß nicht mehr, die wievielte allein schon für Moonshot. Lunatic soll im übernächsten Frühjahr auf dem europäischen Markt starten, es gibt eine Sonderedition in neuen Farben, und während sie uns einen weiteren Film vorspielt, beginnt das Bild, grieselig zu werden. Im Himmel tauchen große Schlieren auf. Bunte Pixelflächen werden sichtbar. „Was ist das denn jetzt", murmelt Karla und drückt auf der Fernbedienung ein paar Knöpfe. Die glatte weiße Tischfläche teilt sich, eine Tastatur fährt nach oben, und sie tippt hier und da – das Bild bleibt gefroren.

Josef und ich tauschen einen Blick: Offenbar ist man selbst im High-Tech-Imperium nicht gefeit vor technischen Pannen. Während sich neue Bedien-Fenster öffnen, ohne dass sich etwas verändert, holt Josef seinen riesigen Laptop aus seiner Tasche. „Klapprechner", wie er vergnügt sagt. Ein Kollege von Karla tritt ein, er trägt Elvistolle, aber auch er kriegt den Film auf der riesigen Wand nicht wieder zum Laufen. Mit einem vernichtenden Blick schaut er Karla an und zischt: „Was hast du da wieder verbockt", allerdings nicht so leise, dass wir es nicht mitbekommen. Sie schaut kurz zu Boden, während nun Elvis genervt auf mehreren Tastaturen tippt, den Kopf schüttelt und immer wieder in „Einstellungen" geht, die Verbindung mit dem W-LAN trennt und wieder herstellt. Jetzt geht gar nichts mehr, es ist gar kein Bild mehr zu sehen.

„Sie könnten mir den Film doch einfach auf einen altmodischen Stick ziehen, dann schauen wir ihn uns auf meinem Kläpptop an", wirft Josef einen Vorschlag und ein unerträgliches Gaudi-Synonym für Laptop in die Runde. Karla kräuselt die Lippen, Elvistolle nickt, nun wieder sehr beflissen, und holt einen USB-Stick, geformt wie ein Lunatic-Flugtaxi.

Elvistolle ist offenbar ein extrem netter Kollege, ich schüttle innerlich den Kopf. Idioten gibt es sicher in jedem Unternehmen, schon klar. Aber dazu noch so eine Frisur? Ich überlege, ob nur Menschen mit Statement-Haircut einen Job bei Moonshot bekommen, oder ob es einen eigenwilligen Firmen-friseur gibt, schließlich haben manche Unternehmen Leute, die einem den verspannten Nacken massieren oder mobile Fußbad-Einheiten, in denen Fi-sche mit interessanten Fressvorlieben den Arbeitnehmern die überflüssigen Hautschüppchen von den Füßen knabbern.

„Ich stelle natürlich auch gerne mein Tablet zur Verfügung", unterbricht Tablet dankenswerterweise meinen Gedankengang, aber Josef sagt. „Mein

Display ist aber größer, schauen S' – und da öffnet er sich ja schon", und wir stellen uns alle hinter seinen Stuhl und schauen gemeinsam den Rest der Präsentation an.

Karla – ich bewundere sie für ihre Selbstbeherrschung – wendet sich dann nacheinander an uns im Raum und umreißt nochmal kurz unsere jeweiligen Aufgaben. Mir wird es obliegen, die Bedienungsanleitung und einiges an Verträgen und Patent-Schriftsachen zu übersetzen. Thematisch habe ich mich da schon reingearbeitet, und mir wird, wie Karla gerade sagt, auch Tablet in juristischen Fragen zur Seite stehen. „Entschuldigen Sie, ich habe die Namen nicht alle gleich parat, ich bin Anna Bachmüller", sage ich zu ihm hinüber. „Jens Eisenreich, sehr angenehm", antwortet er extrem höflich, und wir nicken uns gemessen zu. Tablet ist gleich Jens Eisenreich, versuche ich zu speichern.

Die beiden Armatouris heißen Mike Robert und Ilja Bernhardt. „Echt jetzt? Ihr zwei seid fast Robert Gernhardt?", frage ich, weil es mir erst jetzt auffällt, und die beiden sind entzückt, dass es jemand bemerkt hat. „Robert Gernhardts Katzengedichte sind einzigartig", steuert Jens ernst bei, und wir prosten uns mit unseren Wassergläsern auf unsere gemeinsame literarische Begeisterung zu. „Den kenn ich nicht", raunt mir Josef zu. „Das ist ein Schriftsteller, ein Dichter und Satiriker, das heißt, er war, leider schon tot; googel den einfach mal, gefällt dir bestimmt", wispere ich zurück.

Inzwischen haben sich alle wieder im Raum verteilt, und Josef hat seinen Laptop-Monitor für sich allein. Karla ist es immer noch peinlich, dass die Technik bei Moonshot so widerspenstig war. „Das ist mir schon bei x Meetings passiert", beruhigt sie Josef, „das gehört dazu – wer nicht auch eine Panne regeln kann, der braucht weder nach Charlottenburg noch zum Mond fliegen", versucht er sie aufzurichten. Doch sie schaut nicht besonders getröstet. Ich krusche in meinem Rucksack und werde fündig: Aus meiner kleinen Seitentasche strecke ich ihr einen kleinen Schokoriegel hin und sage: „Hier, Energieschub." Sie zögert, schaut mich an und greift dann nach der Süßigkeit. „Ausgerechnet jetzt passiert sowas – das nervt so!", sagt sie. „Kennen wir doch alle, wie Josef schon richtig gesagt hat, denk dir nichts", antworte ich und wechsle das Thema, wir plaudern kurz über Thailand und verabreden uns für die nächsten Tage in Berlin.

„Schickes Kleid hast du da, woher ist denn das?", frage ich. Sie strahlt und berichtet von einem kleinen Laden mit eigenem Label in Berlin. Darüber hat sie sich etwas entspannt, und als wir schon über die Technik-Panne lachen können, erzähle ich ihr, dass ich genau diesem Problem meinen nächsten

Eintrag widmen werde – auf meiner Liste steht das Thema ja bereits. „Den lese ich sofort: Und ich hoffe, du schreibst auch einen Notfallplan, was bei solchen Pannen hilft", meint sie. Das kann ich zwar nicht leisten, aber etwas mehr Durchblick verspreche ich ihr. „Sehr oft liegt sowas an der Kompression der Filme – da kann es haken", sage ich. Karla nickt, aber in dem Moment brummt ihr Handy und sie geht ein paar Schritte beiseite.

Im Kopf formuliere ich schon die ersten Sätze meines nächsten Eintrags:

2.1 Alles so schön bunt hier
– Filme

Posted by Ada L. 19. März

Lieber Charles,

ich bin hier in einem bunten Universum voller Bilder, oft sogar bewegter Bilder, gelandet. Bilder können Botschaften auf ganz andere Weise transportieren als Sprache – und Fotos und Filme sind inzwischen allgegenwärtig. Oft gehe ich an riesigen Werbetafeln vorbei, auf denen alle paar Sekunden ein neuer Inhalt aufrauscht. Oder an Schaufenstern von Läden, in denen Monitore in die Deko eingebaut sind. Oder an ganzen Häuserfassaden, auf denen ein Film läuft.

Wenn ich sehe, wie viele Menschen sich davon schon nicht mehr erreichen lassen, weil sie in ihre kleinen mobilen Displays schauen oder per Kopfhörer in ihre eigene musikalische Welt abgetaucht sind, dann habe ich manchmal Sehnsucht nach einer Zeit wie der, in der wir uns getroffen haben, lieber Freund: in der Bilder und Musik etwas Exquisites waren, etwas Seltenes, das mit Muße und vielleicht auch Ehrfurcht wahrgenommen wurde. Etwas, mit dem man sich eingehend beschäftigte.

Andererseits liebe ich es, mich im Kino in einem Film zu verlieren, bei aufwühlenden Klängen mit den Helden zu leiden und zu lieben – es ist schon eine unglaublich tolle Erfindung.

Aber jede neue Technik hat ihre Tücken: In den Anfangstagen des Kinos konnte es passieren, dass ein vergnüglicher Abend in Flammen aufging. Die ersten Filme waren Zellophanrollen, die von einem Vorführ-Apparat mit

Licht auf eine Leinwand projiziert wurden. Wenn der Projektor zu heiß wurde, schrumpelte das leicht entflammbare Zellophan schwuppdiwupp zusammen.

Diese Zeiten sind schon längst perdu. Aber auch auch heutzutage gibt es Pannen, so dass manchmal das bewegte Bild nicht mehr ganz so bewegt oder korrekt zu sehen ist.

Pannen – bei so einer entwickelten Technologie? Ich höre Ihr sonores Lachen. Schließlich haben Sie mit Ihrer Analytical Engine auch einiges an try and error, an Versuch und Irrtum durchgemacht. Lassen Sie uns mal einen näheren Blick drauf werfen, lieber Charles: Wie der Inhalt technisch aufs Display, den Monitor oder die Leinwand wandert – und was dabei auch mal schiefgehen kann.

Sieht man vom Ton ab, sind Filme sind nichts anderes als hintereinander abgespielte Bilder. Lieber Charles, Sie haben bestimmt schon einmal ein Phenakistiskop gesehen, auch wenn Sie sich dieses komplizierte Wort nicht unbedingt gemerkt haben. Ich meine diese rotierenden Scheiben, bei denen die aufgemalten Bilder durch die Drehung der Scheibe wie von Zauberhand lebendig werden. Das ist immer noch das Prinzip: Alle Filme, auch die digitalen, sind eine Abfolge von einzelnen Bildern. So ist ein weiteres Kriterium für die Qualität von Filmen neben der Auflösung und Farbtiefe der Bilder die sogenannte Frame Rate, die Anzahl der Bilder pro Sekunde. Um Bewegungen im Film als flüssig wahrnehmen zu können, sollen 24 Bilder pro Sekunde ausreichen. Man spricht von 24 fps, (Frames per Second). Um sie noch flüssiger zu erleben, gibt es noch die High Frame Rate (HFR) mit bis zu 60 fps. Die technischen Qualitätskriterien Auflösung, Farbtiefe und Frame Rate wurden und werden immer weiter erhöht.

Falls man technologisch noch weiter steigern will, könnte man das alles noch in 3D darstellen, also mit zwei Bildern anstatt einem, für je ein Auge ein Bild aus einem anderen Aufnahmewinkel. Zum Betrachten solcher qualitativ noch besseren Filme in ihrer vollen Pracht ist selbstverständlich die geeignete Hardware notwendig, und so wird die Unterhaltungselektronik-Industrie auch in Zukunft innovative neue Produkte verkaufen können. Die Filmproduktion muss dann ebenfalls nachziehen und ständig ihren Produktionsprozess auf neue Technologien umstellen, was sehr teuer ist. Das Tricksen in Filmen wird schwieriger, man kann die kleinsten Hautunreinheiten der Darsteller*innen hautnah entdecken, den Schauspieler*innen quasi tief in die Nasenlöcher spähen.

Wie groß sind nun die Daten, die für einen solchen Film nötig sind? Ein Rechenbeispiel: Für drei Farbkanäle für die Farben rot, grün und blau mit jeweils 10 Bits benötigt man vier Bytes pro Pixel. Bei einem 4K Film wären das schon 35 MB (Megabytes) pro Bild. Eine Sekunde Film würden bei 24 fps 850 MB benötigen. Eine typische Filmlänge von 140 Minuten vorausgesetzt, würde ein Film 7 TB (Terabytes) benötigen, zu groß für Handys und PCs. Für das Streaming würde man 6,7 Gigabits pro Sekunde benötigen. Das wäre sogar für einen modernen High-Speed Internetanschluss mit 1 GBit/s zu viel.

Filme sind hintereinander abgespielte Bilder. Es genügen 24 Bilder pro Sekunde, um einen Film flüssig erscheinen zu lassen. Man spricht von 24 fps (Frames per Second). Es gibt noch höhere Frame Rates von bis zu 60 fps, High Frame Rate, bei besonders aufwändig produzierten Kinofilmen.

2.1.1 CD Rrrumps
– Musik

Zu einem Film gehört heutzutage der Ton. Auch der Sound kommt digital daher, ob als Song, als Podcast oder als Hörbuch. Dazu braucht es keinen Plattenspieler und keinen Weltempfänger mehr.

Was ist nun der Unterschied zwischen analoger und digital gespeicherter Musik? Musikliebhaber behaupten jedenfalls, dass sie den Unterschied zwischen einer Platte und einer CD hören: Die Platte klingt in ihren Ohren viel besser, und das Knacken der Nadel hat eine gewisse Atmosphäre, die es bei den glänzenden CD-Scheiben oder gar beim Streaming nicht gibt.

Tatsächlich geht immer etwas an Information verloren bei der Digitalisierung. So wie ein Bild nur aus endlich vielen Pixeln mit endlich vielen Farbabstufungen aufgebaut ist, verhält es sich auch mit digitalem Audio. Der Vorgang des Digitalisierens von Musik nennt sich „sampling" oder denglisch „sämpeln".

Dabei passiert folgendes: Ein Mikrofon wandelt die Schallwellen in elektrischen Strom um, der Wellen in Form unterschiedlicher Spannungswerte je Zeitpunkt hat. Die Schallwellen werden zu Spannungswellen. Um diese Stromwerte zu digitalisieren, also in Zahlen umzuwandeln, werden in kurzen Zeitabständen Stichproben (Samples) genommen; dabei wird die Höhe der Wellen gemessen.

Wenn man eine möglichst exakte Wiedergabe will und dabei eine etwas höhere Datenmenge in Kauf nimmt, gibt es zwei Möglichkeiten, die Genauigkeit zu verbessern: Man kann in kürzeren Zeitabständen messen, und man kann die Höhe des gemessenen Wertes genauer speichern. Wenn man diese Werte als ein Byte speichert, bekommt man nur 2^8 = 256 Unterteilungen für das Signal, bei 2 Bytes (16 Bits) schon 2^{16} = 65.536 Unterteilungen.

Bei einem digitalen Bild hat man die Breite und Höhe in Pixel, auch bei einem gemessenen Audio-Wert gibt es eine Höhe, nämlich die des Ausschlags einer Signalwelle. Die Häufigkeit der Messung würde der Breite entsprechen: Man könnte mit einer Frequenz von 22 kHz (Kilohertz) oder häufiger messen. 44 kHz ist ein üblicher Wert. Das sind 44.000 Stichproben pro Sekunde – also jede Menge. Eine Sekunde Audiosignal würden mit 2 Bytes bei 44 kHz immerhin 88 KB Speicher verbrauchen. Zum Vergleich: ein alter C64-Homecomputer aus den 1980ern hatte nur 64 KB Arbeitsspeicher.

Analog zur Auflösung von Bildern mit einer Breite und Höhe in Pixeln gibt es beim digitalen Audio die Frequenz mit der Angabe, wie viele Samples (Messungen) pro Sekunde gemacht werden. Die Einheit dafür ist Kilohertz (kHz). 44 kHz bedeuten 44.000 Messungen pro Sekunde. Die Höhe entspricht der Genauigkeit der Messung: Bei 16 Bits (2 Bytes) hat man 2^{16} = 65.536 Unterteilungen.

2.1.2 Katze mit Kopfhörern
– Kompression

So entstehen riesige Datenmengen – und damit kommt die Frage auf: wohin damit? Extrem viel Speicherkapazität ist dafür nötig, und es ist schwierig, solche Datenvolumen zu verschicken. Um so große Dateien kompakt zu speichern oder zu übertragen, werden diese deshalb nicht „roh" versendet, sondern komprimiert, damit sie weniger Speicherplatz brauchen. Kompression bezeichnet Verfahren, die dazu dienen, die Datenmenge zu verkleinern.

Es gibt zwei Kategorien von Kompression: verlustfrei und mit Verlust. Man kann sich schon denken, dass die Datenmenge kleiner wird, wenn man etwas weglässt. Bei bestimmten Anwendungen fällt das aber vielleicht gar nicht besonders auf.

In Erlangen wurde in den 1990ern das MP3-Verfahren zur Musik-Kompression erfunden. Diese tolle Leistung deutscher Ingenieurskunst führte zum

Untergang der klassischen Musikindustrie mit ihren Platten und CDs. In der damaligen Zeit gab es Napster, eine Musik-Tauschbörse, die mit illegal zu MP3-Dateien komprimierten Musik-Alben gefüllt war, ihr Logo war eine Katze mit Kopfhörern.

Zur zündenden Geschäftsidee wurde die MP3-Kompression dann nicht im Erfinderland: Zur Jahrtausendwende erschien der iPod der Firma Apple, ein US-amerikanisches Produkt. Der iPod war ein tragbarer MP3-Player, auf den man gleich 1000 Songs packen konnte. Für 99 US-Cent pro Song konnte man sie über das Internet aus dem iTunes Store herunterladen. Die Leute gaben daraufhin lieber relativ wenige Cents für ein Lied aus, anstatt etwas Illegales zu tun, denn das Raubkopieren wurde verfolgt und geahndet. Außerdem war es sehr bequem, per Klick Lieder zu kaufen und direkt auf dem Gerät zur Verfügung zu haben.

Dies alles wurde nur möglich, weil ein spezieller Algorithmus, ein sogenannter Codec, entwickelt wurde, bei dem man Musikstücke in sehr kleinen Dateien speichern kann. Der MP3-Codec kann beispielsweise das Stück „Hells Bells" von AC/DC auf die Größe von 7,5 MB verkleinern. Im älteren Audio-Format „WAV" hat es dagegen eine Größe von 55 MB. Das Lied hat also, komprimiert als MP3, nur noch 14 Prozent der ursprünglichen Größe.

Die Idee bei MP3 ist das Weglassen von unhörbaren Tönen. So gibt es bei Tonaufnahmen Frequenzen, die der Mensch nicht mehr hören kann. Außerdem überlagern sich oft Tonsignale bei Aufnahmen, wenn eben ein Instrument das andere übertönt. Auch hier wird im Verfahren etwas Information weggelassen, ohne dass es auffällt.

Heutzutage wird bei der Musik-Kompression ein anderes weiterentwickeltes Verfahren angewendet: AAC (Advanced Audio Coding), aber das Prinzip ist ähnlich. Verlustbehaftet nennt man dieses Prinzip deswegen, weil es nicht mehr möglich ist, das exakte ursprüngliche Signal aus der verkleinerten Fassung wiederherzustellen. Die Verkleinerung erfolgt nicht nur durch das Weglassen von Frequenzbereichen, sondern auch dadurch, dass die Audio-Datei in Blöcke aufgeteilt und die Samples der jeweiligen Blöcke durch mathematische Kurven-Funktionen beschrieben werden. So werden nicht die unglaublich vielen Samples gespeichert, sondern eine Näherungsfunktion derselben, und die Beschreibung der Funktionen kommt mit viel weniger Daten aus.

Auch bei Bildern gibt es Kompressionsverfahren, die mit Verlusten arbeiten. Bekannt ist das JPEG-Format für Bilder. Das Prinzip ist hier ähnlich wie bei der Audio-Kompression: Das Bild wird in Blöcke aufgeteilt, und die

Abb. 2.1: JPEG Kompression

Farbverläufe darin werden durch mathematische Kurven repräsentiert. Es werden also nicht alle einzelnen Pixel gespeichert, sondern eine mathematische Repräsentation der Blöcke. Wenn man die Bilder zu hoch komprimiert, indem man zu viele Informationen weglässt, entstehen sogenannte Artefakte, also Erscheinungen in den Bildern, die dort nicht sein sollten. Man kennt das typische Aussehen der zu hoch komprimierten Bilder. Dort kann man auch die Blöcke erkennen, da diese oft nicht mehr zusammenpassen (Abb. 2.1 rechts).

Für die Film-Kompression wurde das „Advanced Video Coding" entwickelt. Dateien des Formats erkennt man an der Datei-EFilme ndung „.mp4", für „Moving Pictures Expert Group" Version 4.

Für die Standardisierung ist die namensgebende Expertengruppe verantwortlich. Ein Standard ist wichtig, da man sonst die Filme nicht auf allen möglichen unterschiedlichen Geräten ansehen könnte. Das Verfahren ist ähnlich wie bei den Bildern, da Filme schließlich eine Folge von Bildern sind. Nur wird hier noch die zeitliche Komponente mit berücksichtigt. Oft ändern sich Szenen in einem Film über eine gewisse Zeit nicht oder nur wenig, besonders bei einer ruhigen Kameraeinstellung oder einer langsamen Kamerafahrt. Bei der Kompression wird nach sogenannten Schlüsselbildern im Film gesucht. Die dazwischenliegenden Bilder werden dann wieder berechnet, indem man die Übergangsbilder mathematisch beschreibt. Kombiniert man die Verfahren für Audio, Bilder und Video, so kann man einen Film komprimiert übertragen.

Sieht man sich Filme über das Netz an, so werden die Dateien nicht in einem Stück übertragen, sondern nur immer so viel Informationen, wie nötig sind, um einen Puffer zu haben, um die nächsten Sekunden anzuzeigen: Man „streamt" die Filme. Bei einer schlechten Internetverbindung kann es dann zu Fehlern bei der Übertragung kommen. Filme können ins Stocken geraten, wenn die Übertragungsgeschwindigkeit zu langsam ist. Für ein gutes TV-Bild braucht man ungefähr 6 MBit/s. Weiter können durch Störungen bei der Übertragung verfälschte Daten ankommen. Kleine Fehler können ganze Filmsequenzen verfälschen, wenn beispielsweise Fehler in Schlüsselbildern auftreten. Man kennt dies aus Live-Berichten in Nachrichtensendungen. Diese werden oft über Satelliten-Verbindungen übertragen, dabei können atmosphärische Störungen auftreten – dann gibt es ein fehlerhaftes Bild. Auch bei der Übertragung des digitalen Fernsehsignals über eine Satellitenschüssel kann das bei schlechtem Wetter passieren.

Digitale Daten werden verkleinert (komprimiert), um sie schneller übertragen zu können. Dazu codiert man sie mit verschiedenen Verfahren. Man unterscheidet verlustfreie Verfahren, bei denen man aus den komprimierten Daten die Originaldaten wiederherstellen kann, sowie verlustbehaftete Verfahren. Hier kann man die Originaldaten nicht mehr genau rekonstruieren. Man kann Bilder, Audio- und Videodaten mit beiden Verfahren komprimieren. Bei Übertragungsfehlern und bei zu hoher Kompression können dabei sogenannte Artefakte entstehen, also Bildelemente oder Geräusche, die störend wirken.

Beim Abschied verabrede ich mich mit Karla für einen der nächsten Tage, solange ich noch in Berlin bin. Ich habe ein paar Neuigkeiten für sie, die ich ihr aber nicht zwischen Tür und Angel weitergeben will.

Wir treffen uns in Kreuzberg, in der Bergmannstraße. Dort finde ich immer etwas. Ich tummle mich gern in Läden mit gebrauchten Möbeln und Haushaltswaren, oder auch in Secondhand-Shops. So verabreden wir uns im Turandot, einer meiner Lieblingskneipen, auf ein Getränk und dann auf einen Bummel durch die Geschäfte.

Ich bin etwas zu früh da, froh, dass ich aus dem feuchtkalten Wetter komme. Was kann ich Karla sagen? Zu große Hoffnungen will ich ihr nicht machen. Aber ich habe Chuck geschrieben und ihm von Karlas Problem erzählt. Er ist zwar ein Typ, der viel Wert auf Nonchalance und Coolness legt, aber wenn es um Ungerechtigkeiten geht, ist für ihn Schluss mit lustig. „Natürlich werde ich helfen, wenn ich kann", antwortete er mir. Und hat mir eine Liste geschickt mit Informationen über Squillion, die er von Karla braucht: unter anderem Fragen wie die nach der Häufigkeit, in der Passwörter geändert werden. Er hat mir diese Liste selbstverständlich als verschlüsselte Mail geschickt, „damit wir nicht die Security von denen an der Backe haben, bevor ich auch nur angefangen habe", schrieb er.

Da weht Karla schon herein, trotz des Regens mit tadellos sitzendem Pagenkopf und diesmal knallorange leuchtenden Strähnen. Als erstes erzählt sie vom Echo auf unser Treffen bei Moonshot: Das Team habe einen guten Eindruck gemacht, sagt sie, dass Josef und ich mit an Bord sind, sei auch wohlwollend honoriert worden. Dass der Film nicht lief, lag an einem Versäumnis ihres Kollegen, er hatte den Film falsch komprimiert, „genauso, wie du vermutet hast", sie grinst mich an. „Er hat sich extrem kurz angebunden bei mir entschuldigt." Sie rollt mit den Augen und nimmt einen Schluck Tee.

„Was hast du jetzt für Neuigkeiten für mich?", will sie jetzt wissen. Ich erzähle ihr von Chuck: „Wie gut und geübt er als Hacker ist, kann ich dir nicht sagen – da hält er sich bedeckt. Aber ich halte viel von ihm, er ist IT-mäßig sehr fit. Und er ist sicher auch bereit zu illegalen Aktivitäten, das ist wichtig, wenn wir einen von deinen Mobbern auffliegen lassen wollen", fahre ich fort. Karlas Augen leuchten, sie ist sehr angetan und nimmt die Liste, die ich ihr ausgedruckt habe. Chuck hat darauf bestanden, dass ich sie ihr zur Sicherheit auf Echtpapier gebe, um dann ausschließlich per verschlüsselter Mail zu kommunizieren. Karla überfliegt die Liste: Unter anderem geht es darum, wie die Mail-Adressen bei der Firma aufgebaut sind, um die Namen von System-Administratoren und die Namen der Typen, die Karla im Verdacht hat. Chuck will auch wissen, wie oft die Passwörter geändert werden müssen.

Karla sagt schließlich: „Okay. Kriegt er alles. Auf welchem Weg kommen die Daten am besten zu ihm, soll ich dir das mailen oder wie?" Ich erkundige mich, ob sie schon den von mir empfohlenen Mail-Account eingerichtet hat. Das hat sie noch nicht gemacht, will es aber gleich nachholen und dann direkt mit Chuck in Kontakt treten. Karla umarmt mich nochmal zum Dank. „Ich will wirklich wissen, wer das war – und ob mein Verdacht stimmt", sagt sie.

„Ich hoffe, es klappt, dass sich Chuck irgendwie bei denen reinhackt. Eine Garantie dafür gibt es nicht", ich will ihre Erwartungen nicht zu sehr befeuern. Eigentlich sollte ja jeder und jede wissen, wie wichtig es ist, nicht einfach auf irgendwelche Links zu klicken. „Aber wenn es gut gemacht ist, fallen doch viele drauf rein, das zeigt die Erfahrung: Selbst wenn man weiß, dass es Phishing-Mails und betrügerische Hacker-Angriffe gibt, schützt das nicht. Ich hoffe, dass deine früheren Kollegen anbeißen. Das kann auch Leuten passieren, die sich eigentlich für schlau halten. Vor allem, wenn es sich wirklich plausibel anhört. Oder wenn zum Beispiel noch ein Gewinn lockt. Selbst wenn man rational weiß, das ist schier nicht möglich, ist die Verlockung groß", ich zucke mit den Schultern. „Ich bin echt gespannt, wie Chuck die Sache angeht", setze ich hinzu. „Und ich hoffe, dass er Erfolg hat", das kommt aus Karlas tiefstem Herzen.

„Meine Mutter ist immer wieder sehr überwältigt davon, was inzwischen alles digital funktioniert", sagt sie, nachdem wir per Online-Bezahlsystem unsere Rechnung beglichen haben. „Für die Generation, die das alles als Kind noch nicht kannte, ist das schon ein irrer Sprung", pflichte ich ihr bei, und gebe in groben Zügen die Geschichten von meiner Tante und meinem Onkel wieder, die oft und gern von den Zeiten erzählen, als sie Bücher im Laden bestellen mussten und mehrere Tage warteten, bis sie dann ins Geschäft geliefert wurden, undsoweiter.

Auch Karlas Eltern haben eine Reihe von solchen „bei uns damals"-Stories parat, erzählt sie, und dass ihre Oma bis zu ihrem Tod weder ein Handy besessen noch jemals eine Überweisung online getätigt oder etwas im Internet bestellt hat. „Ihr war das alles zutiefst suspekt, hat sie immer gesagt – sie wollte nicht, dass so viele Informationen über sie abrufbar sind", sagt Karla.

„Das geht mir auch immer wieder durch den Kopf. Gleichzeitig bin ich froh, wenn ich in meinem Bestellkonto genau nachschauen kann, was ich wann bestellt habe", antworte ich. „Wir hinterlassen ja eine ganze Menge Spuren im Netz, und wie wir alle wissen, sind sie nie wieder so ganz zu tilgen, selbst wenn wir irgendwann nicht mehr wollen, dass dieses Suff-Bild oder diese Bestell-Historie von uns irgendwo noch digital rumschwebt."

Auch ein Blog-Thema. Ich mache mir schon langsam Sorgen, dass es Karla zu viel wird mit meinem Geblogge. „Nein, das interessiert mich wirklich. Alles habe ich noch nicht gelesen, aber das hole ich nach. Und meiner Mutter schicke ich den Link, das interessiert die sicher auch", verspricht sie, und ich freue mich. „Über welches Thema schreibst du im Moment?" Ich antworte ihr, dass ich noch über Filme und Musik schreibe. „Als nächstes will ich das mit dem verlustfreien Komprimieren genauer vorstellen", kündige ich an. „Bin gespannt", sagt Karla.

2.2 Keine Verluste
– Verlustfreie Kompression

Posted by Ada L.   24. März

Lieber Charles,

so weit ich mich erinnere, war ich nie bei Ihnen auf Ihrem Dachboden. Ich kann
mir aber vorstellen, dass es Ihnen wie fast allen Sterblichen geht, die etwas
irdischen Besitz haben: Da kommt ganz schön was zusammen, und das muss
irgendwohin. Am besten so, dass es so wenig Platz wie möglich einnimmt,
ohne Schaden zu nehmen. Nicht anders ist es mit größeren Datenmengen: Um
die zu speichern oder zu verschicken, dürfen sie nicht ultragroß sein. Wenn
man riesige Dateien also platzsparend zusammenpacken will – ich denke da
an einen Schlafsack, den man in einen Transportbeutel stopfen muss – kann
man verschiedene Techniken anwenden.

Die verlustbehaftete Kompression ist die für die Übertragung von Audio-
und Video-Inhalten wichtige Variante: Manche Informationen bleiben auf der
Strecke. Idealerweise, ohne den Gesamteindruck entscheidend zu schmälern.
Werden andere Daten übertragen, etwa Text-Dateien, Programme und Apps
oder auch Finanz-Daten, so müssen die originalen Daten aus den komprimiert
übertragenen unbedingt wieder rekonstruiert werden können, man spricht
von verlustfreier Kompression.

Diese Art der Kompression macht es möglich, genau die ursprüngliche Datenmenge wieder herzustellen. Bei Finanz-Transaktionen ist das entscheidend,
oder bei der Übertragung von Programmen (Apps), bei denen kein Bit fehlen
darf. Auch minimale Fehler könnten weitreichende Auswirkungen haben.

Diese Art der Kompression funktioniert nach folgendem Prinzip: In der
Datei wird nach wiederkehrenden Folgen von Daten-Blöcken gesucht. Diese werden dann nur einmal im Codebuch, einem Teil der komprimierten Datei, gespeichert. Sollte ein Name (oder eine viel umfangreichere Datenfolge)
wiederholt vorkommen, wird stattdessen eine Index-Nummer als Platzhalter
vergeben, die wenig Speicherplatz braucht. Statt der umfangreichen Daten
wird nur die Index-Nummer gespeichert. Bei der Extraktion der komprimierten Daten wird dann im Codebuch unter dem Index nachgeschlagen und der
Inhalt ersetzt. Genialerweise läuft das Ganze auch in beliebig vielen Ebenen.

So können die Daten-Blöcke im Codebuch ihrerseits wieder Referenzen auf andere Code-Blöcke enthalten.

Ein Beispiel: In einem Text über Sie, Charles, könnte Ihr Name, der sicher oft auftaucht, durch die Zahl 1 ersetzt werden. Aus dem Satz „Charles Babbage ist genial" wird „1 ist genial", aus „eine der besten Ideen von Charles Babbage" wird „eine der besten Ideen von 1". Im Durchgang eine Ebene höher fällt dann vielleicht auf, dass der Satz „1 ist genial" mehrmals vorkommt – dann wird der ganze Satz durch 2 ersetzt. Aber in einem Text könnten Wiederholungen auch Teile von Wörtern sein, etwa die Silben „heit", „keit" oder „ungen". Oder oft vorkommende Wörter wie „werden" oder „sind". Selbst wenn die Silbe „heit" – also vier Zeichen – durch eine Zahl – ein Zeichen – ersetzt wird, spart das Volumen.

Das Prinzip ist also, dass identische Teile der Datei nur einmal gespeichert werden. Im Alltag kennt man das ZIP-Verfahren[3], bei dem dieses Prinzip zur Anwendung kommt. Hier können gleich mehrere Dateien zusammen komprimiert und wieder extrahiert werden.

Bei Bildern, Video und Audiodaten ist es wichtig, dass die Daten ohne Verzögerung schnell übertragen werden, sonst nimmt man ein Stocken wahr. Deswegen werden diese Daten mit verlustbehafteten Verfahren übertragen. Bei Apps (Programmen) oder wichtigen Dokumenten ist es wichtig, die exakte Originaldatei zu bekommen. Deswegen werden diese Daten verlustfrei komprimiert. Das ZIP-Verfahren ist ein solches bekanntes Verfahren.

Karla und ich beschließen, die Cyber-Jagd auf die Mobber mal beiseite zu schieben. Gemeinsam wollen wir in den Gebrauchtwaren-Geschäften stöbern. Auf dem Weg erzähle ich Karla von meinen Bus-Plänen: Mein Traum, ab jetzt per Bus durch Europa zu touren, nimmt Gestalt an. Denn mein Bruder hat über einen Bekannten in Potsdam ein Ehepaar aufgetan, das seinen zum Camper umgebauten E-Van verkaufen will. „Morgen schaue ich mir das Teil mal an,

---

3 Von engl. „Zipper" (Reißverschluss.)

der Bekannte von Jakob ist ein Autoschrauber und kennt den Bus. Er meint, der sei gut in Schuss und für den Preis eine gute Anschaffung."

„E-Autos sind ja schon lange ziemlich leistungsfähig – ist der Bus denn auch vom Akku und der Kilometerleistung okay? Oder musst du dann deine Reise-Etappen nach den Kilometern planen?", will Karla wissen – eine Frage, die mir ständig gestellt wird, seitdem ich von einem E-Bus schwärme.

„Die ersten Vans, die rein elektrisch gefahren sind, hatten nur so 170 bis 200 Kilometer Reichweite, aber meiner ist ein neueres Modell, das auch mit Solarmodulen zusätzlich laden kann. Bis zu 600 Kilometer soll er laut Hersteller mit einer Ladung schaffen, aber da kann man getrost ein bisschen was abziehen. Da muss ich das Ehepaar noch genauer dazu fragen. Aber lass es zehn bis 15 Prozent weniger sein, das wäre immer noch gigantisch. Weil ich noch Strom für Licht, Kühlschrank undsoweiter brauche, wäre ich voll zufrieden, wenn ich so 350 bis 450 Kilometer auf einen Rutsch fahren könnte – wobei ich alleine eh keine Lust habe, dauernd so riesige Strecken zu fahren", sage ich. Wir finden gleich auch noch ein paar hübsche Sachen für meinen künftigen Camper: einen kleinen Teppich und eine Klemmleuchte. Karla findet für sich eine klassische Teekanne. Mit unseren Schätzen laufen wir zur U-Bahn. Falls es mit dem Camper was wird, will Karla unbedingt eine Probefahrt machen.

In Potsdam komme ich nach einigen Minuten zu Fuß von der Bushaltestelle bei den Verkäufern an. Der Camper steht schon in der Einfahrt, ich sehe ihn – und es ist Liebe auf den ersten Blick. Da steht er, mein Bus. Das weiß ich, noch bevor ich die Fahrertür geöffnet habe. Auf einer Seite ist ein Peace-Symbol aufgemalt, auf der anderen steht in großen, freundlichen Buchstaben: „Don't panic". Genau: keine Panik. Ein gutes Motto. Auch wer den Autor Douglas Adams und seine Romantrilogie in vier Teilen „Per Anhalter durch die Galaxis" nicht kennt, kann das bestätigen. Ich liebe den Film und habe auch die Bücher gelesen.

Natürlich weiß ich, dass ich mich von Äußerlichkeiten nicht blenden lassen soll, wenn ich meinen Wohn-Büro-Bus aussuche. Doch auch auf der technischen Seite passt alles, so weit ich das beurteilen kann: Es ist ein E-Bus nicht der allerneuesten Generation, aber mit ziemlich neuen Akkus. Knut, der Kfz-kundige Freund von Jakob, hat ihn sich vorab angeschaut. Ausgebaut als Camper von einem Rentnerpaar, das nicht mehr mobil sein kann. Ich stehe im Hof der beiden, dem fast 80-jährigen Mann merke ich an, dass er sein Mobil mit viel Liebe umgebaut, gefahren und gepflegt hat. Seine Frau schaut von der

Terrasse aus zu. Sie braucht inzwischen einen Rollstuhl, daher haben sich die beiden entschieden, den E-Van zu verkaufen.

Im Bus zeigt mir Walter, wie er mit Klapp- und Schiebelösungen die Kochecke mit Gasherd, den Wohnbereich und die Schlafkoje unterm Dach mit der Luke in den Himmel gestaltet hat. Auch an viel Stauraum mit Befestigungen hat er gedacht. Sogar eine improvisierte Dusche gibt es, wie er mir erklärt, sein Brandenburger Dialekt scheint immer wieder deutlich durch. Sehr sympathisch, finde ich.

Dann ist es Zeit für die Probefahrt: Ich lege die Schlüsselkarte an den magischen Ort in der Konsole, der Motor geht nahezu lautlos an, die Lüftung erwacht zum Leben, und ich klicke den Wahlhebel auf „Drive": Los geht's, ich fahre die ersten Meter mit dem E-Bus durch das Wohnviertel von Walter und Regina. Rückwärtsfahren werde ich noch etwas üben müssen. Aber der Bus, den ich innerlich schon Douglas getauft habe, lenkt sich leicht, der hohe Sitz und die Übersicht fühlen sich gut an.

Bei Gegenverkehr konzentriere ich mich sehr, weil ich erst noch ein Gefühl dafür bekommen muss, wie breit mein Gefährt ist. Auf dem Rückweg, ich lasse mich vom Navi zur Adresse von Walter und Regina lotsen, geht es schon besser. „Ich nehme ihn", sage ich laut, bevor ich ankomme. Walter wartet schon in der Einfahrt und sieht mir meine Entscheidung anscheinend schon am Gesicht an: Er strahlt, als ich aussteige. „Ich nehm' ihn", wiederhole ich, und Walter schüttelt mir inbrünstig die Hand. „Dit ham wa uns jewünscht, dass jemand Nettes ihn bekommt", sagt er. Bei Reginas Marmorkuchen mit Schlagsahne werden wir uns dann auch über den Preis einig.

„Sprachen und Informatik hast du studiert, das ist ja eine seltene Kombination – hast du dir das individuell so zusammengestellt?", fragt Regina. „Es gibt den Studiengang Translation Studies for Information Technologies, eine Kooperation der FU Berlin mit der Uni Heidelberg", antworte ich. „Ach, Heidelberg, wie schön", schwärmt Regina. „Ja, aber dort war ich nur ein Semester, mein Hauptstudienort war Berlin", antworte ich. „Hier ist es auch wunderbar – vor allem auch für so digitale Sachen. Dann bist du also eine Computer-Fachfrau", macht Regina weiter. Gleich kommt die Frage, denke ich, und da sagt sie auch schon: „Vielleicht könntest du mal einen Blick auf unseren Computer werfen, beim Hochfahren sagt der immer so was Komisches, ich weiß gar nicht, was wir da machen müssen". Mein Seufzer bleibt innerlich. Die beiden sind wirklich sehr nett – da werde ich ihnen kurz zur Seite stehen. Es ist eine schlichte Aufforderung zu einem Update, ich rate ihnen, es zu installieren.

„Was arbeitest du dann von überall auf der Welt aus?", fragt Regina dann. „Ich bin freiberufliche Übersetzerin und habe mich auf technische Themen spezialisiert, eben wegen der Kombi Englisch, Spanisch und Informatik", erkläre ich ihr. „Zum Glück ist die Nachfrage da gerade groß, ich bin ganz gut im Geschäft. Und vorige Woche habe ich einen Auftrag eingetütet, der mich eine Weile über Wasser hält", erzähle ich – das hat es mir leichter gemacht, mich für diesen Bus zu entscheiden. „Und was ist das genau, was du das übersetzt?", will Regina wissen. „Es geht um die Gebrauchsanleitungen für eine neue Generation von Haushaltsgeräten, die im Smarthome miteinander vernetzt werden können: Kühlschrank, Waschmaschine, Alarmanlage, Heizung, alles auch aus der Ferne anwählbar und miteinander verbunden", zähle ich auf.

„Bei uns nicht", grinst Walter, „unsere Geräte können nicht miteinander plaudern", ergänzt Regina. Wir spinnen die Idee weiter, was sich Friteuse und Fön wohl alles zu sagen hätten. „Also, meens ist det nich mit den janzen neuen digitalen vernetzten Geräten undsoweiter", sagt Walter. „Ick kann einen Bus ausbauen und solche Dinge, aber wenn et ums Innere von einem Computerjehirn geht – da muss ick passen." Das passt perfekt zu meiner Blog-Idee, und ich wiederhole mein Mantra: „So schwierig ist das gar nicht", antworte ich. „Die Grundlagen, meine ich. Da haben viele ein bisschen Manschetten davor, aber ich bin mir sicher, dass ihr beide die Basis-Bausteine locker begreifen würdet – falls ihr dazu Lust hättet."

„Wat mich sehr interessieren würde", sagt Walter, „dit is dit mit de Ka-iii", und zählt auf: Automatisches Fahren und Roboter fallen ihm als erstes zu künstlicher Intelligenz ein. „So viele Geräte können auf einmal was alleene machen, langsam sind dit schon keene Geräte mehr, sondern eher Maschinen mit eigenem Kopf." Als Ingenieur sieht Walter durchaus auch positive Seiten an den Entwicklungen. „Aber wenn et heißt: Dit is ne Black Box, da steigt keener richtig durch, warum die Maschine dit dann richtig macht – dann krieg ich schon meine Zweifel, sag ich dir ehrlich." Ich pflichte ihm bei. „Schaut immer wieder in meinen Blog", rate ich ihnen, „das Thema steht schon auf meiner Liste."

Als ich mich mit Charles und Ada befasst habe, habe ich gesehen, dass die Wurzeln für vieles, mit dem wir heute leben, weit in die Jahrhunderte zurückreichen. „Ich habe mir oft gewünscht, ich hätte eine Zeitmaschine und könnte Charles und Ada besuchen, mit ihnen reden und erleben, wie sie ihre damals so neuen Ideen gestaltet haben", erzähle ich. „Dabei wäre es natürlich hart, ihnen nichts von den weiteren Entwicklungen erzählen zu dürfen – erste Regel bei Zeitreisen: in der Vergangenheit nichts verändern."

Regina nickt ein bisschen wehmütig: „Ich würde natürlich gern in eine Zeit zurückreisen, in der ich noch rumlaufen konnte – und nochmal mit dir tanzen, Walter, und wenn wir schon in einer Zeitmaschine wären, dann am liebsten bei einem Ball mit Kaiserin Sisi", sie drückt seinen Arm. Er nimmt ihre Hand: „Tanzen können wir immer noch", erwidert Walter, „da lass ich keine Ausrede gelten, ich wirbel dich auch im Rolli herum. Bloß muss dit ausgerechnet so Walzer-Kram sein? Ich würde lieber eine Disco-Party nehmen", sagt er und wippt mit dem Kopf, Regina lächelt.

Dann wendet sie sich wieder mir zu. „Da hätte ich auch manchmal für den angeschickerten Heimweg gern ein Roboterauto gehabt, in das ich mich nur reinsetzen muss, und es fährt mich selbstständig nach Hause – technisch gibt es das schon, oder? Bloß sind in Deutschland komplett selbstfahrende Autos noch nicht erlaubt?" Ich nicke und will gerade zu einer Antwort ansetzen, da fragt Walter gleich: „Ist dit nun falsch oder richtig, wat meenste? Eenmal bin ick mit dem Auto, ich weeß nicht warum, richtig langsam durch die Dämmerung jefahren, und unmittelbar vorm Kühler hat eine Wildschweinrotte die Straße überquert: Intuition, dit hat ne KI nicht." Ich wiege den Kopf, weil ich selbst nicht sicher bin. „Angeblich sind unterm Strich die selbstfahrenden Autos mindestens so sicher wie ein menschlicher Fahrer – aber wenn es schon heißt, unterm Strich, da schwingt schon mit: In manchen Situationen reagiert auch die KI falsch. Wenn dann ein Unfall passiert, war es die KI. Ob das für die Opfer oder deren Angehörige noch schwerer zu ertragen wäre, als wenn der Verursacher ein Mensch war, der einen Fehler gemacht hat oder der einfach betrunken war – das kann ich schwer beurteilen", antworte ich.

„Das müsste ja ich eigentlich beantworten können", sagt Regina. „Ehrlich gesagt, das kann ich nicht. Mir ist ein Fahrer ins Auto gekracht, der bei Schneeglätte aus einer Kurve auf die Gegenfahrbahn getragen wurde. Und – bamm." Ich zucke unwillkürlich zusammen. Regina bemerkt es und tätschelt meine Hand. „Das war furchtbar, und mit den Folgen muss ich jetzt leben. Vor allem am Anfang war das hart. Aber ich lebe, ich kann meine Enkel sehen. Es gibt schwere Tage und welche, an denen ich gut drauf bin, wie heute. Aber ob es mir wirklich anders gehen würde, wenn das Auto von einer KI gelenkt worden wäre? Keine Ahnung. Ich habe gelernt, nicht zu sehr auf die Frage zu schauen, warum ist mir das passiert, sondern darauf: Was tut mir gut? Was kann ich? Und dabei kann mir keine KI helfen, schätze ich." Sie schaut nach unten, Walter umarmt sie von der Seite. Um ihnen Zeit zu geben, sich wieder zu fangen, gehe ich nochmal zum Bus, steige ein und hoffe zutiefst, dass ich in dem Bus ohne Unfall unterwegs sein werde.

Nach einer Weile kommt Walter zu mir, klopft mir schweigend durch das offene Fahrerfenster auf die Schulter. „Gut, dass du den Bus kriegst", sagt er nochmal. Ich bedanke mich bei den beiden für das offene Gespräch und für ihr Entgegenkommen. Regina sagt beim Abschied: „Auf deinen Blog bin ich gespannt, ich werde gleich mal reinlesen." Ich verspreche, dass ich dort auch Fotos vom Bus reinstelle – da grinsen sie beide. „Wenn was ist, wenn du technische Fragen zum Bus hast, ruf an", bietet mir Walter noch an.

Jetzt geht's los für Douglas und mich, auf eigenen Reifen: Ich stelle das Radio an, finde einen Sender, auf dem gerade „Super Trouper" von ABBA läuft, und ich schmettere aus voller Kehle mit: „Lights are gonna find me... ". Mein Herz klopft, die Sonne findet gerade jetzt eine Lücke in den Wolken, ich bin unterwegs in mein neues Leben als digitale Bus-Nomadin.

Einige Schweißtropfen hat mich der Berliner Stadtverkehr mit meinem neuen Bus schon gekostet – die Maße des Gefährts müssen mir erst noch in Fleisch und Blut übergehen. Dank der Rückwärts-Kamera ist allerdings das Einparken gar kein Problem, vorausgesetzt, ich finde eine Lücke, die lang genug ist für Douglas. Das gelingt mir rund um die Wohnstraße meines Bruders erst nach einigen Runden, aber dann steht Douglas da wie eine Eins. Jakob, Almut und vor allem Emilia sind genauso hin und weg wie ich, Jakob will schon wissen, wann ich ihm den Bus denn mal ausleihe. „Wenn du mal einen sesshaften Urlaub in Berlin machen willst, dann tauschen wir Wohnung", schlägt er vor. Irgendwann kann ich mir das schon vorstellen, aber erstmal will ich natürlich selber losfahren.

Emilia kniet auf den Bänken, zieht die von Regina geschneiderten Gardinen auf und zu und schaut in jede Klappe und jeden Schub. „Die haben dir ja einiges mit dem Bus vermacht", sagt Almut anerkennend. Sogar etwas Geschirr haben die beiden mir überlassen. Almut schüttelt mir scherzhaft förmlich die Hand: „Gratulation! Sieht top aus, da kriege ich auch selber richtig Lust, aufzubrechen nach überall", sagt sie. Ich bin das Oberhonigkuchenpferd, strahle und freue mich unbändig.

Eine Liste mit einigen Sachen, die ich noch brauche, arbeite ich in den nächsten Tagen ab, besorge mir Bettzeug und Klapptisch mit Stühlen. Sortiere meine Kleidung durch nach Sachen, die ich mitnehmen will, und verstaue den Rest im schon ganz schön vollen Dachboden-Abteil von Jakob und Almut.

Dazwischen ist noch Zeit, um mit Emilia den Zoo und den Tiergarten zu besuchen. Ost- und Westteil der Stadt hatten im geteilten Deutschland jeweils eine Einrichtung, und Emilia liebt beide.

Im Tierpark im Osten der Stadt sind wir Feuer und Flamme für die Lemuren, auch wenn Emilia sie ein bisschen gruselig findet, wenn sie so rund und unverwandt mit ihren dunkelheitsdurchdringenden Augen starren. „Und die Alpakas sind so flauschig", findet meine Nichte. Dann landen wir auf dem Wasserspielplatz, für den sie sich eigentlich zu groß fühlt. Umso begeisterter spritzt und planscht sie jetzt. Almut hat mir in weiser Voraussicht ein Handtuch und einiges an Wechselklamotten für Emilia mitgegeben. Für mich habe ich leider nicht vorgesorgt, so dass ich mit nassen Jeansbeinen unterwegs bin, die im Berliner Frühlingswind kühl an meinen Beinen kleben.

Die Elefanten im Zoo im Westen sind immer ein Hingucker, ebenso die Pandas, die gerade Nachwuchs bekommen haben. Der ist aber vorerst nur per Kamera zu sehen, am Wochenbett haben viele fremde neugierige Besucher nichts verloren. Kann ich gut verstehen, Emilia mault ein bisschen, ist aber dann doch angetan von den Momenten, die wir auf dem Monitor miterleben: Das Bärenbaby wacht einmal kurz auf, bekommt Milch und saugt glucksend und schmatzend. „Süüüüüß", findet Emilia.

Ich habe, wie oft in Tiergärten und Zoos, auch ein komisches Gefühl, den Tieren beobachtend so arg auf den Pelz zu rücken. Schließlich bin ich für mich selbst eine große Verfechterin der ungestörten Privatsphäre und bemühe mich, das auch bei anderen zu respektieren. Das bei Tieren zu ignorieren, kommt mir irgendwie falsch vor – schließlich müssen sie in so kleinen Gehegen leben, dass der Besucher sie irgendwo zu sehen kriegen kann. Andererseits weiß ich, dass viele Tierarten nur dank der Zoohaltung noch fortbestehen. Aber eine Kamera am Wochenbett – das wollte ich für mich nicht, natürlich.

Emilia hätte gern eine Kamera für ihre Kuscheltiere, weil sie glaubt, dass die ab und zu anders daliegen – „die haben sich bewegt, die spielen manchmal alleine", davon ist sie überzeugt. Ob es ihre Menagerie zuhause nicht stören würde, wenn die gefilmt werden, will ich wissen. Emilia glaubt, dass es ihnen egal ist. „Solange ich die Filme nicht hochlade, das wäre ja gemein", sagt sie. Gut aufgepasst.

Das Thema Kameras begleitet uns: Wir schauen uns auf dem Weg nach Hause ganz genau um, um zu sehen, wo im öffentlichen Raum Kameras Filme von uns machen, meistens ohne dass uns das bewusst ist. In der U-Bahn, auf einigen öffentlichen Plätzen, in der Einfahrt der Parkgarage, an der wir vorbeikommen: Es sind Dutzende von digitalen Augen, die uns im Blick haben. „In vielen Fällen ist das ja auch gut wichtig, gerade in öffentlichen Verkehrsmitteln ist es für uns Frauen schon ein besseres Gefühl, wenn man weiß, es gibt Kameras", sage ich, und Emilia nickt weise. Andererseits, denke ich leise weiter, sind zu viele Aufzeichnungen, zu viel Ausspähen auch kein Weg: Ich möchte nicht in einer George-Orwell-Welt leben, in der jeder Moment überwacht wird, in dem jede Äußerung, jede Aktion auswertbar ist.

Nachdem ich Emilia zurückgebracht habe, treffe ich Karla, um ihr meinen neuen Bus vorzuführen. Sie kiekst vor Entzücken, als sie den „Don't panic"-Schriftzug sieht und rät mir, wie es auch im Buch wiederholt vorkommt, immer ein Handtuch dabeizuhaben. Wahrhaftig ein guter Rat, finde ich, erst im Tiergarten mit Emilia habe ich es gut brauchen können.

Karla und ich beschließen, mit Douglas nach Köpenick an den See zu fahren und dort einen Kaffee zu trinken. Während ich durch die Stadt chauffiere, plaudern wir – von Chuck gibt es noch nichts Neues, er hat Karlas Informationen bekommen und will ihr Bescheid geben, wenn sich was tut. „Der klingt ja echt lustig", sagt Karla, „im Anhang hat er mir noch ein Video von einem Huhn geschickt, das bei jemandem auf dem Schoß liegt, mit halb geschlossenen Augen, und sich streicheln lässt." Mit Sicherheit Evita.

Ich erzähle Karla von dem geretteten Huhn und dass Chuck seine Evita inzwischen überall mit hin nimmt. „Und wie ist er mit ihr in Thailand unterwegs? Ich meine, das ist ja inzwischen auch dort nicht mehr so selbstverständlich, dass die Leute da mit ihrem ganzen Haushalt nebst Nutztieren unterwegs sind. Zumindest habe ich nichts davon gesehen", sagt sie. Ich erzähle ihr von einigen Bus- und Zugfahrten, bei denen ich schon Leute mit Hühnern im Korb mit im Abteil sitzen hatte.

„So hat es Chuck auch gemacht: Er hat sich einen Korb mit Deckel gekauft und versorgt die Henne mit Leckereien. Besonders stolz ist er auf den Fress-Sinn von Evita: Wenn man ihr noch so eine große Schüssel mit, sagen wir mal, altem Brot gibt, und es ist irgendwo eingemengt ein kleines Stückchen Käse oder Fleisch mit drin – das hat sie sofort gewittert und direkt rausgepickt. Hat er bestimmt auch schon gefilmt", vermute ich. „Das soll er mir auch mal schicken, das will ich auch mal sehen", sagt Karla.

Mir hat Chuck inzwischen auch geschrieben, allerdings ohne Hühner-Anhang, aber mit interessanten Informationen: Er hat sich die Kollegen, die

Karla im Verdacht hat, auf den sozialen Netzwerken mal angeschaut, und findet, dass alles, was insbesondere Jim auf Instagram, Tiktok und Twitter von sich gibt, auf eines hinweist: „kapitales Arschloch", so Chucks knappe Zusammenfassung. Das beweist freilich noch gar nichts im Hinblick auf Karla, schreibt er, aber er hat gar kein schlechtes Gewissen, ihm mal etwas auf den Zahn zu fühlen. Davon sage ich Karla noch nichts. Darum hat mich Chuck gebeten – solange er noch keinen durchschlagenden Erfolg hatte.

Ich erzähle Karla lieber von meiner besten Freundin Lola, die ich als erstes mit meinem Bus besuchen will. Nach ihrem Studium und einigen Reisen lebt sie wieder in Bayern, im Nürnberger Land. Dort hat sie ein altes Häuschen mit ihrem Freund zusammen renoviert, direkt an einem See, in dem sie schwimmt, sowie es die Temperaturen und ihr Neoprenanzug hergeben. Lola ist eine Naturgewalt: Sie rettet Hunde, malt und töpfert und ist gerade dabei, ihren Doktor in Theaterwissenschaften zu machen. An der Uni ist sie als Dozentin im Einsatz und hat immer mindestens drei bis fünf Bühnen- oder Filmprojekte in unterschiedlichen Stadien am Start, die sie mit ihren Studierenden umsetzt. Wir kennen uns seit unserem ersten Semester, als wir am ersten Tag des Studiums zusammen in der Mensa an einem Tisch saßen, danach noch in ein Café weitergezogen sind und ein Semester später dann auch gemeinsam eine WG bezogen haben.

Auch Lola liebäugelt inzwischen damit, sich ein paar Hühner zuzulegen, nicht erst seit ich ihr von Chucks neuem Totem- und inzwischen auch Echttier erzählt habe. Das sei in ihrer Nachbarschaft sehr verbreitet, und „Hühner sind auch sehr niedlich, wenn man sie mal länger und intensiver beobachtet", hat sie mir neulich am Telefon vorgeschwärmt. Ein paar der Nachbarshühner kommen gern zu ihr in den Garten, und weil sie wild auf die Nacktschnecken sind, hat Lola zumindest für eine gewisse Zeit nichts dagegen. Allerdings muss sie die Vögel regelmäßig aus dem Salatbeet scheuchen. „Aber erst, wenn sie ein paar Schnecken verdrückt haben." Sie fragt sich – und ich tue das auch – wie Chuck das mit einem Huhn auf Reisen hinkriegt. „Ist ja kein Hund, da könnte ich mir das vorstellen." Mir geht es genauso, und ich frage Chuck in meiner nächsten Mail.

„Ich verstehe die Frage nicht", schreibt er umgehend zurück. Evita sei schließlich kein Huhn wie jedes andere, sondern eine alte Seele. So etwas Profanes wie Abhauen sei ihr fremd. „Ich weiß intuitiv immer, wo sie ist", schreibt er, und außer, dass sie bei Busfahrten manchmal etwas friert und im Zug in den Kurven „einen leidenden Zug um den Schnabel" bekommt, sei sie gern unterwegs, schaue aus dem Fenster und freue sich, wenn es frisches Wasser und gekochten Reis gibt. „Also genau wie bei jedem fühlenden und atmenden Wesen", findet Chuck. Ich werde ihn nicht mehr fragen.

Lola kichert, als ich ihr am Handy die Antwort vorlese, und wir stellen uns vor, wie Chuck und Evita zusammen eine Kreuzfahrt machen, jeder auf einem Deckstuhl. „Es gibt wahrscheinlich viele Reisende, die genau dasselbe essen wie Evita – Quinoa, blankes Obst und Gemüse – ohne Dressing und roh", vermutet Lola. „Und es gibt sicher auch welche, die sich beim Frühstücksbuffet die fettesten Speckstreifen rauspicken", sage ich. Beim Karaoke könnten sie als Duo sicher auch absahnen: „Das Choo-choo von Chattanooga könnte sie sicher übernehmen", flachst Lola, und wir gackern und giggeln. „Wann fährst du eigentlich los mit deinem Bus? Du könntest bei mir im Nürnberger Land vorbeischauen", schlägt Lola vor. „Hab ich doch eh schon geplant", antworte ich. Auch mich hat die Sehnsucht gepackt, mal wieder so richtig ausführlich mit ihr zu reden.

Gleichzeitig graut es mir etwas vor dem Landstrich – denn dort lebt auch meine Mutter. Vermutlich habe ich mich auch deswegen für Ada Lovelace entflammt, weil wir außer unserem Interesse für Computer-Entwicklung noch etwas gemeinsam haben: eine sehr schwierige, nicht gerade warmherzige Mutter. „Das muss deine Mama ja nicht erfahren, wenn du mich besuchst", sagt Lola, die offensichtlich genau darüber im Bilde ist, was in meinen Gedanken passiert. „Außerdem wäre es zu viel Ehre für sie, wenn du wegen ihr – also nur, um sie nicht sehen – auch nicht zu mir kommst. Du musst endlich unser Baumhaus sehen, das ist ideal für Sommergäste, also wenn du dann nochmal in der Gegend bist", macht Lola weiter, und ich gebe ihr recht.

Lola und ich wissen beide: Wenn ich in die Hersbrucker Gegend fahre, wird das meine Mutter über irgendeinen Tratschkanal mitkriegen. Schließlich werde ich auch bei meiner Tante und meinem Onkel vorbeischauen, bei denen ich als Kind und Jugendliche oft Zuflucht gefunden habe. Aber auch Lolas zweiter Satz – zu viel Ehre – stimmt, und ich beschließe, statt auszuweichen, nun wirklich mittenrein zu fahren. Und dann wieder weiterzuziehen. Im Bus ist das ja schnell passiert.

Ich schaue kurz auf das Facebook-Profil meiner Mutter, wo sich nicht viel getan hat. Ihr Profilbild zeigt immer noch sie beim Tango-Tanzen. Außer Terminen für Marathon-Trainingseinheiten und Glückwünsche für einen Nachbarjungen, der bei der Mathe-Olympiade in seinem Gymnasium gewonnen hat, sehe ich nichts Neues. Das mit der Mathe-Olympiade hat sie mir auch weitergeleitet, ein kleiner Seitenhieb, weil ich in Mathe zwar gut war, aber nie eine Überfliegerin. Das wird sie mir wohl ewig reinreiben. Außerdem hat sie mit mir das Foto vom Baby einer Mitschülerin geteilt: „Ob ich mal von dir ein Enkelkind bekomme?", hat sie dazugeschrieben. Puh. Tief durchatmen – wegklicken. Zum Glück ist sie nur auf Facebook zugange, dort schaue ich nur alle heilige Zeit mal hin.

Ganz gemäß der Generationenverteilung: Ältere sind auf Facebook, etwas Jüngere auf Instagram und Twitter, danach sind TikTok und YouTube interessant, Snapchat und Discord und noch einige andere. Social Media – wir alle schimpfen über so manches, aber ein Leben ohne kann ich mir nicht mehr vorstellen.

Also: auf nach Bayern, heißt es jetzt, ich habe den Bus geladen, eine Ersatz-Gasflasche besorgt, den Wassertank gefüllt und mir einen Vorrat an haltbaren Lebensmitteln als Dauer-Reserve zugelegt: Ich bin startklar. Als erstes geht es zu Lola und dann einfach der Nase nach.

In Potsdam picke ich Josef auf, der ebenfalls nach Bayern will und „unbedingt mal deinen tollen Bus ausprobieren möchte". Also hole ich ihn ab, bevor wir mit Kurs auf Nürnberg weiterfahren, und wurstle mich geduldig durch die Baustelle auf der Straße des 17. Juni, bevor es auf die A115 geht.

Karla will mich bald irgendwo besuchen, wo ich dann gerade gelandet bin, hat sie gesagt. Ich freue mich über die neue Freundschaft und hoffe, dass Chuck bald entscheidende Fortschritte macht. Mit Karla will ich regelmäßig per Video-Chat in Kontakt bleiben, das funktioniert gut, wie ich aus Australien weiß: Ohne Lola auf Facetime wäre ich in Sydney wahrscheinlich durchgedreht. Und auch mit Sven bin ich in Verbindung, aber wir schreiben uns vor allem – so ein bisschen old-school, das gefällt uns beiden. Den Gedanken an ihn lasse ich gar nicht so oft an die Oberfläche steigen. Ich will es nicht zerdenken, was wir miteinander haben. Aber manchmal, wenn ich ein anderes Paar sehe, das sich gerade innig anschaut oder umarmt, spüre ich dieses Ziehen: Dann will ich gleichzeitig mit Sven zusammen sein – und will gleichzeitig nicht verliebt sein. Ach, mich hat es schon erwischt, merke ich seufzend am Steuer, der Grunewald um mich herum lenkt mich nicht wirklich ab. Trotzdem kann ich mich nicht lange in meine amourösen Verstrickungen vertiefen, denn am Kreuz mit der L40 wird der Verkehr dicht.

Josef hatte einen Termin nahe des Potsdamer Hauptbahnhofs, dort treffen wir uns, er steht schon am Treffpunkt. An einer Leine wuselt Kiki, Josefs Hundedame. Weil sie auch mit nach Bayern fahren soll und letztes Mal im Zug „einen so dermaßenen Rabatz gemacht hat", ist Josef froh um die Mitfahrgelegenheit. Er lädt mich als erstes auf einen Kaffee ein. Mir fällt wieder ein, dass er bei Moonshot den anderen ein Video von Kiki hergezeigt hat, in dem sie singt, und ich erkundige mich nach den gemeinsamen Liederabenden. Sofort zückt er sein Smartphone und zeigt mir diverse Bilder von Kiki, mit der er wohl oft und gern zusammen „musiziert": Wenn Josef Akkordeon spielt, „singt" Kiki gern mit, und er zeigt mir ungeachtet der anderen Café-Gäste ihre Aufnahme vom Kufsteinlied, er summt gleich selber vor Begeisterung mit, und Kiki stimmt herzzerreißend jaulend mit ein, so dass Josef sein Phone wieder wegsteckt.

Bei Schoko-Cookies, einer Spezialität dieses Kaffeehauses, erzählt er mir dann von seinen Entwürfen für Moonshot. Er hat einen Sitztyp entwickelt, der platzsparend ist und trotzdem mit einem genialen Kipp-Mechanismus verschiedene, auch entspannte Sitzhaltungen ermöglicht.

„Und, wie läuft es so bei dir?", fragt er, lehnt sich zurück und mustert mich. „Ich beneide dich ein bisschen, dass du sowas machen kannst. Lass dir diese Chance nicht entgehen, schau dich um, arbeite, wo du willst, und dann zieh weiter." Ich kann ihm nur beipflichten.

Ich beiße in den köstlichen Cookie und erzähle Josef von einem Gespräch aus Sydney, wo ich für meine Kollegen immer wieder etwas gebacken habe – einmal auch Schoko-Cookies: Raoul, meinem Coworking-Space-Nachbarn, haben sie sehr gut geschmeckt. „Hast du denn überhaupt meine Cookie-Richtlinie akzeptiert?", fragte ich ihn spaßeshalber.

„Unerwünschte Mails heißen Spam, das ist auch was zum Essen", steuert Josef bei. Das habe ich schonmal gehört, weiß aber die Details nicht mehr. Josef lehnt sich zurück und erklärt: „Spam war eigentlich der Markenname einer Fleischkonserve in Großbritannien, und auch nach dem Zweiten Weltkrieg gab es zwar nicht viel zu essen, aber trotzdem viel Spam. Du kennst doch Monty Python, die englischen Komiker?", fragt er. „Jeder nur ein Kreuz", zitierte ich aus dem Film „Life of Brian", und Josef zeigt, dass er direkt im „Ministry of Silly Walks" hätte anfangen können.

„Also in dem Sketch, den ich meine, sitzen einige Leute in einem Café, in dem nur Gerichte mit Spam auf der Karte stehen, und langsam besteht die Unterhaltung nur noch aus dem Wort Spam, das dann auch im Abspann immer weiter wuchert", sagte er. „Den Sketch kenne ich nicht, aber ich kann es mir lebhaft vorstellen", ich kichere in Erinnerung an die legendäre Truppe.

Als Josef mir Kiki in die Obhut gibt, weil er „mal wohin gehen muss", gebe ich ihr ein winziges Stück Schoko-Plätzchen und beschließe, das Thema Cookies in meinem Blog zu beleuchten.

2.3 Kann ich einen Keks?
– Digitale Daten

Posted by Ada L.   12. April

Lieber Charles,

ich habe Sie als einen Menschen in Erinnerung, der auch gern einmal etwas Süßes zu sich nimmt. Ein, zwei Cookies vielleicht?

In der Jetztzeit hat dieses Wort noch eine weitere, nicht immer so bekömmliche Bedeutung. Wer im Internet Informationen bekommen will, muss eine Abmachung treffen: Er oder sie muss beim Anbieter dieser Informationen zustimmen, dass im Hintergrund Daten gesammelt, ausgewertet und in bestimmtem Umfang auch gespeichert werden. Das kann bequem sein, weil man dann Anmeldeinformationen wie die eigene Adresse und Passwörter nicht jedes Mal auf einer Seite eingeben muss. Diese Informationen über einen selbst heißen Cookies. Wer eine Seite lesen will, muss darüber entscheiden, ob die Seite Cookies sammeln darf.

Das wäre so ähnlich, wie wenn Sie beim Zeitungslesen erlauben, dass von der anderen Seite der Zeitung aus jemand Sie beim Lesen beobachtet, Sie identifiziert und feststellt, ob Sie besonders auf bestimmte Themen und vor allem auf bestimmte Werbung fokussiert sind. Auf der nächsten Zeitungsseite, um im Bild zu bleiben, werden Ihnen dann vor allem Themen und Werbung präsentiert, die Sie interessieren könnten.

Wer viel über einen anderen weiß, kann dieses Wissen nutzen oder verkaufen. Dabei geht es nicht um Erpressung, weil man schmutzige Geheimnisse von jemandem aufgedeckt hat, sondern es geht um die Produkte, die man mag, darum, wie alt man ist und was einen daher für Themen umtreiben könnten und vieles mehr. Wer diese Informationen hat, kann damit ordentlich Geld verdienen und nicht nur das.

„Daten sind das neue Öl". Dieser Spruch wird oft zitiert und in der Digitalwirtschaft gern verwendet. Neben den digitalen Texten, Filmen und Musik gibt es noch eine andere wichtige Kategorie von digitalen Daten: das Verhalten der Nutzer*innen. [60] Das erwähnte Zitat hat gleich mehrere Ebenen: Es trennt das Alte vom Neuen, die alte, überkommene Wirtschaft mit dem Öl als endlicher, ökologisch bedenklicher Ressource und die New Economy mit den Startups und den neuen Unternehmenskulturen. Früher gab es Finanzgiganten wie Standard Oil von John D. Rockefeller. Das Unternehmen wurde damals vom Staat zerschlagen, da es sich eine Monopolstellung erarbeitet hatte. Heute gibt es die GAFAs (Gafas = Brille auf Spanisch, aber auch die Anfangsbuchstaben der entsprechenden Firmen), also Google (Alphabet), Amazon, Facebook (Meta) und Apple, die weit mehr Finanzmacht haben als je ein Unternehmen vorher.

Der Rohstoff, nach dem sie schürfen, sind Daten. Sie betreiben im großen Stil „Data Mining", sie schürfen nach neuen Informationen in den von ihnen angehäuften Datenbeständen. Zu einem einzigen Zweck: Sie wollen den Kund*innen, und das sind potenziell alle Menschen auf der Erde, bessere, maßgeschneiderte Kaufempfehlungen für Produkte geben, in Form von passender Werbung.

Eigentlich könnte man diese Firmen als riesige Werbeagenturen ansehen. Dass das unglaublich gut funktioniert, zeigt der finanzielle Erfolg der Unternehmen. Das läuft nach folgendem Prinzip: Die Nutzer*innen der Geräte werden ständig in ihrem Tun beobachtet, quasi überwacht. So können die Firmen Vorlieben ausloten und die Bereitschaft, ein Produkt zu erwerben, prognostizieren.

Das Nutzer*innenverhalten fließt wie Rohöl in die Raffinerien der Internet-Riesen, die diese dann zu zielgruppenspezifischen Werbeanzeigen veredeln. Anders als beim Fernsehen, wo die Werbung allen Zusehenden gleichermaßen präsentiert wird, gibt es dann individuelle Werbung für spezielle, in Kategorien eingeteilte Gruppen. Im Marketing spricht man vom „Microtargeting".

Dass die Nutzer*innendaten nicht nur für Werbezwecke auswertbar sind, haben inzwischen auch andere Branchen erkannt: Versicherungen sind unter anderem an Gesundheitsdaten interessiert, die daraus ableitbar sind. Die Fitnesstracker beispielsweise sammeln Gesundheitsdaten der Personen, die diese freiwillig mit den Unternehmen teilen und dafür bessere Konditionen erhalten. Auch Wahlwerbung oder Nachrichten mit politischer Ausrichtung können zielgenau verschickt werden, wenn die politischen Gruppen die Interessen kennen.

Neben Fitnesstrackern sammeln heutzutage noch einige andere Geräte, mit denen wir uns umgeben, Daten von uns. So sind im Smarthome überall vernetzte Geräte zu finden. Zahnbürsten mit Wifi-Verbindung und Touch-Displays überwachen die Mundhygiene: Solche Daten sind sicher interessant, wenn es um die Konditionen von Zahnzusatzversicherungen geht. Digitale Sprachassistenten lauschen permanent nach den Wünschen der Nutzer*innen. Staubsaugerroboter sind mit Kameras ausgestattet, die den allerkleinsten Winkel des Hauses beobachten.

Die wichtigste Datenquelle, unser Lieblingsgerät, haben wir immer bei uns, das Smartphone. Es liefert den Verwertenden unserer Daten zahlreiche Informationen über uns. Die eingebaute Sensorik und die Kamera, mittlerweile sogar eine Infrarot-Kamera, die im Dunkeln funktioniert, sammeln Informationen über die Träger*innen. Diese Kamera kann übrigens auch die Gesichtsmuskulatur auswerten und so Emotionen lesbar machen. Der Gesichtsausdruck nachts auf dem Klo mit Handy bleibt also nicht verborgen.

Die interessantesten Daten entstehen aber beim Surfen im Netz. Hier wird offenbar, welche Interessen und Vorlieben die Menschen haben – fast so, als könne man einen Blick direkt ins Hirn werfen. Wie kann man nun technisch diese Spuren lesen? Im Märchen Hänsel und Gretel lässt Hänsel Brotkrumen fallen, um seinen Weg zu markieren. Im Web hinterlassen wir Cookies. Der Ausdruck ist missverständlich, da man vielleicht damit ein Geschenk in Form eines Kekses verbindet, aber es geht darum, dass früher besuchte Websites markiert werden.

In Europa gibt es seit 2020 die E-Privacy Verordnung. Sie bestimmt, dass Webseiten, die Cookies einsetzen, darüber Auskunft geben müssen. So rückte das Thema wieder in den Fokus. Allerdings hat man sich schon längst daran gewöhnt, die omnipräsenten Pop-up-Meldungen einfach reflexartig wegzudrücken, meist mit einer Zustimmung, die Cookies anzunehmen, da man sonst oft die Webseiten gar nicht mehr nutzen kann. Auch wird damit geworben, dass das Nutzungserlebnis damit gesteigert wird. Da die Cookies dazu dienen, die Nutzer*innen zu identifizieren, trifft dies auch oft zu: Man wird automatisch erkannt und angemeldet.

Zu den Cookies: Ein Cookie ist nur eine große Zahl, eine sogenannte ID, also eine eindeutige Zahl. Diese wird zufällig erzeugt. Allerdings ist sie so groß, dass es sehr unwahrscheinlich ist, dass diese Zahl auch noch jemand anderem zugeordnet wird. Auch kann man diese Zahl aufgrund der Größe schlecht raten. Diese Zahl wird beim Aufruf der Webseite, die man besucht, an das Gerät gesendet und dann, bei Zustimmung, auf dem Gerät gespeichert. Tatsächlich sendet der Server eine Anfrage der Form „Set-Cookie: Name=Wert" an den Browser, der die Webseite aufruft. Die Namen sind der Index, unter denen alle möglichen Informationen gespeichert werden können. Meist wird eine ID gespeichert, („ID=12234"). Diese Information wird dann in der lokalen Datenbank des Browsers abgelegt. Jeder Eintrag in dieser Datenbank enthält die Felder: Name, Wert, Host und Ablaufdatum. Der Host ist die Web-Adresse der aufgerufenen Webseite, das Ablaufdatum der Zeitpunkt, an dem der Cookie wieder gelöscht werden soll. Oft liegt dieses Datum im Jahr 2038, das ist das letztmögliche Datum, welches in diesem Format angegeben werden kann. (Der Millennium-Bug lässt grüßen: Bei der Jahrtausendwende gab es die Befürchtung, dass viele Computer danach nicht mehr funktionieren, da manche Experten der Meinung waren, das letztmögliche Datum, das sie verarbeiten können, der 31.12.1999 wäre. Man dachte, dass dann die ganze Infrastruktur zusammenbricht und sogar Fahrstühle stehenbleiben.)

Deshalb liegen die Cookies meist ewig auf den Geräten, wenn man sie nicht explizit löscht. Man kann sich einen Überblick über die Einträge, beispielsweise auf einem Desktop-Rechner im Browser (z.B. Firefox oder Chrome) verschaffen, wenn man dort bei den Einstellungen die Rubrik „Datenschutz und Sicherheit" wählt und danach bei dem Punkt „Cookies und Website-Daten" auf „Daten verwalten..." geht. Man kann dort sehen, dass meist über ein Gigabyte an Speicherplatz für diese Einträge verwendet wird.

Ein einzelner Cookie kann jeweils zusätzlich zu der erwähnten großen Zahl beliebige weitere Daten speichern, maximal 4KB [50]. Man kann nicht sagen, zu welchem genauen Zweck ein Cookie dient – das liegt alleine in der Hand der Betreiber der Webseite, die einem den Cookie geben. Besucht man nun zum wiederholten Mal eine Webseite, werden alle Cookies, die beim Eintrag „Host" mit dieser Seite übereinstimmen, zurück an den Server gesendet. So können die Betreiber der Seite das Surfverhalten der Nutzer*innen auf ihrer Seite analysieren und die Seiten auf die so erkannten Bedürfnisse anpassen.

Das klingt erst einmal nicht besonders bedenklich. Aber jetzt kommt ein wichtiger Aspekt ins Spiel: Die Betreiber von bestimmten Diensten können kleine Schnipsel in andere Webseiten integrieren. Ein Beispiel ist ein Like-Button von Facebook. Auch Werbebanner von Werbe-Dienstleistern werden in Seiten integriert. Diese Teile gehören nicht zur aufgerufenen Seite, sondern zu der

Seite des Werbenden. So können die Anbieter solcher Dienste mitverfolgen, auf welchen Seiten sich User*innen aufhalten, die anhand ihrer ID wiedererkannt werden: indem sie ihre eigenen Cookies verteilen (Third-Party-Cookies). Tja, lieber Charles, das klingt doch eigentlich ganz nett: Third-Party-Cookies lassen einen an mehrere Feste denken, auf denen jede Menge Plätzchen zu haben sind. Tatsächlich sind die Firmen, die solche Cookies platzieren, eher einem ungeladenen Gast zu vergleichen, der auf einer Party etwas abgreift, was gar nicht für ihn gedacht war.

Das heißt: Auch Werbefirmen, deren Seiten man nicht aktiv angesurft hat, platzieren Cookies und sammeln Daten über das Surfverhalten. Aus diesen Spuren lassen sich dann genaue Profile der Nutzer*innen ableiten. Der Dienst Google Analytics ist meist als führender Analyse-Dienst mitbeteiligt. Dieser kann durch die Analyse großer Datenmengen viele demographische Merkmale bestimmen: Neben dem Alter und dem Geschlecht sind das auch sogenannte Affinitätskategorien, beispielsweise TV-Zielgruppen: Technik-Freaks, frisch gebackene (Groß-)Eltern, Sportfans oder Hobbyköche [16]?

Vor allem die Kaufbereitschaft für gewisse Produkte kann bestimmt werden. Meist merkt man nichts davon, ob man „getrackt", also beobachtet wird. Die in den Webseiten eingebauten externen Schnipsel zur Nachverfolgung sind oft gar nicht sichtbar, da man diese so klein wie einen einzigen Pixel machen kann. Das reicht, um einen fremden, zum Analysedienst und nicht zur Webseite gehörenden Bestandteil dort unterzubringen. Diese Trackingpixel kann man sogar unsichtbar in E-Mails einbetten. Wenn die Mail geöffnet wird, bemerkt das der Tracking-Dienst. Kann der Dienst einen Zusammenhang zwischen verschiedenen Einzelinformationen herstellen, lassen sich einzelne Personen mit ihrer E-Mail-Adresse verfolgen. Am Ende verkaufen die Analyse-Dienste ihre Erkenntnisse wieder an die Betreibenden von Werbeanzeigen, die damit ihrerseits den Kund*innen noch passgenauere Werbung servieren können.

Cookies hatten bisher einen großen Anteil am Erfolg der Online-Werbung. Der Nachteil ist das Tracking, das die User*innen ausspioniert. Deshalb gibt es Alternativen zu Cookies: Google ersann eine Technologie namens FLEDGE[4], die die Cookies nicht direkt zu den Werbetreibenden sendet, sondern das Surf-Verhalten auf den eigenen Geräten selbst auswertet. Werbetreibende

---

4 First Locally Executed Decisions over Groups Experiment

könnten dann nur darum bitten, dass ihre Werbung eingeblendet wird. Anhand der Präferenzen entscheidet dann das Gerät, welche Werbung eingeblendet wird, und nicht die Firmen. Diese Technologie soll in künftigen Web-Browsern die Cookies ersetzen. Damit wären die User*innen ein wenig besser geschützt [63].

---

i Cookies sind eindeutige Nummern, die beim Besuch einer Webseite im Browser auf dem eigenen Gerät gespeichert werden. Die besuchten Webseiten bekommen dann diese Nummer zurück, wenn man sie erneut ansurft. Durch die Einbettung von anderen, nicht zur Webseite gehörenden Elementen können datensammelnde Unternehmen das Verhalten der User*innen analysieren und diese Info dann wieder an werbetreibende Firmen verkaufen. Die Webseitenbetreibenden haben doppelten Nutzen: Die Unternehmenswebseiten werden häufiger besucht, da die Kund*innen passgenaue Werbung erhalten, die sie auf die Seiten lockt. Zudem können sie direkt Geld mit Werbeeinblendungen und den Daten verdienen.

Josef schnarcht. Beeindruckend, was er für Laute hervorbringt. Auch Kiki stimmt leiser mit ein, sie schläft auf einem improvisierten Hundebett hinter der Sitzbank tief und fest. Wir fahren zu dritt auf der A9 Richtung Süden, Josef will zu seiner Tochter nach Bayern, um ihr beim Umbau ihres Hauses zu helfen. Sie lebt mit ihrer Familie in Kallmünz, einem Dorf in der Nähe von Regensburg. Es regnet, gerade stockt der Verkehr etwas. In solchen Momenten ist der Gedanke schon verlockend, sich in einem Lunatic-Flieger über die Straßen und die Landschaft zu erheben und binnen kürzester Zeit in der Nähe von Regensburg zu landen.

Josef hat vor seinem Nickerchen von seiner Playlist geschwärmt, die er für unsere Tour zusammengestellt und schon mit mir geteilt hat. Mal hören, was er so für Favoriten hat. Viele Lieder kenne ich, weil ich sie bei meiner Tante oft gehört habe. Mir ist noch lebhaft in Erinnerung, wie sie meinen Bruder und mich in den Wahnsinn getrieben hat, wenn sie im Auto laut mitgeschmettert hat und auf dem Sitz ausgeflippt ist – unglaublich peinlich kam mir das damals vor. Jetzt singe ich selber mit und wackele mit Armen und Kopf, um mich ein bisschen zu lockern. „Some of them want to use you, some of them want to get used by you", ich trommele rhythmisch auf dem Lenkrad mit. Inzwischen steht der Verkehr, aber ich lasse mir die Laune nicht verderben.

Das Lied „Sweet dreams" von den Eurhythmics passt: Everybody is looking for something, das stimmt. Annie Lennox scheint Kiki zu inspirieren, sie blickt auf und schnaubt kurz. Ich hoffe, sie muss nicht raus. Obwohl, Josef sagte vorhin, er war vor seinem Termin noch ausgiebig Gassi mit ihr. Er schnarcht noch einmal laut auf, dann reißt er die Augen auf und ruft so abrupt: „Alles klar?", dass ich erschrecke, bevor ich kopfschüttelnd „alles okay" sage.

Während er sich reckt und streckt und die Augen reibt, fahre ich im Stop-and-Go-Verkehr wieder ein bisschen weiter. „Wo sind wir?", fragt Josef. „Leider noch nicht so weit, noch ein ganzes Stück vor dem Schkeuditzer Kreuz", antworte ich, und Josef brummt. „Soll ich dich mal ablösen?", bietet er an. „Noch geht es sehr gut, aber später gern", antworte ich.

Er wühlt in der Tasche zwischen uns und fördert eine Box mit Broten zutage. „Käse, Schinken, Salami, Tomate, Eiersalat oder blankes Basilikum?", er hält mir die Box hin, die lauter eckige Unterteilungen hat. Darin liegen die appetitlich zurechtgemachten Sandwiches. „Markieren Sie alle Brote, die Wurst oder Fleisch enthalten", sage ich zu Josef. Der schaut mich fragend an, ich ergänze: „Ich bin kein Roboter, du weißt schon, da muss man doch immer auf den Bilder-Rastern Fotos markieren, die Hydranten oder Ampeln oder so zeigen". Er grinst und zeigt auf einige Fächer. „Ja, Captcha meinst du. Dieser Zwischenschritt kostet mich oft Zeit und Nerven", sagt Josef und beißt in sein Brot, während Kiki fiepend ihre Pfote unter seine Kopfstütze schiebt. „Ja, Kiki-Mauserl, du kriegst auch was Gutes", er angelt nach einem Stück Knackwurst, das Kiki schnurpsend verdrückt. Und gleich noch eins hinterher. Ich wähle Basilikum.

„Vor allem ärgert es mich, dass ich so ihre selbstfahrenden Autos trainiere: Oft sind es Fotos mit Ampeln oder mit Hydranten oder Bussen oder was auch immer", sagt Josef. „Wenn ich nicht der unfreiwillige Trainer sein muss, finde ich das ganz interessant: Da gibt es ja Computer, die lernen, auf Fotos zu erkennen, ob der Mensch auf dem Bild ein Mann oder eine Frau ist. Die können sogar mit einer ziemlich großen Wahrscheinlichkeit nach Fotos beurteilen, ob eine Person homosexuell ist." „Was mich dabei interessieren würde, sind die Marker: Schließlich lernt ein Computer nicht, zum Beispiel gezupfte Augenbrauen oder großer Abstand zwischen Nasenwurzel und Haaransatz heißt: Mann oder Frau, geschweige denn sexuelle Orientierung", sage ich. „Genau – die Kriterien bleiben im Dunkeln, denn der Computer wird einfach mit einer irrsinnig großen Menge an Daten gefüttert und soll sich dann selber die Faktoren rausrechnen, die für die Zugehörigkeit von Gruppen entscheidend sind", führt Josef weiter aus. Über das Thema redet er gern, und ich finde es ebenfalls sehr interessant.

„Weißt du etwas Neues über die Anwendung bei Kriminalität?", fragt er mich. Eine beklemmende Vorstellung wäre es, finden wir beide, wenn die Polizei aufgrund von KI-Ergebnissen Leute festnehmen sollte, BEVOR sie ein Verbrechen begangen haben. „Dazu sind doch die Ergebnisse der KI immer noch zu wenig sicher", sage ich. „Wenn ich, sagen wir mal, mit einer Wahrscheinlichkeit von 85 Prozent davon ausgehen kann, dass jemand ein Verbrechen begehen wird, kann ich den doch nicht einfach präventiv wegsperren. Das ist zwar ein hoher Wert, aber es bleibt noch eine große Möglichkeit, dass die Person nicht kriminell wird. Ich meine, selbst wenn die KI sicher vieles sehr gut bewerten kann. Aber bei dem Thema fällt noch die Unschuldsvermutung rein." Josef zwirbelt seinen Bart und überlegt: „Ab welcher Wahrscheinlichkeit sollte die KI die Festnahme von jemandem auslösen? Oder sollte sowas nie von Technik gestützt werden?", fragt er und antwortet sich gleich selbst: „Gefühlsmäßig würde ich sagen: Warum reicht es nicht, jemanden mit einer hohen Verbrechenswahrscheinlichkeit besser zu überwachen?" „Oder ist das auch schon zu viel?", gebe ich zu bedenken. Auch Überwachung ist ein Eingriff in die Privatsphäre, je nachdem, wie weit das Ganze geht. „Einerseits ja, aber wenn dann wirklich was passiert, finde ich auch, man hätte dem Täter doch lieber mehr vorab auf die Finger schauen oder ihn sogar wegsperren müssen – ein schwieriges Thema", sagt Josef. „Stimmt. Dahinter steht eben der Wunsch, alle kriminellen Taten, oder zumindest möglichst viele, vorauszusehen und rechtzeitig zu verhindern. Das ist in meinen Augen technisch nicht seriös umsetzbar", entgegne ich. Josef nickt, „da hast du recht, da ist viel Wunschdenken dabei."

„Vielleicht sollte ich versuchen, den Stau zu umfahren", sage ich, während wir uns einer Ausfahrt nähern. Vor uns wechseln viele auf die Spur nach rechts. „Wenn das alle machen, wird es da auch sehr voll. Lass uns was essen, ich habe nach den Broten erst richtig Appetit bekommen", sagt Josef. Inzwischen hat er herausgefunden, dass vor uns ein Unfall passiert ist. Wir beschließen, rauszufahren, uns irgendwo ein Lokal zu suchen, den Bus zu laden und den Stau abzuwarten. „Dann kann die Kiki auch ein bisschen rumhupfen", sagt Josef. Während ich mich nach rechts einfädele, erzähle ich ihm von meiner Vision: Einfach drüberfliegen, das wäre schon super. Dass einerseits so eine

Technik umgesetzt wird und andererseits immer noch Unfälle wegen Über-
müdung oder auch wegen technischer Mängel passieren, kommt uns beiden
komisch vor.

Als wir die Autobahn verlassen, kann ich wieder Gas geben – ein bisschen
Freiheit nach dem langsamen Stau-Geruckel. Josef will uns ein Gasthaus in der
Nähe einer Ladestation suchen und spricht in sein Smartphone: „Rosalinde,
finde ein Gasthaus mit Ladestation in der Nähe." Er wartet und grinst, nichts
tut sich. „Ich würde meine künstliche Intelligenz gern umbenennen", verrät er
mir. „Einer Rosalinde traue ich ohne weiteres zu, mir ein gescheites Gasthaus
zu empfehlen. Aber den gängigen Markt-Modellen? Mit diesen Namen? Naja,
hilft ja nichts", sagt er, und fragt dann eben doch bei Alexa nach.

„Stell dir vor, deine Rosalinde könnte eine Random-Funktion haben, dann
könnte sie jeden Tag einen anderen Dialekt sprechen", spintisiere ich. Josef
lacht, imitiert Alexas Anweisungen auf Schwyzerdytsch und lotst mich zu
einem Wirtshaus am Rande eines Dorfes, keine 200 Meter von einer Tankstelle
mit einer Reihe an Lademöglichkeiten. Während ich den Bus an den Strom
hänge, springt Kiki erleichtert aus dem Fahrzeug und pinkelt gleich an den
nächsten Zaunpfosten.

Bei der Petersiliennockerlsuppe erzählt mir Josef, dass er am Anfang unbe-
dingter Fan von Alexa war. „Den ganzen Tag habe ich sie rumgeschickt", sagt
er, „alles nachschlagen lassen, englische Wörter aus Fachartikeln, Wikipedia-
Einträge, Licht im Auto an und aus, geht alles." Tolle Filme hat sie ihm empfohlen, ihm den Wetterbericht vorgetragen und die Top Ten der amerikanischen
Country-Charts vorgespielt. „Der Kiki hat das nicht gefallen, die hat die Stimme
nicht besonders gemocht, gell, mein Wackerl", sagt er, und liebkost kurz den
Hund, der sich neben dem Tisch zusammengekauert hat und von unten versucht, unsere Gabeln zu hypnotisieren. Inzwischen steht ein riesiges Schnitzel
vor Josef, ich lasse mir einen Gemüseauflauf schmecken. „Jetzt nutze ich sie
schon noch, freilich, ist ja auch super, wenn ich gerade in meiner Werkstatt am
Schrauben bin und beide Hände brauch, kann ich ihr sagen, sie soll noch ein
weiteres Licht anmachen oder mir eine andere Musik spielen. Aber insgesamt
war es doch so, wie wenn man ein Spielzeug hat, das man erst unbedingt
haben wollte und das einen einige Zeit später nicht mehr so richtig umhaut."

Wie es denn seiner Frau mit der KI gegangen ist, will ich wissen. „Ach,
die war schon sehr genervt", gibt Josef freimütig zu. Barbara hat schon so
mancherlei Sperenzchen ihres technik-affinen Ehemanns mitgemacht. „Sie
hat sich geweigert, mit einer KI zu sprechen, und schaltet lieber das Licht mit

ihren eigenen Händen ein, sagt sie. Das Einzige, was sie gut findet, ist die Haustür, die wie von Zauberhand aufgeht, wenn sie heimkommt. Das ist schon praktisch, wenn man mit Einkäufen beladen ist."

Außerdem, erzählt Josef dann beim Espresso nach dem Essen, findet seine Frau es bestürzend, dass so viele der früher paranoiden Sorgen jetzt wahr geworden sind. „Als wir noch selber Studenten waren und in WGs gewohnt haben, hatte ich einen linksradikalen Mitbewohner, der hat immer das Telefon in eine Steppdecke gewickelt, in die Badewanne gelegt und die Tür zugemacht, wenn er sich mit Freunden zu konspirativen Gesprächen in unsere Küche gehockt hat", sagt Josef. „Der war überzeugt, dass das Telefon uns abhören konnte, auch wenn keiner telefoniert – und das war lange vor der Smartphone-Zeit. Früher war es ein Witz oder ein Fall für ernsthafte psychotherapeutische Betreuung, wenn jemand sich davor gefürchtet hat, dass die eigene Glühbirne ihn überwachen könnte."

„Und jetzt kriegt eine KI, die auf dem Küchentisch steht und kleiner ist als eine Flasche Orangensaft, alles mit", ich verstehe, was Barbara meint. Josef nickt nachdenklich. „Barbara hat zwar nie zu der paranoiden extrem linken Szene gehört, aber so ein Restmisstrauen – das hat sie immer noch. Ich weiß nicht, ob zu Recht oder nicht."

Dann lenkt uns Kiki ab, die sich mit ihrer Leine so eng um das Tischbein gewickelt hat, dass sie mit schiefem Kopf nur noch winselt. Grinsend befreit Josef das kleine Geschöpf und belohnt es mit einem Hundegutti aus seiner Jackett-Tasche. Dann drehen wir eine Runde, bevor wir weiterfahren.

„Und dein neuer Blog? Postlagernd? Gefällt mir, die Idee", sagt Josef, während Kiki an verschiedenen Steinen schnüffelt und ihre Duftmarke dazusetzt. „Wie ist denn die Resonanz? Ich habe ein paar Kommentare gelesen, das Interesse dafür ist sicher da."

Genau, die Kommentare. „Die behalte ich natürlich im Blick: Da kommen oft konstruktive Ideen, mit manchen Leuten entwickelt sich auch ein längerer Austausch, viele bloggen auch selber. Andererseits gibt es, egal, um was es geht, immer ein paar Spezialisten, die rumtrollen." „Was machst du dann mit denen?", will Josef wissen. „Deren Beiträge blockiere ich halt oder sperre im härtesten Fall die Kommentare der Person ganz. Aber auf postlagernd habe ich wirklich viel positive Rückmeldung bekommen", erzähle ich Josef. „Es gab auch schon Wünsche: Ein Typ, also ich nehme an, es ist ein Er, hat mich gebeten, das Thema KI mal anzugehen, das hatte ich ohnehin auf der Liste – ich glaube, es treibt viele Leute um." „Auf den Beitrag bin ich gespannt", sagt Josef. Er wartet mit gezückter Plastiktüte darauf, dass Kiki ihr Geschäft macht. Dabei schauen wir beide taktvoll in eine andere Richtung, denn wie viele Hunde mag Kiki das Gefühl nicht, dabei beobachtet zu werden.

Ich gehe ein paar Schritte vor und nutze die kurze Pause gleich dafür, die Kommentare in meinem Blog zu checken. Ein Beitrag von „Leckerlover" sticht mir ins Auge. Er freut sich über die Cookie-Erläuterung und bietet mir an, mir echte Kekse nach dem Rezept seiner Oma zu backen, wenn ich ihm meine Post-Adresse oder am besten gleich die Handynummer verrate. Er würde mir auch ein paar zum Probieren vorbeibringen. Zwinker-zwinker. Ich schlage vor, dass er das Rezept im Blog mit uns teilt. Das mit Adresse und Handynummer ignoriere ich einfach. Kommt immer wieder vor.

Ein besonders langer Eintrag fällt mir auf, stammt von „Katerkarlo". Scheint keiner von denen zu sein, die den Blog als Partnerbörse nutzen wollen. Den muss ich mir in Ruhe später durchlesen, denn Kiki und Josef sehen zufrieden aus – „alles erledigt, bloß noch schnell Hände waschen im Gasthaus", ruft Josef, der gern mal schreit, wenn andere normal reden würden, und hält auf die Wirtschaft zu. Kiki bleibt draußen bei mir, setzt sich auf meinen rechten Fuß und lässt sich ausgiebig kraulen.

Im Kopf bin ich bei meinem nächsten Blog-Eintrag:

2.4 My brain hurts
– Künstliche Intelligenz

Posted by Ada L.   12. April

Lieber Charles,

was würde für Sie die Abkürzung AI bedeuten? Die Abkürzung bedeutet auf Englisch „Artificial Intelligence", auf Deutsch künstliche Intelligenz, also KI. Gebräuchlich ist der Begriff offiziell seit den 1950er Jahren, aber Sie kennen natürlich die Idee dahinter: Maschinen, die wie Menschen denken und handeln können, sind gleichzeitig eine faszinierende und erschreckende Vorstellung. Kein Wunder, dass intelligente Maschinen schon seit langem Kunstschaffende und Naturwissenschaftler*innen, Philosoph*innen und Filmende inspiriert haben.

Inzwischen, Charles, sind die schlauen Geräte tatsächlich allgegenwärtig. Wie eine höhere Macht, die auf viele Fragen antwortet, können wir heute mit manchen Maschinen sprechen. Oder sie lotsen uns von einem Ort zum anderen, öffnen uns Türen, ohne dass wir sie berühren müssen, spielen uns Musik vor oder suchen uns Bilder von einem bestimmten Tag, einem bestimmten Ereignis heraus.

Auch in der Arbeitswelt ist KI ein wichtiger Faktor: Fabriken nutzen diese Technik, um schneller zu produzieren, Fehler zu finden und Kaputtes zu reparieren. Maschinen ordnen und sortieren, fressen sich durch aberwitzige Datenhaufen, auf der Suche nach einer wichtigen Information, nach Übereinstimmungen, nach Lücken – sie können Ärzt*innen assistieren, Heizungen reparieren oder Flugzeuge lenken.

Bisher haben wir keine Homunculi, menschengemachte Geschöpfe, die sich in Fabrikhallen zusammentun, um die menschliche Macht zu stürzen. Manche Leute fürchten, dass der Tag nicht mehr fern ist. Hier sind die Fakten dazu.

Der Begriff künstliche Intelligenz, abgekürzt KI, ist allgegenwärtig und wird vielfältig verwendet. Besonders Manager*innen schätzen den Begriff als Qualitätsmerkmal von softwarebasierten Produkten. Für moderne Technologie scheint es ein Muss zu sein, mit KI zu arbeiten. Mittlerweile gewöhnt man sich an die Vorstellung, dass Maschinen zu menschenähnlichen Fähigkeiten gekommen sind. Sogar in der Fachwelt wächst die Zahl der Anhänger*innen der sogenannten „starken KI": Sie meinen, dass es in naher Zukunft Maschinen mit Bewusstsein geben wird, die den menschlichen Geist überflügeln. Es gibt das Human Brain Project der EU: mit dem Ziel, das menschliche Gehirn im Computer nachzubauen. Futurist*innen denken darüber nach, eingescannte Gehirne dann als Simulation laufen zu lassen. So könnte man vor dem Tod das eigene Gehirn einscannen und danach ewig weiterleben, allerdings körperlos, im Computer. Es soll künstliche Intelligenz entstehen, indem man ein Gehirn nachbaut. Dabei muss die Architektur einer KI der eines menschlichen Gehirns nicht zwangsläufig entsprechen. Vertreter*innen des phänomenologischen Ansatzes gehen nach der Methode „das Ergebnis zählt" vor und konstruieren eigene Formen von Denkmaschinen.

Es gibt aber im Gegensatz zur „starken KI" auch die Anhänger der „schwachen KI". Diese Variante gibt es bereits heutzutage. Laut den Befürwortenden dieser Ausprägung sollte man sich beim Einsatz von KI auf ganz spezielle, eng begrenzte Anwendungen beschränken. Darin kann die KI tatsächlich viel besser und schneller sein als der Mensch, genau wie in der klassischen Computertechnik: Maschinen rechnen schneller als Menschen.

Der Schritt zur künstlichen Intelligenz wird dann vollzogen, wenn die von den Maschinen übernommenen Aufgaben nicht exakt beschrieben werden können und eine Art von Intelligenz oder Kreativität erfordern. Und so gibt es tatsächlich einige Gebiete, auf denen Maschinen mittlerweile viel besser sind als Menschen: Brettspiele zum Beispiel. Bereits in den 1990ern verlor der damalige Schachweltmeister Gary Kasparow gegen den IBM-Computer Deep Blue. Im Jahr 2016 folgte der Sieg von Googles AlphaGo gegen den Go-Meister Lee Sedol. Die dahinterliegende Technik war allerdings nur auf jeweils dieses Spiel hin optimiert: klassische Beispiele für schwache KI.

Diese Aktionen zeigen die Leistungsfähigkeit der Technologie und waren eine gute Werbung für die jeweiligen Firmen. KI leistet Erstaunliches in der Medizin bei der Erkennung von Erkrankungen wie Krebs, Multipler Sklerose oder Alzheimer: Dort erzielt sie mittlerweile bessere Ergebnisse als Fachärzte.

Es gibt mehrere Kategorisierungen bei der künstlichen Intelligenz: Die Simulationsmethode verfolgt das Ziel, die Funktion des Gehirns nachzuahmen. Die phänomenologische KI hingegen verfolgt den Ansatz, eine neuartige Computerlösung zu schaffen. Anhänger*innen der starken KI glauben, dass es möglich ist, eine intelligente Maschine mit Bewusstsein zu bauen, die kognitiv dem Menschen ähnelt oder ihn sogar übertrifft. Anhänger*innen der schwachen KI lehnen solche Ansichten strikt ab und beschäftigen sich mit einzelnen KI-Lösungen, die Spezialaufgaben übernehmen.

2.4.1 Elektrische Schafe
– Neuronale Netze

Künstliche Intelligenz ist ein technologischer Hype und eine Verheißung. Sie soll das Leben einfacher und angenehmer machen. Digitale Assistenten sollen dem Menschen zu Diensten sein, digitale Agenten übernehmen Routineaufgaben. Allerdings macht das Thema auch Angst: Tätigkeiten, die jetzt von gut ausgebildeten Menschen erledigt werden, sollen künftig Maschinen ausführen. Die digitalen Assistenten erleichtern uns dann vielleicht nicht nur den Alltag, sondern könnten nach und nach die Kontrolle über unser gesamtes Leben übernehmen.

Aber ist das realistisch? Dazu nehme ich Sie, lieber Charles, jetzt einfach mal geistig mit: Werfen wir zusammen einen Blick darauf, wie die moderne KI funktioniert. Der Computer soll nicht nur können und wissen, was man ihm einprogrammiert hat, er soll neue Dinge lernen. Will man einem Computer Wissen über die Welt beibringen, beispielsweise, damit er erkennen kann, ob auf einem Bild Schafe zu sehen sind, könnte man versuchen, ihm eine möglichst genaue Beschreibung von Schafen zur Verfügung zu stellen. Anhand dieser Informationen könnte der Computer dann überprüfen, ob auf einem Bild ein solches Tier abgebildet ist: Ein Schaf ist – vereinfacht gesagt – ein Tier mit weißem flauschigem Fell, hat vier Beine und ist Pflanzenfresser [68].

In der Frühzeit der KI gab es solche Systeme, denen man das Weltwissen in Form solcher sogenannten „Ontologien" beigebracht hat. Dazu musste ein menschlicher Experte eine möglichst genaue Beschreibung eines bestimmten Wissensgebietes abgeben. Diese Expertensysteme konnten dann Fragen beantworten und Schlussfolgerungen ziehen: „Welche Tiere mit vier Beinen und weißem Fell stehen in Herden auf einer Wiese?"

Diese Vorgehensweise hat ihre Grenzen. Vor allem bei der Übersetzung von Texten in andere Sprachen hat man festgestellt, dass die Übersetzungen nicht stimmen, da die Maschine den Kontext des Themas, um das es geht, nicht ausreichend kennt. Man müsste dem Computer das gesamte Weltwissen beibringen, um ihn bei dieser Vorgehensweise sinnvoll als Übersetzungsmaschine einzusetzen. In etwa so, wie ein Kind erst die Welt um sich herum begreifen muss, kann ein Computer nicht begreifen, was es bedeutet, dass ein Schaf ein flauschiges Fell hat.

So steckte die Wissenschaft der künstlichen Intelligenz lange Zeit in einer Sackgasse, man sprach sogar vom „KI-Winter".

Neue theoretische Ansätze und der Fortschritt in der Hardware-Technik brachten dann einen neuen Ansatz hervor. Das Problem war, dass man oft das Wissen gar nicht in Regeln und Worten beschreiben kann. Wenn wir ein Schaf sehen, wissen wir sofort, worum es sich dabei handelt, ohne dass wir explizit sagen können, wieso. Der neue Ansatz des sogenannten maschinellen Lernens sieht so aus: Man zeigt der Maschine viele Bilder mit und ohne Schafe, zusammen mit dem Prädikat „ist Schaf" oder „kein Schaf". Bei jedem neuen Bild soll die Maschine raten, ob es sich um ein Schaf handelt. Rät sie richtig, wird sie in ihrer Strategie beim Raten bestärkt, indem sie eine „Belohnung" bekommt, rät sie falsch, wird sie „bestraft", wobei Belohnungen und Bestrafungen wiederum in Zahlen ausgedrückt werden, quasi wie Schulnoten.

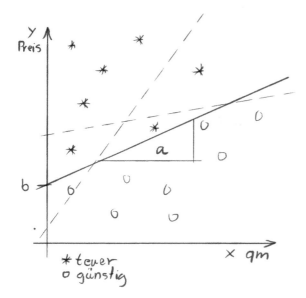

Abb. 2.2: Lineare Regression

Die KI kann Dinge erkennen und auch Prognosen und Empfehlungen abgeben. Dabei geht das KI-System so vor, wie es auch ein*e Spezialist*in tun würde. Um ein praxisrelevantes Beispiel zu bringen: Ein Makler hat für eine Stadt eine Liste an Wohnungen im Angebot, mit unterschiedlichen Quadratmeterzahlen zu verschiedenen Preisen. Interessenten haben die Wohnungen als zu teuer oder als günstig eingestuft. Der Makler kann eine Grafik anfertigen, in der er die Wohnungen einträgt, die zwei Achsen der Grafik stehen für den Preis (Y) und die Größe in Quadratmetern (X). Wenn eine Wohnung als zu teuer befunden wurde, zeichnet er einen Stern, sonst einen Kreis an die entsprechende Position. Weiter kann er anhand dieser Daten eine Trennlinie ziehen, die die überteuerten Wohnungen von den günstigen trennt. Will er nun eine neue Wohnung bewerten, kann er sie in die Grafik zeichnen und überprüfen, ob sie sich auf der Seite der zu teuren oder der günstigen Angebote befindet (s. Abbildung 2.2).

Genau dieses Vorgehen wird beim maschinellen Lernen automatisiert. In diesem Beispiel soll ein sogenannter linearer Klassifikator „trainiert" werden.

Dessen Aufgabe ist es lediglich, diese Trennlinie zu finden. Eine Schwierigkeit dabei: Die Daten lassen sich meist nicht mit einer Linie sauber trennen. Das ist aber nicht so gravierend, denn man will nur die am besten passende Trennung finden. Das unterscheidet das Vorgehen der KI von reiner Mathematik. Insofern ähnelt sie der menschlichen Intelligenz, die gut schätzen kann, aber nicht mathematisch exakt ist.

Der Klassifikator bekommt zum Training die ganzen Wohnungs-Daten, also eine Liste von Daten mit den Einträgen „Preis", „Größe" und „Einschätzung", ob zu teuer oder nicht. Eine Linie in einem Koordinatensystem wird durch ihre Steigung (a) und ihren Schnittpunkt mit der Y-Achse (b) bestimmt: $y = ax + b$. Diese beiden Größen muss das Verfahren, der Trainings-Algorithmus, finden, um für alle vorliegenden Daten eine möglichst gute Einschätzung zu bekommen: Falls $y - ax - b > 0$ ist, dann wird die Wohnung mit den entsprechenden x- (Preis) und y-Werten (Quadratmeter) als zu teuer eingestuft. Im einfachsten Fall könnte man einen Algorithmus entwerfen, der eine Menge zufälliger Linien zeichnet und diejenige, die die Daten am besten trennt, heraussucht. Dies kann man leicht automatisch überprüfen, da man ja die Einschätzung der Wohnungen aus den Bewertungen vorliegen hat.

Allerdings läuft das Machine Learning strukturierter ab. Ausgehend von einer zufälligen Linie wird für alle Daten überprüft, wie gut die Linie eine korrekte Einschätzung liefert, also die beiden Gruppen von Wohnungen (zu teuer/billig) trennt. Je nach Qualität der Einschätzung wird die Linie, also deren Parameter a und b, leicht korrigiert. Die Stärke der Korrektur richtet sich danach, wie stark die Einschätzung daneben lag. Das ist der Straf-Wert, der Abweichung mit einer Änderung bestraft. Dieser Ablauf wird so lange wiederholt, bis das Gesamtergebnis zufriedenstellend ist.

Dieses Vorgehen mit der Bezeichnung „logistische Regression" hat Vor- und Nachteile. Der Vorteil: Es wird nicht, wie in der Mathematik, versucht, das optimale Ergebnis zu finden, was bei einem sehr großen Datensatz sehr rechenaufwändig oder gar unmöglich wäre. Man kommt damit recht schnell zu einem relativ guten Ergebnis. Der Nachteil: Es ist nicht sicher, ob es nicht eine noch bessere Einschätzung geben könnte.

Nahezu alle Methoden des maschinellen Lernens laufen im Grunde so ab wie beschrieben. Die Einfachheit des Prinzips täuscht über seine Leistungsfähigkeit hinweg. Im genannten Beispiel gibt es zum Zweck der Darstellung als Zeichnung nur zwei Merkmale für die Wohnung: die Größe und den Preis. Man könnte allerdings noch ein weiteres Kriterium hinzufügen, beispielsweise das Baujahr der Wohnung. Dafür könnte man noch eine dreidimensionale Darstellung entwerfen: Dann wäre eine Fläche nötig, um die Punkte im Raum zu trennen, die die Wohnungen repräsentieren. Dazu müsste die KI nicht nur zwei Parameter a und b lernen, sondern drei. Wenn man weitere Merkmale hinzunimmt, kann man keine anschauliche Darstellung mehr erzeugen, da man bereits die drei Raum-Dimensionen zur Darstellung ausgereizt und keine weiteren zur Verfügung hat. Aber natürlich könnte die KI das Verfahren mit noch etlichen weiteren Eigenschaften durchlaufen.

Insgesamt kommt es nicht auf die Darstellung an, sondern auf das Prinzip des Lernverfahrens. So kann man in unserem Beispiel beliebig viele Merkmale hinzufügen, vielleicht die Anzahl der Zimmer, die Lage und die Ausstattung der Wohnung. Auch die Trennung kann komplexer sein als eine lineare Trennung durch eine Linie oder Fläche, indem man weitere Parameter hinzunimmt und beispielsweise statt einer Linie zur Trennung eine Kurve definiert.

Nichts anderes machen die häufig in den Medien zitierten neuronalen Netze. Es handelt sich dabei nicht, wie man vielleicht annehmen könnte, um eine spezielle, dem Gehirn nachempfundene Hardware, sondern lediglich um ein mathematisches Konstrukt in Form von Matrizen. Deren Dimension wird zum einen bestimmt durch die Anzahl der Features, also der Parameter wie Größe, Preis, Baujahr oder Lage wie in unserem Beispiel. Zum anderen wird die Dimension durch die Anzahl der Schichten, der Tiefe, bestimmt: je tiefer, desto mehr Parameter und desto genauer das Ergebnis der Einschätzung. Daher kommt auch der bekannte Begriff „Deep Learning".

Anschaulich kann man sich das neuronale Netz vorstellen als eine Schichtung an „Neuronen", die unterschiedlich stark verknüpft sind. Wie stark eine Verknüpfung zu Buche schlägt, drückt ihre Gewichtung aus. Die Gewichtungen der Verknüpfungen sind die zu lernenden Parameter wie a und b in unserem Beispiel, nur eben meistens viel mehr. Wenn man alle Parameter a nennt und diese und die dazugehörigen die Merkmale x durchnummeriert, erhält unsere lineare Gleichung die allgemeinere Form $a_n * x_n + \ldots + a_1 * x_1 + a_0 > 0$. In einer ähnlichen Form wird auch der Output eines neuronalen Netzes im Computer berechnet. Das neuronale Netz selbst ist jedenfalls nichts anderes als eine Tabelle von Zahlen für die Gewichtungen, die dann mit den Parametern x_n verrechnet werden.

In die erste Spalte gibt man den Input, die vorliegenden Daten, hinein. In den weiteren Spalten gewichtet und rechnet die KI, versucht und korrigiert verschiedene Schritte, bis sie zu einem Ergebnis kommt, das in der letzten

Spalte auftaucht. Wenn die KI gerade trainiert wird, und man weiß, was das richtige Ergebnis sein soll, kann man die Ausgabe des Netzes bewerten und der KI mitteilen, dass sie zur korrekten Lösung gelangt ist, oder dass sie sich noch einmal korrigieren muss. Was zwischen der Eingabe und der Ausgabe im neuronalen Netz passiert, ist allerdings nicht für Menschen nachvollziehbar – hier arbeitet die KI sozusagen selbstständig und mit eigener „Intelligenz".

Wenn wir im Bild des neuronalen Netzes mit Verbindungsknoten bleiben wollen, ergibt sich folgende Struktur: Die sogenannten tiefen neuronalen Netze haben mehrere Schichten. Die Eingangsknoten für die Merkmale x_n speisen über Gewichte weitere, verborgene Knoten, die wieder weitere verborgene Schichten an Knoten über weitere Gewichte speisen können. Die Darstellungen von neuronalen Netzen als Netz aus Nervenzellen, zwischen denen die Impulse hin- und herlaufen, sind häufig zu sehen, aber irreführend.

Die Analogie zu Nervenzellen kommt daher, dass ein Knoten eines Netzes wie ein Neuron mehrere Eingänge für die Gewichte besitzt und seinerseits Ausgänge zu den tieferen Schichten hat. Die Werte werden allerdings erst weitergegeben, wenn die Summe der gewichteten Daten aus den Eingängen einen Schwellenwert überschreitet. Bei den Computer-Neuronen und den künstlichen Neuronen sagt man, sie „feuern". Anwendungen von KI-„Algorithmen", wie es oft fälschlicherweise heißt, sind nichts anderes als Matrix-Multiplikationen. Sie sind also nicht einmal Algorithmen, sondern nur Multiplikationen.

Hier möchte ich diese sprachliche Ungenauigkeit klarstellen: Die Algorithmen in der KI sind die Trainings-Algorithmen, die die Gewichte der Verbindungen ermitteln. Das trainierte neuronale Netz selbst ist eigentlich kein Algorithmus. sondern eine Art Tabelle, in der Multiplikationen ablaufen.

Die Eingangs-Merkmale können nicht nur Angaben wie Preis oder Größe, sondern beliebige Zahlenangaben sein, so auch Farbwerte von Pixeln. Wenn man ein kleines Bild von einem Schaf mit 30 * 30 Pixeln in ein neuronales Netz speist, so hat dieses 900 Eingänge $x_1 - x_{900}$ und einen Ausgang. Dort kommt lediglich eine Zahl 1 oder 0 heraus, Schaf oder kein Schaf. Auch das Training der neuronalen Netze läuft ähnlich wie gerade beschrieben ab: Wenn die vom neuronalen Netz abgegebene Einschätzung falsch ist, werden die Gewichte aller Knoten abhängig vom Straf-Wert angepasst. Die Korrektur läuft vom Ende her, also vom Ergebnis zurück durch die Schichten des Netzes zum Anfang, dabei werden die Gewichte der Verbindungen angepasst. Man spricht von „Backpropagation" (vgl. Abb. 2.3).

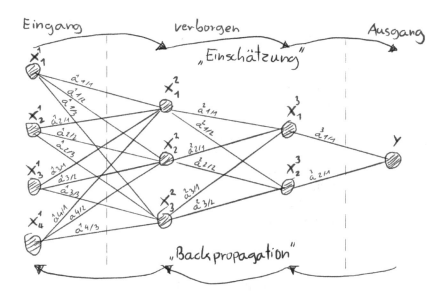

Abb. 2.3: Tiefes neuronales Netz

Die Grundlagen dafür und deswegen auch für Deep Learning legte in der Mitte der 1980er Jahre unter anderem Geoffrey Hinton, ein Ururenkel des Logikers George Boole, dem Urvater der Logik und der digitalen Datenverarbeitung mit Nullen und Einsen. So ist Bilderkennung mit tiefen neuronalen Netzen lediglich eine Form der Klassifikation wie der beschriebenen logistischen Regression. Man kann also den Computer mithilfe von Beispielbildern und deren Einschätzung trainieren, Dinge zu erkennen: Hindernis auf der Straße oder nicht? Tumor oder nicht? Das Verblüffende am maschinellen Lernen ist, dass das Prinzip erschreckend simpel ist und schon mit einfacher Schul-Mathematik erklärt werden kann.

Natürlich gibt es eine Menge weiterer Methoden und auch Neuerungen auf diesem Gebiet. Das hier erklärte Prinzip kann man unter der Rubrik „überwachtes Lernen" einordnen. Der Begriff kommt von der Vorstellung, dass ein*e Lehrer*in den Lernvorgang überwacht und Feedback in Form von den Strafwerten gibt. Der Lehrer oder die Lehrerin kann sagen, ob die Einschätzung der Maschine richtig oder falsch ist, da er/sie die richtige Einschätzung kennt.

Wenn also Daten zusammen mit deren Zuordnung vorliegen (Bild – Schaf oder nicht?), dann funktioniert überwachtes Lernen. Wenn diese Zuordnungen fehlen, funktioniert das vorgestellte Prinzip nicht, aber es gibt auch noch das unüberwachte Lernen. Hier kann man zumindest Daten mit Gemeinsamkeiten zu Gruppen zusammenfassen, der Computer könnte Bilder mit Schafen und Bilder ohne Schafe trennen, ohne sagen zu können, welches Bild ein Schaf enthält und welches nicht.

Wenn von KI und maschinellem Lernen die Rede ist, wird aber meist Bezug auf das überwachte Lernen mit tiefen neuronalen Netzen genommen. Diese Technologie erweist sich mittlerweile als Schlüsseltechnologie, die in allen möglichen Bereichen, zum Guten und zum Schlechten, angewendet wird. Eine große Stärke ist die Bilderkennung, wie beschrieben. Beim automatisierten Fahren ist sie wesentlich. Auch bei der Spracherkennung und der Übersetzung von Texten konnte man damit große Fortschritte erzielen. In Form der Sprachassistenten ist die KI längst bei den Endnutzer*innen angekommen.

Es wird viel geforscht in diesem Bereich, der mittlerweile in alle Wissenschaftsgebiete Einzug gehalten hat. Was im 20. Jahrhundert die Quantenphysik war, ist im 21. Jahrhundert das maschinelle Lernen. Man hat den Eindruck, dass alle Forscher*innen, die etwas auf sich halten, die Forschung mit Machine Learning angehen müssen. Studiengänge mit KI-Inhalten gibt es mittlerweile unüberschaubar viele. Ob der Weg von der schwachen zur starken KI eines Tages vollzogen wird, ist offen. Die Entwicklung ist keineswegs abgeschlossen.

Vielversprechend sind Methoden des Reinforcement Learnings, bei dem erst einmal keine Daten zur Verfügung stehen müssen. Hier gibt es einen Softwareagenten: ein Programm, das in einer virtuellen Umgebung Aktionen ausführen kann. Als Feedback bekommt es den veränderten Zustand der von ihm beeinflussten Umgebung sowie eine Bewertung, die je nach Erreichung eines erhofften Ergebnisses positiv oder negativ ausfallen kann.

Aufgrund der Bewertung kann der Agent dann den Erfolg seines Handelns ermessen und die weiteren Aktionen anpassen. Die Bewertung entspricht hierbei dem Label y, der Zustand zu einem Zeitpunkt entspricht einem Datensatz x. Der Agent generiert somit über die Zeit seine eigenen Daten und passt sein Handeln dauernd an. Das ganze Verfahren ist also weniger statisch und starr.

Alpha Go ist ein solcher Algorithmus, der dazu fähig ist, aus Spielen zu lernen und sich selbst immer weiter zu verbessern. Er spielte in der Trainingsphase laufend gegen sich selbst das Spiel Go und konnte dann sogar den amtierenden Weltmeister in Go schlagen. Man hat den Eindruck, dass dies dem Lernen, wie es bei intelligenten Wesen funktioniert, sehr nahe kommt. Man darf gespannt sein, wie nahe diese Technik der menschlichen Intelligenz in gewissen Bereichen kommen wird.

Ein neuronales Netz kann also Dinge wie Schafe auf Bildern erkennen und Prognosen stellen. Kann die KI aber auch neue Bilder von Schafen erzeugen? – Ja, das geht. Ein neuronales Netz für die Bilderkennung vereinfacht in seinen Schichten das Bild immer mehr, man spricht von einer Faltung.

Wenn man nun den Weg umgekehrt beschreitet, rückwärts zur Eingangs-schicht, kann man mit einem trainierten Netz, welches ja die korrekten Verknüpfungs-Faktoren für ein Schaf besitzt, ein Schaf-Bild entfalten. Mit sogenannten „Generative Adversarial Networks" (GANs) kann man ein solches Netz trainieren.

Die GANs bestehen aus zwei Teilen: zum einen aus dem Diskriminator, einer Art Kritikerin, die beurteilen muss, ob ein Bild ein Schaf oder kein Schaf zeigt – also ein klassisches neuronales Netz zur Bilderkennung. Zum anderen aus dem Generator, einem Kunstfälscher, der zufällige Bilder generiert und diese als Schafe ausgibt. Diese werden von der Kritikerin geprüft, ob denn ihrer Meinung nach ein Schaf auf den jeweiligen Bildern zu sehen ist. Falls nicht, muss der Kunstfälscher besser werden, dafür seine neuronalen Verknüp-fungen anpassen und es erneut versuchen. Wenn er es schafft, die Kritikerin zu täuschen, muss diese ihre neuronalen Verknüpfungen anpassen und wird dadurch immer besser darin, die generierten Fakes zu erkennen.

So läuft eine Art Wettbewerb zwischen den beiden Teilen. Der eine Teil wird besser im Erkennen der falschen Bilder, der andere lernt, immer bessere Fälschungen zu generieren. Irgendwann ist der Generator dann so gut, dass das Bild als Schaf durchgeht, und man hat dann ein Bild von einem Schaf, das es in Wirklichkeit nicht gibt, ein gefaktes Schaf: einen sogenannten „Deep Fake".

ℹ️ Neuronale Netze sind eine besondere Form des maschinellen Lernens. Diese Netze sind Knoten, die über gewichtete Verbindungen verknüpft sind. Übersteigt die Summe der Eingangsdaten eine gewisse Größe, wird der Knoten aktiviert, er „feuert" und gibt seine Ausgabe an weitere Knoten weiter. Diese Netze sind allerdings nichts anderes als Tabellen mit Werten für die Gewichte der Verbindungen. Bei tiefen neuronalen Netzen gibt es eine Eingangsschicht, verborgene Schichten und eine Ausgabe. Um die Ausgabe eines Netzes zu bekommen, werden die Eingangsdaten mit den Gewichten aller Knoten in allen Schichten verrechnet.

Diese Netze werden anhand von Beispieldaten trainiert. Man spricht hier von überwachtem Lernen, da man zusätzlich zu den Daten das gewünschte Ergebnis bereits kennt. Beim Training werden die Gewichtungen der Verbindungen, die die Knoten des Netzes verknüpfen, so lange angepasst, bis die Ausgabe des Netzes hinreichend genau der gewünschten Ausgabe entspricht. Mit diesen Netzen kann man Informationen klassifizieren, also die Eingaben in Kategorien einordnen. So kann bei der Bilderkennung bestimmt werden, ob etwas auf einem Bild zu sehen ist oder nicht. Neuronale Netze können aber nicht nur klassifizieren, sie können auch Einschätzungen oder Prognosen abgeben. Mit generativen Netzen kann man sogar neue Bilder erschaffen, indem man den Weg durch das trainierte Netz umkehrt und dadurch neue Eingangsdaten generiert (Deep Fakes).

Nun ist der Bus geladen, wir sind frisch gestärkt. Auf der Autobahn ist die Unfallstelle geräumt, Josef hat nochmal alles auf seinem Smartphone nachgeprüft. So fahren wir einigermaßen gemächlich dahin mit um die 100 km/h: Das entspannt, spart Akku-Leistung, und ich kann mich in Ruhe immer mehr mit meinem Bus vertraut machen.

Josef holt aus seiner Aktentasche ein Notizbuch, er möchte mir seine Idee für einen neuen Traktorsitz zeigen. „Ist der nur für Traktoren oder auch für nomadisierende Camper?", frage ich und strecke den Rücken durch. „Freilich, das wäre mal eine Überlegung wert. Soll ich dir einen Sitz einbauen?", fragt er. Ich mache abwechselnd einen runden und sehr geraden Rücken. „Wäre vielleicht keine schlechte Idee. Oder zumindest eine Beratung, ob und wo ich mit Kissen polstern könnte. Aber erzähl doch erstmal von der Idee", bitte ich. Josef erläutert mir seine neue Erfindung, einen Sitz, der die verschiedene Rücken-Abschnitte unterstützt. „Aber eigentlich musst du dir meine Skizze anschauen, das erklärt es immer noch am besten", meint er, und ich fahre in die nächste Rastanlage – Zeit, mich etwas zu bewegen und für ein WC.

Ab hier übernimmt Josef das Steuer, ich steige auf der Beifahrerseite ein. Er reicht mir sein Notiz- und Skizzenbuch, bevor er den Motor startet. „Als wäre ich nie mit einem anderen Auto gefahren", ruft er zufrieden nach ein paar Kilometern, alles läuft bestens, so dass ich mich den Skizzen widmen kann: „Schaut sehr interessant aus", sage ich, „hast du davon schonmal einen richtig gebaut oder bauen lassen?" Bisher, erzählt mir Josef, gibt es den nur als kleineres Modell, aber er möchte einen Prototypen bauen, um noch etwas Feinschliff zu betreiben.

Als ich das Notizbuch zuklappe, muss ich unwillkürlich lächeln: Ein Aufkleber auf der Rückseite, zeigt Homer Simpson. „Das Internet? Gibt es diesen Unsinn immer noch?", steht in seiner Sprechblase.

Ich lasse das Buch sinken und gerate ins Grübeln: Die Generation meiner Eltern ist noch komplett ohne Internet aufgewachsen. Als Jugendliche sind mir beim Zuhören manchmal die Augen in die Höhlen zurückgerollt, wenn meine Mutter, meine Tante und ihre Freunde in Erinnerungen geschwelgt haben: Telefone mit Kabel, „wir waren in unserer WG zu viert und hatten zusammen ein Telefon, dunkelgrün war das, da mussten wir die Einheiten von so einem kleinen Zähler aufschreiben und einmal im Monat abrechnen", das kam regelmäßig von Sylvie, einer WG-Genossin meiner Tante. Und – mein Bruder und ich sahen uns an und sprachen lautlos die Schlagworte mit – „in den ersten Wochen im Studium musste ich von der Telefonzelle aus telefonieren, mit den Zehnerln in der Tasche, die immer viel zu schnell durchrauschten, und vor mir hat immer jemand endlose Gespräche geführt, während ich in jedem Wetter draußen wartete", steuerte dann unweigerlich mein Onkel bei.

Wer etwas wissen wollte, musste in einem Lexikon nachschlagen, in eine Bücherei gehen oder jemanden fragen, der es wusste: Auch diese Erzählungen haben mein Bruder und ich x-mal gehört. „Oder man musste es selbst im Kopf haben", sagte mein Onkel dann früher oder später, denn er war immer schon ein Verfechter der großen abrufbaren Allgemeinbildung im eigenen Hirnstüberl, wie er es nennt, gewesen. Es hatte schmerzhafte Szenen dazu gegeben, aber inzwischen bin ich ihm tatsächlich – wie er es mir zigmal prophezeit hat – dankbar dafür, dass ich einiges gelernt und behalten habe. Trotzdem bin ich unglaublich froh, dass ich sehr vieles im Internet nachschlagen kann.

„Ach, der Internet-Aufkleber", Josef kichert neben mir. „Den hat mir meine Tochter geschenkt. Dabei bin ich dem Internet ja sehr dankbar, denn ohne

WWW — wo wären wir?", fragt er. Reflexhaft will ich schon antworten, dass Internet und WWW ja nicht dasselbe sind, dann bremse ich mich – aus dem Hirnstüberl muss auch nicht immer alles raus. Außerdem hat Josef ja auch nicht behauptet, das wäre dasselbe. Ein weiterer Blog-Eintrag nimmt in meinem Kopf Gestalt an.

„Wie gut kennen sich die Leute denn aus mit dem Internet, auch mit der Geschichte? Ich überlege, in meinem Blog auch dazu was zu machen. Als einen der letzten Einträge hatte ich was über Cookies und dann was über KI, aber vielleicht lohnt es sich, die Basics auch genauer zu beleuchten – wir alle benutzen das Internet ständig, aber was läuft im Hintergrund, wie fing es an?", frage ich. Josef glättet mit der rechten Hand seinen Bart. „Naja, angefangen hat es ja alles mit dem amerikanischen Militär, das ist, denke ich, schon allgemein bekannt", sagt er. „Aber wie das dann zu der Größe und Bedeutung gekommen ist, die es jetzt hat, da könnte ich aus dem Stegreif keinen Vortrag drüber halten. Also: schreib da unbedingt was für deinen Blog."

In Gedanken fange ich schon an, stelle mir vor, wie die zeitreisende Ada ihrem Gegenüber Charles diese Veränderung schildert:

2.5 Internet? Gibt's den Blödsinn noch?
– Das Internet

Posted by Ada L.   12. April

Lieber Charles,

ich denke gerade an Bibliotheken. Wie sehnsüchtig ich danach war, dort zu stöbern – und wie unerreichbar die Hallen des Wissens für mich als Frau in unserem England damals blieben. Immer wieder habe ich davon geträumt, eine wissenschaftliche Karriere zu machen: zu forschen, Vorlesungen zu halten, meine Studentinnen zu fördern – selbst ein Buch zu schreiben! Wenn nur die Rahmenbedingungen anders gewesen wären, vor allem für Frauen. Wie Sie wissen, konnte ich zumindest dank meines Mannes Zugang zu wissenschaftlichen Büchern finden. Nicht auszudenken, wenn ich ohne jede Möglichkeit, neue Erkenntnisse mitzuvollziehen, geblieben wäre.

Damals war das Wissen zwischen den Buchdeckeln etwas Exquisites, etwas Wertvolles, und vorwiegend Männern vorbehalten. Ich liste das auf, lieber Charles, weil das heute fast schon absurd klingt. Die Möglichkeit, an ein bestimmtes Buch oder an Texte über bestimmte Themen heranzukommen, war stark beschränkt. Was war es für ein Glück, genau das richtige Buch endlich in den Händen zu halten! Es war ja alles andere als selbstverständlich, dass jede Publikation den Weg in die Bibliothek vor Ort findet. Oder mit welcher Vorfreude Sie und ich nach Wochen wieder eine neue Ausgabe eines Fachblattes studiert haben, Sie vielleicht auch mit leichtem Bangen, dass irgendein anderer Forscher ähnliches untersucht hat wie Sie und schneller etwas darüber veröffentlicht hat. Ich bin der Überzeugung, dass dabei eine andere Sorgfalt des Lesens und des Wahrnehmens üblich war, eine andere Wertschätzung für die Bücher und das Wissen, das sich darin ausdrückte.

Wie sehr hat sich das gewandelt: Heute ist ein großer Teil des Wissens der Welt für jeden und jede zugänglich. Jede*r kann von vielen Orten aus die Pforte öffnen und sich informieren: über Flora und Fauna in fremden Ländern, über das Werkverzeichnis von Shakespeare oder auch über die Klatschgeschichten, die man sich über das englische Königshaus oder indische Schauspieler erzählt. Alles ist zu finden, alles ist zu suchen. Unternehmen und Initiativen stellen sich und ihre Ziele vor, benennen Ansprechpartner*innen, zeigen ihre Erfolge, sammeln Spenden oder suchen Mitarbeitende.

Im Internet können Sie einkaufen gehen, in Läden mit der buntesten und üppigsten Warenpalette, die Sie sich ausmalen können: von chinesischem Porzellan über exotische Gewürze aus dem Orient bis zu Cowboyhüten oder Frisiersets für Hunde. (Das geht allerdings auf Kosten der echten Läden vor der Haustür – es hat auch seine Schattenseiten.) Sie können mit Ihren Kolleg*innen überall auf der Welt in Sekundenschnelle Nachrichten austauschen: Texte, Bilder und Filme. Was für ein Raum sich da ausbreitet – wahrhaftig unendliche Weiten!

Auf der anderen Seite geht ein großer Teil dieses Raums drauf für triviale oder gar obszöne Inhalte. Das war in den ersten Tagen dieses weltumspannenden Netzes nicht abzusehen, denn der Anfang war – wie so oft bei epochalen Neuerungen – militärischer Natur. Dass diese Idee mindestens so mächtig war wie das Zündnadelgewehr, aber weit mehr Einsatz im Alltag der breiten Masse gefunden hat, war den Erst-Entwicklern sicher nicht klar. Inzwischen ist das Internet so omnipräsent wie das Rad, das elektrische Licht und das Taschenmesser.

Dabei gibt es einen Haufen Begriffe, die gern immer wieder durcheinandergebracht werden. Browser und WWW, App und Mail, Server und Client. Vieles auf Englisch, was Ihnen, lieber Charles, einen kleinen Vorteil verschaffen würde. Doch auch englischsprachige Menschen, die nicht im digitalen Zeitalter aufgewachsen oder verwurzelt sind, tun sich mitunter hart, alles richtig zuzuordnen, nehme ich an. Für viele Leute aus der Generation heutiger Großeltern war es seltsam, eine Technik zu benutzen, die man überhaupt nicht versteht. Wie Elektrizität funktioniert, weiß zwar auch nicht jeder Mensch, der sich einen Toast röstet. Über Strom hat aber jede*r in der Schule zumindest ein bisschen was gehört.

Bei digitalen Anwendungen verhält es sich ein bisschen anders: Manchmal funktioniert etwas nicht, dann schließt man die Anwendung, schaltet sein Gerät aus und wieder an – und oft läuft es dann. Warum, wissen manchmal nicht mal Fachleute.

Hauptsache, es läuft. Und wenn es irgendwo einen Fehler gibt und man ihn nicht findet, dann kann man nachforschen, ob andere erfolgreicher waren. Indem man nachschaut: im Internet.

2.5.1 Nur fürs Protokoll
– Die Technik des Internets

Eines der grundlegenden Merkmale der digitalen Welt ist deren Vernetzung. Die Informationen werden rund um die Welt geschickt, alles ist immer sofort verfügbar. Vor nicht allzu langer Zeit musste man das Weltwissen in Enzyklopädien wie dem Brockhaus nachschlagen, einer Reihe von zuletzt 30 Bänden. 2016 hat der Künstler Michael Mandiberg alle Wikipedia-Artikel ausgedruckt und zu Buchbänden verarbeitet [30]. In seiner Ausstellung waren über 3400 Bände zu sehen. Diese gewaltige Menge an Informationen konnte entstehen, weil, im Gegensatz zu früher, alle Menschen selbst Inhalte erzeugen und bereitstellen können. Auf Youtube werden von der Community jede Minute 500 Stunden an Video-Material hochgeladen [70].

Am Anfang dieser Entwicklung steht die Erfindung des Internets, also der Technologie für die Datenreise. Was ist das Besondere daran? – Schon vor dem Internet gab es Computernetzwerke, über die Daten ausgetauscht werden konnten. 1969 war das Geburtsjahr des Internets, in der beginnenden Hippiezeit und vor allem in der Ära des Kalten Krieges. Beides hat vermutlich zu dem beigetragen, was das Internet heutzutage ausmacht. Entwickelt wurde es von einer Forschungseinrichtung des amerikanischen Verteidigungsministeriums, der ARPA (Advanced Research Projects Agency), war also militärisch motiviert. Die Grundidee: Kommunikation, auch über weite Entfernungen, ist wichtig, gerade für das Militär. Wenn es dazu nur eine stehende Verbindung gibt, ist die störungsanfällig und kann unterbrochen werden — wie eine Telefonverbindung übers Festnetz, wenn das Kabel durchtrennt wird. So wurde nach Alternativen geforscht.

Die andere, robustere Idee der Kommunikation ist noch älter. Wenn man jemandem einen Brief schreibt, macht man folgendes: Man steckt den Brief mit der Nachricht in einen Umschlag, versieht ihn mit der Zieladresse und dem Absender und wirft ihn in den Postkasten. Die Post holt den Brief und bringt ihn zur Poststation. Dort wird anhand der Postleitzahl entschieden, in welches nächste Verteilerzentrum der Brief weitergeleitet wird. Von da aus wird der Brief weiter Richtung Empfänger*in transportiert. Falls der Brief nicht zustellbar ist, wird er zurückgesendet. Der Vorteil bei dieser Art von Kommunikation: Wenn Straßen gesperrt sind, kann das Postauto auch eine Ausweichroute nehmen.

Diese Idee liegt tatsächlich auch der Internet-Kommunikation zugrunde. Es wird keine stehende Verbindung aufgebaut, sondern es werden Datenpakete auf die Reise geschickt. Die Vorgehensweise ist ähnlich: Die digitalen Daten, also beispielsweise ein Video, welches von einem Nutzer oder einer Nutzerin angefordert wurde, wird in gleich große Stücke zerteilt und in durchnummerierte digitale Rahmen eingepackt. Die Rahmen kann man sich vorstellen wie Briefkuverts, nur dass diese aus Bits bestehen.

Diese werden in weitere, mit einem Absender und einer Zieladresse versehene (IP-Adresse, IP für Internet-Protocol) Rahmen gepackt und dann auf die Reise zu einem der Verteilerknoten (Router) gesendet. Dieser schickt anhand der IP-Zieladresse das Datenpaket weiter Richtung Empfänger*in. Falls eine Verbindung überlastet oder ausgefallen ist, wird das Datenpaket an einen anderen Router weitergeleitet: So kann das Paket über Umwege doch noch zum Ziel gelangen.

Dort angekommen, wird zuerst geprüft, ob dort wirklich der oder die Empfänger*in ist. Falls nein, wird das Paket nicht angenommen. Falls ja, wird es aus dem Rahmen mit der Adresse genommen, die darin enthaltenen nummerierten Rahmen in der richtigen Reihenfolge sortiert, und geprüft, ob ein Teil fehlt. Wenn alles da ist, werden die Rahmen ausgepackt und die Nachricht zusammengesetzt.

Diese Technik wird gemeinhin als Internet-Protokollstapel oder TCP/IP-Protokoll bezeichnet. Ein Protokoll regelt, wie man kommuniziert. Lieber Charles, das ist ja auch zwischen Menschen so. Wenn man jemanden anruft, meldet man sich mit „Hallo, hier ist ...". Beim Beenden des Gesprächs sagt man in der höflichen Form „Auf Wiederhören". Im Protokollstapel kümmert sich das einzelne Protokoll jeweils um ein bestimmtes Problem, wie etwa um die Verifizierung der Empfänger*innen oder um die Prüfung auf Vollständigkeit.

Außerdem ist festgelegt, wie es mit den anderen Schichten, also überge-ordneten Rahmen, zu kommunizieren hat, mehr nicht. Wie die einzelne Schicht intern funktioniert und aufgebaut ist, kann den anderen Schichten egal sein.

IP steht für Internet-Protokoll und ist für den Rahmen mit der Internet-Adresse und die Adressierung verantwortlich. TCP steht für Transport-Control-Protocol und ist für den Rahmen mit der Nummerierung verantwortlich. Die IP-Schicht kümmert sich darum, dass das Paket an der richtigen Adresse ankommt.

Die TCP-Schicht sorgt dafür, dass die Pakete in der richtigen Reihenfolge ankommen und dass keines verloren gegangen ist: Beim Weg durch das Netz kann es vorkommen, dass ein Paket das andere überholt, da es eine schnellere Route genommen hat. So kann die Reihenfolge durcheinander geraten. Es kann auch passieren, dass ein Paket gar nicht angeliefert wird. Die TCP-Schicht wird dieses dann erneut anfordern.

Es gibt noch die unterste Schicht im Stapel, die Netz-Schicht. Das ist die Ebene, auf der die tatsächliche Übermittlung der Bits in Form von elektrischen Signalen stattfindet. Hier wird gewährleistet, dass die Bits und Bytes korrekt übermittelt werden. Man überträgt zusätzlich zu den Datenblöcken eine Prüf-summe, also die Summe der als Zahl vorliegenden Daten. Wenn die Summe nicht stimmt, ist klar: Ein Übertragungsfehler liegt vor.

Dabei ist jede Schicht eine in sich geschlossene Welt, die nichts vom in-neren Aufbau der anderen Schichten wissen muss. So kann man jede Schicht überarbeiten oder gar austauschen. Jede Schicht garantiert nur ihre Funktions-weise. So verlässt sich die IP-Schicht darauf, dass die Netz-Schicht die Bits überträgt. Wie dies geschieht, ist hier in der Schicht selbst geregelt. Sie kann entweder Daten über ein Kabel verschicken, die Schicht wäre dann ein LAN (Local Area Network) oder ein WAN (Wide Area Network). Wenn man drahtlos in einem lokalen Netz unterwegs ist, also entweder zuhause oder im Café oder am Bahnhof, dann ist man im WLAN (Wireless LAN), umgangssprachlich oder auf Englisch auch Wi-Fi genannt.

Oder man kommuniziert im Mobilfunknetz mittels mobiler Datenverbindungen über das 3G-, 4G- oder 5G-Netz. Die Komplexität und die Abstraktion nimmt nach oben in der Internet-Schicht zu. Unten wird geregelt, wie die Bits hin- und her geschickt werden. Die oberste Schicht ist die Anwendungs-Schicht, das sind die Apps oder Anwendungen, die mit den Daten aus dem Internet bedient werden.

So gibt es eine Reihe von Protokollen für verschiedene Zwecke. Eines der ältesten Protokolle, SMTP (Simple Mail Transfer Protocol), kümmert sich um den reinen Austausch von elektronischen Nachrichten, von E-Mails. Eine Nachricht, die über dieses Protokoll versendet wird, landet dann im eingestellten E-Mail-Client. Dabei läuft die Kommunikation nach einem Protokoll ab, genauso wie beim erwähnten Telefongespräch. Zuerst nennt der sendende Rechner seinen Namen: „HELO mailserver.firma.de" (es heißt wirklich HELO). Wobei „.firma.de" die Web-Adresse der eigenen Firma oder des Internet-Providers und „mailserver" ein beliebiger Name für den Server, also den Computer, der dort die Mail verschickt, sein kann.

Man ist höflich. Die andere Seite, der andere Computer antwortet mit „OK", um zu bestätigen, dass er verstanden hat und das Protokoll weiter voranschreiten kann. Dann wird verkündet, wer an wen eine Mail schickt: „MAIL FROM: hans.mueller@firma.de", „RCPT TO: monika.schmid@werbeagentur.de". „OK": Dann werden die Daten, also der Text oder die Inhalte der Mail, übertragen. Es folgt eine kurze Verabschiedung „OK" – „QUIT", das war der E-Mail Versand.

Das Internet übermittelt digitale Daten, indem diese in kleine Pakete aufgeteilt werden. Diese werden dann mit einer Absender- und einer Ziel-Adresse versehen, der IP-Adresse. Über mehrere Router gelangt das Paket etappenweise zum Ziel. Dies regelt das Internet Protokoll (IP). Das Internet besteht aus einem Stapel aus mehreren Protokollen, wobei jedes einzelne eine spezielle Aufgabe übernimmt. Am Ziel werden die Pakete wieder zusammengesetzt, anhand der Nummerierung. Das übernimmt das TCP Protokoll (Transport-Control-Protocol). Am Ende bekommt eine bestimmte Anwendung, wie das E-Mail-Programm, die Daten. Welches Format diese haben, regeln Protokolle der Anwendungsschicht, wie beispielsweise das SMTP (Simple Mail Transfer Protocol) für E-Mails. Die unterste Schicht ist die Netzschicht, also die physische Übertragung der Signale per Wi-Fi oder Kabel.

---

3 Bayern

Josefs Tochter Helene und ihr Mann Knut renovieren gerade ein altes Haus in Kallmünz, einem schmucken Ort nicht weit von Regensburg. Dort fließen die Flüsse Naab und Vils zusammen, über dem Ort thront eine Burgruine – eine feine kleine Idylle mit einem schiefen Turm auf dem alten Rathaus und charmanten engen Straßen.

Eigentlich wollte mich Josef unbedingt noch in ein Lokal einladen, um „Bauchstecherle" zu essen, wie sie dort genannt werden, auch bekannt als Schupfnudeln. Aber ich hatte den Eindruck, das Wiedersehen mit Tochter und Familie sollte besser ohne mich als zusätzlichen Gast ablaufen. Als mein Bus hält, rennen zwei Kinder auf den Gehweg, und ein junger Typ mit bunt gestreiftem Hemd kommt hinterher. „Knut, schau, da ist die Anna mit dem E-Bus", ruft Josef. „Hi, Anna, grüß dich, Josef – was für ein tolles Gerät, wie war die Fahrt?", fragt er. „Absolut super bisher. Magst du auch eine Runde drehen?", frage ich, „als Beifahrer schon", sagt Knut und steigt ein. Die Kinder, Luise und Lukas, wollen zuerst unbedingt mit, sind dann aber schon mit Kiki um irgendeine Ecke verschwunden – also starten wir allein.

Wir fahren durch Kallmünz, die Forsythien blühen, und Knut lotst mich auf die kurvige Straße, die entlang der Naab weiter Richtung Regensburg führt. „Das braucht schon Konkentration, wenn man diese engen Kurven fährt, oder?", fragt Knut. Ich stutze leicht – hat er Konkentration mit k in der Mitte gesagt? – und stimme ihm zu. „Aber wenn ich in Italien oder Frankreich irgendwo in kleinen Dörfern unterwegs bin, muss ich das ja auch können. Da ist das hier schon mal eine gute Übung." Knut nickt, er wählt eine andere Strecke zurück zum Wohnhaus. Dort zeige ich ihm und Josef – und natürlich den hoch interessierten Kindern – hinten im Bus die eingebauten Schränke und das Bett, das Walter gebaut hat, das man morgens wieder nach oben schieben und festmachen kann. „Gefällt mir, wie der Mann denkt und seine Ideen umsetzt", sagt Josef anerkennend, und die Kinder wollen sofort im Bus übernachten, was zumindest diesmal nicht klappt: „Ich muss gleich wieder los", sage ich.

Meine Fahrt geht weiter, jetzt ohne einen beständig hechelnden Hund hinter der Sitzbank. Die kleine Kiki geht mir ein bisschen ab. Ihr wird es aber besser gefallen, mit Luise und Lukas durch die Gegend zu toben, als im Bus zu sitzen, schätze ich.

Douglas und ich fahren Richtung Franken. Zu „Sugar" von Robin Schulz singe ich lauthals mit und stoppe zu einer kurzen Lade-Pause. Die Sonne scheint auf den kleinen Parkplatz, und ich schaue nochmal auf mein Handy. Ein längerer Kommentar in meinem Blog fällt mir ins Auge, und ich lese, was „Katerkarlo" mir schreibt – ich rechne erstmal mit nichts Gutem:

Hi Ada, Respekt für diesen Blog. Bin selber vom Fach. Habe erst mal so reingelesen und mich dann richtig vertieft. Passt. Besonderes Kompliment: Mir gefällt es, dass Du nicht nur auf den Frauen-Aspekt abhebst. Ich finde es sehr wichtig, dass Frauen gleichberechtigt sind. Für eine ideale Welt wünsche ich mir, dass Begabungen und Interessen gefördert werden und zu neuen Erkenntnissen führen. Dafür ist es nicht relevant, ob Männer oder Frauen die Ideen haben. Es sollte einfach keine Rolle spielen, es sollte bei Schullaufbahn, Karriere und Aufstiegschancen keine Rolle spielen. Dafür müsste aber in der Schule noch viel mehr passieren. Selbst die Corona-Pandemie hat uns nicht ausreichend viel und schnell neue digitale Formate finden lassen – ich fasse es immer noch nicht, wenn ich genau drüber nachdenke.
Randbemerkung zu dir, Ada Lovelace: Habe in meiner Schulzeit mal ein Referat über dich gehalten – mit einer Mitschülerin, in die ich damals ziemlich verknallt war – und seitdem bist du mir als revolutionäre Algorithmen-Dame ein Begriff. Habe mich gefreut, dir so wiederzubegegnen.
Im ersten Moment dachte ich, jetzt kommt wieder so eine Influencerin, die nicht allzu viel Ahnung, aber umso mehr zu bloggen hat. Fürchtete schon eine weitere Buchstabensammlung der Selbstüberschätzung im Netz. Bin dann beim Lesen aber eines besseren belehrt worden. Bisher keine üblen Fehler. Chapeau. Aber bei ein paar Themen fielen mir noch ein paar Ergänzungen ein. Liste reiche ich nach, falls gewünscht. Worüber schreibst du als nächstes?

Oha. Okay. Gut. Meine Befürchtungen haben sich nicht bewahrheitet – hier hat sich mal kein Troll mit all seinem Unmut auf die ganze Welt ausgetobt. Auch das Troll-Phänomen steht schon auf meiner Themenliste, die immer weiter wächst – ich will all meine Themen ja auch gut verständlich aufeinander aufbauen.
Ich lese den Text nochmal durch. Sollte ich mich also geschmeichelt fühlen? Schon ein bisschen, merke ich, wobei mir das Ego des Schreibers doch deutlich entgegen leuchtet. „Keine üblen Fehler", was soll das denn heißen? Nur nicht-üble Fehler? Und „Buchstabensammlung der Selbstüberschätzung".

Freilich weiß ich, was er meint, es gibt so unendlich viel Halbgares, gerade bei Blogs, Videos oder Podcasts von angeblich Fachwissenden.

Recht hat er auch, was das Vertrödeln bei digitaler Bildung angeht. Was mir meine Schwägerin Almut aus der Uni schon darüber erzählt hat… Sogar im Fachbereich Informatik gab es am Anfang der Corona-Pandemie im Frühjahr 2020 einige, die das Umstellen auf digitale Vorlesungen, Seminare und Übungen erst nicht mittragen wollten. Und als es daran ging, sich online umsetzbare Formate für Prüfungen auszudenken, hat es drei Semester gedauert, bis die Pionier*innen ihre zögerliche Umgebung etwas mitgerissen hatten.

Natürlich ist der direkte Kontakt von Mensch zu Mensch – ohne Maschine dazwischen – etwas Wichtiges, das sehe ich ja auch daran, dass zum Beispiel Moonshot auch mit Echt-Treffen arbeitet. Das muss aber doch kein Entweder-Oder sein. Für verschiedene Anforderungen können verschiedene Formate die richtigen Lösungen sein. Mit dem Corona-Virus waren wir auf einmal in eine extreme Situation hineinkatapultiert. Und schließlich profitiere ich existenziell von den digitalen Entwicklungen: Nomadentum wäre sonst gar nicht möglich.

Was er über Frauen und Gleichberechtigung schreibt: Auch da hat er nicht unrecht, aber es ist leider eine Utopie, fürchte ich, dass nur die Ideen zählen und nicht, ob sie von einem Mann oder einer Frau stammen. Zwar ist der Zugang zu Bildung nicht mehr so auf Männer zugeschnitten wie zu Ada Lovelaces Zeiten, aber die gläserne Decke ist immer noch ziemlich massiv. Wenn ich da an den Elvistollen-Kollegen von Karla, denke, der sie so angepfiffen hat im Meeting. Ob er das mit einem männlichen Kollegen auch gemacht hätte? Weiß ich natürlich nicht. Dazu solche Sprüche wie von Karlas Chefin bei Squillion: Die heimlich gemachten Fotos würden sie doch ganz gut treffen. Puh. Von daher ist der Wunsch von Katerkarlo noch weit von der Wirklichkeit entfernt.

Inzwischen geht es nicht mehr darum, wer – wie zu Adas Lebzeiten – Bücher aus der Bibliothek ausleihen darf, die Mechanismen der Zurücksetzung greifen woanders. Mobbing und sexuelle Übergriffigkeit werden zwar immer deutlicher geächtet, #MeToo hat eine breite Debatte angestoßen. Für moderne Unternehmen ist der Sexismus-Vorwurf inzwischen bedrohlich, was das Image angeht. Was leider nicht heißt, dass sowas nicht mehr vorkommt.

Ich antworte Katerkarlo und widme mich, weil mein Douglas noch Strom zieht, gleich meinem nächsten Thema auf der Liste: dem WWW.

3.1 Hyper! Hyper!
– Das World Wide Web

Posted by Ada L.   12. April

Lieber Charles,

Eine weitere wichtige Anwendung des Internets ist das WWW (World Wide Web).
Hier passiert praktisch alles, was man auf Webseiten zu sehen bekommt. Wenn
man umgangssprachlich Internetseite oder „aus dem Internet" sagt, ist das
deshalb nicht ganz treffend, da das Web nur eine von vielen Anwendungen
des Internets ist, so wie beispielsweise auch E-Mail.

Das Protokoll des WWW ist das HTTP-Protokoll, Hypertext Transfer Protocol.
Es regelt vor allem die Übertragung der Webseiten. Deren Quelltext ist in einer
speziellen Codierung verfasst, HTML, für Hypertext Markup Language. Wie ein
solcher Markup-Text aussieht, wurde bereits im Beitrag über digitale Texte
geklärt. Das Besondere am Web ist der Hypertext: Ein Text wird zum Hypertext,
wenn man über speziell markierte Textpassagen auf andere Orte im Text oder
andere Dokumente im Web navigieren kann. Sie werden als Links bezeichnet.

Die Idee zum Web entstand sehr viel später als das Internet, in den
1990er Jahren, zu einer Zeit, als das Internet selbst bereits etabliert war
und viel genutzt wurde. Die Normalbürger*innen hatten zu dieser Zeit zwar
vielleicht schon einen Computer, aber einen Internetzugang hatten meist nur
Forscher*innen an Universitäten.

Das WWW erfand Tim Berners-Lee, ein Techniker am Cern. Das Cern
ist eine große internationale Forschungseinrichtung, bekannt durch den
Teilchenbeschleuniger-Ring mit einem Durchmesser von neun Kilometern.

Die Forscher dort nutzten zu dieser Zeit bereits das Internet zur Kommunikation, beispielsweise per E-Mail. Berners-Lee hatte die Idee, ein einfach zu be-
nutzendes Dokumentenmanagement-System auf Hypertext-Basis zu schaffen,
um den Forscher*innen eine einfachere Möglichkeit des Wissensaustauschs zu
geben. Das Projekt wurde bewilligt, und so spezifizierte er das HTTP-Protokoll,
erfand die HTML-Sprache und programmierte die Software zur Benutzung, also
einen Web-Server und einen Web-Browser.

Der Server ist der Computer, auf dem die Webseiten gespeichert sind und
von außerhalb über das Internet abgerufen werden können. Der Browser ist

das Programm, welches man nutzt, um von seinem eigenen Computer, dem sogenannten Client, auf den Server zuzugreifen. Der Browser fordert über das HTTP-Protokoll die Webseite vom Server an, der diese dann zurücksendet.

Bereits bei der allerersten Webseite der Welt von Berners-Lee wurde das Konzept der Hyperlinks umgesetzt [59]. Hier kann man lesen:

World Wide Web

The WorldWideWeb (W3) is a wide-area hypermedia information retrieval initiative aiming to give universal access to a large universe of documents.

Der Markup-Quelltext dazu sieht in etwa so aus:

```
<h1>World Wide Web</h1>
The WorldWideWeb (W3) is a wide-area
<a href="WhatIs.html">hypermedia</a>
information retrieval initiative aiming to give universal
access to a large universe of documents.
```

Die Überschrift wird als solche markiert, indem sie zwischen die öffnende <h1> und schließende </h1> Markierung (engl. „Tag") eingeschlossen wird. Der Kern des Webs sind allerdings die Hyperlinks, realisiert mit dem A-Tag, A für Anker (Anchor). Man kann damit ein Wort oder eine Textpassage auszeichnen und zusätzlich ein Sprung-Ziel angeben, auf das diese Textpassage verweist, im Beispiel ein anderes Dokument (Seite) mit dem Dateinamen „WhatIs.html". Der Browser stellt den Quelltext nun so wie abgebildet dar (rendert ihn) und bietet zusätzlich eine Interaktionsmöglichkeit. Wenn man nun auf das gekennzeichnete Wort „hypermedia" klickt oder auf dem Display tippt, springt der Browser zum Ziel-Dokument und stellt dieses dar.

Interessant ist die Einfachheit des Verfahrens. So gibt normalerweise nur eine Vorwärts-Verknüpfung, eine Rückverknüpfung ist in diesem Prinzip nicht vorgesehen. Auf der verlinkten Seite kann man nicht sehen, über welche Seitenverweise man dort gelandet ist. Lediglich der Browser merkt sich den Pfad (Browserverlauf), den man im Web entlang navigiert hat. So kann man über den „Zurück"-Knopf den Rückweg antreten.

Das World Wide Web ist nicht identisch mit dem Internet, es ist eine Anwendung des Internets, so wie E-Mail. Es dient dem einfachen Austausch von Informationen auf Webseiten. Die Webserver übermitteln mithilfe des HTTP-Protokolls (Hypertext Transfer Protocol) Webseiten, die in HTML (Hypertext Markup Language) codiert sind. Charakteristisch für HTML-Seiten ist die Verwendung von Hyperlinks, mit denen man Text-Teile markieren kann, die dann auf andere Texte oder Seiten verweisen. So ist der Text im Web kein normaler Text, sondern sogenannter Hypertext, ein weltweites Netz an Textverweisen.

3.1.1 Dablju Dablju Dablju
– Domains und Adressen

Berners-Lee und seine Kolleg*innen machten die Software, mit der man auf Webseiten zugreifen (Browser) und mit der man Webseiten veröffentlichen kann (Server), frei verfügbar und stellten sie Anfang der 1990er zum Download ins Internet.

Das war damals schon machbar, weil es bereits andere Dienste im Internet gab. So war eine Datenübertragung über das „File Transfer Protocol" möglich. Auch gab es bereits Webseiten-artige Internetknoten, sogenannte Mail-Boxen.

Danach wuchs die Zahl der Webseiten stark an. Über den Web-Browser gelangte man allerdings nur auf eine Webseite, wenn man deren Internet-Adresse kannte, Suchmaschinen gab es noch lange nicht. So waren und sind die Internet (IP)-Adressen vier mit Punkt getrennte 8-Bit-Zahlen, beispielsweise „216.58.212.163". Um sich nicht die komplizierten Zahlen-Kolonnen merken zu müssen, entwickelte man ein Verfahren, bei dem man in einer Datei mit dem Namen „Hosts" in einer Liste unter einem verständlichen Namen für die Webseite oder den Internetdienst dessen Adresse nachschlagen konnte.

Das funktioniert wie eine Art Telefonbuch für Internet-Adressen: So könnte in dieser Liste beispielsweise „216.58.212.163 google" stehen. Wenn man dann „google" in das Adressfeld des Browsers eingibt, wird in der Liste nach der entsprechenden IP-Adresse gesucht und diese dann angesurft. So musste man nur den Namen einer Website kennen, um diese aufzurufen. Diese Hosts-Dateien waren allerdings anfangs nur Text-Dateien, die auf dem eigenen Computer lagen und die man selbst mit Adressen füllen musste, oder man kopierte sich die Dateien von anderen Nutzer*innen.

Irgendwann gab es dann im Internet verfügbare Server (Nameserver) mit den Hosts-Dateien, so dass man diese nicht mehr von Hand kopieren musste.

Daraus entstand dann das heutige „Domain Name System" (DNS). Organisationen wurden gegründet, die sich um die Eintragung der Domain-Namen kümmern. Eine Domain kann aus mehreren Teilen bestehen, einem Top-, einem Second- und einem Third-Level-Teil. „news.google.com" ist eine Internet-Domain mit diesen drei Teilen. „com" ist die Top-Level-Domain und steht für amerikanische kommerzielle Webdienste.

Diese Top-Level-Domains werden von der „Internet Corporation for Assigned Names and Numbers" (ICANN) vergeben. Für die USA, wo das Internet entstand, gibt es gleich mehrere Top-Level Domains, neben „com" gibt es „org" für staatliche Organisationen, „net" für Internet-Dienste und „edu" für Bildungseinrichtungen.

Nachdem das Internet sich um die Welt ausgebreitet hatte, vergab die ICANN auch Top-Level-Domains für die anderen Staaten, „de" für Deutschland, „ch" für die Schweiz und so weiter. In den Ländern wurden dann weitere Verwaltungs-Organisationen gegründet, die die jeweiligen Second-Level-Domains verwalten. Die DENIC (Deutsches Network Information Center), ein Zusammenschluss aller deutschen Internet-Provider, vergibt diese in Deutschland für alle „de"-Adressen. Über einen Provider kann man eine Domain beantragen, dieser bestellt die Adresse dann bei der DENIC.

Third-Level-Domains schließlich kann man sich selbst aussuchen, wenn man eine Second-Level-Domain hat. Diese sind meist die Namen der Server, die für einen Internetdienst zuständig sind, so wäre „mail.firma.de" ein guter Name für den Mail-Server einer Firma. Oft liest man das „www" in einer Adresse wie in „www.firma.de". Hier steht das „www" für den Namen des Webservers. Diesen kann man meist weglassen. Früher musste man das „www" mit angeben, wenn man auf die Webseite der Firma wollte, da dies der Name des Computers mit der Webseite war.

Der Browser kommt also über das Nachschlagen der lesbaren Webadresse auf den DNS-Servern (Nameservern) auf die Internet-Adresse, einer Angabe aus vier mit Punkten getrennten Bytes. Wie bereits erwähnt, kann man mit einem Byte eine Zahl von 0-255 speichern. Bei vier Bytes hat man für die IP-Adresse etwa vier Milliarden mögliche Kombinationen und somit Adressen. Diese Zahl erscheint groß, ist aber heutzutage bereits ausgeschöpft. Es wurde ohnehin nur ein Teil der Adressen von der ICANN verteilt, diese wurden zum Teil großzügig in Adress-Bereiche aufgeteilt und vergeben. So besitzt allein Apple 16 Millionen Adressen, da sich die Firma rechtzeitig für das Internet interessierte und sich schon früh die Adressen sicherte.

Der heimische Internet-Anschluss bekommt aufgrund des Adressmangels keine eigene feste Adresse, bei der Einwahl ins Internet wird ihm eine Adresse zugeordnet.

Aufgrund dieses Mangels wurde parallel zur Internet-Adressierung mit den 4 Bytes (IPv4) ein neues Verfahren eingeführt, IPv6, mit acht Ziffern, die jeweils 2 Bytes haben können. Die Zahlen werden in hexadezimaler Schreibweise[5] mit Doppelpunkt hintereinander gehängt. Wenn eine Zahl 0 ist, kann sie weggelassen werden. Beispiel: „2a00:1450:40f1:802::2003". Dies ist übrigens die Adresse eines Google DNS-Servers.

Mit den IPv6-Adressen ist eine irrwitzige Zahl an Adressen verfügbar. Man könnte jedem Ding auf der Erde eine IPv6-Adresse zuordnen, was natürlich hervorragend ist, wenn man Dinge überwachen will. Für die Privatsphäre ist das ungünstig. Möglich wird aber dadurch das sogenannte Internet der Dinge, bei dem alle möglichen Geräte Internet sind: Toaster, Kühlschränke und Lampen oder Anlagen in Fabriken. Jedes Gerät benötigt hier seine eigene Adresse.

Web-Server haben eine lesbare Adresse, beispielsweise „news.google.de". Diese hat drei Teile, den Top- (de), Second- (google) und den Third- (news) Level. Die Top-Level-Domains kann man nicht frei wählen, diese werden international festgelegt. Innerhalb dieser Top-Level Domain, wie „.de" für Deutschland, kann man eine Domain (Second-Level) über den Provider bei der deutschen Verwaltungsstelle für Domains (DENIC) beantragen. Eine Third-Level-Domain kann man, wenn nötig, selbst frei wählen. Über einen DNS-Server schlägt der Browser die Internetadresse (IP-Adresse) des Servers nach. Die klassischen IPv4-Adressen bestehen aus vier mit Punkt getrennten Zahlen, etwa „216.58.212.163" für die Google-Suchseite, oder aus sechs mit Doppelpunkt getrennten Hexadezimal-Zahlen, z.B. „2a00:1450:4001:802::2003" für einen Google-DNS-Server. „::" bedeutet „:0:"

---

5 Unser Dezimalsystem hat zehn Ziffern (0–9), das Binärsystem nur zwei (0 und 1). Es gibt in der Computertechnik noch das Hexadezimalsystem mit 16 Ziffern, (0–9 und zusätzlich a–f, wobei a≙10, f≙15). Damit lässt sich mithilfe von zwei Ziffern der Inhalt eines Bytes darstellen. (z.B. ff=255).

Bei Tante Lydia empfängt mich der Duft von frisch gebackenem Apfelkuchen. Mit meiner Tante ist das Zusammensein einfach, wertschätzend und friedlich. Wenn ich meine Mutter treffe, schwingen dagegen so viele Saiten mit, die schnell einen Missklang ergeben. Seit ich denken kann, hat sie vor allem versucht, mich zu besseren mathematisch-naturwissenschaftlichen Leistungen anzutreiben. Ich finde die Welt der Zahlen und der Technik spannend, nicht umsonst habe ich auch beruflich diesen Weg gewählt. Aber ihr waren meine Ergebnisse nie genug.

Wenn ich in Mathe eine 2 mit nach Hause brachte, gab es einen Anpfiff, wurde ich in Physik ausgefragt, ohne brillant vorbereitet zu sein, musste ich sonnige Nachmittage lang in meinem Zimmer mit zugezogenen Vorhängen nachlernen.

Bei Informatik allerdings war mein Interesse so stark, dass nicht einmal der Ehrgeiz meiner Mutter mich gebremst hat – da war ich immer voll dabei. Zum Glück hatte ich eine tolle Lehrerin, die uns viel beigebracht und uns immer ermutigt hat, selber zu denken. Außerdem bewertete meine Mutter die Informatik als am wenigsten gediegene Technik-Wissenschaft. Egal, wie gut meine Noten da waren, dazu hat sie sich kaum ein Lob abgerungen.

Das Gefühl, nicht gut genug zu sein, muss ich heute noch regelmäßig niederkämpfen. Als ich meiner Mutter erzählte, dass ich bei Moonshot unter Vertrag stehe, antwortete sie nach kurzer Pause, ob die denn richtig recherchiert hätten, wenn sie mich anfragen. Klammer auf: Du bist doch eigentlich zu doof für einen Job bei so einer tollen Firma, Klammer zu. Solche Pfeile schickt sie oft ab, und ich arbeite daran, mich nicht mehr so stark davon treffen zu lassen. Das führt unter anderem dazu, dass ich lieber bei meiner Tante Lydia und meinem Onkel Karl Station mache, wenn ich „nach Hause" fahre. Meine Mutter wohnt in einem Nachbardorf, so kann ich ihr etwas aus dem Weg gehen.

„Hmmm! Mein Lieblingskuchen", sage ich und umarme Lydia. „Deswegen ja", sagt sie und drückt mich. „Setzt du Teewasser auf?", sie löst mit einem Messer vorsichtig den Teig vom Rand. Ich fülle den Kessel, richte den Teetopf her und entspanne mich.

Beim Tee erzählt mir Lydia den neuesten Dorftratsch, eine meiner Schulfreundinnen hat Zwillinge bekommen und wurde kurz darauf vom Kindsvater sitzen gelassen, sie wohnt jetzt wieder im Dorf bei ihren Eltern. Da kommt mein Onkel Karl, und wir plaudern über alles Mögliche. Dass ich bei Moonshot jetzt unter Vertrag stehe, finden beide richtig gut.

Meine ganze Familie hatte einige Bedenken, als ich mich selbstständig und dann auch noch weit in die Weltgeschichte auf den Weg gemacht habe. Besonders viele Gedanken haben sich Lydia und Karl gemacht, die fast wie Eltern für mich sind – ich weiß nicht, wie oft ich zürnend, weinend und frustriert nach Streitereien mit meiner Mutter zu ihnen geradelt bin. Dann hat mich Lydia in die Arme geschlossen, mich getröstet und aufgerichtet. Bei ihnen hat es mit dem Kinderkriegen nie geklappt. Das hat meine Mutter immer wieder Lydia etwas schnippisch unter die Nase gerieben. Doch die hat sich nach einem ganzen Leben mit einer schwierigen Schwester reichlich Teflon-Überzug wachsen lassen und schafft es, mit ihr einigermaßen klarzukommen.

Seit langem haben Lydia und Karl mir Halt gegeben und auch über meine Berufsentscheidungen mit mir geredet. Meiner Tante geht es nicht nur um meine berufliche Zukunft, sondern um meine Sicherheit, gerade jetzt mit dem Bus: Was alles für Tunichtgute auf welchen Campingplätzen herumlungern, fragt sie sich. Früher war es die Befürchtung, dass ich in Südostasien auf der Straße ausgeraubt werden könnte. Oder jetzt, dass meinem Bus mitten im Nirgendwo der Saft ausgeht. Oder oder... das Sorgenlied meiner Tante hat viele Strophen.

Dabei sind zumindest die beiden, das weiß ich, auch stolz darauf, dass ich mich das traue – viel von der Welt sehen, an schönen Orten bleiben, arbeiten, wo ich will. Das gönnen sie mir von Herzen. Meine Mutter habe ich erst gar nicht nach ihrer Meinung gefragt. Im Moment sieht es vom beruflichen Erfolg her gar nicht so schlecht aus. Anpumpen musste ich noch keinen. Davor müsste es schon hart auf sehr hart kommen: Ich kann sehr genügsam leben, wenn nötig.

Bei meiner Tante hat Josef für etwas Beruhigung gesorgt: Er hat bei mehreren Gelegenheiten mit ihr geredet und ihr einige Ängste genommen. Unter anderem hat er ihr und meinem Onkel auch versprochen, dass er mir immer wieder Jobs geben kann und mich in seinem Netzwerk weiter empfiehlt.

„Also Moonshot, das ist doch was Tolles. Wie war denn das erste Meeting?", fragt Karl beim ersten Stück Apfelkuchen. Ich erzähle von Karla und den Mitarbeitern mit den Statement-Frisuren. Lydia und Karl schauen sich belustigt an: Seit ich denken kann, lässt sich Karl die Haare vom Bader im Dorf schneiden, und meine Tante geht zu ihrer Cousine, die Friseurmeisterin ist. Beim Stil hat sich da nichts Einschneidendes getan über die Jahre. „Ich setz lieber auf Understatement, das ist mein Statement", sagt Lydia, wirft sich keck die Haare über die Schulter und schenkt sich noch eine Tasse Tee ein.

Mein Handy brummt, eine Nachricht von Josef: „In Kallmünz ist am Samstag Zirkus, eine Show mit lauter Ehrenamtlichen, die für eine Benefizaktion in Afrika Spenden sammeln. Soll sehr gut sein, meint Helene. Magst Du mit uns um 15 Uhr hingehen?", schreibt er. Helene ist seine Tochter. Ich überlege nicht lange, „klar – bin dabei", antworte ich. „13 Uhr Mittagessen bei Helene und Knut", kommt sofort Josefs Botschaft, ich bestätige mit okay und Smiley. Knut habe ich ja schon kurz kennengelernt. Der hat sicher nach Weihnachten eine Menge blöde Sprüche auszuhalten, wenn Ikea wieder mit Ausverkaufspreisen wirbt, denke ich.

Während wir zu dritt den Tisch abräumen, berichtet mir Lydia von den Plänen, auch durchs Nürnberger Land eine große Stromtrasse zu bauen. „Die genaue Trassenführung ist noch nicht fix, wir wollen uns da genauer informieren", sagt sie. „Generell werden wir große Trassen brauchen, um Strom aus regenerativen Energiequellen weite Strecken zu transportieren", sagt Onkel Karl. Lydia nickt. „Mir ist auch klar, dass wir da nicht komplett dagegen sein können", sagt sie. „Aber ich will verhindern, dass ganz sensible Landschaften verhunzt werden. Meinetwegen kommt die Trasse auch bei uns vorbei, aber dann möchte ich ein Wörtchen mitreden, wo genau." So sieht es auch Onkel Karl. Die beiden sind schon bei x Demos für Maßnahmen gegen den Klimawandel dabei gewesen, gegen Atomkraft und vieles andere.

Das Thema Stromnetz klingt in meinen Gedanken noch etwas nach. Dieses Netz ist eines, das man sehen kann, es ist also sicher leichter zu begreifen als das Internet. Aber auch das Internet hat eine physische Seite.

3.2 Welt am Draht
– Netze

Posted by Ada L. 13. April

Lieber Charles,

wie das Internet grundsätzlich funktioniert, darüber habe ich Ihnen geschrieben. Jetzt werden Sie fragen, wo das Internet physisch ist. Bei einem anderen Netz der modernen Infrastruktur, dem Stromnetz, haben die meisten Leute eine konkrete Vorstellung davon. Kohlekraftwerke, schon von weitem an den

Schloten erkennbar, oder umweltfreundliche Energieerzeugungsanlagen wie Windkraftwerke oder Solarfelder produzieren Strom. In Umspannwerken wird dieser für den Transport vorbereitet und dann zum Beispiel über ebenfalls sichtbare Überlandleitungen transportiert.

Sie verfolgen in Ihrer Zeit sicher in der Presse die spannenden Berichte über die Versuche, ein Transatlantikkabel zwischen England und Amerika zu verlegen, um Nachrichten als Telegramme schnell aus und nach Übersee zu schicken. Dazu wurde das größte Schiff der Welt, die Great Eastern, zu einem Kabelleger umfunktioniert. Sie haben sicher das Bild aus der „The Illustrated London News" im Kopf, in dem man die entsetzten Gesichter der Männer sehen kann, als das Kabel kurz vor dem Ziel riss und ins Meer glitt. Es konnte, gottlob, geborgen und repariert werden. So war es dann möglich, per Telegrafie, also mit digitaler Technik, ohne merkliche Verzögerung Nachrichten mit Amerika auszutauschen, quasi in Echtzeit. Die Welt ist dadurch kleiner geworden, nicht wahr, verehrter Charles? Das war die Geburt der digitalen Netze.

Das moderne Internet entstand aus den vorhandenen Telefonnetzen. In den USA war dieses Netz meist von AT&T, in Deutschland war es das der staatlichen deutschen Post, später Telekom. Dieses Netz, die Netzschicht, die unterste Schicht des Internet-Stapels, übermittelte anfangs die Bits, indem diese als Töne codiert wurden, vereinfacht ein hoher Piep für 1, ein tiefer Piep für 0 (binäre Modulation).

So konnte man über die analoge Telefonleitung digitale Daten übertragen. Die analogen Signale wurden über einen Akustikkoppler – ein Mikrofon und ein Lautsprechersystem, das die Signale digitalisieren konnte – zum Computer übertragen oder von dort als Töne gesendet. Man musste dazu den Telefonhörer vorher in die dafür vorgesehenen Gummimuffen des Apparates stecken. Die Gegenstelle musste man mit der Hand anwählen, indem man die Telefonnummer am Telefon eingab.

Das änderte sich mit der Umstellung auf digitale Übertragung via ISDN (Integriertes Sprach- und Datennetz): Dann konnte man die IP-Pakete aus dem Computer über ein Modem direkt als unhörbare digitale Signale senden und empfangen. Mittlerweile nutzt man einen DSL-Anschluss (Digital Subscriber Line), der schnellere Übertragungsraten erlaubt und über den man auch gleichzeitig telefonieren und im Internet surfen kann. Vorher per ISDN war das nicht möglich.

Hier wird das Prinzip vom Akustikkoppler umgedreht, das akustische Telefongespräch wird digital über das Internet via IP-Telefonie übertragen. Die

Datenpakete werden aus dem heimischen Netz (LAN oder Wi-Fi/WLAN) von zuhause über die Vermittlungsstellen der Telekom in sogenannte Backbone-Netze, die Wide Area Networks (WANs), eingespeist. Diese könnte man mit den Hochspannungsleitungen für Strom vergleichen, die die Energie über große Strecken transportieren. Über Internet-Verteilerknoten werden die Datenpakete verteilt und über große Strecken weiterbefördert. Google verlegte 2022 das Überseekabel „Grace Hopper" von New York nach Europa. Es besteht aus einem Bündel Glasfaserkabeln. Auf rein physikalischer Ebene werden die Daten entweder als Strom über Kupferkabel oder als Lichtsignale durch Glasfasern übertragen.

Die Glasfasertechnik erlaubt die schnellste Übertragungsgeschwindigkeit, die höchste Bandbreite von 50 GHz, also 50 Milliarden Signale pro Sekunde. Glasfasern sind auch der Goldstandard bei den regionalen Netzen beim flächendeckenden Breitband-Ausbau. Sie bieten den Vorteil, dass man viele Signale parallel hin- und her übertragen kann, indem man mit optischen Filtern sozusagen unterschiedlich farbiges Licht in die Glasfasern schickt (Wellenlängenmultiplexverfahren). Zwar erlauben Glasfaserkabel die schnellste Übertragung, jedoch gibt es einen Nachteil: Man kann nicht überall auf der Welt einen guten Anschluss bekommen, in abgelegenen Gegenden gibt es oft immer noch kein Internet.

Abhilfe schafft zum Beispiel Starlink, eine Firma von Elon Musk, bekannt für seine Elektroautomarke Tesla. Er ist ebenfalls der Gründer von SpaceX, einem Raumfahrtunternehmen. Mit den dort hergestellten wiederverwertbaren Raketen werden viele kleine Satelliten in niedrige Umlaufbahnen geschossen. Diese nutzt Starlink, um global über den gesamten Planeten relativ schnelles Internet zu passablen Monatspreisen zur Verfügung zu stellen. Die Sende- und Empfangsstation sieht so ähnlich aus wie eine Satellitenschüssel fürs Fernsehen und arbeitet auch so ähnlich. Der große Unterschied ist jedoch, dass man auch Signale versenden kann. Klassisches Satellitenfernsehen ist mehr ein lineares Medium. Bis 2027 will Starlink über 11.000 Satelliten ins All schicken, am Ende sollen es 30.000 werden. Da diese wegen der niedrigen Latenz in einer niedrigen Umlaufbahn fliegen, werden sie nach fünf Jahren ausfallen und in der Atmosphäre verglühen. Also müssen sie regelmäßig ersetzt werden.

Ich frage mich, lieber Charles, ob das nachhaltig ist, diese vielen Raketenstarts und der ganze Aufwand. Astronomen beklagen jedenfalls den entstehenden Weltraumschrott, der die restliche Raumfahrt und auch die Beobachtung des Nachthimmels erschwert. Ich selbst habe schon einmal die startenden, hintereinander aufgereihten Satelliten über den Himmel ziehen sehen. Ein Anblick, der Ihnen und Menschen Ihrer Generation, lieber Charles, ein Rätsel gewesen wäre. In unserer Zeit wird man sich an solche Himmelserscheinungen gewöhnen müssen, zumal Starlink nicht die einzige Firma mit solchen Plänen ist. Auch OneWeb, ein britisches Unternehmen, startet und betreibt Internetsatelliten.

Über einen DSL-Anschluss (Digital Subscriber Line) werden über Kupfer- oder Glasfasernetze die Datenpakete für das Internet versendet. Auch das Telefonieren über das Festnetz funktioniert heutzutage über das Internet, genannt IP-Telefonie. Es gibt aber auch satellitenbasiertes Internet, eine Bodenstation mit einer Satellitenschüssel kommuniziert hier mit Kleinst-Satelliten.

3.2.1 Verstrahlte Vögel
– Mobilfunknetze

In unserer Zeit sind wir jederzeit erreichbar, lieber Charles. Ich habe es schon erwähnt: Wir besitzen Mobilfunkgeräte, die die Form von kleinen flachen Scheiben aus Glas, Kunststoff und Metall haben. Sie passen in die Hosentasche, wir tragen sie nahezu ständig mit uns herum. Über diese Mobiltelefone können wir auf die ganze digitale Welt im Internet zugreifen und auch mit anderen Personen, die ein solches Gerät besitzen, sprechen. Wenn wir möchten, können wir unsere Gegenüber sogar sehen. Auch können wir Botschaften als Film oder Bild oder Text aufzeichnen und an andere senden. Die Menschen verwenden diese Technologie weltweit, sie ist immer gegenwärtig, viele benutzen ihre Smartphones praktisch dauernd. Trotzdem machen sich die wenigsten Gedanken darüber, wie sie funktionieren, vermutlich weil sie so selbstverständlich geworden sind wie die Luft zum Atmen.

Es gibt auch viele falsche Vorstellungen und Sorgen, die mit der Technik verbunden sind: So gibt es Angst vor der hohen Strahlung. Beispielsweise regten sich starke Widerstände bei der Einführung der 5G-Technologie. So wurde vielfach behauptet, die Strahlung sei so stark, dass Vögel tot aus der Luft fallen.

Fakt ist: Grundlage für die Kommunikation mit Handys ist die Funk-Technik, bei der Signale nicht über ein Kabel-Medium, sondern drahtlos, über elektromagnetische Wellen, gesendet und empfangen werden. Lieber Charles, Sie denken sicher, dass sich diese Wellen durch den Äther ausbreiten, so wie sich im Meer Wellen im Wasser ausbreiten. Für viele Naturforscher war früher klar, dass sich Wellen in irgendeinem Medium ausbreiten müssen, und so dachte man, dass es einen alles umgebenden oder durchdringenden Stoff gibt, durch den sich Licht und andere Phänomene wie Magnetismus ausbreiten – den Äther. Allerdings hat man 16 Jahre nach Ihrer Zeit festgestellt, dass es diesen Äther gar nicht gibt [41].

Elektromagnetische Wellen benötigen kein Trägermedium, sie breiten sich direkt durch den Raum aus. Erzeugt werden sie immer, wenn Strom in einem Leiter fließt. Ein Sender kann diese Wellen über eine Antenne abstrahlen und ein Empfänger diese Signale über eine andere Antenne wieder empfangen. So kann man mit Funkgeräten Gespräche „durch die Luft" übertragen.

Die ersten Mobilfunk-Netze entstanden schon in den späten 1950er Jahren in Deutschland. Dies waren die sogenannten A-Netze. Der Unterschied zum Funkgerät war, dass man relativ bequem über ein mobiles Telefon ins Telefonnetz anrufen konnte. Diese Telefone konnten noch nicht in der Tasche getragen werden, dafür waren sie zu groß, sie wurden in Autos eingebaut: Sie hießen Autotelefone (deswegen A-Netz). Sie waren natürlich teuer und nur für einen kleinen Personenkreis verfügbar, etwa aus Politik oder Wirtschaft.

Im Gegensatz zum Funkgerät konnte man direkt mit nur einem Gegenüber sprechen. Bei Funkgeräten können viele Personen über eine Frequenz senden und empfangen, was beim Telefonieren eher unerwünscht ist, außer vielleicht bei einer Audiokonferenz. So hat man für jedes Gespräch eine eigene Frequenz verwendet. Nachdem man nur einen bestimmten Frequenzbereich nutzen durfte, da die anderen für Radio oder Funk gebraucht wurden, konnten nur wenige Gespräche gleichzeitig laufen. Die Signale wurden über spezielle Funk-Masten gesendet und empfangen. Wenn man den Sende- und Empfangsbereich eines Sendemastes verließ, brach das Gespräch ab. Obwohl die damalige Technologie nur noch wenig mit unseren heutigen Handys zu tun hat, kann man hier bereits die grundlegenden Ideen erkennen.

Die Technik wurde über weitere Verbesserungen bei den B- und C-Netzen schließlich digital: bei den D-Netzen, die man auch als 2. Generation bezeichnet (2G). Es gab zwei Netzbetreiber, die Telekom mit dem D1-Netz und Vodafone mit dem D2-Netz. Die Firma trägt auch heute noch die alte Netz-Bezeichnung in ihrem Namen. Hier fängt auch die in der Telekommunikationsbranche beliebte inflationäre Verwendung von Abkürzungen und mehrfachen Bezeichnungen derselben Technik an. Die Technik dahinter nennt man GSM, für „Global System for Mobile Communications". Dieser Standard prägt die Mobilfunktechnik noch heute und wird ständig weiterentwickelt. So kamen Ende des vergangenen Jahrtausends die E-Netze mit E-Plus und O2 als Betreiber hinzu. D- und E-Netze sind die 2. Generation, 2G. 3G kam danach. Diese und weitere Generationen bekamen allerdings keine Buchstaben-Kürzel mehr.

Aber die 3G-Technik ist eine Erweiterung von GSM und nennt sich UMTS, für „Universal Mobile Telecommunications System". Später wurde diese wieder erweitert zu LTE (Long Term Evolution).

4G hat die LTE+-Technik. Diese Aufzählung ist sicher verwirrend, allerdings wird oft am Handy angezeigt, welche Verbindung gerade aktiv ist. Danach wird es einfacher, es nächste Generation nennt sich 5G, ohne weitere Technik-Abkürzungen.

Die Datenübertragung für Daten, die keine Telefongespräche sind, also das Internet, nannte man bei 2G GRPS und EDGE, wobei EDGE schneller ist als GRPS. Was die Abkürzungen bedeuten, spare ich mir hier. Also, hier nochmals die Zusammenfassung der digitalen Netze: 2G: D und E-Netz (GSM) mit GRPS und EDGE, 3G (UMTS und LTE), 4G (LTE+), 5G.

Interessant ist noch, dass die Übertragungsfrequenz immer höher wird, angefangen von 99 Megahertz bei 2G bis zu 3,8 Gigahertz und darüber bei 5G [66]. Die Technologie funktioniert dabei seit 2G grundsätzlich immer gleich: Zuerst einmal gibt es das Handy und eine Basisstation mit Funkmast, zum Senden und Empfangen der Signale. Das Handy sendet in einem bestimmten Frequenzbereich die digitalen Daten, also Gespräche und auch alles andere wie Chat-Nachrichten, an den Funkmast. Dieser sendet seinerseits in einem anderen Frequenzbereich die Nachrichten der anderen Teilnehmenden oder sonstige Daten wie Videostreams an das Handy.

Damit mehrere Personen gleichzeitig ihr Handy nutzen können, werden die Frequenzen weiter aufgeteilt. Da man das nicht unbegrenzt machen kann, hat man sich weitere Techniken ausgedacht, damit noch mehr Leute gleichzeitig telefonieren und Daten austauschen können. Diese Verfahren nennt man Multiplex. Den Begriff kennt man von Multiplex-Kinos, in denen mehrere Filme gleichzeitig in verschiedenen Sälen laufen.

Bei der Telekommunikation steht der Begriff für Techniken, mit denen man viele Gespräche zeitgleich übertragen kann. Das passiert zum einen über mehrere Frequenzen (Frequenzmultiplex) und außerdem, indem man die Übertragungszeit in lauter kleine Stücke zerlegt: Zeitmultiplex. Diese Stückchen sind so kurz, dass man die die Gespräche trotzdem flüssig hört, es sei denn, die Verbindung ist zu schlecht, und es kommen nicht alle Stückchen an – dann klingt es abgehackt. Allerdings ist die Anzahl der Teilnehmenden, die gleichzeitig ihr Handy nutzen können, begrenzt. So war zum Jahreswechsel regelmäßig das Handynetz überlastet, wenn viele gleichzeitig ihre Liebsten kurz nach Mitternacht anriefen.

Zentral und charakteristisch für die Handytechnik ist folgendes: Ein Funkmast deckt nur einen recht kleinen Bereich seiner Umgebung ab. Wenn man irgendwo kein Netz hat, ist dort eben auch kein Mast in der Nähe. Das erscheint erstmal als großer Nachteil der Technik, ist aber bewusst so gemacht, da es auch einen entscheidenden Vorteil hat. In diesem kleineren Raum kann sich naturgemäß nur eine überschaubare Anzahl von Personen aufhalten.

So hält man den Sende-und Empfangs-Raum um den Funkmast bewusst klein, und die kleine Gruppe an Leuten kann einen Frequenzbereich nutzen und ungestört telefonieren. Beim nächsten Masten können dann andere Leute dieselben Frequenzen wieder nutzen. Das nennt man auch Raummultiplex.

Damit man mit seinem Handy aus dem Bereich des eigenen Funkmastes, der Mobilfunkzelle, in einen anderen Bereich telefonieren kann, sind die Basisstationen der Funkmasten natürlich mit einer Kontroll-Station verbunden. Diese regelt auch den Fall, wenn man unterwegs ist und mit seinem Handy aus dem Empfangsbereich einer Station in den Empfangsbereich einer anderen Station wechselt: Das Verfahren heißt Handover. Das Handy selbst wird hier über eine eindeutige Nummer identifiziert, die auf der SIM-Karte (Subscriber Identity Module) gespeichert ist: die IMSI (International Mobile Subscriber Identity). Die SIM kann eine kleine Chip-Karte sein oder eine eSIM, also die rein digitale Entsprechung derselben. Die Kontroll-Station bucht diese Nummer aus der einen Basisstation aus und in die andere ein. Da die Nummer weltweit eindeutig ist, funktioniert das Verfahren sogar zwischen unterschiedlichen Anbietern, das nennt sich dann Roaming.

In Städten, wo viele Menschen mit Handys unterwegs sind, sind die einzelnen Mobilfunkzellen kleiner. Es gibt dort mehr Stationen mit Masten, diese haben aber eine geringere Sendestärke und decken so einen kleineren Bereich ab. Auf dem Land ist das umgekehrt, hier gibt es in einem Dorf vielleicht nur einen Masten, der mit einer hohen Leistung sendet. Da die Signalstärke quadratisch mit dem Abstand abnimmt, müssen die Handys zum Senden an den Mast eine größere Distanz überbrücken und so mit einer wesentlich höheren Leistung senden. Lieber Charles, viele Leute meinen, dass sie auf dem Land weniger Strahlung abbekommen, als in der Stadt, aber eigentlich ist es eher umgekehrt.

Überhaupt gibt es viele Ängste im Hinblick auf die Strahlung beim Mobilfunk. Neben der Behauptung, dass Vögel in der Luft gebraten werden, gibt es Personen, die meinen, sie spüren die Strahlung, man spricht von Elektrosensibilität. Jedenfalls wurden die Frequenzen immer höher, was zur Folge hat, dass die Strahlung immer weniger tief in Materialien wie den Körper eindringen kann. Wärmestrahlung, also Wärme wie aus einem Kachelofen, ist physikalisch gesehen auch elektromagnetische Strahlung. Also vom Prinzip her nichts anderes als Handystrahlung, nur viel langwelliger, also niederfrequenter. Deshalb ist es so angenehm, vor dem Kachelofen zu sitzen, da die Wärme schön den Körper durchdringt. Der Kachelofen hat eine Heizleistung von mehreren Kilowatt. Ein Handy sendet nur mit einem Watt, und das noch dazu auf einer hohen Frequenz, und deshalb dringt die Strahlung nur wenige Millimeter in den Körper ein und erwärmt diesen dort leicht. Im Übrigen waren die Frequenzen früher niedriger, so dass man sagen kann, dass 5G weniger tief in den Körper eindringt als noch 4G, 3G oder 2G [25].

Überhaupt sendet ein Rundfunksender mit nahezu 100 Kilowatt, also mit der Energie mehrerer Kachelöfen. Man müsste sich daher mehr vor dem Radio fürchten als vor 5G. In Deutschland überwacht das Bundesamt für Strahlenschutz die Belastung der Bevölkerung. Es gibt eine Maßeinheit, die spezifische Absorptionsrate (SAR): Sie gibt die Energie in Watt an, die auf ein Kilogramm Körpergewebe einwirken. Beim Kachelofen wären das mehrere 1000 SAR. Bei den iPhones aller Generationen hat man am Ohr, wenn man das Handy zum Telefonieren dort hat, eine Belastung von einem SAR [51].

Lieber Charles, heutzutage ist der Mensch wegen der von ihm verursachten Umweltverschmutzung sehr vielen gesundheitsschädlichen Einflüssen ausgesetzt, beispielsweise dem Feinstaub oder dem Ozon in der Luft, dazu Mikroplastik, Nitrat und Pestiziden im Trinkwasser. All das ist nachweislich gefährlich für die Gesundheit von Mensch, Tier und Pflanzenwelt. Aber es gibt trotzdem Leute, die sich aufgrund von Gerüchten vor etwas fürchten. Zu Ihrer Zeit war das nicht anders, als man dachte, die schnelle Fahrt mit der Eisenbahn löse das „Delirium furiosum", die Eisenbahnkrankheit aus: eine Krankheit des Geistes, der die hohe Geschwindigkeit nicht aushält [24]. Ich bekomme manchmal ein Delirium furiosum, wenn ich mit solchen Irrmeinungen konfrontiert werde.

> **i** Digitalen Mobilfunk gibt es seit den D-Netzen, der 2. Generation von Mobilfunk (2G) mit mobilen Daten über EDGE. Es folgten 3G mit UMTS und 4G mit LTE. Danach kam 5G. Das Handy kommuniziert mit der Basisstation (z.B. einem Funkmast). Innerhalb der Reichweite eines Funkmastes (Funkzelle) kann nur eine begrenzte Zahl an Teilnehmenden kommunizieren, da man die Funkfrequenzen nicht beliebig aufteilen kann (Multiplex). In Städten sind deshalb wegen der vielen dort vorhandenen Handys die Funkzellen kleiner als auf dem Land. Die Basisstationen sind mit einer Kontrollstation verbunden, die ein Handy an eine andere Basisstation übergibt (Handover), wenn dieses dort ankommt. Dies funktioniert auch zwischen verschiedenen Anbietern (Roaming). Die Handys werden über die auf der SIM-Karte (Subscriber Identity Module) gespeicherte eindeutige Kennung IMSI (International Mobile Subscriber Identity) identifiziert.

Mein Navi hat mich mit sanfter Stimme wieder nach Kallmünz zu Helene, Knut und Josef gelotst. Die junge Familie wohnt in einem frisch verputzten, noch nicht gestrichenen Haus in einem schon hie und da bunt blühenden Garten. Josef sitzt draußen in der Mittagssonne auf der Gartenbank und sollte wohl auf Luise und Lukas aufpassen. Die beiden haben im Sandkasten Matsch gemacht und panschen begeistert damit herum, so dass der nasse Sand nur so spritzt. Kiki versucht, danach zu schnappen, und Zwillinge und Hund sind fröhlich und total verdreckt. Doch Josef ist es gelungen, trotz des Geschreis einzuschlafen, und so sitzt er mit leicht offenem Mund auf der Bank, eine Zeitung auf dem Bauch.

Als ich „Hallo miteinander" rufe, schreckt er hoch, schmeißt Zeitung und Smartphone von der Bank und sieht gleichzeitig, dass sich seine Enkelkinder in Schlamm-Ungetüme verwandelt haben. „Ja, sowas", ruft er, winkt mir kurz zu, schreit „Stopp!", was gar nichts hilft. Ich hole frisches Wasser mit zwei großen Gießkannen, und wir lassen die beiden mit dem Hund eine Runde draußen duschen – zum Glück haben sie Matschhosen und Gummistiefel an.

Knut kommt nach draußen, der kurz zwischen Lachen und Genervtsein schwankt und dann zum Glück die Kurve zum Grinsen kriegt. „Schaut ihr aus, Wahnsinn, das waren jetzt höchstens 15 Minuten", er schüttelt den Kopf. „Vor dem Essen müssen wir noch schnell drinnen unter die Dusche – Expresszug", ruft er dann und packt mit geübtem Griff mit jedem Arm ein Kind, er bugsiert die beiden mit lautem „tschtschtsch" strampelnd nach drinnen.

Kiki schlabbert aus den Pfützen, die vom Duschen übrig sind, rennt rein und schüttelt sich drinnen direkt neben dem Sofa sehr ausgiebig, bis der Couchtisch komplett gesprenkelt ist. „Vielleicht sollten wir erst in fünf Jahren weiter umbauen, oder so lange komplett in folienbedeckten Räumen leben", ruft Helene nach einem Blick aus der Küche, aus der es schon duftet. „Gute Idee", antworte ich, und helfe beim Salatanrichten. Auch ein Nachbarsmädchen isst mit, die 14-jährige Jana, die gerade noch bei Knut Nachhilfe in Latein bekommen hat. Sie hat den Tisch gedeckt und macht gerade mit ihrem Handy Fotos vom appetitlich aussehenden Zaziki, Hummus und verschiedenen Salaten. „Für Insta?", frage ich, sie nickt nur schüchtern und richtet die Papierservietten genau aus.

Beim Essen sind die Kinder dann unter noch feuchten Haaren hungrig und lustig und erzählen jede Menge Quatsch- und Matsch-Abenteuer. „Und nachher gehen wir in den Kirkus", kräht Lukas. „In den Zirkus, genau", antwortet Josef. „Nahain, Kirkus heißt das", sagt Lukas und schlenkert wichtig mit seiner Gabel. Knut wendet sich zu Josef und mir und erklärt, dass Zirkus ein Wort ist, das aus dem Lateinischen kommt. „Inzwischen weiß man, dass die alten Römer nicht Zirkus gesagt haben, sondern Kirkus, sie sagten auch Kaisar und nicht Zäsar, wie viele es fälschlicherweise immer noch tun", sagt er. Das betreffe viele Lehnwörter aus dem Lateinischen. „Prokedere muss es korrekt heißen statt Prozedere, antikipieren statt antizipieren, Diskiplin statt Disziplin", zählt Jana ergänzend auf – die beiden haben noch eine lange Liste parat, die ich mir gar nicht auf einmal merken kann. Helene tätschelt ihrem Knut irgendwann die Schulter und sagt: „Schatz, ich glaube, wir wären jetzt alle bereit für die Nachspeise. Würdest du die bitte aus dem Keller holen?" – „Genau, bei den Mönchen gibt es einen Zellerar, sagen die meisten, das müsste Kellerar ausgesprochen werden, ist ja auch viel logischer", ruft Knut im Weggehen noch über die Schulter.

Helene zuckt leicht lächelnd die Schultern: „Bei dem Thema gibt es für Knut kein Halten mehr, er ist eben Lateinlehrer mit Leib und Seele." Jana nickt lächelnd, Josef grinst mich verstohlen an, ich grinse zurück, und wir räumen alle gemeinsam den Tisch ab, als Knut mit einer Schüssel Johannisbeerquark wieder auftaucht. Gerade holt er aus, um einen weiteren Schwung falsch ausgesprochener Fremdwörter zu servieren, da meint Josef, er habe das Prinzip – „Prinkip, wenn man korrekt sein will", eilt sich Knut zu ergänzen – verstanden, und Knut lässt das Thema endlich fallen. Zumal die Zwillinge gerade versuchen, sich gegenseitig Smiley-Münder mit den Johannisbeeren auf die Wangen zu kleben. Auch davon macht Jana ein paar Schnappschüsse. „Die teilst du aber bitte nicht", sagt Helene zu Jana. „Echt nicht? Die sind sooooo süß", sagt Jana, aber Helene und Knut geben ihr deutlich zu verstehen, dass sie davon gar nichts halten: „Von unseren Kindern stellen wir selber auch keine Fotos ins Internet, und du bitte auch nicht", sagt Knut abschließend. Jana zuckt mit den Schultern und sagt: „schon okay, dann lass ich es."

Ich steche meinen Löffel in die säuerlich-süße Creme und muss an meine Großmutter denken. Immer wieder habe ich in den Ferien ein paar Tage bei ihr verbracht, und wir haben in ihrem Garten gewerkelt, Feuer geschürt, Marmelade gekocht, und ich durfte ihre Katzen mit einer weichen Bürste kämmen. Während ich das Fell von Golda und Selma gestriegelt habe, haben Oma und ich uns unterhalten, und so ganz nebenbei hat sie mir einiges beigebracht – über das Leben und ein gelungenes Miteinander. Mit einer hochnäsigen Nachbarin, die ihr immer reinreden wollte, hatte meine Oma so ihre liebe Not. „Ein Gscheithaferl", also eine Besserwisserin, nannte sie die. So ein Benehmen gefiel ihr gar nicht, anderen etwas vorschreiben oder, noch schlimmer, sich für etwas Besseres zu halten. Dann zitierte sie die Bibel: „Richtet nicht, auf dass ihr nicht gerichtet werdet", sagte sie dann, oder „Was siehst du aber den Splitter in deines Bruders Auge und nimmst nicht wahr den Balken in deinem Auge?" Diese Leitlinien kommen mir immer wieder in den Sinn – manchmal, wenn ich es mit Gscheithaferltum zu tun bekomme, wie bei Knut. Wobei es bei ihm milde ausgeprägt ist, und er zum Glück auch irgendwann erkennt, dass er da manchmal übers Ziel hinausschießt.

Da reißt mich Luise aus meinen Gedanken: Sie fragt mich, ob ich ihr eine Frisur machen kann. Vorher hatte ich ihr erzählt, dass ich meiner Nichte Emilia schon oft einen Kranz um den Kopf geflochten habe. „Gern", sage ich, bin sofort voll beschäftigt mit Flechten, Auswählen von Haarspangen undsoweiter. Jana schaut interessiert zu und macht jede Menge – na klar – Handyfotos, um es dann selber auch mal auszuprobieren. Dann müssen wir auch schon los, um noch einen guten Platz nahe der Manege zu ergattern.

Der Zirkus ist der Hammer. Eigentlich war ich ohne große Erwartungen mitgegangen, hatte vermutet, dass ich eher aus Gutmütigkeit denn aus echter Begeisterung applaudieren werde. Doch dann sehe ich, wie die jungen Frauen und Männer alias die Black Pearls das Vertikaltuch entern, wie eine Gruppe Kinder und Jugendlicher Salto um Salto schlägt, jongliert, auf hohen Einrädern das Gleichgewicht hält, verschiedene Kunststücke vorführt – und ich bin hin und weg.

Zwischen mir und Helene sitzt Jana und macht sich tatsächlich während des Auftritts am Handy zu schaffen. „Fotos sind okay, aber leg das Handy doch jetzt weg", zischt Helene ihr zu. In der Pause greife ich das Thema nochmal auf. „Ich verstehe das, mich hat es ohne Ende genervt, wenn meine Tante mir das Handy weggenommen hat. Aber inzwischen finde ich, dass auch was dran ist: Wenn man mit der Aufmerksamkeit immer halb auf dem Display hängt, bringt man sich selber um einen Teil des Erlebnisses", ich versuche, ihr meine Erfahrungen zu schildern. Jana verdreht ein bisschen die Augen und sagt „schon okay." Ich hoffe, dass sie selber noch draufkommt, wann das Handy ein Segen und wann es ein Fluch ist.

Auch der Clown ist richtig lustig: Er singt ein Lied und begleitet sich mit einem Saxophon. Seine Frau stört sich an dem „fürchterlichen Lärm" und nimmt ihm das Instrument weg. Aus seinem Jackett holt der Clown dann nach und nach immer neue, immer kleinere Tröten und Flöten und freut sich diebisch, dass er immer wieder „Mausik" machen kann, wie er es nennt. Lukas und Luise jauchzen und singen lauthals mit.

Den Abschluss macht ein Magier, dessen Tricks wir alle nicht durchschauen. Unter anderem lässt er eine Reihe von Rasierklingen eine nach der anderen im Mund verschwinden, schluckt deutlich sichtbar, isst noch eine Schnur hinterher – und lässt die scharfen Klingen, säuberlich an die Schnur geknotet, wieder aus seinem Mund herauswandern. Wir alle staunen, klatschen, stampfen mit den Füßen und sind glücklich beim Rausgehen. Und ich spende gern für das Projekt für Schulen und Brunnen in Afrika, das der Zirkus mit den freiwilligen Eintrittsgeldern unterstützt.

Als wir mit reichlich Konfetti in den Haaren und den Kleidern wieder zurücklaufen, reden wir über die sensationellsten Nummern. „Der eine Mann, der nur mit seinen Händen so quer auf das Gerüst geklettert ist", den fand Lukas besonders toll und Jana nickt. Der sah aber auch gut aus. Er hielt sich waagrecht im Raum und hatte teilweise nur eine Hand am Gerüst: Wahnsinn. Josef blickt bekümmert auf seinen – gar nicht so großen – Bauch hinunter und meint, er würde das „nicht mehr schaffen", eine Aussage, bei der Helene und ich uns belustigt anschauen, aber lieber den Mund halten.

Knut fand es bemerkenswert, wie viele Nummern die Kinder und Jugendlichen draufhatten, die auch komplizierte Sprünge zu zweit oder zu dritt und Menschenpyramiden zeigten. „Das braucht so viel Übung, damit das so gekonnt abläuft, damit das Timing stimmt, alles ganz präkise", sagte er, und ich brauchte einen Moment, um die Vokabel präzise zu erkennen.

Zusammen mit meinen Gscheithaferl-Gedanken vom früheren Nachmittag und der Handy-Fotografiererei bringt mich das auf eine Idee für eine neue Nachricht an Charles. Also setze ich mich mit meinem Handy auf eine Bank und mache mir Notizen, die ich dann später ausformulieren kann.

3.3 I see faces
– Soziale Netzwerke

Posted by Ada L.   15. April

Lieber Charles,

gerade denke ich über Präzision nach. Wissen Sie noch, als wir uns einmal bei einem Spaziergang im Park darüber unterhielten? Ich zeigte Ihnen meinen Sonnenschirm mit den vielen zarten Speichen, und wir sprachen darüber, dass ein unbekannter Erfinder sich diesen Mechanismus ausgedacht hat: ein Schirm mit einer Mechanik, die ihn öffnet und schließt; der Stoff, der sich zwischen die Speichen (Sie sagten einmal: Gräten, was ich sehr lustig fand) faltet; der Schirmstock, der auch als Gehhilfe dienen kann. So viele solcher Erfindungen gibt es: die Türklinke, die Schere, das Fahrrad, wobei bei letzterem schon bekannt ist, welche genialen Geister sich die verschiedenen Varianten ausgedacht und weiterentwickelt haben.

Bei so etwas ist Präzision unerlässlich, ebenso bei Ihrer Analytical Engine: Wenn die Lochkarten nicht ganz genau gefertigt sind und die Maschine sie nicht ganz exakt greifen und weiterbearbeiten kann, funktioniert nichts. In manchen Bereichen ist das also unabdingbar – in anderer Hinsicht ist übertriebenes Beharren auf jedes Detail aber auch unglaublich störend.

Gerade, wenn es ums Zwischenmenschliche geht, ist maschinelle Präzision oft fehl am Platz. Dann gibt es Sand im Getriebe der Beziehung. Wenn ich Ihnen ein Beispiel nennen darf: Meine Mutter, Sie haben sie, glaube ich, nie kennengelernt, ist leider eine jener Personen, die jedes kleinste Detail bemerken und mit dieser Wahrnehmung nicht hinterm Berg halten können.

Etwas falsch ausgesprochenes, eine im Eifer des Gefechts nicht ganz korrekt ausgerechnete Zahl – all das hat sie unerbittlich aufgedeckt, mit Distanz und Kühle. Seitdem habe ich meine liebe Not mit Menschen, die ständig ihre Umgebung korrigieren und belehren müssen. An den schlimmsten Tagen hat sie mich, wenn ich nicht genügend gelernt oder nicht schnell genug verstanden habe, stundenlang in einen Schrank gesperrt. Sie wollte nicht, dass ich Kringel im Kopf bekomme – ihr ging es um absolute Präzision, um mathematische Genauigkeit, um Abprüfbares, Zählbares, Bezähmtes.

Verstehen Sie mich richtig: Mir ist etwa grammatikalische Korrektheit sehr wichtig, sonst wäre ich als Übersetzerin Ihrer Rede sicher die falsche gewesen. Doch anderen mitten in einem Gespräch permanent Fehler vor Augen zu führen, ist nicht immer zielführend.

Die Grenze zwischen notwendiger Präzision – wie bei den Lochkarten für die Analytical Engine – und entspannter Nonchalance verlaufen nicht für alle Leute auf dem gleichen Terrain, das erleben Sie, das erlebe ich ständig. Ich plädiere dafür, diese Unterschiede zu tolerieren, statt darüber in Rechthaberei oder gar in Wut und Hass zu entbrennen.

Nun gibt es inzwischen reichlich Tummelfelder für diese unschönen Tendenzen: in den sogenannten sozialen Medien. Eigentlich geht es dort darum, miteinander in Kontakt zu treten. Um Informationen auszutauschen, über räumliche Distanz in Kontakt zu bleiben, oder sich ganz frisch kennenzulernen, vielleicht einen Partner fürs Leben zu finden oder einfach ein paar lustige Filmchen zu sehen und noch vieles andere. Wie so oft haben die positiven Aspekte auch eine Kehrseite: Neben den konstruktiven Möglichkeiten machen viele Nutzer auch Gebrauch davon, sich in Besserwisserei, in Beleidigungen und in Hasstiraden zu ergehen.

So kommt es, dass ich manchmal gar keinen virtuellen Fuß mehr auf eine solche „soziale" Plattform setzen möchte. Inzwischen habe ich mir schon eine dicke Hornhaut wachsen lassen, aber geschmeidig fühlt sich das nicht immer an. Auch hier komme ich wieder auf die Wahrheit, dass fast alles mindestens zwei Seiten hat: schönes Kontakthalten und Vernetzung versus Hass und Echo-Kammern. Lassen Sie uns mal einen tieferen Blick auf diese besonderen Verbindungs-Gewebe werfen.

3.3.1 Rolling on floor laughing
– Die Entstehung der sozialen Netze

Das Internet dient dem Austausch von Informationen. Bereits in der Frühzeit des Internets gab es vielfältige Anwendungen zur Kommunikation. E-Mail ist eine der ältesten Möglichkeiten. Weniger bekannt ist, dass man auch bereits ganz früh ein Chat-System zur Verfügung hatte, welches auch heute noch funktioniert und verwendet wird. Beim Internet Relay Chat (IRC) gab und gibt es hierarchisch strukturierte Gruppen (Channel) zu allen möglichen Themen. Dort entstand bereits sehr früh der typische Slang, der bei der digitalen Kommunikation zum Einsatz kommt. Vermutlich ist heutigen Jugendlichen nicht klar, was dieser im Detail bedeutet, und wie alt ihre Jugendsprache eigentlich ist. LOL bedeutet beispielsweise „laughing out loud" und wurde als Abkürzung eingeführt, um Emotionen zu transportieren. Solche Abkürzungen erfüllen eine ähnliche Funktion wie die Emojis.

Auch hat sich bereits früh ein eigener digitaler Dialekt gebildet, das sogenannte Leetspeak („leet" ist eine Abwandlung von „Elite"). Hier wird der Buchstabe „s" durch „z" ersetzt. Der Begriff für raubkopierte Software ist „Warez" (gesprochen wie „Wares"). Auch werden Buchstaben durch ähnlich aussehende Zahlen ersetzt: Aus „i" wird „1", aus „E" wird „3". Der Sinn dahinter ist unklar, vermutlich sollte dies Texterkennung erschweren, wenn in Hacker*innenkreisen über nicht ganz legale Projekte kommuniziert wurde.

Bei dieser Form der „geheimen" Kommunikation mittels Leetspeak kann man den Inhalt leicht entziffern. Bei anderen Techniken der Verschlüsselung kann das schnell schwer werden, aber Geheimsprachen oder Geheimschriften waren früher die übliche Art der geheimen Kommunikation.

Man muss also über eine Art Insider-Wissen verfügen, um die Botschaften und deren feine Nuancen zu verstehen. So bildet sich eine soziale Gruppe, die sich von den Unwissenden abgrenzt. Diese Art, wie sich soziale Gruppen bilden, hat sich in modernen sozialen Netzwerken weiter fortgesetzt. Das Kürzel LOL wurde schon seit den 1970ern in den damaligen Chat-Systemen benutzt, ebenso wie ROFL („rolling on floor laughing").

Die Welt veränderte sich dramatisch, als 2004 Mark Zuckerberg mit seiner Website „The Facebook" an den Start ging. Aus dem ursprünglich nur für Insider zugänglichen Verzeichnis von in Harvard eingeschriebenen Studierenden entstand nach der Öffnung für alle Internetnutzer*innen eine Plattform, auf dem sich jede*r präsentieren und mit anderen vernetzen konnte. Die User*innen selbst sorgen für den Inhalt. Wie beim Leetspeak entstand hier wieder eine neue Form der Kommunikation: Memes, das sind kurze Sprüche und/oder Videos, die sich in den sozialen Netzwerken verbreiten, sie werden millionenfach angesehen und geteilt.

Man war überzeugt, dass ein neues Zeitalter der Kommunikation und freien Meinungsäußerung angebrochen war. Seit 2011 gibt es bei Facebook die Chronik (Timeline), auf der alle Interaktionen der User*innen in zeitlicher Abfolge zu sehen sind. Lange Zeit war den Plattformbetreiber*innen nicht klar, mit welcher Idee sie Geld verdienen wollen. Facebook wurde an der Börse immer mehr wert, und das zwang die Firma, die zwar hohe Nutzer*innenzahlen, aber kein Geschäftsmodell hatte, zum Handeln.

Der Schatz von Facebook und anderen Plattformen sind die Daten der User*innen: Damit ist es möglich, den User*innen personalisierte Werbung anzubieten – genauso, wie es zum Beispiel Google mithilfe von Cookies macht. Das Unternehmen Facebook hat den Vorteil, dass es die Daten der User*innen selbst erheben und Werbung anbieten kann. Seit der Einführung der „Like"-Buttons, also dem „Gefällt mir"-Symbol, das man außerhalb von Facebook auf unzähligen Webseiten findet, kann die Firma die Aktivitäten ihrer User*innen auch verfolgen, wenn sie nicht im sozialen Netzwerk selbst unterwegs sind: Mit dem Klick auf den Button tun sie kund, welche Seite sie gerade betrachten und gut finden.

In den Einstellungen kann man bei Facebook sehen, welche Informationen an Werbetreibende weitergegeben werden, die daraufhin gezielte Werbung liefern können: Profilinformationen wie Beziehungsstatus, Arbeitgeber, Berufsbezeichnung und Ausbildung; „Social Interactions", also alles, was man auf Facebook macht, mit wem man interagiert, welche Kommentare man schreibt, was einem gefällt. In den USA und weiteren Ländern (nicht Deutschland) gehört dazu auch die politische Meinung, die man vertritt. Die Firma Cambridge Analytica sammelte 2016 im US-amerikanischen Wahlkampf Daten von potenziellen Wählerinnen und Wählern, um ihnen individuell zugeschnittene Wahlwerbung zu präsentieren. So haben die sozialen Netzwerke einen immensen Einfluss auf das Schicksal von ganzen Nationen.

Man muss sich darüber im Klaren sein, dass das alles Daten sind, die man selbst freiwillig preisgibt. Bei Facebook gibt es rund 2,5 Milliarden Mitglieder, also ist beinahe jeder dritte Mensch bei Facebook. Für alle sozialen Gruppen gibt es mittlerweile weitere soziale Netzwerke auf einer Vielzahl von immer neuen Plattformen.

Facebook gilt heutzutage als Plattform der Alten. Die jüngere Generation ist eher auf Instagram, TikTok oder Snapchat und anderen unterwegs. Der ursprüngliche Zweck von Instagram war der einer Foto-Community. Allerdings wird die Plattform mittlerweile wie Facebook zur Kommunikation genutzt, und diese wird ständig um neue Funktionen erweitert, wie das Teilen von Videos. Instagram hat mehr den Charakter einer App, da die volle Funktionalität nur mit dem Smartphone gewährleistet ist. Die Plattform gehört seit 2012 ebenfalls zum Facebook-Konzern (genannt Meta), ebenso wie Whatsapp, der beliebte Messenger-Dienst.

Eine weitere wichtige soziale Plattform ist die 2005 gegründete Video-plattform Youtube, die zum Google-Imperium gehört und ähnlich beliebt ist wie Facebook. Hier sind meist jüngere, aber auch ältere Personen am Start, um Videos anzusehen oder hochzuladen. Netzwerke, die heute angesagt sind, können jedoch schnell out sein und vom nächsten Hype abgelöst werden.

---

i Über soziale Netzwerke können sich Nutzer*innen vernetzen und Informationen austauschen. Chatgruppen und Foren gab es zwar bereits schon lange vor Facebook, aber erst mit dessen Gründung 2004 wurde der Begriff „soziales Netzwerk" populär.

In Kallmünz beschließe ich spontan, im Bus zu übernachten, weil mir der Ort so gut gefällt. Nachdem ich mich von Josef und seiner Familie verabschiedet habe, mache ich auf eigene Faust allein einen Spaziergang: Aus dem Ort führt ein schattiger, steiler Weg mit vielen Treppenstufen nach oben zur Burgruine, die über Kallmünz thront. Von dort aus hat man einen weiten Blick ins Tal, sieht die sanften Hügel der Oberpfalz, den Wald – und dazu die alten Gemäuer. An solchen Orten wünsche ich mir, ich könnte zumindest für ein paar Stunden in die Zeit zurückkreisen, in der die Burg voller Leben war.

Es gibt die Überbleibsel von Räumen, in denen jetzt Gras und wilder Salbei wachsen, der Turm ist normalerweise abgesperrt. Daneben öffnet sich eine Wiese, auf der ich mich auf meine Jacke lege und in den Himmel schaue, bis die ersten Sterne auftauchen und es mir kalt wird. Ein paar Spaziergänger sind noch unterwegs, wir nicken uns zu, und dann laufe ich zurück zum Bus, den ich auf dem Parkplatz des Supermarkts abgestellt und zum Laden angehängt habe.

Dort kaufe ich mir noch ein bisschen was zum Abendessen und finde naababwärts einen Parkplatz, von dem mir Knut erzählt hatte. Ich suche mir eine möglichst ebene Fläche, um Douglas abzustellen, klappe meinen Stuhl und den Tisch auf und lasse mir Radieschen, Butterbrot, Oliven und etwas Käse schmecken. Es wird dämmerig, und ich habe mich in eine Decke gewickelt - sonst wäre es hier zu kühl. Eine Tasse Tee wärmt mich von innen.

Ab und zu gurgelt die Naab hinter dem Baum, neben dem ich stehe, ich sehe ein paar Fledermäuse, und von der Straße auf der anderen Seite des Flusses höre ich ab und zu ein Auto vorbeifahren. Ich strecke mich wohlig: Alleinsein und den Raum um mich fühlen ist ein großer Luxus. So klappe ich sehr zufrieden mein Bett nach unten, schüttele mir Kissen und Decke zurecht und schaue durch das Oberlicht in den Nachthimmel. Ein bisschen lese ich noch, dann drückt es mir die Augen zu.

Ich erwache von einem lauten Hupen, das von der Straße zu mir herüberschallt. Es ist schon hell, aber noch nicht mal 7 Uhr – ich versuche, noch ein bisschen zu schlafen, aber ich bin schon zu wach. Als ich ins Freie trete, noch bettwarm, kriege ich sofort Gänsehaut: Es ist saukalt. Schnell klappe ich die Tür wieder zu und mache mir erstmal Wasser heiß.

In eine dicke Decke gehüllt, nehme ich die ersten Kaffeeschlucke draußen, aber ich halte es nicht lange aus und wechsle wieder nach drinnen, trinke aus und mache mich lieber sofort auf den Weg zu Lola. Ich freue mich schon, sie endlich mal wieder zu treffen: Seit Monaten haben wir uns nur auf Bildschirmen gesehen.

Als ich in ihre Hofeinfahrt einbiege, wärmt die Sonne schon ein bisschen. Als erstes empfängt mich Lolas dreibeiniger Hund, der laut bellt und, sobald ich ausgestiegen bin, an meinen Füßen schnuppert. „Ah, du hast Lanzelot schon kennengelernt", ruft Lola und läuft mir entgegen, wir umarmen uns – „ach, ist das schön", sagen wir gleichzeitig und grinsen uns an.

Mit wogendem Federhintern biegt schnell eine Henne um die Ecke, sie will sich durch die offen stehende Haustür gerade in die Diele vorwagen. „Ramona!", ruft Lola und scheucht sie wieder zurück auf die Wiese. Mit vor und zurück zuckendem Kopf und empört gackernd staubt sie davon, während sich eine, die aussieht wie Evita, hinter einen Holzstapel verkrümelt und noch einmal um die sorgfältig aufgeschichteten Scheite linst. Ich zwinkere ihr zu und habe den Eindruck, auch sie plinkert mit ihrem Vogelaugenlid in meine

Richtung. „Sind das die Nachbarhühner?", frage ich, aber Lola hat seit kurzem auch eigenes Federvieh, erzählt sie mir stolz.

Während Lanzelot um uns herumhopst, setzt Lola Kaffee auf, ich fülle die Brezen und Semmeln aus der Bäckertüte in den Brotkorb, und wir setzen uns zum gemeinsamen Frühstücken hin, wie früher unzählige Male in unserer WG-Zeit als Studentinnen. „Ehrfürchtig essen, sie haben erst heute zu legen angefangen nach dem Umzugsschock", ermahnt mich Lola, als sie mir ein weichgekochtes Ei von einem ihrer Hühner serviert.

Erstmal bringen wir uns auf den aktuellen Stand. Lola fragt vor allem intensiv nach Sven und den „weiteren amourösen Aussichten". Mir bleibt nur, den Kopf zu wiegen und ihr zu gestehen, dass ich mir nicht zu arge Hoffnungen machen möchte und deshalb versuche, meine Gedanken lieber andere Wege entlang zu schicken. „Ach komm, der klingt so nett, und er sieht wirklich sahnemäßig aus", Lola benutzt einen alten Begriff aus WG-Zeiten. So gießt sie Öl ins Feuer, denn sie hat natürlich recht: Sehr nett und sehr sahnemäßig sogar, und ich habe, wenn ich ehrlich bin, ziemlich Sehnsucht nach ihm.

Nachdem ich Lola in vielen Details nochmal von der Begegnung auf Ko Lanta erzählt habe, schreibe ich ihm, während Lola sich um das Fressen von Lanzi kümmert. Bisher habe ich mich immer bewusst sehr nüchtern und zurückhaltend ausgedrückt. Mag sein, dass ich jetzt, beflügelt durch die Erinnerungen, etwas feuriger formuliert habe, aber das kommt mir erst zu Bewusstsein, als ich die Nachricht schon weggeschickt habe.

Groß nachdenken kann ich darüber nicht, denn Lanzelot ist so begeistert von der Aussicht auf sein Fressen, dass er quer durch die Stube wirbelt, mit dem Schwanz einen Papierstapel von einem kleinen Beistelltisch fegt und mich auffordernd anschaut, um sofort wieder zu Lola zurückzukehren und sie anzuhecheln. „Jeden Tag dasselbe Spiel, kleiner Hund – als wüsstest du nicht ganz genau, dass ich dir sowieso was gebe, auch wenn du dich nicht aufführst wie ein Derwisch", sagt Lola, während sie in einer Schüssel Haferflocken, Wasser und vorgekochtes Gemüse und Fleisch vermischt. Kaum berührt die Schale den Boden, steht Lanzelot schon schlabbernd darüber.

Dann zeigt mir Lola, was sich seit meinem letzten Besuch alles verändert hat. Bei ihr im Haus herrscht ständig Bewegung, sie widmet Zimmer um, reißt Wände ein, verputzt und streicht. Ein neues Gästezimmer wartet auf mich, „wenn du in einem profanen Haus mit festem Dach über dem Kopf überhaupt schlafen willst", foppt mich Lola, ihr Arbeitszimmer hat jetzt eine kleine Terrasse, denn sie hat das Dach des Schuppens vorm Haus verlängert.

So kann sie direkt nach draußen, muss dazu aber aus dem Fenster klettern, denn es gibt keine Terrassentür. „Kommt noch, irgendwann, aber bisher geht es so auch gut", sagt sie und drückt mir eine Gießkanne in die Hand: „Hol mal Wasser im Bad, die Pflanzen hier brauchen was". Zusammen wässern wir ihre Gemüsepflanzen, die sie in Plastikschälchen vorgezogen und vor kurzem nach draußen in große Kübel auf der Terrasse gepflanzt hat.

Außerdem kann man von der Terrasse aus auf ein Baumhaus rüberkraxeln, dessen erste Grundzüge schon fertig sind: Eine große Plattform breitet sich auf mehreren Zweigen aus. „Schaut fantastisch aus", lobe ich, und Lola nickt. „Das wird ein Schmuckstück. Du bist jederzeit willkommen." Ich verspreche, sie beim Wort zu nehmen. „So ein Arbeitszimmer in den Baumwipfeln wäre doch der Hammer", sagt Lola. „Magst du mir helfen, diese Bretter hier müssen noch eingelassen werden", bittet sie mich, und wir machen uns an die Arbeit.

Während wir gemeinsam werkeln und dann zu den Hühnern gehen er-zähle ich ihr von Karla und ihren Erlebnissen in der amerikanischen Firma. Lola ist zutiefst empört und regt sich furchtbar auf über die „Arschigkeit von solchen Kerlen" – und kann es schier nicht fassen, dass nach so vielen Jahren Anti-Mobbing und Gleichberechtigung noch immer solche Sachen passieren. Genüsslich überlegt sie sich, was als Rache für den Missetäter in Frage käme. „Weiß Karla schon, was sie mit dem machen will?" Dabei fällt mir auf, dass ich mit ihr darüber noch gar nicht geredet habe – Karla hat auch nichts angedeu-tet. „Lass uns später mal mit ihr telefonieren, oder? Wir können inzwischen ja schon Ideen sammeln."

Lola hat eine beeindruckende Fantasie, ihre Erfahrung als Theaterschaf-fende macht sie zu einer stetig sprudelnden Ideen-Quelle. „Als erstes geht es um das Profil in den sozialen Medien. Dem und seinen Kumpels könnten wir irgendwas Übles anhängen. Nichts wirklich Schlimmes", setzt sie schnell hinzu. „Nichts mit Kinderpornos im Darknet oder so. Eher sowas, was nicht justiziabel ist, aber sofort für einen Shitstorm sorgt – sowas wie…", sie blickt suchend um sich, sieht Lanzelot, der satt unter einem Baum döst: „Sowas wie ein Foto von ihm hier mit den Zeilen: Diesen Hund hat er loswerden wollen, weil er bei einem Unfall ein Bein verloren hat und er sich geschämt hat, mit ihm Gassi zu gehen – jetzt nur mal so aus der Hüfte." „Oder ganz einfach seiner Freundin stecken, was sie sich da für einen Typen geangelt hat. Es sollte halt schon etwas Beweisbares sein, denn sonst kann er sich noch als Opfer einer Rufmord-Kampagne inszenieren", gebe ich zu bedenken.

„Ja, das kommt natürlich auch noch. Aber wenn wir vorher mit ein paar anderen Geschichten schon ein bisschen Zweifel gesät haben, wäre das nicht schlecht", meint Lola. Ich weiß nicht, ob das eine gute Idee ist, sehe aber ein, dass allein die Vorstellung schon sehr befriedigend sein kann. Wir denken uns lauter Sachen aus, die ihn per Social Media treffen könnten: „aus Versehen" öffentlich geschickte Persönliche Nachrichten von Frauen: Es sei nicht schlimm gewesen, dass er im Aufzug/in der Umkleidekabine/auf dem Rücksitz seines Cadillacs nicht gekonnt hat. Leute, die behaupten, er würde einer Bettlerin auf der Straße immer statt echtem Geld nur wertlose Metall-Chips in ihre Schale werfen, all sowas – wir kriegen eine Liste zusammen.

Nachdem wir bei Lola ein Beet umgegraben haben, dabei dutzende Male ihre eigenen und die Nachbar-Hühner verscheucht und aus den Blumen eine unglaubliche Menge an Schubkarren voller Unkraut ausgerupft haben, wird es „Zeit für eine Badepause", verkündet Lola. „Spinnst du? Dafür ist es viel zu kalt", protestiere ich. Doch Lola zeigt nur stumm auf die Wäscheleine zwischen den Apfelbäumen: Dort hängt ein Neoprenanzug in neongelb und grau. Lola schnappt ihn sich und bietet mir einen weiteren an. „Damit geht's echt gut." Ich packe ihn mal ein, bin mir aber alles andere als sicher, ob ich wirklich schon in ein 13 Grad kaltes Gewässer steigen will – Neopren hin oder her. Für Lola ist es „ein Lebenselixier", sagt sie.

Sie gibt mir das Besucherrad und steigt auf ihr eigenes, wir haben beide unsere Rucksäcke auf dem Rücken und haben schnell die Stelle erreicht, von der aus Lola am liebsten in See sticht. Geübt steigt sie in das dicke Gewebe, während ich noch mit hochgekrempelter Jeans die große Zehe ins Wasser halte und schaudere. „Stell dich nicht an – es ist herrlich, die Kälte hast du schnell überwunden", lockt Lola. Ich beschließe, es tatsächlich zu testen, und kämpfe mit den widerstrebenden Beinen und Ärmeln des Anzugs. „Du hast jetzt meinen wärmsten bekommen, der ist aber halt auch am sperrigsten", Lola grinst und schoppt meine Schulter unter die in diesem Fall neongrüne Hülle. „Ich fühle mich wie das Ding aus dem Sumpf", grunze ich, als Lola den Reißverschluss nach oben zieht und mir noch eine Bademütze in die Hand drückt.

Lola kennt die richtigen Tritte, und ich stakse hinter ihr her ins Wasser. Zack, sie ist komplett drin und macht die ersten Schwimmzüge. „Nicht lang warten, rein mit dir und bewegen", ruft sie.

Es kostet mich wirklich Überwindung, aber dann stoße ich mich mit einem schon sehr kalten Fuß ab und schwimme in die erste Kälteschockwelle. Nach einigen Zügen fühlt es sich immer noch kühl, aber nicht mehr unerträglich an, und als ich Lola einhole, die sich auf den Rücken gedreht hat, um nach mir zu sehen, ist es „schon fast angenehm", quetsche ich über die Wasseroberfläche.

„Ich schwimme normalerweise einmal zur anderen Seite und zurück, aber heute machen wir eine kleinere Runde, oder?", schlägt sie vor. Ich nicke nur und lasse sie vorausschwimmen. Sie macht sich zügig auf den Weg, ich folge in meinem Tempo. Schwimmen macht mir großen Spaß, am liebsten im Sommer, im Meer, im See, im Fluss oder im Freibad – in der Halle hält sich die Freude in engen Grenzen. Normalerweise beginne ich die Saison aber frühestens Anfang Mai. Aber auch nur dann, wenn die Wassertemperatur die 20 Grad-Marke überschritten hat.

Mich im Anzug zu bewegen war erstmal ein bisschen gewöhnungsbedürftig, aber der vertraute Rhythmus aus Armbewegung, Kopfdrehen und Luftholen stellt sich wieder ein und bringt mich in diese fast meditative Sphäre, in der ich nicht viel denke.

Lola schwimmt in einer Kurve wieder Richtung Badestelle, und kurz nacheinander steigen wir triefend aus dem See. Als Ortskundige hat Lola unsere Sachen so hingelegt, dass sie jetzt – als die Sonne durch die Wolken lugt – auf uns scheint, wie wir uns aus den nassen Anzügen pellen. Schnell frottieren wir uns ab, „das A und O: warme Füße", empfiehlt Lola. Sie hat mir ein wollenes Extra-Paar Socken verehrt, das ich gern überstreife, und wir radeln wieder zurück zum Hof, wo Lola mich mit einer Tasse heißem Kakao und einer Decke auf dem Sofa platziert, während sie die nassen Sachen aufhängt.

Eine getigerte Katze kommt herein, beäugt mich prüfend, lässt sich gnädig ein bisschen streicheln und setzt sich dann auf meine Beine, außer Reichweite meiner Hände, aber in Kontakt. Während sie schnurrt, trinke ich meinen Kakao und scrolle ein bisschen in meinem Smartphone hin und her. Chuck postet unglaubliche Fotos auf Instagram: Sein Nordthailand-Trip führte ihn nach Ayutthaya, eine alte Königsstadt. Dorthin hatten wir gemeinsam einen Tagesausflug gemacht. Jetzt hat sich Chuck ein Quartier besorgt und will dort arbeiten – „inspirierend", findet er. Er schickt Fotos vom Sonnenaufgang über den alten Mauern. Sehr schön. Mal sehen, was ich für Orte auftreiben werde auf meinem Trip.

Während ein Feuer im Ofen knistert, kochen Lola und ich eines unserer gemeinsamen Fantasie-Gerichte, wie wir es schon seit Jahren tun: Ein Berg Gemüse mit Kokosmilch, Gewürzen und Kartoffeln duftet auf dem Herd, Lola schiebt ein Fladenbrot in den Ofen, um es kross zu backen, und ich spüle die Kochutensilien ab.

„Wo willst du als erstes hin?", fragt mich Lola. „Ich bin mir tatsächlich noch nicht schlüssig", antworte ich. „Ob ich in Österreich länger irgendwo Station mache oder gleich nach Südtirol und noch weiter ans Meer fahre, schauen wir mal – oder ob es mir irgendwo so gut gefällt, dass ich da länger bleibe", ich platziere einen Untersetzer auf den Esstisch. „Der wahre Luxus", findet Lola, und stellt den Topf ab und schöpft uns beiden von dem heißen Gemüsecurry in bunte Schalen, die sie selbst getöpfert hat. Ihr Freund Hans ist ein paar Tage beruflich in Norddeutschland, so dass wir den Abend für uns haben.

Zumindest glaube ich das noch, als ich den ersten Löffel genieße – dann reißt mich das Klingeln meines Handys aus der Ruhe. „Ich lass es läuten", sage ich achselzuckend zu Lola, doch nach wenigen Sekunden läutet es wieder, dann erneut. Wissend schaut Lola mich an, denn eine solche Anruftaktung spricht mit ziemlicher Sicherheit für „meine Mutter", sage ich schicksalsergeben. Keine fünf Sekunden klingelt das Phone erneut. „Stell es auf lautlos – obwohl...", schlägt Lola halbherzig vor, denn sie weiß genau, dass das die Wucht der mütterlichen Vorwürfe nur weiter in den Orbit schrauben wird.

„Hallo, wir essen gerade, kann ich dich gleich..." versuche ich, die Mahlzeit noch zu retten, aber werde sofort von einer Bugwelle mütterlichen Redeschwalls überbrandet. „...unmöglich... rücksichtslos...so habe ich dich nicht erzogen...nicht einen Gedanken an deine Mutter, die sich ein Leben lang für dich..." Eine lange, lange Kette aus immergleichen Versatzstücken klimpert an meinem Ohr vorbei, und meine lebenslange Erfahrung sagt mir: Egal, was ich antworte, es wird diesen Strom nicht stoppen. „Du, ich hätte mich morgen schon gemeldet", sage ich mitten in die Vorwürfe, was nur für ein kurzes Innehalten und dann für weiteres Lamentieren sorgt. „Mama, ich bin bei Lola, das Essen wird gerade kalt und ich rufe dich morgen an – ich könnte nach dem Frühstück bei dir vorbeikommen, so gegen elf – so machen wir das. Okay, gute Nacht dann", ich beende die Verbindung und schalte das Handy ab. Lola tut zeitgleich dasselbe und macht auch das Festnetz-Telefon aus – jahrelange WG-Historie hat zu dieser Choreografie geführt.

Als wir dann wieder gegenüber am Tisch sitzen, ist das Essen zwar immer noch köstlich, aber der Schatten meiner Mutter verdunkelt noch einen Teil des Abends. „Sehr cool, dass du sowas jetzt kannst – das Gespräch einfach beenden", lobt mich Lola. Ich nicke, fühle mich aber nicht besonders heldenhaft.

„Erzähl mir lieber, was bei dir und Hans gerade so los ist", bitte ich, um mich ein wenig abzulenken.

„Mit ihm werde ich, wenn er jetzt wieder zuhause ist, wohl über eines der nächsten Wochenenden zu seiner Schwester fahren – sie wohnt mit ihrer Familie in bayerisch Schwaben, in einem kleinen, total schnuckeligen Dörfchen. Allerdings ist es fast wie Altschauerberg", sie schaut mich bedeutungsschwanger an. „Aha – das heißt?", frage ich, und sie sagt mit hochgezogenen Augenbrauen: „Sowas wie der Drachenlord!"

Der ist mir natürlich schon ein Begriff. So nennt sich ein YouTuber, dessen Ruhm vor allem auf der Masse an Hatern beruht: Der Typ, Mitte 30, stellte Filme online, und eine riesige Menge an Anti-Fans machte sich über ihn, seinen Dialekt, seine Aussagen lustig, und er reagierte mit ebenfalls durchaus harten Sprüchen. Das gab wieder ein Echo der Hater. Das hat sich inzwischen bis zu Handgreiflichkeiten hochgeschaukelt. Ein ewiges Spiel, das inzwischen auch seine Fortsetzung aus dem digitalen Raum ins echte Leben gefunden hat. „Bei denen im Dorf ist es genauso wie beim Drachenlord damals: Jedes Wochenende gibt es in der ganzen Gegend einen Hater-Auflauf, das glaubst du nicht", sagt Lola. Hans' Schwester Emma ist inzwischen wohl völlig mit den Nerven fertig.

Die Parallelen sind deutlich: Auch in Altschauerberg wohnen nur so um die 50 Leute. Von dort ist der Drachenlord zwar inzwischen weggezogen. Seine Hater lassen ihn aber nicht in Ruhe – so hat das böse Spiel sich nur verlagert. Und sowas ähnliches passiert nun in dem Dorf von Emma, der Typ dort nennt sich Rattlesneaker und liebt das Provozieren, sagt Lola. Offenbar findet er genügend Menschen, die ihm in nichts nachstehen und für ein saftiges Troll- und Hate-Spektakel auch weit in die Pampa fahren. „Die ganzen Dörfer in der Umgebung sind zugeparkt, vollgemüllt, überall sind haufenweise Idioten unterwegs, die in ihrer Freizeit einen anderen Idioten finden und ihn beschimpfen wollen – wie so eine Art Mutprobe", fasst Lola zusammen.

Inzwischen hat es auch schon mehrere Rangeleien zwischen dem Rattlesneaker und den Hatern gegeben. „Wohin dieser digitale Hass geführt hat, ist echt abartig", Lola schüttelt den Kopf. „Trolle sind ja eh eine Geißel der Menschheit", sage ich, „aber es muss total furchtbar sein, wenn dann vor der eigenen Haustür Leute auftauchen, die im Ernst und in der echten Wirklichkeit ihren Hass so ausleben wollen", ich habe immer wieder über dieses Phänomen nachgedacht. Bisher habe ich aber niemanden gekannt, der da in der Nähe wohnt. „Oh Mann, die Arme", sage ich in Bezug auf Hans' Schwester. „Ja, sie traut sich kaum aus dem Haus, sonst könnte sie ja auch zu uns kommen, aber sie hat inzwischen sogar Schiss vorm Autofahren", sagt Lola. „Vielleicht nehmen wir sie einfach für einige Zeit mit zu uns, mal schauen. Sie arbeitet im Homeoffice – das kann sie auch bei uns machen."

Was das für Menschen sind, die sich so in ein Thema und in das Ablehnen eines anderen Menschen reinsteigern – darüber unterhalten wir uns ein bisschen. „Hart ist aber auch, dass solche Leute wie der Drachenlord oder der Rattlesneaker – bescheuerter Name übrigens – die vielen Hater brauchen, um Klicks zu generieren: Davon leben sie schließlich", sage ich. Lola nickt: „Klar, aber der Kollateralschaden ist enorm. Nicht nur für die Drachenlords und Co., sondern auch für andere."

Emmas Schicksal treibt Lola um, sagt sie. „Ich habe mir das Thema gleich für ein Theaterprojekt vorgenommen. Ich meine, ich nehme natürlich nicht Emmas Geschichte eins zu eins, aber ich will mit einigen Studenten ein paar Szenen entwickeln, die das Umfeld von so einer Art Drachenlord beleuchten – eben die Nachbarn, die nachts das Streitgeschrei hören müssen, die Feuerwehrleute aus dem kleinen Dorf, deren Haus die ganze Zeit von den Besuchs-Hatern umlagert ist, die Polizisten, die er wüst beschimpft, während sie ihn beschützen müssen – der Wahnsinn", Lola zuckt mit den Schultern. „Es hat ja einerseits was von einer griechischen Tragödie: Das Streamen und das Bedienen der Hater ist gleichzeitig seine Lebensgrundlage, aber auch sein Verderben, wenn er damit weitermacht. Andererseits ist er halt so ein Anti-Held, alles andere als klassisch – ein echter griechischer Held würde sich als erstes der Ehre verpflichtet fühlen", führt Lola den Gedanken weiter. „Klingt stark. Bin gespannt, was draus wird", sage ich. Wir entwerfen noch ein paar Szenen-Ideen, bevor wir so müde sind, dass wir in die Betten sinken.

3.4 Drachenspiele
– Trolle und Hater

Posted by Ada L.   16. April

Lieber Charles,

heute lade ich Sie ein, mal einen Blick in die menschlichen Niederungen zu
werfen. Die gab es zu Ihrer Zeit, die gibt es auch heute. Unter anderem in
Gestalt von so genannten Trollen. Das sind keine zauseligen Wesen aus fan-
tastischen Welten, sondern meistens ganz reale Menschen mit schlechtem
Affektmanagement. Es können aber auch Programme sein, die gezielt Unfrie-
den stiften.

Das Wort Troll aus dem Internet-Jargon meint eine Person, die sich auf
einer Online-Plattform ungebührlich verhält, sich also nicht an die „Netiquette"
hält und durch zahlreiche Nachrichten oder Kommentare die Kommunikation
der anderen Teilnehmenden stört. Wer es zu weit treibt, läuft Gefahr, von
den Admins gesperrt zu werden. Mitunter steckt nur die Lust am „Trollen" an
sich dahinter, wenn jemand einfach Rambazamba macht, um Aufmerksamkeit
zu bekommen. Oft geht es den Trollen auch darum, anderen vehement ihre
Meinung überzustülpen, die häufig die Meinung einer bestimmten Gruppe ist.

Wie krass diese Lust am Trollen werden kann, sieht man an Extrembei-
spielen. Viele Politiker oder andere Prominente bekommen Hassbotschaften,
Beleidigungen und sogar Morddrohungen aus dem Netz. In den allerschlimms-
ten Fällen schwappt die Hass-Welle aus dem virtuellen ins reale Leben – dann
ziehen Demonstrierende mit Fackeln vor das Haus von Minister*innen.

Die Trolle selbst spornen sich gegenseitig an, der Hass schaukelt sich
hoch und entlädt sich oft in der realen Welt. Ein Beispiel ist der Fall des „Drachenlords": Das ist ein Mann, der allein in seinem geerbten Haus in einem
kleinen fränkischen Dorf lebte. Drachenlord ist sein Künstlername, unter dem
er als Streamer Youtube-Videos produziert, vorwiegend mit Game-Inhalten.
Nach einer Weile hat sich eine sehr große Fan-Gemeinde gebildet, wie es
heutzutage üblich ist, er ist sicher eine Art Influencer. Leider ist es nicht so,
dass der Großteil der Fans ihn mag. Vielmehr gibt es eine große Gruppe an
Menschen, die ihn abgrundtief hasst. Diese Leute selbst nennen sich Haider,
also Hater, mit fränkischem weichem „d" – als Anspielung auf den Dialekt des

Drachenlords. Sie überziehen als Trolle seinen Youtube-Kanal mit hämischen Kommentaren.

Die Hater*innen verstehen sich als eine Art Gemeinschaft, und ihr Treiben nennen sie das Drachengame. Das Ziel des perfiden Spiels ist es, den Drachenlord möglichst krass fertig zu machen. Dazu lassen sie sich allerhand Gemeinheiten einfallen. Das Treiben hat schon längst den virtuellen Raum verlassen: So tummelten sich große Scharen von über 100 Hater*innen im kleinen Ort, die versuchten, den Drachenlord zu provozieren, auf sein Grundstück oder in sein Haus zu gelangen. Die Polizei und die Anwohner*innen waren genervt und ratlos.

Was die Hater*innen anheizt, ist der Drachenlord selbst, der auf die Provokationen mit hasserfüllten Videos antwortet und auch mal handgreiflich wird. Sein Hass richtet sich dann auch immer wieder gegen die Polizei. So hat ihm sein eigenes Verhalten in der Realität auch schon mehrere Anzeigen eingebracht. Insgesamt betrachtet ist es nicht möglich, in ihm nur das Opfer zu sehen, zumal er durch die Auseinandersetzungen mit seinen Feinden seine Reichweite im Netz enorm erhöhen konnte und er damit ordentlich Geld als Youtuber und Streamer verdient. Im Jahr 2020 wurde er wegen Beleidigung und Körperverletzung zu einer zweijährigen Haftstrafe verurteilt, ausgesetzt zur Bewährung.

Gegenseitiger Hass als Geschäftsmodell ist auch eine Erscheinung der digitalen Welt. Man fragt sich, lieber Charles, wer bedauernswerter ist, der Drachenlord oder seine „Haider" – oder die Nachbar*innen im kleinen Dorf.

Das Trollen ist ein Phänomen unserer Zeit, und es gibt auch eine organisierte Form zum Zweck der Meinungsmanipulation, aber das Thema hebe ich mir für einen weiteren Beitrag auf.

---

i (Internet-)Trolle sind Personen, die unqualifizierte, provozierende oder beleidigende Kommentare in sozialen Medien hinterlassen und dadurch die ursprünglich sachlichen Diskussionen negativ verändern. Hater*innen sind Fans im negativen Sinn, also Gruppen von Personen, die eine prominente Person nicht verehren, sondern hassen. Das Treiben der Trolle und Hater schädigt in extremen Fällen die aufs Korn genommenen Personen.

Lola verehrt mir bei der Abfahrt noch ein paar getöpferte Schalen und Tassen, die ich in meinen Fundus im Bus einordne. „Dann denke ich immer an dich bei meiner ersten Tasse Kaffee oder Tee", sage ich, „genau – und du kommst hoffentlich bald wieder vorbei, oder ich komme zu dir und zeige Lanzelot ein bisschen die Welt", sagt Lola, während der Hund mir die Hand abschleckt und Lola und ich uns zum Abschied umarmen. Sie ist ein echter Fels für mich – ich würde gern mehr Zeit mit ihr verbringen, einfach noch ein paar Tage dranhängen.

Gleichzeitig ziepft die Reiselust schon heftig an mir. „Fahr – und wir sehen uns bald!", verspricht Lola. Lanzelot sitzt auf meinem Schuh und schaut mich treuherzig an, ich befreie mich sanft und steige ein. Lola winkt, bis ich um die Kurve und außer Sicht fahre. Dieses gute Gefühl stecke ich in eine innere Tupperdose, bevor ich bei meiner Mutter vorbeischaue.

4 Tschechien

Was für eine Erleichterung! Ich sitze in meinem Bus und fahre weiter. Bei meiner Mutter habe ich es keine zwei Stunden ausgehalten. Diese Sprüche über mein „liederliches" Leben – unerträglich. Dabei hat sie einmal kurz danach gefragt, was ich im Moment eigentlich mache, und bei der Antwort schmerzhaft das Gesicht verzogen und von den Kindern ihrer Schulfreundin erzählt, die alle wahnsinnig gut verdienen und Eltern von wahnsinnig schönen und braven und klugen Kindern sind. „Da rein, da raus", hat mir Lola als Mantra noch auf einen Zettel geschrieben und auf mein Lenkrad gepappt. Das versuche ich zu beherzigen.

Als dann wieder das Klagelied beginnt, dass ich statt Informatik und Sprachen lieber etwas Ordentliches, Naturwissenschaftliches zu meinem Beruf hätte machen sollen, ziehe ich die Reißleine. Mit einem Packen Butterkekse, von denen sie irrigerweise behauptet, dass ich sie „immer schon" gern gegessen habe, verlasse ich eilends ihr Haus und steige in den Bus – „tief durchatmen", steht auf Lolas zweiten Post-it an meinem Armaturenbrett. Diesen Rat befolge ich, starte den Bus und fahre. Weg von hier, weg von den Sprüchen meiner Mutter, in mein eigenes Leben.

Nach ein paar Kilometern bleibe ich auf einem Wanderparkplatz stehen und laufe eine Runde am Waldrand entlang – immer weiter durchatmen, den ganzen Quatsch hinter mir lassen. Am Holztisch des Parkplatzes schenke ich mir eine Tasse Tee aus der Thermoskanne in den Becher von Lola ein und finde, ich kann mich reich und glücklich schätzen: mit meinen Freunden, meinem Bruder und Douglas, dessen Aufschrift mir „Keine Panik" zuruft. Genau: auf in europäische Gefilde.

Als erstes mache ich eine Standortbestimmung, um mir eine Route rauszusuchen. Wie einfach das heute geht in Zeiten von GPS und Navi. Ich beschließe, mich etwas abzulenken, und lasse Ada ihren Freund Charles über die Freuden der Satellitenortung und Navigation informieren.

4.1 Ich kenn da 'ne Abkürzung
– Positionsbestimmung

Posted by Ada L.   18. April

Lieber Charles,

Das Reisen ist einfacher geworden. Sie werden nicht glauben, was sich inzwischen verändert hat: Man muss heutzutage keine Landkarte, keinen Straßenatlas mehr lesen können, um genau zu wissen, wohin man fahren muss. Es mag für Sie wie eine fantastische Geschichte klingen, denn vielleicht haben Sie sich genau so etwas schon gewünscht: einen kleinen Wegweiser, der Ihnen auf der Schulter sitzt und immer weiß, wo es langgeht. Jetzt gibt es sowas tatsächlich: Ein kleines Gerät, das ich mit mir herumtrage oder im Auto vor mir sehe, sagt mir genau, wohin ich gehen oder fahren muss.

Seit der Jahrtausendwende ist eine Technologie für jeden verfügbar, die es möglich macht, den eigenen genauen Standort zu ermitteln und die Route vom Standort zum gewünschten Reiseziel anzuzeigen. Diese Technik ist immer besser geworden und ist in Autos oder tragbar in Handys eingebaut.

Zuerst gab es Geräte, die nur den genauen Standort in Form von Breiten- und Längengrad ermitteln konnten. Damit konnte man sich in Kombination mit einer Karte orientieren, indem man die Koordinaten ermittelte und dann auf der Karte die Position ablas. Mit einem Kompass oder einer anderen Methode konnte man auch herausfinden, wie man die Karte halten musste.

Die modernen Navigationssysteme können dies alles, sie bestimmen die Position und die Orientierung und haben Kartenmaterial zur Verfügung. Einen Kompass kann man heutzutage leicht in diese Geräte einbauen, dieser funktioniert im Prinzip wie ein klassischer Kompass, indem er das Erdmagnetfeld misst. Die wahre Supertechnologie ist die Positionsbestimmung. Prinzipiell wäre es möglich, autonom die Position zu bestimmen, also nur mit einem tragbaren Gerät, indem man mithilfe von Beschleunigungs- und Richtungsänderungs-Sensoren beziehungsweise dem Kompass ausrechnet, in welche Richtung man wie stark und wie lange beschleunigt hat. Man muss dann lediglich den Startpunkt kennen, dann kann man durch Aufaddieren der gelaufenen Strecken und Richtungen den aktuellen Standort ausrechnen. Solche Trägheitsmesssysteme werden auch in Fitnesstrackern eingesetzt, damit man bestimmen kann, wie viele Kilometer man schon gelaufen ist.

Allerdings ist es besser, wenn man die Position direkt misst, da man diese Systeme schlecht für eine genaue Positionsbestimmung einsetzen kann. Allein schon deshalb, weil man normalerweise den Startpunkt nicht genau kennt. So sind Navigationssysteme nicht autark, sondern orientieren sich anhand von Signalen von außerhalb. Früher in der Schifffahrt konnte man sich anhand von Leuchttürmen und Sternen orientieren. Später kamen Funkfeuer hinzu, also Sender, die ein Funksignal aussendeten, das angepeilt werden konnte. Diese wurden wieder von Satelliten-Navigationssystemen abgelöst.

Das erste System, das breit eingesetzt wurde, heißt GPS (Global Positioning System). Wie wird nun mit dem GPS-Empfänger im Handy die genaue Position auf der Erde, also dem Globus, bestimmt? Bemerkenswert: Im Gegensatz zur Mobiltelefonie oder dem mobilen Internet werden hier Satelliten-Signale direkt empfangen. Beim mobilen Telefonieren oder Surfen läuft die Kommunikation nur mit der nächsten Funkzelle. Im Gegensatz dazu werden bei GPS Signale direkt von den GPS-Satelliten zum Handy gesendet. Vom Handy aus werden aber keine Signale zurück in den Weltraum geschickt, die Kommunikation findet also nur in einer Richtung statt.

Um die Position des Empfänger-Geräts zu bestimmen, sendet der GPS-Satellit folgendes Signal aus: die genaue Uhrzeit beim Senden des Signals sowie die eigene Position. Da sich das Signal mit Lichtgeschwindigkeit (c = ca. 300.000 Kilometer/Sekunde) ausbreitet, kann man, wenn man die Zeitdifferenz zwischen dem Senden und dem Empfangen des Signals im Handy misst, die Distanz des Gerätes zum Satelliten berechnen (Zeitdifferenz * c). Somit kennt man den Abstand zwischen Satelliten und Handy: Das Mobiltelefon muss also irgendwo auf einer gedachten Kugel um den Satelliten sein, einer Sphäre. Den Radius dieser Sphäre kann man ausrechnen.

Nimmt man einen zweiten Satelliten dazu, so erhält man eine weitere Kugel, auf der das Handy sich befinden muss. Die beiden Sphären-Kugeln schneiden sich in einer Kreislinie, was den Standort weiter eingrenzt. Noch genauer wird es, wenn ein dritter Satellit dazukommt: Aus der Überlappung der drei Sphären resultieren genau zwei mögliche Positionen. Eine davon scheidet sofort aus, denn sie befindet sich nicht auf der Erdoberfläche: Das Handy ist also eindeutig geortet (Abbildung 4.1).

Wie man seit Einstein weiß, gibt es aber keine absolute Zeit. Da es hier um sehr kleine Zeitunterschiede geht, muss man die relativistischen Effekte berücksichtigen. Diese kann man ausgleichen, indem man noch einen weiteren Satelliten hinzunimmt, zur Fehlerkorrektur sozusagen. Ohne die Kenntnisse aus den Relativitätstheorien von Albert Einstein wäre also keine Navigation mit dem Handy oder dem Navi möglich.

Ich finde es interessant, lieber Charles, wie wichtig Erkenntnisse aus der Grundlagenforschung für das alltägliche Leben sein können. Die GPS-Satelliten sind eigentlich nur genaue Uhren, die permanent ihre Uhrzeit und Position funken. Tatsächlich hat jeder Satellit eine Atomuhr an Bord. Über dem Navigationsgerät müssen immer mindestens vier solcher Satelliten am Himmel über den Horizont fliegen, sonst funktioniert die Navigation nicht. Mit 24 Satelliten erreicht man eine globale Abdeckung, seit 1993 sind diese im Orbit.

Anfangs war GPS ein militärisches System, und die Signale wurden für die zivile Nutzung künstlich verschlechtert. Mittlerweile ist das voll funktionsfähige System frei nutzbar. Heutzutage gibt es weitere Navigations-Satelliten-Systeme, wie das europäische Galileo und das russische GLONASS, die in Kombination mit GPS genutzt werden. Damit erreicht man eine ungefähre Genauigkeit von acht Metern.

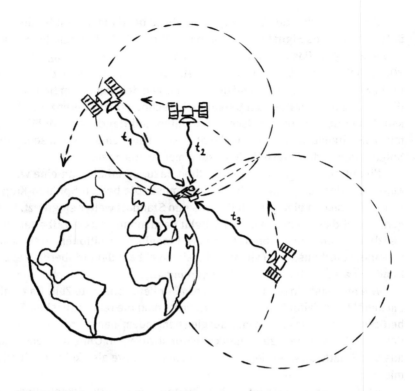

Abb. 4.1: Laufzeiten der drei Signale (t_1, t_2, t_3) von den Satelliten zum Handy. Der Klarheit halber sind nur die zwei Sphären um t_2 und t_3 eingezeichnet.

Mit den Satelliten-Navigationssystemen kann man seine Ausrichtung, also wohin man blickt oder in welche Himmelsrichtung das Gerät zeigt, nicht bestimmen, zumindest nicht, wenn man sich nicht bewegt. Deshalb ist es günstig, zusätzlich einen Kompass ins Gerät einzubauen. Leider funktioniert die Satellitennavigation nicht, wenn man sich in Innenräumen aufhält, da die Signale der Satelliten zu schwach sind, um durch Dächer und Decken zu dringen.

Für eine genaue Ortung in Räumen ist das System auch fast zu ungenau. Will man beispielsweise einen Museumsführer entwerfen, der die Position der Gäste auswertet, benötigt man andere Technologien.

Man braucht weltweit 24 Satelliten, um mithilfe des GPS (Global Positioning Systems) die eigene Position genau bestimmen zu können. Mindestens vier Satelliten müssen über dem Horizont sichtbar sein. In Innenräumen funktioniert diese Technologie nicht. Jeder Satellit übermittelt per Funk seine genaue Position und die Uhrzeit. Aus der Signallaufzeit kann man den Abstand zum Satelliten berechnen. Der Schnittpunkt von mindestens vier solcher berechneter Sphären um die Satelliten ist dann die Position des GPS-Empfängers. Der GPS-Empfänger sendet selbst keine Signale und funktioniert an jeder Position auf der Erde ohne Mobilfunknetz. Mit einer Messung bekommt man die Position, aber nicht die Orientierung des Empfängers. Erst wenn sich der Empfänger bewegt, kann man eine Bewegungsrichtung ermitteln.

Ha – schon geht es mir deutlich besser. Wohin also fahre ich weiter? Unter den Bäumen, die ihre ersten leuchtend grünen Blätter tragen, gefällt es mir gerade sehr. Ich scrolle auf Maps ein bisschen hin und her, schaue mir an, was in der Reichweite meines Douglas so alles drin wäre. Nach Süden werde ich früher oder später unterwegs sein, aber ich könnte noch einen Schlenker nach Osten machen – nach Pilsen, beschließe ich spontan. Einfach auf der A6 gen Prag. Ich kaufe noch schnell die digitale Vignette für die Autobahn-Maut, und los geht's.

Auf nach Tschechien: Um mich in Stimmung zu bringen, höre ich erst ein bisschen Karel Gott an. Nach „Babicka" und „Biene Maja" lasse ich es gut sein, habe aber bereits Appetit auf Karlsbader Oblaten.

Pilsen habe ich schnell erreicht, ich fahre von der Autobahn runter und in die Stadt hinein. Erst geht es durch Gewerbegebiete, bis erste knallbunte Wohnhäuser an den Rändern auftauchen, die schon beim Anschauen gute Laune machen. An einem großen Einkaufszentrum fahre ich noch vorbei, dann beginnt die Altstadt – schlecht zum Parken. So kurve ich wieder zurück und finde eine Reihe von Ladesäulen. Dort stelle ich Douglas an die Stromtränke und mache mich zu Fuß auf den Weg Richtung Altstadt.

An deren Rand bewundere ich eine imposante Synagoge, die leider nicht geöffnet ist. Weiter geht es durch alte gepflasterte Straßen, die Häuser sind auch hier farbenfroh und schön hergerichtet: ein interessantes Miteinander von alten Jugendstil-Häusern und sozialistischem Flachbau-Realismus – das hat was, finde ich. Auf einem größeren Platz steht eine Kirche, zum Teil umgeben von einem Metallzaun, an dem kleine Engelsköpfe die Enden der Zaunstäbe bilden. Weil ich ein Faible für Kitsch habe, mache ich gleich ein paar Fotos, schaue mich in der Kirche um. Besucher können in einen Vorraum treten, mit einem Gitter ist der Weg in den Hauptraum versperrt. Aber Durchschauen ist immerhin möglich. Die St.-Bartholomäus-Kathedrale ist das, wie ich aus einer Broschüre erfahre. Es riecht nach Weihrauch, die plötzliche Stille tut gut. Umso deutlicher höre ich jetzt meinen Magen knurren: Zeit für ein schönes böhmisches Essen.

Am Platz laufe ich an einem spacig aussehenden Café mit grün-orangen Kunststofftischen vorbei, dann am Gespenstermuseum. Das muss warten, ich gehe leicht bergab und sehe ein vertrauenserweckendes Gasthausschild. Unter dem Gewölbe im Inneren suche ich mir einen Tisch, der Duft nach gutem Essen lässt mir das Wasser im Mund noch mehr zusammenlaufen. Bei der Getränkebestellung bitte ich den Kellner um seine Empfehlung, er lächelt: „Hier in Pilsen müssen Sie natürlich Pilsener Urquell trinken". Okay, das ist also schonmal entschieden. Gut sieht es aus, ein bisschen Schaum rinnt den bauchigen Glaskrug entlang, und der erste Schluck ist herrlich erfrischend – gar nicht so herb, wie ich es von einem Pils erwartet hätte. Auch das Gulasch mit böhmischen Knödeln, mehrere weiß-dampfende Scheiben, dazu geschnittene Zwiebeln und rohe rote Paprika, mundet mir sehr gut.

Ich strecke die Beine unter dem Tisch aus und genieße jeden Bissen. Den Kaffee danach nehme ich in einem Café in einem Park, noch einige Schritte weiter – hier sieht es aus wie auf den Ramblas in einer spanischen Stadt, bloß deutlich kühler und daher auch nicht ganz so belebt.

Als ich meine Nachrichten durchgehe, fällt mir gleich eine Botschaft von Chuck ins Auge. Er hat sich weiter um die amerikanischen Übeltäter von Karla gekümmert. Inzwischen hat er, schreibt er mir, auch die Mailadressen unter die Lupe genommen, von der aus Karla die Fotos geschickt bekam. Offenbar wurden sie nicht nur dafür benutzt, Karla zu quälen, sondern auch andere – und Chuck hat zwar noch keine Beweise, wer dahintersteckt, hat aber Mailverläufe gefunden, denen er noch etwas nachgehen will. „Ich bewege mich auf ziemlich dünnem Eis, wenn wir auffliegen. Ich fand ja von Anfang an, dass dieser Jim und seine Kollegen kapitale Arschlöcher sind, aber wenn ich mit meiner Intuition richtig liege, sind sie noch viel kapitaler, als wir zuerst dachten. Ich schreibe dir mehr, wenn es etwas Konkretes gibt. P.S.: Evita meint, ich kann meiner Intuition trauen, sie nickt an den entsprechenden Stellen, wenn ich ihr meine Mails vorlese. Sie hat mir heute ein Ei mit einem Ring aus Sommersprossen gelegt – sie ist ein besonderes Wesen, Anna."

Ich schüttele grinsend den Kopf über das P.S., frage mich aber parallel, was es mit den Machenschaften von Karlas Kollegen auf sich hat. „Es geht voran", schreibe ich ihr gleich mal, mit dem Versprechen, mich dann ausführlich zu melden, wenn Chuck wirklich etwas in der Hand hat.

Jetzt mache ich mich erstmal auf eine Spazierrunde, durchquere einen Park, komme an einem Sportstadion vorbei und gelange zum Gelände der Pilsener Urquell-Brauerei. Durch einen großen Torbogen gehe ich auf den öffentlich zugänglichen Hof. Auf den Bänken hat sich eine Gruppe junger Männer ausgebreitet, sie alle haben dem hier produzierten Getränk offenbar schon ordentlich zugesprochen. Sie tragen den gleichen Schal über einem Trachtenjanker – ein Junggesellen-Abschied. Sofort steuert einer der Jungs auf mich zu und will mir einen Gutschein für seinen legendären Nusskuchen verkaufen. „Ich backe dir den morgen und liefere dir den – wo wohnst du?", fragt er. „Netter Versuch", antworte ich, aber obwohl ich Nusskuchen mag, lasse ich mich so nicht ködern. „Kann ich euch ein Bier abkaufen?", frage ich. Kaufen geht gar nicht, sagen sie und spendieren mir eins. Ich erfahre, dass Jakob demnächst heiraten wird und seine Freunde ihm hier einen Abschied ausrichten. Die Gruppe stammt aus der Gegend um Tirschenreuth in der Oberpfalz, nicht weit von der Grenze. Ich stoße mit dem Bräutigam an, der schon nicht mehr ganz feinmotorisch zurückprostet, wünsche alles Gute, schmeiße etwas Geld in den Bauchladen des Nusskuchen-Bäckers und gehe weiter, am Fluss entlang und dann wieder zurück in die Altstadt.

Ich sehe hübsche kleine Läden, die bereits geschlossen haben, unter anderem ein Spielzeuggeschäft mit einer Auslage, die Emilia – zumindest vor ein, zwei Jahren – zum Kreischen gebracht hätte: Es gibt ein Vintage-Puppenhaus mit kleinem Tante-Emma-Laden in einem der Erdgeschoss-Räume, mit winzig kleinen Obst- und Gemüsekisten und Essenspackungen, daneben eine Küche, liebevoll eingerichtet bis hin zur Spitzenborte am Buffet. Ich mache ein paar Fotos und schicke sie ihr, auch wenn sie sich sicher schon zu groß für solche Vergnügungen fühlt.

Zeit für den Rückweg, finde ich, und laufe zurück zum Bus. Auf meiner Maps-App habe ich mir einen Marker gesetzt, also finde ich ohne Probleme den Rückweg.

Ich stecke das Ladekabel ab, fahre ein paar Meter weiter auf den nächsten freien Parkplatz an der Straße und mache mein Licht aus. Eigentlich ist es nicht erlaubt, irgendwo zu parken und zu übernachten, das weiß ich. Andererseits will ich nach zwei Bieren nicht mehr fahren und beschließe nach einem Rundumblick, dass ich eine Nacht hier am Straßenrand einfach riskieren werde. Zähneputzen klappt auch im Dunkeln, und dank einer Straßenlampe sehe ich genug, um das Bett nach unten zu klappen. Als ich unter meiner Decke liege, nervt die Laterne allerdings etwas, und ich bastle mir aus einem Pulli eine Blende.

Ab und zu fährt ein Auto vorbei, ich höre zwei Hunde, die sich beim Gassigehen begrüßen, und auch die Besitzer plaudern ein bisschen. Mein Bus erregt anscheinend etwas Aufsehen, und einmal rüttelt tatsächlich jemand an der Klinke. Zum Glück habe ich abgeschlossen, das ist mir noch nicht in Fleisch und Blut übergegangen. Alarmiert liege ich noch eine Weile wach da und lausche auf jeden Schritt und jedes Geräusch. Erst langsam beruhige ich mich und schlafe ein.

Als ich aufwache, ist der Himmel graublau, die Sonne ist noch nicht aufgegangen. Noch vor sechs Uhr ist es, ich gähne und klettere nach unten. Ich bin sowas von dankbar für die Standheizung: Beim Blick nach draußen sehe ich erste Hundebesitzer, die bis zur Nasenspitze eingepackt sind und deren Atem in weißen Wölkchen sichtbar wird.

Nachdem ich mein Bett wieder nach oben geklackt habe, fahre ich gleich los und suche mir einen schönen Platz für den – auch noch recht eisigen – Sonnenaufgang und meine erste Tasse Kaffee. Die sanften Hügel und Wälder gefallen mir, und ich sehe in einem Dorf einen Bäckerladen, der schon offen ist. Dort erstehe ich ein Croissant und ein kleines Brot und bleibe auf einer Anhöhe stehen, wo im Osten der Rand des Horizonts schon leuchtet. Kurz darauf schiebt sich die Sonne empor, mächtig rotgolden. So oft habe ich es schon gesehen, und immer wieder werde ich fast andächtig dabei. Meine Espresso-Kanne auf der Gasflamme gurgelt, ich rupfe mir Bissen um Bissen vom Croissant, lasse mir dazu dick eingepackt die erste Tasse auf den Stufen meines Busses schmecken und genieße das Licht.

Im Bus richte ich mir mein Arbeitseck zweckmäßig her, arrangiere Tisch, Laptop und Stuhl so, dass ich den Eindruck habe, mir den Rücken nicht gleich nach einer Stunde Übersetzen zu ruinieren. Das Roaming zur Telekom Tschechien hat reibungslos geklappt, deshalb fange ich direkt an und übersetze ein paar Kapitel hintereinander. Immer wieder stehe ich auf, recke und strecke mich. Auf der kleinen Straße, an deren Rand ich stehe, kommt kein einziges Fahrzeug vorbei. Herrlich. Ich mache ein paar Fotos und schicke einige davon an Walter und Regina, damit sie sehen, dass ihr Bus es gut hat bei mir. Die Antwort lässt nicht lange auf sich warten – „Tschechien, wie schön, da haben wir uns immer den Bus vollgepackt mit Karlsbader Oblaten."

Solche habe ich nicht mehr gegessen, seit ich ein Kind war. Bei meiner Oma hat es die manchmal am Sonntag als Nachspeise gegeben, Karlsbader Oblaten mit Vanilleeis. Irgendwo werde ich mir welche als Nostalgie-Snack auftreiben, beschließe ich. Aber zuerst schlüpfe ich in meine Laufsachen und drehe eine dynamische Runde durch die Landschaft. Dabei mache ich die Bekanntschaft von einigen interessiert zum Zaun trabenden Eseln, denen ich leider nichts anzubieten habe. Auf einer Wiese ist ein Elektrozaun in die Wiese gepiekst, innen schauen die Schafe kurz auf, dann grasen sie weiter und lassen sich nicht von mir aus der Ruhe bringen.

Am Rand eines Waldwegs finde ich Giersch und pflücke mir ein schönes Sträußchen – mein Abendessen ist damit schon klar: Kartoffeln und Kräuterquark werde ich mir machen.

Im Bus versuche ich das erste Mal, die Dusche von Walter und Regina in Betrieb zu nehmen. Ich mache den Kessel ein paarmal voll, koche Wasser und gieße das in einen Eimer, in den ich schon kaltes Wasser gefüllt habe. Das ganze hieve ich neben dem Abfluss, den ich vorher geöffnet habe, in eine über Kopfhöhe angebrachte, kippbare Halterung, schraube einen Schlauch mit schmalem Duschkopf hin. Dann ziehe ich den Duschvorhang, den ich mir neu gekauft habe, um mich herum und öffne das Ventil. Angenehm warm – und kurz, denn ich stoppe gleich wieder, um mich einzuseifen.

Dazu benutze ich Lolas Kräuterseife und spüle mich dann ab. Mit meinen nicht allzu langen Haaren funktioniert das gut. Draußen schaue ich nach und sehe, dass mein Duschwasser in einen kleinen Graben rinnt. Weil die Seife biologisch abbaubar ist, halte ich das für ökologisch vertretbar, zumal ich sie sehr sparsam anwende.

Eine Sache spukt mir noch durch den Kopf: Nach dem Besuch bei Lola habe ich im Blog an Charles über die Trolle geschrieben, die auf Social Media ihr Unwesen treiben. Das Thema soziale Netzwerke will ich aber noch weiter behandeln und schreibe meinen nächsten Post.

4.2 You can never leave
– Filterblase

Posted by Ada L.   19. April

Lieber Charles,

Mit ihren sozialen Netzwerken verdienen die Internetkonzerne sehr gut, indem sie den User*innen personalisierte Werbung präsentieren. Daher ist es für sie von Vorteil, wenn die User*innen sich möglichst lange in diesen Netzwerken aufhalten. Dazu wird nicht nur die Werbung personalisiert, sondern auch das Inhaltsangebot, um den User*innen das zu offerieren, was sie interessiert. So machen es die genannten sozialen Netzwerke, aber auch Suchmaschinen wie Google: Die Suchergebnisse werden nicht nur nach Relevanz, sondern nach den persönlichen Vorlieben ausgewählt.

Verschiedene Personen erhalten daher unterschiedliche Ergebnisse, obwohl sie nach demselben Begriff suchen. Bei Youtube werden die vorgeschlagenen Videos anhand der Analyse der vorher angesehenen Videos ausgewählt. Auch bei Musikdiensten gibt es das, man bekommt immer mehr die Musik geliefert, die dem eigenen Geschmack entspricht.

Am Beispiel Musik leuchten die Vorteile sofort ein, man hört immer mehr seinen eigenen Lieblingssender. Allerdings sind die Nachteile ebenso klar: Man bekommt immer weniger neue, überraschende Songs präsentiert. Bedenklich kann das werden, wenn man die Dienste zum Zweck der Information nutzt, wie es viele Menschen heutzutage tun.

Die jüngere Generation, aber nicht nur diese, informiert sich immer weniger über klassische Medien wie Zeitungen oder Radio- und Fernsehnachrichten [33]. Diese klassischen Medien haben mehrere Vorteile: Es handelt sich, natürlich je nach Verlag oder Sender, bei den Inhalten um professionell recherchierte, weitgehend wertfreie Nachrichten; außerdem sind Meinungsbeiträge als solche kenntlich gemacht. Zumindest in der analogen Variante des Mediums bekommen alle Rezipient*innen dieselben Inhalte. So ist eine gewisse Objektivität gewährleistet, in dem Sinne, dass sich alle aus den dargebotenen Inhalten ihre eigene Meinung bilden müssen.

In der digitalen Welt der sozialen Medien ist das anders, da werden die Inhalte passend zur eigenen Meinung ausgewählt. Man befindet sich in einer

Filterblase: Abweichende Inhalte kriegt man kaum mehr zu sehen. So werden Ansichten zementiert: Man kann irgendwann nicht mehr erkennen, dass es noch andere mögliche Blickwinkel gibt. Auf Plattformen, bei der die Interaktion mit anderen User*innen im Vordergrund steht, etwa Facebook, gibt es noch einen weiteren Effekt: Die Nutzer*innen umgeben sich in erster Linie mit Leuten, die ähnlich ticken. So entsteht der Eindruck, dass die Mehrheit die eigene Meinung und Einstellung teilt, da man immer weniger Andersdenkende kennt. Der Effekt ist selbstverstärkend. Der Drang, abweichende und neue Informationen im freien Internet zu suchen, nimmt ab.

Gerade jüngere Generationen sind sich nicht bewusst, dass es außerhalb des bevorzugten sozialen Netzwerks noch eine andere digitale Welt im Web gibt. Oft ist die ganze Community mit allen Freunden auf einer Lieblingsplattform unterwegs. So kann man diese nicht einfach wechseln, ohne seine Kontakte mitsamt der gesamten sozialen Interaktion, gespeichert in der Chronik, zu verlieren. Man spricht vom *„Hotel California Effect"*: *„You can check out any time you like, but you can never leave!"* (Eagles).

Um die Nutzer*innen noch stärker zu binden und noch weitere relevante Inhalte anzubieten, setzen die sozialen Netzwerke, aber auch externe Agenturen Chatbots ein. Das ist Software, die ständig Nachrichten postet und vorgibt, ein Mensch zu sein. Facebook ermöglicht es Entwickler*innen, eigene Software mit den Facebook-Seiten zu verknüpfen. Man kann sich einfach als Entwickler*in bei Facebook registrieren und eine App anlegen. Wenn man über den Messenger eine Nachricht an die damit verknüpfte Seite sendet, kann man diese auf einen eigenen Server umleiten, der dann die Antwort generiert und über den Facebook-Messenger zurück liefert. Es gibt genügend freie Codebeispiele, die man dazu nutzen und anpassen kann: So kann man mit wenig Aufwand einen Bot installieren, der einfache Sätze als Antworten ausspuckt. Diesen Code kann man dann so lange verändern, bis er das tut, was er soll [69].

Allerdings muss man keine Programmierkenntnisse haben, es gibt genügend kommerzielle Anbieter von Chatbots. Und auch Facebook selbst generiert automatisierte Nachrichten und Seiten: „Diese Seite wurde automatisch anhand der Interessen der Facebook-Nutzer*innen generiert" kann man dort im „Kleingedruckten" lesen. Die Medien werden oft als „vierte Gewalt" bezeichnet, um Verfehlungen der Politik, der Wirtschaft und der Gesellschaft offenzulegen. Im Digitalen wird diese Funktion mit solchen Mechanismen ins

Gegenteil verkehrt, da die digitalen Medien die Verfehlungen eher verstärken und sie nicht hinterfragen.

---

i Man bekommt in sozialen Netzwerken entsprechende Inhalte anhand des eigenen Verhaltens und der Vorlieben von Freund*innen vorgeschlagen. Dies führt zu einer Rückkopplung, so dass man immer „passendere" Inhalte dargeboten bekommt. Die Sphäre, in der man sich befindet, nennt sich „Filterblase", da die restlichen Inhalte weggefiltert werden. Ein verwandter Begriff ist die „Echokammer", da hier immer nur ähnliche Inhalte Widerhall finden und sich so immer weiter verstärken. Chatbots, also spezielle Programme, die vorgeben, ein Mensch zu sein, generieren zudem automatisiert Meldungen, um bestimmte Nachrichten zu verbreiten oder Meinungen zu verfestigen.

Bevor ich weiterfahre, nehme ich einen Schluck Wasser. Ein Traktor tuckert an mir vorbei, der Fahrer nickt mir zu, ich nicke zurück. Das war alles an Verkehr hier draußen. Der Gegensatz zum bevölkerten, befahrenen, hupendurchdröhnten Bangkok könnte nicht größer sein, finde ich, mache ein Panorama-Foto und schicke es an Marcia, Chuck und die anderen aus der Bangkok-Connection. Es piepst ein paarmal – sind die alle online?, aber es ist nur der schlaflose Chuck, der mir sofort antwortet. Er hat am unteren Rand meines Fotos eine Markierung gezogen. „Hast du Evita mit Photoshop da reinmontiert?", fragt er. Ich schaue genau hin und sehe: einen roten Schnabel, ein vogeliges Auge und diesen besonderen braun-geflammten Federkragen – eindeutig Evita. Ich laufe zurück, suche, gurre und schnalze, aber alles, was ich finde, sind ein paar rostbraune Federn, die im Wind davonstieben, als ich mich danach bücke. Die könnten aber auch von einem anderen Vogel stammen.

Ratlos gehe ich zurück zum Bus und bin wie vom Donner gerührt: Direkt unter der Schwelle liegt ein braun-gesprenkeltes Ei. Noch warm! Ich schicke Chuck ein Foto. „Wundert mich nicht. Evita ist überall", schreibt er zurück. Kopfschüttelnd antworte ich, dass er wohl doch zu viele Fantasy-Bücher gelesen hat. „Und was mache ich mit dem Ei?" frage ich ihn noch. „Hartkochen und für einen Tag aufheben, an dem du es brauchst", kommt es prompt von Chuck. „Oder Rührei. Oder Pfannkuchen. Hauptsache, du isst es mit Ehrfurcht", ergänzt er. Ich schüttele den Kopf, baue für das Ei aus einem Taschentuch in einer Tasse ein weiches Nestchen und verstaue es im Kühlschrank.

So, genug mit dem Spukhuhn, Zeit zum Weiterfahren. Am Himmel sind Quellwolken aufgezogen, die Sonne verschwindet immer wieder, und nach einiger Zeit beginnt es zu nieseln. An einer größeren Kreuzung finde ich einen Wegweiser nach Mariánské Lázně, in Klammern steht: Marienbad. Klingt schön, das schaue ich mir an.

Marienbad empfängt die Besucher mit hellen, hochherrschaftlich wirkenden Häusern. In dieser Nacht, beschließe ich, schlafe ich lieber nicht irgendwo, sondern steuere gleich einen Campingplatz an. Von dort zum Zentrum dürfte es zu Fuß ein schöner Spaziergang sein.

Auf meine innere langfristige Einkaufsliste setze ich einen kleinen fahrbaren Untersatz. Ein Klapprad wäre eine Idee, damit es im Inneren des Busses nicht so viel Platz wegnimmt. Bei den Campingplatzbetreibern hole ich mir zwei Flaschen Wasser, wir plaudern ein bisschen, und sie erklären mir ausführlich, wie ich am besten ins Stadtzentrum gelange.

Mit meiner Regenjacke laufe ich immer noch im Nieselregen durch den Kurpark und finde ein verwunschen schönes Fachwerkgebäude, das im Grünen steht, mit gebogenen Fenstern und verwinkeltem Dach. Es duftet nach feuchter Erde. Als der Regen nachlässt, ziehe ich eine Plastiktüte aus meinem Rucksack, breite sie aus auf einer feuchten Bank, schaue und freue mich, dass ein kleines Stück Sonne durch die schnell ziehenden Wolken lugt. Die Rudolfsquelle ist das hier, lese ich, und träume ein bisschen: Wie das Leben wohl war zu der Zeit, als das Häuschen mit den gebogenen geschnitzten Verzierungen an den Fenstern und an der Tür gebaut wurde? Waren Charles und Ada auch in solchen Badeorten, vielleicht sogar einmal hier zu einer Kur zu Gast?

Auf dem Rückweg kaufe ich mir ein süßes Gebäckstück und brühe mir im Bus eine Tasse Tee auf. In meiner Nachbarschaft sind längst nicht alle Plätze belegt, in einiger Entfernung riecht es aus dem Wohnwagen eines Pärchens nach gebratenen Zwiebeln, und ein paar Kinder hüpfen mit Anlauf in die Pfützen und schliddern auf der nassen Wiese entlang.

Dann mache ich mich ans Übersetzen. Für mich hat sich ein Wochensoll als die beste Struktur rausgestellt: Wenn man ganz ohne Chefin oder Chef im Nacken arbeitet und sich selbst mit den Deadlines organisieren muss, braucht es irgendein Gerüst – das Problem mit der Selbstdisziplin kennen Soloselbstständige, egal, ob Nomaden oder sesshaft. Zuerst habe ich mit täglichen „Sollstunden" gearbeitet, die ich mir selbst vorgegeben habe. Damit bin ich auf

Dauer nicht gut gefahren, denn dadurch habe ich mir einen Kernvorteil des Nomadentums zu sehr eingeschränkt: das Spontansein. Bloß: Auch spontanes Leben kostet Geld, und dafür muss ich mein Pensum schaffen. Also habe ich verschiedene Szenarien ausprobiert. Am wohlsten fühle ich mich mit einer Zielmarke, die ich mir pro Woche setze. An welchen Tagen ich wie lange dafür brauche, das entscheide ich nach Lust, Laune und Restberg, den ich noch vor mir habe.

Diese Woche ist noch einiges zu tun. In Pilsen habe ich wenig gemacht, daher will ich heute noch was erledigen. Im Maileingang finde ich einen offiziellen Auftrag von Moonshot mit einem ersten Textbaustein der juristischen Abstimmung, den ich übersetzen soll. Als Frist habe ich zwei Wochen. Das klingt relativ großzügig, wird aber in Kombination mit meinen anderen Jobs durchaus zackig. Als erstes nehme ich mir meine Gebrauchsanleitung für die Smarthome-Steuerung vor. Den Moonshot-Text werde ich danach durchlesen.

Zuerst fällt es mir schwer, mich in die verschiedenen Steuerungsebenen und fein abgestimmten Möglichkeiten von Türen-Entriegeln und Musik nach Stimmung-Auswählen einzufinden – meine Gedanken wandern immer wieder zu dem Moonshot-Text. Aber ich diszipliniere mich.

„Taschenlampe", sage ich zu mir selbst, ein Spruch meiner Tante, den ich früher als Schülerin oft unsäglich blöd fand: Damit wollte sie mich animieren, „meinen Geist wie den Lichtstrahl einer Taschenlampe zu bündeln", sagte sie, mich auf ein Thema zu konzentrieren und das anzuleuchten. Ich fand den Spruch zwar früher nervig, aber er hat sich mir eingebrannt. Inzwischen hilft es mir auch bei der Arbeit, mir meine Aufmerksamkeit wie einen fokussierten Lichtstrahl vorzustellen.

Bis ich aufs Klo muss und feststelle, dass ich meine Schuhe draußen ausgezogen habe und es wieder zu nieseln begonnen hat. Auf meine Blödheit schimpfend, suche ich mir die Gummi-Clogs aus einer meiner Klamotten-Schachteln und eile mit kühlen Füßen auf die Toilette des Campingplatzes. Für meine nassen Sneaker hole ich mir eine Zeitung aus dem Papierkorb am Kiosk und stopfe sie damit aus.

Beim Gehen recke und strecke ich mich – war höchste Zeit, mal aufzustehen. Der Regen tröpfelt weiter, es ist kühl, trüb und etwas windig. Ich habe gar keine Lust, nochmal in die Stadt zu gehen, und beschließe, mich jetzt dem Moonshot-Text zu widmen und es mir dann im Bus gemütlich zu machen. Mit dieser Belohnung in Aussicht mache ich mich über den Probetext her, der mir ganz gut von der Hand geht. Meine erste Version überarbeite ich sofort nochmal. Aus Erfahrung weiß ich, dass mir mit etwas Abstand Fehler oder nicht ganz geschmeidige Wendungen ins Auge springen können. Also lasse ich den Text für heute sein und wende mich meinem knurrenden Magen zu.

Vom Kräuterquark ist noch etwas übrig, dazu mache ich Bratkartoffeln und schlage mir das Überraschungsei von Evita-lookalike in die Pfanne. Schmeckt sehr gut, ich esse mit Ehrfurcht, wie mir Chuck geraten hat. Mit einer weiteren Tasse Tee, in eine Decke gewickelt, setze ich mich vor meinen Laptop und schaue mir alte Serien an. „Friends" habe ich mit Lola und meiner Tante angeschaut, viele Folgen kann ich fast auswendig, so oft habe ich sie schon gesehen. „I'll be there for you", beim Titelsong trällere ich mit und tauche in die vertraute New Yorker Friends-Welt ein.

Bis mich ein Video-Anruf aus der Handlung schreckt: Chuck. Nach ein bisschen Begrüßungs-Gefrotzel und den neuesten Nachrichten von Evita – sie ist total schlau und spielt sehr erfolgreich Verstecke mit ihm, ich sehe sie allerdings nur konzentriert scharren – kommt er zur Sache. „Anna, die Leutchen da, die deine Freundin auf dem Kieker hatten. Das sind nicht nur Granaten-Arschgeigen, da steckt sogar noch etwas mehr dahinter. Beziehungsweise noch mehr noch granatigere Arschgeigen."

In meinem Gesicht stehen Fragezeichen. „Da ist ein ganzes System dahinter", sagt er. „Was für ein System?", manchmal macht er mich wahnsinnig, wenn ich ihm jede Information aus der Nase ziehen muss. „Sagt dir die Ligue du LOL etwas?" „LOL wie laughing out loud? Das sagt mir natürlich was, aber was für eine Ligue...?" Ich schüttele fragend den Kopf. „Google das mal, dann kannst du dir das mal ausführlich anschauen – nur in Kürze: Das ist eine Gruppe von französischen Journalisten, die zielgerichtet auf Twitter und Facebook andere Leute, vor allem Frauen, herabgesetzt haben. Mit teilweise montierten Fotos und gemeinen Kommentaren, mit sexistischen Äußerungen, mit Demütigungen wegen des Gewichts einer Person undsoweiter. Einer haben sie geschrieben, sie würde es verdienen, dass ein Pferd sie vergewaltigt und Mike Tyson sie verprügelt", Chuck verzieht das Gesicht. Ich schüttle ungläubig den Kopf. „Mein Gott – was für Idioten!", sage ich. „Was ist denn passiert, als das bekannt wurde? Ich hoffe, es ist etwas passiert", setze ich hinzu. „Ja, viele haben ihren Job verloren, es gab eine öffentliche Welle der Empörung. Also nicht nur warme Worte und sonst nichts. Einige Gerichtsverfahren laufen noch, soweit ich weiß." „Und du glaubst, Jim und seine Kollegen sind so ähnlich unterwegs?" – „Ja, denn die Franzosen haben sich Ligue de LOL genannt, also LOL-Liga wie in Laughing Out Loud, der alten Nerd-Abkürzung. Und unsere amerikanischen Freunde nennen sich in den Mails ROFL-Squad" – „Wie in ROFL, nerdisch für rolling on floor laughing", vervollständige ich. „Nicht gerade sehr einfallsreich", finde ich. Chuck sagt lakonisch: „Den Einfallsreichtum haben sie sich dafür aufgehoben, wie sie ihre Kolleginnen und Kollegen bloßstellen und demütigen können, schätze ich."

„Wie viele sind denn in dem ROFL-Netzwerk dabei, kannst du das überblicken?", will ich wissen. „So konkret nicht", sagt Chuck. „Allerdings sind es allein bei Squillion einige, aber auch Leute aus anderen Unternehmen. Nachdem ich die Mails und noch einige andere Kanäle von den Flachhoblern bei Squillion angezapft habe: Die haben da eine Art Sadismus-Wettbewerb laufen. Es gibt ab einem gewissen Level eine neue Art von Anforderung, die überhaupt nichts mit den Job-Themen zu tun hat. Vielmehr geht es darum, andere zu dissen, sie zu piesacken, zu quälen, zu mobben – ohne sich erwischen zu lassen und ohne schlechtes Gewissen. Es sieht so aus, als sollten sie an ihren eigenen Kollegen aus den Ebenen unter ihnen ausprobieren und lernen, wie es ist, vorne herum nett und freundlich zu sein und hintenrum die fieseste Sau."

Mir fällt die Kinnlade herunter. „Du meinst – sie werden von ihrer eigenen Firma angehalten, gemein zu sein?", ich kann es nicht glauben. „Ob tatsächlich offiziell von der Firma oder von gewissen Vorgesetzten, die das zusammen inoffiziell in ihrem Bereich betreiben, das kann ich nicht sagen. Wo es läuft, wird es aber sogar belohnt: mit Bonuszahlungen und mit ‚Gutties' wie Wochenendtrips nach Las Vegas oder Acapulco, je nachdem, was für einen Coup man gelandet hat." Immer noch ungläubig schüttle ich den Kopf.

„Das ist eine richtige Straße der Gemeinheit, kann man so sagen", fährt Chuck fort. „Für mich sieht das so aus, dass man mit kleinen Sachen anfangen soll – im Team die Kekse, die für alle da sind, wegessen und das jemand anderem in die Schuhe schieben, erstmal so Kindergarten-Zeugs. Dafür gibt es dann schon Bonuspunkte. Dann steigert sich das: dem Kollegen Kerzenwachs oder Tunfischöl über die Tastatur oder aufs Smartphone kippen, auch das noch recht Kinderstreich-mäßig. Aber man kriegt auch Punkte auf Kreativität. Und dann geht es langsam ans Eingemachte: Auf den privaten Social-Media-Accounts als Troll abhausen, fiese Kommentare zum Aussehen, Fremdgeh- oder Porno-Fotos faken und rumschicken, bis hin zu echten Spanner-Fotos – wie es deine Freundin ja selber hat erleben müssen." „Und die Firma – oder einzelne Mitarbeiter – fördern sowas, anstatt zu versuchen, über Teambuilding-Maßnahmen oder so für ein gutes Klima zu sorgen?" „Tja, meine Liebe – die hässliche Fratze des Kapitalismus hat noch einige Grimassen auf Lager", sagt Chuck. „Offenbar schweißt es aber diejenigen, die auf der Straße der Gemeinheit schon eine Weile unterwegs sind, zu so einer Art tollen Community zusammen – wobei sie sich ja auch nicht voll aufeinander verlassen können, weil es auch Konkurrenz untereinander gibt und die sich gegenseitig immer wieder attackieren können, so dass keiner keinem ganz trauen kann. Ich finde es absolut verabscheuungswürdig." „Und die beiden Kollegen von Karla, die sind bei dieser ROFL-Squad dabei, oder wie?" „Genau, diese Aktion war sogar das Sprungbrett für die zwei auf den nächsten Level. Gewissen und Karriere gehen da nicht zusammen", Chuck zuckt mit den Schultern. „Was machen wir jetzt? Wie können wir dem beikommen? Whistleblowing? Wikileaks? Haben wir Kontakte zur Presse?", meine Gedanken überschlagen sich.

„Hab auch schon nachgedacht, aber noch keine Idee, die wirklich zündet. Wikileaks wäre eventuell was, aber auch da könnte es untergehen, weil sich da inzwischen sehr viele tummeln. Ich überlege noch. Wollte dir mal das erzählen, was ich bisher rausgefunden habe, damit wir zusammen was auf die Beine stellen können. Und ich finde, du solltest es Karla sagen – mach das erstmal lieber du, dich kennt sie besser. Vielleicht hat sie noch einen Einfall, wie wir denen so richtig ans Bein pissen können." Ich bedanke mich bei Chuck, wir verabschieden uns, und ich sitze erstmal eine Weile total geplättet vor dem stummen Laptop. So eine perfide Masche – Beförderung für Mobber. Demütigung als System. Das ist sowas von unterirdisch.

In meinem Kopf schnalzen die Gedanken hin und her, Flipperkugeln in einem schepprigen Kasten. Soll ich gleich mal Lola anrufen? Oder Karla? Als allererstes muss ich meine eigenen Gedanken auslüften, schnappe mir Smartphone und Geldbeutel und laufe im Regen rüber zum Kiosk, wo im gelben Lichtschein Musik und Stimmengewirr nach draußen schwappen. Genau. Menschen und ein kühles Getränk, danach steht mir jetzt der Sinn. Ich schüttle meine Regenjacke aus und trete in den leicht muffig, aber auch gemütlich riechenden Raum. Auf Linoleumboden stehen unterschiedliche Tische und bunt gestrichene Holzstühle, ein langer Tresen an der Stirnseite. Ich erklimme einen der altmodischen Barhocker und lasse mir gleich mal ein Bier geben.

Systematische Erziehung zum Abgebrühtsein, denke ich, und schnaube. „Schmeckt es nicht, junges Frollein?", fragt mich ein Mann um die 50 und setzt sich neben mich. „Nein, Pilsener ist super", antworte ich, wir prosten uns zu.

Nach ein bisschen Smalltalk – woher, oho, allein, keine Angst, zwinkerzwinker – und meinen Antworten, nein, keine Angst, weil Judo (wobei ich nicht sicher bin, ob ich tatsächlich noch wüsste, welche Griffe ich wann anwenden muss) – gesellt er sich wieder zu seiner Runde. An anderen Tischen sitzen ein junges Paar und eine Familie mit zwei Kindern im Teenie-Alter, bei denen der Haussegen wohl gerade etwas schief hängt.

Der Junge schaut konzentriert in sein Handy und beginnt zu daddeln, seine Schwester hört irgendwas über Kopfhörer und versucht ihn mit Seitenblicken zu rösten. Die Eltern wenden sich den Rücken zu und nippen mit ernsten Gesichtern an ihren Gläsern – er Bier, sie Rotwein. Ich grinse ein bisschen. Mit meinem Bruder hatte ich in dem Alter auch regelmäßig Zoff, er hat mich zur Weißglut gebracht und ich ihn sicher auch. Er hatte so eine Art, mit rausgestreckter Brust auf mich zuzukommen und mich gegen die Tür oder die Küchenzeile zu drängen – das habe ich gehasst. Ich habe mich mit Kitzelattacken gerächt, unterm Kinn war er besonders empfindlich.

Allerdings galt auch bei uns: alles in einem gewissen Rahmen. Denn wenn es hart auf hart kam, waren wir ein Team. Wenn meine Mutter mal wieder ausgeflippt ist, hauten wir zusammen ab. Dieses Gefühl, sich auf jemanden verlassen zu können, ist so wichtig – wie soll man denn gut zusammenarbeiten, wenn man ständig von den eigenen Kollegen angegangen wird? Wenn richtig hinterfotzige Attacken kommen können, jederzeit?

Davon gehört habe ich schonmal, dass es sowas geben soll: dass extra fieses Verhalten belohnt wird, das vor niemandem Halt macht, nicht einmal vor dem eigenen Team. Allerdings habe ich das eher für einen Mythos gehalten.

Dass das im großen Business offenbar immer noch so eine Sache ist. Ich muss an den Film Wolf of Wallstreet denken, der mich als Jugendliche beeindruckt – und ziemlich abgestoßen – hat. So eine Atmosphäre von Ellbogen, Ego-Aufplustern bis sonstwohin. Wo sich die knallharte Attitüde der Banker sich auch dabei zeigt, dass sie zu niemandem loyal sind, außer zu Leuten, von denen sie sich etwas erhoffen. Und das auch nur so lange, bis sie das Erhoffte abgegriffen haben.

Natürlich sind nicht alle erfolgreichen Hipster solche Charaktere. Schließlich ist Karla selber Wirtschaftsfachfrau. Um erfolgreich zu sein, muss man nicht fies sein. „Bei Moonshot geht es auch darum, ökologisch bewusst und ökonomisch erfolgreich zu arbeiten", hat sie mir mal gesagt. Dazu gehöre auch, faire Bedingungen für die Mitarbeitenden, aber auch für die Produktionsabläufe und die Rohstoffgewinnung zu schaffen. „Das ist zwar ambitioniert, aber die Firma hat in den Leitlinien: Nur ein weiser Umgang mit allen Ressourcen, kombiniert mit Gewinnstreben, kann zukunftsfähig sein", hat sie zitiert. Das finde ich richtig: Da hat sich offensichtlich in puncto Gewinnmaximierung etwas weiterentwickelt bei Moonshot. Hingegen scheint Squillion noch im alten Sumpf zu stecken.

Als ich bei meinem zweiten Bier bin, fällt mir noch eine Serie ein, die vor einigen Jahren sehr gehypt wurde: Das war sozusagen ein riesiges Computergame, in dem echte Menschen gegeneinander kämpften, bis zum Tod. Wer gewinnen wollte, musste die anderen eliminieren.

Es gab die Spieler und die Zuschauer, die sich das Gemetzel von Logenplätzen aus ansahen und auf Sieg oder finale Niederlage der Akteure wetteten. Dieser kaltschnäuzige Blick – Leben und Sterben von anderen als Wette zu begreifen, an der man sich bereichern will – fand ich zynisch und die Serie unerträglich. Dass so eine Einstellung – es geht allein um den Profit, und dazu ist es wichtig, alle, auch die schmutzigen Tricks anzuwenden – noch gefördert oder zumindest geduldet wird von einem Unternehmen, finde ich skandalös.

Ich nehme mein Bier mit in den Bus. Jetzt will ich dringend mit Lola sprechen. Zum Glück ist sie gleich dran, und sie ist mindestens so empört wie ich, als ich ihr alles erzählt habe. Sie lässt eine Liste von sehr blumigen Schimpfwörtern vom Stapel, ehe sie sich wieder etwas einkriegt. „Hättest du gedacht, dass sowas immer noch läuft?", frage ich sie. „Ich hätte gedacht, wir sind doch einen Schritt weiter, nach den ganzen Bestrebungen für Gleichberechtigung, für Fairness, für guten Umgang miteinander, der ja angeblich auch produktiver macht. Deswegen bieten doch viele große Arbeitgeber einen Haufen Sachen: von Gesundheitstagen über Sportangebot bis Teambuilding, Betriebsausflug und Yoga am Arbeitsplatz. Das machen die ja auch nicht aus reiner Menschenfreundlichkeit, sondern weil sie sich dadurch vitale und leistungsfähige Mitarbeiter versprechen."

Lola wiegt den Kopf. „Das ist unser Blick, klar. Aber entweder sind die Squillion-Leute Gesinnungs-Dinos. Oder die sind ganz anders drauf, und sie finden Anti-Mobbing so interessant wie Ringelpiez mit Anfassen. Weißt du, so wild-west-mäßig: In einem harten Business muss mit harten Bandagen gekämpft werden", für den letzten Satz spricht Lola mit rauer Whisky-Stimme. Und redet dann normal weiter: „Ich meine, wer in der Mafia ist, macht ja auch nicht den Sonnengruß vorm Schutzgeldbesuch. Aber es könnte sein, dass da ein inner-circle-Gefühl wächst: Wer Teil der Macht wird, ist drin, hat Vorteile, ist bis zu einem gewissen Grad auch geschützt. Und muss dafür zeigen, wie abgebrüht er ist."

„Da ist was dran", antworte ich. „Noch wichtiger für uns finde ich: Wie geht es jetzt weiter? Wie kann man denen beikommen, wie lässt Karla die auffliegen?" Lola wiegt den Kopf: „Ja, wie? – Ich finde es sehr befriedigend, mir lauter übles Zeug auszudenken, aber es muss ja was realistisches sein", sagt sie. „Dazu werde ich am besten direkt mal mit Karla reden. Am besten rufe ich sie gleich mal an", sage ich. Wir beide verabschieden uns, nachdem ich Lola versprochen habe, sie auf dem Laufenden zu halten.

Karlas ohnehin große braune Augen werden riesig auf dem Bildschirm. Sie braucht einen Moment, um das, was ich ihr erzähle, zu verarbeiten. „Die haben... das hat also... du meinst – das hat System? Das ist Absicht und das soll so sein, sogar im großen Stil?", fragt sie. Ich kann ihr das nur bestätigen. „Deine Chefin, die Teamkollegen, mit denen es an der Oberfläche so gut geklappt hat, und vor allem Jim, der dir sogar ein bisschen schöne Augen gemacht hat – die sind alle Teil dieser Geschichte, schätze ich". Je länger ich darüber nachdenke und je öfter ich darüber rede, umso klarer sehe ich diese tiefe Gemeinheit. Wie es sich anfühlen muss, ein Opfer dieser systematischen Mobbing-Maschine zu sein, kann ich nur erahnen.

Karla muss fast ein bisschen lachen über den Ausdruck „Mobbing-Maschine". „Das stimmt total", sagt sie. Ich habe sie in ihrer Wohnung in Berlin erreicht. Auf den Schreck hat sie sich ein Glas Rotwein geholt, von dem sie vor lauter Aufregung noch gar nicht getrunken hat, sondern mit vielen Ausrufen und immer wieder auf und ab laufend rekapituliert, dass hinter den Spanner-Fotos nicht „nur" wenige Einzelne stecken, sondern dass systematische Erniedrigung war. Das definierte Ziel für Mitarbeiter, die weiterkommen wollen. „Vermutlich haben die das ja, als sie noch weiter unten auf der Karriereleiter standen, selber auch abgekriegt", sage ich. Karla schaut mich an: „Genau! Wie auf so einer Privatschule oder bei so einer schlimmen Studentenverbindung, bei denen die Neulinge erstmal eine grausame Prüfung durchmachen müssen, damit sie dann dazugehören", sagt Karla. „Exakt", bestätige ich – „bloß, dass bei den Privatschulen und den Studentenverbindungen schon bekannt ist, dass einen so etwas erwartet. Vielleicht nicht im Detail, aber so ungefähr wissen die, die da reinwollen, was auf sie zukommt. Bei Squillion war das aber nicht so."

„Und ich bin nicht lange genug dabei geblieben, um auf die andere Seite der Demütigungs-Wippe zu kommen – wobei ich da niemals hinwollte, das wäre ja das allerletzte", Karla schnaubt. „Was ich mir schon die ganze Zeit überlege: Wie kann man denen das Handwerk legen, sie mal so richtig her-

stoppen?", frage ich. Karla nimmt jetzt doch einen Schluck von ihrem Wein und trommelt mit den Fingern ihrer linken Hand auf ihre Schulter. „Gute Frage. Ich weiß nicht, ob das die Polizei interessiert? Oder was braucht man da für Beweise?"

„Keine Ahnung. Über die Polizei führt sicher ein Weg. Aber ich finde, vor allem muss das an die Öffentlichkeit, damit es Squillion auch wehtut. Die sind an der Börse notiert. Wenn etwas publik wird, was den Aktienkurs nach unten sacken lässt: Das scheucht sie auf. Bei den Franzosen von Ligue du LOL hat das ja auch ordentlich Rambazamba gegeben in der Öffentlichkeit, viele sind aus ihren Jobs geflogen." „Mensch, Anna, ich kann grad nicht richtig denken. Lass uns das nochmal in Ruhe bereden. Ich glaube, ich geh mal eine Runde um den Block und dann muss ich das Ganze Franzi erzählen und – ich muss mich jetzt einfach mal sortieren."

Das verstehe ich gut – und wünsche mir kurz, ich wäre eine Influencerin mit zigtausenden Follower*innen. Dann wüsste ich, wie ich die Geschichte hochgehen lassen könnte.

4.3 Daumen hoch
– Influencer*innen

Posted by Ada L.   20. April

Lieber Charles,

mittlerweile hat sich eine eigene Berufsgruppe auf Social Media gebildet: Personen, die intensiv Inhalte in sozialen Netzwerken bereitstellen und eine große Fan-Gemeinde haben, ihre Follower*innen. Dabei sind gigantische Reichweiten möglich, Influencer*innen mit Millionen Follower*innen sind keine Seltenheit. Die Klicks auf ihre Inhalte werden von den Plattformbetreibenden ab einer gewissen Anzahl mit Geld honoriert. Es liegt ja in deren Interesse, so viele User*innen wie möglich anzulocken. Mit der Vergütung werden die Influencer*innen motiviert, noch mehr Inhalte zu erzeugen. Reich werden so die wenigsten, da die Zahl der Klicks sehr hoch sein muss, um damit viel Geld zu machen. Eine bessere Möglichkeit zum Geldverdienen ist es, sich von Firmen sponsern zu lassen und Produkte in Videos oder Bildern anzupreisen, also Schleichwerbung zu machen. Rechtlich eine Grauzone, denn das ist in Deutschland eigentlich nicht erlaubt.

Zwar gibt es Influencer*innen, die ihre Beiträge nicht des Geldes wegen erstellen, aber Influencer-Marketing ist äußerst populär [28]. Für die Zielgruppe junger Mädchen gibt es Influencer*innen, die in ihren Videos fast ausschließlich Werbung für Beauty-Produkte machen. Man muss sich klarmachen, dass es sich um Dauerwerbesendungen handelt, die von der Zielgruppe intensiv konsumiert werden.

Die Anbieter der Produkte sind beispielsweise Drogeriemarktketten, die dank dieser neuen Form der Werbung ihren Umsatz extrem gesteigert haben. Die Drogeriemarktkette Müller konnte ihren Umsatz von 2003 bis 2020 beinahe vervierfachen, auf 4 Milliarden Euro [62], nicht zuletzt wegen der unter Jugendlichen sehr angesagten Beauty-Produkte.

Die deutsche Influencerin Bianca Claßen hat ihre eigene Pflegeprodukt-Marke Bilou gegründet. Auch bereist sie für ihre Videos ferne Länder, gesponsert vom Reiseveranstalter Neckermann. Diesen Unternehmen ist es mithilfe von Influencer*innen gelungen, ihr Image bei der Zielgruppe der Jungen aufzubessern. Interessant ist, wie bereitwillig diese Art der Werbung konsumiert und wie positiv sie aufgenommen wird.

 Viele Influencer*innen verdienen durch Klicks und die Anpreisung bestimmter Produkte in ihren Beiträgen. Die Reichweite dieser Art von Werbung ist hoch, Mega-Influencer*innen haben über eine Million Follower*innen, die begeistert und freiwillig die Werbebotschaften konsumieren.

Die kurze Ablenkung tat gut, aber sofort kehren meine Gedanken wieder zurück: Was für eine abartige Geschichte – Ligue du LOL, ROFL-Squad. Echt krank. Ich schüttle mich und stecke den Kopf nach draußen. Es regnet immer noch, ich bin froh, dass es zur Toilette nicht sehr weit ist von meinem Stellplatz aus. Wieder drinnen wickle ich mich in meine Decke und zünde mir eine Kerze an, alle anderen Lichter mache ich aus. Sieht sehr gemütlich aus bei mir, finde ich. Meine Gedanken sind allerdings nicht so kuscheliger Art: Wie wir den Squillion-Leuten beikommen können, treibt mich um, bis ich ins Bett schlüpfe. Im Traum stolziert eine kleine Armee an Hühnern um mich herum, Evita mit einer ansehnlichen Schar an pludrigen weißen Kolleginnen, die mich mit ruckendem Kopf und dem mir zugewandten Auge fixieren, das Ganze zum Refrain von Upside Down von Diana Ross. Es sieht lustig aus und passt gut zum Text: up-side-down, und dazu zucken die Hühnerköpfe nach oben, zur Seite und nach unten. Disco-Hühner – ich muss Chuck unbedingt davon erzählen, beschließe ich beim Aufwachen, als mir der Traum noch relativ deutlich vor Augen steht. Die lustige Szene hebt meine Laune nach dem gestrigen Abend.

Als ich mit meiner ersten Tasse Kaffee dasitze, tippe ich Chuck schnell eine Nachricht und erhalte prompt Antwort. Bei ihm ist es schon Mittag, er schreibt, dass er gern eine Hühnerversion von Diana Ross in einem Video sehen würde – mit Background- und Tänzerinnen-Hühnern. Ich kichere bei der Vorstellung und schicke Marcia die Idee weiter. Das Ganze könnte ja auch als Trickfilm gehen.

Solchermaßen beflügelt, setze ich mich nochmal an den Moonshot-Text und schiebe die Gedanken an die ROFL-Idioten zur Seite. Ich mache noch ein paar kleine Verbesserungen am Text, bin jetzt richtig zufrieden – und werde ihn mit ein bisschen Abstand noch ein letztes Mal genau anschauen, bevor ich ihn abschicke.

Das Lied begleitet mich als Ohrwurm den ganzen Vormittag, ich pfeife „up-side-down" vor mich hin, während ich aufräume. Heute ist es sonnig, aber noch etwas frisch. Ich spüle ab, kehre und wische den Boden im Bus, dabei wird mir richtig warm. Dann lasse ich die Tür offen, damit alles gut trocknet.

Den Bus habe ich über Nacht angehängt, damit die Standheizung nicht zu viel Ladung wegfrisst. An diesem Campingplatz gibt es zwar keine Turboladestation, aber dem Akku tut es gut, normalerweise eher langsam Strom zu saugen. Über Nacht war das kein Problem, inzwischen sind E-Mobile nicht mehr so selten. Sowohl an Autobahnen als auch auf Campingplätzen gibt es eigentlich immer eine Möglichkeit.

Auch in Tschechien funktioniert das Bezahlsystem beim Stromladen per Online-Dienst, wie ich einem deutschen älteren Ehepaar erkläre, das sich für meinen E-Bus interessiert. Mit „Morgenstund hat Gold im Mund" (Frau) „aber Blei in den Knien" (Mann) begrüßen sie mich, als sie mit Partnerlook-Outdoorjacken Richtung Kiosk gehen und ich gerade die Matten ausschüttle. „Müßiggang ist aller Laster Anfang", gebe ich zurück, worauf die Frau eifrig

nickt und der Mann bedeutungsschwer „da sagen Sie was, da sagen Sie was"
entgegnet. „Sie laden hier den Bus auf, ist der nur elektrisch?", kommt der
Mann dann doch von den Spruchweisheiten zum Konkreten. Ich erzähle ein
bisschen was zu Akkuleistung undsoweiter. „Müssen Sie da Münzen einwerfen,
oder geht das pauschal mit dem Stellplatzpreis?", will der Mann wissen. „Das
wird schon extra abgerechnet, das funktioniert alles online", antworte ich.
„Auch im Ausland?", fragt er, ich nicke.

„Ja, was heutzutage alles geht", sagt der Mann. Er und seine Frau werfen
sich die Erinnerungsbälle zu: „Als wir den Euro noch nicht hatten und dann in
Italien in Lire umrechnen mussten, in Österreich in Schilling und in Spanien
in – was war das in Spanien, Pesos?" – „Pesetas", sagt die Frau und lächelt
mich an. „Das haben wir ja hier in der Tschechei mit den Kronen immer noch
– aber das ist ja eher die Ausnahme, jedenfalls in den Ländern, in denen wir
immer Urlaub machen", fährt der Mann fort, ehe er sich wieder zu meinem Bus
beugt und die Buchse beäugt. „Billiger ist das ja inzwischen, mit dem E-Antrieb
im Vergleich zu Diesel und Benzin. Aber ist das mit dem Online-Zahlen auch
wirklich sicher? Oder kann da jemand die Daten klauen und auf Ihre Rechnung
tanken?" Ich erkläre ihm, dass das verschlüsselt läuft, genauso, wie wenn er
beim Einkaufen mit Karte zahlt, und füge an, dass das schon eine sichere Sache
ist. „Naja, hundertprozentig ist nichts, gell, nur der Tod ist umsonst", der Mann
ist wieder bei den Sprüchen angelangt, „und der kost' das Leben", seufzt die
Frau unweigerlich. Ich reiche den beiden meine Karte mit der Blog-Adresse –
„falls Sie sowas wie Verschlüsselung interessiert: Da schreib ich regelmäßig
drüber. Schauen Sie doch einfach mal rein", lade ich ein. Die beiden bedanken
sich, „wir sagen mal: San Frantschüssko", und gehen nun endgültig los zum
Frühstückholen. Ich kann nicht widerstehen und entgegne, „see you later,
alligator", woraufhin die Frau sofort „in a while, crocodile" zurückzwitschert
und der Mann mir fröhlich zuwinkt.

Grinsend schaue ich den beiden nach und bringe meinen kleinen Busputz
zu Ende. An Vorräten brauche ich aktuell nichts Großes, bloß Milch, etwas
frisches Obst und Gemüse will ich mir noch kaufen. Ich beschließe, noch eine
Runde zu Fuß in die Stadt zu machen, und dann heißt es: Ahoj, Marienbad,
hallo, Österreich. Auf meiner Wetter-App habe ich gesehen, dass die nächsten
Tage weiter wechselhaft und ziemlich regnerisch werden sollen. Richtung
Süden wird es aber besser.

Bei meiner Stadtrunde finde ich einen Bio-Markt, bei dem ich mich auch
mit Müsli und anderen haltbaren Sachen eindecke. Mein Rucksack ist ziemlich

voll, als ich zurück zum Bus schlendere und mir unterwegs in einer Bäckerei noch Apfel- und Kirschstrudel hole, ein paar Packungen Karlsbader Oblaten nehme ich auch mit. Inzwischen sind wieder Wolken aufgezogen, Nieselregen setzt ein und geht dann in richtigen Regen über. Ich laufe fast zurück zum Bus, verrenke mich beim Schuhe-Ausziehen, um keinen neuen Schlamm mit reinzubringen, und sitze bald hinterm Steuer: auf in die Sonne.

Die kommt in Tschechien nochmal kurz raus, ich fahre rechts ran und sehe einen doppelten Regenbogen direkt über meinem Bus – ein Foto, über das sich Walter und Regina sicher freuen werden.

Während der Fahrt drehe und wende ich im Kopf alles, was Chuck bisher über Squillion herausgefunden hat. Vor allem mache ich mir Gedanken darüber, wie wir dieses Wissen an die Öffentlichkeit bringen können – mit möglichst viel Reichweite und Durchschlagskraft. Natürlich kann ich darüber bloggen, aber so viele Follower*innen, dass das richtig rummst, habe ich nicht. Allerdings hat auch Chuck hat seine Netzwerke.

Wir bräuchten sowas wie Wikileaks mit großer Reichweite, jemanden wie Edward Snowden, überlege ich. Snowden hat bei der CIA gearbeitet und geheime Daten an große Zeitungen weitergegeben: Es ging vor allem darum, wie umfassend die Geheimdienste vor allem von USA und Großbritannien Spionage und digitale Überwachung betreiben. Diese Enthüllungen haben große Wellen geschlagen. Aber auch dafür braucht man genügend Wumms, der für Aufmerksamkeit sorgt, sonst bringt das auch nicht viel. Das hat Chuck ja schon gesagt, ich überlege weiter.

Ich fahre nochmal an Regensburg vorbei. Aber heute mache ich keine bayerischen Zwischenstopps mehr, denn ich will nach Österreich und dann weiter in Richtung Süden, ans Mittelmeer. Auf welcher Route genau, das entscheide ich je nach Wetter und Laune.

Als ich über die österreichische Grenze gefahren bin, mache ich mich auf die Suche nach einem Ladepunkt – lieber will ich dieses Mal doch an einer Schnelllade-Station den Bus ganz vollmachen. Meine App findet eine bei Langkampfen, gleich an der Autobahn, und ich hänge Douglas ans Kabel.

Im Supermarkt neben der Ladestation gibt es ein nettes Café, wo eine offensichtlich bayerische Familie vor mir am Tresen steht und sich mit Proviant eindeckt. „Ein Fleischpflanzerl", will der Sohn, die Bedienung versteht Fleischkäse, denn Fleischpflanzerl oder Bulette heißt in Österreich faschiertes Laiberl, wie der Vater genüsslich erklärt und ordert. „Aber das ist doch Leberkäs", wispert der Bub seinem Vater zu und zeigt auf das, was die Bedienung

Fleischkäse nennt. Der Vater nickt und erläutert seinem Sohn ausführlich die feinen Unterschiede der Fleischwarenbezeichnungen im In- und Ausland. Leise grinsend halte ich Ausschau nach Powidl-Tascherln, aber Zwetschgen haben so früh im Jahr wohl noch keine Saison. Also wird es für mich eine Breze.

Dann ist genug Ladezeit verstrichen, ich laufe zum angeleinten Bus. „Wie im Wilden Westen, als die Pferde vor dem Saloon am Wassertrog angebunden waren", geht es mir durch den Kopf – ich poste gleich mal ein entsprechendes Foto vom „saufenden" E-Bus. Den satten Douglas stöpsele ich ab, und wir reiten weiter gen Süden. Den Brenner packen wir auch souverän.

Die Strecke durchs Eisacktal gefällt mir, wo das grünsilbrig-türkise Wasser neben der Straße entlangrauscht. In Südtirol schaue ich mir – schon seit ich ein Kind war – gern die deutsch- und italienischsprachigen Namensschilder an, Isarco und Eisack, Alsace und Etsch, Klausen und Chiusa undsoweiter.

5 Italien

Bei einem Autogrill mache ich Rast, hole mir meinen ersten italienischen Cappuccino und schnaufe tief durch. Dem Nieselregen in Marienbad bin ich längst entkommen, in Österreich war es noch bedeckt, hier in Südtirol kommt die Sonne durch und wärmt deutlich.

Da fällt mir noch eine Parallele auf: Facebook-Leaks passt auch zu den Ligue de LOL- und den noch unaufgedeckten ROFL-Squad-Vorfällen. Vor einiger Zeit hat Frances Haugen den Konzern von Mark Zuckerberg das Fürchten gelehrt: Sie machte öffentlich, dass Facebook wissentlich Studien ignoriert hat. Darin kam klar zutage, dass Facebook Hate Speech, Hassbotschaften, und erwiesene Fake News, falsche Informationen, zwar erkannt hat, aber nichts dagegen unternahm.

Im Gegenteil: Anstatt dem entgegenzuwirken, haben die Verantwortlichen das gern weiterlaufen lassen. Denn das bringt Traffic, das bringt Klicks, und daran verdient das Unternehmen ordentlich. Hätten sie etwas verändert, schneller Hass-Schreibende und Falschnachrichten-Verbreitende gesperrt, wäre ihnen viel Geld durch die Lappen gegangen. Wenn es Reibach gegen Moral geht, gewinnt der Reibach in 99 von 100 Fällen, wie es meine Tante Lydia ausdrückt, die sich seit Jahrzehnten für Klimaschutz und gegen Atomkraft einsetzt.

Die Enthüllungen von Frances Haugen blieben nicht ohne Folgen: Der Aktienkurs von Facebook ging deutlich nach unten, der Imageschaden war nicht unbeträchtlich. Außerdem hat Haugen vor dem US-Senat ausgesagt. Die Politik hat das Ganze nicht auf die leichte Schulter genommen. Zu Recht.

Ich sehe in dem systematischen Fördern von Mobbing, das Karla selbst erlebt hat, genauso viel Unrecht. Wichtig wäre auch, herauszufinden, was den Opfern dieser infamen Strategie alles widerfahren ist. Ich rufe Lola an, die schnaufend ans Telefon geht. „Bin grad Gassi mit Lanzelot. Er hat zwar nur drei Beine, man sollte meinen, das bremst ein bisschen, aber er ist schnell wie sonstwas, vor allem wenn er sich in etwas Unsäglichem, unglaublich Stinkendem wälzen kann – Lan-ze-LOT! Raus da! Sorry, Anna", schnaubt sie ins Telefon, ehe ich auch nur ein Wort sagen kann.

Dann hat sie den dreibeinigen Duft-Detektor wohl wieder gebändigt, ich erzähle ihr vom Autogrill, „boah, ich will es gar nicht hören, aber ich gönn es dir", Lola ist immer noch außer Atem. Also erzähle ich ihr von meinen

Facebook-Haugen-Assoziationen und meinen weiteren Gedanken. „Ohaaa, guter Punkt", lobt Lola und denkt gleich laut weiter. „Das wäre auch fürs Theater eine hochinteressante Sache: Mobbing, psychische Verzweiflung, hinterfotzige Pläne, alles drin. Schreib ich mir gleich auf, wenn ich wieder daheim bin." „Ja, Lola, das machst du, aber jetzt brauch ich deine Kreativität für Karlas Problem – sie müsste zu Wikileaks oder so, um eine richtig große Plattform zu kriegen. Es muss öffentlich werden, so weitgreifend, dass es für Squillion nicht mehr einzufangen ist", verdeutliche ich.

„Ja, klar, wenn Mobbing jemanden trifft, der schon etwas labil ist, das kann richtig schwerwiegend sein. Das ist nicht ohne, wissen wir doch alle", Lola holt jetzt tief Luft, aber vor allem, um erneut nach ihrem Hund zu brüllen. Ich bedanke mich bei ihr und schlage vor, dass wir später nochmal reden, wenn sie wieder bei Atem und mit Lanzelot zuhause ist.

Ich fahre noch ein Stückchen bis nach Sterzing alias Vipiteno. Douglas hat zwar noch Akku-Power, aber ich brauche eine Pause und möchte ein bisschen schlendern und was Warmes essen. Die ROFL-Squad schicke ich innerlich ebenfalls in eine Pause. Also lasse ich mich entspannt durch die Stadt treiben, hole mir nach dem Essen ein Eis nahe des Zwölferturms. Ah, italienisches Eis – ich liebe es! Während ich es genieße, laufe ich am Eisack entlang. Der Zwölferturm heißt so, lese ich auf Wikipedia nach, weil er angeblich mit dem Zwölfuhrläuten die Menschen zum Mittagessen gerufen hat. Schön satt, wie ich bin, gönne ich auch jedem Sterzinger sein ordentliches Mahl.

Auf der Suche nach einem Taschentuch zum Abwischen meiner Finger stoße ich in meiner Jackentasche auf einen alten USB-Stick. Eine Zeitlang hatte ich immer einen dabei, genauso wie den Schlüssel, das Handy und den Geldbeutel. Denn da war es gut, immer ein Speichermedium zur Hand zu haben. Hat sich bei Moonshot ja auch nochmal gezeigt, dass das nicht ganz doof ist. Doch normalerweise speichere ich meine Arbeit in der Cloud. Eine Sicherheitskopie ziehe ich natürlich auch noch, aber die Cloud ist schon ein ziemlich sicherer Ort.

5.1 Über den Wolken
– Die Cloud

Posted by Ada L.   21. April

Lieber Charles,

stellen Sie sich vor, Sie könnten alles, was Sie geschrieben, notiert und ge-
zeichnet oder auf Lochkarten gestanzt haben, an einem sicheren Ort aufbewahren – und dieser Ort schwebt in einer Art Wolke immer in Ihrer Nähe. Sie
könnten von überall aus darauf zugreifen, daran arbeiten, anderen Zugriff
gewähren und verschiedene Varianten speichern. Sie könnten – wie Mary
Poppins aus ihrer magischen Reisetasche – überall ein Lochkarten-Programm
hervorholen und eine Maschine damit füttern. Auch das ist inzwischen möglich: Die Cloud ist mit uns, wo immer wir auch sind. Und wo es Internet gibt.

Cloud-Dienste haben mittlerweile die Art, Computer zu nutzen, stark verändert. Wir sind „always on". Wir nutzen selbstverständlich Cloud-Speicher wie
Dropbox zum Datenaustausch oder zur Synchronisierung von Daten. Software
läuft teilweise komplett aus der Cloud direkt im Browser, wie Office-Produkte
von Microsoft oder Google.

Aber auch Softwarefirmen nützen die Cloud, sie müssen keinen eigenen
Server betreiben, um selbst programmierte Software anzubieten, beispielsweise Chatbots. Dazu müsste man eigentlich einen Computer ständig mit dem
Internet verbunden haben. Dabei können Probleme auftreten: Die darauf lau-
fende Software kann durch Überlastung bei zu vielen Zugriffen abstürzen,
außerdem müsste der Computer immer laufen. Bei einem Stromausfall wäre
dieser dann nicht verfügbar. Außerdem muss die Internetverbindung selbst
stabil und schnell sein. Je nach Anwendung kann ein Ausfall problematisch
sein. In jedem Fall würde sich eine Firma ärgern, wenn der Dienst ausfällt, der
Anbieter das zunächst gar nicht merkt und den Computer nicht gleich neu
startet.

Die Lösung ist die „Cloud". Anbieter von Cloud-Diensten sind externe
Firmen, die Server betreiben, auf denen man die eigene Software installieren
kann. Abgesehen davon, dass man sich nicht um die Hardware kümmern
muss, gibt es zahlreiche weitere Vorteile: Die Firmen betreiben nicht nur einen
Server, auf dem der eigene Dienst läuft, sondern mehrere, so dass bei einem
Ausfall ein weiterer Server als Ersatz einspringen kann. Je nach Beliebtheit

des eigenen Dienstes und nach der Zahl der Anfragen können auch mehrere Server parallel die Anwendung verteilt ausführen. Bei nur spärlichen Zugriffen werden mehrere Dienste über einen Server betrieben.

Die Anwendung wird virtualisiert. Es wird also nach Bedarf Rechenpower hinzugenommen. Das Gegenteil davon ist ein sogenannter dedizierter Server, der nur für einen Kunden und seine Anwendungen zuständig ist. Das Verteilen der Last macht sich auch in der Finanzierung dieser Dienste bemerkbar. Meist ist eine Nutzung mit wenigen Zugriffen kostenfrei, erst ab einer größeren Anzahl muss man zahlen. Die Abrechnung ist gestaffelt.

Dieses Vorgehen ist für Startup-Unternehmen ideal: Man kann seine Ideen ausprobieren und kostenfrei anbieten. Bei einer großen Zahl an Nutzer*innen, meist ab mehreren hunderttausend Zugriffen, muss man zahlen, und dann auch nur mikroskopisch kleine Beträge (Cent-Bruchteile) pro Zugriff. Bei einer so hohen Zugriffszahl hat man allerdings bestimmt auch ein Geschäftsmodell, mit dem man diese Beträge refinanzieren kann.

Spannend ist, dass man, im Gegensatz zur Gründung von traditionellen oder analogen Unternehmen, kein Eigenkapital für die Finanzierung von Maschinen oder Räumen haben muss: Man benötigt nur einen Laptop, eine Internetverbindung und einen Platz, zum Beispiel in einem Coworking-Space. Beim digitalen Wandel ist es deshalb so wichtig, dass die digitale Infrastruktur gut und flächendeckend schnelles Internet verfügbar ist.

Bei den Cloud Services unterscheidet man zwischen Infrastructure as a Service (IaaS), Platform as a Service (PaaS) und Software as a Service (SaaS). Infrastructure as a Service bedeutet, man kann Server bekommen, dort muss man sich aber um alles selbst kümmern. Platform as a Service ist eine vorkonfigurierte Umgebung, oft mit Anbindung an eine fertige Datenbank, die bereitgestellt wird, bei der man den Server nicht selbst einrichten muss. Software as a Service bedeutet, dass man eine Software – beispielsweise eine Office-Umgebung mit Anwendungsprogrammen zum Schreiben – direkt in der Cloud über den Browser nutzen kann und keine Dokumente mehr lokal auf dem eigenen Rechner speichert.

Es gibt zahlreiche Anbieter von Cloud-Services. Die üblichen Verdächtigen sind auch dabei: Google Firebase (PaaS) bietet Cloud-Speicherplatz in Form von verschiedenen Datenbanken an, aber auch Services wie die Versendung von Nachrichten. In der Datenbank Firestore sind 20.000 Schreibvorgänge pro Monat kostenfrei. Darüber hinausgehende Datenzugriffe kosten 0,013 Dollar pro Zugriff. Auch IBM und Microsoft bieten Cloud-Services an. Microsoft

Azure, so der Name der Microsoft PaaS-Cloud, wird zunehmend wichtig im Gesamtgeschäft von Microsoft, wohingegen das Geschäft mit dem Betriebssystem Windows immer weniger relevant ist. Gerade in der Corona-Zeit konnte Microsofts SaaS-Cloud mit Teams und der Cloud-basierten Office-Version 365 stark zulegen.

Cloud-Dienste stellen Rechenpower und Speicherplatz zur Verfügung. Die Anwendungen skalieren, wie man sagt: Wenn der Bedarf steigt, beispielsweise durch einen Zugewinn an eigenen Kund*innen, werden mehr Ressourcen bereitgestellt. Die Abrechnung der Kosten richtet sich nach dem Bedarf. Bei den Cloud-Diensten unterscheidet man Infrastructure as a Service (IaaS), Platform as a Service (PaaS) und Software as a Service (SaaS).

Mein Bus steht am Rand eines Wanderparkplatzes, die Sonne scheint, und am frühen Abend sieht es hier idyllisch aus. Morgen muss ich arbeitsmäßig wieder was weiterbringen, beschließe ich, daher mache ich mich auf Stellplatzsuche. In Italien ist wildes Campen verboten. Es sei nicht ratsam, es auszuprobieren und zu hoffen, dass man nicht erwischt wird, lese ich in den einschlägigen Online-Ratgebern. Sonst sind um die 300 Euro fällig. Man könnte aber in den Gemeinden direkt fragen, ob man sich irgendwo hinstellen darf. Ich überlege gerade, ob ich dort noch jemanden erreichen kann, da höre ich es rascheln und scharren: Zwei Hühner durchkämmen gerade das hohe Gras am Rand des Parkplatzes. Diese hier sehen ausnahmsweise nicht so aus wie Evita, es sind eine graue und eine weiße Henne, schön pludrig. Ich beobachte sie eine Weile und frage mich, wo sie herkommen, denn unmittelbar in der Nähe sehe ich weder Bauernhof noch Hühnergehege.

Einerseits sehen Hühner so gemütlich aus, picken, scharren, picken und scharren. Als ich mir ein Glas Wasser und einen Apfel hole, haben die zwei aber schon ziemlich Strecke gemacht, sie nehmen Kurs auf die Landstraße, auf der nun gegen Abend einiges los ist. In einem Bogen gehe ich von der Straßenseite aus auf die Hühner zu, die vor mir zurückweichen und wieder ins ungefährlichere Parkplatzinnere laufen. Langsam gelingt es mir, den beiden etwas näher zu kommen, ich beuge mich hinunter und locke sie mit kleinen

Apfelstückchen an. Eine traut sich her, pickt schnell den Apfel auf und zieht sich wieder zurück, das Ganze wiederholt sie noch zweimal. Dann fasst auch die andere Mut und holt sich etwas Apfel.

Ich erinnere mich an Evitas Vorlieben und hole aus dem Bus eine Scheibe Salami, die ich in Stückchen rupfe. Da werden sie richtig futterneidisch und versuchen, sich gegenseitig die Wurstfetzen vor dem Schnabel wegzurupfen. Als die Salami weg ist, machen sich die zwei schon wieder Richtung Straße auf. Noch einmal führe ich das Tänzchen mit dem Zurückscheuchen mit ihnen auf, aber beim dritten Mal wird mir klar: Da muss etwas anderes passieren. Die nächste Scheibe Salami lockt die zwei wieder näher, ich lege sie auf die Stufe zu meinem Bus. Während die mutigere schon in den Bus gehüpft ist, scheuche ich die scheuere Kollegin hinterher und mache schnell die Tür zu.

Durch die Fahrertür schiebe ich mich auf dem Sitz, hinter mir Gegacker und Geflatter. Mir ist klar, dass ich jetzt schnell handeln muss – sonst kacken die mir alles voll vor Aufregung. Und ich habe heute früh geputzt.

Auf gut Glück kurve ich von dem Parkplatz auf die Landstraße und halte Ausschau nach einem Bauernhof, einem Hühnerstall oder ähnlichem. Auf der rechten Seite sehe ich einen großen Garten mit Obstbäumen und einem geflochtenen Zaun, eine große Einfahrt, in der – Tatsache – einige Hühner herumlaufen und aufgescheucht davonrennen, als ich mit dem Bus einbiege. Eine Frau, die gerade Wäsche aufhängt, kommt in meine Richtung. Innen quetsche ich mich aus dem Fahrersitz nach hinten und öffne die seitliche Tür von innen. Die Hühner flattern nach draußen, ein paar Federn stieben, und ich sehe, dass ein paar Kleckse Aufregungs-Guano auf dem Boden gelandet sind.

„Blanka und Grisgris, wo kommt ihr wieder her", ruft die Frau und öffnet einen Torflügel, sie scheucht die Hühner zu den anderen und schließt das Tor gleich wieder, damit alle drin bleiben. „Sind das Ihre?", frage ich. „Ja freilich, die alten Ausreißer", die Frau wendet sich mir zu. „Wo waren die beiden denn?", Ich beschreibe es ihr, und sie bedankt sich überschwänglich, will sofort die Hinterlassenschaften der Hühner wegputzen, aber das mache ich schnell mit etwas Küchenrolle selber. Die Frau besteht darauf, mir „ein bissl was als Dankeschön" zu bringen und kommt mit einem Glas Marmelade und einem Stück selbstgebackenem Brot. Ich freue mich und frage sie, ob sie einen Stellplatz für mich für die kommende Nacht weiß. „Ja, da bleibst doch gleich da", sie geht zum du über und zeigt mir einen Platz, wo ich keinem anderen Gefährt im Weg stehe, öffnet das Tor dann noch einmal, um mich durchzulassen. „Kannst gern ein paar Tage bleiben – und ein bissl auf die Hühner aufschauen. Mit den beiden ist es wirklich schwierig, die sollten im Gehege bleiben, aber die finden immer wieder einen Durchschlupf; das sind immer die zwei, die anderen bleiben eh in der Nähe", sagt sie lächelnd. Ich bedanke mich – ein wahres Glück.

Während ich mein Wasser auffülle, kommen zwei Kinder, Ludwig und Maria, neugierig zum Bus. Zuerst sagen sie fast nichts, aber nachdem ich ihnen erzählt habe, dass ich ihre Hühner mit Salami nach Hause gelockt habe, setzen sie sich zu mir auf die Stufen vom Bus, essen ein Stück Schokolade, das ich ihnen spendiert habe, und zählen alle Tiere auf, die bei ihnen auf dem Bauernhof leben: Hühner, Katzen, Ziegen und Hugo, das Hängebauchschwein, gibt es hier. Zu dem schlendern wir hinüber, er liegt hingestreckt in der Sonne und dreht sich träge auf die Seite, damit wir ihn streicheln. Ich muss grinsen, und mir kommt es fast so vor, als würde auch Hugo lächeln. Maria streift ihren Schuh ab und massiert ihm mit nackten Zehen den Bauch, und Hugo schließt genießerisch die Augen. Ein tolles Schweineleben, wie es aussieht.

Etwas später kommt nochmal Luisa, die Mutter, vorbei. In ihrem Südtiroler Dialekt erzählt sie mir von ihren Hühnern mit Freiheitsdrang und ihrem Leben hier, mit dem Tieren, der Natur und fern der Stadt. „Gleichzeitig beneide ich dich ein bisschen, dass du so herumfahren kannst, nur deiner Nase nach, ohne dich um Kinder, Mann, Tiere und Haus kümmern zu müssen. Andererseits", sie greift nach Wolly, dem kleinen grauen Kater, der um unsere Beine turnt, schaut auf ihren Garten, in dem die Kirschbäume blühen und die Klappe des Frühbeets offensteht, und atmet tief ein. „Das sind schon meine Wurzeln, und ich bin gern hier", sagt sie.

„Ich finde, beides hat was", antworte ich. Wir trinken zusammen einen Tee, bevor Luisa die Kinder versorgt und mir ein Stück Kuchen „als Betthupferl" herüberbringt.

Dazu hat sie eine Computerfrage an mich: Sie will für ihren Gartenbauverein eine Präsentation vorbereiten, hat aber kein Powerpoint und will sich auch nicht extra ein Programm anschaffen. Ich rate ihr, es mit einem Open-Source-Programm zu versuchen, zum Beispiel LibreOffice Impress oder Google Slides. „Und das kostet nichts? Ist das dann auch was Gescheites?", fragt Luisa. „Ja, absolut", antworte ich, und erzähle ihr, dass sich etwa bei LibreOffice viele Entwickler zusammentun und gemeinsam an der Software arbeiten – ohne Lohn. „Ein Gemeinschaftsprojekt für die Gemeinschaft: Das ist ein Teil der

Schokoladenseite des Internets, dass sich alle mit allen vernetzen können", setze ich hinzu.

Gemeinsam schauen wir uns an ihrem Laptop kurz das Programm an. Luisa kapiert schnell, was sie machen kann, und stellt sich eine kleine Präsentation zusammen, die sie noch in Ruhe verfeinern will. „Falls du nochmal Hilfe brauchst – jederzeit", biete ich an. „Ach, das krieg ich jetzt allein hin", sie winkt ab, „aber vielen Dank für den Tipp." Wir teilen uns das letzte Kuchenstück, auch Wolly kriegt ein winziges Eck. „Er steht tatsächlich auf Kuchen: Ich muss den immer gut abdecken, sonst hält er sich schadlos", sagt Luisa, während der Kater die Brösel aufschleckt.

Weil Luisa, ihr Mann Martin und die Kinder Ludwig und Maria es mir so freundlich anbieten, bleibe ich noch ein paar Tage. Das tut meinem Arbeitssoll sehr gut, ich komme voran. Außerdem bietet mir Luisa ihre Waschmaschine und ihre Badewanne an – von beidem mache ich Gebrauch, vor allem ein paar Regentage sind so gut auszuhalten. Mit den Kindern spiele ich Uno im Bus, oder wir gehen alle ins Haus und schauen zusammen ein bisschen Fernsehen. Luisa macht Pizza, die wir miteinander am langen Tisch essen.

Als Ausgleich helfe ich ein bisschen mit, wo ich kann, miste bei den Hühnern aus, sammle die Eier ein und mache an einem Samstagvormittag für alle Pfannkuchen in der großen gemütlichen Küche. Als sich Verwandtschaftsbesuch bei Luisas Familie ankündigt, nehme ich das zum Anlass, wieder aufzubrechen.

Maria und Ludwig laufen mir noch bis zur Einfahrt nach, winken und winken, so dass ich mit einem echten Kloß im Hals weiterfahre – weiter nach Süden. Der Eisack fließt in die Etsch, ich fahre die lange Bergab-Strecke von den Alpen zum Mittelmeer und merke schon bald, dass die Freude am Unterwegs-Sein wieder einschießt. Inzwischen bin ich auch mit Douglas' Maßen gut vertraut, ich sehe Pkw-Fahrer an den Autobahn-Maut-Stationen, die weniger souverän als ich in die Gassen lenken, in denen der Mautcoupon geholt oder der Betrag gezahlt werden muss. Eigentlich auch ein System aus der Steinzeit, denke ich, das müsste doch inzwischen digital viel einfacher gehen.

Egal, schön ist es hier: Ich singe am Steuer, lasse die grüne Landschaft an mir vorbeiziehen, fahre von der Autobahn runter und durch die Dörfer. Halte an, um mir in einer Bar auf einem Marktplatz ein paar Tramezzini zu genehmigen. Als ich auf einem Maps-Programm meinen Standort und die Umgebung anschaue, sehe ich den Gardasee südöstlich von mir liegen. Der ist einen Abstecher wert.

Also lasse ich mich Richtung Lago di Garda treiben, überlege, ob ich gleich in Riva im Norden Station machen soll – und entscheide mich, noch weiter in den Süden zu fahren: Die Landzunge Sirmione steuere ich an, dort habe ich Fotos von einem sehr nett aussehenden Campingplatz gefunden, mit einer Reihe von Ladestationen in der Nähe. Douglas hat noch genug Saft aus dem Starkstromanschluss von Luisa und Martin, ich kann noch etwas Strecke machen. Beim Fahren beschließe ich, dem Open-Source-Thema auch einen Blog-Eintrag zu widmen.

5.2 Offene Quellen
– Open Source

Posted by Ada L.   27. April

Lieber Charles,

wenn Daten das Öl der digitalen Welt sind, so ist der Motor die Software. Ein wichtiger Bereich der Software-Entwicklung findet in Open-Source-Projekten statt, also in Projekten, die Software frei und kostenlos für die Allgemeinheit zur Verfügung stellen. Hier ist nicht nur das Produkt selbst frei, sondern jede*r kann den Quellcode frei einsehen und für eigene Projekte verwenden.

Viele denken, dass solche Projekte nur Hobbys von Computer-Nerds sind und dass „richtige" Software als gut geschütztes Eigentum von großen Computerkonzernen entwickelt wird. Nach dem Motto: Was nichts kostet, ist nichts wert. Das stimmt nur zum Teil, die Open-Source-Software ist einer der wichtigsten Bausteine der heutigen Technologie. Die meisten großen Firmen entwickeln ihre eigenen Produkte als Open Source. Das hat verschiedene Vorteile. Ein Aspekt ist, dass sich viele Freiwillige an den Projekten beteiligen. So arbeiten viel mehr Entwickler*innen an den Projekten, als die Firmen bereitstellen können. Auftretende Bugs können von Spezialist*innen auf der ganzen Welt bereinigt werden.

Viele bekannte Software-Anwendungen sind Open Source. Eins der wichtigsten und größten Projekte ist Linux, das freie Betriebssystem. Viele denken, dass dieses System sich nicht gegen Windows durchgesetzt hat, allerdings stimmt das gar nicht: Android, das Betriebssystem für Handys, das federführend von Google entwickelt wird, basiert auf Linux, ebenso wie das ebenfalls von Google stammende Betriebssystem Chrome OS. Die Welt der mobilen Geräte läuft jedenfalls mit auf Linux basierenden Betriebssystemen. Ebenso sind die Betriebssysteme, die auf Servern laufen, Linux-Varianten. Das ganze Internet würde nicht ohne Linux funktionieren. Die Web-Server-Software selbst ist ebenso meist Open Source. Die meisten Programm-Bibliotheken, also wichtige Bestandteile jeder Software, sind Open Source.

Soll ein Programm als Open-Source-Software veröffentlicht werden, müssen die Nutzungsrechte explizit geregelt werden, damit keine Unklarheiten entstehen. Fragen wie: Kann ich die Software in eigenen kommerziellen Projekten verwenden? Darf ich sie verändern? Darf ich sie vielleicht sogar so, wie sie ist, selbst verkaufen? – müssen geklärt werden.

Dazu wird die im Web veröffentlichte Software unter eine Open-Source-Lizenz gestellt. Dem Quellcode der Software beigefügt ist ein spezieller Text, der die Nutzung regelt. Es handelt sich bei dem Text eigentlich nicht um das, was man normalerweise bei einer Lizenz erwarten würde, sondern um das Gegenteil: eine Art Anti-Lizenz. Eine Lizenz im herkömmlichen Sinn regelt die Nutzungsbedingungen wie folgt: Sie erlaubt den User*innen, die das Programm gekauft haben, die Verwendung der Software zu bestimmten Zwecken, die durchaus eingeschränkt sein können. Eine Schulungslizenz verbietet beispielsweise, dass man mit der Software kommerzielle Produkte herstellt. Eine Lizenz regelt auch, wie viele User*innen überhaupt das Programm nutzen dürfen. So darf man bei Einzelplatz-Lizenzen die Software nur auf einem Rechner installieren, und es gibt zeitlich begrenzte Lizenzen.

Eine Open-Source-Lizenz erlaubt, im Gegensatz dazu, ausdrücklich die freie Nutzung und Weitergabe der Software und deren Quellcode. Zudem muss man die Lizenz selbst weitergeben, das ist dort ebenfalls geregelt, so dass man nicht nur den Code ohne die Lizenz weitergeben darf. Diese Lizenzen sind rechtlich verbindlich. Damit sich nicht jede*r eine eigene Fantasie-Lizenz ausdenkt, gibt es einige Standard-Lizenzen, die sich etabliert haben.

Man kann zwei Typen von Lizenzen unterscheiden: die etwas freieren, die eine Einbindung der Software in kommerzielle Projekte (Closed Source) erlauben, und die weniger freien, bei denen die Projekte, die die Open-Source-Software nutzen, selbst wieder unter derselben Lizenz veröffentlicht werden müssen, also auch als Open-Source-Software. Eine der ersten Lizenzen dieser Art war die GPL von Richard Stallman, einem Urgestein der Hackerkultur und Gründer der „Free Software Foundation".

GPL bedeutet GNU Public License. Das GNU-Projekt (GNU steht für GNU's Not Unix) ist eine Zusammenstellung freier Software, die zusammen in einem Betriebssystem zum Einsatz kommt. Diese Programmsammlung wird heutzutage zusammen mit Linux als Linux-Betriebssystem verstanden und trägt teilweise den Namen GNU/Linux.

Die GPL-Lizenz ist allerdings eine restriktive Lizenz. Sie regelt, dass man Programme, die man unter Verwendung von GPL-lizenzierter Software entwickelt hat, nur unter den gleichen Bedingungen weitergeben darf, mit beiliegender GPL-Lizenz. Stallman nennt das Copyleft – in Anspielung auf Copyright. Es entstanden dann bald „freiere" Lizenzen, wie LGPL (Lesser GPL), MIT (benannt nach dem Massachusetts Institute of Technology) oder BSD (Berkeley Software Distribution), welche die Einbettung der Softwarebausteine in kommerzielle Softwareprodukte erlauben.

Wo und wie findet diese Software-Entwicklung statt? – Dazu gibt es spezielle soziale Netzwerke nur für Software-Entwickler*innen. Die Software, an der gemeinsam gearbeitet wird, befindet sich in einer Cloud, die in ein soziales Netzwerk eingebunden ist. Die bekannteste und wichtigste Plattform ist GitHub. Hier sind über 70 Millionen Entwickler*innen am Werk, Tendenz steigend. Die Plattform ist mittlerweile im Besitz von Microsoft, aber die Projekte sind und bleiben meist reine Open-Source-Projekte. Die wichtigsten Softwareprojekte, auch der Quellcode für das Betriebssystem Linux, sind hier zu finden. Zu jedem Thema gibt es hier Software: Es gibt Spiele, aber auch ernsthafte wissenschaftliche Arbeiten, wie beispielsweise Medizin-Anwendungen zur Entwicklung von Impfstoffen gegen das Corona-Virus.

Aus eigener Erfahrung kann ich Ihnen, lieber Charles, berichten, wie es dort zugeht: Bei einer Auftragsarbeit, bei der ich selbst programmieren musste, verwendete ich eine bestimmte Programmierbibliothek. Diese war jedoch schon länger nicht mehr gewartet worden und veraltet. Wenn ich hier alt schreibe, dann bedeutet dies nicht Jahre oder Jahrzehnte alt, sondern Monate. In der digitalen Welt veraltet in Monaten so einiges, das merken mittlerweile alle, die sich ein neues Handy kaufen. Ständig gibt es Updates, und nach ein paar Monaten ist das Handy gar nicht mehr so neu und schick.

Da jedenfalls die benötigte Programm-Bibliothek unentbehrlich für das Projekt war, schrieb ich über die Plattform die Entwickler*innen an, ob diese an einer neuen Version arbeiten. Man hat den Eindruck, dass diese Entwickler*innen, die oft auch nicht auf demselben Kontinent wie man selbst leben, nie schlafen: Die Antwort kam prompt, nur war sie nicht befriedigend. Sie arbeiteten noch an anderen Baustellen, die Arbeit an meinem Problem würde sich verzögern.

Um die Kommunikation noch weiter zu beschleunigen, kommunizierten wir über ein in diesem Metier gern genutztes Chat-System: Discord. Dieses wurde eigentlich für Computerspieler*innen, entwickelt, damit diese in Spielen miteinander reden können. Man könnte hier per Sprachnachricht kommunizieren, aber der Austausch der Entwickler*innen erfolgt per Textnachricht, da man so auch Programmtext teilen und darüber diskutieren kann. Die Entwickler*innen leben in verschiedenen Zeitzonen, und so muss man im Normalfall oft darauf warten, dass die Leute aufstehen. Zudem kann man die Kommunikation noch mit lustigen GIFs auflockern, etwa kurzen Filmsequenzen von Katzen, die mit den Pfoten auf die Tastatur einhacken.

Da ich unter Zeitdruck stand, weil ich eine Abgabefrist einzuhalten hatte, beschloss ich, selbst tätig zu werden. Ich nahm mir die Programmbibliothek vor und erstellte erst einmal eine Kopie, die dann unter meinem Konto (Userin „AdaLove23"), mit dem ich auf der Plattform angemeldet bin, verfügbar war. Der Vorgang nennt sich Fork, wie Gabel, da sich der Entwicklungsstrang verzweigt, wie die Zinken einer Gabel.

Es folgte die mühevolle Arbeit der Umprogrammierung, Details will ich Ihnen hier ersparen. Als alles so weit fertig war, schickte ich den ursprünglichen Entwickler*innen eine Anfrage, ob sie die Änderungen so akzeptieren. Auch dies kann man einfach über das Netzwerk erledigen, der Vorgang nennt sich Pull Request. Die Entwickler*innen kommentierten meine Änderungen und fragten nach, ob ich dies oder jenes nicht noch anders machen könnte. Nach einigem Hin und Her wurden die Änderungen dann übernommen, und ich konnte mit meiner eigentlichen Arbeit weitermachen.

Es war auch ein gutes Gefühl, einen Beitrag zur großen weltweiten Gemeinschaft geleistet zu haben. Das ist mittlerweile der Alltag vieler Millionen Entwickler*innen. Ständig wird etwas weiter vorangebracht, und ständig kommen neue Projekte hinzu. Die Geschwindigkeit ist rasant, die Kommunikation und die in der Cloud verfügbaren Werkzeuge sind hoch optimiert.

Open Source heißt „quelloffen". Das bedeutet, dass der Programmcode einer Software
einsehbar ist. Open-Source-Software kann frei genutzt werden. Die Beschränkungen werden
in der Lizenz geregelt. Hier kann man unterscheiden zwischen komplett frei, also auch für
kommerzielle Projekte nutzbar, und eingeschränkt frei, also nur für weitere Open-Source-
Projekte nutzbar.

Sirmione liegt auf einer Landzunge, die am Südende des Gardasees nach
Norden in den See ragt. Die Altstadt mit der Scaligerburg ist berühmt und viel
besucht.

Bis ich einen Platz für Douglas gefunden habe – ich habe Glück und kann
eine lauschige Nische ohne allzu nahe Nachbarn besetzen – ist es schon später
Nachmittag, als ich mich ein bisschen auf dem Platz und am See umschauen
kann. Ich kaufe mir eine Orangina und setze mich ans Ufer, ziehe mir Schuhe
und Socken aus und lasse kurz die Wellen an meinen nackten Zehen schlecken.
Das Wasser ist schon noch ganz schön kalt, finde ich, auch wenn der Happurger
Stausee beim Schwimmen mit Lola sicher noch frischer war. Zum Glück habe
ich von ihr einen Neoprenanzug geliehen. Mal schauen, wie sehr mich der
See morgen lockt, denke ich, für heute bin ich zufrieden, meine Füße kurz ins
türkise Wasser zu halten und mir zu überlegen, ob ich heute Pizza oder Pasta
zu Abend essen will.

Neben mir sind einige Familien mit sehr kleinen Kindern am Wasser, ein
Vater baut mit seiner Tochter aus Steinen und Ästen eine Art Burg, während
der jüngere Sohn immer wieder freudig jauchzend das Gebaute einreißt. Das
bringt seine große Schwester zur Weißglut, die sich lauthals beschwert und
irgendwann mit ihrem Plastik-Eimerchen auf den Buben losgeht.

Ich grinse in mich hinein. Mein Bruder und ich haben uns auch oft wegen
solcher Sachen in die Haare bekommen. Einmal hat Jakob mir ein ganzes
Büschel meiner Locken ausgerissen. Selbst dann war meine Mutter immer
noch davon überzeugt, dass ich die eigentliche Übeltäterin war, denn ihr
Goldjunge Jakob würde sowas ja nicht ohne triftigen Grund machen.

Allerdings ist die Mutter dieser beiden hier von anderer Art: Sie geht mit
dem kleinen Jungen ein Stück weiter weg und stapelt für ihn extra zum Zerstö-

ren neue Burgmauern aus Holzstücken auf – und jammert kunstvoll darüber, dass er mit seinen kleinen runden Beinen immer wieder alles umstößt.

Mit meiner Jacke unter den Kopf geknödelt liege ich auf einer Decke und lese in meinem eBook-Reader einen Thriller. Darin geht es um Cyberkriminalität, und nach einiger Zeit schweifen meine Gedanken von meiner Lektüre ab. In den letzten Tagen habe ich mich bis auf einige Signal-Nachrichten und über die Insta-Posts nicht mehr so sehr mit Karla und den Squillion-Erkenntnissen von Chuck befasst. Ich bin gespannt, was Karla nun mit diesen Informationen anfängt. Sie hat sich ausgiebig bei mir bedankt und will sich erstmal selber weiter Gedanken machen, wie sie die Enthüllungen am besten platziert. Falls sie Hilfe braucht, habe ich ihr angeboten, stehe ich ihr gern zur Seite – auch Chuck ist gern weiter aktiv gegen „so eine geballte Ladung Ignoranz und Menschenverachtung", hat er an Karla und mich geschrieben.

Während ich schmökere, kreisen meine Gedanken auch noch um die Squillion-Frage. Schließlich lege ich mein Buch beiseite und zücke das Smartphone: Ich will noch einmal genauer nachlesen, wie das mit Frances Haugen und Facebook gelaufen ist. Sie hat ja enthüllt, dass Facebook mehrere Studien darüber gemacht hat, inwieweit Facebook Menschen radikalisiert. Das Ergebnis: Ja, die Nutzer werden radikalisiert. Zwar könnte Facebook dagegen Maßnahmen ergreifen, das wäre aber nicht so ertragsträchtig. Also hat das Unternehmen sich entschlossen, lieber mehr zu verdienen, als den Hass-Blasen den Dampf abzulassen.

Außerdem haben die Versuche, per künstlicher Intelligenz Hassrede, Beleidigungen oder Drohungen sowie Gräuelbilder und -videos zu löschen, bisher nicht so gut funktioniert. Also läuft das vor allem über Drittfirmen, die das im Auftrag von Facebook erledigen sollten – aber nicht hinterherkommen. Abgesehen davon, dass das fürchterliche Aufgaben für schlecht bezahlte Menschen sind.

Gleichzeitig wird der Algorithmus verändert: Er fördert es sogar, dass negative, abwertende Inhalte geteilt werden. Denn der Profit ist im Zweifelsfall immer das Argument, das zählt, wenn es um die Frage Geld oder Sicherheit geht, das hat Haugen so mitgeteilt [15].

Die Nachrichten darüber gingen um die Welt, mit den bereits erwähnten Folgen für den Aktienwert. Aber wie hat Frances Haugen es geschafft, dass sich die breite Öffentlichkeit für diese Enthüllung interessiert hat?

Beim Nachlesen werden mir einige Dinge klarer: Frances Haugen war nicht allein, sie war eine von mehreren Whistleblower*innen. Auch andere, denen diese Attitüde von Facebook gegen den Strich ging, haben interne Papiere geleakt, also nach außen durchsickern lassen. Dann haben Haugen und ihre Mitstreiter*innen mit einem Recherche-Netzwerk zusammengearbeitet, das auf verschiedenen Plattformen, in verschiedenen Medien berichtet hat. Auch im US-amerikanischen Senat war das Ganze Thema. Den Weg, den Haugen und Co. beschritten haben, hat gedauert – mehrere Jahre. Ich schreibe das Ganze mal für mich zusammen und schicke es an Chuck und Karla. Und ich habe schon wieder ein Thema für meinen Blog. Denn auch dank sozialer Netzwerke werden Gerüchte und Falschinformationen leider oft ziemlich mächtig.

5.3 Das sehe ich anders
– Fake News und Social Bots

Posted by Ada L.   28. April

Lieber Charles,

stellen Sie sich diese Welt vor, in der alle zu jeder Zeit ihre Gedanken mit anderen Menschen weltweit austauschen können! Dass dies nicht nur Vorteile hat, wird klar, wenn man sich überlegt, dass der Wahrheitsgehalt der Meinungen und Nachrichten nicht automatisch überprüft wird. Außerdem schreiben nicht nur Qualitätsjournalist*innen aufwändig recherchierte Artikel, sondern auch Leute, die Gerüchte weitergeben, sich auf unkorrekte Quellen beziehen oder absichtlich die Unwahrheit, also Falschmeldungen (= Fake News) verbreiten wollen.

Diese Falschmeldungen werden oft untermauert mit gefälschten Bildern oder Videos. Mithilfe der KI können mittlerweile spielend leicht „Deep Fakes" erstellt werden: So gibt es Filme von Personen, die Dinge sagen, die sie in Wirklichkeit nie gesagt haben – und nie sagen würden. Mit dieser Technologie können tote Schauspieler*innen in neuen Filmen mitspielen, aber man kann auch Politiker*innen Aussagen in den Mund legen, die sie nie geäußert haben.

Das Ganze kann von einzelnen Menschen oder Menschengruppen stammen. Aber auch da gibt es inzwischen schon maschinelle Unterstützung: Zur massenhaften Verbreitung von falschen oder tendenziösen Nachrichten gibt es eine spezielle Art von Chatbots, sogenannte Social Bots, die sich als große

Menschengruppe ausgeben. Sie dienen dazu, Falschmeldungen zu verbreiten oder zu liken. Das soll die Glaubwürdigkeit erhöhen: So viele „Menschen" können doch nicht falsch liegen, sollen die User*innen denken. Dazu bedienen sich die Programme einer Vielzahl an Nutzer*innen-Konten. Dabei handelt es sich allerdings um gekaufte Fake-Accounts, die nur so tun, als seien es Konten von richtigen Menschen. 1000 solche Konten kosten 150 Euro: Dafür gibt es gut gemachte Facebook-Profile mit einer eigenen Timeline.

Die Social Bots setzen über diese Accounts Nachrichten ab, um die Meinung von bestimmten Gruppen zu beeinflussen. Außerdem liken oder teilen sie bestimmte Nachrichten mit bestimmter politischer Färbung. Diese wurden angeblich in großen Stil beim Wahlkampf von Hillary Clinton und Donald Trump oder auch beim Brexit eingesetzt [27].

Auch gibt es einzelne echte Menschen, die obsessiv eine bestimmte Meinung vertreten und einen riesigen Mitteilungsbedarf haben. So sind einige Freund*innen der Meinungsmanipulation auch Anhänger*innen eines rechtsradikalen Weltbilds. Aus Überzeugung posten sie täglich über hundert Nachrichten in die sozialen Netzwerke, so dass man meinen könnte, es handle sich um Chatbots [55]. Leider sind Anhänger*innen demokratischer Weltanschauungen in dieser Beziehung meist nicht so fleißig. So entsteht eine Form der Radikalität, die sich im obsessiven Teilen von Meinungen niederschlägt.

Die menschengemachte Meinungsmanipulation kann auch koordiniert im industriellen Stil stattfinden: So gibt es Berichte von russischen „Trollfabriken", in denen zahlreiche Angestellte professionell beeinflussende und teils falsche Meldungen, auch in fremder Sprache, posten. Dies soll vermutlich dazu dienen, gewisse, einem Regime genehme Ansichten auch im Ausland zu verankern. Die Betreibenden der sozialen Netzwerke selbst, wie Facebook, profitieren davon, dass sich eine aufgeheizte Stimmung in ihren Netzen verbreitet. Je aufgeregter die Debatten, desto intensiver ist die Nutzung der Plattformen. Und desto mehr Geld kann die Plattform mit passenden, gut platzierten Werbebotschaften verdienen. Die Bezeichnung „Trollfabrik" trifft in meinen Augen nicht ganz zu, da Trolle nur das Ziel haben, Schaden anzurichten; aber diese Einrichtungen arbeiten perfider und versuchen, Unwahrheiten zu verbreiten (vgl. Post 3.4).

So setzen diese nicht nur Bots ein, sondern kooperieren mit Medienagenturen, die angebliche Nachrichten-Seiten betreiben und ihre „News" zum Beispiel auf Facebook veröffentlichen. Sucht man dann im freien Internet nach diesen „Agenturen", findet man wenig bis nichts. Wie unabhängig dieser „Journalismus" tatsächlich ist, ist sehr fragwürdig, wie ich meine. Die Posts sind dann teilweise eben gar keine Nachrichten, sondern nur Meinungen, oft ein Bild mit einem Spruch, also Memes. Sie richten sich unter anderem gegen ausländische Minderheiten, gegen Impfkampagnen oder gegen die Regierung. Die Inhalte sind so gemacht, dass sie noch als Meinung, nicht als justiziable Beleidigung, durchgehen, aber eine Tendenz in eine bestimmte Richtung verstärken. Diese Memes sind oft auch ohne Sinn und keine Meinungsäußerung, sie dienen nur dazu, andere, auch radikale Posts zu kommentieren. Diese wiederum bekommen durch ihre Verbreitung dann eine größere Reichweite [17].

Irgendein Algorithmus entscheidet dann anhand des eigenen Profils, wer welche Meldungen bekommt: Hat man genug Freund*innen, die diese Inhalte lesen oder liken?

Facebook selbst fördert den Hass, um die User*innen dazu zu verleiten, mehr Zeit auf Facebook zu verbringen. Die Insiderin und Whistleblowerin Frances Haugen hat entsprechende interne Dokumente vorgelegt. Dem Unternehmen geht der Profit über das Wohl seiner User*innen [23].

Fake News sind Falschinformationen, die gezielt von einzelnen Personen oder in großem Stil verbreitet werden. Dazu gibt es Organisationen, sogenannte Troll-Fabriken, in denen Personen professionell Falschmeldungen oder tendenziöse Meinungen produzieren. Automatisiert werden kann dies durch den Einsatz von Social Bots. Dies sind spezielle Bots mit eigenen User-Konten und den dazugehörigen Timelines. So entsteht der Eindruck, es handle sich bei Social Bots um eine Menschengruppe mit einer bestimmten Meinung.

Im Restaurant am Campingplatz bestelle ich mir Spaghetti und lasse mir die köstlich scharfe Arrabiata-Soße schmecken. Nach meinen Tagen in Südtirol mit Familienanschluss und ohne andere Reisende um mich herum sitze ich jetzt im Trubel im Ristorante, viele Familien sind gerade auch beim Abendessen – mitten im Leben, denke ich mir, und bestelle mir noch ein Glas Bardolino.

Nach einer sehr frühen morgendlichen Joggingrunde setze ich mich weiter an meine Übersetzungen. Auch wenn ich in Sterzing schon gut vorgelegt habe, will ich dranbleiben. Ein bisschen Zeitdruck kann heilsam und motivierend sein, weiß ich aus Erfahrung, aber wenn ich keinen Spielraum mehr habe und nur noch ranklotzen muss, wenn die Deadline wie ein glühender Huf sich meinem Rücken nähert, leidet die Qualität der Texte – und mein Wohlbefinden.

Dafür finde ich eine sehr erfreuliche Botschaft im Maileingang: Den Moonshotties hat mein Probetext sehr gut gefallen, es kann jetzt offiziell losgehen. Ich komme aus dem Grinsen gar nicht mehr raus und beschließe, das heute mit einem Essen in der Stadt zu feiern. Auch wenn ich gestern schon ausbussig gegessen habe, statt selber zu kochen.

In der Sonne kann ich im Hoodie und in dicken Socken schon ganz gut sitzen und arbeiten. Um mich herum erwachen die typischen Campingplatz-Geräusche zum morgendlichen Leben, viele kommen auf dem Weg zum Kiosk an mir vorbei, so dass das Buon-Giorno- oder auch gleich Guten-Morgen-Wünschen geballt weitergeht.

Ich koche mir einen Espresso und mache eine Pause, denn damit kommen auch die Fragen nach Douglas. Die Aufschrift „Don't panic" auf der einen Seite des Busses und das Peace-Zeichen auf der anderen ernten eine ganze Reihe von Kommentaren: Die einen wollen wissen, ob ich denn der Panik ständig so nahe bin, dass ich mir das auf mein Auto schreiben muss, wie ein Mann in bestem Kölsch fragt. Andere erkundigen sich nach meinem Handtuch – das war einer der Running Gags in „Per Anhalter durch die Galaxis": Man sollte immer ein Handtuch dabeihaben. Oder sie geben sich anderweitig als Fans von Douglas Adams' Hauptwerk zu erkennen. Wo denn Arthur Dent, eine der Hauptfiguren, abgeblieben ist, werde ich auch gefragt. Ich antworte, dass ich mir erst noch einen stricken muss. Wer sich an den Film erinnert: Dort wurde Arthur einmal, als sein Raumschiff im Unwahrscheinlichkeitsdrive fährt, in eine gestrickte Version seiner selbst verwandelt. Und einige zeigen mir einfach das Peace-Zeichen mit den Fingern, dann grüße ich gern zurück.

Mit solchen Sperenzchen vergeht die Zeit, und in der Sonne wird mir ganz schön warm. Bei einer Runde an den See sehe ich einige Unerschrockene, die tatsächlich schwimmen gegangen sind; andere stehen bis zu den Knöcheln im Wasser.

Also weihe ich den Neoprenanzug von Lola im Gardasee ein. Heute tue ich mich ein bisschen leichter dabei, ihn anzuziehen. In Erinnerung an Lolas Tipps – nicht zu langsam ins Wasser gehen, wenn man keine Herzprobleme hat, sondern lieber zügig rein und zügig losschwimmen – gehe ich ein paar markerschütternd kalte Schritte ins Wasser und lasse mich dann in den See gleiten. Mir bleibt fast die Luft weg, so krass ist der Kälteschock. Weiterschwimmen, ermahne ich mich, und drehe eine Runde. Tatsächlich vergeht nach einiger Zeit das furchtbar bibbrige Gefühl, aber ein echter Genuss ist es für mich heute nicht. So dass ich nach einigen Minuten doch lieber wieder ans Ufer schwimme, mir mein Handtuch schnappe und zurücklaufe. Im Duschraum stelle ich mich unter die warme Brause, bis ich mich wieder ganz durchwärmt fühle, danach braue ich mir eine Kanne schwarzen Tee und setze mich wieder an meinem Computer.

Erst nach meiner nächsten Arbeitseinheit entdecke ich eine Tafel, an der die Wassertemperatur des Tages notiert ist: 15 Grad steht da, und ich höre, dass einige der Gäste sich darüber austauschen. Das sei für Mai ziemlich warm, meint einer. Das sagt sich leicht, so lange man nicht drin schwimmt, denke ich, und suche mir beim Fahrradverleih ein Rad aus.

Jetzt habe ich mir ein bisschen Abwechslung verdient, finde ich, und radle in die Altstadt von Sirmione. Die Landzunge nach Norden hinauf führt eine schmale Straße, auf der einiges an Autos, Rollern und Rädern unterwegs ist. Ich schließe mein Rad vor dem Eingang in die Altstadt ab, den Rat hat mir der Campingplatz-Mensch gegeben, denn drinnen ist es offenbar recht eng.

Durch ein beachtliches Tor geht es ins Innere der Altstadt, direkt an der Burg stehe ich erstmal und bewundere die typisch geformten Zinnen der Scaligerburg. Eine Art Wassergraben umgibt das Hauptgebäude. Auf dem Platz, auf dem ich stehe, gibt es Cafés und Restaurants, die mit Stofftischdecken und Servietten edel eingedeckt auf Gäste warten, an anderen Tischen sind schon Familien und Pärchen dabei, wunderbar aussehende Pizzen, Muscheln und Pasta-Gerichte zu vertilgen. Mal sehen, wo ich einkehren werde: An Auswahl wird es mir sicher nicht mangeln. Schließlich habe ich heute meinen Moonshot-Erfolg zu feiern.

Durch die engen Gassen bin ich mit einigen anderen Leuten unterwegs. Es kommt mir schon jetzt, gerade mal Mai, relativ voll vor – dabei sind wir von der Hauptsaison noch einige Wochen entfernt.

Zügig gehe ich an verschiedenen Souvenir-Läden vorbei, Schmuck und Keramik, Sonnenbrillen und -Hüte, und an einer Reihe an vielversprechend aussehenden Eisdielen mit aufgehäuften Eissorten-Bergen in der Auslage. Ein Pärchen kommt mir entgegen, beide haben je eine Eiswaffel in der Hand, auf der sich säuglingskopfgroße Eiskugeln türmen. Was die wohl geritten hat, denke ich, und lächle innerlich. Als ich in einem weiteren mittelalterlichen Durchgang durch ein Haus gehe, kommt mir eine „Bahn" entgegen, eine Art

Elektro-Traktor in Form einer Lok, das Ganze ohne Schienen. In den Anhängern sitzen auf Bänken die Touristen, denen der Fußweg zu weit ist.

Wohin soll ich noch ausweichen, frage ich mich, der Durchgang ist so schmal, dass die Bahn fast die ganze Breite einnimmt. Ich quetsche mich an die Wand, und der Bahnfahrer kutschiert ungerührt an mir und den anderen Leuten vorbei, die sich ebenfalls so flach wie möglich in die Wand drücken. Ich bin froh, dass ich auf den Tipp gehört habe, das Rad draußen zu lassen. Hier wäre fahrend kein Durchkommen, und auch schiebend wäre das keine Freude.

Ich schlendere in der Stadt durch die Kirche Santa Maria, bewundere eine Marienstatue, die ein Jesuskind kunstvoll auf den Knien balanciert, laufe weiter und finde einen Weg zum Strand hinunter. Auf einem Holzsteg geht es am Wasser entlang, ich schaue auf den See hinaus und sehe die Berge am anderen Ufer schemenhaft in die Höhe steigen – es ist zwar ein sonniger Tag, aber etwas diesig, wenn ich in die Weite schaue.

Ein Stück weiter führt eine Treppe weg vom Wasser, nach oben in einen Park. Auf geschwungenen Wegen geht es zwischen saftigen Wiesen entlang, auf denen prächtige Olivenbäume stehen, viele mit Durchgängen in den Stämmen. Ein kleines Mädchen läuft von Baum zu Baum und schlüpft durch diese Portale, die für ihre Größe genau richtig sind. Durch einige muss sie sich zwängen, durch andere kann sie rennen.

Weiter vorn komme ich zu den Grotten des Catull. Eine kleine Erinnerung klingelt in meinem Hinterkopf von längst vergessenen Lateinstunden in den höheren Klassen: ein Dichter, weiß ich noch, war es nicht der, der dieses berühmte Gedicht mit den 1000 Küssen geschrieben hat?

Während ich auf meinem Handy nachschaue, setze ich mich auf eine Bank mit Blick in die Weite. Genau, Catull war das mit dem Gedicht „gib mir 1000 Küsse und nochmals 100", darüber haben wir damals in der zehnten Klasse oder so gekichert, weil er sie an „seine Lesbia" adressiert. Und der war also am Gardasee zugange gewesen? Ich lese weiter und erfahre, dass die Grotten des Catull gar keine Höhlen sind, sondern die Ruinen eines prachtvollen Anwesens aus der Römerzeit. Zwar hatte Catull am Südufer des Gardasees wohl ein Haus, diese Ruinen in Sirmione dürften damit aber nichts zu tun haben.

Egal, ich laufe dorthin, zahle Eintritt und schaue mir die Überbleibsel des Gebäudes und der Anlagen an. Noch ein ordentliches Stück vor Ada und Charles haben hier die Reichen gefeiert. Ich versuche, mir das Haus in ganzer Pracht vorzustellen, die Überreste der Mosaik- und Terracotta-Böden zu einer

Fläche werden zu lassen, Möbel und Vorhänge, Geschirr und Blumen zu ergänzen und einen Haufen Party People aus der römischen High Society. Die haben sicher gewusst, wie man feiert, und einen tollen Ort dafür ausgesucht. Direkt am Nordende der Landzunge, fast ganz umgeben vom Wasser, mit Olivenbäumen und Oleandersträuchern, mit Wein von den Weinbergen vor der Haustür, mit Fisch und reichlich gutem Essen – wäre eine Zeitreise wert, bin ich mir sicher.

Ein besonderes Heizsystem haben sich die Bauleute auch ausgedacht für das Haus, ein Teil davon ist erhalten. Als ich um eine Ecke biege, höre ich ein leises Gackern und halte Ausschau: schon wieder ein Huhn in Not? Ein paar Schritte weiter sehe ich nur noch einen pludrigen rotbraunen Federhintern im Spalt zwischen zwei baufälligen Mäuerchen verschwinden. Als ich mich drüberbeuge, sehe ich, dass es steil nach unten geht und abgesperrt ist. In den Büschen raschelt es, aber ich sehe nichts mehr.

„Signorina", ruft auch schon ein Museumswärter und schüttelt mit dem Kopf. Ich nicke und gehe davon aus, dass das catullische Huhn sich hier schon zurechtfinden wird. Anders als die Südtiroler Abenteuerhennen von Luisa ist es hier ja keinem motorisierten Verkehr ausgesetzt. Überall gibt es Hühner, denke ich, und frage mich, warum ich auf einmal dauernd welche sehe. Liegt es daran, dass ich durch Chuck jetzt für das Thema aufmerksamer bin? So wie es heißt, dass Frauen, die schwanger sind oder es gerne wären, auf einmal überall Schwangere bemerken.

Ich schreibe meine Frage an Chuck und schlendere weiter. Am Ausgang des Geländes ist ein nettes Café, in dem ich mir einen Eiskaffee bestelle und meinen Stuhl in die Sonne drehe. So lässt es sich aushalten. Heute habe ich frei, beschließe ich, nach der guten Moonshot-Nachricht ist das genau das richtige. Mein Wochensoll kriege ich trotzdem hin, so dass ich heute mal schlumpern kann. Morgen werde ich früh aufstehen und eine Runde übersetzen, bevor ich mich weiteren Gardasee-Erkundungen widme.

Ich bin hin und weg von meiner Pizza mit Meeresfrüchten – sowas Gutes. Ich habe zwar mitten im touristischen Herzen der Altstadt gespeist, fand die Preise aber sehr okay, und das Essen fabelhaft. „Ein Eis geht immer noch", Lolas Wahlspruch aus Schülertagen befolgend, will ich mir zwei Kugeln gönnen, Haselnuss und irgendwas anderes. Ich wähle Cioccolata Bianca und erschrecke: Auch ich erhalte ein überlebensgroßes Eis. Wahnsinn. Lächelnd reicht mir die Verkäuferin noch einen Löffel dazu. Das wäre eine Portion zum Teilen, finde ich, und bedaure es kurz, dass Lola nicht bei mir ist, mit der ich mir das

Eis munden lassen könnte. Schließlich hat sie mich – dankenswerterweise, wie ich nun aus eigener eiskalter Erfahrung weiß – zu dem Neoprenanzug überredet, dank dem ich morgen ein bisschen was von Pizza und Eis wieder abtrainieren kann.

Am Campingplatz ist am Kiosk Halligalli. Eine Runde von offenbar Berliner Leutchen feiert, trinkt Bier und berlinert herum, „dat is ne wahre Pracht, wa, saickmal", versuche ich mich leise, als ich mein Rad an dem Trubel vorbeischieben will. „Frolleinchn, wo wolln wa denn hin, je später der Abend, desto schöner die Jäste, wa, so jung komm'wa nichmehr zusamm" und allerlei andere Sprüche fliegen mir um die Ohren. Ich grinse und winke und lasse mich dann doch auf einen Absacker bei den Feier-Berlinern überreden.

Ein bisschen bereue ich dieses letzte Bier am nächsten Morgen, als ich mit leichtem Kopfschmerz aufwache. Eine Runde im See sollte mich erfrischen und die letzten Alkohol-Weben aus meinem Hirn pusten. So springe ich noch vor dem ersten Kaffee im noch leicht klammen – uuaaahh – Neopren von Lola ins türkisfarbene Wasser. Den Anfangsschock kenne ich inzwischen und schwimme beherzt dagegen an, bis sich die Kälte immer weniger kalt anfühlt und das frische Wasser mir tatsächlich den Kopf geklärt hat. Zwei Bojen habe ich mir als Zielmarken auserkoren, ich schwimme und umrunde beide, bis ich wieder zu meinem Uferplatz zurückkehre. Ungefähr zwanzig Minuten dauert das. Für mich als Neopren-Novizin ist das eine anständige Zeit, finde ich, und eile unter die warme Dusche. Die Laufrunde verschiebe ich auf nach der ersten Übersetzungseinheit.

Heute fange ich mit dem juristischen Klein-Klein meiner Smarthome-Firma an, was mir nicht so leicht von der Hand geht. Ein paar Mal muss ich mich selber sehr zusammenreißen, um mich nicht von lustigen Videos, die Emilia auf Tiktok geteilt hat und Links, die mir mein Bruder geschickt hat, ablenken und in die unendlichen Weiten der ein-kurzes-Späßchen-nach-dem-anderen-Sphären abgleiten zu lassen. „Selbstdisziplin!" – da schwingt die Stimme meiner Mutter mit.

Ob die Mutter von Ada Lovelace das im selben Tonfall zu ihrer doch so genialen Tochter gesagt hat? Statt mich den juristischen Feinspitzigkeiten zu widmen, wende ich einen meiner Tricks an: Ich schwenke zu etwas anderem Produktiven und schreibe als Ada den nächsten Blog-Brief an Charles Babbage.

Im Moment habe ich das Gefühl, dass mit jedem Blog-Eintrag mindestens ein weiteres neues Thema auf meiner Liste landet, das ich noch anfügen will. Wenn ich an Ada denke, fällt mir oft das Wort Algorithmus ein. Und bei den

Fake News, meinem letzten Eintrag, spielen sie auch eine Rolle. So oft hört oder liest man den Begriff dieser Tage, aber er wird oft auch nicht ganz korrekt verwendet. Zeit, das Ganze mal etwas genauer zu betrachten.

5.4 Kochrezepte
– Algorithmen

Posted by Ada L.   2. Mai

Lieber Charles,

wenn in Berichten zur Digitalisierung von Algorithmen die Rede ist, dann meint man die Verfahren und Prinzipien, die in Computerprogrammen stecken. Sie sind die eigentlichen Erfindungen, die alle neuen Wunder der digitalen Technik möglich machen. Ein Algorithmus, der von einem Computer ausgeführt werden soll, muss in einer Sprache formuliert werden, die der Computer versteht – logisch.

Es gibt zahlreiche dieser Programmiersprachen. In welcher die Algorithmen realisiert werden, ist nicht mehr wesentlich. Überhaupt kann man nicht sagen, welche Programmiersprache die beste ist, da gibt es eine Art Glaubenskrieg in der Programmierwelt.

Ein Algorithmus beschreibt einen Ablauf, der nicht in einer speziellen Programmiersprache formuliert ist. Er verkörpert die eigentliche Idee. Der Begriff Algorithmus ist eine latinisierte Namens-Version des orientalischen Gelehrten al-Chwarizmi, der im Frühmittelalter in Bagdad lebte. Sein ins Lateinische übersetztes Buch hieß „Algoritmi de numero Indorum" [5] und machte das Rechnen mit den arabischen Ziffern und der Null in Europa populär.

Ein Algorithmus ist allerdings mehr als eine Rechentechnik. Im heutigen Verständnis des Begriffs besteht ein Algorithmus aus mehreren Einzelschritten. Al-Chwarizmi selbst erfand also nicht das Konzept des Algorithmus, trotzdem wurde sein Name zum Begriff dafür.

Ein Algorithmus besteht aus Folgen von schrittweise ausgeführten Vorschriften. Falls bestimmte Bedingungen zu einem Zeitpunkt noch nicht erfüllt sind, kann es eine Wiederholung vorheriger Schritte geben. Wichtig für einen

Algorithmus: Er muss eindeutig und unmissverständlich formuliert sein. Und er sollte tatsächlich praktisch durchführbar sein.

Der Begriff umfasst nicht nur mathematische Rechenverfahren: Ein Kochrezept ist eigentlich auch ein Algorithmus. Ein Algorithmus „Spaghetti kochen" könnte so formuliert werden:

```
- Fülle Wasser in Topf
- Gib Salz hinzu
- Solange das Wasser nicht kocht:
        - warte
- Gib Nudeln in Topf
- Solange Nudeln nicht „Al Dente":
        - warte
- Gieße Wasser ab
- Fertig!
```

Ein Algorithmus ist ein eindeutiges Prinzip, das später in Computerprogrammen realisiert wird. Der Algorithmus ist die Lösungsidee für ein bestimmtes Problem. Er ist in keiner speziellen Sprache verfasst. Ein Programm ist allerdings eine vom Computer ausführbare Fassung des Algorithmus. Das Programm ist eine sogenannte Implementierung des Algorithmus. Hier ist ein Beispiel für einen Algorithmus zur Ausgabe der einzelnen Stellen des Binärsystems als Dezimalwerte (bis zur 11. Stelle):

```
- Belege eine Variable A mit den Wert 0
- Wiederhole, solange A kleiner 11 ist:
        - Gib 2^A (auf dem Screen) aus
        - Erhöhe A um 1
- Beende die Ausführung
```

Wenn man den Algorithmus implementiert und auf einem Computer ausführt, sollten auf dem Bildschirm folgende Zahlen erscheinen:

```
1, 2, 4, 8, 16, 32, 64, 128, 256, 512, 1024.
```

(Man beachte: $2^0 = 1$)

Ein Algorithmus ist ein Verfahren zur Lösung eines Problems. Dabei wird das Verfahren in einzelnen, eindeutigen, kleinen Schritten beschrieben, die nacheinander ausgeführt werden sollen. Man könnte einen Algorithmus mit Papier und Stift nachvollziehen. Ein Computerprogramm ist ein Algorithmus, der automatisch ausgeführt werden kann, formuliert in einer vom Computer verständlichen Programmiersprache.

Nach einer dynamischen Laufrunde am Ufer bin ich nach einem Salat fit für die nächste Einheit Juristerei. Diesmal komme ich besser mit manchen sperrigen Formulierungen zurecht.

Am frühen Abend kommen die Berliner vorbei: Ob ich sie in die Altstadt zum Essen begleiten möchte? Es sind vier Pärchen, die wohl schon oft gemeinsam am Gardasee waren. Klingt gut, finde ich, und klappe meinen Laptop für heute zu. Ich radle schon mal vor, die anderen haben sich Roller gemietet und werden mich unterwegs irgendwo überholen.

Zum Anfang haben wir uns in einer Bar an der Westseite der Landzunge verabredet, ein Landesteg mit Cocktail-Ausschank, auf dem man frontal vor dem Sonnenuntergang sitzt und auf knallorangene Bojen schaut. Manche Gäste kommen direkt vom Boot zum Aperitif.

Wir ordern Aperol Sprizz für alle. Diese Sinfonie in Orangerot – Sonne, Drink, Bojen – gibt mir einen richtigen Flow, die Berliner sind lustig, und wir scherzen über Gott und die Welt. Dass ich lange in Berlin lebte und mein Bruder mit Familie dort wohnt, findet Regine „urst schau", ein Ur-Berliner Begriff für sehr toll. Bald haben wir tatsächlich einen gemeinsamen Bekannten gefunden, der als studentische Hilfskraft bei meiner Schwägerin am Lehrstuhl gearbeitet hat – „wat is die Welt kleen, wa", schnoddert Rudi, und prostet mir zu.

Dann geht es um meinen Bus und die Aufschrift „keine Panik", die gefällt vor allem Daniel, der ein großer Douglas-Adams-Fan ist. Wir fachsimpeln ein bisschen, Selma erinnert sich an die Szene, in der im Restaurant am Ende des Universums eine Kuh zum Tisch der Gäste kommt und ihre eigenen Körperteile zum Essen anbietet. „Wat für Vejetajer, schon damals, wa", sagt Rudi.

Legendär ist aber die Szene, in der zwei der Hauptfiguren von bösen Außerirdischen gekidnappt werden, vor allem die besondere Folter, denen der Raumschiff-Kapitän seine Geiseln aussetzt: Er liest ihnen selbstgedichtete Lyrik vor. „Protestnik Vogon Jeltz", diesen Namen konnte ich mir merken, was mir anerkennende Pfiffe von Daniel und Rudi einbringt. Dann stellt sich Daniel hin, schwenkt sein Aperol-Glas in den Abendhimmel und deklamiert: „Oh zerfretteler Grunzwanzling", hebt er an und spricht mit Pathos und Tremolo auswendig dieses schrecklichste aller Gedichte. Wir anderen kichern und klatschen, auch andere Gäste schließen sich dem Applaus an, und Daniel verbeugt sich übertrieben dankbar.

„Zeit, was essen zu gehen, sonst geht das noch ewig", meint seine Freundin Tanja pragmatisch, hakt ihren Daniel unter, und zusammen ziehen wir weiter, um uns zu stärken.

Uiuiui. Eine sehr lustige Blase, die kariösen Kreuzberger, wie wir sie gemeinsam vorhin getauft haben, als Rudi beim Biss auf sein Pizzastück laut gejault und Selma beim ersten Schluck Kaffee „n ganz dollen Hitzeschmerz" erlitten hat. „Seid ihr hier die kariösen Kreuzberger?", fragte ich. „Pass uff, dass ich aus dir keene Fraktur-Fränkin mache", hat Rudi mir scherzhaft zugebrüllt, ich muss bei der Erinnerung nochmal grinsen.

Jetzt liege ich, Gottseidank. Mein Bett habe ich irgendwie nach unten gezwirbelt, jetzt fahre ich ein bisschen Karussell. Dabei habe ich Muscheln als Vorspeise und Fisch mit Kartoffeln gegessen, eigentlich eine solide Unterlage.

In meinem Kopf schwirren noch Unterhaltungsfetzen von vorhin. Als ich von meinen Zeitreise-Wünschen erzählen wollte, habe ich mich etwas verheddert: „Am liebsten würde ich in die Römerzeit reisen und dann Party machen in den Catullen des Grott", hatte ich gesagt statt Grotten des Catull. Dieser Verdreher hat uns alle so amüsiert – die Catullen des Grott, hatte Selma gewinselt, „das ist wie – Löwen der König oder Charlies Farbikschokolade...", sie stolperte, aber ihr Freund Mario erwischte sie am Ellbogen. „Catullen – des – Grott", skandierte Selma bis kurz vor dem Campingplatz, wo Mario sie erfolgreich dazu verpflichtete, leise zu sein. „Och Grottchn", hörte ich beim Weggehen noch und musste selber kichern.

Wer könnte dieser Grott wohl sein? Mit seinen Catullen? Schatullen? Ich bin unglaublich müde und freue mich über ein stabiles Kissen in dieser schwankenden Welt. Kissen sind auch wichtig, nicht nur Handtücher, da hat Douglas Adams nicht ganz fertig recherchiert, finde ich, und knülle mir meins unter den schweren Kopf.

Und sehe durch das kleine Fenster über meinem Bett, wie die Sterne in der dunklen Nacht größer und größer werden: Fliege ich? Führt Douglas ein Doppelleben als Raumfahrt-Bus, hat er geheime Fähigkeiten? Ein Superbus? Kein Wunder, dass mir schlecht ist, der Bus legt sich gerade sehr heftig in die Kurve, ich versuche, aus meinem Bett nach unten zu klettern und plumpse unsanft auf die Füße. Wir sind anscheinend irgendwo gelandet. Vorsichtig luge ich aus dem Fenster und sehe große schleimige Wesen, die auch den Bus zuglitschen. Bevor ich noch reagieren kann, ist die Tür schon aus den Angeln gerissen und ein schwabbeliger Arm greift nach mir, schwenkt mich nach draußen und hält mich vor seinen unfassbar übelriechenden Mund. „Hör auf, dich in Sachen einzumischen, die dich nichts angehen", schreit er mir speichelsprühend ins Gesicht. „W-w-was meinst du?", frage ich zitternd. „In den Catullen des Grott hast du nichts zu suchen", schreit er und beutelt mich nach links und rechts. „Die – Catullen des Grott? Was soll das sein?", frage ich, mir wummert der Kopf, was das Geschlenkere nicht besser macht.

„Ich bin Grott – lass du deine Finger von meinen Catullen!", aus dem Schlenkern ist inzwischen ein Schleudern geworden. Ein etwas kleinerer Schleimschemen grölt mir in ein Ohr: „Die Catullen des Grott kennt doch jeder, du Wurm – der berühmteste Meteoritenhaufen in der Galaxie der Grottenolme". „Äh – also Nacktmulle?", frage ich schlotternd nach, will meine biologischen Kenntnisse hier schmeichlerisch einsetzen, da schreien alle Schmodderwesen ohrenbetäubend „sie hat es gesagt, sie hat es gesagt", Grott lässt mich los und ich erwache schweißnass und mit einem Riesendurst.

Während sich mein Atem normalisiert und ich meine Wasserflasche exe, muss ich schon grinsen. Was für ein großartiger Traum! Ich habe einen No-tizblock am Bett und schreibe mir ein paar Stichpunkte auf, bevor ich dann wieder in Schlaf sinke.

Ausnahmsweise verschlafe ich und erwache mit nochmal starkem Durst, aber Gottseidank ohne Dröhneschädel. Zwei Tassen extrastarken Kaffees helfen mir beim Senkrecht-Werden. Mir fällt mein Notizzettel von letzter Nacht in die Hände, und ich muss giggeln, als ich mir alles wieder vergegenwärtige. Was mein Unterbewusstsein da alles zusammengerührt hat – Grottenolme sind Lurche, daran kann ich mich noch vage erinnern, weil Grottenolm eines der Schimpfworte war, mit dem uns ein kreativer Kunstlehrer gern bedacht hat, wenn wir zu laut, zu chaotisch oder einfach nicht gehorsam genug waren.

Auch wenn in diesem Traum mal kein Huhn eine tragende Rolle gespielt hat, schreibe ich Chuck von meinem nächtlichen extraterrestrischen Ausflug, schnappe mir dann gleich den Neoprenanzug und drehe eine etwas verspätete, aber nicht minder erfrischende Morgenrunde im See. Von den kariösen Kreuzbergen ist noch nichts zu sehen, die schlafen wahrscheinlich alle noch. Wieder im Bus sehe ich, dass Chuck mir bereits geantwortet hat. Allerdings mit einem Dämpfer: Er schreibt, dass mein Traum auch eine sehr wahre Komponente hat. Denn es gebe bei Squillion eine Reihe von Menschen, die finden, dass wir uns aus ihren Angelegenheiten raushalten sollen. Gemeinsam mit Karla hat Chuck in den vergangenen Tagen intensiv zusammengearbeitet, recherchiert und versucht, weitere Opfer zu finden, die ebenfalls von Kollegen gequält worden waren, und die bereit sind, sich dem Kampf gegen dieses System anzuschließen.

„Dabei haben wir wohl einiges an Staub aufgewirbelt", schreibt Chuck. Zwar sei es gelungen, eine Rezeptionistin zu einer schriftlichen Aussage zu gewinnen. Diese hat auch einige weitere Namen genannt von früheren Mitarbeiter*innen, die überstürzt und unter ungeklärten Umständen aus dem Unternehmen ausgeschieden sind. Er hat sich die erstmal, so weit das geht, ein bisschen angeschaut, schildert Chuck, und dann einige davon möglichst unverbindlich kontaktiert. „Mehr ist noch nicht passiert", schreibt er weiter. Aber es könnte sein, dass einer seiner Alias-Namen aufgeflogen ist. „Ich habe jede Menge Schikanen eingebaut, so dass ich nicht glaube, dass sie mich aufspüren können", er versucht, mich zu beruhigen, aber ich bin besorgt.

Wir verabreden uns für den Abend, er will mir und Karla einen Link zu einer sicheren Plattform schicken, wo wir einen Video-Call machen können.

Jetzt schwirrt mir doch ganz schön der Kopf. Im Moment kann ich allerdings nichts Konkretes tun, und durch Grübeln lässt sich dieses Problem nicht lösen. Stattdessen verordne ich mir erst ein ordentliches Frühstück mit Rührei und Butter-Baguette, dann eine satte Einheit Übersetzen und lasse mich dann in Adas Welt der Algorithmen gleiten.

5.5 Kaninchenzuchtverein
– Fibonacci

Posted by Ada L.   2. Mai

Lieber Charles,

Es gibt viele schöne Beispiele für Algorithmen, die Zahlenfolgen hervorbringen. Das klingt erst einmal nicht so spannend, lieber Charles, aber sind Sie mit der Fibonacci-Folge vertraut? Fibonacci war ein berühmter Rechenmeister aus dem Mittelalter. Er hat sich überlegt, wie sich Kaninchen über die Zeit vermehren, wenn man mit einem Paar Kaninchen beginnt.

Das Problem lässt sich verallgemeinern, hier geht es um Wachstum von Populationen. Kaninchen sind gute Studienobjekte, da sie relativ lange leben und sich dauernd vermehren können. Die Weibchen sind vier Wochen trächtig. Die jungen Kaninchen werden dann nach wenigen Monaten selbst geschlechtsreif und können sich fortpflanzen. Fibonacci erstellte ein idealisiertes Modell, indem er sagte, dass jedes fortpflanzungsfähige Kaninchenpaar nach genau einem Monat ein weiteres Kaninchenpaar zu Welt bringt und dieses nach einem weiteren Monat wieder fortpflanzungsfähig ist.

So hat man zu Beginn ein Paar Kaninchen. Im zweiten Monat wird das eine Kaninchen schwanger und im dritten Monat gebiert es ein weiteres Kaninchenpaar. So hat man im dritten Monat das alte Paar, das sich sofort wieder paaren kann, und das junge Paar, das erst im darauffolgenden Monat zeugungsfähig ist. In diesem vierten Monat hat das alte Paar schon wieder ein weiteres Paar auf die Welt gebracht, das ergibt drei Paare. Im fünften Monat kann dann das schwangere Weibchen aus dem zweiten Paar ebenfalls gebären, und man hat dann fünf Pärchen, da das alte Paar dann ebenfalls wieder einen Wurf hat.

Ab jetzt explodiert die Kaninchenzahl, wenn keine Störung auftritt und wenn die Kaninchen unter idealen Bedingungen leben. Im sechsten Monat hat man acht, im siebten Monat 13 Kaninchen-Paare. Die ersten Zahlen dieser Folge sind: 1, 1, 2, 3, 5, 8, 13, 21, 34, 55, 89, 144, 233, 377, 610. Die Bildung der Zahlen ist recht einfach, man beginnt mit 1 und 1 Paaren in den ersten beiden Monaten. Danach bekommt man die nächste Zahl, indem man die letzten beiden Zahlen addiert: 1+1=2, 2+1=3, 3+2=5, 5+3=8 und so weiter.

Das folgende mathematische Modell in Form einer Funktion „fibo" beschreibt diese Folge von Zahlen:

```
fibo(1) = 1
fibo(2) = 1
fibo(n) = fibo(n-1) + fibo(n-2) bei n > 2
```

Wie bereits angemerkt, es geht hier nicht direkt um eine tatsächliche Population, sondern darum, zu ergründen, wie sich Wachstum in der Natur beschreiben lässt. Ich glaube, das war es, was Fibonacci umtrieb. Als Algorithmus formuliert, würde das dann so aussehen:

```
funktion fibo(n):
    - wenn n = 1 oder n = 2:
        - Ergebnis = 1
    - ansonsten:
        - Ergebnis = fibo(n - 1) + fibo(n - 2)
```

Interessant ist hier, dass die Funktion sich selbst aufruft: Das ergibt eine besondere Art von Wiederholung, eine sogenannte Rekursion. Da die Funktion selbst in der eigenen Berechnung vorkommt, entsteht eine Art Abstieg in eine immer tiefere Ebene. Funktionen mit Rekursionen müssen auf jeden Fall einen Ausweg anbieten, so wie hier, wenn n 0 oder 1 ist: Dann erfolgt kein weiterer Aufruf der Funktion, sonst würde sich die Funktion in alle Ewigkeit selbst aufrufen. Praktisch würde das bedeuten, dass ein Computer einfriert, und abstürzt, wenn man einen Algorithmus als Programm mit einem solchen „Bug" (Fehler) ausführt.

Wenn man diesen Algorithmus nun mit einer bestimmten Zahl, sagen wir 5, aufruft, passiert folgendes, der Abstieg in die Tiefe wird durch die Einrückungen dargestellt:

```
fibo(5) =
    fibo(4) =
        fibo(3) =
            fibo(2)  = 1
          + fibo(1)  = 1
      + fibo(2)      = 1
    + fibo(3) =
        fibo(2)      = 1
      + fibo(1)      = 1
```

Schön und gut, wenn man nun beschreiben kann, wie sich Kaninchen vermehren. Aber die Fibonacci-Folge findet sich vielerorts in der Natur. Man findet sie überall, wo etwas wächst und man das Wachstum abzählen kann, mit ganzen Zahlen, also sozusagen digital. Beim Wachstum von Populationen ist das so, da die Anzahl der geborenen Kinder natürlich immer ganzzahlig ist.

Aber auch bei anderen Naturerscheinungen taucht diese besondere Zahlenfolge auf. So kann man die Zahlen bei der Folge bei Sonnenblumenkernen wiederfinden. Wenn man die Kerne von Sonnenblumen betrachtet, kann man meinen, dass die Kerne sich spiralförmig von der Mitte hin ausbreiten. Verwirrend daran ist, dass man mehrere unterschiedlich gekrümmte Spiralen erkennen kann, die sich um den Mittelpunkt drehend wiederholen. Zählt man die jeweils gleich stark gekrümmten Spiralen, ist deren Anzahl eine Fibonacci-Zahl, also eine Zahl, die in der Fibonacci-Folge vorkommt. Je schwächer die Krümmung, desto größer ist die jeweilige Fibonacci-Zahl (Abbildung 5.1). Das Prinzip kann man auch bei vielen anderen Blumen und Pflanzen beobachten, wie bei Margeriten, dem Romanesco-Kohl oder bei der Anordnung der Schuppen von Tannenzapfen.

Damit nicht genug, die Fibonacci-Folge ist eng verknüpft mit einer Konstante, die überall in der Natur und auch in der Kunst und der Gestaltung vorkommt: mit dem sogenannten Goldenen Schnitt. Unser ästhetisches Empfinden scheint mit dieser Folge und damit mit der Natur an sich verbunden zu sein. Der Goldene Schnitt teilt eine Strecke in einen größeren und einen kleineren Teil auf. Gestalter*innen und Künstler*innen wählen oft diese Aufteilung, um mehr Spannung in ihre Werke zu bekommen. Ein symmetrisch aufgeteiltes Layout oder Bild wirkt statisch und eher langweilig. Ist das Zentrum des Bildes zu weit am Rand, wirkt es allerdings auch unausgewogen. So ist eine Bildaufteilung im Goldenen Schnitt ideal.

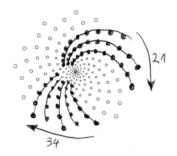

Abb. 5.1: Sonnenblumenkerne

Man kann bei vielen Kunstwerken diese Aufteilung wiederfinden. Die Künstler*innen haben dabei das Verhältnis sicher nicht berechnet, sondern intuitiv gewählt. Das Verhältnis des Goldenen Schnitts bei einer Strecke ist ungefähr 62 % zu 38%. Der eine Teil ist dabei ungefähr 1,618 mal so groß wie der andere. Die Zahl kann man nicht exakt angeben, da sie irrational ist und deswegen eine unendliche Anzahl sich nicht wiederholender Stellen nach dem Komma hat.

Irrationale Zahlen lassen sich digital nicht exakt ausdrücken. Allerdings: Das Verhältnis fib(n) / fib(n-1) nähert sich immer mehr der Zahl des Goldenen Schnitts an. So bekommt man mit immer größer werdenden Fibonacci-Zahlen eine immer genauere Annäherung an den Goldenen Schnitt. Man findet ihn in den Sonnenblumenkernen im Verhältnis der Anzahl der Spiralen gleicher Krümmung zu der Anzahl gleicher, weniger gekrümmten Spiralen. Sogar im Universum, in den Spiralarmen der Galaxien, kann man diese Muster finden. Ich finde es äußerst bemerkenswert, dass sich die Regeln der Natur und der Kunst mit einem Algorithmus beschreiben lassen, der ein bestimmtes Wachstum und ein ausgewogenes Verhältnis verkörpert.

Lieber Charles, mit Stolz kann ich sagen, dass ich, Ada, zu Ihrer Zeit als erster Mensch einen Algorithmus für einen Computer formuliert habe. Es handelte sich dabei um ein Verfahren zur Berechnung der Bernulli-Zahlen, einer anderen mathematischen Zahlen-Folge. Ich habe es formuliert und als Anmerkung meiner Übersetzung eines französischen Artikels über einen von Ihnen gehaltenen Vortrag zur Analytical Engine hinzugefügt. Es hat mich mit einer heimlichen Freude erfüllt, den ursprünglichen Text mit meinen eigenen kreativen Ideen anzureichern, was natürlich über die reine Übersetzung weit hinausging und die Leistungen des ursprünglichen Autors, Luigi Menabrea, ein wenig in den Hintergrund rücken ließ. Schließlich war dann die fertige Übersetzung mehr als doppelt so lang [2]. Es wäre schön gewesen, den Algorithmus zu implementieren und auf der Analytical Engine auszuführen, aber leider wurde Ihre Maschine nie fertig.

Die Fibonacci-Folge ist eine Folge von Zahlen, die oft in der Natur zu finden ist, beispielsweise in Sonnenblumen oder Galaxien. Die Folge beginnt mit den ersten beiden Zahlen 1 und 1. Der Fibonacci-Algorithmus besagt, dass man ab der dritten Zahl immer, wenn man eine neue Zahl berechnen will, dazu lediglich die Summe der beiden vorherigen Zahlen berechnen muss. Das Verhältnis der beiden Zahlen nähert sich immer mehr an den Goldenen Schnitt an.

Als die Berliner vorbeikommen und mich zu einer weiteren Runde Pre-Sunset-Drinks abholen wollen, winke ich ab. Ich brauche einen klaren Kopf, verspreche ihnen aber, noch einmal mit ihnen um die Häuser zu ziehen, bevor sich unsere Wege wieder trennen.

Im Video-Call sind Chuck und ich zuerst allein, Karla kann erst ein bisschen später, schrieb sie. „Wie schlimm ist es, sag mal ehrlich", bitte ich Chuck. Ungewohnt ernst schaut er mich an. „Ich würde es nicht auf die leichte Schulter nehmen", antwortet er. Anscheinend haben die Nachforschungen und Kontaktversuche von Karla und Chuck schon irgendwo bei Squillion die Alarmglocken schrillen lassen. „Hi, entschuldigt die Verspätung", Karla ist außer Atem und sieht ein bisschen blass um die Nase aus. Aber sie hat auch gute Nachrichten: Bei ihr hat sich durch die Vermittlung der Rezeptionistin Nancy noch eine weitere Frau gemeldet, Janet, die ebenfalls eine harte Geschichte zu erzählen hat. „Bei ihr war es die Sache mit dem Essen: Janet war als Jugendliche magersüchtig, aber ziemlich stabil, als sie bei Squillion anfing. Dann hat sie einer ihrer Kolleginnen davon erzählt, die zum Schein sehr anteilnehmend war. Bei einem Firmenfest hat Janet dann ein Glas alkoholfreien Sekt getrunken – danach hatte sie einen Filmriss. Auf alle Fälle waren es auch bei ihr schlimme Fotos und Videos, die die Runde gemacht haben: von Janet, wie sie sich mit Eiersalat und Torte vollstopft, während andere sie als fat ‹Janet› anfeuern und sie dazu bringen, sich dabei auch noch auszuziehen. Als die Aufnahmen rumgingen, hat sie das so aus dem Gleichgewicht gebracht, dass sie mehrere Wochen in einer psychiatrischen Klinik behandelt werden musste."

Chuck verzieht das Gesicht. „Eine furchtbare Geschichte, passt ins Muster. Aber ab jetzt gilt: doppelte Vorsicht. Wir brauchen Beweise. Und wir müssen sichergehen, dass wir keinen Maulwurf ins Nest gesetzt bekommen." Janet hat in der Klinik noch einen weiteren Squillion-Kollegen kennengelernt, ergänzt Karla, Jerry, dem seine Mobber sexuelle Belästigung eines anderen Kollegen unterstellten. „Jerry ist schwul, aber diesen Kollegen fand er nie attraktiv, sagt er. Und niemals würde er jemanden massiv angraben oder gar bedrängen", berichtet Karla weiter.

„Gut, wir brauchen ja weitere Zeugen, um die Sache möglichst groß spielen zu können. Wir müssen aber gut recherchieren und uns absichern", sagt Chuck. Dazu hat Karla eine Idee: Auch sie hat an Frances Haugen gedacht, die als Whistleblowerin mit den Facebook Files berühmt wurde. „Sie hat mit verschiedenen Redaktionsnetzwerken zusammengearbeitet, ich denke, dass auch wir professionelle Hilfe brauchen", sagt sie. Chuck wiegt erst den Kopf, dann nickt er. Auch ich kann mir vorstellen, dass es gut wäre, weitere Recherche-Profis an der Seite zu haben. Karla will sich darum kümmern, mit wem man Kontakt aufnehmen könnte, auch Chuck und ich durchforsten nochmal unsere Netzwerke.

Inzwischen ist es spät geworden, ich bin nach den beiden Abenden mit Berliner Trink-Gesellschaft froh um eine Auszeit und mache es mir mit meinem eBook-Reader auf der gepolsterten Bank am Esstisch bequem. Von einem schabenden Geräusch an meiner Tür werde ich wach. Ich hatte kein Licht angeschaltet, weil mein eBook-Reader selbst beleuchtet ist. Ich muss aber eingeschlafen sein, innen brennt kein weiteres Licht. Nach dem Gespräch mit Chuck und Karla bin ich sofort in Habacht-Stellung: Hat die ROFL-Squad schon irgendwie mitgeschnitten, wo ich bin?

Leise schleiche ich mich zum Fenster und versuche, so durch den Vorhang zu spähen, dass ich von außen nicht gesehen werden kann, und blicke – direkt in die Augen von Selma. Sie quiekt, während ich kreische. Erleichtert wackle ich auf Gummibeinen zur Tür. „Hast du mich erschreckt, hallo", begrüße ich sie. Selma entschuldigt sich und wedelt mit einem Stoffbeutel – „wir haben dir noch zwei Dreher-Feierabend-Biere mitjenomm, ich wollte sie dir ehmt an die Tür hängen – war ja kein Licht mehr an, ich dachte, vielleicht bist du noch spazieren oder jrade ne Runde unterwegs. Wir sind noch vorn im Kiosk, haste Lust?" Ich bedanke mich bei ihr, aber heute bleibe ich lieber allein.

Nach dem Schrecken bin ich allerdings wach und öffne mir eine der Bierflaschen. Mannomann. Erst der Traum gestern und dann Chuck, der wohl wirklich in Sorge ist wegen dem, was die ROFL-Squad an Geschütz auffahren könnte gegen Karla – und vielleicht auch gegen uns. Nach einiger Zeit im Gedanken-Karussell finde ich dann doch in Schlaf und träume, wenn überhaupt irgendwas, nichts Beängstigendes.

Die Tage am Gardasee verfliegen sehr angenehm – schwimmen, übersetzen, mit den Berlinern blödeln. Von Karla und Chuck gibt es keine weiteren Neuigkeiten, was ich positiv finde. Als die kariösen Kreuzberger abreisen, ist das auch für mich der Impuls, wieder weiterzuziehen. So viele Ziele locken mich auf der Landkarte. Fahre ich Richtung Westen, nach Cinque Terre, in die Toskana, oder weiter nach Ravenna und Ferrara? Oder ziehe ich gen Osten, weiter nach Slowenien und Kroatien?

Da plingt eine Nachricht von Chuck auf. Ich hatte ihn vor Tagen gefragt, ob er glaubt, dass mehr Hühner sichtbarer unterwegs sind als früher, oder ob ich anders sensibilisiert bin und deswegen mehr Hühner an verschiedenen Orten sehe. Jetzt hat er mir geantwortet – mit einem Video, das Hühner in allen möglichen extremen Situationen zeigt: Mitten in Manhattan auf der Straße, in Körben auf Tuktuks, in einem Ballsaal, umringt von festlich gekleideten Menschen, und als lebendes Accessoire bei einem Mode-Shooting: Männer und Frauen in sündteurer „Country"-Kleidung halten mehr oder weniger geschickt Hühner auf dem Arm. „Hühner SIND überall, Anna, wenn du genau hinschaust. Schon immer gewesen. Wenn du sie jetzt auch öfter wahrnimmst, bist du genau richtig unterwegs. Hühner führen zum Kern des Seins – sagt mein Chai. Schöne Grüße von Evita!"

Ich lache leise. Wir haben uns in Bangkok gemeinsam mit Marcia immer über die Teebeutel-Anhänger beömmelt, die mit aufgedruckten Lebensweisheiten das Teetrinken philosophisch veredeln sollen. „Sei, wer du bist" oder „Das Universum ist Liebe" und andere kurz gefasste Sinnsprüche haben wir uns gegenseitig vorgelesen. „Der Glückskeks des Glutamat-Verächters", hatte Marcia es genannt. Wir hatten zusammen eine Reihe von subversiven Sprüchen ersonnen und eine Liste bei uns im Büro aufgehängt, die immer wieder ein bisschen wuchs. „Ein Schnabeltier macht noch keinen Sommer" war einer meiner Favoriten, oder „Hühner sind auch unten flauschig", gefolgt von „Weisheit und Sonne und 'ne Buddel Rum". Klassisch: „Hör niemals auf Teebeutel-Sprüche" und „ich trinke, weil ich nichts trinke". Marcia beendete das Ganze mit einem „Schütt den Tee weg und trink was Richtiges".

Marcia – die könnte ich kontaktieren wegen Recherche-Hilfe. Sie arbeitet als Illustratorin und ist in der Medienwelt auch gut vernetzt. Also schreibe ich ihr eine schnelle Nachricht, dass ich dringend etwas Ernstes mit ihr bereden möchte. Ihre Antwort lässt nicht lange auf sich warten: „Was gibt's denn? Bin neugierig! Im Moment ist ziemlich viel los bei mir – heute um 17 Uhr?", bietet sie an, ich schicke den hochgereckten Daumen zurück.

Bis dahin ist noch Zeit, die ich nutze, um in meinem Bus wieder mal etwas klar Schiff zu machen, außerdem schmeiße ich eine Waschtrommel im Camping-Zentrum an. Inzwischen habe ich eine größere Matte erstanden, die ich vor die Tür des Busses lege, um das Schmutzaufkommen im Bus etwas zu reduzieren – das ist zwar etwas spießig, weil sie aber Regenbogenfarben hat, ist sie natürlich auch voll hippiemäßig, finde ich. Die schüttle ich aus, schichte mein Geschirr und alles, was zerbrechlich ist oder beim Fahren durch die Gegend fliegen könnte, in die verschließbaren Fächer und Schubladen. Meine Bettdecke hängt zum Lüften über meinem Tisch und den Stühlen. Morgen früh will ich mich dann auf den Weg machen. Wohin, weiß ich immer noch nicht, ich werde ganz spontan entscheiden.

Mit Marcia zu plaudern, tut mir richtig gut. Sie ist in der Bangkoker Zeit eine echte Freundin geworden, wird mir jetzt nochmal klar. Als ich ihr von Karla und Chuck erzähle, ist sie erstmal total entsetzt, dann beginnt ihr Hirn zu rattern. Sie will verschiedene Möglichkeiten durchdenken, sagt sie, und sich dann wieder bei Chuck oder mir melden, falls ihr eine wirklich vertrauenswürdige Person einfällt. Uns beiden ist klar, dass wir mit den Informationen nicht leichtfertig umgehen können. „Wenn da was in die falschen Hände gerät, wäre das fatal", Marcia atmet tief durch. Genau dieser Gedanke hat auch mich zögern lassen, darüber zu bloggen: Selbst wenn ich nicht die Riesen-Reichweite habe, könnte ich das machen. Aber ich will den ROFL-Squad- und Squillion-Idioten keine Vorab-Info geben. „Das müssen wir in Ruhe überlegen", wir sind uns einig.

Am Schluss lassen wir die ernsten Themen mal beiseite. Marcia hat sich auch ein bisschen bei Chuck mit dem Hühnerspleen angesteckt. Meine Idee – ein Video mit Hühnern, die zu „Upside down" performen – hat sie zu einem Entwurf für einen Cartoon inspiriert, „aber ich komme gerade zu kaum was, ich habe drei Jobs gleichzeitig: toll für mein Konto, schlecht für Fun-Projekte", sagt sie. Ich freue mich für sie, dass es so gut läuft. Außerdem gibt es Sergio, den sie schon länger kennt, und mit dem sie nun weiter nach Barcelona gewandert ist. Sie verspricht, mir Fotos von ihm und von Barcelona zu schicken, und wir verabschieden uns.

Barcelona wäre natürlich auch eine Idee, überlege ich. Mit Douglas die Côte d'Azur entlangfahren und dann weiter nach Spanien? Steht mir ja alles offen, ich freue mich.

Nach einem Abschiedsschwumm im Gardasee in der Früh und einer heißen Dusche setze ich Douglas und mich wieder in Bewegung. Schön war es hier, die Catullen des Grott sind absolut einen Besuch wert – dazu die Berliner als lustige Gesellschaft. Und jetzt geht es wieder weiter. Einen Ladestopp lege ich in Verona ein, wo auf einem Hotelparkplatz einige Schnellladestationen stehen. Etwas mehr als die Hälfte ist besetzt, ich habe gut Platz, um meinen Douglas mit der Ladeöffnung an die Säule zu rangieren. Die Rückfahrkamera, etwas, was ich noch nie an einem meiner früheren, eher älteren Autos hatte, ist mir sehr ans Herz gewachsen.

In einem schnittigen E-Auto mit deutschem Kennzeichen zwei Säulen weiter sitzt eine Frau etwa in meinem Alter, die interessiert meinen Bus mustert. Sie steigt aus, wir kommen ins Gespräch, und ich koche uns beiden einen Espresso. Sie steuert ein Stück Zitronenkuchen bei. „Eine wahre Idylle hier", sagt sie mit Blick auf die eher triste Umgebung. „Aber immerhin kann man im Hotel auf die Toilette." Schon seit einigen Jahren ist sie rein elektrisch unterwegs, erzählt sie, und hat schon alle möglichen Lade-Situationen erlebt. „In Italien ist es super, da gibt es viele öffentliche Säulen; wenn du nach Kroatien weiter willst, musst du etwas besser planen – die bauen zwar viele neue Stationen, aber das Netz ist noch nicht so engmaschig." Tja, Ladegespräche – die gab es früher nicht in dieser Ausführlichkeit, mit frisch gekochtem Espresso: Benzin oder Diesel rauschen schließlich schneller in den Tank.

Noch ein bisschen dauert es, bis Douglas seine volle Ladung erreicht hat. Als ich meine Nachrichten abrufe, sehe ich, dass Josef Kölbl mir geschrieben hat. Das passt ja wunderbar, denke ich, als ich den Text überfliege. Er fragt mich, wo ich gerade bin, und ob ich es einrichten könnte, ihn in einigen Tagen in Pula zu treffen. Dort in der Gegend hat er wohl einen Geschäftspartner mit einem größeren Anwesen, und ich könnte dort auch mit Douglas Station machen. „Klingt super", schreibe ich zurück, „bin sowieso gerade unterwegs – und seit gerade eben in Richtung Kroatien", denn so schnell hat sich meine Reiseroute nach Osten entwickelt.

6 Kroatien

Venedig lasse ich rechts liegen, denn ich will lieber erst Strecke machen und dann mit etwas Zeit die Westküste von Istrien entlang nach Süden fahren. Auf alle Fälle werde ich in Rovinj einen Stopp einlegen – einer meiner Lieblingsorte.

In Istrien kann ich nicht widerstehen und fahre nach Poreč rein, auch das ist eine schöne Stadt, wo ich mir eine Portion Girice, kleine frittierte Fische, hole und am Hafen auf einer der steinernen Bänke in der Sonne verzehre. Schön war es am Gardasee, toll ist es auch endlich am Meer – es riecht anders, ich schmecke die salzige Luft. Ob die Möwen, von denen auch viele in Sirmione unterwegs waren, lieber in Salz- oder Süßwasser tauchen? Eine wartet schon auf einen Bissen von meinen Fischchen, ich schmeiße ihr ein Stück zu, das sie lässig aus der Luft fängt und verdrückt.

Noch einen Bijela Kava, einen „weißen" Kaffee mit Milch, dann mache ich mich auf nach Rovinj. Weil die Touristensaison noch nicht voll begonnen hat, bekomme ich ohne Probleme einen schönen Stellplatz auf einem Campingplatz direkt am Strand. Auch hier kann man sich Fahrräder leihen. Ich nehme eins.

In der späten Nachmittagssonne radle ich nach Rovinj, komme am Hafen entlang auf die Altstadt zu und gehe ab jetzt zu Fuß weiter: Die steilen und engen Gassen mit den von unzähligen Schuhen glatt gelaufenen Steinen will ich auch unter meinen Sohlen fühlen. Ich steige zur Kirche hinauf, der Turm ist ein kleinerer Bruder von San Marco in Venedig, und laufe in die Kirche, die der Heiligen Euphemia geweiht ist. Euphemia ist ein fabelhafter Name, wie ich finde. Ich zahle den Eintritt und laufe die vielen Stufen im Glockenturm hinauf und blicke weit raus über das Meer und auf die Altstadt unter mir.

Seit dem Girice-Snack ist einige Zeit vergangen, und ich setze mich in ein Restaurant und ordere Muscheln zur Vorspeise und als Hauptgang gegrillten Tintenfisch mit Kartoffeln und Mangold – ein himmlisches Vergnügen, auf das ich mich schon freue, seit ich mich für die Tour nach Kroatien entschieden habe. Dazu ein Ozujsko-Bier mit Grejp, also ein Grapefruit-Radler, und ich bin absolut glücklich, sehe die Sonne sinken und beschließe, den Abend mit einem Eis abzurunden und dann zurückzuradeln.

Beim Eis komme ich mit einer Runde Niederländer ins Gespräch, und wir landen noch in einer Cocktail-Bar, in der man auf dicken Polstern in den Felsen direkt am Meer sitzen kann. Unter Wasser sind Scheinwerfer installiert, so dass wir eine unwirklich illuminierte Szenerie in Petrol und Türkis vor uns haben. Die Niederländer, drei Männer und vier Frauen, sprechen mit einem allerliebsten Akzent deutsch. Sara und Heiko, die anscheinend ein Paar sind, arbeiten in der IT-Branche, und wir fachsimpeln ein bisschen. Beide kennen sich aus dem Büro, aus der Amsterdamer Zweigstelle eines großen amerikanischen Konzerns; nicht Squillion, wie ich erleichtert höre, als ich genauer nachfrage.

Auch sie sind im Moment als digitale Nomaden tätig: Sie haben sich einen Coworking-Space in Rovinj gemietet, nahe des Busbahnhofs, Heiko zeigt mit dem Finger in die Richtung. Die Kommune hat die selbst eingerichtet, um auch diese Gruppe an Leuten anzulocken. „Wir kommen immer an dieser hellen glatten Marmor-Skulptur vorbei, auf der die Kinder abends immer rutschen", beschreibt Sara. Jetzt bin ich orientiert – und ein bisschen neidisch: „wow, ein toller Ort, da seid ihr ja in der Pause ratzfatz am Meer, habt die schnuckeligen Gässchen vor euch", sage ich, „und wir wissen, wo es die besten Ćevapčići gibt", fügt Heiko grinsend an. Für drei Monate haben die beiden sich aus Amsterdam ans Mittelmeer verabschiedet. Sie überlegen, ob sie noch etwas Zeit dranhängen und länger unterwegs bleiben, arbeiten und reisen wollen.

Deswegen fragt mich Sara nach Strich und Faden aus, wie das mit dem mobilen Arbeiten von überall auf der Welt aus klappt. Sara erklärt mir, dass die beiden planen, eine Familie zu gründen, aber vorher noch ein bisschen was erleben wollen – und dass eine Zeit des digitalen Nomadentums für sie beide sehr verlockend, aber auch unwägbar wirkt. Ich berichte von meinen Erlebnissen in Australien, Thailand und der aktuellen ersten Runde durch Europa.

Heiko will vor allem technische Details über meinen Bus wissen, Ladezeiten, Wartung, Stellplatzsuche, WLAN-Gegebenheiten, und genauso fragt er detailliert nach, wo ich Brauch- und Nutzwasser tanken und entleeren kann undsoweiter. Denn er würde wohl supergern im Camper durch Australien fahren und dabei arbeiten. Ein paar Antworten kann ich ihm geben, aber gerade was den Bus betrifft, bin ich selber noch recht frisch. Offenbar sind die beiden bisher noch keine Camping-Freaks, aber da kann ich ihnen aus vollem Herzen sagen, dass sich das schnell lernt. Nach der ersten Kurvenstrecke, nach der ich meine Blumenvase nebst Inhalt vom Boden kehren konnte, werde ich diesen Fehler nicht mehr machen und mich nur auf das Reagenzglas beschränken, das per Saugnapf am Armaturenbrett befestigt ist. Außerdem ist es meiner Erfahrung nach so, dass sehr viele Leute sehr hilfsbereit sind: ob auf dem Campingplatz selber oder auch bei anderen Gelegenheiten. Ich erzähle ihnen von den geretteten Hühnern in Sterzing, die mir für mehrere Tage einen wunderbaren Stellplatz mit Familienanschluss, Waschmaschinen-Nutzung und WLAN beschert haben.

Mir kommt bei diesem Gespräch noch einmal zu Bewusstsein, wie viele Tipps mir Walter und Regina gegeben haben. Sie schreiben mir auch fleißig Kommentare zu meinen Posts. Vor allem Regina ist immer wieder hin und weg von den Douglas-Fotos, die ich vor allem auf Insta teile. Beide fragen auch immer wieder bei meinen Blog-Einträgen nach. Neulich hat mich Regina gebeten, mich mit dem Thema Quantencomputer zu befassen, sie hat da was in der Zeitung gelesen und würde gern mehr wissen. Vorher ist aber auf alle Fälle noch ein Blog-Thema dran:

6.1 Wer hat's erfunden?
– Der Von-Neumann-Computer

Posted by Ada L.   5. Mai

Lieber Charles,

am Anfang der Digitalisierung stand eine Maschine, die als eine der wichtigsten Erfindungen der Menschheit gilt. Sucht man im Internet nach den wichtigsten Erfindungen, kommen viele ähnliche Ergebnisse: Meist eine Liste mit Feuer, Rad, Dampfmaschine, Glühbirne, Telefon und der Maschine, die hier gemeint ist: der Computer. Wie fing das an mit dem Computer? Und was genau ist ein Computer? Im Prinzip lief die Entwicklung wie bei den anderen Dingen auf der Liste, zumindest außer dem Feuermachen und dem Rad, bei denen man nicht genau weiß, wie sie entstanden sind.

Fragt man in Amerika, wer das Telefon erfunden hat, bekommt man sicher die Antwort: „Graham Bell", der das Telefon tatsächlich kommerziell verwertete und patentieren ließ. In Deutschland würde man eher „Phillip Reis" hören, der zumindest als derjenige gilt, der den ersten Satz über ein Telefon sprach, welches er selbst entwickelt hatte: „Das Pferd frisst keinen Gurkensalat".

Daneben gibt es noch eine ganze Reihe weiterer Personen aus dem 19. Jahrhundert, die ein Telefon erfunden haben und zum Teil voneinander wussten oder auch nicht. Die Zeit war einfach reif für die Erfindung des Telefons: Denn die Technik, um so ein Gerät zu bauen, gab es bereits. Außerdem war der Bedarf da, schnell mit Sprache zu kommunizieren. Hier soll es allerdings um den Computer und die Digitalisierung gehen, aber es gibt viele Parallelen in der Technikgeschichte.

Lieber Charles, natürlich sind Sie der Erfinder des Computers. Trotzdem unterscheidet sich Ihre Analytical Engine von den Computern heutzutage, da sie nicht mit Binärzahlen arbeitet, so wie heute üblich. Leider konnten Sie Ihre Maschine auch nie fertigstellen. Zu groß wäre der Aufwand gewesen – und damals war es technisch noch nicht möglich, die ganzen Elemente in der nötigen Präzision zu produzieren. Die genaue Fertigung von Zahnrädern hat Ihnen bereits sehr zu schaffen gemacht.

Nach der Jahrhundertwende vom 19. zum 20. Jahrhundert war dann die Zeit des Computers gekommen. Fast genau hundert Jahre nach Ihrer Beschreibung der Analytical Engine 1837 baute ein anderes Genie, Konrad Zuse, 1937 eine sehr ähnliche Maschine: Er konstruierte einen ebenfalls mechanischen Rechner, der elektrisch angetrieben wurde, und nannte seine Maschine Z1. Ein schöner Nachbau der Z1 ist übrigens von Zuse selbst noch später realisiert worden und steht heute im Technik-Museum in Berlin.

Leider kannte Zuse Ihre Arbeiten nicht, er erfand alles nochmal neu. Am Ende des 2. Weltkriegs baute Zuse dann die Z3, einen elektromechanischen Computer mit Relaisschaltungen, der gemeinhin als erster „richtiger" funktionsfähiger Computer gilt. Es gibt viele architektonische Gemeinsamkeiten zwischen der Analytical Engine und der Z3.

Durch das technische Wettrüsten im Verlauf des 2. Weltkriegs entstanden allerdings in dieser Zeit weitere Computer. Zuse war in Deutschland sehr isoliert und wurde durch die rasante Entwicklung schnell abgehängt. So gilt er zwar als Erbauer des ersten Computers, allerdings hatte sein Werk so gut wie keinen Einfluss auf die technische Entwicklung.

Eine direkte Verwandtschaft der heutigen Computer zu den damaligen Erfindungen gibt es durch die Computer-Ingenieure um John von Neumann. Der deutschsprachige, aus Ungarn stammende Mathematiker wanderte in die USA aus und arbeitete am Institute for Advanced Studies in Princeton an einem Computer. Er erfand wegweisende Konstruktionsprinzipien, die heute noch in modernen Rechnern zu finden sind [21].

Man spricht vom Von-Neumann-Computer, wenn ein Computer gewisse Eigenschaften hat: Er soll einen Prozessor zum Rechnen und Steuern haben sowie einen Speicher für die Daten. Diese Prinzipien sind bereits in der Analytical Engine und der Z1 zu finden. Weiter soll er binär arbeiten, was in der Z1 bereits der Fall ist. Weiter soll er elektronisch arbeiten, wie die Z3.

Ein wichtiges Prinzip und eine für die Digitalisierung wesentliche Eigenschaft war aber beim Von-Neumann-Computer neu: Der Computer-Speicher soll nicht nur die Daten, sondern auch die Programme zur Verarbeitung der Daten in der gleichen Weise speichern, so dass Programme wie Daten behandelt werden können.

Will man genau verstehen, wie ein Computer arbeitet, sollte man sich die einzelnen Bestandteile eines Von-Neumann-Computers und deren Zusammenspiel genauer ansehen. Man muss keine Angst haben, diese nicht verstehen zu können, die Prinzipien dahinter sind verblüffend einfach, aber genial.

 Ein Computer ist nach der Von-Neumann-Architektur aufgebaut, wenn er folgende Eigenschaften hat: Er arbeitet elektronisch, besitzt einen Prozessor und einen Arbeitsspeicher, er arbeitet digital, und er speichert die Programme im selben Speicher wie die Daten.

6.1.1 Im Bauch der Maschine
– Der Aufbau eines Computers

Die Digitalisierung kann es nur geben, weil es Computer gibt. Daher lohnt sich, lieber Charles, ein genauerer Blick ins Innenleben der Hardware. Denn Computer sind heutzutage in der Welt überall präsent, ihre Rolle ist zentral.

Nur zum Rechnen waren die ersten Computer gedacht, aber bald erkannte man, dass es sich um Universal-Werkzeuge handelt, die man für alle möglichen Zwecke programmieren kann. Mit der Zeit wurden die Geräte kleiner und gleichzeitig leistungsfähiger. Das Mooresche Gesetz (Moore's Law) besagt, dass sich die Leistung der Computer ungefähr alle zwei Jahre verdoppelt. So trägt man heutzutage Computer als Handys in der Hosentasche oder als Smartwatch am Handgelenk, die um ein Vielfaches leistungsfähiger sind als Supercomputer aus den 90er Jahren.

6.1.2 Harte Ware
– Hardware

Alles, was man an einem Computer anfassen kann, ist die sogenannte Hardware. Die Programme, die dem Computer sagen, was er tun soll, sind die Software. Diesen wichtigen Unterschied habe ich, Ada, schon beschrieben: Ein Gerät, das etwas kann, ist wichtig. Mindestens genauso bedeutsam sind die Anweisungen dazu, wie die Maschine arbeiten soll. Ich habe das mit einem Beispiel, das in unserer Zeit anschaulich war, verglichen, Charles: Ein Computer ähnelt in gewisser Weise einem Webstuhl. Es gibt ein Gerät, und es gibt das Programm, das diesem erklärt, wie es komplexe Muster mit verschiedenfarbigen Fäden ausführen soll.

Sie, lieber Charles, haben sich Ihr ganzes Leben mit der Entwicklung von Hardware befasst. So, wie Sie die Analytische Maschine geplant haben, funktioniert auch prinzipiell jeder Computer heute noch, auch die Handys. Wenn man einen Computer mit einem Menschen vergleicht, ist das zentrale Element der Prozessor, das „Hirn" des Systems, heutzutage auch CPU (Central Processing Unit) genannt. Sie zogen einen anderen Vergleich und nannten diesen Teil „Mühle", dort werden Daten „zermahlen". Diese Daten – die Getreidesäcke, um in Ihrem Bild zu bleiben – stehen an einem Ort, einem Datenspeicher, bereit. Von dort müssen sie zum Prozessor gelangen.

Das System, das die Daten hin und her transportiert, ist das Bussystem: Es vernetzt alle Komponenten eines Computers. Hier sind auch alle Eingabegeräte angeschlossen, also Tastatur, Maus, Game-Controller oder eine Kamera. Auch die Ausgabegeräte sind mit dem Bus verbunden, also der Screen oder der Drucker. Der Datenspeicher, der in einem Computer bei laufendem Betrieb verwendet wird, ist das RAM, das Random Access Memory, ein Speicher, der einen schnellen Zugriff auf die Daten ermöglicht.

Random bedeutet hier, dass man auf alle beliebigen Daten sofort Zugriff hat, ohne diese hintereinander, also linear abzurufen. Dieser Speicher braucht Strom, das Gerät muss dazu eingeschaltet sein. Nachteil: Wenn man das Gerät ausschaltet, sind die Daten weg. Um diese so zu speichern, dass diese auch nach dem Ein- und Ausschalten wieder verfügbar sind, benötigt man noch weitere Speichermedien.

Zuerst hat man die Daten auf Magnetbänder geschrieben, die den Vorteil hatten, dass man viele Daten darauf speichern kann. Hier werden die Bits auf einem mit einer Oxidschicht beschichteten Kunststoffband durch Magnetisierung gespeichert. Null ist ein magnetisierter, eins ein nicht magnetisierter Abschnitt. Allerdings gibt es dabei den Nachteil, dass man nicht direkt auf die Daten zugreifen kann wie beim RAM: Man muss die Daten nacheinander vom Band lesen.

Deshalb hat man schnellere Alternativen entwickelt: Magnet-Festplatten haben drehende Magnetscheiben. Ein Lesekopf kann direkt an eine gewünschte Position auf der Scheibe springen. Man hat hier also die Vorteile des RAMs mit denen der permanenten Speicherung kombiniert. Allerdings waren die Festplatten sehr teuer. Auch konnte man die Platten nicht auswechseln.

Deshalb hat man noch Wechselmedien erfunden, die Disketten. Diese konnten aus den Diskettenlaufwerken genommen, beschriftet und in den Schrank gestellt werden. Heutzutage haben die meisten User*innen eher weniger mit solchen Speichermedien zu tun, da immer mehr Daten in der Cloud gespeichert werden. Aber auch die Cloud ist ein Speichermedium. Nur eben eins, dass man nicht selbst mitnehmen kann.

Speichermedien, die die Funktion von Disketten heutzutage übernommen haben, sind SD-Karten oder USB-Sticks. Speichermedien sind, wie auch Drucker, sogenannte Peripheriegeräte, die über den Bus an das Computersystem angeschlossen werden können. Ein beliebtes Bussystem ist der der Universal Serial Bus, USB. Leider gibt es diesen in verschiedenen Versionen mit unterschiedlichen Anschlüssen, lieber Charles. So muss ich heutzutage immer mehrere Kabel und Adapter mitnehmen, um USB-Sticks oder andere Geräte an meinen Laptop anschließen zu können. Bei Meetings gibt es deswegen meist die erste, dringendste Frage, ob jemand einen passenden Adapter für ein Gerät dabei hat.

 Die Bestandteile von Computerhardware sind: CPU (Central Processing Unit), Prozessor, Arbeitsspeicher, RAM (Random Access Memory) und Peripheriegeräte, also weitere Speichermöglichkeiten wie Festplatten, SSD-Disks oder SD-Karten; weiter gibt es Eingabegeräte wie Tastatur oder Maus und Ausgabegeräte wie Screen oder Drucker. Verbunden sind sie alle über ein Bussystem, mit dem die Daten hin und her geschickt werden. Jede Hardware, auch die von Mobilgeräten, ist so aufgebaut.

6.1.3 Die Datenmühle
– Der Prozessor

Das Hirn eines Computers ist der Prozessor. Er selbst besteht aus verschiedenen Teilen. Ein Teil kann elementare Kommandos ausführen: So gibt es einfache grundlegende Kommandos zum Rechnen. Das Rechnen selbst ist wiederum in seine Grundbausteine zerlegt, so gibt es ein Kommando, welches zwei Zahlen aus zwei Registern des Prozessors addieren kann. Alle anderen Operationen bauen dann darauf auf.

Der Teil des Prozessors, der für das Rechnen an sich zuständig ist, ist die Algorithmic Logic Unit (ALU), oft als Rechenwerk bezeichnet. In den heutigen digitalen Prozessoren wird mit den Binärzahlen gerechnet. Die Bits selbst werden als Zustände von Spannungen ausgedrückt, also Strom fließt oder kein Strom fließt. So kann man mit nur zwei Zuständen in Schaltkreisen Zahlen ausdrücken.

Um diese zu manipulieren, also mit ihnen rechnen und dann auch programmieren zu können, braucht man noch Logikbausteine. Eine einfache Operation wie die Addition ist aus weiteren, elementaren Logik-Operationen aufgebaut.

Lieber Charles, Ihnen ist sicher der Mathematiker George Boole bekannt, der von der Royal Society ausgezeichnet wurde, bei der Sie ja auch zur gleichen Zeit Mitglied waren. Daher kennen Sie sicher seine Arbeiten zur Logik, die heute nach ihm „boolesche Algebra" genannt wird. Er war Autodidakt, hatte keine akademische Ausbildung, und ersann trotzdem den Grundstein der modernen Computertechnologie.

Allerdings haben Sie, als Sie die Analytical Engine konstruiert haben, diese auf dem Dezimalsystem aufgebaut. Vielleicht war Ihnen das Rechnen mit zehn Ziffern einfach vertrauter, und Sie haben es, so gut es ging, in einen Mechanismus mit Zahnrädern umgewandelt. Minimal benötigt man bei der booleschen Algebra nur drei Grundoperationen: „und", „oder", „nicht". Mit diesen drei Operationen kann man alle logischen Sachverhalte darstellen und alle anderen Operationen daraus ableiten. Wenn man diese in Hardware baut, also nicht nur im Kopf oder auf dem Papier zum Rechnen mit Logik benutzt, sondern physisch realisiert, kann man aus der Kombination nur dieser drei Bausteine eine beliebig komplexe Rechenmaschine bauen.

Konrad Zuse war gelernter Bauingenieur. Wie gesagt, kannte er leider Ihre Arbeiten zur Analytical Engine nicht, und er kannte auch keine anderen theoretischen Vorarbeiten zur Logik. Auch die Arbeiten von Boole waren ihm nicht bekannt [64]. Trotzdem erfand er kurzerhand die boolesche Logik für sich selbst neu und realisierte seine Computer mithilfe der zweiwertigen Logik á la Boole.

Ein weiterer Pionier, der ebenfalls als oft Erfinder der Digitaltechnik genannt wird, war Claude Shannon, der im Jahr 1937 in seiner Masterarbeit am Massachusetts Institute of Technology (MIT) elektrische Schaltkreise mittels Logik analysierte [53]. Er erwähnte Boole in seiner Arbeit und erfand eine eigene visuelle Darstellungsweise der Logik-Operationen, die mich heutzutage schon an die Bahnen auf Mikrochips denken lässt. In seiner Arbeit findet man auch den Entwurf eines Addierwerks, wie es in jedem modernen Computerchip noch heute vorkommt.

Lieber Charles, machen wir kurz einen Abstecher in die Tiefen der Eingeweide eines Computers: Wie sehen diese elementaren Logik-Bausteine nun aus? Sie drücken die beiden möglichen logischen Wahrheitswerte „wahr" und „falsch" mit 0 und 1 (kein Strom oder Strom fließt) aus. Hier haben die Nullen und Einsen also nicht die Bedeutung einer Zahl, sondern stehen für die Wahrheit einer Aussage.

Ein „oder"-Baustein hat zwei Eingänge und einen Ausgang. Liegt an den beiden Eingängen keine Spannung an, was bedeutet, dass beide den Wert 0 haben, hat der Ausgang auch keine Spannung und somit auch den Wert 0. Ansonsten, wenn einer der Eingänge oder beide 1 sind, ist der Ausgang ebenfalls 1. Der Baustein steht dann für: Wenn A oder B oder beides wahr ist, ist die Aussage „A oder B" ebenfalls wahr.

Allerdings widerspricht das logische „oder" unserem umgangssprachlichen Gebrauch des Wortes „oder". Wenn beides zutrifft, bei Aprilwetter meinetwegen, könnte die Sonne scheinen und es gleichzeitig regnen. Wenn man im Gespräch sagt: „Es regnet oder es scheint die Sonne" meint man, es trifft nur eins von beiden zu. In der Logik ist die Aussage „Es regnet oder es scheint die Sonne" auch dann richtig, wenn es gleichzeitig regnet und die Sonne dazu scheint. In dieser Logik reicht es, dass mindestens einer der beiden Aussagenteile richtig ist, um die ganze Aussage als wahr (oder 1) zu werten.

Der Satz „Entweder es regnet oder es scheint die Sonne" ist dann richtig, wenn es entweder regnet oder die Sonne scheint. Der logische Baustein, der diesem entweder-oder entspricht, ist das „xor" (Exklusiv-Oder).

Beim „und"-Baustein ist der Ausgang nur dann 1, wenn beide Eingänge (Teilaussagen) 1 sind, was intuitiv verständlich ist. Der „nicht"-Baustein dreht

Eingänge		Operationen			
A	B	A und B	A oder B	A xor B	nicht A
0	0	0	0	0	1
0	1	0	1	1	1
1	0	0	1	1	0
1	1	1	1	0	0

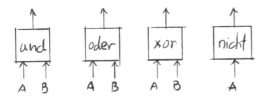

Abb. 6.1: Logikbausteine

nur einen Wert um, er hat einen Eingang und einen Ausgang. Wenn der Eingang 1 ist, kommt 0 am Ausgang an und umgekehrt.

Es gibt verschiedene Möglichkeiten, diese Bausteine tatsächlich zu bauen, mithilfe von Halbleitertechnik und Transistoren. In der mechanischen Z1 hat Zuse diese Bausteine aus ineinander verschiebbaren Blechen gebastelt. Die genaue Physik dahinter ist für das Verständnis der Funktionsweise nicht wesentlich, deshalb konzentrieren wir uns auf das Prinzip (Abb. 6.1).

Wie kann man diese Bausteine nun zum Rechnen verwenden? – Sehen wir uns eine Rechnung mit Dualzahlen genauer an: 0+1 oder 1+0 ergibt 1, 1+1 ergibt 10. Es gibt also einen Übertrag auf die nächste Stelle und die aktuelle Stelle wird zu 0. Man denke an die Addition im für uns gebräuchlichen Dezimalsystem: Bei 1+9 gleich 10 gibt es einen Übertrag auf die 10er-Stelle, und die Einerstelle wird zu 0. Hier eine Addition mit einer Übertragsspalte:

	1110	(14)
	1010	(10)
Ü	11	
E	11000	(24)

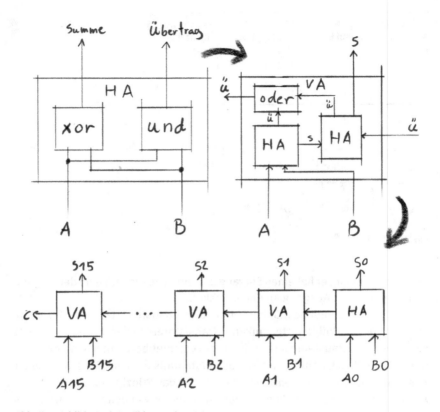

Abb. 6.2: Addition mit Logikbausteinen

Zum Berechnen einer Stelle benötigt man also einen Additions-Baustein, den man aus den obigen Logik-Grundbausteinen bilden kann: Das Ergebnis einer Addition an einer Stelle der Dualzahl kann man mit dem „xor"-Baustein bekommen, wie man aus der Tabelle ablesen kann: 0+1 oder 1+0 ergibt 1, 1+1 ergibt 0 an dieser Stelle, mit einem Übertrag von 1 für die nächste Stelle. Der Übertrag kann ganz einfach mit einem „und"-Baustein dargestellt werden: Wenn beide Summanden 1 sind, ist der Übertrag ebenfalls 1. Aus einem „und"- und einem „oder"-Baustein kann man einen sogenannten Halbaddierer bauen.

Wichtig ist noch, dass alle Stellen – außer der ersten – drei Eingänge haben, da zu den beiden Summanden der Übertrag mit hinzugerechnet werden muss. Ein sogenannter Volladdier-Baustein hat also die Eingänge A (Summand 1), B (Summand 2) und Ü (Übertrag), und zwei Ausgänge S (Summe) und Ü, wobei die Bausteine so verkettet sind, dass der Übertrag in den nächsten Baustein hineingeht. Man kann aus zwei Halbaddierern einen Volladdierer bauen. Aus einer Verkettung von Volladdierern kann man ein Addierwerk bauen.

So lassen sich aus einfachen logischen Schaltungen komplexere Schaltungen aufbauen, und das wiederholt. Eine Multiplikation erhält man durch eine wiederholte Addition. So ist das Rechenwerk eines Prozessors aus einfachen, immer gleichen Bausteinen aufgebaut, die zu komplexeren Bausteinen kombiniert werden können (Abb. 6.2).

Drei Arten von Logikbausteinen genügen, um prinzipiell einen ganzen Computer zu bauen: **i** „und", „oder", „nicht". „Und" hat als Ausgabe 1, wenn beide Eingänge 1 sind. „Oder" hingegen ist immer 1, außer beide Eingänge sind 0. „Nicht" hat einen Eingang, der Ausgang liefert aber immer das Gegenteil. Ein Volladdier-Baustein hat drei Eingänge, zwei für die jeweilige Binärstelle der Summanden und den Übertrag aus der Addition der vorherigen Stelle.

Die Niederländer haben sich in eine Ferienwohnung nahe der Altstadt einquartiert. Einen Teil des Heimwegs haben wir gemeinsam, so lange schiebe ich mein Rad, und schwinge mich dann für die letzten paar Kilometer zum Campingplatz in den Sattel.

Erst im Bus sehe ich, dass Josef Kölbl mir geschrieben hat: Er ist erst in ein paar Tagen in Pula. Dann werde ich es mir noch ein bisschen in Rovinj gutgehen lassen, ehe ich weiter an die Südspitze der istrischen Halbinsel ziehe. Der allersüdlichste Abschnitt ist ein Naturpark, Kap Kamenjak, was so viel heißt wie steinige Spitze. Dort gibt es keine festen Bauten, viele schöne Buchten und ein besonderes Café, das mit Bambus, Schilf und allerlei kreativ eingesetzten Materialien errichtet ist. Ich freue mich schon, dort einzukehren. Ob ich vorher ins doch noch recht kalte Meer abtauchen will? Das werde ich mal mit Lola beratschlagen.

Abends ist es draußen nicht mehr so richtig warm, und ich bin froh, dass ich mir Material für ein Lagerfeuer mitgebracht habe. An einem Stand am

Straßenrand habe ich Öl und Honig gekauft und auch ein paar Scheite für ein Feuer erstanden.

Nachdem ich mich ein bisschen geplagt habe, lodert vor mir ein kleines Feuer, knisternd und knackend. Das übliche Feuerproblem stellt sich ein: Die Seite, die den Flammen zugewandt ist, ist überaus warm, die andere friert. Zwischen zwei Feuern wäre der beste Platz, vorausgesetzt, der Abstand ist genau richtig: nicht zu nah und zu heiß, aber auch nicht zu kühl.

Ich schaue in die Flammen und beobachte, wie sie das Holz aufschlecken, wie viele Farben dabei entstehen. So versinke ich in alle möglichen Erinnerungen – und erlaube mir seit längerem, mal wieder intensiv an Sven zu denken. Wie wunderbar wäre das, wenn er mit mir hier sitzen könnte. Nahezu täglich tauschen wir Tweets und Insta-Grüße. Er hat sich auch sehr über die verdrehten Catullen des Grott gefreut. Ach, es gäbe so vieles zu entdecken, zu bereden, und ich hätte ihn ganz einfach gern hier, an meiner Seite. Allzu oft gebe ich mich diesen Gedanken nicht hin: In Melancholie zu versinken macht mich antriebslos, und das wäre im Moment nicht besonders schlau. Schließlich trage ich allein die Verantwortung für mein Leben, entscheide allein, teile allein ein, was wann dran ist: ein Luxus und manchmal eine Last.

Gerade eben ist etwas Herzschmerz dran, merke ich, stochere im Feuer, schaue den stiebenden Funken zu und lege eins der letzten Holzscheite nach. Über mir leuchten die Sterne von einem gleichzeitig dunkelblauen und transparent wirkenden Himmel.

Dass ich allein bin, kommt mir einige Stunden später quälend zu Bewusstsein: Ich bin ganz plötzlich aus dem Schlaf geschreckt, ohne zu wissen, was mich geweckt hat. Still liege ich unter meiner Decke und lausche – da höre ich ein Scharren außen an meinem Bus.

Diesmal kann es leider keiner von den kariösen Kreuzbergern sein. Alle möglichen bescheuerte Gedanken laufen mir durch den Kopf. Gleichzeitig denke ich an die Warnung, die Chuck so eindringlich ausgesprochen hat: Die Squillion-Leute werden nicht tatenlos zuschauen, wenn es darum geht, ihr Renommee möglichst makellos und damit auch ihren Aktienkurs oben zu halten.

Ob die mich aufgespürt haben? Können die überhaupt rausgefunden haben, mit wem Karla über die ganze Sache geredet hat?

Wieder höre ich ein schabendes Geräusch, etwas höher am Bus. Es könnte auch einfach nur ein Tier sein, das sich in nächtlichen Kletterübungen hier austobt, versuche ich mich zu beruhigen. Dann sehe ich in der Scheibe über meinem Bett eine Bewegung, etwas taucht auf und ist gleich wieder weg, dann kommt es wieder: Es ist ein Gesicht, und der zugehörige Mensch scheint sich am Fenster zu schaffen zu machen! Ich mache meine Handytaschenlampe an und leuchte damit nach oben. Das Gesicht verschwindet abrupt, ich höre einen leisen Schrei, weiteres, lauteres Gescharre und einen Aufprall neben dem Bus. Während ich aus dem Bett und zur Türe rumple, sehe ich durch das Fenster den flackernden Schein einer sich entfernenden Taschen- oder Handylampe.

Wer war das? Mein Herz klopft bis in den Hals, meine Beine sind wackelig, als ich mich im Bus auf die Bank setze. Instinktiv mache ich kein Licht an, vergewissere mich aber nochmal, dass ich die Tür zum Bus richtig abgeschlossen habe. Ich schenke mir im Dunkeln ein Glas Wasser aus meiner Karaffe ein, dann noch eins.

Squillion oder nicht? Ich versuche, Chuck zu erreichen, aber er ist ausnahmsweise offline. Karla und Lola liegen sicher in tiefstem Schlaf, es ist halb drei Uhr morgens unter der Woche. „Unterschätz nicht die Kraft, die jemand entwickelt, der sich in die Enge getrieben fühlt – und der sich Skrupellosigkeit auch als firmeninternes Ziel gesetzt hat", hat Chuck mir gestern noch geschrieben. Ob er sich in der thailändischen Provinz sicher fühlen kann? Er verwischt zwar seine Spuren immer sehr sorgfältig, hat er mir schon in Bangkok erklärt, als es um einen seiner nicht näher definierten Jobs ging. „Wer sich erwischen lässt, hat oft Anfängerfehler gemacht", sagte er. Selbstredend wollte er damit sagen, dass er als alter Profi über sowas erhaben ist. Aber wie steht es mit anderen Profis, die auch sorgfältig sind und nahezu verwischte Spuren lesen können? Können sie sich zu Chuck und zu mir vorarbeiten? Während mir die Gedanken durch den Kopf flippern, lausche ich konzentriert auf jedes Rascheln, jedes Geräusch, das ich um den Bus wahrnehmen kann. In den Nächten am Gardasee hatte ich es schön und heimelig gefunden, wenn ein Zweig vom Baum über mir immer wieder über das Dach strich, wenn ihn der Wind bewegt hat. In Sterzing haben die Katzen von Luisa und Martin meinen Bus immer wieder als Aussichtsplateau und als Rutschbahn benutzt, wie mir die Pfotenabdrücke und Matschbahnen auf der Windschutzscheibe morgens gezeigt haben – im Halbschlaf habe ich sie wohl auch mal tapsen gehört.

Aber das hier ist eine andere Nummer, ich habe jetzt richtig Angst. Irrationalerweise überlege ich kurz, ob Chuck und ich uns in Zukunft ein Codewort zulegen sollen – da gibt es ja eine reiche Tradition. In Bangkok hat Marcia immer von ihrem Vater erzählt, der ein wahrer James-Bond-Freak ist. Daher kennt sie alle Filme in- und auswendig. In Goldfinger gibt es wohl das Code-

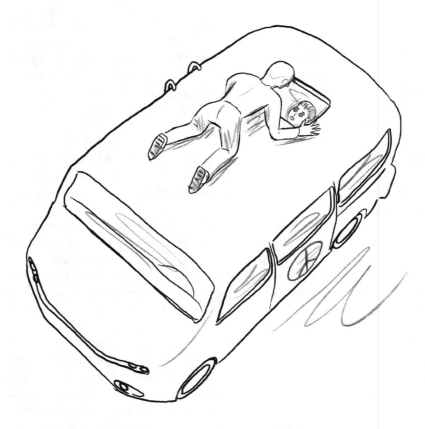

wort „Grand Slam", mit dem der Schurke eine radioaktive Bombe über den US-Goldvorräten zünden will, um den Wert seines eigenen Goldes zu steigern. In einem anderen Film gibt Bond seine Kontonummer an, die in Buchstaben übersetzt Vesper, den Namen seiner verstorbenen Ehefrau, ergeben würde.

Ich schreibe an Chuck, muss dank der verschlüsselten Mail keine Codeworte benutzen, wähle aber als Betreff „Grand Slam mit Vesper" und berichte ihm so nüchtern, wie es mir möglich ist, von dem ungebetenen Besuch am Dachfenster.

Natürlich muss ich außerdem pinkeln, will aber auf gar keinen Fall gerade jetzt meinen Bus verlassen. Als der Harndrang immer stärker wird – was anderes ist ja auch nicht zu erwarten – entscheide ich mich: Ich kratze die letzten paar Löffel aus einem großen Joghurtbecher mit Plastikdeckel und benutze den. Puuuh. Erleichtert verstaue ich den Becher umfallsicher.

Als ich mich wieder aufrichte, stoße ich aber mein Wasserglas um, schimpfe leise, wische es im Dunkeln auf und lege mich mit nassem linken Fuß auf die Bank. Immer noch besser als vollgepinkelt, tröste ich mich.

Unter meiner Decke gelingt es mir, mich mit einem Roman auf meinem eBook-Reader etwas abzulenken, aber trotzdem thrillt mich jeder kleine Schatten, jede Bewegung, die ich aus dem Augenwinkel wahrzunehmen meine. Langsam sehe ich, wie sich das Licht verändert, die Sonne geht zwar noch nicht auf, kommt aber dem Horizont offenbar allmählich näher. Die ersten Vögel fangen an zu singen. Bescheuert, aber das beruhigt mich ein bisschen. Eigentlich würde ich gern rausgehen und die Morgenstimmung genießen, aber dafür bin ich zu platt und immer noch zu verschreckt.

Irgendwann muss ich eingeschlafen sein, denn ich wache auf, weil mein Handy gackert. Für Chuck habe ich diesen Hinweiston gewählt. Er schreibt: „Benutz das Handy erstmal nicht mehr – alles weitere per Mail".

Gähnend klettere ich zu meinem Laptop und lese. „Alarm, oder? Lebst du? Wie ist das weitergegangen? Weißt du, wer das war in der Nacht?", seine Mail besteht nur aus einer Salve Fragen. „Ja, inzwischen wieder alles okay", schreibe ich und schicke es sofort ab, bevor ich noch einmal ganz ausführlich berichte, was in der Nacht bei mir los war.

Bei Tageslicht und bei meiner ersten Tasse Kaffee kommen mir meine nächtlichen Ängste übertrieben vor. Trotzdem hole ich tief Luft, bevor ich die Tür aufsperre und öffne. Draußen sieht alles ganz normal aus, ich hatte es eigentlich auch nicht anders erwartet. Bei einer ersten Runde um meinen Bus herum sehe ich nichts Auffälliges, im etwas ungleichmäßig geschnittenen Gras lassen sich für mich keine nächtlicher Besucher ausmachen. Mit etwas Fantasie könnte hier jemand gestanden haben, vielleicht sogar mit einer Trittleiter, und sich hochgezogen haben zu der nach oben geklappten und mit einem Schloss gesicherten Klappleiter, über die man auf die Dachreling von Douglas gelangt. Mit dieser Leiter mache ich mich jetzt auf den Weg aufs Dach. Dort sehe ich Schmierspuren, wie von schmutzigen, nassen Sneakers – die könnten auch von mir selber sein. Wahrscheinlicher ist es, dass der ungebetene Gast gestern Nacht die hinterlassen hat. Ich mache Fotos davon, kann aber nicht einmal über die Schuhgröße spekulieren, denn alle Abdrücke sind verwischt, kein vollständiger ist dabei.

Eine Nachbar-Camperin beobachtet mich dabei, wie ich gründlich das Dach abfotografiere und noch einmal runter- und wieder raufklettere, um meine eigenen Schuhe mit den Abdrücken auf dem Dach zu vergleichen. Es waren definitiv andere Schuhe als die meinen, sehe ich deutlich.

„Alles okay?", fragt die Frau, die in ihrem Vorzelt aufräumt. Ich überlege kurz, ob ich sie einweihen soll, da redet sie schon weiter: „In der Nacht haben wohl ein paar Diebe sich bei einigen Leuten bedient – denen da aus Baden-Württemberg", sie weist mit dem Kinn auf ein Wohnmobil mit Stuttgarter Kennzeichen, „haben sie Sport-Markenklamotten von der Leine geklaut, viel ist durchwühlt, bei uns auch – aber mitgenommen haben sie hier nichts."

Innerlich atme ich erstmal auf: Wenn es ganz normale Diebe waren, ist das zwar unschön, aber kein Vergleich zu Squillion-Schergen. Ich berichte der Frau von meinen nächtlichen Erlebnissen. „Oh Gott", sie ist voller Mitgefühl, „und das auch noch allein im Bus. Hast du da nicht vorher schon Angst gehabt?" Ich zucke mit den Schultern und spule meine übliche Antwort ab. Dann gehe ich zur Campingplatzverwaltung, um denen zu berichten, wie mir auch Nachbarin Susi rät.

Dort stehen einige Gäste in Grüppchen beieinander und schildern sich gegenseitig, was alles geklaut wurde, wo ihnen schon was weggekommen ist – fast ein bisschen Volksfest-Stimmung, bloß mit mehr Empörung und zumindest bisher weniger Bier. Als ich an der Reihe bin, bittet mich die Verwalterin, alles aufzuschreiben, mit Datum und möglichst genauer Uhrzeit. Dazu gehe ich zu meinem Bus zurück, wo schon eine Reihe von ungeduldigen Mails von Chuck in meiner Mailbox warten.

Ich berichte ihm, dass es vermutlich keine Squillion-Attacke war. Außer, die sind so ausgefuchst, dass sie einen möglichen Angriff als allgemeinen Diebstahl tarnen. „Dann hätten sie sich aber nicht von einem einfachen Handy-Leuchten von dir in die Flucht schlagen lassen", gibt Chuck zu bedenken. Da hat er auch wieder recht. „Oder sie kommen in einer der nächsten Nächte nochmal", schreibe ich zurück, der Schreck sitzt mir einfach noch in den Knochen. „Sicher nicht", antwortet Chuck, „das wäre nicht professionell." Ich hoffe zutiefst, dass er recht hat.

Dann liefere ich meine Beschreibung der Nacht wieder bei der Verwaltung ab. „Mein toller Wäscheständer ist auch weg", jammert eine Frau, „der war teuer!", und eine andere berichtet von zwei platzsparend faltbaren Stühlen, „richtig bequem". Einem Mann wurde die Geldbörse direkt aus dem Zelt geklaut, während er schlief – „das mit dem Schloss am Zeltreißverschluss habe ich mir immer gespart, das ist so ein nerviges Gefummel, wenn man nachts mal rausmuss", murmelt er, sichtlich geschockt. Ich kann es ihm nachfühlen.

Doch wenn ich all das zusammen bedenke, wird mir immer klarer, dass Chuck wohl recht hat mit seiner Vermutung: Das sieht nicht nach Squillion-Rache-Engeln aus, sondern nach Langfingern, die auf Diebestour waren. Zur Sicherheit mache ich nochmal eine Runde um meinen Bus. Bei mir scheint nichts zu fehlen, vielleicht hatten die Diebe tatsächlich Angst, dass ich gleich Alarm schlage und sie auffliegen. Oder ihnen hat meine nicht ganz so advancede Ausrüstung nicht getaugt – mit einem High-Tech-Wäscheständer kann ich nicht dienen, ich habe mir immer eine Wäscheleine irgendwo gespannt. Das habe ich hier noch nicht gemacht, denn ich habe den Neopren-Anzug bisher noch nicht im Mittelmeer ausprobiert. Der hätte vielleicht schon die Aufmerksamkeit der Klau-Clique geweckt, wer weiß.

Auf den Schreck mache ich erstmal einen Spaziergang, nachdem ich mich mehrfach vergewissert habe, dass der Bus abgesperrt und nichts Klauenswertes draußen ist. Ich gehe den Weg zum Meer und am Strand entlang und passiere einen Abschnitt, in dem unzählige Säulen aus aufeinandergestapelten Steinen nebeneinander unterschiedlich hoch aufragen – manche sind gerade mal 20 Zentimeter hoch, andere an die zwei Meter. Eine gute Übung zum Beruhigen, denke ich, und beginne, mir ein paar flachere Steine zusammenzusuchen. Es braucht einige Anläufe, bis ich zumindest mal drei aufeinander gestapelt habe, dann balanciere ich noch einen vierten und fünften drauf. Beim sechsten fällt mir wieder alles zusammen, und ich beginne von vorn, suche noch einen anders geformten dazu. Beim achten Versuch schaffe ich es, sieben Steine übereinanderzuschichten, und lasse es gut sein. Auch wenn andere bedeutend höhere Stapel errichtet haben.

Weiter geht es bergauf, zu einer Art altem Steinbruch direkt am Meer; einige Kletterer sind bereits dabei, die steilen Wände zu erklimmen, gesichert mit Seilen. Eine Zeitlang schaue ich ihnen zu, dann schlendere ich ein paar Schritte weiter, schaue aufs Wasser, das in der Sonne glitzert. Ein kühler Wind weht, aber es sieht so schön aus hier. Langsam hat sich mein Puls beruhigt, mein Atem geht wieder regelmäßig. Alles okay, sage ich mir selbst, und langsam fühlt es sich auch wieder so an.

Weiter führt der Weg durch einen Park mit großen alten Bäumen. An einem Kiosk hole ich mir einen Kaffee und einen Orangensaft und habe langsam wieder den Kanal offen für die Schönheit der Landschaft um mich herum. Die weichen Nadeln der Pinien haben ein fast übernatürliches Grün, das mit dem Türkis des Wassers wunderbar zusammenpasst.

Um mich ein bisschen von allem abzulenken, schreibe ich im WLAN eines weiteren Cafés meinem Charles Babbage mal wieder ein paar Zeilen – technische Details lenken mich zuverlässig ab, und das Gefühl, etwas Kompliziertes in hoffentlich verständliche Sätze zu kleiden, entspannt mich.

6.2 Nächster Halt: Drucker
– Maschinensprache und Bussystem

Posted by Ada L.   6. Mai

Lieber Charles,

der Prozessor kann rechnen, außerdem führt er die Programme aus und ist die Zentrale des Geräts. Über den sogenannten Bus als Datenleitung ist er mit den anderen Komponenten verbunden. Hier gibt es das RAM (Random Access Memory), den Arbeitsspeicher. Es ist ein schneller Datenspeicher, der gelöscht wird, wenn die Stromversorgung unterbrochen wird, also wenn man das Gerät komplett ausschaltet.

Das RAM besteht aus einer Liste an Speicherplätzen aus Byte-Blöcken (meist 64 Bits), welche durchnummeriert sind. Die Nummern sind die Speicheradressen, die der Prozessor adressieren kann. Der Bus besteht genau genommen aus drei Leitungen: aus der Datenleitung, auf der die Daten transportiert werden, der Adressleitung, die bestimmt, welche Adresse im Speicher angesprochen wird, und der Steuerleitung, die bestimmt, ob vom Prozessor in den Speicher geschrieben oder aus dem Speicher gelesen wird.

Am Bus hängen auch noch alle Komponenten eines Computers, er ist die Hauptverbindung. Alle Ein- und Ausgabegeräte, wie die Tastatur, die Maus, der Monitor und der Drucker eines Desktop-Rechners, werden dort angehängt. Auch den Geräten werden Blöcke der Speicheradressen zugeordnet. Soll der Prozessor beispielsweise ein Bild auf den Screen zeichnen, so schreibt er Bytes mit den Bilddaten in den Adressbereich des Bildschirms.

Wenn ein Computerprogramm ausgeführt wird, läuft das folgendermaßen ab: Da sich auch das Programm bei einem Von-Neumann-Computer im Speicher befindet, gibt es eine Startadresse für das Programm. Diese wird in den sogenannten Befehlszähler des Prozessors geladen. Darin steht immer die Adresse des aktuellen Programm-Befehls, der ausgeführt werden soll. Der Befehl an dieser Adresse wird aus dem Speicher in den Prozessor geladen und dort verarbeitet.

Die Befehle, die ein Prozessor ausführen kann, sind dabei sehr einfach aufgebaut: Sie bestehen aus zwei Teilen, einem Operationsteil und einem Zahlenteil. Es folgt ein Beispiel eines einfachen Programms, das den Hintergrund des Screens schwärzt. Das Programm ist tatsächlich so ausführbar, allerdings auf einem alten Heimcomputer aus den 1980ern.

Das Programm wird auf dem Heimcomputer Commodore 64 durch Eingabe des Kommandos „sys 49152" gestartet. Damit wird der Programmzähler auf diese Speicheradresse gesetzt. Die Operation Nr. 169 nimmt die Zahl 0, die für die Farbe Schwarz steht, und speichert sie in einem Zwischenspeicher im Prozessor, dem Register A. Nach der Ausführung des Befehls, der 2 Bytes lang ist (Operation und Zahl), wird der Programmzähler um 2 erhöht, und es wird der nächste Befehl aus dem Speicher geladen. Hier steht die Operation Nr. 141 für: Speichere den Inhalt des Zwischenspeichers A in die nachfolgende Speicheradresse, hier 53281. In dieser Adresse wird bei diesem Homecomputer die Bildschirm-Hintergrundfarbe gespeichert. Wird diese durch den Befehl auf 0, also schwarz, geändert, verdunkelt sich sofort der Bildschirm.

Speicheradresse	Operation	Zahl
49152	169	0
49154	141	53281

Dieses einfache Beispiel stammt aus der Frühzeit der Digitalisierung, aber grundsätzlich funktioniert das auch heute noch genauso: Der Programmzähler zeigt auf den aktuell auszuführenden Befehl, und angeschlossene Geräte steuert man durch Veränderungen in den ihnen zugeordneten Adressbereichen. Auch die Prozessoren arbeiten immer noch so: Der Befehl besteht aus der Operation und einer Zahl (einem Wert oder einer Adresse).

Wie man sich denken kann, ist es äußerst schwierig, ein vernünftiges Programm mit diesen Codes zu schreiben. Das hier vorgestellte Programm ist in Maschinensprache verfasst, der Sprache, die der Prozessor direkt verarbeiten kann. Normalerweise programmiert kein Mensch in Maschinensprache, sondern in einer höheren Programmiersprache, die für Menschen besser verständlich ist. Spezielle Programme, sogenannte Compiler, übersetzen sie dann in Maschinensprache.

Lieber Charles, ich, Ada, habe mich als erster Mensch eingehender mit der Programmierung an sich beschäftigt. Dies ist ein Thema, über das ich noch genauer berichten will. Nur so viel vorweg: Die Programmierung in der Maschinensprache ist die Art von Programmierung, wie sie bei der Z3 von Zuse gemacht und auch für Ihre Analytical Engine gedacht war. Bis auf das Von-Neumann-Konzept: Die Programme lagen nicht im selben Speicher wie die anderen Daten. Da hätten wir doch auch drauf kommen können, das hätte vieles vereinfacht.

Ein Prozessor kann also erst einmal Zahlen in seine Register laden und diese in den Speicher schreiben. Damit überhaupt etwas Sinnvolles passiert, muss es möglich sein, diese gespeicherten Zahlen durch Operationen zu verändern. So gibt es Operationen, die Werte in Registern miteinander addieren oder multiplizieren können. Es gibt im Prozessor eine Recheneinheit, die abhängig vom Operationscode solche Rechenoperationen durchführt und die Ergebnisse wieder in die Register abgelegt, die dann von dort wieder in den Speicher geschrieben werden können.

Ein wichtiger Baustein wurde noch nicht erwähnt. Es gibt Operationen, die den Programmzähler auf einen anderen Wert setzen können, abhängig vom Inhalt eines Registers, beispielsweise bei der Belegung des Registers A mit 0. So kann man auf eine andere Adresse im Programm, also zu einem anderen Teil des Programms springen, abhängig von einem bestimmten Wert. Man spricht von bedingter Programmausführung. Dadurch kann ein Computer flexibel reagieren und nicht nur starr eine feste Folge von Befehlen ausführen.

Hier folgt ein weiteres Beispiel für ein Maschinenprogramm, allerdings werden wegen der Lesbarkeit die Operationscodes erläutert. Es gibt für jeden Prozessor ein Handbuch mit einer Erklärung der Operationscodes. Anstatt der Speicheradressen werden die Zeilen im Beispiel einfach durchnummeriert.

Das Programm soll auf einen Tastendruck warten, dann soll der Bildschirmhintergrund schwarz werden und das Programm stoppen.

Zeile	Befehl	Bedeutung Befehl	Zahl	Bedeutung Zahl
1	172	Lade Inhalt vom Speicheradresse „Zahl" in A	197	Adresse 197 enthält den Code der aktuell gedrückten Taste (vgl. ASCII)
2	201	Subtrahiere „Zahl" von A, Ergebnis in A	64	64 bedeutet: keine Taste gedrückt
3	240	Wenn A = 0, dann setze den Programmzähler auf „Zahl"	1	Adresse des nächsten Befehls bei A = 0 ist 1
4	169	Lade „Zahl" in A	0	0 steht für Schwarz
5	141	Speichere A in Speicheradresse „Zahl"	53281	Adresse enthält den Farbwert der Hintergrundfarbe
6	96	Ende		

Das Programm ist also ein richtiges interaktives Stück Software, da es auf eine Reaktion des Users wartet. In Zeile 1 wird der Inhalt der Speicheradresse 197 in Register A geladen. In der Adresse 197 wird von der Tastatur über den Bus der Code der aktuell gedrückten Taste abgelegt, man kann also aus der Adresse 197 die Tastatur auslesen. Der Code für „keine Taste" ist 64. Wenn man also von A 64 subtrahiert, wie in Zeile 2, bekommt man das Ergebnis 0, wenn keine Taste gedrückt wurde.

Dies kann man in Zeile 3 für die bedingte Veränderung des Programmzählers verwenden: Wenn A=0, dann soll der Programmzähler wieder auf die Zeile 1 gesetzt werden, was bedeutet, es wird wieder die aktuell gedrückte Taste ausgelesen. Das geht so lange, bis man eine Taste drückt und die Zeile 4 ausgeführt wird, wo schließlich wieder der Bildschirmhintergrund auf schwarz gestellt wird.

Weiter kann man sehen, dass ein Programm auch aus einer Kolonne an Bytes bestehen kann, also sich im Prinzip nicht von anderen Daten wie Bildern oder Text unterscheidet. Jedoch liest der Prozessor die Bytes und interpretiert diese als Befehle.

Man könnte also auch auf die Idee kommen, ein Bild als Programm zu starten, da dieses ebenfalls nur aus Bytes besteht. Dabei würde es allerdings zu keinem sinnvollen Ergebnis kommen, zumal es nur eine kleine Zahl an Befehlen gibt, es existiert also nicht für jede Zahl ein definierter Befehl.

Umgekehrt kann man auch versuchen, ein Programm als Bild zu interpretieren. Hacker verstecken übrigens manchmal schädlichen Programmcode in Bildern.

Ein Prozessor ist ein Stück Technik, das lediglich ein paar einfache Dinge vollbringen kann: Zahlen aus dem Speicher lesen, mit diesen einfache Rechenoperationen ausführen, und diese in den Speicher zurückschreiben. Die hohe Flexibilität kommt alleine davon, dass man die Adresse des nächsten Befehls davon abhängig machen kann, ob ein bestimmtes Register 0 ist oder nicht. Diese einfache Maschine ist der Kern der gesamten digitalen Welt mit ihren Streamingdiensten, Messengern und Sprachassistenten.

---

i Ein Prozessor besteht im Wesentlichen aus einem Steuerwerk und einem Rechenwerk. Das Steuerwerk holt sich von der Position des Programmzählers über den Bus einen Befehl, der als Byte codiert ist, und führt, je nach Zahl, eine Operation durch. Das kann ein Lade- oder Speicherbefehl sein, der Zahlen aus den Registern des Prozessors lesen oder schreiben kann. Oder es kann eine Rechenoperation sein, die beispielsweise vom Inhalt eines Registers einen Wert subtrahiert. Dann gibt es Steuerbefehle, die den Programmzähler selbst verändern, aber nur, wenn ein bestimmtes Register 0 ist. Der Programmzähler ist ein Register, in dem die Adresse des nächsten Befehls steht.

Dann meldet sich Karla. Auch sie hat die Nachricht von dem nächtlichen Besuch auf meinem Bus ganz schön aufgeschreckt, sie erkundigt sich per sicherem Messenger-Video-Telefonat, wie es mir geht und ob ich schon mehr über den ungebetenen nächtlichen Besucher weiß. Ich bringe sie auf den aktuellen Stand und kann sie beruhigen.

Außerdem hat sie Neuigkeiten: Sie hat über mehrere Zwischenschritte tatsächlich interne Papiere von Squillion aufgetan, in denen über die Machenschaften in bestimmten Hierarchie-Ebenen die Rede ist. Anscheinend haben auch Führungskräfte von Squillion ab einem bestimmten Punkt kalte Füße bekommen, denn ein junger Mitarbeiter hat sich vor einigen Jahren nach massivem Mobbing das Leben genommen. Das hat wohl Wellen geschlagen, einige haben gekündigt, aber sie haben alle einen Schweige-Vertrag unterschrieben. Von diesen Verträgen hat Karla unter anderem Wind bekommen und will versuchen, Genaueres herauszufinden. Wieder andere waren wohl auch sehr schockiert, haben sich aber mit Boni, Beförderungszusagen und anderen Vergünstigungen ruhigstellen lassen und sind in der Firma geblieben.

„Ab-scheu-lich", findet Karla. Ich kann ihr nur recht geben. Andererseits sind diese Papiere nun handfeste Beweise, dass bei Squillion etwas ganz gewaltig im Argen liegt. „Damit können wir an die Öffentlichkeit gehen, oder?", will ich wissen. „Ja, schon, aber davor muss noch einiges passieren, sagt meine Anwältin", antwortet sie. Inzwischen hat sie sich Rechtsbeistand geholt. „Da laufen noch eingehende Prüfungen", sagt Karla, denn man müsse ganz sicher sein, dass die Verträge und die anderen Dokumente echt sind und auch vor Gericht bestehen können. „Und wie macht man das?", frage ich, aber das weiß Karla auch nicht ganz genau.

Weil mich die Sonne auf meinem Spaziergang und im Café schön durchgewärmt hat, will ich heute im Meer schwimmen. Also hülle ich mich in Neopren und ziehe ein paar kalte Runden im Salzwasser. Die Camping-Frau hat mir erzählt, dass zu dieser Zeit im Jahr sicher noch keine Quallen da sind, die kommen in manchen Jahren dann mit den wärmeren Temperaturen. Das entspannt mich beim Schwimmen, denn ich hatte schon ein paarmal schmerzhaften Kontakt mit Feuerquallen. So habe ich Muße, die kleinen Fische zu betrachten, die schwarmweise unterwegs sind, und deren sandfarbenen Kollegen, die im Sand herumgründeln. Das kühle Wasser treibt mich aber bald wieder an Land, und ich stelle mich länger unter die warme Dusche.

Als es Abend wird, meldet sich die Sorge, ob nicht noch einmal ein nächtlicher Tunichtgut sich auf den Weg hierher machen könnte. So bleibe ich lieber in der Nähe meines Busses, plaudere mit Alexandra aus Stuttgart, der Besitzerin des gestohlenen Wäscheständers, die schon oft in Kroatien Urlaub gemacht hat. „Heidernei, sowas habe ich hier noch nie erlebt", sagt sie, in Istrien habe sie sich immer sehr sicher gefühlt. „Andererseits, des isch heutzutag so, 's gibt halt leider überall Kriminelle. Aber seit über 20 Jahren sind wir hier auf diesem Platz und es hat noch nie was gegeben – also machen wir uns nicht verrückt, der Blitz schlägt auch nicht zweimal an derselben Stelle ein." Das mit dem Blitz stimmt zwar nicht, denke ich, denn der kann sich schon zweimal den selben Ort aussuchen. Aber ihr Bericht und ihr charmanter schwäbischer Akzent beruhigen mich trotzdem ein bisschen.

Außerdem hat Alexandra noch einige Ausflugstipps: So rät sie mir, nach Dvigrad zu fahren, einer Ruinenstadt etwas landeinwärts. Außerdem soll ich unbedingt einen Abstecher auf die Insel Brioni machen, meint sie, wo Tito, der jugoslawische Staatschef, eine Residenz hatte. „Des kannscht machen, wenn du eh in Pula bist – von Fažana, gleich in der Nähe, da geht die Fähre rüber", erzählt sie – „und nimm am beschte ein Fahrrad mit, oder leih dir dort eins."

Mit einem Ozujsko-Bier sitze ich mit Alexandra und ihrem Mann Thomas noch ein wenig zusammen, heute haben sie ein Feuer geschürt. „Wirst sähen, heut Nacht isch a Ruh", sagt Thomas beim Abschied. „Und wenn was isch, rufsch an, tippsch mei Nummer schon glei ein, ich komm sofort mit meinem Stecken", verspricht er mir und zeigt mir einen Stock, den er sich ins Wohnmobil geholt hat.

Ich habe zwar meine Zweifel, ob das so schnell funktionieren würde und ob Thomas so ein Verteidigungsmeister ist. Aber ich freue mich über das Angebot, bedanke mich herzlich und fühle mich trotzdem ein wenig sicherer, als ich wieder in meinen Bus zurückkehre. Dort checke ich meine Nachrichten. Karla legt jetzt richtig los, sie hat immer mehr Rückmeldungen von früheren Squillion-Angestellten, die ebenfalls übel traktiert worden waren. Das mit dem Suizid war wohl auch kein Einzelfall, wenn ich ihre Zeilen – sie hat das wohl in Eile getippt – richtig deute.

Auch von Chuck ist Post da. Er ist etwas unruhig, schreibt er, denn die vielen Meldungen an Karla könne er so auf die Schnelle nicht alle rückverfolgen. Daher rät er ihr, sich beim Antworten sehr zurückzuhalten. „Ich habe aber den Eindruck, dass ihr das ultraschwer fällt", schreibt er mir, „sie ist so erfüllt davon, dass andere durch diese Hölle gehen oder gegangen sind, die sie auch erlebt hat, und will ihnen allen helfen. Dabei sind vielleicht Maulwürfe oder Betrüger dabei, die sie mit einer tränentreibenden Story ködern, um wiederum sie auszuspionieren." Das kann ich mir lebhaft vorstellen, und ich rufe Karla gleich mal an. Am Anfang komme ich nicht mal zu Wort, so viel hat sie mir zu erzählen von Joe, Kyle, Lisbeth und noch einigen Namen, die ich gar nicht zuordnen kann.

Als ich ihr von Chucks und meinen Bedenken berichte, wischt sie alles in Bausch und Bogen weg. „Da müsst ihr euch keine Sorgen machen, die Geschichten sind echt, da bin ich sicher", sagt sie, augenscheinlich tief überzeugt, einige haben ihr sogar ärztliche Berichte mit Diagnosen und Beschreibungen mitgeschickt, andere saßen mit ihren Ehepartnern im Video-Call – „ein Paar war so berührt vom Erzählen, die haben beide geweint; da haben ganze Familien unglaublich viel mitgemacht", sagt Karla.

Das glaube ich ihr selbstverständlich. Aber ein Zweifel daran, ob wirklich jede der Mobbing-Geschichten wahr ist, bleibt. „Schließlich, schätze ich, hat Squillion inzwischen mitgekriegt, dass da was im Busch ist", gebe ich zu bedenken. „Irgendjemand hat denen sicher was gesteckt. Die Frage ist nur, was machen die jetzt? Wenn sie ihren Schaden begrenzen wollen, können sie nicht nur abwarten. Noch ist ja nichts an die breite Öffentlichkeit gelangt. Was sagen denn deine Anwälte?"

Karla meint, die hätten ihr auch geraten, etwas auf die Bremse zu treten und die Recherche-Ergebnisse abzuwarten. „Aber wenn du da weinende Leute sitzen hast, dann kannst du doch nicht cool sagen, das dauert jetzt noch", sagt Karla. „Doch", sage ich direkt, und rate ihr, kühlen Kopf zu bewahren. „Du hast das selber durchgemacht, du kannst dich da sehr gut einfühlen, aber für den Gegenschlag musst du dazu innerlich auf Distanz gehen", bitte ich sie eindringlich. Sie verspricht mir immerhin, sich Chucks und meine Bedenken nochmal durch den Kopf gehen zu lassen.

Schließlich fragt sie mich nochmal nach dem Einbruchsversuch in meinen Bus. Ich will es nicht so hoch hängen, aber gleichzeitig möchte ich ihr vor Augen führen, dass wir alle verletzlich sind – auch sie. Und dass wir vorsichtig sein müssen. Karla hört mir nun aufmerksam zu, ich hoffe, dass meine Botschaft bei ihr ankommt.

Mit einem wilden Gedankenwust mache ich mich bettfein und klettere mit gemischten Gefühlen nach oben in meine Koje. So lange ich auf dem Rücken liege und nach oben durch das Fenster schaue, habe ich die ganze Zeit den Eindruck, da bewegt sich was in einer Ecke. Bei genauerem Hinschauen ist da aber nichts. Kurz überlege ich, ob ich das Fenster mit einem Tuch abhängen soll – aber die Vorstellung, dass dort oben etwas passiert, was ich nicht beobachten kann, fühlt sich noch unsicherer an.

Also drehe ich mich auf die Seite, spreche mir Mut zu, lese noch ein paar Seiten in meinem eBook-Reader – lieber keinen Krimi. Auch die Geräusche scheinen jetzt wieder verändert: Höre ich da leise hingetupfte Schritte, die in Richtung meines Busses kommen? Kratzt da wieder was an der Außenwand? Ich drehe mein Kissen um und versuche, meine Angst wegzuschieben, indem ich mich an ausgesucht schöne Phasen meines Lebens erinnere.

Sven kommt mir in den Sinn, und ich beschließe, ihm eine ganz ausgiebige Mail zu schreiben. Das mache ich am Smartphone. Ist zwar nicht mein liebstes Schreibgerät, aber mit dem Laptop oben im ohnehin eher niedrigen Bett hätte ich mich sehr verrenken müssen.

Ich schreibe ihm alles Mögliche, noch ein paar Anekdoten vom Gardasee mit den Berlinern, die Fahrt nach Kroatien, schicke ihm einige Fotos aus Rovinj, die er noch nicht kennt. Unter anderem habe ich eine Treppe gefunden, die abends als sehr belebter Katzentreffpunkt dient: Dort habe ich über eine halbe

Stunde verbracht und verschiedene zutrauliche Katzen gestreichelt, die ihre Köpfe in meine Hand gestupst und dazu aus tiefster Kehle geschnurrt haben.

Bei diesem Eindruck bleibe ich innerlich, denke an das weiche warme Fell unter meinen Fingern, an die genießerisch geschlossenen Katzenaugen, an das Schnurren – und schaffe es tatsächlich, unter den dunklen Sorgenwolken weg und in den Schlaf zu segeln.

So erwache ich am nächsten Morgen frisch und erholt, wie gewohnt recht früh, und freue mich über die erste Tasse Kaffee in der Sonne im Hoodie auf den Stufen vor meinem Bus. Ich habe sogar mal wieder gefiederte Gesellschaft: Die Campingplatz-Besitzerin Lisa hält sich ein paar Hühner, besondere Rassen – Perlhühner mit dem hübschen Tupfenmuster und Zwerghühner mit lustigen Federhäubchen auf dem Kopf. Drei davon scharren und picken unweit von meinem Bus, Lisa lässt sie ab und zu raus aus ihrem an sich schon großzügigen eingezäunten Bereich, wenn nicht allzu viel los ist, und so früh morgens sind die meisten Camping-Leute noch in den Federn. Ich spendiere den dreien ein paar Käseränder und einen Apfelbutzen. Mit zielgerichtetem Picken haben die Hühner die Bissen schnell zerhackt und verputzt. Wahrscheinlich findet Chuck als Hacker Hühner auch deswegen so toll, weil sie selber auch sehr begabte Hacker (und Picker) sind, denke ich etwas albern und grinse in mich hinein.

Nach ein paar Stunden Übersetzungsarbeit, bei der ich mich dank der erholsamen Nacht konzentriert ans Werk gemacht habe, bin ich auch zufrieden mit dem erledigten Pensum, koche mir ein paar Nudeln und mische mir einen Salat. Alexandra und Thomas haben kurz reingeschaut, auch sie waren erleichtert über die ungestörte Nacht. „Den Stecken lass ich aber noch griffbereit", sagt Thomas, als die beiden sich in Richtung Stadt aufmachen.

Inzwischen ist die Sonne hinter ein paar Wolkenbändern verschwunden. Heute gehe ich lieber eine Runde laufen und nicht ins Meer. Wenn ich länger am Laptop sitze, kriecht mir die Computerkälte in den Körper. Dagegen ist Laufen ein probates Mittel, danach bin ich warm und fit und überlege mir, was ich mit dem Tag in Rovinj noch anstellen kann.

Einfach eine Runde durch die Altstadt schlendern, beschließe ich, ein Stück Pizza auf die Hand, ein Eis, und mich treiben lassen. Viele Künstler und Kunsthandwerker haben sich kleine Läden eingerichtet, ich schaue mir das Sortiment einer Schmuckmacherin an, die Korallen und andere Meeresfunde verarbeitet. Bei den Malern gibt es jede Menge Kitsch, aber auch Bilder, die mir wirklich gut gefallen. Allerdings nicht erschwinglich für mich, stelle ich fest. Macht aber nichts, wo sollte ich im Bus auch große Kunst unterbringen? Mich interessiert die Bandbreite der Ideen, die hier sichtbar wird. Auch in Berlin werde ich nicht müde, mir anzuschauen, was die Leute für Einfälle haben. In Rovinj gibt es viel mehr Niedliches, Ansprechendes, Dekoratives; in Berlin sind auch oft soziale, politische oder einfach auch ganz wilde Projekte am Start. Aber wie vielfältig die Kreativität der Leute ist, finde ich immer wieder faszinierend.

Unwillkürlich wandern meine Gedanken auch wieder zu Karla und zu Squillion. Was die sich alles ausgedacht haben, um andere Menschen herabzusetzen – die dunkle Seite des Einfallsreichtums. Vermutlich waren zu allen Zeiten auch gerade die Leute stolz auf sich, die sich besonders perfide und gemeine Methoden ausgedacht haben, andere zu quälen. Im Mittelalter waren Folterknechte und Inquisitoren gesuchtes Personal. Und es hört ja nie auf, in Gewaltherrschaft und Terror geht das alles immer weiter.

Ich schüttle den Kopf vor meinen eigenen Gedanken: von Kitschbildern zur Inquisition war ich in wenigen Schritten gelangt. Zeit für einen Aperitif, denke ich mir, und suche mir ein Café mit schöner Aussicht, wo ich mir einen Aperol Sprizz ordere und im Geiste mit den Kreuzbergern anstoße.

Beim Blick auf mein Handy sehe ich, dass ich eine Mail von Sven bekommen habe: ebenfalls ein langer Text, ich freue mich. Er macht sich auch Sorgen um mich und um Karla. Die Vorstellung, dass ich allein im Bus liege und irgendein Honk versucht, mich auszurauben: die hat ihn sehr bestürzt, schreibt er. Außerdem ist auch er sicher, dass Squillion sich wehren wird, wenn die Informationen über ihre internen Quäl-Gepflogenheiten an die Öffentlichkeit kommen.

„Ihr müsst das unbedingt öffentlich machen, finde ich, aber ihr müsst dafür sorgen, dass ihr in Sicherheit seid, wenn es rauskommt. Macht euch am besten jetzt schon Gedanken darüber, wie ihr das zeitlich taktet – und bitte, bitte, liebe Anna, sorge dafür, dass du nicht im Bus im Nirgendwo sitzt, aber dein Handy geortet werden kann, wenn die Bombe hochgeht. Du kannst jederzeit zu mir in die Wüste kommen, das weißt du, wir sind hier wie in einer Burg im Mittelalter, wir sehen jeden Besucher schon von weitem. Siedendes Öl schütten wir hier zwar nicht runter, aber hier wärst du sicherer als auf einem Campingplatz am Mittelmeer."

Die Atacama-Wüste – lächelnd schüttle ich den Kopf. Ich finde es sehr lieb von ihm, dass er sich kümmert und dass er mir seine Hilfe anbietet. Aber es kommt mir doch etwas überzogen vor, wegen Squillion so weit in die Pampa abzuhauen.

Wobei er Recht hat in Bezug auf die zeitlichen Überlegungen. Ich schreibe auch gleich mal an Karla und Chuck, dass wir uns gut abstimmen müssen. Vor allem Karla muss ich überlegen, wie und wo sie sein will, wenn die Anwälte das Ganze öffentlich machen.

Um mich richtig durchzulüften und auf ganz andere Gedanken zu kommen, mache ich heute einen Ausflug: Dvigrad will ich mir anschauen. Auf kleinen Straßen geht es dorthin, ich freue mich beim Aussteigen: eine tolle Kulisse, eine zerbröckelnde Stadt mit noch intakten Torbögen, mit Ruinenhäusern und schmalen Steigen, auf denen ich durch die gelblich in der schon etwas tiefer stehenden Sonne leuchtenden Steine balanciere. Hier hätte sich Grott sicher auch wohlgefühlt, wenn er mal aus den Catullen raus und woandershin hätte reisen wollen, denke ich.

Ein bisschen Hunger habe ich bekommen, und im Bus finden sich alle Zutaten für ein spontanes Picknick. Ich habe Brot, den kroatischen Schinken Pršut, Äpfel und Strudel eingekauft, nehme mir eine Decke und lagere mich mit meinem Fresskorb im Innenhof einer Burgruine, die kein Dach mehr hat. Der Turm ragt noch in die Höhe.

In dieser malerischen Kulisse lasse ich es mir schmecken, mache ein paar Selfies. Gerade will ich sie posten, doch dann zögere ich. Wenn ich mich wirklich vor Squillion-Nachstellungen hüten will, ist es nicht besonders schlau, viel über meinen Aufenthaltsort zu verraten. Vom Gardasee habe ich noch einiges gepostet, aber in Kroatien noch nicht. Ich lasse es lieber. Die digitale Welt wird auch ohne meine Picknickfotos auskommen.

Nach dem Ausflug achte ich darauf, Douglas so zu parken, dass keine Zweige gegen Wand oder Dach streifen können. Ohne Hilfsmittel kann man, vergewissere ich mich, auch nicht draufklettern – es gibt keinen Felsen oder Baumstumpf, keine Mauer, die ein Einbrecher dazu nutzen könnte.

Von Nacht zu Nacht wird es leichter, die Sorgen wegzuschieben. Auf dem Campingplatz passiert zum Glück kein weiterer Überfall. Die Campingfrau Lisa sagt mir, dass ihr Bruder mit seinem Schäferhund jede Nacht zwei Runden über den Platz dreht, zum Nachschauen und zur Abschreckung. Auch das beruhigt mich.

Dann wird es Zeit, aufzubrechen. Die Tage in Rovinj habe ich sehr genossen, die Stadt gefällt mir überaus gut. Von der Katzen-Treppe nehme ich streichelreichen Abschied, bevor ich am nächsten Morgen weiter nach Süden fahre, nach Pula, und bin schon bald da.

Von Josef Kölbl ist eine Nachricht angekommen, lese ich, als ich meinen Bus schon zum Laden direkt am Hafen geparkt habe: Auch er ist unterwegs nach Pula, allerdings hat es am Karawankentunnel einen Unfall gegeben, er steht im Stau. Mal sehen, wann er da ist. Wir wollen uns an dem römischen Tor in der Innenstadt in einem Café treffen. Nun habe ich Zeit, gehe in Richtung die Altstadt, laufe eine Treppe zum Kolosseum hinauf, lasse mir ein Eis schmecken. Ein paarmal war ich schon fast automatisch dabei, ein Foto zu machen, um es zu posten – dann belasse ich es beim Fotografieren. Und setze mich in das Café am römischen Tor und kümmere mich um die nächste postlagernd.org-Folge.

6.3 Basic instinct
– Programmierung

Posted by Ada L.   9. Mai

Lieber Charles,

wer Maschinen, zum Beispiel Computern, eine Aufgabe übertragen will, muss eine Sprache sprechen, die sie verstehen. Das Programmieren läuft daher so ab: Ein Mensch schreibt ein Programm, das Quellprogramm. Das wird dann von einem Übersetzungsprogramm in Maschinensprache übertragen: das Maschinenprgramm. Mir als Übersetzerin ist das ein wenig unheimlich: Ich finde, dass das Übersetzen von Texten eine sehr kreative Aufgabe ist.

So ganz vergleichen kann man diese Art des Übersetzens aber nicht mit dem Vorgang beim Programmieren: Denn die Programmiersprachen sind äußerst einfach und eindeutig. Dies gilt für das Maschinenprogramm sowie für das Quellprogramm, auch wenn die Programmiersprache, in der das Quellprogramm abgefasst ist, ausdrucksstärker und für Menschen durchaus als Sprache zu verstehen ist. Man spricht von höheren Programmiersprachen.

Wie man sich das vorstellen kann, verdeutlicht das folgende Beispiel, verfasst in der Programmiersprache Basic. Sie war auf den früheren Heimcomputern wie dem Commodore 64 ebenfalls lauffähig. Das Programm ist identisch mit dem vorherigen Beispiel im Blog 6.2 für ein Maschinenprogramm, es tut genau dasselbe.

Mit ein wenig Fantasie kann man sich vorstellen, dass es mit einem kleinen Programm möglich sein kann, den Quellcode, also den Text des Basic-Programms, ins Maschinenprogramm zu übersetzen. Denn die Befehle drücken fast genau das aus wie die Befehl-Codes. Das Programm wird mit der Eingabe des Kommandos „RUN" über die Tastatur gestartet.

```
0 POKE 197, 64
1 LET A = PEEK(197)
2 IF A = 64 GOTO 1
3 LET A = 0
4 POKE 53281, A
5 STOP
```

Zeile 0 ist eigentlich überflüssig, aber der Vollständigkeit halber mit abgedruckt, da das Beispiel dann wirklich funktioniert, falls man einen alten C64 zur Hand hat. Es wird zu Beginn der Inhalt der Speicherstelle 197 auf den Wert 64 (keine Taste gedrückt) gesetzt, da dort ein anderer Wert enthalten sein könnte, so sind die Bedingungen beim Start des Programms immer gleich.

In Zeile 1 wird der Variablen A der Inhalt der Speicherstelle 197 zugewiesen, der mit dem Lesekommando PEEK ausgelesen wird. Eine Variable kann verschiedene Werte annehmen. Sobald die Variable im Programm wieder auftaucht, wird deren Wert anstelle der Variablen verwendet. Wie beschrieben, enthält die Speicherstelle 197 den Code, der die entsprechende gedrückte Taste repräsentiert, so wie der ASCII-Code für einen Buchstaben steht. Hier bedeutet der Wert 64, dass keine Taste gedrückt wurde.

In Zeile 2 wird geprüft, ob in der Variablen A der Wert 64 steht, also keine Taste gedrückt wurde. Falls dem so ist, wird mit dem Kommando GOTO der Programmzähler auf 1 gesetzt, wo das Programm erneut die Speicherstelle 197 ausliest und den Wert in A schreibt.

Dies läuft so lange, bis eine Taste gedrückt wurde. Dann wird in Zeile 2 nicht wieder auf Zeile 1 zurückgesprungen, sondern die nächste Befehlszeile 3 ist dran, sie wird nun ausgeführt. Hier wird der Variablen A nun der Wert 0 zugewiesen. Danach wird die nächste Befehlszeile ausgeführt, in der die Hintergrundfarbe, die in der Speicherzelle 53281 festgelegt wird, auf A, also schwarz gesetzt wird. In der nachfolgenden Zeile wird das Programm beendet und die Regie wieder an das Betriebssystem zurückgegeben, das bei dem alten Heimcomputer wieder auf eine Kommando-Eingabe wartet. Für einen modernen Computer oder ein Handy funktioniert die Programmierung im Wesentlichen noch genauso, nur deutlich komplexer.

Die Übersetzung des Programms in ein Maschinenprogramm funktioniert so: Ein Übersetzerprogramm nimmt sich immer eine Zeile und erzeugt abhängig von den Kommandos die entsprechenden Maschinenbefehle. Es gibt so komplexe Basic-Kommandos, dass es dafür mehrere Maschinenbefehle braucht. Der Übersetzer ist in diesem Fall ein sogenannter Interpreter, der immer eine Zeile nach der andern übersetzt und die generierten Maschinenbefehle für die aktuelle Zeile ausführt.

Es gibt noch ein anderes Prinzip: Dabei wird das ganze Programm auf einmal übersetzt, der Übersetzer ist ein sogenannter Compiler. Das Programm wird kompiliert, wie man sagt. Das bringt Geschwindigkeitsvorteile, da die Zeilen schneller ausgeführt werden können und nicht erst einzeln übersetzt werden müssen – wenn es denn mal im Ganzen übersetzt ist. Und damit sind wir schon beim Nachteil: Das Kompilieren macht die Handhabung kompliziert, weil man das Programm nicht sofort ausführen kann – vorher muss es ja immer erst übersetzt werden.

Ein Programm in einer höheren Programmiersprache kann nicht direkt vom Prozessor ausgeführt werden. Dafür muss es erst in Maschinencode übersetzt werden. Ein Interpreter nimmt immer die nächste Programmzeile, übersetzt diese, und führt sie aus. Ein Compiler übersetzt das ganze Programm vor der Ausführung auf einmal. Der Vorteil ist hier die höhere Ausführungsgeschwindigkeit, der Nachteil die komplizierte Entwicklung, da das Programm vor jedem Testlauf erst übersetzt werden muss.

6.3.1 Entscheidungsprobleme
– Turing-Vollständigkeit

Ein wichtiger Pionier der Digitalisierung, der nach Ihnen kam, lieber Charles, ist Alan Turing. Auch er gilt neben Ihnen, Zuse und Von Neumann als Erfinder des Computers. Wer ist nun der wirkliche Erfinder des Computers? – Es ist so, dass jeder der Pioniere, auch Sie, einen Beitrag zu der Entwicklung geleistet haben, die zur Digitalisierung führten.

Turing, der in Cambridge studierte, wo Sie Professor waren, kannte jedenfalls Ihre Arbeiten [46, S. 65]. Während des 2. Weltkriegs baute er

Entschlüsselungs-Maschinen, die maßgeblich zur Verkürzung des Kriegs beigetragen haben, da man damit die codierten Funksprüche der Nazis entschlüsseln konnte. Er war auch tatsächlich an der Entwicklung mehrerer früher Computer beteiligt. Seine Verdienste wurden lange geheim gehalten. Anstatt eines Ordens bekam er eine Zwangssterilisation, denn er war homosexuell, was damals in England unter Strafe stand. Daraufhin beging er Selbstmord. Kein Pionier der Digitalisierung hat Dank und Würdigung erfahren – Turing allerdings wurde richtig übel behandelt.

Wichtig zum Verständnis seiner Leistung ist folgendes: Sein Ansinnen war nie, einen Computer für den praktischen Einsatz zu bauen. Er war Theoretiker, ein Mathematiker. Als solcher wollte er die Grenzen der Mathematik ausloten. Seine große Leistung war eine Schrift mit dem Titel: „On Computable Numbers, with an Application to the Entscheidungsproblem" [46]. Damit hat er bewiesen, dass es keine Möglichkeit gibt, zu entscheiden, ob es eine Lösung zu einem bestimmten mathematischen Problem gibt. Das hat Konsequenzen für das, was man als Mensch jemals herausfinden kann: Man kann sich nie sicher sein, wenn man nach einer Lösung sucht, ob es überhaupt eine gibt.

Aber was hat diese theoretische Leistung mit der heutigen Digitalisierung zu tun? – Zum Beweis seiner Behauptung beschreibt Turing in seiner Arbeit ein hypothetisches Modell eines Computers, der sogenannten Turing-Maschine. Dieses dient allerdings nur als Gedankenmodell.

Wie es konkret funktioniert, ist ihm egal, er beschreibt dessen Arbeitsweise, aber nicht dessen technischen Aufbau. Auch die Arbeitsweise entspricht eher weniger der eines echten Computers. Allerdings beschreibt er allgemeine Prinzipien, die ein Computer haben muss, um ein Universal-Werkzeug zu sein, das für alle denkbaren Aufgaben programmiert werden kann.

Ein Computer ist Turing-vollständig, wenn er folgende Eigenschaften hat: Er muss einen veränderlichen Speicher haben, er muss Kommandos nacheinander ausführen können, an andere Stellen im Code springen können, und er muss einen Befehl abhängig vom Ausgang einer Berechnung ausführen können. Ein Gerät, auf dem eine Programmiersprache läuft, die diese Eigenschaften hat, ist Turing-vollständig und kann prinzipiell alle möglichen Programme ausführen, also beispielsweise solche zum Knacken von Codes oder Schachprogramme oder künstliche Intelligenzen.

Charles, Sie haben mit der Vorläufermaschine der Analytical Engine, der Difference Engine, vor allem Tabellen für Zahlenreihen erstellt. Diese waren zu Ihrer Zeit wichtig für die Durchführung von Rechnungen, da es eben noch keine Computer gab. Man konnte in Büchern mit diesen Tabellen Ergebnisse von Berechnungen nachschlagen, die mit der Difference Engine vorberechnet wurden, so sparte man sich mühselige Rechenarbeit. Es gab Tabellen für Sinus- und Cosinus-Werte, oder Logarithmentabellen, da man diese Funktionen nicht einfach mit einer Taste auf dem Taschenrechner oder dem Computer ausrechnen konnte.

Mit der Programmiersprache Basic ist die Berechnung solcher Tabellen ohne Probleme möglich. Wie leicht das geht, zeigt das folgende Beispiel. Es erzeugt eine Tabelle für den Dezimalwert der Stellen des Binärsystems (vgl. den Algorithmus in Blogeintrag 5.4):

```
1 LET A = 0
2 PRINT 2 ↑ A
3 LET A = A + 1
4 IF A < 11 GOTO 2
5 STOP
```

Nach dem Start des Programms (mit dem Kommando RUN) wird in Zeile 1 die Variable A mit 0 belegt. Zeile 2 gibt mit dem PRINT-Kommando 2^A, also die A-te Potenz von 2 auf dem Bildschirm, aus, was zuerst 1 ergibt, da per Definition 2^0 das Ergebnis 1 ergibt. Der Pfeil ↑ ist in Basic der Potenz-Operator (hoch). Zeile 3 weist der Variable A den Wert A + 1 zu: Der Inhalt von A wird um 1 erhöht. Nach der erstmaligen Ausführung der Zeile 3 hat A also den Wert 1. In Zeile 4 springt GOTO zurück auf Zeile 2, aber nur, wenn A kleiner als 11 ist. Das ist beim ersten Mal, wenn A den Wert 1 hat, natürlich der Fall. Wieder in Zeile 2 angelangt, wird 2^1 ausgegeben. Dann wird wieder in Zeile 3 die Variable A um eins erhöht und wird zu 2. Da diese immer noch kleiner als 11 ist, wird in Zeile 3 wieder zurück zu Zeile 2 gesprungen, der Wert 4 (2^2) ausgegeben, A um 1 erhöht und so weiter. Wenn A dann den Wert 12 hat, geht es aus Zeile 4 nicht mehr zu Zeile 2 zurück. Nun wird die nächste Zeile 5 ausgeführt, wo das Programm stoppt.

Es erscheint auf dem Bildschirm die Zahlenreihe:

```
1, 2, 4, 8, 16, 32, 64, 128, 256, 512, 1024
```

Die Kommandos der vorgestellten Programme enthalten bereits alle Merkmale der Turing-Vollständigkeit: Die Kommandos PEEK und POKE ermöglichen das

Lesen und Schreiben von Daten in und aus dem Speicher. Variablen kann man verändern und sie bei Berechnungen verwenden. Der Befehl GOTO kann die Programmausführung an anderer Stelle fortsetzen, man kann auch zurück an eine vorherige Stelle springen und dadurch eine sogenannte Schleife programmieren, die eine Sequenz an Kommandos immer wieder von vorn ausführt. Durch das vorangestellte IF kann man die Ausführung eines Befehls von einer Bedingung abhängig machen.

An sich funktionieren alle modernen Programmiersprachen auch heute noch so, nur die Schreibweise (die sogenannte Syntax) ist bei jeder Sprache anders. Aber man kann praktisch in jeder Programmiersprache ein Programm schreiben, dass dieselbe Ausgabe wie im Beispiel erzeugt.

Um noch ein Beispiel in einer modernen Programmiersprache zu geben, hier ist eine Implementierung des Programms in der beliebten Programmiersprache Python:

```
A = 0
while A < 11:
    print(2 ** A)
    A = A + 1
exit()
```

Die im Algorithmus definierten Schritte kann man hier besonders gut zuordnen. Das Programm wird von oben nach unten abgearbeitet. Es gibt deshalb auch kein Goto-Kommando, welches den Rücksprung auf eine vorherige Zeile erlauben würde. Statt dessen gibt es hier das while-Kommando, welches die nachfolgenden eingerückten Programmzeilen wiederholt ausführt, solange die angegebene Bedingung erfüllt ist.

Aus modernen höheren Programmiersprachen wurde das Goto verbannt, da es dazu verführt, unübersichtliche Programme zu schreiben. Anders ist auch die Syntax zur Berechnung der Potenz, 2^A wird hier 2 ** A geschrieben.

Turing, der Pionier, bewies, dass man nicht wissen kann, ob es überhaupt ein Programm zur Lösung eines bestimmten Problems gibt. Jedoch war er optimistisch, dass man eine künstliche Intelligenz erschaffen kann. Dies habe ich in meinen Anmerkungen bereits bezweifelt, was er sogar in einem Aufsatz erwähnte. Interessant, dass sich Turing nicht nur mit der Analytical Engine, sondern sogar mit meiner Arbeit beschäftigt hat [71].

> Heutige Computer sind Universalcomputer, mit denen man alle möglichen Aufgaben bewälti-
> gen kann. Die minimalen Fähigkeiten, die ein Computer benötigt, um universell zu sein, hat
> Alan Turing definiert. Ein Computer ist universell oder Turing-vollständig, wenn er einen ma-
> nipulierbaren Speicher besitzt, Kommandos ausführen kann, die diesen verändern können,
> und den Programmablauf abhängig von Ergebnissen fortsetzen kann.

Da schreibt Josef: Er ist angekommen und läuft gerade Richtung Innenstadt.
„Bin gleich da." Kurz darauf sehe ich schon seine Silhouette. Auch er hat mich
erspäht und winkt mir ausufernd zu. Ich muss grinsen. Wer schlecht drauf ist
und Josef trifft, muss einfach bessere Laune kriegen, das habe ich schon oft
erlebt.

Wir begrüßen uns, Josef ruft, dass es „wunderbar ist hier, also wunderbar,
schau mal, das Wetter, die Architektur, die Geschichte", tönt er, setzt begeistert
sein erstes Bier an und trinkt in einem einzigen langen Schluck alles aus.
„Aaaahhhh", ruft er, „das hab ich jetzt gebraucht – noch eins", er winkt dem
Kellner und deutet auf sein Glas.

Wir plaudern erstmal über alles Mögliche, Josef hat einen neuen Sitzme-
chanismus erfunden, den er vielleicht auch an Moonshot verkaufen will, und
zeigt mir seine Entwürfe. Dann fragt er nach meinen Erlebnissen. Zunächst
erzähle ich nur von den Stationen, an denen ich bisher war, bis er mich ernst
anschaut und gar nicht laut, sondern ganz normal sagt: „Was ist denn los?
Irgendwas ist los. Erzähl", er lehnt sich zurück und trinkt von seinem zweiten
Bier, für das er sich Zeit lässt.

Es dauert, bis ich die ganze Geschichte vor ihm ausgebreitet habe. Josef
hört interessiert zu, schaut angewidert bis entsetzt, als ich ihm die Machenschaften von Squillion aufzähle, fragt immer wieder nach. Als ich fertig bin,
schaut er mich eine Weile schweigend an. „Jetzt brauch ich was zu essen, bevor
ich dazu was sagen kann – lass mich ein bisschen nachdenken." Wir laufen
zu einem Lokal, das er kennt. Bis der Oktopussalat vor uns auf den Tellern
steht, ist er ganz in sich gekehrt.

„Das ist eine richtig schlimme Geschichte", fängt Josef an, ich nicke, den
Mund voll mit der köstlichen Vorspeise. „Ich finde auch, dass das unbedingt

an die Öffentlichkeit muss. Gleichzeitig sehe ich, dass ihr alle, auch du, Anna, ein Risiko auf euch genommen habt: Die werden sich das nicht gefallen lassen. Außerdem ist es schwer, einzuschätzen, was die inzwischen schon mitgekriegt haben. Mir gefällt das gar nicht – du könntest ernsthaft in Gefahr sein." Er nimmt sich eine Scheibe Weißbrot und tunkt sie in die Soße.

Ich nicke und bin einerseits voller Sorge, weil Josef das – anders als sonst oft – sehr ernst gesagt hat. Andererseits bin ich auch erleichtert, weil er jetzt von der Sache weiß, die Zusammenhänge und Konsequenzen ähnlich einschätzt wie Chuck und ich. Weil er somit in irgendeiner Form auch an Bord ist.

„Da trifft es sich gut, dass wir bei Branco gelandet sind, meinem Geschäftsfreund hier. Wir kennen uns schon ewig, und er ist richtig gut dabei. Hat hier ein Anwesen auf einer Insel, sehr gut befestigt, weil er wohl auch ein paar Geschäftszweige hat, bei denen es auf Sicherheit ankommt – so genau weiß ich da nicht Bescheid, will ich auch gar nicht", sagt Josef. Erstmal, schlägt er vor, könnte ich ihn dorthin begleiten. „Dann sehen wir weiter."

Das Essen und das Gespräch haben mir gutgetan. Und die Aussicht, in einer sicheren Umgebung schlafen zu können, macht mich sehr froh. Zwar waren die Nächte in Rovinj immer besser geworden. Von ganz normalem, tiefem Schlaf konnte aber noch nicht die Rede sein. „Wie kommen wir denn zu Brancos Insel?", frage ich Josef. Er beschreibt mir den Anleger, von dem uns ein Boot abholen würde. Dort könnte ich Douglas stehenlassen, denkt er, er will darüber mit Brancos Leuten noch einmal reden.

Als ich ankomme, steht Josef schon mit zwei Typen da, die mir winken und bedeuten, den Bus noch ein Stück weiter in einen großen Schuppen zu fahren. Dort ist genügend Platz. Einer der Männer schließt die großen Holztüren hinter Douglas. Das auffällige Gefährt ist so also nicht mehr zu sehen. Meinen Laptop packe ich schnell ein, Badesachen und ein paar Klamotten. Mit meinem Trekking-Rucksack klettere ich hinter Josef auf das Boot, es sieht schnittig und richtig teuer aus.

Ivo und Wanja heißen die beiden Männer, wir reden auf Englisch ein bisschen. „Direction Brioni", Wanja deutet nach Südwesten, dorthin fahren wir. „Sea is calm, everything okay", sagt Ivo. Josef nimmt mich mit zu einem Platz im Bug, wo wir die Sonne in allen Gelb-, Orange- und Rottönen im Meer untergehen sehen, die der mediterrane Aquarellkasten hergibt. Besonders gern mag ich das Stadium, in dem die Sonne die Wasseroberfläche so schräg trifft, dass das Wasser nicht mehr wie Wasser, sondern wie ein anderes, wundersames Element aussieht, das in Blautönen mit goldglitzernden Häubchen leise wogt. Nun habe ich mit Josef über die ganze Sache gesprochen. Trotzdem bin ich in diesem Moment nur von dieser Schönheit und von Frieden erfüllt. Ich fühle mich, als hätte ich eine Atempause gewonnen: Mein Bus und ich sind in Sicherheit. Und von Karla und Chuck hoffe ich dasselbe.

Die Sonne ist schon hinter dem Horizont verschwunden, aber es ist noch relativ hell, als wir an der Insel ankommen. „Private island", erklärt Ivo knapp, als er die Gangway ausgeklappt hat und wir an Land gehen. An dem Anleger liegen noch weitere Boote, auch ein Vintage-Schmuckstück – ein hölzernes Fischerboot mit Segeln, frisch gestrichen in Türkis, Goldgelb und Weiß, schaukelt leicht im Wasser. „Der hat richtig Schotter, oder?", flüstere ich Josef zu, der gleichzeitig nickt und mit den Schultern zuckt.

Von einem Gebäude an dem kleinen Hafen aus kommt ein hochgewachsener Mann mit kurzgeschorenem Haar auf uns zu, breitet die Arme aus und begrüßt uns gut gelaunt: „Die beste Tageszeit, um hier anzukommen – man sieht gerade noch die Schönheiten der Insel und kann aber sofort zum Aperitif übergehen", ruft er. „Herzlich willkommen, Anna, ich freue mich, Sie hier zu haben", sagt er und schüttelt mir die Hand, dann klopft er Josef auf die Schulter: „und dich natürlich auch, Josef, sehr schön!"

Josef hat während der Überfahrt schon seine Begeisterung über den Sonnenuntergang lauthals kundgetan, aber jetzt kennt sein Lautstärkeregler keine Gnade mehr. „Branco, du Halunke, gut schaust du aus, alter Freund – sehr schön! Ich freu mich!", ruft er, und die beiden rufen voller Wiedersehensfreude aufeinander ein. Ich trete ohrenschonend ein paar Schritte beiseite und nehme meine Tasche auf. Ivo grinst mich verständnisvoll an und macht eine Geste zu seinen Ohren. „Old men speak loud", wispert er, und ich grinse zurück.

„Ja, die Anna wird ihr Zimmer sehen wollen, Branco, dann kommen wir gern auf dein Angebot mit dem Aperitif zurück", ruft Josef. Ich nicke lächelnd, Branco nimmt mir die Tasche ab und geht voraus zu einer Art Golf-Cart, in dem wir drei Platz nehmen. Branco steuert das Gefährt hügelan, wo wir auf ein spektakuläres Haus zufahren: Eine breite Treppe führt zu einem großen Portal, flankiert von zwei Säulen; mit verschiedenen Ebenen und Terrassen, die aus der Fassade ragen, sieht es mondän aus, sehr kostspielig.

Mein Zimmer wirkt wie aus einem Agentenfilm: coole Möbel, ein riesiges Bett, alles in smaragdgrün und Sichtbeton. Im Bad gibt es eine offene Dusche mit Regenwasserbrause und flauschigen smaragdgrünen Handtüchern.

Nach meinen Waschgelegenheiten auf den diversen Campingplätzen ist das das fundamentale Gegenteil. Ich kann nicht widerstehen und nehme gleich eine Dusche – herrlich. Ich muss mich zusammenreißen, mich aus meiner Warmwasser-Trance zu lösen, und mache mich auf die Suche nach den anderen.

Das ist relativ leicht, ich laufe einfach dem Klang der dröhnenden Stimmen hinterher. Kunstgegenstände und Gemälde säumen meinen Weg, edle Stücke dabei, so weit ich das im Vorübergehen registriere. Um eine Ecke biegend, komme ich in einen weiten hohen Raum mit einem Sitzmöbel mit der Dimension eines kleinen Kontinents, offener Küche und großem Esstisch. Dort sitzen Josef und Branco und haben eine Flasche Wein geöffnet, für mich steht auch schon ein Glas bereit.

„Der Branco hat Security, alles paletti", flüsterschreit mir Josef zu, nachdem Branco uns noch einmal offiziell willkommen geheißen hat. „Aha", sage ich und trinke einen ersten Schluck – ein edler Tropfen, sagt mein in puncto Wein nicht allzu verwöhnter Gaumen. „Ich hab dem Branco ein bisschen was von dem ganzen" – Josef macht eine wedelnde Handbewegung – „Kuddelmuddel erzählt."

Ich weiß nicht, wie ich das nun genau finden soll. Einerseits kann es ein Vorteil sein, jemanden mit solchen finanziellen und sicherheitsmäßigen Mitteln an der Seite zu haben. Andererseits kenne ich Branco seit einer Dreiviertelstunde, ich weiß gar nichts über ihn, sein Tätigkeitsgebiet – und erst recht nichts über seine Vertrauenswürdigkeit.

Branco scheint meine Gedanken gelesen zu haben. „Als erstes möchte ich Ihnen volle Vertraulichkeit versprechen, Anna", sagt er. Wobei das auch nur Worte sind, sagt die misstrauische Seite in meinem Kopf.

„Jetzt erzähl's ihr halt", Josef gibt Branco einen Stups. Der atmet tief durch, nimmt einen Schluck aus seinem Glas. Dann schaut er mich an. „Tatsächlich, Anna, ist das eine unglaublicher Salto des Schicksals, oder wie sagt man dazu auf Deutsch – egal. Ich habe selbst schon mit Squillion zu tun gehabt. Allerdings habe ich dort nie gearbeitet, über diese Seite der Firma weiß ich daher nichts", sagt er. „Wirklich? Das ist ja der Hammer! Was haben Sie denn mit denen zu tun?", frage ich. „Zu tun gehabt, muss man sagen", Branco fixiert einen Punkt draußen vor den Fenstern, vor denen es ziemlich dunkel geworden ist. Dann stößt er mit seinem Glas gegen meines und sagt: „Davor sagen wir du – dann erzählt es sich leichter, Anna." „Gern, Branco", sage ich und proste ihm zu.

Dann kommt Satz für Satz seine Geschichte zutage. Als Branco vor mehr als 20 Jahren mit seinem Unternehmen anfing, hat er klassisch mit Immobilien- und Finanzdienstleistungen gestartet und wurde im östlichen Mittelmeerraum relativ schnell eine große Nummer. Dann wagte er den Sprung in die USA und gelangte über mehrere Ecken an Squillion, eine noch kleine, aber aufstrebende Firma, so schildert es Branco. Angefangen hat Squillion als Datenverwaltungs-Firma mit verschiedenen Finanz- und Unternehmensberatungsservices, dann haben sie neue Geschäftsfelder erschlossen: „Sie haben sich eine Online-Plattform gekauft, also eine Art Social-Media-Kanal, der für Geschäftskontakte dienen soll – und zwar auf persönlicher genauso wie auf Firmenebene. Das Ding wurde in den USA richtig groß, eine Art erweitertes LinkedIn, könnte man sagen", erzählt Branco.

„Jeremy, einer der zwei damaligen Geschäftsführer, und ich konnten gut miteinander, wir haben verschiedene Deals gemeinsam eingefädelt und durch-gezogen", fährt er fort. Dann war auf einmal Sendepause, keine Antwort auf Mails, Anrufe wurden nicht beantwortet oder er wurde endlos hingehalten. Bis Jeremy auf einmal in Pula auf der Matte stand, vor Brancos damaligem Büro. „Er sah total fertig aus, hatte wohl tagelang nur gesoffen – er war gefeuert worden, von hier auf gleich. Aus folgendem Grund: Squillion hatte bei der Behandlung der Profile zwei verschiedene Gruppen gebildet, relativ willkürlich, und die einen deutlich bevorzugt. Jeremy hat das gewusst und hat mitgemacht, am Anfang. Es sollte eigentlich um eine Art wissenschaftlichen Versuch gehen, so hatte man es ihm verkauft. Mit der Zeit wollte er diese Zweiteilung aber nicht mehr, er hatte mitbekommen, dass manche bei der Jobsuche so benachteiligt wurden, dass es an die Existenz ging. Also wollte er das ändern. Doch die Chefetage wollte das nicht, denn sie haben durch die besser gestellte Gruppe richtig gut verdient. Als Jeremy immer weiter verlangte, die Zweiteilung zu ändern, gab es Zoff", Branco nimmt einen Schluck Wein.

„Jetzt wird es richtig übel. Die Sache flog auf, irgendjemand hat die Informationen nach draußen gegeben. Sein so genannter Geschäftspartner schob ihm das ganze in die Schuhe und feuerte ihn mit großem Medienecho. In der Folge spannte der Typ dann Jeremy auch noch die Frau aus. Jeremy war fertig, hat sein Leiden mit immer mehr Alkohol betäubt, und vor zwei Jahren mussten wir ihn zu Grabe tragen. Er, der frühere, lebenslustige Jeremy, fehlt mir immer noch – er war ein echter Freund." Branco schaut in sein Glas und kippt den kleinen Rest auf ex.

„Das tut mir wirklich Leid zu hören", sage ich. Er lächelt mir etwas verzerrt zu. „Seitdem mache ich um Squillion einen Bogen – und kann mir durchaus gut vorstellen, dass die so eine Sache abziehen, wie sie mir Josef geschildert hat." Ich nicke. „Das passt ins Bild: skrupellos und gemein", fasst Josef zusammen. Er hat während Brancos Erzählung geschwiegen und immer wieder von den Oliven auf dem Tisch genascht. „Kanntest du Jeremy auch?", frage ich ihn. „Flüchtig", sagt Josef. „Branco wollte uns zusammenbringen, aber nach zwei, drei Sondierungstreffen war Jeremy dann schon geschasst worden, und danach habe ich ihn nur noch einmal getroffen – da war es so betrunken, dass er kaum noch stehen konnte." Branco nickt traurig, dann strafft er sich und fragt mich: „Falls ich euch unterstützen kann, will ich das gerne tun: Wie kann ich dir oder euch helfen?"

Erstmal bin ich sehr verblüfft. „Vielen Dank, das ist sehr ehrenwert", sage ich, „ich muss mir das alles in Ruhe durch den Kopf gehen lassen und mit den anderen beraten." Das versteht Branco und bietet an, Josef und mir am nächsten Tag die Insel zu zeigen, „bis weitere Schritte anstehen", sagt er.

„Ach, Branco, das mit dem Brancoversum, magst du uns das nicht heute noch zeigen? Anna ist doch Informatikerin und findet das sicher interessant", bittet Josef. „Brancoversum?", frage ich. „Ja, du kennst doch das Metaversum, aber ich will nicht zu viel vorwegnehmen", antwortet Branco. „Schauen wir es uns einfach mal an", er führt uns durch eine Laube in ein weiteres Gebäude. Dort stehen wir in einem riesigen Raum ohne Möbel, aber mit gepolsterten Wänden, wie mir auffällt.

Branco reicht mir eine VR-Brille: „Bitteschön", sagt er, ich setze sie auf und bin – im Dschungel, um mich herum üppige Vegetation. Ich sehe Affen, die übereinander kugelnd in den Ästen klettern und keckern. Daneben kreischen bunte Papageien, die sich an den Früchten eines Baumes gütlich tun.

Als ich mich umdrehe, sehe ich eine riesige Blüte, die gerade aufgeht, und nehme einen süßen Duft wahr. „Du kannst ruhig rumlaufen", höre ich Josefs Stimme in meinem Helm und mache ein paar staksige Schritte. Vor mir ist ein schmaler Pfad, ich weiche Ästen und Lianen aus und rieche nun auch andere, weniger angenehme Duftnoten: feucht und etwas muffig. Eine große Echse, die ich erst bemerke, als sie sich bewegt, gleitet davon, als ich in ihre Richtung gehe. Überall ist etwas zu sehen, die Bäume ragen weit nach oben, sehe ich, als ich den Kopf in den Nacken lege. Unzählige Grünschattierungen wölben sich über mir. Eine hübsche kleine Katze funkelt mich aus ebenfalls grünen

Augen an, bevor sie mit einem großen Satz von ihrem Ast springt und sich durch die raschelnden Blätter davonmacht.

Weiter lenke ich meine Schritte durch den immer dichter werdenden Wald. Das Einzige, was fehlt, ist das Gefühl von nassen Blättern, die an meinem Gesicht und meinen Armen entlangstreifen, denke ich, teile ein paar Zweige und schreie unwillkürlich laut auf: Wasser spritzt mir ins Gesicht, weil vor mir ein kleiner Wasserfall herunterprasselt. Ich will um das Becken, in dem sich das Wasser sammelt, herumgehen, da werde ich sanft gestoppt: zum einen von einem weichen großen Etwas direkt vor mir und zum anderen von einer Hand, die mich am Arm nimmt. Als ich meine Brille vom Kopf ziehe, sehe ich, dass ich mich gedreht habe, ohne es zu merken, und ein ziemliches Stück Weg durch den Raum unterwegs gewesen war – das große weiche Etwas war die gepolsterte Wand. Branco und Josef grinsen mich an. „Überwältigend", sage ich, noch ganz betäubt von den unmittelbaren Eindrücken. „Das war jetzt nur ein ganz kleiner Vorgeschmack", sagt Branco, „es gibt so viele Welten, das könnt ihr euch nicht vorstellen. Und man kann selber welche kreieren."

Ich habe die Idee vom Metaversum zum ersten Mal mitbekommen, einige Zeit, bevor Mark Zuckerberg sein Unternehmen in Meta umbenannt und die Möglichkeiten vorgeführt hat. Auch andere Firmen haben sich mit dieser Art Universum befasst. Als ich einmal bei meiner Tante Lydia die Fernseh-Nachrichten angeschaut habe, kam auch ein Bericht über Zuckerbergs Pläne. Darüber waren meine Tante und mein Onkel ziemlich bestürzt. „Matrix", sagten sie wie aus einem Mund und schauten sich an. „Der Film", meine Tante drehte sich zu mir um. Ich nickte, gehört hatte ich schon oft davon, war aber noch nicht dazugekommen, ihn wirklich anzuschauen.

An einem der nächsten Tage sahen wir uns die Filmreihe zusammen an – und ich verstand, was sie gemeint hatten. Die Parallelen waren auffällig: Die Menschen leben in einer digitalen Welt, ohne davon zu wissen. Ihre echten Körper vegetieren in einer Nährlösung dahin, während ihre Avatare im künstlichen Kosmos ein vermeintlich reales Leben führen.

Jetzt, mit der VR-Brille noch in der Hand und nach nur ein paar Minuten im digitalen Dschungel, kann ich mir sehr gut vorstellen, dass man sich in diesen Welten verlieren kann: Wenn im echten Leben etwas nicht so gut läuft, ist hier die Idylle unerschütterlich. Keine Regenwald-Abholzung, kein Liebeskummer, keine Krankheit, wenn man es entsprechend auswählt. Spooky und manchmal sehr verlockend.

„Wie geht jetzt das technisch genau?", fragt Josef. Detailliert weiß Branco auch nicht darüber Bescheid. „Ich bin ein einfacher Immobilienmakler vom Land", scherzt er. Ein bisschen was kann ich beisteuern – und nehme das Ganze gleich für meinen Blog als Audio auf, während ich ein paar Schritte in der echten Inselwelt gehe. Auch diese Spracherkennungsfunktion ist eine Wucht, fällt mir dabei wieder auf, während ich sozusagen gleichzeitig rede und schreibe.

6.4 Seekrank mit Brille
– Virtuelle Welten

Posted by Ada L.   11. Mai

Lieber Charles,

dass Computer mehr als Rechenmaschinen sind, ist seit den 1990er Jahren klar, als „Multimedia" Furore machte. Man konnte Filme, Audio und Text am Computer sehen, hören, lesen. Interaktive Anwendungen konnten von den Menschen selbst beeinflusst werden. Dreidimensionale Grafiken wurden durch leistungsfähige Computer möglich. Die Rechner der Firma SGI (Silicon Graphics International) erlaubten ab den 90er Jahren, dreidimensionale Szenen in einer hohen, kinotauglichen Qualität zu erzeugen. Die Dinosaurier im Film Jurassic Park, Kinostart 1993, wurden so zum Leben erweckt.

In Berlin produzierte das Startup-Unternehmen Art+Com mithilfe dieser Rechner eine interaktive, dreidimensionale Ansicht der gesamten Erde, mit dem Namen Terravision. Damit war es möglich, im virtuellen Raum beliebig nahe an die Erdoberfläche zu zoomen. Dabei wurden immer detailreichere Satellitenbilder angezeigt [7]. Diese Software war die Vorlage für Google Earth. Wie schon so oft, war auch hier nicht die Idee ausschlaggebend für den kommerziellen Erfolg. Art+Com klagte Jahre später gegen Google und verlor 2017 den Prozess. Die Geschichte wurde sogar als Serie verfilmt: „The Billion Dollar Code". Neben der interaktiven Erdkugel experimentierte die Firma auch bereits mit VR-Brillen. Der Begriff „Virtual Reality" wurde damals in den Medien diskutiert, ein Guru der Virtual Reality (VR) war Jaron Lanier. Nach eigenen Angaben hat er maßgeblich an der Entwicklung der VR mitgearbeitet. Inwieweit er tatsächlich beteiligt war, kann ich nicht genau sagen, aber jedenfalls hat er als VR-Popstar zur Verbreitung des Begriffs beigetragen.

VR stand für die allerheißeste digitale Technologie. Allerdings war es mehr ein Science-Fiction-Thema: Kaum jemand wusste, was VR eigentlich ist. Auch hätten sich normale Leute nicht in die virtuelle Realität begeben können, mangels verfügbarer Technik. Es gab zahlreiche Kinofilme mit VR als Aufhänger, der bekannteste und prägendste war „Matrix". Der Film zeigt, wie die Menschheit in einer virtuellen Realität gefangen gehalten und von Maschinen ausgebeutet wird.

Das Ziel bei Virtual Reality ist es, den Menschen komplett in eine computersimulierte Umgebung eintauchen zu lassen. Man spricht von Immersion. Wie stark diese ist, hängt von der eingesetzten Technologie ab. Die technische Grundlage ist ein auf dem Kopf tragbares Display, das Head Mounted Display (HMD).

Neben der VR gibt es noch die Mixed Reality, in der die tatsächliche Welt und die simulierte Welt vermischt werden. Es gibt noch weitere Begriffe, abhängig davon, wie die Anteile der realen und der virtuellen Welt sind, und wie hoch demnach der Grad der Immersion ist. Das „Reality-Virtuality-Continuum" beschreibt folgende Abstufungen: Realität, „Augmented Reality" (AR), „Augmented Virtuality" (AV), „Virtual Reality" (VR). „Augmented" bedeutet „angereichert", also mit Realität oder Virtualität angereichert.

Die beiden relevanten Verfahren sind die VR und dann noch die AR, bei der lediglich Zusatzinformationen und simulierte Gegenstände in die Realität eingeblendet werden. Das funktioniert über ein Display, meist eine Brille, durch die man die echte Umgebung sieht. In deren Gläser kann zusätzlich ein computergeneriertes Bild eingeblendet werden. Die Gläser sind also so etwas wie durchsichtige Monitore. Bei einer VR-Brille dies nicht der Fall, diese besteht aus zwei Monitoren, einer für jedes Auge. Diese sind nicht durchsichtig.

In beiden Fällen ist es allerdings nicht mit den Displays getan, man benötigt noch Sensoren, die die Neigung des Kopfes feststellen können. Damit kann die Position der generierten Bilder in den Displays vor den Augen angepasst werden. Wenn ein Mensch die Brille trägt, wird seine Kopfneigung gemessen: um die drei Raumachsen (x, y, z). Sie werden in diesem Zusammenhang die drei Freiheitsgrade (Degrees of Freedom, abgekürzt DoF) genannt.

Die erste AR-Brille mit Head-Tracking wurde bereits 1968 von Ivan Sutherland am MIT gebaut. Das Gerät war so schwer, dass es an der Decke aufgehängt wurde. Deswegen trug es passenderweise den Namen „Sword of Damocles" [57].

Dank der Neigungssensoren ist das generierte Bild, das man sieht, stimmig: Die generierten Bilder werden dem Blickwinkel angepasst.

Nicht zu vernachlässigen für das Erlebnis ist auch der Sound, der aus einer bestimmten Richtung kommt. Auch der wird über die in der Brille eingebauten Stereo-Lautsprecher angepasst. Die Verschiebung, also die Position der Person im echten Raum, kann bei modernen Brillen durch Außenkameras, die an der Brille angebracht sind, realisiert werden.

Durch Bilderkennungs-Algorithmen wird festgestellt, wie sich die Person im echten Raum bewegt hat. Die Kameras filmen nicht das für Menschen sichtbare Bild, sondern im Infrarotbereich: Über einen Projektor wird ein Punkte-Raster über die echte Welt projiziert, und zwar im für Menschen unsichtbaren Lichtspektrum. Diese Punkte werden dann mit den zwei Infrarotkameras (links, rechts) aufgenommen.

Aus der Parallaxe, der unterschiedlichen Position der einzelnen Punkte in den beiden Kamerabildern, kann man deren Position im echten Raum erkennen und erhält ein dreidimensionales Bild der Realität. So ähnlich macht es das Gehirn mit den Bildern der Augen.

Aus den dreidimensionalen Punkt-Daten der Umwelt errechnet die Technik der Brille dann die Position der Brille im echten Raum. Wenn man sich mit der Brille auf dem Kopf bewegt, zeigen einem die Displays die entsprechende Bewegung im virtuellen Raum. So bekommt man zu der Drehung im Raum noch drei weitere Freiheitsgrade (die Position entlang der Raumachsen) hinzu und hat ein 6DoF-System.

Damit die Person auch interagieren kann, ist weitere Sensorik nötig. Einige Brillen besitzen Eye-Tracking, Kameras im Inneren der Brille, die die Augenbewegungen verfolgen können. So kann man schon mit einem Gegenstand interagieren, indem man ihn fokussiert.

Auch im virtuellen Raum möchte man mit den Händen agieren und Gegenstände berühren. Da hat man verschiedene Möglichkeiten: Etabliert haben sich sogenannte Controller, die man in den Händen halten kann. Sie ähneln Pistolen, besitzen eine Art Abzug als Taste und noch weitere Tasten. Diese sind über Bluetooth, also Funk, mit der Brille oder dem Computer verbunden und können diesen ihre eigene Position und Orientierung im Raum mitteilen.

Es gibt Brillen, die filmen mit den Außenkameras nicht nur die Umgebung, sondern auch die Hände und den restlichen Körper, auch die Beine. Daraus kann wieder mit Bilderkennung die Position der Hände, der Finger und der Beine erkannt werden.

Wenn man als Person Träger*in einer VR-Brille ist, kann man den eigenen Körper im virtuellen Raum meist nicht sehen, sondern lediglich die beiden Controller, die man in den Händen hält. Diese dienen in der virtuellen Welt als Handprothesen, mit denen man greifen kann oder andere Aktionen auslösen, etwa Schüsse in Spielen.

Ein Problem ist die Fortbewegung im virtuellen Raum: Wenn man die Fortbewegung durch Gehen im echten Raum auf den VR-Raum überträgt, läuft man schnell an eine Wand oder gegen Hindernisse im echten Raum. So gibt es in den meisten Welten noch alternative Fortbewegungsmöglichkeiten. Mit den Controllern kann man bei gedrücktem Abzug einen Strahl aussenden und damit auf eine Stelle zeigen, an die man gelangen möchte. Nach dem Loslassen des Abzugs landet man dann genau an der gewünschten Stelle, ohne sich mit den echten Beinen bewegt zu haben. Man beamt oder teleportiert sich so durch den virtuellen Raum.

Auch gibt es einen Modus, in dem man sich einfach in die mit einem Controller gezeigte Richtung bewegt, was bei den meisten Menschen, so auch bei mir, lieber Charles, den Eindruck erweckt, als ob man sich auf Schlittschuhen fortbewegt. Die echten Beine bewegt man nicht. Das kann dem Gehirn Probleme machen, wenn zwei widersprüchliche Bewegungs-Empfindungen auftreten: Kognitive Dissonanz heißt das. Das Gehirn registriert, dass man sich nicht von der Stelle bewegt, da das Gleichgewichtsorgan keine Veränderung feststellt, ebenso werden die Beine nicht bewegt. Allerdings nehmen die Augen und auch die Ohren eine Änderung der Position wahr.

Diese widersprüchlichen Wahrnehmungen führen bei vielen Menschen dazu, dass ihnen schlecht wird – übrigens passiert das auch mir, lieber Charles: Ich werde seekrank, wenn ich mich nicht bewege, mir die VR-Brille dies aber vorgaukelt. Von dieser Motion-Sickness kann man in virtuellen Realitäten genauso betroffen sein wie auf einer Schiffsreise. Mich würde interessieren, ob seefeste Matrosen auch in der VR davor gefeit sind.

Trotz der Probleme, die einige Menschen damit haben, setzt sich die Technik, die ja eigentlich schon so lange existiert, langsam aber sicher durch: Immer günstiger wird sie, dazu werden die VR-Brillen immer besser und leichter. Mark Zuckerberg, der Gründer des sozialen Netzwerks Facebook, hat rechtzeitig auf das Thema gesetzt. Deshalb hat seine Firma 2014 das Unternehmen Oculus VR gekauft, einen Hersteller von VR-Brillen.

Zuckerbergs Firma nennt sich seit dem Herbst 2021 Meta. Das erklärte Ziel von Meta ist die Erschaffung eine Metaversums. Das ist eine Art neues Internet in der virtuellen Realität. Allerdings soll es mehr sein als das, es soll auch die echte Realität mit integrieren. Es ist also eine Mixed Reality.

Die meisten VR-Anwendungen sind einzelne 3D-Umgebungen, wie bestimmte Spiele oder Simulationen von Gebäuden. Das Metaversum soll diese alle miteinander verbinden, auch soll es eine Art virtuelles soziales Netzwerk werden. Zugang zum Metaversum soll man mit verschiedenen Geräten wie AR-Brillen, die aussehen wie normale Brillen, und VR-Brillen bekommen. Man soll dort vielerlei Aktivitäten nachgehen können: Sport, Lernen, Spielen, Arbeiten und mehr.

Microsoft kündigte daraufhin sein eigenes Metaversum an, vorwiegend die Arbeits-Tools um Teams bekommen dort eine virtuelle Heimat. Der Begriff selbst ist nicht neu, er wurde vom Science-Fiction Autor Neal Stephenson für seinen Roman „Snow Crash" (1992) erdacht. Bereits die Macher von Terravision bei Art+Com – erinnern Sie sich, lieber Charles? die Vorläufer von Google Earth – hatten ihre Inspiration aus diesem Roman.

Es gab auch schon früher zahlreiche Anläufe, ein Metaversum zu schaffen. Den ersten unternahm kein geringerer als Sir Tim Berners-Lee, der Erfinder des World Wide Web (vgl. Blogeintrag 3.1). Er sah ein dreidimensionales Web, ein Metaversum, als natürliche Weiterentwicklung des WWW an [47]. 1994 wurde der Standard VRML (Virtual Reality Modeling Language) präsentiert, eine Art HTML in 3D. Man kann dort dreidimensionale Objekte beschreiben, ähnlich wie Text- oder Bild-Objekte in HTML. Auch kann man Anker-Objekte einbauen und damit die dreidimensionalen Objekte mit anderen Dokumenten verlinken. So wäre es möglich gewesen, ein Netz aus vielen VRML-Welten zu weben. In den 1990ern entstanden zahlreiche gute und weniger gute VRML-Welten, wie virtuelle Museen und andere Projekte.

Allerdings setzte sich diese Technologie nicht durch. Die Gründe dafür sind vermutlich die unzureichende Hardware, vor allem aber die schwierige Navigation, da das WWW gerade erst populär wurde und die Leute mit der zusätzlichen 3D-Darstellung eher überfordert waren. Im Verlauf der jungen Geschichte der digitalen Medien kamen noch weitere realisierte Metaversen dazu, beispielsweise Second Live, eine in sich geschlossene, kommerzielle Online-Community Plattform, bei der die User*innen selbst die Inhalte gestalten können.

Ich denke, nun ist die Zeit reif für ein neues Metaversum. Lieber Charles, ich weiß nicht, ob Sie jemals in einer Opiumhöhle waren. Ich, die Ada aus dem 19. Jahrhundert, habe jedenfalls einschlägige Erfahrung mit Laudanum, das mein Arzt mir verschrieb. Es hielt mich leider oft von meiner wissenschaftlichen Neugier ab, bescherte mir allerdings fantastische Träume.

So können Sie sich das Metaversum vorstellen: Ein fantastischer Ort, in dem alle Wünsche wahr werden können. Es wird sicher eine große Verlockung sein. Ich bin einerseits in Sorge, dass es die Menschheit nicht weiterbringt, sondern, wie eine Droge, zur Sucht wird. Außerdem lenkt diese alternative Realität sicher von den realen Problemen der echten Welt ab: Wenn die echte Welt zu anstrengend wird, kann man in die virtuelle Welt flüchten. Dort ist dann alles perfekt. Dort gibt es keinen Klimawandel und keine Pandemien.

Andererseits wird es auch sinnvolle Anwendungen geben, wie virtuelle Konzerte, Telemedizin oder virtuelle Team-Besprechungen. Da ich grundsätzlich offen für neue Technologien bin, freue ich mich auf diese Anwendungen. Die User*innen haben es alle miteinander in der Hand, was daraus wird, lieber Charles.

Das „Reality-Virtuality-Continuum" beschreibt den Grad der Virtualität: Von reiner Realität **ℹ** über „Augmented Reality" (AR), also durch Artefakte (künstlich erzeugte Bilder) erweiterte Realität und „Augmented Virtuality" (AV), also Virtualität mit eingeblendeten Realbildern, zur reinen „Virtual Reality" (VR). Über die Head Mounted Displays (HMDs) kann man in die virtuelle Welt blicken. Durch Neigungssensorik wird die Neigung des Kopfes festgestellt und die Grafik in den Displays angepasst. Es gibt zusätzlich an der Brille angebrachte Infrarotkameras, die es ermöglichen, die Position der Brille im echten Raum zu erfassen. Dadurch kann dann die Position in der virtuellen Welt ebenfalls angepasst werden. Über diese Infrarotkameras können oft auch die Hände der Person erkannt werden. Darüber oder über in den Händen gehaltene Controller kann man mit der virtuellen Welt interagieren.

6.4.1 Ein Kessel Buntes
– Pixel im Raum

Ich will kurz erklären, wie die Grafik in der virtuellen Welt funktioniert. In der zweidimensionalen Welt des Screens ist die wichtigste Einheit der Pixel, der farbige Bildpunkt. Für Grafiken, die sich in einem dreidimensionalen Raum befinden, muss man allerdings noch eine weitere Dimension hinzufügen, eine

Raumachse für die Tiefe. So kann man Punkte im dreidimensionalen Raum mit drei Zahlen beschreiben, als Vektor (x, y, z).

Wenn man diesen Punkten noch eine Farbe zuordnet, hat man sogenannte Voxel, ein weiteres Kofferwort aus Pixel und Volume (Raum): Volume Picture Elements oder Bild-Elemente im Raum. Das Konzept gibt es tatsächlich für die Darstellung von dreidimensionalen Grafiken. Der Vorteil: Das Konzept ist einfach – farbige Punkte im Raum. Allerdings werden die Datenmengen schnell sehr groß, da man mit hohen Bildauflösungen arbeiten muss. Sonst sieht die Welt stark gerastert aus, wenn man im virtuellen Raum nah an Gegenstände herantritt.

So hat sich ein anderes Konzept etabliert. Es gibt folgende grundlegende geometrische Elemente in einem 3D-Raum: Punkte, Kanten, die mit jeweils zwei Punkten beschrieben werden, und Polygone, also Vielecke, die mittels Kantenzügen beschrieben werden. Im 3D-Raum lassen sich die Oberflächen, die man sieht, in solche Polygone unterteilen.

Den Polygonen ist noch ein Material zugeordnet, welches eine Farbe, bestimmte Materialeigenschaften wie Reflexion oder Transparenz oder eine Oberflächenbeschaffenheit haben kann. Das Material kann auch eine sogenannte Textur besitzen: ein Bild, das innerhalb der Grenzen des Polygons sichtbar ist. Hier muss noch geregelt werden, welche Ausrichtung das Bild im Polygon bekommt und ob es gekachelt dargestellt wird, wenn es kleiner als das Polygon ist.

Wenn man eine würfelförmige Holzkiste – wie sie oft in einem Computerspiel vorkommt – darstellen will, benötigt man acht Punkte für die Ecken, zwölf Kanten und sechs quadratische Polygone. Ein entzerrtes Foto von einer Holzwand einer echten Kiste kann als Textur dienen.

So sind alle Objekte in einem VR-Raum aufgebaut, auch weniger geometrische, organische Dinge, wie Pflanzen oder Avatare. Bei diesen ist die Anzahl der Polygone, aus denen sie bestehen, wesentlich höher, meist mehrere tausend. Alles ist sozusagen aus kleinen Facetten aufgebaut.

In der virtuellen Welt spielen nur die Oberflächen eine Rolle, alles hat eine Haut, die sichtbar ist. Dabei hat diese Haut selbst keine Dicke. Weil es im 3D-Raum keine zweidimensionalen Flächen gibt, muss alles als Körper modelliert werden: Auch für eine dünne Wand reicht ein Rechteck-Polygon nicht aus, man braucht mindestens einen Quader.

So haben Polygone nur die sichtbare Außenseite, da man meist nicht in das Innere eines Gegenstandes sehen kann. Bei unkorrekter Modellierung der

Welt kann das zu eigenartigen Täuschungen führen. Wenn man beispielsweise um eine Wand, die nur ein Rechteck-Polygon ist, herumläuft, würde diese plötzlich unsichtbar werden.

Um die gesamte Welt, die man in solcher Weise beschrieben hat, auf dem Screen oder auf den beiden Screens in einer VR-Brille darzustellen, muss man diese darauf projizieren. Im virtuellen Raum gibt es dazu noch ein Element, eine virtuelle Kamera. Diese hat ebenfalls eine Position und eine Ausrichtung im virtuellen Raum. Sie filmt im Cyberspace das, was man auf den Screens sieht.

Für jeden Pixel auf den Screens muss dazu eine Projektion stattfinden. Diese läuft sozusagen verkehrt herum. Ausgehend vom Pixel wird ein Sichtstrahl von der virtuellen Kamera in die virtuelle Welt gesendet, bis dieser auf ein virtuelles Objekt trifft. Dessen Farbe und Helligkeit bekommt dann der Pixel auf dem Screen. Das Verfahren nennt sich Raytracing, also Strahlverfolgung.

Es gibt noch einfachere Verfahren, aber Raytracing hat den höchsten Realismus und setzt sich zunehmend als Standard durch. Alle Punkte im Raum und die gesamte Geometrie ist als Zahlenkolonne, als viele Bits und Bytes, gespeichert. Der gesamte Darstellungsprozess ist nichts anderes als ein aufwändiger Rechenprozess, der diese Zahlen in sichtbare Pixel auf einem Monitor umwandelt.

Objekte in virtuellen Welten sind aufgebaut aus einzelnen Polygon-Flächen. Diese bestehen aus Punkten im Raum mit drei Koordinaten (x,y,z). Die Punkte sind in einer Ebene über Kantenzüge verbunden und bilden so eine Fläche. Diesen Flächen sind Materialien zugeordnet, die mit Texturen versehen sein können: Bilder, die auf die Flächen projiziert werden. Eine virtuelle Kamera gibt im 3D-Raum die Position des Betrachters an. Über Projektionen der Polygone mittels Sichtstrahlen zurück auf die Sichtfläche dieser Kamera wird das sichtbare Bild errechnet. Dieses Rechenverfahren nennt man „Raytracing".

In der ersten Nacht auf Brancos Insel schlafe ich tief und träume nichts, was ich in der Früh noch parat hätte. Am Frühstückstisch bin ich allein, aber es ist bereits gedeckt. Eine Thermoskanne Kaffee steht bereit, daneben gekochte Eier in einem Körbchen, von einer Serviette zum Warmhalten umhüllt, und Brot, Butter, köstlicher kroatischer Käse und allerlei mehr.

„Dobar dan", grüßt mich eine ältere Frau, und ich erwidere ihr „guten Tag" auf Kroatisch. Auf Englisch und mit Händen und Füßen gelingt es uns, die wichtigsten Fragen zu klären. Ich zeige auf mich und sage „Anna", sie lächelt, zeigt auf sich: „Dragica". Sie kocht mir noch einen extra Kaffee in einer kleinen Messingkanne direkt auf dem Herd, macht Milch warm und zieht – ich dachte mir doch, dass da etwas besonders gut duftet – frisch gebackenen Strudel aus der Backröhre. Das lasse ich mir gerne schmecken und mache mich dann auf den Weg, um die Umgebung schon mal ein bisschen auf eigene Faust zu erkunden.

Als erstes gehe ich zum kleinen Hafen, schlendere einen hölzernen Steg entlang und lasse mich von Sonne und Wind richtig wachmachen. Eine statt-liche Reihe von Booten ankert da, die Jacht von gestern sehe ich nicht mehr, aber eine etwas kleinere, fast noch luxuriösere.

Ich wende mich nach links und gelange an eine kleine Bucht, die im Morgenlicht wie eine Idylle aus einem Reisekatalog aussieht. Schnell laufe ich zurück und schlüpfe in meinem Zimmer in meinen Neoprenanzug, schicke zum hundertsten Mal meiner lieben Freundin Lola ein Dankeschön für ihre Überredungskünste, schnappe mir ein Handtuch – und bin gleich darauf im Wasser. Kalt und wunderbar ist es, ich schwimme im glitzernden Meer und mache meine Schwimmzüge durch Jadegrün und Dunkelblau, helles Türkis und kräftiges Petrol, und freue mich an den Sonnenreflexen.

Nach einigen Zügen halte ich die Kälte immer besser aus und schwimme aus der Bucht hinaus, um die weitere Küste in den Blick zu bekommen. Auch ein kleines Boot ist gerade vom Hafen aus gestartet und kommt auf mich zu. Seitlich von mir sehe ich einen Kopf im Wasser, eine Person, die energische Kraulzüge ausführt und Kurs nimmt auf mich.

Josef kann das nicht sein, er hat mir mal erzählt, dass er ab 25 Grad Wasser-temperatur vielleicht mal Lust hat, ins Meer zu gehen – und davon sind wir in diesem Frühsommer noch ziemlich weit entfernt. Ob das Branco ist? – frage ich mich, als ich jemanden meinen Namen rufen höre: Am Strand steht Dragica und winkt mir hektisch zu, ich soll wieder zurückkehren. Eigentlich wollte ich noch etwas weiter rausschwimmen, aber Dragica ruft so eindringlich, dass ich lieber kehrtmache. Auf dem Rückweg ziehe ich richtig durch, bis ich wieder im flachen Wasser angelangt bin. Etwas ungelenk klettere ich auf bloßen Füßen aus dem Wasser – meine Sohlen sind noch winterweich, sind die spitzigen Kiesel noch nicht gewöhnt. Der andere Schwimmer kommt kurz nach mir am Strand an, ruft Dragica etwas zu und verschwindet in Richtung Haus.

An meinem Handtuch angekommen, erreicht mich auch Dragica. „You go not alone in the sea", sagt sie ernst zu mir. „Not alone. Never." Sie sagt es mehrmals mit Nachdruck. Verblüfft nicke ich, weniger, weil ich vorhabe, das zu befolgen, sondern eher, um sie erstmal zu beruhigen – aber ich möchte schon herausfinden, warum sie zu diesem strikten Verbot kommt.

Geduscht und geföhnt finde ich Josef und Branco bei ihrem Frühstück vor. Branco nimmt mich sofort ernst ins Visier. „Von Dragica weiß ich, dass du heute allein schwimmen warst. Ich muss dich bitten, das in Zukunft nicht mehr zu tun; sag einfach Bescheid, damit wir wissen, wo du bist, und für jemanden sorgen können, der ein Auge auf deine Sicherheit hat. Heute war es reines Glück, dass unser Boot mit einem meiner Mitarbeiter gerade startklar war, so konnte einer mit dir schwimmen." Also war der andere Schwimmer wegen mir ins Wasser gekommen.

Während ich mir eine Tasse Kaffee einschenke, frage ich: „Warum ist es denn so gefährlich, allein im Meer zu schwimmen?" Denn, denke ich bei mir, eigentlich geht es doch mehr um Karla als um mich – die Gefahr für mich schätze ich nicht so groß ein. Branco lächelt mich schmal an. „Dazu gibt es eine ganze Reihe an Antworten. Ich will dich auch gar nicht mit allen Details langweilen. Es ist allerdings so: In meinen beruflichen Kreisen wird manchmal mit harten Bandagen gekämpft. Ich habe ein Auge auf meine Familie, meine Freunde – und dazu zähle ich euch beide –, meine Mitarbeiter und mich. Damit das funktioniert, muss ich es wissen, wenn ihr ins Meer geht, wenn ihr auf diese Weise angreifbar werdet. Wir hatten hier schon allerlei unschöne Szenen. Und seitdem ich weiß, dass du dich mit Squillion angelegt hast, denke ich, du brauchst nicht nur deswegen Schutz, weil du mich besuchst, sondern auch, weil du dir mächtige Feinde gemacht hast. Das gilt natürlich noch stärker für Karla – die ist nicht hier, aber du, Anna."

„Meinst du wirklich, die wissen, wo die Anna ist?", fragt Josef. Er hat gerade ein Ei geköpft, der Dotter tropft von seiner Messerklinge. „Wenn sie wirklich nach dir suchen, nehme ich an, können sie dich orten, anhand von Handydaten oder falls du mit Karte bezahlt hast, das ganze Programm, das man aus Krimis und Thrillern kennt. Ob sie dir bereits auf der Spur sind, und wie viel Aufwand sie dazu unternehmen wollen, das können wir nicht wissen." Ich nicke langsam und nippe an meinem Kaffee. Meine Nächte mit wenig Schlaf in Rovinj sind mir in allzu lebendiger Erinnerung, das Karussell der Gedanken – und vor allem der Schreck, als dieses schemenhafte Gesicht mich durch das Dachfenster im Bus anblickte. Und wenn jemand Erfahrung hat mit dem Abschotten gegenüber unliebsamen Besuchern, dann Branco, das sehe ich ein. Ich bin Josef dankbar, dass er mich mit hierher gelotst hat.

„Du, die sind überall", flüstert mir Josef zu, und zeigt mir einen von Brancos Security-Typen, der am Rand einer Hecke steht, dunkel gekleidet, unauffällig. Ein weiterer Mann steht hinterm Haus, vorn am Anleger hat sich eine Frau platziert, alle sehen sehr durchtrainiert aus. Beeindruckt nicke ich. Keine halben Sachen bei Branco. Er ist sicher sehr gut im Geschäft. „Viel Feind, viel Ehr", schiebt Josef noch nach, dann geht er auf Branco zu, der gerade ums Hauseck biegt. „Jetzt nehmen wir uns ein paar Fahrräder, dann zeige ich euch die Insel, wie versprochen", ruft Branco und reibt sich die Hände.

An einem Schuppen lehnen bereits drei Räder, wir steigen auf und los geht's. Ein Netz von gut gepflegten Wegen, teilweise gekiest, teilweise Feldwege, einige asphaltiert, überzieht die Insel. Als erstes biegt Branco nach links ab. Auf einem sanften Hügel thront ein Pavillon, der aus einer früheren Zeit zu stammen scheint. Am Wegrand sehe ich etwas weghuschen – es ist ein Pfau, der mit hängenden Schwanzfedern über eine Wiese zu weiteren Pfauenkollegen rennt, dass die Federn im Krönchen wippen. Das sieht lustig aus, und ich kriege trotz allem gute Laune: Die Luft ist lau, ich habe machtvolle Hilfe zur Seite. Das wird schon alles, denke ich, und lasse mein Rad bergab rollen.

An Wiesen mit alten, knorrigen Olivenbäumen fahren wir entlang, sie erinnern mich an ihre Kollegen am Gardasee: Tief eingekerbte Rinde, die Blätter, die der leichte Luftzug immer wieder von der grünen zur silbrigen Seite weht. Ich halte die Nase in den Wind und fahre den beiden Männern hinterher, die sich während der Tour angeregt unterhalten. Mir ist es ganz recht, in meinen eigenen Gedanken zu grasen.

Wie es Karla wohl geht? Von ihr habe ich mehrere Tage nichts gehört und ihr auch nicht geschrieben. Weder auf Insta noch bei Twitter sind mir Postings von ihr aufgefallen, ich werde nachher nochmal genauer schauen. Chuck meldet sich dieser Tage auch kaum direkt. Allerdings macht er mit Evita jede Menge Foto-Love-Stories, wie Marcia und ich es nennen. Es vergeht kaum ein halber Tag ohne eine Foto-Serie: Evita macht etwas Sensationelles oder schaut unglaublich entzückend drein oder hat unerhört intelligente Einfälle. Diese

Nachrichten erinnern mich an Paare, die zum ersten Mal Eltern werden und begeistert mit der Welt ihr Glück über ihren einzigartigen Nachwuchs teilen. Nachvollziehbar, aber ab einer gewissen Schlagzahl auch etwas ermüdend.

Ob es auf Brancos Insel auch Hühner gibt? Bisher habe ich tatsächlich keins erspäht, allerdings schon manchen fedrigen Hintern um eine Ecke biegen sehen. Wenn ich nachgeschaut habe, waren es aber immer Pfauen. Es gibt hier sehr viele davon.

Einige Kühe stehen gemütlich auf ihrer Weide, mampfen Gras und schauen uns an, ohne sich aus ihrer Rinderruhe bringen zu lassen. Jetzt schließe ich zu Branco und Josef auf. „Gleich sind wir bei der nächsten Attraktion", ruft Branco mir über die Schulter zu und deutet nach rechts. Außer einem niedrigen Wald sehe ich nichts. „Jetzt müssen wir absteigen", weist uns Branco an, lehnt das Rad an einen Baum und geht voraus. Ein Stück laufen wir durch das Wäldchen, die Zikaden zirpen laut in den Bäumen, und ich sehe schon das Wasser durch Zweige und Blätter schimmern. Das Nebeneinander von Türkis und Grün entzückt mich immer wieder, ich lasse mich von einer plötzlichen Glückswallung nach oben tragen.

Am steinigen Ufer zeigt Branco auf den Boden. „Fällt euch was auf?", fragt er, und Josef und ich schauen mit schiefgelegten Köpfen nach unten. „Sieht so aus, als wäre ein ziemlich großes Viech durch den frischen Zement gelaufen", meint Josef, und ich stimme zu. Branco lacht. „So kann man es auch ausdrücken – das sind Abdrücke von Dinosaurierfüßen. Denn dass es hier schön ist, das haben die schon vor 130 Millionen Jahren gewusst."

Wir sind angemessen beeindruckt und bestaunen mehrere der gut erhaltenen Spuren, Josef schaut, wie gut sein Fuß in so einen Abdruck passt, und macht eine Runde Fotos. „Mach lieber keine, auf denen Anna drauf ist", bittet ihn Branco. „Die Fotosuche im Internet ist sehr gut, und so eine Steilvorlage brauchen wir den Squillion-Leuten nicht liefern, oder?" Ich gebe ihm recht. Fotos von meiner Nichte Emilia habe ich früher nie gepostet, auch jetzt lasse ich es aus Gewohnheit sein – wobei sie inzwischen selber reichlich Selfies und mit allen möglichen Filtern versehenen Fotos sonstwo hochlädt. Auf meinen eigenen Seiten habe ich seit Rovinj nur noch austauschbare Bilder ohne Ortsbezug gestellt, teilweise auch welche, die ich vor Jahren gemacht habe.

„Für wie gefährlich hältst du die Squillion-Leute?", frage ich Branco direkt. „Ziemlich", sagt er knapp. „Die Frage ist für mich: Wie sehr sind sie hinter dir her, haben sie schon erkannt, was für eine Rolle du bei Karlas Enthüllungen spielst? Das gleiche gilt auch für deinen Freund, der sich in deren Netzwerk gehackt hat – auch für ihn könnt es brenzlig werden. Zwar hat er sicher seine Spuren gut verwischt, aber die sind auch Profis. Also solltet ihr alle lieber auf Tauchstation gehen. Wir besorgen dir ein neues Handy, und du solltest dich die nächste Zeit nicht mit deinem Laptop in irgendein WLAN einloggen, wenn du weiterfährst."

Das kommt mir nun doch etwas übertrieben vor. „Meinst du nicht, dass das zu viel der Ehre ist für diese Idioten?", frage ich. „Moment", sagt Branco. Inzwischen sind wir wieder an den Rädern angelangt. „Ich muss euch dazu noch etwas zeigen", sagt Branco und fährt voraus. Nach einer kurzen, hügeligen Strecke kommen wir an einen einzeln stehenden hohen Baum, auf dem unzählige Möwen sitzen – und mittendrin ein rot-bunter Papagei. „Wen haben wir denn da?", ruft Josef, hüpft vom Rad und zilpscht in Richtung des bunten Vogels. Dessen Kopf fährt mit einem Summen herum.

„Bitte lacht mich nicht aus", sagt Branco und schaut etwas peinlich berührt in seine Hände. „Ich bin ein Film-Fan, und dieser Animationsfilm ‹Die Unglaublichen› hat mir total gut gefallen. Im ersten Teil gibt es da Papageien im Wald, künstliche, in denen Kameras versteckt sind. Das hat mir so imponiert, dass ich das unbedingt auch haben wollte – eine totale Spielerei. Inzwischen habe ich viele kleinere Kameras installiert, an verschiedenen Stellen auf der Insel, auch in kleineren Buchten. Wir haben heute vor Morgengrauen ein kleines Boot gefilmt, das sich dieser Insel näherte. Als das meine Leute gesehen haben, fuhren sie sofort mit drei Booten raus. Als sie auf das unbekannte Boot zukamen und versuchten, Kontakt aufzunehmen, drehte das sofort bei und fuhr weg."

„Das kann natürlich auch eine ganz harmlose Ursache haben", wirft Josef ein. „Stimmt. Aber diese Insel gehört zur Gruppe der brijunischen Inseln, das ist ein Naturpark. Hier darf keiner einfach so durchcruisen, das weiß jeder – wer erwischt wird, zahlt eine saftige Strafe. Und wer sich ein Boot leiht, kriegt das beim Ausleihen fünfmal eingetrichtert, das muss man auch unterschreiben. Natürlich können es trotzdem irgendwelche Typen gewesen sein, die es entweder mal versuchen wollten oder sich verfahren haben. Aber vor Morgengrauen, und dann gleich wieder weg, als meine Männer auf sie zukamen – das riecht mir schon nach Ausspähen. Und das habe ich inzwischen gelernt, meinen Instinkten kann ich in den allermeisten Fällen vertrauen." Er wendet sich zu mir: „So viel zu deiner Frage, ob das nicht zu viel Ehre für die Squillion-Leute ist – vielleicht schon, vielleicht auch nicht. Vielleicht hatten die Leute im Boot auch nichts mit Squillion zu tun, sondern einen anderen Auftraggeber, und es ging eher um mich. Keine Ahnung, aber ich rate zur Vorsicht. Am besten warnst du auch deine Freundin Karla nochmal eindringlich."

Ich schlucke. Inzwischen hatte ich mich wohl schon selbst davon überzeugt, dass die Geschichte am Campingplatz irgendwelche Kleindiebe waren, die auf schnelle Beute aus waren, und dass mir sonst keine Gefahr droht. Jetzt bin ich mir nicht sicher, ob das die erste Eskalationsstufe war, und ob nicht schon die nächsten gezündet wurden. Gänsehaut kriecht mir über Schulterblätter und Nacken, obwohl ich in der Sonne radle. Ob die wirklich Karla und mir auf den Fersen sind? Es kommt mir gleichzeitig total lächerlich und sehr wahrscheinlich vor.

Ich möchte unbedingt mit Chuck und Karla darüber reden und überlege, auf welchem Weg ich ab jetzt am besten mit ihnen in Kontakt treten sollte. Ein anderes Handy wäre sicher ein Anfang. Aber wenn ich mit dem dann Karla anrufe, ist das ja auch wieder für die Füße. „Wie bist du denn mit deinen Kollegen in Kontakt, wie könnt ihr möglichst sicher kommunizieren?", fragt mich Josef, fast als hätte er meine Gedanken gelesen. „Im Moment vor allem schreibend. Gut verschlüsselt: Mit einer sicheren Mail-Verbindung oder einem sicheren Messenger-Dienst wie Signal können wir ausschließen, dass die Daten auch wieder von jemand anderem gehackt werden können", erläutere ich. „Das mit dem sicheren Übermitteln und Verschlüsseln ist ein Dauerthema, hast du dazu schon mal was in deinem Blog geschrieben eigentlich?", fragt Josef.

„Das mache ich als nächstes, gute Idee. Für viele Inhalte ist es ja nicht sooo relevant, wie sicher die vom Sender zum Empfänger gelangen", antworte ich. „Aber spätestens dann, wenn es ums Bezahlen geht, will man natürlich, dass nicht jeder ganz leicht an die Kreditkartennummer oder an das Passwort für PayPal oder andere Bezahldienste kommen kann."

„Die meisten vertrauen drauf, dass es klappt, und denken: Wenn es nicht funktionieren würde, wäre das schnell öffentlich bekannt, und dann würde es keiner mehr nutzen", erwidert Josef. „Das reicht vielen als gefühlte Sicherheits-Grundlage." Ich nicke. „Wie würdest du das Thema denn angehen?", fragt Josef. „Sollen wir ein bisschen fachsimpeln?", frage ich zurück, auch, um mich von meinen unguten Gedanken abzulenken. „Immer", ruft Josef, ich grinse und skizziere ihm die Grundzüge der Verschlüsselung.

Verschlüsselung ist ein Thema, seitdem Informationen übermittelt werden. Auch in Zeiten von Charles und Ada war es von Bedeutung – schließlich war es schon immer wichtig, Botschaften so zu übermitteln, dass nur der richtige

Empfänger sie zu entschlüsseln weiß. Viele Kinder interessieren sich für Geheimsprachen und Codes. „Hast du auch als Kind mal probiert, eine Botschaft mit Zitronensaft zu schreiben, die dann erst wieder lesbar wurde, als man den Zettel vorsichtig erhitzt hat, zum Beispiel mit einem Bügeleisen?", fragt Josef, ich nicke lächelnd. „Ubund kebennst dubu diebie Bebe-Sprabachebe?" , fragt er danach. „Nabatübürlibich!", antworte ich. Branco schaut überrascht von Josef zu mir und fragt: „wie bitte?". Josef und ich grinsen uns an, Josef erläutert das Verfahren: „Ganz einfach nach jedem Vokal kommt ein b, danach nochmal derselbe Vokal, daher: B-Sprache. Dein Name wird zu Brabancobo." Branco nickt und versucht: „Jobo-sobef?", fragt er, und Josef nickt: „Fast, Jobosebef", sagt er.

Jedes Wort erhält so doppelt so viele Silben. Mit etwas Übung kann man es schnell sprechen – allerdings ist die Sprache so leicht, dass man das meiste versteht, auch wenn man die Verschlüsselungssystematik nicht auf Anhieb selbst beherrscht. Solche Spaß-Geheimsprachen haben Ada und Charles zu ihren Lebzeiten sicher auch gekannt, denke ich mir. Für jemanden, der analytisch denkt, ist das ein gefundenes Fressen.

„Du siehst: Es gibt eine Formel der Verschlüsselung, bei der B-Sprache die nach b verdoppelten Vokale. Damit lässt sich ein Text auch wieder entschlüsseln. Die Formeln können noch viel komplexer sein, so dass man sie nicht intuitiv anwenden kann, und verschiedene Ebenen der Verschlüsselung enthalten, um möglichst sicherzustellen, dass kein Unbefugter den Code knackt. Wenn das Verschlüsselungsverfahren selbst geheim ist, nennt man das Steganografie. Wenn das Verschlüsselungsverfahren öffentlich bekannt ist, aber man einen Schlüssel zum Ver- und Entschlüsseln benötigt, ist es Kryptografie", erkläre ich, Josef lächelt: „Genau! Und dabei fällt mir Alan Turing wieder ein", sagt er. „Ah, Turing, der Kriegsheld", ruft Branco, und Josef nickt.

Wie weitreichend die Bedeutung von solchen Techniken ist, hat sich im Zweiten Weltkrieg gezeigt: Als unknackbar galt das Verfahren der Verschlüsselungsmaschine Enigma, die die Deutschen benutzten, um ihre Marine-Aktivitäten zu kommunizieren. Der Brite Alan Turing schaffte es, ein Verfahren zu entwickeln, welches die Informationen entschlüsseln konnte – ohne die so erhaltenen Informationen hätte der Krieg vielleicht sogar eine andere Wendung genommen.

„Ist dein Chuck dann auch so eine Art Alan Turing?", fragt mich Branco. „Naja, so kann man das nicht sagen – er erfindet nicht eine ganz neue Technologie, aber er hat es geschafft, durch das Sicherheitsnetz von Squillion zu gelangen, um dort etwas stöbern zu können." „Die sind aber ziemlich auf Cybersicherheit bedacht, die sind ja auch nicht auf der Brennsuppe daher geschwommen", gibt Josef zu bedenken. „Ja, aber Chuck ist gut. Zum Beispiel hat er sich bei Squillion mit den Informationen von Karla an die Mobber gewandt, per Mail. Dabei hat er sich als System-Administrator ausgegeben und ihre reizenden Ex-Kollegen informiert, dass ein neues Passwort außer der Reihe vergeben werden muss, weil es Hackerangriffe gegeben hat oder irgend sowas. Dazu schickte er einen Link mit, auf den der Empfänger klicken soll, um das Passwort zu ändern. Und schon hatte Chuck einen Fuß in der Tür. Social Hacking heißt das, und hier trifft das in doppelter Hinsicht zu: So konnte er in den Mails der Angestellten suchen und forschen, wer die üblen Filmchen geschickt hat."

Josef nickt, während Branco uns zum Kaffee auf die Terrasse einlädt. Ich versuche lieber, jetzt mal die anderen zu erreichen. Dazu logge ich mich von einem von Brancos Computern ein und schreibe an Chuck und Karla. Ein paar Minuten warte ich, aber ich kriege keine Instant-Antwort. Auch Chuck kann nicht immerzu online sein, denke ich mir – und widme mich lieber nochmal der Verschlüsselung, einem meiner Lieblingsthemen.

6.5 Alice und Bob im Wunderland
– Verschlüsselung

Posted by Ada L.   12. Mai

Lieber Charles,

eine „Schlüsseltechnologie" ist im digitalen Zeitalter die Kunst der Ver- und Entschlüsselung: eine eigene Wissenschaft, die Kryptologie. Deren Methoden werden überall beim Austausch von digitalen Daten eingesetzt. Ob beim Bezahlen per Kreditkarte oder Online-Banking, beim Anmeldevorgang auf Webseiten, beim Telefonieren, Chatten oder nur Surfen – immer sind kryptologische Techniken im Einsatz, um zu gewährleisten, dass die Daten nicht von Dritten mitgelesen oder verfälscht werden. Oder um sicherzustellen, dass die Teilnehmenden in der Kommunikation auch die sind, für die sie sich ausgeben. Man will also die Vertraulichkeit und die Integrität der Daten sowie die

Authentizität der Kommunikationspartner*innen sicherstellen. Dazu läuft ein ständiger Wettlauf zwischen den Sicherheitsforscher*innen auf der einen Seite und Kriminellen oder Spion*innen auf der anderen: Beide Seiten entwickeln ständig neue Techniken, um die Nase vorn zu behalten.

Die Verschlüsselungstechniken selbst werden dabei offengelegt und standardisiert. Denn die Sicherheit eines Verschlüsselungsverfahrens soll nicht von der Geheimhaltung des Verfahrens selbst abhängen, sondern nur von der Geheimhaltung des Schlüssels. Das ist sinnvoll: Ansonsten wäre ja das ganze Verfahren unbrauchbar, wenn es bekannt wird. Und so können Spezialisten prüfen, wie sicher es wirklich ist, wenn man das Verfahren öffentlich macht.

So ist die Codierung von Zeichen als ASCII-Code auch schon eine Verschlüsselung, da die Zahlen an sich nicht als Text lesbar sind. Hat man allerdings die ASCII-Code-Tabelle, ist es leicht, die Texte zu lesen. Will Alice an Bob eine Nachricht schicken, zum Beispiel „Hallo Welt", dann wäre die entsprechende Zahlenfolge 72, 97, 108, 108, 111, 32, 87, 101, 108, 116. Das kleine „a" hat die Nummer 97, das Leerzeichen die Nummer 32 (Alice und Bob sind die typischen Beispielnamen der beteiligten Personen in der Welt der Kryptologie und der Cyber-Sicherheit, genau wie „Hallo Welt" der typische kurze Beispieltext bei der Programmierung ist).

Nun gibt es eine Menge an Verschlüsselungsverfahren. Stellvertretend erkläre ich hier ein mögliches Verfahren, um das Prinzip zu verdeutlichen: Eine beliebte, oft eingesetzte und einfache Technik ist es, einen Schlüssel zu nehmen und die einzelnen Zeichen des Schlüssels mit denen der Botschaft zu verrechnen. Ein typisches Passwort könnte „Paula87" sein (Name und Geburtsjahr, ganz klassisch). Wenn der Schlüssel weniger Buchstaben oder Zeichen hat als die Botschaft, wird er einfach so oft wie nötig wiederholt. Nun kann man „Hallo Welt" mit dem Schlüssel „Paula87" verschlüsseln.

```
Hallo Welt
Paula87Pau
```

Zunächst wandelt man beide Texte in Zahlen, also ASCII-Code, um und verrechnet diese, indem man sie addiert. Da es allerdings nur 128 mögliche ASCII-Zeichen gibt (0-127), könnte man, wenn das Ergebnis größer als 127 ist, wieder mit 0 anfangen. Diese Operation entspricht dem Rest der Teilung durch 127, man sagt „modulo" 127. So wäre „H" die ASCII-Nummer 72, „P" die Nummer 80. Addiert ergibt das 152. 152 geteilt durch 127 gibt 1 Rest 25. Macht man dies mit allen Paaren von Zeichen, so bekommt man die Cypher-Zahlen-Folge: 25, 67, 98, 89, 81, 89, 15, 54, 78, 106, was eine unleserliche ASCII-Folge ergibt: „CbYQY□6Nj" (Die Nummer 15 hat gar keinen Buchstaben im ASCII-Format und wird hier als Kästchen dargestellt). Wenn man allerdings den Schlüssel kennt, kann man diese Geheimbotschaft wieder zurückrechnen und den Originaltext bekommen: 25 (C) - 80 (P) ergibt -55. -55 Modulo 127 (entspricht hier 127-55) ist wieder 72 (H). So kommt man zurück auf den Klartext.

Diese Modulo-Arithmetik kommt überall in der Kryptologie zum Einsatz. Das ist schon mal eine gute Art der Verschlüsselung. Allerdings hat diese einen Nachteil: Je länger der Text ist, desto öfter wiederholt sich der Schlüssel. Es gibt statistische Verfahren und Mathematik in der Kryptologie, mit denen man bei kurzen Schlüsseln den Klartext leicht herausfinden kann. Ein nachgewiesen sicheres Verfahren ist deshalb nur ein rein zufällig erzeugter Schlüssel, der dieselbe Länge wie der Klartext hat und der auch nur einmal verwendet wird, ein sogenanntes „One Time Pad".

Hier kann man schon das Problem bei der Verschlüsselung an sich erkennen: Alice muss den Schlüssel mit Bob ebenfalls austauschen, nicht nur die Nachricht. Je länger der Schlüssel, desto aufwändiger wird das. Dieses Problem wurde erst in den 1970er Jahren gelöst – mit dem Public-Key-Verfahren. Eine der tollsten Erfindungen der Menschheit, wie ich meine. Neben der Erfindung des Computers natürlich, lieber Charles. Nachdem Whitfield Diffie und Martin Hellman das Prinzip für die sogenannte „Public-Key"-Verschlüsselung ersonnen hatten, entwickelten Ron Rivest, Adi Shamir und Leonard Adleman das praktisch einsetzbare RSA-Verfahren, benannt nach den Initialen der drei Nachnamen. Auch hier ist das Prinzip einfach, aber genial, lieber Charles.

Es gibt zwei separate Schlüssel: einen, mit dem man nur verschlüsseln kann, und einen, mit dem man nur entschlüsseln kann. Der zum Verschlüsseln wird aus dem zum Entschlüsseln gebildet. Man kann jedoch nicht aus dem Schlüssel zum Verschlüsseln den Schlüssel zum Entschlüsseln berechnen. Den Schlüssel zum Entschlüsseln nennt man den privaten Schlüssel, er muss geheim gehalten werden. Stellen Sie sich, lieber Charles, einen verschlossenen Briefkasten vor: Das ist sozusagen der öffentliche Schlüssel, man kann Nachrichten hineinstecken, aber nicht mehr herausholen. Nur die Person mit dem Schlüssel für den Briefkasten (der private Schlüssel) kann die Botschaften lesen.

Der Schlüssel zum Verschlüsseln ist nicht geheim, sondern ist öffentlich zugänglich, kann also auf einer Website stehen. Dieser Schlüssel enthält eine spezielle Zahl, das Produkt aus zwei sehr großen Primzahlen. Zum Entschlüsseln braucht man die beiden Multiplikatoren, also die beiden Zahlen, die multipliziert diese große Verschlüsselungszahl ergeben: Sie sind der private Schlüssel. Ohne diese kann man Jahre oder Jahrhunderte versuchen, die große Zahl zu zerlegen, um an die beiden Schlüsselteile, die Primfaktoren, zu gelangen.

Sie mögen einwenden, lieber Charles, dass so große und leistungsfähige Rechner, wie wir sie heute haben, das doch im Handumdrehen geknackt haben müssten. Tatsächlich ist es auch für einen Rechner mit viel Power eine harte Nuss und braucht viel Kapazität und vor allem auch Zeit, um eine richtig große Zahl in ihre Primfaktoren zu zerlegen. Daher ist das Verfahren eben gleichzeitig einfach und genial: Ich gebe jemandem, der mir eine Nachricht schicken will, diesen Schlüssel mit der großen Zahl zum Verschlüsseln. Zum Entschlüsseln brauche ich die beiden Faktoren, die nur ich kenne.

Das heißt: Wenn ich verschlüsselte Nachrichten empfangen will, muss ich vorher für einen Schlüssel sorgen und ihn bereitlegen. Eine Senderin oder ein Sender kann ihn benutzen, mir etwas schicken, und ich kann die Botschaft entschlüsseln und lesen. Wenn ich darauf antworten will, muss mein Adressat oder meine Adressatin ebenfalls einen Public Key, einen öffentlich zugänglichen Verschlüsselungs-Schlüssel, bereitlegen, mit dem ich meine Antwort verschlüsele. Mit der richtigen Software laufen diese Vorgänge automatisch im Hintergrund ab.

Es folgt ein relativ ausführliches Beispiel mit kleinen Zahlen, die natürlich leicht zu faktorisieren sind: Bob wählt die Primzahlen $p = 3$ und $q = 11$ als geheimen Schlüssel. Deren Produkt $n = 33$ sowie eine weitere Zahl wie $e = 3$ sind dann zusammen der öffentliche Schlüssel[6]. Im Beispiel tun wir so, als sei es schwierig, aus dem Produkt 33 die Primfaktoren zu erraten – tatsächlich werden viel größere Primzahlen benutzt.

Wenn Alice nun die Minimal-Botschaft $m = 5$ an Bob schicken will, die für die beiden vielleicht eine besondere Bedeutung hat, so berechnet sie mit m^e modulo n den Geheimtext $c = 26$ aus der Botschaft und den beiden Zahlen des öffentlichen Schlüssels. Wenn sie diese Botschaft an Bob sendet, und die böse, vielleicht eifersüchtige Eve fängt die Botschaft ab, so hat Eve folgendes in der

---

6 e sollte nicht identisch mit p sein, nur hier im Beispiel ist das so, damit die Berechnungen nachvollziehbar bleiben.

Hand: Die Geheimbotschaft 26 und den öffentlichen Schlüssel mit $p = 33$ und $e = 3$. Den Klartext m, gebildet aus der Formel m^3 modulo 33 = 26, kann sie nicht berechnen, da diese Formel eine Einwegfunktion ist, die man nicht einfach nach m auflösen kann, Sie können es ja mal versuchen, lieber Charles.

Bob hingegen kennt den geheimen Schlüssel, nämlich die Faktoren $p = 3$ und $q = 11$, und kann daraus nach einer einfachen Formel einen Dechiffrier-schlüssel d berechnen[7]. Mittels der Formel c^d modulo n (26^7 modulo 33) erhält er dann die Botschaft „5" von Alice ([36] S. 48-52). Das war schon recht ausführlich, allerdings wollte ich das korrekte Prinzip unvereinfacht und mit echten Zahlen verdeutlichen.

Das Public-Key-Verfahren und die moderne Kryptologie wird nicht nur zur Absicherung der Kommunikation verwendet, sondern auch zur Authentifizierung der Kommunikationspartner*innen und der Prüfung von Nachrichten und digitalen Dokumenten auf Echtheit.

Kryptologische Verfahren werden überall in der digitalen Welt eingesetzt, um die Vertraulich- **i** keit der Kommunikation, die Integrität der Daten und die Authentizität der Kommunikations-partner*innen zu gewährleisten. Wichtig ist das Prinzip des Public-Private-Key-Verfahrens. Dabei gibt es zwei Schlüssel: einen öffentlichen Schlüssel, mit dem man die Nachrichten nur verschlüsseln, jedoch nicht entschlüsseln kann, sowie einen privaten, geheimen Schlüs-sel, mit dem man die Nachrichten entschlüsseln kann. So umgeht man das Problem des Schlüsseltauschs, bei dem der Schlüssel ausspioniert werden kann.

6.5.1 Fingerabdrücke
– Hash

Was ist ein Hash? Man hört das Wort oft, vor allem im Zusammenhang mit dem Begriff Hashtag, und meint damit Schlagwörter, die mit einem Rauten-Symbol versehen sind. #metoo ist so ein bekanntes Hashtag. Aber das Wort Hash bezieht sich auf eine häufig in der Kryptologie eingesetzte Einwegfunktion, die einen beliebig langen digitalen Text auf einen Text fester Länge abbildet. Ein Programm nimmt als Eingabe einen Text und generiert daraus eine Folge von Zeichen, die eine definierte Länge hat. Da der Ausgangstext auch viel

---

7 für den gilt: $d * e$ modulo $(p - 1) * (q - 1) = 1$, falls man es genau wissen will. Hier wäre $d = 7$, da 7 * 3 modulo 2 * 10 = 1, aber das muss man jetzt wirklich nicht gleich verstehen...

länger oder gar kürzer sein kann, gibt es theoretisch mehrere mögliche Aus-
gangstexte, die zu ein und demselben Hash passen. So kann man aus dem
Ursprungstext den Hash generieren, aber umgekehrt nicht den Ursprungstext
aus dem Hash: deswegen Einwegfunktion, es funktioniert nur in eine Richtung.

So ist das auch mit den Hashtags. Man kann verschiedene Texte einem
Hashtag zuordnen. Bei dem kryptologisch relevanten Hash-Werten gibt es
allerdings feste Algorithmen, die immer den selben Hash-Wert aus einem Text
bilden.

Dieser Hash funktioniert dann wie ein Fingerabdruck. Das heißt: Wenn ich
sichergehen will, ob ein Text oder eine Datei authentisch ist, kann man dazu
einen Hash-Abgleich machen.

Ein bekannter Algorithmus ist beispielsweise SHA-256, der Secure Hash
Algorithm, der einen Hash-Wert mit 256 Zeichen Länge erzeugt. Ein Sha-1
Hash ist nur 20 Bytes lang. Der Sha-1 Hash des Textes „Hallo" sieht in der
hexadezimalen Darstellung so aus:
„59d9a6df06b9f610f7db8e036896ed03662d168f". Das ist eine hexadezimale
Zahl mit 40 Stellen (ein Byte lässt sich mit zwei hexadezimalen Stellen schrei-
ben). Der Sha-1 Hash des ganzen Blog-Eintrags bis hierher sieht so aus:
„f068b8828035a06d7a580722951faa65c739f5ff", hat ebenfalls nur 40 Stellen.
Man kann also erkennen, dass man weder die Länge eines Textes noch den
Inhalt aus dem Hash rekonstruieren kann.

 Ein Hash ist eine Funktion aus der Kryptologie, die einen Text beliebiger Länge auf einen Text
der immer selben Länge abbildet. Dies ist eine Einwegfunktion: Man kann aus dem Klartext
immer den selben Hash berechnen, aber nie aus dem Hash den ursprünglichen Klartext. Das
liegt daran, dass es prinzipiell unendlich viele mögliche Klartexte mit demselben Hash gibt.

6.5.2 Ein Autogramm, bitte
– Digitale Signatur

Mit Hashes und mit dem Public-Key-Verfahren kann man die Integrität überprüfen, die Echtheit von übertragenen Daten. Bei der Public-Key-Verschlüsselung
kann nur eine Person die Daten mit ihrem geheimen Schlüssel entschlüsseln.
Aber alle können die Daten verschlüsseln, mit dem öffentlichen Schlüssel.

Bei der Prüfung der Integrität geht es genau anders herum: Nur eine Person
soll die Daten verschlüsseln können, aber alle anderen entschlüsseln. Deshalb

wird der Schlüssel zum Verschlüsseln geheim gehalten und der Schlüssel zum Entschlüsseln veröffentlicht. Der private Schlüssel dient also nicht – wie bei der verschlüsselten Übertragung von Daten – zum Entschlüsseln, sondern zum Verschlüsseln. Der öffentliche Schlüssel wird hingegen zum Entschlüsseln genommen[8].

Das funktioniert deshalb, weil das RSA-Verfahren mit seinen Schlüsselpaaren asymmetrisch ist: Man kann eine Klartextnachricht mit einem der beiden Schlüssel verschlüsseln, aber nur mit dem jeweils anderen Schlüssel entschlüsseln. Da es nicht um Verschlüsselung geht, sondern um die Prüfung der Integrität, wird von der sendenden Person lediglich der Hash-Wert verschlüsselt, also der Fingerabdruck der Daten. Dies ist die sogenannte digitale Signatur, die mit den Daten mitgeliefert wird.

Die andere Seite bildet aus den Daten, deren Echtheit man gerne nachweisen will und die lesbar sind, ebenfalls einen Hash-Wert und entschlüsselt mit dem öffentlich zugänglich gemachten Schlüssel den mitgelieferten verschlüsselten Hash-Wert. Danach werden die Hash-Werte verglichen.

Falls sie übereinstimmen, wurde die Integrität des Dokuments nachgewiesen. Das heißt, es wurde nicht verändert, außerdem stammt das Dokument von der Person mit dem geheimen Schlüssel, mit dem man verschlüsseln kann. Deshalb wurde auch die Authentizität der Person nachgewiesen, wie man in der Kryptologie sagt.

Damit man sichergehen kann, dass die Person mit dem geheimen Schlüssel auch diejenige ist, für die sie sich ausgibt, wird meist noch eine Zertifizierungsstelle (CA für Certification Authority) hinzugezogen, die ein Zertifikat mit dem öffentlichen Schlüssel, Daten zur Person und einer weiteren digitalen Signatur über das Zertifikat selbst herausgibt. Mit dem öffentlichen Schlüssel der Zertifizierungsstelle kann man dies dann wiederum auf Korrektheit prüfen.

Nun wird es wirklich komplex: Betrüger könnten eine eigene Zertifizierungsstelle gründen und so die ganze Mühe ad absurdum führen. Damit das nicht so einfach geht, wird die Echtheit des Zertifikats wieder durch ein weiteres Zertifikat beglaubigt, und so weiter. Am Ende der sogenannten Zertifikatskette steht ein Wurzelzertifikat von einer Root Certification Authority. Es sollte

---

8 Man kann allerdings nicht einfach mit den Primfaktoren des öffentlichen Schlüssels den privaten Schlüssel bilden, da dieser bei diesem Verfahren noch eine weitere geheime Information enthält.

bei dem Verfahren mindestens drei Zertifikate geben, eins für den eigenen Gebrauch, ein mittleres und ein Wurzelzertifikat.

Wie erwähnt, werden diese Verfahren im täglichen Leben überall im Hintergrund eingesetzt, ohne dass man es merkt. Die Integritätsprüfung gewährleistet sicheres Surfen im Internet, erkennbar an der Internet-Adresse, die mit https beginnt, anstatt nur mit http. Das s steht hierfür „secure". Die verwendeten Zertifikate kann man sich im Web-Browser anzeigen lassen, es gibt beispielsweise im Firefox einen Menüpunkt „Seiteninformation", über den man sie einsehen kann. Die Verschlüsselung dient zur Übertragung sicherer Daten wie Zahlungsinformationen beim digitalen Shoppen. Es wird meist eine Kombination aus asymmetrischen, also Public-Private-Key-, und symmetrischen Verschlüsselungsverfahren mit nur einem Schlüssel eingesetzt. Dabei wird die asymmetrische Methode dazu verwendet, einen Schlüssel für ein symmetrisches Verfahren auszutauschen, da diese dann schneller und sicherer sind.

Die Authentifizierung mit Passwörtern wird immer unsicherer, da diese mit immer besserer Rechenpower durch Durchprobieren geknackt werden können. Man müsste sich immer längere und komplexere Passwörter einfallen lassen. Moderne Anmeldemethoden verzichten deshalb auf Passwörter und ersetzen diese durch biometrische Daten wie Fingerabdrücke oder Gesichtserkennung. Im Hintergrund wird dabei eine digitale Signatur zur Authentifizierung verwendet.

---

i Eine digitale Signatur kann die Integrität eines versendeten Dokuments nachweisen, es wurde dann nicht verändert. Zudem kann man die Authentizität der sendenden Person nachweisen. Von dieser wird der Hash der Nachricht gebildet und mit dem privaten Schlüssel verschlüsselt. Die so entstandene digitale Signatur wird zusammen mit der Klartext-Botschaft versendet. Die empfangende Person bildet aus der Botschaft den Hash, entschlüsselt mit dem öffentlichen Schlüssel die digitale Signatur und bekommt ebenfalls einen Hash. Die beiden Hashes werden dann verglichen.

6.5.3 Sowas von geboostert
– Digitales Impfzertifikat

Ich bringe nun ein Beispiel aus dem täglichen Leben, lieber Charles: das digitale Impfzertifikat. Die Grundidee ist es, dass man ein Dokument bei sich trägt, aus dem eindeutig hervorgeht, dass man gegen eine bestimmte Krankheit geimpft ist – etwa gegen Covid-19. Andere Personen, die zum Beispiel einen Laden betreiben oder eine Veranstaltung anbieten, sollen das überprüfen können. Das Dokument soll als Papierdokument oder digital funktionieren und keine Internetverbindung benötigen. Auch das Überprüfen soll ohne Internet laufen. Außerdem soll das Dokument anonym ausgestellt werden, ohne dass man Informationen über die geimpfte Person irgendwohin überträgt oder gar speichert.

Das Verfahren der Verschlüsselung selbst soll für alle einsehbar und überprüfbar sein. Wie kann das funktionieren? Naiv denkt man, dass, wenn das Verschlüsselungsverfahren bekannt ist, ein Impfgegner sich einfach selbst ein eigenes Impfzertifikat ausstellen kann. Tatsächlich geht das nicht, da hier eine digitale Signatur zur Überprüfung der Integrität eingesetzt wird.

Nehmen wir an, Bob will nach seiner Impfung in Deutschland das Zertifikat. Folgender Ablauf startet: Im Impfzentrum werden seine Daten aufgenommen, also welcher Wirkstoff wann verimpft wurde, sowie sein Name. Aus diesen Daten wird ein Hashwert gebildet. Nur dieser wird zu einer Zertifizierungsstelle gesendet, diese nennt sich „UBIRCH". Hinter diesem altdeutsch klingenden Namen verbirgt sich ein Startup, das von der deutschen Regierung mit der Ausstellung des Zertifikats betraut wurde.

Tatsächlich nimmt deren Computer nur den Hash-Wert, der keine Rückschlüsse auf Personen zulässt, entgegen, und verschlüsselt diesen mit dem von ihnen geheim gehaltenen Schlüsselteil. Das ganze Verfahren ist nur dann wirksam, wenn sichergestellt ist, dass dieser Schlüssel nie in die Öffentlichkeit gelangt. Nur mit diesem Schlüssel kann man verschlüsseln. Der so verschlüsselte Hashwert ist dann die digitale Signatur, die zurück ins Impfzentrum gesendet wird.

Dort angelangt, werden die Daten von Bob, sein Name und Impfstatus, zusammen mit dieser Signatur in einen QR-Code umgewandelt. Der Algorithmus zur Codierung des Textes in ein Pixelraster ist standardisiert, so dass jeder Mensch, der es kann und will, ein Programm zur Generierung oder zum Lesen eines QR-Codes schreiben kann. Der QR-Code besteht aus einem Raster von schwarzen Kästchen, die man sich als Bits vorstellen kann: Schwarz = 1, Weiß = 0.

Bob will zur Veranstaltung von Alice. Die ist vorsichtig und will nur geimpfte Personen reinlassen. Deshalb hat sie die CovPassCheck-App auf ihr Handy geladen, mit denen sie die Impfzertifikate auf Echtheit überprüfen kann. Mit dieser scannt sie das Zertifikat von Bob. Die App decodiert den QR-Code und erhält dadurch die Signatur.

Wie kann die App nun prüfen, ob die Informationen echt sind und ob Bob wirklich geimpft ist? – Indem sie die digitale Signatur überprüft. Die App kann nämlich mit dem öffentlichen Schlüssel die Signatur entschlüsseln. Diesen Schlüssel kann sich jeder besorgen, auch Bob. Nur kann er mit diesem nicht verschlüsseln und so sein Zertifikat fälschen. Auch die App von Alice kann die Signatur entschlüsseln und erhält so den Hash-Wert der Daten von Bob. Nun muss die App nur noch selbst einen Hash-Wert bilden: aus den persönlichen Informationen im QR-Code im Ausweis von Bob. Diese beiden Werte werden miteinander verglichen. Stimmen diese überein, ist klar, dass das Zertifikat echt ist.

Der Schlüssel, mit dem man bei UBIRCH verschlüsseln kann, wurde aus dem Schlüssel, mit dem man entschlüsseln kann – den auch die App von Alice kennt – und einer weiteren geheimen Information, die nur bei UBIRCH vorliegt, gebildet. Aus dem öffentlich bekannten Schlüssel zum Entschlüsseln kann man sich deswegen nicht einfach selbst den geheimen Schlüssel zum Verschlüsseln basteln, da man die weitere geheim gehaltene Information nicht kennt.

Eine Impfgegnerin mit kriminellem Geschäftssinn, Eve, würde sich gerne selbst Impfzertifikate ausstellen und verkaufen. Sie kann gut programmieren und kennt den ganzen Code der CovPass und der CovPassCheck-Apps, die auf GitHub (vgl. Blog 5.2) veröffentlicht wurden. Sie kann einen QR-Code aus den Daten ihrer „Kund*innen" erzeugen. Jedoch kann sie keine digitale Signatur erzeugen, sie kennt nur den Schlüssel zum Entschlüsseln des Hashwertes, aber nicht den zum Verschlüsseln. Wenn sie nun einen QR-Code mit einer ungültigen digitalen Signatur herausgibt, kann die CovPassCheck-App dies feststellen, da die Entschlüsselung nicht den Hashwert der Daten ergibt.

Das Ganze ist allerdings nur so lange sicher, wie der geheime Schlüssel bei der Zertifizierungsstelle nicht „geleakt", wird. Auch könnten Personen bei der Zertifizierungsstelle selbst beliebige Zertifikate ausstellen und veröffentlichen. So geistert ein Impfzertifikat, ausgestellt auf Adolf Hitler, geboren am 1.1.1900, durchs Netz, das vermutlich von einer anderen europäischen Zertifizierungsstelle stammt [22].

Wenn sowas passiert, bleibt dieses Zertifikat für immer gültig. Natürlich könnte man sich denken, dass eine solche Person nicht existiert. Aber es liegt nahe, dass es noch weitere gefälschte Impfzertifikate gibt. Man könnte hier nur einen harten Schnitt machen und ein neues Schlüsselpaar generieren. Jedoch müsste man dann alle bisher ausgestellten Impfzertifikate neu ausstellen.

Der digitale Impfpass funktioniert anonym mit einer digitalen Signatur: Im Impfzentrum wird der Hash aus den Daten der geimpften Person gebildet und nur dieser an die Zertifizierungsstelle gesendet. Dort wird der Hash mit dem dort vorliegenden geheimen Schlüssel verschlüsselt. Diese Signatur wird zurückgesendet und kann zusammen mit den Daten der geimpften Person in Form eines QR-Codes von jedem und jeder gelesen werden. Die Covpass-Check-App kann dann die digitale Signatur mit Hilfe eines öffentlich bekannten Schlüssels entschlüsseln und mit dem Hash der Personendaten vergleichen.

6.5.4 Ziemlich private Freunde
– Pretty Good Privacy

Lieber Charles, falls Sie diesen Blog lesen können, haben Sie einen Weg gefunden, in der Zukunft mit einem Computer in unser Internet zu gelangen. Wenn wir uns nun verschlüsselte E-Mails senden und wollen, dass sie keiner mitliest oder verändert, und wenn wir uns jeweils sicher sein möchten, dass unser Gegenüber diese tatsächlich selbst geschrieben hat, können wir OpenPGP nutzen. PGP steht für Pretty Good Privacy (ziemlich gute Privatsphäre).

Das ursprüngliche Programm PGP wurde von Phil Zimmermann entwickelt, der aus idealistischen Gründen die Möglichkeit der abhörsicheren Kommunikation ermöglichen wollte. Das Programm durfte aus den USA nicht exportiert werden, da es unter das Exportgesetz von Rüstungsgütern fiel – deswegen wurde Zimmermann sogar angeklagt ([54] S. 365). Weiter wurde anfangs für den ausländischen Markt eine Version erstellt, die nur einen Schlüssel der Länge von 5 Bytes erlaubte – sicher genug für Privatleute, aber der Geheimdienst konnte dann den Code noch knacken. Auch gibt es Gerüchte, dass Zimmermann eine Hintertür für die US-Geheimdienste einbauen musste.

Als Reaktion darauf wurde das OpenPGP-Format ersonnen, und verschiedene Open-Source-Programme wurden geschrieben, die das Format verstehen. So kann ich OpenPGP einfach über mein Mail-Programm verwenden, da es dort schon eingebaut ist. Ich nutze das frei verfügbare Programm Thunderbird. Aber auch für Outlook gibt es ein entsprechendes Plugin.

Zuerst musste ich mir ein Schlüsselpaar erzeugen, einen geheimen und einen öffentlichen Schlüssel. Dies konnte ich bequem über das Mail-Programm erledigen, dieser gilt dann für eines meiner Mail-Konten. Ich habe auch nicht vergessen, den geheimen Schlüssel auf eine andere Festplatte zu sichern, damit ich bei Datenverlust meine geheime Korrespondenz noch lesen kann.

Wenn ich mit Ihnen, lieber Charles, nun verschlüsselte Mails austauschen will, so lasse ich Ihnen den öffentlichen Schlüssel zuerst zukommen, den kann ich Ihnen einfach als Mail-Anhang in einer Datei schicken. Ihr Mail-Programm sollte den dann automatisch erkennen.

Aber Vorsicht: Bevor Sie mir nun eine damit verschlüsselte Mail schicken können, müssen Sie erst einmal sicherstellen, dass der Schlüssel, den ich Ihnen gesendet habe, auch wirklich meiner ist. Es könnte sein, dass eine Spionin (Eve?) die Mail verändert und ihren eigenen öffentlichen Schlüssel in den Anhang gepackt hat. Schließlich ist es bestimmt hochinteressant für Geheimdienste, zu wissen, was Sie mir aus der Vergangenheit mitteilen wollen. Dann könnte sie die verschlüsselte Mail, die Sie mir senden, einfach mit ihrem eigenen geheimen Schlüssel entschlüsseln. Das nennt man „Man in the Middle"-Angriff (auch wenn es sich um eine Spionin handelt).

Zum Zweck der Kontrolle gibt es den Schlüssel-Fingerabdruck (Fingerprint), den Hash-Wert des Schlüssels. Sie könnten mich anrufen, falls das geht, und ich könnte Ihnen meinen eigenen Fingerprint vorlesen. Oder Sie sehen einfach auf meiner Webseite nach, dort steht mein Fingerprint bei den Kontaktdaten. Diesen können Sie dann mit dem Hash des öffentlichen Schlüssels vergleichen, den ich Ihnen geschickt habe. Falls diese übereinstimmen, können Sie mir eine mit meinem öffentlichen Schlüssel verschlüsselte Mail schicken, einfach per Mausklick. Niemand außer mir, die ich alleine den geheimen, privaten Schlüssel habe, kann diese Mail dann lesen. Ich würde mich sehr freuen, wenn Sie mir schreiben!

Die Open-Source-Software Open Pretty Good Privacy erlaubt die verschlüsselte Kommunikation per E-Mail. Eine Person kann zuerst einen öffentlichen Schlüssel per E-Mail versenden. Andere Personen, die diesen bekommen, können dann verschlüsselte Nachrichten zurücksenden. Um zu gewährleisten, dass der so versendete öffentliche Schlüssel nicht manipuliert wurde, gibt es den Fingerprint, den Hash des öffentlichen Schlüssels. Diese kürzere Zeichenfolge kann man leicht selbst bilden und zur Kontrolle mit dem Fingerprint der/des Absendenden des öffentlichen Schlüssels vergleichen, den man an anderer Stelle nachlesen oder erfragen kann.

Nach dem Mittagessen – Dragica hat uns selbstgemachte gefüllte Nudeln mit Tomatensoße serviert, die himmlisch geschmeckt haben – will uns Branco noch weitere Schönheiten der Insel zeigen. Im ersten Moment denke ich, dass ich dafür gerade gar keinen Kopf habe. „Mach dir keine Sorgen, Anna", sagt Branco und klopft mir auf die Schulter, „hier bist du in Sicherheit. Lass uns heute Abend ein paar Pläne schmieden, wie es weitergeht. Und bis dahin schieb die dunklen Gedanken mal weg und lass dich nicht davon abhalten, die Schönheiten dieser Insel zu genießen."

Da hat er auch wieder recht, aber leichter gesagt als getan. „Bist du schonmal selbst mit einem Golf-Cart gefahren?", fragt Josef mich da. Ich verneine. „Das macht Spaß, das sag ich dir, vor allem in dem speziellen vom Branco, den habe ich entworfen, mit Sitz und allem", ruft Josef.

Als ich das Gefährt sehe, muss ich grinsen. Eine weißgoldene Angelegenheit ist das, sehr prächtig. „Bitteschön", Branco lässt mich auf dem Fahrersitz Platz nehmen. „Wenn du jetzt sowieso mit einem Elektro-Bus unterwegs warst, ist das vielleicht gar keine so große Umstellung für dich", meint er und erklärt mir die Bedienung, die über ein eingebautes Tablet läuft.

Vorsichtig starte ich den Motor, zu hören ist logischerweise nichts, und drücke vorsichtig auf das Gaspedal. Das Cart fährt los, ich traue mich, etwas schneller zu werden, und nach kurzer Zeit kurve ich jauchzend um die Baumwurzeln. „Das ist fast wie im Autoscooter", rufe ich Josef zu, der sich schwer atmend hinter mir festhält. „Ja, aber ein bisschen langsamer könntest du schon fahren", schnauft er, doch Branco ermutigt mich. „Es ist ein bisschen

Autoscooter, aber noch mehr Super Mario", ruft er, und zeigt mit dem Finger auf eine Abzweigung, auf die ich mit reichlich Speed lenke. „Da vorn ist eine Schanze, traust du dich?", schreit mir Branco ins Ohr. Ich nicke begeistert, lenke auf den Hügel vor mir und – einen endlosen, eingeweide-lüpfenden Moment lang schweben wir, bis wir mit einem heftigen Rumms aufkommen und ich ordentlich zu tun habe, bis ich die Lenkung wieder richtig im Griff habe.

„Das macht richtig Spaß", rufe ich, Branco zeigt mir den Daumen nach oben. „Noch besser als das Brancoversum", schreit er zurück. Er lässt mich noch eine kleine Strecke mit tückischen Haarnadelkurven ausprobieren, und dann kehren wir lachend zurück.

„Jetzt würde ich gern nochmal eine Runde schwimmen", sage ich, ich bin voller Adrenalin und Tatendrang. Branco sagt irgendjemandem Bescheid, ich gehe wieder zur selben Stelle wie beim ersten Mal. Tatsächlich ist es ein gutes Gefühl für mich, die beiden Leute, einen Mann und eine Frau an der Seite zu haben. Knapp nicken sie mir zu, begleiten mich zum Strand. Die Frau gleitet neben mir ins Wasser, der Mann bleibt am Strand zurück. Das Wasser tut mir gut, der Anblick der beiden Security-Leute lässt mich aber nach meiner tollen Cartfahrt wieder in die Realität zurückkehren, und so gehe ich nach einer relativ kurzen Runde wieder etwas weniger leichtherzig zurück zum Haupthaus.

Abends sitzen Josef, Branco und ich bei einem Glas Wein auf der Terrasse, über uns ein sich immer dichter füllender Sternenhimmel, je dunkler es wird. In einiger Entfernung ruft ein Käuzchen. „Von diesen Käuzchen gibt es hier sehr viele", erklärt mir Branco, der sieht, dass ich als langjährige Thriller-Guckerin erstmal zusammengezuckt bin – „ich glaube nicht, dass das irgendwelche Amateur-Spione sind."

Wir beraten darüber, wie es für uns weitergehen könnte. Branco meint, ich sollte so bald wie möglich richtig weit weg. „Am besten raus aus Mitteleuropa, nach Australien ins Outback, nach Finnland ins Hinterland, nach Südamerika – könntest du dir da irgendwas vorstellen?" Ein Grinsen geht in meinem Bauch auf: „Klar – Atacama-Wüste, wäre das so in etwa die Art Abgeschiedenheit, die du meinst?" „Exakt", antwortet Branco. „Bloß musst du da noch irgendwie hinkommen."

Am besten wäre es, nicht zu lange mit demselben Vehikel unterwegs zu sein. „Deinen Bus mit dem auffälligen Keine ‹Panik› – den kannst du nicht mehr fahren", sagt Josef klipp und klar. Etwas diffus hatte ich mir das schon gedacht, aber als Josef es so sagt, schießt mir die Enttäuschung ein. „Da hast du natürlich recht. Dabei ist er mir sehr ans Herz gewachsen", sage ich. „Den kannst du hier stehen lassen, in meinem Schuppen stört er nicht. Den holst du dir in Ruhe wieder, wenn alles vorbei ist. Jetzt musst du ohnehin immer wieder das Verkehrsmittel wechseln, das ist wichtig", sagt Branco.

Er hat auch schon einen Vorschlag. „Anna, wir fahren dich im Schnellboot nach Venedig. Dort gehst du zu Harry, einem guten Freund und Geschäftspartner von mir, er handelt mit Gebrauchtwagen. Von ihm bekommst du ein Auto und fährst damit nach – sagen wir mal – Nizza. Von dort fliegst du nach Südamerika – und dort musst du dir dann einen fahrbaren Untersatz organisieren, um in die Atacama-Wüste zu fahren. In Chile hast du eine sichere Anlaufstelle, habe ich das richtig verstanden?" Ich nicke zögernd, „glaub schon, es gibt da ein Angebot, aber bisher war das für mich nur so theoretisch", sage ich.

Auch an Sven habe ich etwas früher am Tag eine Mail geschrieben, und ich hoffe schwer, dass er einverstanden ist, wenn ich komme. Darüber hatten wir uns zwar schon ein paarmal ausgetauscht, wie schön das wäre. Er hat es mir ja auch schon als Zuflucht angeboten. Aber es ist nochmal was anderes, wenn es auf einmal bitter notwendige Realität werden soll.

„Dann lassen wir das mal so als Plan A stehen und sehen, was du von deinen Freunden hörst", schlägt Branco vor. „Aber – ich kann das alles unmöglich einfach so annehmen, dass du dich so für mich ins Zeug legst – ich...", stammle ich. Branco legt seine Hand auf meine. „Doch. Kannst du. Als ich Hilfe gebraucht habe, war auch oft jemand da, der mir geholfen hat – jetzt gebe ich das weiter. Und du handelst doch auch so: Wenn du jemandem helfen kannst, dann machst du das. Wenn das immer mehr Leute so handhaben, wird es vielleicht irgendwann mal in der Menschheit ein bisschen besser." Für einen Immobilien- und Finanzmakler eine ganz erstaunliche Lebensanschauung, finde ich, aber vielleicht habe ich da Vorurteile. Also lasse ich mich darauf ein.

Branco bietet mir an, meine Mails von einem seiner Rechner aus abzurufen, die mit allem Security-Schnickschnack ausgestattet sind, sagt er. Damit ich verschlüsselt mailen kann, muss ich aber von meinem eigenen Laptop aus mit dem auf meinem Rechner installierten Schlüssel arbeiten, erkläre ich ihm. Und dank der genialen Public-Private-Key-Technik funktioniert das auch sehr sicher.

„Wieso schreibt ihr eigentlich keine Messenger-Nachrichten, da gibt es doch auch ganz sichere?", fragt mich Josef. Mit ihm bin ich über den Messenger-Dienst Signal in Kontakt, er ist kostenlos und funktioniert mit hohen Sicherheitsstandards. „Das ginge auch, aber Chuck ist da geradezu abergläubisch: Er schwört aufs Mailen, wenn es um echte Verschlüsselungskunst geht. Ist vielleicht bei ihm auch so ein Nostalgie-Ding, könnte ich mir vorstellen", ich zucke mit den Schultern.

Von Karla ist eine ausführliche Antwort da: Auch sie hat sich inzwischen ausgiebig Gedanken gemacht, wie und an wen sie ihre Squillion-Insider-Informationen weitergeben will. Dazu ist sie im Kontakt mit ihrer Anwältin, die noch einige Details klären und verifizieren will, wie Karla schreibt. Dann möchte sie Redaktionsnetzwerke mit den nötigen Daten versorgen, damit die selber auch noch recherchieren können. „Was die dann letztendlich machen und wann die mit der Nachricht rauskommen, liegt dann natürlich nicht mehr in unseren Händen. Meine Anwältin meint aber, dass die Medien unter Zeitdruck stehen, wenn mehrere Redaktionen davon wissen. Also werden sie schnellstmöglich etwas rausbringen. Spätestens wenn die ernsthaft anfangen, nachzufragen, sollten wir in Sicherheit sein, so der Rat der Anwältin. An einem unbekannten, entlegenen Ort, so hat sie sich ausgedrückt, wären wir dann am besten aufgehoben. Sie will selber gar nicht unbedingt wissen, wo ich bin, möchte mich aber auf einem sicheren Weg erreichen können und umgekehrt, natürlich." Das klingt bekannt, so ähnlich lautet ja auch Brancos Rat für mich, entlegener Ort und möglichst wenige Leute, die darüber genaueres wissen.

In meinem Posteingang wartet direkt unter Karlas Mail eine von Sven. Inzwischen kommuniziere ich auch mit ihm nur noch verschlüsselt. Mann, bin ich gespannt, was er mir schreibt. Ich traue mich erstmal gar nicht, sie zu öffnen. Was erwarte ich mir denn? Wir kennen uns seit ein paar Wochen, hatten eine kurze, tolle, intensive Zeit miteinander – aber meine Bitte jetzt ist ja eine andere Nummer als: Ich würde mal in Stockholm vorbeischauen, hättest du während des Sommersemesters ein bisschen Luft? Oder so ein theoretisches rosarotes Fantasieren: Wäre schön, wenn wir jetzt zusammen in der dünnen Wüstenluft unter dem Wahnsinns-Sternenhimmel sitzen könnten. Denn ich frage ihn ja: Darf ich zur dir in die Atacama-Wüste kommen, wo du bei einem Forschungsprojekt arbeitest, weil ich auf der Flucht bin vor vermutlich böswilligen Schergen von Squillion? Ich habe auch noch ein, zwei ebenfalls Verfolgte dabei, wäre das okay für dich? Wir bringen auch was zum Frühstück mit.

Schließlich ist es so weit, ich klicke auf die Betreffzeile „Re: Besuch?" und fange an zu lesen.

„Anna, wilde Frau, komm gern, komm, wann du willst, ich würde mich so sehr freuen, dich zu sehen!

Diese Vollidioten von Squillion müssen gestoppt werden, und ich bin stolz darauf, dass du dabei mitmachst.

Dass du etwas Besonderes bist, war mir gleich klar, als wir uns in Thailand begegnet sind – und dass unsere Geschichte noch weitergeht, habe ich mir auch sehr gewünscht. Dass das nun unter solchen Voraussetzungen passiert, naja, da hatte ich keine konkrete Sehnsucht danach, ehrlich gesagt. Aber – so spielt das Leben. Und dich zu Besuch in der Wüste – Bingo!

Von daher: komm, du Anna! Bring den Hauch von Gefahr mit, bring Karla mit, die kenne ich ja auch, und deinen Kumpel Chuck bringen wir auch noch unter, wenn nötig.

Schreib, wenn du Näheres weißt – pass auf dich auf. Ich will dir diesen unglaublichen Sternenhimmel hier zeigen, also komm bald und komm unversehrt.

Ich freu mich! Sven"

Puuuuh! Was für eine Mail! Ich schwanke zwischen Rührung und Freude und etwas Schiss – und bin sowas von erleichtert, dass Sven mich und bei Bedarf auch weitere Leute aufnehmen will. Wie er uns unterbringen kann, hat er nicht geschrieben, aber das Wichtigste ist, dass wir an einem Ort Unterschlupf finden, wo uns wirklich keiner vermutet. Ich schreibe sofort an Karla, dass ich für unser „weit weit weg"-Vorhaben den idealen Ort gefunden habe, bloß wenige Sätze, und schicke die Nachricht sofort ab. Nahezu sofort kommt die Antwort von Karla: „genial", schreibt sie mit drei Ausrufezeichen, und dazu einen Meme-Filmschnipsel von einem Zeichentrick-Einhorn, das sich grinsend in Glitzerfontänen um sich selbst dreht.

Oh mein Gott. Natürlich – Karla hat mir mal erzählt, dass sie ein Meme-Junkie ist. Ein Meme ist ein Bild oder ein Filmchen, das – oft mit einer Textzeile – den ursprünglichen Kontext des Films oder Bilds in einen neuen Zusammenhang rückt, oft werden sie als Illu für einen Kommentar oder anstelle eines Kommentars verwendet, wie ein Emoji. Manche Freunde und Freundinnen von mir kennen zu jeder Situation ein Meme, sie müssen Stunden damit verbringen, sich welche anzuschauen. Es gibt schon sehr lustige, finde ich. Zum Ablenken ist mir gerade alles Mögliche recht.

Auch Chuck meldet sich, mit einer rätselhaften kurzen Mail: „Gut zu wissen. Bist ein Ehrenhuhn. Es lebe das Pollo-etariat", schreibt er. Grinsend schüttle ich den Kopf. Er hat einen Schlag, aber einen sehr liebenswerten, finde ich. „Bitte halt mich über deine Pläne auf dem Laufenden, am besten möglichst in einfacher Sprache und direkten Worten", antworte ich.

Dann sehe ich, dass ich auf Insta eine neue Benachrichtigung habe: Jemand hat mich auf einem Bild markiert. Jemand, den ich nicht kenne. Hä? Ich schaue mir das genauer an: Es ist ein Foto von mir, ziemlich neu, wie ich in Pula gerade zum Kolosseum rauflaufe. Von wem stammt dieses Foto? Von Josef Kölbl, denke ich im ersten Moment, aber erstens ist es nicht von ihm, und zweitens war er ja noch gar nicht in der Nähe, als ich am Kolosseum war. „Anna undercover", steht als Kommentar dabei. „What the..." murmle ich und klicke das Profil der Person an, die mich markiert hat. Es ist sehr neu, kaum was in der Story, nur das Foto von mir – und ich zucke zusammen: eins von Karla! Sie setzt sich gerade eine Sonnenbrille auf, tritt aus einem Laden. „Puss on the run", heißt es hier – oh mein Gott. Karla hat es wohl noch gar nicht gesehen, sie war schon ein paar Stunden nicht online.

Mir klopft das Herz bis zum Hals. Das kann nur bedeuten, dass die ROFL-Squad unsere Fährte aufgenommen hat und definitiv auch mich auf dem Schirm hat. Anna undercover – na super. Ich habe ja seit ein paar Tagen keine Hinweise mehr auf meinen Aufenthaltsort gepostet, über Social Media können sie mir nicht auf die Spur gekommen sein.

Da kommt noch ein Foto von mir, wie ich gerade neben meinem Bus Wäsche aufhänge. Das muss in Sirmione entstanden sein, wie ich am Nachbar-Camper und am Hintergrund schnell erkenne. Ich schlucke. Jetzt wird es auch für mich richtig ernst – ich bin im Visier der ROFL-Squad. Riesenscheiße. Wenn die auch Sven auf dem Schirm haben...?

Hastig gehe ich nochmal meine Storylines durch: Mit Sven habe ich kein Foto gepostet, und auch er hat keins reingestellt. Gottseidank. Mir war es einfach zu früh, um sowas online-öffentlich und damit auch quasi für die Ewigkeit verfügbar zu machen. „Das Netz vergisst nichts", hat meine Informatik-Lehrerin immer gesagt, und das hat mich schon ein paarmal bewogen, ein Foto, ein Statement oder eine Information erstmal nicht digital zu teilen – und schon oft war ich im Nachhinein sehr dankbar für diese Verzögerung im „Senden"-Finger.

Umso schneller sollte ich mich auf den Weg zu ihm machen, finde ich. Mit Branco und Josef halte ich Krisensitzung. Josef plädiert aber dafür, dass ich einfach auf Brancos Insel bleibe, weil hier der Sicherheitsstandard sowieso hoch ist. „Aber was ist mit Karla? Außerdem kann ich dir, Branco, nicht auf unbestimmte Zeit zur Last fallen", sage ich gequält. „Eine Last wärst du niemals, das mal vorab. Aber ich gebe dir Recht: Wenn sie deine Spur bis Pula aufgenommen haben, dann haben sie dich hier wohl auch geortet. Da ist es schlauer, jetzt in eine ganz andere Ecke der Welt zu reisen, wo du sicherer bist", meint Branco. Ich stimme ihm zu.

Außerdem macht mich die Aussicht total kirre, reglos und passiv an einem Ort zu verharren, bis die ROFL-Squad loslegt, lieber bin ich in Bewegung. Ich stehe ohnehin schon tief in Brancos Schuld und will auf keinen Fall ihn und seine Leute noch weiter in die ganze Sache reinziehen. „Also dann – ich breche lieber schnell auf. Branco, du hast sowieso schon so viel für mich getan, ich danke dir von Herzen", sage ich, aber er winkt nur ab. „Das hatten wir doch schon. Alles in Ordnung."

In meinem Zimmer in Brancos Haus, in dem ich leider nicht allzu lange bleiben konnte, packe ich meine Sachen zusammen. Mir ist trotz allem ein wenig weh ums Herz, dass ich meinen Douglas erstmal hier stehen lassen muss, total irrational. Schließlich kann ich jetzt schlecht mit einem riesigen Wiedererkennungs-Merkmal durch die Lande fahren. Also schlichte ich meine Sachen in meinen großen Rucksack.

Noch einmal ins Meer, das habe ich mir erbeten, und diesmal gehen Branco und Josef auch mit, flankiert von einem Security-Mann. Josef und Branco krempeln sich die Hosen nach oben und stapfen ein bisschen am Ufer im flachen Wasser herum, der Security-Typ bleibt am Ufer, während ich mich noch einmal zum ordentlichen Schwimmen ins Mittelmeer stürze. Schnell rein, dann weicht die Kälte, und dann kommen mit den regelmäßigen Schwimm- auch die regelmäßigen Atemzüge. Und das beruhigt mich zuverlässig, es tut mir gut und gibt mir dann wieder die Power, weiterzumachen. Im Wasser denke ich an fast nichts, bin nur Atem und Bewegung, Blick auf die Umgebung, auf die Wellen, auf Felsen und Lebewesen unter der Wasseroberfläche.

Zwar bin ich ohne eigene Boje unterwegs, das habe ich bei richtig professionellen Schwimmern im Meer schon beobachtet, aber ich habe mir extra eine Badekappe in Neon-Orange gekauft, die sich überdeutlich vom Blaugrün des Meerwassers abhebt. Trotzdem habe ich immer auch ein Ohr auf vorbeikommende Wasserfahrzeuge: Vor denen halte ich tunlichst Abstand.

Deswegen bin ich zutiefst erschrocken, als wie aus dem Nichts ein kleiner motorisierter Flitzer auftaucht und so nah an mir vorbeizischt, dass ich zu tun habe, mit dem Kielwasser zurechtzukommen. Ich schlucke und spucke Wasser – und sehe, dass das Boot anscheinend kehrtmacht. War das Absicht? – schießt es mir durch den Kopf, haben die es auf mich abgesehen? Ist das jetzt

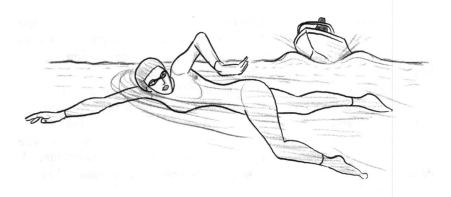

so?, während ich abtauche und so lange und weitgreifende Züge wie möglich mache, bis ich wieder Luft holen muss.

Inzwischen hat sich ein Boot vom Ufer der Insel gelöst, ich sehe Josef am Ufer mit den Armen fuchteln und vermutlich etwas rufen, Branco sehe ich nicht in den kleinen Blick-Ausschnitten, in denen ich Sicht aufs Ufer erhasche. Mit voller Kraft ziehe ich jetzt durch, um zurück an Land zu gelangen, und versuche, wieder meinen Rhythmus zu finden. Es dauert, bis mein Herz wieder etwas ruhiger schlägt, der Atem langsamer und tiefer geht und meine Arme und Beine nicht mehr zittern. Fast bin ich da, als ich den nächsten Schock kriege: Der Sound eines Bootsmotors kommt wieder näher, panisch schaue ich mich um, und bin erleichtert. Es sind Brancos Leute, die mit einem gebührend großen Bogen um mich und meine orangene Badekappe zurück an Land fahren.

Josef rennt immer noch auf und ab und kommt schnell mit einem Badetuch und einem Bademantel zu mir. „Was war das denn?", schreit er, „geht's dir gut, Anna, oh Gott, oh Gott", er klopft mir etwas unbeholfen auf die Schulter, während ich mich schnell abtrockne und in den Bademantel einhülle. Schlagartig werden mir die Knie weich, ich sinke auf einen Baumstamm, der am Strand liegt, und bleibe erstmal sitzen.

Josef setzt sich neben mich und versucht, mich zu stützen, aber der Moment der Schwäche ist schnell vorüber. Weil ich ein Geräusch höre, blicke ich auf: Es ist Branco, der zu uns gelaufen kommt. Seinem Gesichtsausdruck kann ich nichts Eindeutiges entnehmen – weiß er schon was?

„Weißt du schon was?", fragt Josef, bevor Branco richtig da ist. Der wiegt den Kopf. „Sieht tatsächlich so aus, als waren das ‹nur› ein paar junge Typen, die sich ein Boot gemietet und recht gesoffen haben an Bord, und dann ins Naturschutzgebiet reingebrettert sind – obwohl sie natürlich über die Verbotszone informiert wurden." Branco ist sauer und wirkt nicht ganz überzeugt, so kommt es mir vor. „Zweifelst du an dieser Geschichte?", frage ich ihn. Wieder das Kopfwiegen. „Das hatten wir ja letztes Mal schon. Möglich ist es. Jedes Jahr haben wir das ein paarmal, dass irgendwelche unbelehrbaren oder desorientierten Touristen sich hierher verirren. Normalerweise passiert das aber in der Hochsaison – und außerdem wäre es auch eine perfekte Tarnung, wenn man wirklich etwas im Schilde führt. Und das so kurz nach dem ersten Boot, das sich neulich in der Früh verfahren hat und sofort wieder abgedreht ist, als mein Boot losfuhr? Das gefällt mir gar nicht. Ich rede nochmal mit meinen Leuten", Branco stapft wieder davon.

Als ich aufstehe, will Josef mir helfen, aber ich bin wieder stabil. „Okay, nächster Hinweis: allerhöchste Zeit, hier abzuhauen", sage ich. Noch einmal schaue ich von der kleinen Bucht aus aufs Wasser hinaus. Jetzt sieht wieder alles friedlich aus, wie in einem Mittelmeer-Kalender. Aber im Moment verlockt das Wasser mich überhaupt nicht. Mit etwas Gänsehaut gehe ich zurück ins Haus, wo Dragica dabei ist, mir ein riesiges Lunchpaket zusammenzustellen. Gerade habe ich zwar keinen Appetit, aber irgendwann wird sich das sicher wieder ändern. Jetzt brauche ich erstmal dringend etwas Ablenkung. Ich forsche in meinen Blog-Notizen, finde sofort ein Stichwort und lege los.

6.6 Bluescreen of death
– Betriebssysteme

Posted by Ada L.   13. Mai

Lieber Charles,

Hard- und Software sind die zwei Seiten, die ein Computersystem ausmachen. Man könnte sagen, dass Sie, als Erfinder des Computers, die Hardware erfunden haben. Ich habe das erste Programm für Ihren Computer geschrieben und bin deswegen die Erfinderin der Software, wie ich, Ada Lovelace, mit Stolz behaupte. Außerdem bin ich einer der ersten Menschen, der diesen Unterschied erfasst hat: Dass es die Geräte gibt – und das Programm, die Arbeitsanweisung.

Hardware bezeichnet alle elektronischen und mechanischen, physischen Dinge, die man anfassen kann, von den Mikrochips angefangen bis hin zu Screens und Tastaturen oder einem Drucker. Die Software ist nicht physisch, sie besteht aus den gespeicherten Daten und den Programmen, die diese verarbeiten. Diese beiden Seiten der Computertechnik kommen jeweils ohne die andere nicht aus. Software kann ohne Hardware nicht ausgeführt werden.

Zu unserer Zeit, lieber Charles, gab es leider keinen funktionsfähigen Computer, Ihre Analytische Maschine war nicht fertiggestellt, und so konnte ich meine Programme nie testen. Anders herum ist ein Computer eine Universalmaschine, die ohne ein Programm, also ohne die Anweisungen, was diese tun soll, für nichts zu gebrauchen ist. Beide Systeme sind in der modernen Zeit unglaublich komplex. Deshalb hat man schon sehr früh eine Zwischenschicht erschaffen, die die Kommunikation der beiden Welten miteinander erleichtert.

Die Programme, die die User*innen ausführen, nennt man Anwendungsprogramme, abgekürzt Apps[9]. Sie sind dazu dazu da, ein bestimmtes Problem zu lösen, oder sie dienen der Unterhaltung. Spiele oder Streaming-Apps sind solche Programme, oder auch Office-Programme für den ernsthaften Gebrauch. Diese Apps werden von den User*innen direkt bedient. Der Computer oder das

---

9 Der Begriff App wurde zuerst für ein auf dem Handy ausgeführtes Programm verwendet. Mittlerweile steht der Begriff für jedes Anwendungsprogramm, egal auf welchem Gerät dieses läuft.

Handy führt mehrere Apps gleichzeitig aus. Diese Apps können auch meist auf Geräten von verschiedenen Herstellern mit unterschiedlicher Hardware ausgeführt werden. Damit sich die Anwendungsentwickler*innen nicht mit jeder erdenklicher Hardware beschäftigen müssen und jede Hardwarekonfiguration in den Programmen speziell berücksichtigen müssen, gibt es eine Abstraktionsschicht, die die Dinge vereinfacht.

Gleich vorweg: Betriebssysteme arbeiten im Verborgenen, die User*innen nehmen diese nur über deren Oberfläche wahr. So meinen viele Menschen, dass die Oberflächen selbst die Betriebssysteme sind. Es ist aber wie bei einem Eisberg im Wasser: Unter der Oberfläche befindet sich der größte Teil. Die Eisberg-Metapher ist zwar ein wenig abgedroschen, aber hier durchaus passend. Die frühen Betriebssysteme hatten noch gar keine grafischen Oberflächen. Es gab hier lediglich einen Kommandozeilen-Interpreter, der Befehle ausführte, die man mit der Tastatur eingab. Ein Basic-Interpreter, der die Programmiersprache Basic ausführte, war sozusagen gleichzeitig das Betriebssystem auf den ersten Heimcomputern (vgl. Blog 6.3).

In der professionellen Arbeitswelt hatte sich damals ein Betriebssystem etabliert, mit dem man Dateien und Programme von Disketten laden, speichern, verändern, löschen und ausführen konnte. Das Betriebssystem nannte man passenderweise nur DOS, Disk Operating System. DOS war das Hauptprodukt einer Firma, die sich auf Software für Microcomputer, also Computer mit Mikroprozessoren, die man sich auf den Schreibtisch stellen kann, spezialisiert hatte. Die Firma ist heute noch gut im Geschäft: Es ist Microsoft.

DOS ermöglichte es auf einfache Weise, die Dateien auf Disketten zu verwalten. Auch heutzutage ist es eine zentrale Aufgabe von Betriebssystemen, das Dateisystem zu verwalten: die Art und Weise, wie Daten in Dateien auf Speichermedien jeglicher Art gespeichert werden.

Daten werden allerdings nicht mehr auf Disketten gespeichert, sondern auf SSD-Festplatten. SSD steht für Solid State Disk, hier taucht das Wort Disk (Platte) nochmal auf und verweist auf die frühere Technik. In diesen SSDs werden die binären Werte nicht über die Magnetisierung von Oberflächen gespeichert, sondern indem einzelne Zellen aus Halbleitern elektrisch aufgeladen werden.

Damit das Betriebssystem mit unterschiedlichen Geräten klarkommt, beispielsweise Diskettenlaufwerken, SSDs oder Druckern, gibt es für das jeweilige Gerät ein Stück Software, das es ermöglicht, vom Gerät zu lesen und darauf zu schreiben. Diese Software nennt man den Treiber.

Wie immer, wenn eine Aufgabe in der digitalen Welt komplex wird, teilt man diese in mehrere Schichten auf. Jede dieser Schichten kann mit der darunterliegenden über eine genormte Schnittstelle kommunizieren. Der Vorteil ist, dass man die einzelnen Schichten austauschen kann, für die benachbarten Schichten macht es dann keinen Unterschied, sie merken sozusagen nichts. Die Verknüpfung von Hard- und Software läuft über diese Schichten: Zur jeweiligen Hardware gibt es dazugehörige Treiber. Die Grafikkarte, ein Stück Hardware, welches sich um die Darstellung von Pixeln auf dem Screen kümmert, hat auch einen solchen Treiber. Der Betriebssystem-Kern kommuniziert mit diesem.

Die Betriebssystem-Oberfläche ruft Zeichenfunktionen aus dem Kern auf, um bunte Bilder, Fenster oder Buttons auf den Screen zu zeichnen. Die Oberfläche wird von den Anwendungsprogrammen verwendet. Das Betriebssystem ist also eine Schicht, die den Zugriff auf Hardware-Ressourcen ermöglicht.

Es muss aber auch regeln, wie der Zugriff unter den einzelnen Anwendungsprogrammen aufgeteilt wird. Oft wollen mehrere Programme dasselbe tun. Neben dem Speicher auf der SSD und dem Zugriff auf die Grafikkarte gibt es noch weitere Ressourcen, die verwaltet werden müssen.

Eine wichtige Aufgabe des Betriebssystems ist es, zu bestimmen, welches Programm überhaupt gerade aktiv vom Prozessor, der CPU, ausgeführt wird. Zwar haben die Prozessoren heutzutage mehrere Kerne, sind also mehrere Prozessoren in einem, aber auch die Aufteilung der Programme auf die Kerne muss geregelt werden.

Außerdem kann es durchaus sein, dass mehr Programme ausgeführt werden, als Kerne vorhanden sind. Oder ein Programm soll parallel von mehreren Kernen ausgeführt werden, um dadurch Berechnungen zu beschleunigen. Die gerechte Aufteilung dieser CPU-Ressourcen ist eine komplexe Angelegenheit, lieber Charles. Sie haben selbst einen Prozessor konzipiert und nannten die Erfindung die „Mühle", sie ist das Herz Ihrer Analytical Engine. Sie können sich sicher vorstellen, wie komplex es wäre, mehrere solcher Mühlen an mehreren Programmen arbeiten zu lassen, die dann auch noch untereinander kommunizieren sollen.

„Ich bin multitaskingfähig", sagte man ab den 90er Jahren. Multitasking war ein Modewort. Damit behauptete man, dass man mehrere Aufgaben gleichzeitig erledigen kann. Passend dazu kam damals mit Windows 3 ein Betriebssystem für alle auf den Markt, mit dem es möglich war, mehrere Programme gleichzeitig auszuführen. Heutzutage ist es eine Selbstverständlichkeit, dass man mehrere Programme gleichzeitig ausführt. Im Büro hat man auf seinem Computer mindestens das Mail-Programm, den Browser, sowie das Schreib-Programm und die Tabellenkalkulation gleichzeitig geöffnet.

Auch auf Mobilgeräten gibt es Multitasking. Immer ein Programm ist im Vordergrund, andere sind im Hintergrund, allerdings meist noch aktiv. So kann man Musik streamen und gleichzeitig chatten. Eine weitere Ressource, die für die verschiedenen Programme verwaltet werden muss, ist der RAM-Speicher, also der schnelle Arbeitsspeicher. Dieser ist zwar sehr groß, mehrere Gigabytes sind seit den 2020er Jahren Standard. Aber wenn alle Programme diesen nutzen, kann es sein, dass die Kapazität nicht ausreicht.

Deshalb bietet das Betriebssystem das Konzept des virtuellen Speichers an. Das ist ein Speicher, der theoretisch beliebig groß werden kann und sich mit dem Speicherplatzbedarf ausdehnt. Das Betriebssystem nimmt dazu Teile der Daten aus dem echten RAM-Speicher und lagert sie auf die Festplatte aus. Wenn diese wieder in einem aktiven Programm benötigt werden, wird getauscht, und andere, gerade nicht verwendete Daten werden ausgelagert.

Der ganze Vorgang wird allein vom Betriebssystem erledigt, die User-*innen merken davon nichts. Auch die Programmierer*innen der Anwendungen brauchen sich um diese Details nicht zu kümmern, für sie ist der Arbeitsspeicher praktisch unbegrenzt.

In der Frühzeit der Personal Computer mussten die Programmierer*innen sich tatsächlich um Speicherverwaltung kümmern, was das Programmieren zu einer äußerst komplexen Angelegenheit machte. Programmabstürze waren die Folge. Zudem konnten die parallel ausgeführten Programme auf die von anderen Programmen verwendeten Speicherbereiche zugreifen, was die Situation noch verschlimmerte.

Ältere User*innen werden sich mit einem Schaudern an die Zeiten erinnern, als der Computer plötzlich einfror, also keine Reaktion auf Tastatur- oder Mauseingaben mehr zeigte, oder sogar der gefürchtete Bluescreen erschien, eine Fehlermeldung auf einem blauen Hintergrund.

Die Lage verbesserte sich erst ab der Jahrtausendwende, als nach Windows 98 das Betriebssystem Windows XP einen Speicherschutz für die Programme anbot. Seitdem haben alle Programme ihren eigenen, privaten Speicherbereich. Systemabstürze sind seitdem eher selten geworden. Man muss allerdings auch anmerken, dass Microsoft damals mit Windows ein Betriebssystem angeboten hat, welches lange Zeit technologisch weit hinter den bereits verfügbaren Unix-Betriebssystemen her hinkte, die schon immer diesen Speicherschutz hatten.

So erledigt ein Betriebssystem viele Aufgaben im Hintergrund, von denen die User*innen nichts mitbekommen. Diese bedienen die Apps über die vom Betriebssystem angebotene Oberfläche. So wurde die Schicht zwischen der Hardware und den User*innen mit der Zeit immer dicker, die Systeme wurden immer stabiler und komfortabler zu bedienen.

Allerdings fehlte damit auch den User*innen immer mehr der Bezug zur darunterliegenden Technik. Mein Anliegen ist es deshalb, ein wenig von den Hintergründen zu erzählen, lieber Charles. So wenig, wie Sie sich vorstellen können, ein lustiges Katzenvideo mit einem Wisch Ihrer Finger über eine Glasfläche zu starten, so wenig können sich normale User*innen heutzutage ein Bild der digitalen Technik unter der Oberfläche machen.

---

i Betriebssysteme sind die Zwischenschicht zwischen der Hardware und den Anwendungsprogrammen. Sie verwalten die Hardware-Ressourcen des Computers und teilen diese auf die Anwendungen auf. So wird der Arbeitsspeicher und die aktive Nutzung des Prozessors verwaltet. Die Anwendungen werden vor dem Zugriff anderer Programme auf ihren verwendeten Speicher geschützt. Betriebssysteme ermöglichen den Anwendungsprogrammen die einfache Nutzung von Geräten wie beispielsweise Drucker, Tastatur und Maus oder Festplatten und die Screen-Grafik.

---

7 Zurück in Italien

Es ist stockfinster, als das Boot am frühen Morgen von einem Nebenhafen ablegt. Vom neuen Tag ist noch nicht der kleinste Lichtschimmer zu sehen. Ich stehe an Deck, lasse mir den Wind um die Nase wehen, und schaue auf das nächtliche Meer hinaus. Mit mir an Bord sind wieder Ivo und Wanja, die Josef und mich schon in Pula abgeholt haben. Diesmal ist Josef nicht mit dabei.

Nach Venedig geht die Fahrt, das klingt nach Ferien und Romantik, aber meine Tour hat leider einen ganz anderen Hintergrund. Kurz seufze ich, denke mir dann aber, dass Karla noch viel heftiger dran ist: Sie steht schließlich in der ersten Reihe. Doch die Vorfälle auf der Insel haben mir einen ordentlichen Schrecken eingejagt. Ich lasse meinen Blick über Hafen und Meer schweifen. Alles wirkt ruhig. Ivo und Wanja rauchen und reden leise – ich fühle mich gut aufgehoben bei ihnen.

Dass mein digitales Nomadenleben so eine Wendung nimmt, hätte ich nie gedacht. Kurz denke ich an meine Tante und meinen Onkel, denen ich auch mal wieder eine Mail schreiben oder sonst wie ein Lebenszeichen geben sollte. Auch meinen Bruder Jakob habe ich in letzter Zeit nicht so ganz aktuell auf dem Laufenden gehalten. Ich will sie alle auch nicht beunruhigen. Ich kritzle eine Notiz an Josef, ob er so nett wäre, ihnen zu schreiben, dass alles okay ist, und reiche den Zettel an Ivo weiter, der mir verspricht, ihn Josef zu geben. Im digitalen Zeitalter ist für mich jetzt der gute alte Notizzettel doch die sicherste Alternative: Als mir das klar wird, muss ich unwillkürlich ein bisschen grinsen.

Meiner Mutter schreibe ich ohnehin nicht recht oft, die macht sich also auch keine Gedanken, wenn es von mir mal ein paar Wochen keine Nachricht gibt – aber sie hört ja zur Not auch von Jakob, was los ist.

Der Wind hat jetzt aufgefrischt, von links – auf dem Schiff sagt man backbord, höre ich meine altkluge Nichte in mein Ohr raunen – kommen regelmäßige Wellen, und unser Boot neigt sich hin und her. Bisher macht mir das nicht zu schaffen. Im Virtuellen Raum ist mir ein bisschen blümerant geworden, da kann man ja auch motionsick, quasi seekrank, werden. Auf dem Meer hatte ich bisher in meinem Leben noch nie die Gelegenheit, herauszufinden, ob ich seefest bin.

Eine halbe Stunde später habe ich Gewissheit: Ich habe bereits ausgiebig die Fische gefüttert und fühle mich immer noch flau. Wanja meinte, das sei noch gar kein richtiger Wind, ich solle froh sein, dass wir hier keinen Sturm erleben. „Bin ich auch", sage ich, muss aber schon wieder würgen und renne zur Reling. Ivo führt mich zu dem Platz, an dem ich am wenigsten Schiffsbewegungen mitkriege, wie er meint. Ich merke da kaum einen Unterschied. Aber ich fühle mich völlig leergekotzt und bin froh, dass ich an der frischen Luft sitzen und drauf warten kann, dass das Schlingern des Schiffes und meines Magens wieder aufhört.

Tatsächlich wird das Schwanken und Wiegen nach einiger Zeit besser, der Wind flaut ab, und ich wage es, ein paar Schlucke Cola zu trinken, nachdem ich mir den Mund mit Wasser ausgespült habe. Das scheint erstmal zu klappen.

Während ich nur mit meiner Übelkeit beschäftigt war, ist es heller geworden, das Licht des neuen Tages wird mit jeder Minute intensiver, aber die Sonne selbst ist noch nicht zu sehen vom Heck des Boots aus. Wir fahren nach Westen.

Dann lugt der erste flammend-orange Streifen über das Wasser und ich kann den Anblick des Sonnenaufgangs richtig genießen. Wanja kommt vorbei und reicht mir ein Stück Weißbrot, auf das ich tatsächlich Lust habe. Den Kaffee allerdings lehne ich dankend ab, ich bleibe lieber bei meiner Cola.

Ich bin so versunken in den Anblick der Sonne, dass ich erst verspätet merke, dass im Westen bereits etwas zu sehen ist: Wir fahren auf die Lagune zu. Sicher sind Ivo und Wanja schon zigmal hier mit dem Boot angekommen, für mich ist es eine Premiere. Bisher war ich, wenn ich in Venedig war, immer mit dem Zug da und bin dann vom Bahnhof aus durch die Stadt bis zum Markusplatz gelaufen.

Ivo macht das Boot nicht am Markusplatz, sondern weiter westlich an einem Steg fest. Mit meinem Rucksack in der Hand springt er an Land, ich komme ihm nach, Wanja bleibt an Bord. Ivo gibt mir noch ein Kuvert, das ich an Harry weitergeben soll, den Freund von Branco, bei dem ich mich in Venedig melden soll. Ich bedanke mich ausgiebig bei den beiden, trage nochmal Grüße an Branco und Josef auf, und sehe etwas bedröppelt dem Boot beim Ablegen zu. Wanja tippt sich nochmal an die Mütze, dann fahren sie weg. Wieder allein zu sein hat mich sonst, wenn ich nette Gesellschaft genossen hatte, schon manchmal ein wenig wehmütig gemacht. Aber da hatte ich auch nie bedrohliche Verfolger auf den Fersen.

Inzwischen ist mein Magen wieder besser drauf, ich habe richtig Hunger, und hole mir ein riesiges belegtes Brot aus der Box, die mir Dragica eingepackt hat. Einige Möwen haben sich schon sehr nah an meiner Fressbox positioniert und lauern sichtlich auf ein paar Leckerbissen. Etwas Brot zerrupfe ich und werfe es ihnen zu.

Dabei unterdrücke ich den Drang, mich permanent umzuschauen. Ich will hier keine Paranoia entwickeln, aber gleichzeitig auch nicht leichtsinnig sein. Also: mache ich mich auf den Weg, wie irgendeine früh aufstehende Touristin, die einen Zug erwischen will. Meinen Rucksack setze ich auf, meine wichtigsten Papiere und meinen Geldbeutel habe ich in einer extra Umhängetasche, die ich mir unter meine Jacke zurre.

Erst laufe ich treppauf, treppab durch eine Art Zoll- und Behördenzone, immer am Wasser entlang, bis ich den Campanile von San Marco aufragen sehe. Zwar sind die Sehenswürdigkeiten von Venedig, gerade die berühmtesten Orte, schon so oft abgebildet und beschrieben worden. Aber jedes Mal, wenn ich dann tatsächlich da bin, kann ich mich der Schönheit der Stadt nicht entziehen: Es ist einfach ein besonderer Ort, ein bisschen marode, voller Details – und immer vom nimmersatten Wasser angeschleckt, dem Untergang nie allzu fern.

In Gedanken versunken schlendere ich durch die so früh noch leeren Gassen, nehme einen Cappuccino in einer Bar. Wenn mir jetzt jemand folgen würde, müsste ich den doch sehen, denke ich. Noch sind zu wenig Menschen unterwegs, zwischen denen man untertauchen könnte. Außerdem habe ich ein neues Handy und auch sonst keine Geräte, die sich irgendwo einwählen. Die Adresse von Harry habe ich aufgeschrieben, dazu einen Lageplan, den ich mir grob einpräge. Auf Google Maps finde ich die Straße nicht. Sowas in der Art hat Ivo mir schon erzählt; ich dachte nur, ich hätte ihn falsch verstanden. Wie Harry das angestellt hat, mitten in Venedig eine Adresse zu haben, die es nicht auf Maps gibt – abenteuerlich. Für mich heißt das, dass ich mit dem papierenen Stadtplan hantieren muss, auf dem Harrys Werkstatt markiert ist.

Auch mit dem Bezahlen werde ich mich ein bisschen umstellen müssen: Chuck hat mir geraten, nicht mehr mit Karte zu bezahlen. „Allerhöchstens mit Bitcoin, wenn du die richtigen Vorkehrungen triffst", hat er mir geschrieben. Wir alle in Bangkok haben uns mit dieser Zahlungsmethode angefreundet, Marcia hat es erst in Thailand entdeckt, ich hatte schon in Berlin angefangen und fand es auch in Sydney in den vielen Läden, die das akzeptiert haben, ziemlich komfortabel. Zwar ist Bitcoin anonym, aber in der Blockchain sind alle Transfers gespeichert – mit der eindeutigen Bitcoin-Adresse, einem Hash-Wert aus Buchstaben und Zahlen. Das heißt: Wer die Bitcoin-Adresse mit bestimmten Transaktionen und dann sogar mit Orten in Verbindung bringen kann, hat so die Gelegenheit, jemandem auf den finanziellen Fersen zu bleiben, eventuell auch zu sehen, wo der oder die dann gelandet ist. „Wenn da einer Mühe reinsteckt, kann er schon fündig werden", lautet Chucks Einschätzung. Daher rät er mir, entweder auf Bitcoin als Zahlungsmittel ganz zu verzichten oder mindestens regelmäßig die Bitcoin-Adresse zu wechseln. Ich entscheide mich für letzteres. Dafür habe ich eine neue App, die das automatisch bei jeder Transaktion macht. Inzwischen habe ich mich sehr an den Luxus gewöhnt, kaum auf Bargeld achten zu müssen. Auf mein neues Handy, auf dem ich mein Wallet – meinen virtuellen Geldbeutel bei Bitcoin – gespeichert habe, passe ich ohnehin auf. Und die Recovery-Phrase, eine geheime Folge an Wörtern, mit der man die Wallet wiederherstellen kann, liegt an einem sicheren Ort in der Cloud.

Die Sorge, wo ich Bargeld-Nachschub herbekomme und wieviel das Abheben bei einem Automaten in einem anderen Land kostet, war für mich dadurch nahezu komplett überflüssig geworden. Die andere Alternative – mit Kreditoder anderer Bankkarte zu zahlen – wäre wirklich zu leicht nachzuvollziehen, gerade für Squillion: Eines ihrer Firmensegmente ist ein online-Bezahldienst, die haben also weitreichenden Zugriff auf Kontodaten, wenn die irgendwo hinterlegt sind. Auch ich habe schon mit dem Squillion-Dienst bezahlt. Von daher lasse ich die Kreditkarte lieber stecken.

Ich kann also sorgenfrei mit Bitcoin in Venedig auch meinen Espresso zahlen, wirklich praktisch. Dabei widerstehe ich der Versuchung, in der Bäckerei noch Gebäck zu kaufen. Es sieht unglaublich gut aus, aber ich habe noch reichlich Proviant von Dragica. Naja – ein Cornetto auf den Weg nehme ich mir doch mit.

Weiter laufe ich durch die Gassen, inzwischen sind nicht mehr nur die ersten Frühaufsteher und Morgensportler unterwegs, sondern die ersten Gruppen beginnen, durch die Altstadt zu schwärmen und manche engen Stellen zu verstopfen. Ich versuche, so elegant wie möglich um die Leute herumzucruisen, und frage mich, wie es die Einheimischen aushalten. Immer schwerer, vermute ich, und muss daran denken, dass mir meine Tante, ein Krimi-Fan, erzählte, dass die Autorin Donna Leon von dort weggezogen sei, weil sie es in der so überfüllten Stadt nicht mehr ertragen hat. Dabei hat sie dort jahrzehntelang gelebt und hat ihren Commissario Brunetti quer durch die Serenissima ermitteln lassen. Wenn ich jetzt sehe, wie die Massen zu strömen beginnen, und Leute, die etwas ausliefern wollen, im Slalom und mit ständigem Rufen durch die Touristengruppen gleiten, ist es mir eher ein Rätsel, wie sie das so lange mitgemacht hat.

Gleichzeitig sehe ich an so vielen Ecken, wie schön Venedig ist. Ich laufe in eine Sackgasse und sehe durch die kunstreich geschnitzten Öffnungen in einem alten Holztor dahinter einen Garten, in dem es grünt und sprießt. Da bemerke ich, dass ein alter Herr im Garten sitzt. Etwas peinlich berührt gehe ich schnell weiter, denn ich will niemanden in seiner Privatsphäre stören, so typisch neugierige Besucherin, die überall herumstöbert.

Daher drehe ich mich abrupt um und steuere in die Gegenrichtung. Dabei fällt mir ein Mann mit ausgeprägter Monobraue unter dunkler Wollmütze auf, den ich vorhin schon durch das Schaufenster der Bäckerei gesehen habe. An die Mütze erinnere ich mich, denn das Etikett mit dem Logo hängt halb weg. Jetzt wendet sich der Typ von mir ab und läuft in eine weitere, schmaler werdende Gasse in eine andere Richtung. Werde ich jetzt paranoid? Ich versuche, cool und wachsam zu sein, aber mein Herz pumpert ziemlich unter dem Tragegurt meiner Tasche.

Ohne mich nochmal zu orientieren, laufe ich zügig in die Richtung, von der ich glaube, sie müsste die richtige sein. Biege immer wieder ab, um mit einer rechts-links-links-rechts-Schlaufe zwar die Richtung zu halten, aber meinen Kurs etwas zu verschleiern. Nach 15 Minuten brauche ich eine Pause, werde langsamer und schaue scheinbar interessiert in das Schaufenster eines Schreibwarengeschäfts mit edlen Füllern und Notizbüchern. In der Spiegelung des Glases mustere ich dabei meine Umgebung – keine Monobraue, keine Wollmütze, so weit ich sehe.

Um sicherzugehen, und weil ich Durst habe, setze ich mich in eine Bar ans Fenster, bestelle ein großes Wasser und beobachte die Leute. Monobrauenmütze ist nicht dabei. Während ich durch das große Fenster in der Bar spähe, mache ich in Gedanken ein paar Blog-Fingerübungen: Bitcoin, genau, gerade damit bezahlt: Das wird mein nächster postlagernd-Post.

7.1 Satoshi wer?
– Blockchain und Kryptowährungen

Posted by Ada L.   14. Mai

Lieber Charles,

Digitales Geld, beispielweise Bitcoin, ist immer wieder in den Schlagzeilen. Es gibt sehr kontroverse Meinungen dazu: Einige sehen es als Revolution, die uns von der Abhängigkeit von Banken befreit. Andere werten es als Fluch, der die Umwelt zerstört und die Kriminalität fördert. Auf jeden Fall wissen viele nicht genau, was es damit überhaupt auf sich hat. Und es gibt viele Missverständnisse über die Natur von Kryptowährungen.

Lieber Charles, ich will Ihnen das genauer erklären. Dafür muss man sich zuerst überhaupt die Frage stellen, was Geld an sich ist – und was Geld heutzutage ist. Geld ist ein Tauschmittel, das von den Tauschpartner*innen akzeptiert wird und für diese einen Wert darstellt. Es gab und gibt verschiedene Formen von Geld. In Afrika konnte man noch im letzten Jahrhundert mit Kaurimuscheln bezahlen. Auch Goldmünzen waren und sind ein weithin akzeptiertes Zahlungsmittel.

Das Tauschmittel sollte auf jeden Fall selten sein, so dass man es nicht einfach selbst herstellen kann. Geldscheine sind eine erste Weiterentwicklung der natürlich vorkommenden Zahlungsmittel. Hier ist es besonders wichtig, dass sie nicht von jedem beliebig oft selbst gemacht werden können und somit fälschungssicher sind. Die Herstellung dieses Geldes in Form einer Währung übernimmt in Europa eine nationale Notenbank, sie „schöpft" dieses Geld, erschafft es tatsächlich aus dem Nichts.

Es gibt inzwischen keinen Gegenwert in Gold für das Geld, wie es noch im 19. Jahrhundert üblich war. Wenn man Geld in Euro auf einem Konto hat, ist das rein virtuell, es ist nicht so, dass es auf der Bank tatsächlich in einem Tresor als Banknoten oder gar Gold liegt. Es gibt nur den Kontostand, der heutzutage selbstverständlich digital verwaltet wird. So gesehen ist alles Geld digitales Geld. Die Banken wachen darüber, dass alles mit rechten Dingen zugeht.

Das Revolutionäre bei Bitcoin und anderen Kryptowährungen ist es, ein Tauschmittel zu schaffen, das ohne Banken auskommt. Die Idee zu Bitcoin stammt von Satoshi Nakamoto, der 2008 ein Paper darüber ins Netz stellte und auch die zugehörige Bitcoin-Software veröffentlichte [42]. Er müsste heutzutage einer der reichsten Menschen sein, da er, so Vermutungen, noch über eine Million Bitcoins aus der Anfangszeit besitzt, mit einem Marktwert von über 40 Milliarden Euro, Stand 2021 [67].

Aber der Name Satoshi Nakamoto ist ein Pseudonym, und es ist fraglich, ob das überhaupt eine reale Person ist. Es gibt mögliche Kandidaten, die es sein könnten, sowie eine Reihe von Möchtegern-Satoshis, die behaupten, er zu sein. Einen Beweis sind sie bisher alle schuldig geblieben.

Allerdings gibt es eine Person, die Bitcoin mit auf den Weg gebracht hat: Hal Finney, ein Softwareentwickler, der auch bei PGP mitgewirkt hat. Er ist allerdings 2014 an ALS, der Krankheit, die auch Stephen Hawking hatte, gestorben. Vielleicht ist auch Nakamoto schon gestorben, wenn es ihn denn wirklich gegeben hat. Jedenfalls hat er seit 2011 keine Aktivität mehr gezeigt. Vielleicht ist er einfach ein Pseudonym von Finney gewesen und mit ihm gestorben.

Bedenklich ist, lieber Charles, dass man mit Bitcoin ein gigantisches Wirtschaftssystem hat, von dem nicht klar ist, wer es geschaffen hat und zu welchem Zweck. Die ersten, die sich mit virtuellem, digitalem Geld beschäftigten, waren die sogenannten Cypherpunks, eine Gruppierung von Aktivist*innen, die unter Nutzung von Kryptographie Open-Source-Software zum Schutz der Privatsphäre programmieren wollten. So haben sie es 1993 in ihrem Manifest verankert [1].

Der Begriff Cypherpunk ist ein Kunstwort aus Cypher, also Chiffre oder Geheimtext, und Punk. Vorlage war vermutlich das Wort Cyberpunk, ein Genre der Science-Fiction Literatur aus den 90ern.

Wenn man mit Geld etwas kauft, stellen Banken in der traditionellen Wirtschaft sicher, dass eine Transaktion von Beträgen von einem Konto zum anderen stattfindet. Die zentrale Idee bei Kryptowährungen ist es, eine von Banken unabhängige Kontoführung zu schaffen. Es gibt hier eine Liste, ein Register, in der alle Transaktionen des virtuellen Geldes eingetragen werden. Dieses Register wird von allen Teilnehmern akzeptiert.

Dabei handelt es sich nicht um ein zentrales Register. Vielmehr erhält jeder Teilnehmende eine komplette Kopie des Registers, das dann synchronisiert wird: die sogenannte Blockchain, die dezentrale Transaktionsdatenbank.

Mitte 2021 hatte sie eine Größe von 348 Gigabytes. Darin sind alle jemals getätigten Bitcoin-Transaktionen gespeichert. Deren Größe wächst linear an, man sollte also schon eine eigene Festplatte für die Blockchain bereitstellen, wenn man diese speichert. In dieses Register werden dann immer die Kontonummern der Geschäftspartner und der Betrag in Bitcoin, der überwiesen wird, eingetragen. Die Kontonummer, die Bitcoin-Adresse, ist dabei der Fingerprint (vgl. Blog 6.5.4) eines Kontoinhabers. Dieser besteht aus einem Hashwert, gebildet aus dem öffentlichen Schlüssel des Kontoinhabers.

Lieber Charles, Sie fragen sich sicher, wie man nun als normaler Mensch an Bitcoins kommt, um damit zu bezahlen: Man benötigt zuerst eine virtuelle Geldbörse für Bitcoins, eine „Wallet", die zuerst leer ist. Diese muss man mit Bitcoins befüllen, logischerweise muss man dazu echtes Geld in Bitcoins tauschen. Über bestimmte Handelsplattformen kann man traditionelles Geld einwechseln und die erhaltenen Bitcoins in die Wallet überweisen lassen. Auch kann man von einer Kryptowährung in eine andere tauschen. Es ist günstig, sich eine Sicherheitskopie des vollen Geldbeutels zu machen, denn auch das virtuelle Geld ist weg, wenn man die Wallet verliert (oder das Handy mit der Wallet).

Will ich als Ada, Ihnen, Charles, einen Betrag in Bitcoin überweisen, so sende ich die Transaktion nicht direkt an Sie, sondern an einen beliebigen Teilnehmer, meinetwegen Bob. Die Transaktion selbst wird von der sendenden Person, also von mir, Ada, mit meinem privaten Schlüssel signiert. Bob sendet dann diese Transaktion weiter, meinetwegen an Alice, die diese dann wieder weiterleitet. Dabei muss Sie, Charles, die Nachricht von der getätigten Transaktion gar nicht direkt erreichen, wichtig ist nur, dass die Transaktion allgemein im Netzwerk akzeptiert wird. Alle Teilnehmenden im Bitcoin-Netzwerk, die die Nachricht weiterleiten, überprüfen die Echtheit der Transaktion mithilfe meines öffentlichen Schlüssels, so dass Manipulationen ausgeschlossen sind. Mehr als die Bitcoin-Adresse müssen sie hierbei nicht kennen, so dass man grundsätzlich nicht als Person identifizierbar ist.

So können alle, die wollen, ein Konto und damit eine Wallet anlegen. Dazu müssen sie nicht, wie sonst bei einer Konto-Eröffnung üblich, Namen und Adresse und weitere Daten angeben. Um nun Transaktionen zu verbuchen, werden die aktuellen, noch nicht in der Blockchain verbuchten Transaktionen in einem Block gesammelt, der dann wieder an die Blockchain angehängt wird. Die Blockchain ist also eine Kette an Transaktionsblöcken. Prinzipiell können alle im Netzwerk einen Block mit mindestens einer Transaktion erstellen und an die Blockchain anhängen. Die aktuelle Version wird dann wieder an die nächsten Partner im Netzwerk weitergegeben, so dass sich diese wieder über das gesamte Netzwerk ausbreiten kann.

Hier liegt das Grundproblem des gesamten Verfahrens: Jeder könnte sehr schnell viele Blöcke erstellen und anhängen, so dass es zu ganz unterschiedlichen Versionen der Blockchain kommen würde. Wegen der hohen Geschwindigkeit würden sich diese nicht schnell genug im Netzwerk ausbreiten.

Deshalb wird das Erzeugen eines Blocks künstlich erschwert: Bei Bitcoin muss man eine schwierige mathematische Rechenaufgabe lösen (Proof of Work). Konkret muss man bestimmte Hashwerte finden, die unterhalb eines bestimmten Wertes liegen. Das ist eine Aufgabe, deren Schwierigkeit abhängig von einem bestimmten Schwellwert ist.

Diese Aufgabe übernehmen die „Miner", spezielle Teilnehmer im Netzwerk. Wenn einer der Miner einen solchen Wert findet, kann er den Block an die Blockchain anhängen und verbreiten. Bekommen nun andere Teilnehmende im Netzwerk verschiedene neue Blockchains, wird nur diejenige akzeptiert und weiterverbreitet, die am längsten ist.

Die Miner machen ihre Arbeit nicht kostenlos, sie bekommen einen neu geschöpften Betrag an Bitcoin gutgeschrieben und können zusätzlich noch eine Transaktionsgebühr bekommen. Dabei wird es immer aufwändiger, neue Blöcke zu finden, da die Schwierigkeit der Aufgabe von der Anzahl der Teilnehmenden abhängig gemacht wird. Auch die Belohnung wird immer kleiner, da, im Gegensatz zu anderen Geldsystemen, eine Obergrenze von insgesamt 21 Millionen Bitcoins im System festgelegt wurde und die Höhe der Belohnung nach jeweils 210.000 neuen Blöcken halbiert wird. Ohne diese Beschränkungen würde das Bitcoin-System nicht korrekt funktionieren.

Die Blockchain hat jedoch mit ihrem Proof of Work-Verfahren einen gravierenden Nachteil: Die Miner sind Personen oder Organisationen, die mit der Mining-Tätigkeit Geld verdienen. Auch wenn das System auf die Miner angewiesen ist, versuchen diese, mit Hilfe von Rechenleistung möglichst viel Geld zu machen. Man kann sozusagen aus dem Nichts Geld erschaffen, wenn man nur genug Hardware und Strom zur Verfügung hat.

Daher rührt auch der Name: Ein Miner im traditionellen Sinn schürft in der Erde nach Gold; wenn er Glück hat, findet er was. Er wird also nicht reich, indem er eine Vergütung für eine Arbeitsleistung bekommt, sondern weil der Fund ein neuer Wert ist, der vorher noch nicht im Wirtschaftskreislauf vorhanden war.

Das, lieber Charles, ist der Goldrausch des digitalen Zeitalters. In Ihrer Zeit war der kalifornische Goldrausch auf dem Höhepunkt, und San Francisco wuchs zu einer großen Stadt, die später wiederum zur Keimzelle der digitalen Welt wurde.

Heute treibt es die digitalen Glücksritter an den Polarkreis, und dort unter die Erde, wie früher. In nordischen Gefilden wie Norwegen werden riesige Rechenzentren in alten Bergwerksstollen aufgebaut, bestückt mit einer immensen Zahl an einzelnen Rechnerknoten, die nichts anderes tun als Zahlen zu faktorisieren, um den Proof of Work zu erbringen.

Die Standorte im Norden sind günstig, da die vielen Rechner gekühlt werden müssen. Bei den frostigen Temperaturen dort erledigt sich das von selbst. Außerdem ist der Strom dort sehr günstig. So lässt sich mit Bitcoin viel Geld verdienen; so viel, dass der Stromverbrauch für das Mining zu einem echten Problem geworden ist: Für das Bitcoin-Mining wurden 2019 mehr als 128 Terawattstunden an Energie aufgewendet, das ist mehr als der Jahres-Stromverbrauch eines ganzen Landes wie Norwegen.

Im Jahr 2021 kletterte der Verbrauch für Bitcoin-Mining weiter auf 320 Terawattstunden [12]. Die zuerst positiv erscheinende Befreiung vom Joch der Banken durch das unabhängige Geldsystem bekommt in Zeiten des Klimawandels und der knapper werdenden Ressourcen ein sehr negatives Image. Nachhaltig ist es offensichtlich nicht. Es bleibt zu hoffen, dass zukünftig ein alternatives Verfahren, das ohne die aufwändige Rechenleistung auskommt, gefunden und eingesetzt wird.

Dabei existieren solche Alternativen bereits, es gibt eine unüberschaubare Menge an Alternativ-Kryptowährungen. Bei der Kryptowährung Ethereum 2.0 wird ein energiesparendes Verfahren eingesetzt, das sich „Proof of Stake" nennt. Dabei wird zufällig ein Teilnehmer ausgewählt, der den Block erzeugen darf. Je mehr Coins er in seinem Wallet hat, desto größer sind seine Chancen.

Das ist ähnlich wie beim Minen, dort bekommen diejenigen die besten Chancen, die am meisten in Hardware investieren. Beide Verfahren bilden also eine Art Ökonomie in der virtuellen Welt ab: Je mehr man investiert, desto größer sind die Chancen auf Gewinn.

Es bleibt zu hoffen, dass sich dabei die energiesparende Variante durchsetzt. Stellen Sie sich eine noch weiter entfernte Zukunft vor, lieber Charles – eine Zeit eines sich immer stärker auswirkenden Klimawandels, der noch entscheidend beschleunigt wurde durch das Lösen sinnfreien Rechenaufgaben.

Bitcoin ist eine digitale Währung, die ohne eine zentrale Bank auskommt. Grundlage von Bitcoin und den meisten Kryptowährungen ist die Blockchain, eine Transaktionsliste, die alle Transaktionen enthält, zusammengefasst in Blöcken. Die Liste wird dezentral bei allen teilnehmenden Personen gespeichert. Miner erstellen neue Blöcke und bekommen dafür eine Belohnung. Damit dies nicht zu schnell geschehen kann, müssen diese eine schwierige mathematische Rechenaufgabe lösen, als „Proof of Work". Ein Beispiel für eine solche schwierige Aufgabe ist die Primfaktorzerlegung einer großen Zahl. Derjenige Miner, der diese Aufgabe als erstes löst, bekommt die Belohnung. Dabei verbrauchen die Miner sehr viel Rechenleistung und damit Energie, insgesamt so viel, wie ganze Länder verbrauchen. Allerdings gibt es Kryptowährungen wie Ethereum, die weniger energieintensive Alternativen für den „Proof of Work" anbieten.

Nachdem ich mich dank Charles Babbage und der Blockchain von meinen Verfolgungs-Sorgen abgelenkt habe, schaue ich mir die Plakate auf den Häuserwänden gegenüber an. Die meisten sind bereits ausgeblichen und abgerissen, ein paar neuere sind noch farbenfroh und frisch. Eine Band, deren Name mir nichts sagt, einige Klassik-Konzerte – und ein Foto, ein Kunstwerk, das ich länger betrachte, weil es mir Rätsel aufgibt. Organische Formen, knallige Farbkontraste, das Ganze in einem Teil etwas pixelig, dann wieder scharf konturiert. Schemenhafte Gestalten kann ich nach einiger Zeit in den Farben erkennen, mythische Figuren wie einen Zentauren, ein fliegendes Wesen mit riesigem Schnabel und weiten Schwingen. Auf dem Plakat ist noch ein Wegweiser aufgeklebt, 350 Meter nach links – diesen Schwenk kann ich mir leisten, beschließe ich, und studiere in der Bar noch einmal die Route. Wenn ich mich nicht irre, bin ich einen ziemlichen Schmarrn zusammengelaufen und bin überhaupt nicht da, wo ich hinwollte. Naja – um etwaige Verfolger abzuschütteln, war das ideal.

Mit der Tasche über der Schulter folge ich dem Pfeil und gelange zu einem alten Palazzo, in diesem wunderbaren, etwas verfallenen Stadium, das noch genügend Pracht aufzeigt, um nicht zu verwahrlost zu sein. Ein Sandsack hindert die Haustür daran, ins Schloss zu schnappen, und ich gehe hinein.

Innen empfängt mich Halbdunkel, auf dem die Reflexionen von Wellen tanzen. Die Tür führt direkt in den Bereich, in dem die Bewohner des Hauses in ein Boot steigen und von dort aus durch ein eigenes Tor auf einen Kanal aufs Wasser gelangen: die Wassergarage sozusagen.

Ein weiterer Pfeil, in Neonorange leuchtend, weist auf einen Treppenaufgang, und ich steige die Stufen nach oben – in eine komplett andere Welt: Ein stählerner, futuristischer Metallklotz dominiert den Eingangsbereich, darin steht eine junge Frau und kassiert. Auf der Eintrittskarte steht „B-etw-iennale: digital arts in between". Ja, klar, die Biennale ist wie der Name schon sagt, alle zwei Jahre, und wir befinden uns offenbar in der Zeit dazwischen. Gespannt, was mich hier erwartet, gehe ich auf eine Tür aus schwarzem Glas zu, die sich automatisch öffnet.

Ein Salon, möbliert wie in den Zeiten der Dogen, öffnet sich, wieder eine andere Sphäre. Als ich mich umsehe, fällt mir auf, dass in den Bilderrahmen keine Ölgemälde hängen, wie ich sie im Dogenpalast und in den alten Kirchen Venedigs bei früheren Besuchen bewundert habe. Hier sind Monitore in üppigbarock verzierte Rahmen eingelassen.

Zu sehen ist auf einem Display etwas, was mich im ersten Moment an die Ansicht eines Sternenhimmels erinnert: Unterschiedlich große, leuchtende Punkte glimmen in einer dunklen Umgebung, bilden bei längerer Betrachtung Muster und Linien. Je länger ich es betrachte, desto deutlicher treten Unterschiede zwischen der Helligkeit der Sterne und auch verschieden gefärbte Bereiche des Hintergrunds zutage. Einige sehr kleine farbige Einsprengsel entdecke ich auch nach einiger Zeit, schwer zu sagen, ob sie die ganze Zeit da waren, oder ob sie ganz langsam aufglimmen – faszinierend.

Langsam gehe ich weiter, außer mir ist niemand im Raum, und betrachte das nächste Werk. Ganz anders sieht es aus, knallige Farben zeigen eine Szene wie aus einem Dschungel, auch hier ist es lohnend, länger hinzuschauen, denn ganz langsam bewegt sich auch etwas: kleine Tierpfoten entdecke ich auf einem Blatt, Schnurrhaare, die zu einer Schnauze führen, darüber leuchten zwei Augen auf, bis sich zwei Lider senken; kleine Schmetterlinge flattern zu winzigen Blüten; eine Blätterranke mit kleinen, spiralförmigen Ausläufern windet sich durch das ganze Bild. Ich schaue und staune – und würde gern wissen, von wem diese Werke stammen.

Suchend gehe ich durch den Raum, ob irgendwo ein Flyer oder ein Info-Monitor zu finden ist. Dabei lande ich aber gleich wieder vor dem nächsten Bild, einem grafischen Muster in türkis und hellgrün. Es scheint von kompletter Ebenmäßigkeit, aber irgendwas stimmt nicht ganz – bis ich länger und genauer hinsehe, den Kopf schieflege und sehe, dass die Linien und Ecken auf einer

Seite um ein winziges abweichen, was dem Ganzen einen besonderen Reiz verleiht. Verschiedene, allesamt fantasievolle digitale Kunstwerke sehe ich mir an, auf manchen bewegt sich die Projektion, andere zeigen ein fixes Bild. Nirgends finde ich einen Hinweis auf Künstlerin oder Künstler. Zwei andere Besucher, die inzwischen mit mir unterwegs sind, reden ebenfalls darüber. Auch sie scheinen nicht mehr zu wissen als ich. Erst als ich wieder vor dem Metallkubus lande, habe ich Erfolg: Die Kassiererin gibt mir eine Broschüre über das internationale Künstler*innen-Kollektiv, das die Ausstellung kreiert hat. Außerdem gibt sie mir noch einen Flyer über Non Fungible Tokens mit: eine Idee, die es möglich macht, digitale Kunstwerke zu kaufen und zu besitzen. Ich danke, obwohl ich vermutlich nicht die Mittel habe, hier zuzuschlagen, und schaue kurz hinein. Über Non Fungible Tokens habe ich schon einiges gelesen, sie aber in wirklicher Anwendung zu sehen, ist aber doch etwas anderes.

Während ich die deutsche Seite des Faltblatts überfliege, stellt sich ein älteres Ehepaar neben mich. „Ach, Sie sind auch Deutsche?", sagt die Frau, als sie meine Lektüre sieht. Ich nicke, und wir kommen ins Gespräch. „Verstehen Sie das mit diesem – Fungible Token?", fragt mich die Frau. Der Mann kichert und meint: „Hat vielleicht was mit Pilzen zu tun, was meinst du, Heidrun?" „Also, Artur", die Frau sieht ihren Mann etwas strafend an, ich grinse ein bisschen.

Ich erzähle den beiden das, was ich bisher weiß: „Wir haben hier ja digitale Kunst gesehen, also ein Kunstwerk auf einem Monitor, das irgendwo gespeichert ist. Digitale Kunst hat nicht Papier, Leinwand, Stein, Holz oder sonst eine materielle Grundlage, sie besteht aus Daten. Als Datei kann ein Kunstwerk also ohne den geringsten Qualitätsverlust unendlich oft kopiert werden. Wie soll so etwas käuflich sein, wie soll so etwas jemandem gehören?"

„Ja – wie?", fragt mich Heidrun. „Das mit dem Dschungel hat mir sehr gut gefallen – gell, Artur, das war toll – aber was kostet sowas, und wie könnte man das überhaupt kaufen?"

Für Künstlerinnen und Künstler, die von ihrer Arbeit leben, ist das eine essentielle Frage. Über die Frage nach dem Preis weiß ich auch nicht Bescheid. „Aber das mit dem Kaufen läuft über diesen Non Fungible Token, auf Deutsch übersetzt heißt das so viel wie ‚nicht-flüchtiges Zeichen' – eine Art digitales Eigentumszertifikat: Wer diesen Token hat, dem ‚gehört' die Datei. Das ist natürlich wichtig für jemanden, der auf dem Kunstmarkt investiert – das läuft inzwischen wohl recht gut", erläutere ich.

Heidrun und Artur bedanken sich und ziehen weiter, und ich freue mich, ein Thema für meinen Blog zu haben: Das werde ich mir genauer vornehmen, beschließe ich – eine weitere willkommene Ablenkung von Mützen, Augenbrauen und anderen Paranoia-Triggern.

Vor dem Palazzo mache ich noch einmal ausgiebig Gebrauch von meiner Kombi aus Maps und Stadtplan und bin endlich wieder orientiert. Zu meinem Ziel, der Autowerkstatt von Harry, sind es noch gut drei Kilometer. Inzwischen ist es wärmer geworden, ich stopfe mein langärmliges Hemd in den Rucksack und setze mein Käppi und die Sonnenbrille auf, bevor ich weiterlaufe.

Um zu Harry zu kommen, muss ich über den Busbahnhof laufen und noch eine Strecke durch sehr wenig idyllische Gegenden zurücklegen. Wie hier die Straßen verlaufen und die Hausnummern vergeben werden, ist mir nicht ganz nachvollziehbar. Also frage ich einen Passanten. Der schaut mich lange aus blutunterlaufenen Augen an, bevor er einen völlig unverständlichen Sermon loslässt, nach rechts und nach links zeigt und sich dann an den Kopf tippt. Als ich achselzuckend weitergehe, zupfte er mich am Ärmel und schiebt mich in Richtung eines Durchgangs, der zwischen einer Baustelle und einem Parkhaus hindurchführt. Ich bin mir nicht ganz sicher, ob ich dem Typen vertrauen konnte, versuche aber mein Glück.

Der nächste Mann, den ich frage – er hat eine Wollmütze auf, sieht aber ganz anders aus als mein vermeintlicher Verfolger von heute Vormittag – zeigt mir auf dem Stadtplan und anhand der Gebäude um uns herum, wo Harry zu finden ist. Nach einigen Irrwegen gelange ich an mein Ziel. Seine erste Frage: warum ich ihn nicht angerufen hätte, dann wäre er mir entgegengekommen. Zwar habe ich ein Handy, aber ich will es so selten wie möglich benutzen, erkläre ich ihm. Er schüttelt lachend den Kopf, klopft mir wohlwollend auf den Rücken. „Ein Problem gibt es", sagt er dann. „Gerade heute habe ich nur zwei Autos da, die ich dir geben kann. Und an beiden muss noch ein bisschen was repariert werden. Such dir eins aus, mit dem fangen wir an."

Zur Wahl stehen ein riesiger Pickup-Truck mit Sonderlackierung in violettmetallic und ein – ich glucke – Wohnmobil. Zwar keins mit E-Antrieb, aber ein sehr gängiges elfenbeinfarbenes Modell, das auf den Straßen in Italien sicher nicht auffällt. Andererseits würde mich so ein Truck zwar auch reizen. Die Vorstellung, einen Verfolger in Action-Manier mit so einem fetten Auto von der Straße zu fegen, ist kurz verlockend – und völlig irrational. Keine Ahnung, ob ich das überhaupt hinkriegen würde. Und zu auffällig ist das violette Riesenteil auch.

Die Entscheidung ist also schnell gefällt: „Das Wohnmobil ist super", sage ich. Harry nickt, ruft einem Mitarbeiter etwas Schnelles zu und nimmt mich mit in sein Büro. „Mach ein bisschen Pause hier, dauert so um die zwei Stunden", sagt er und zeigt auf einen Tisch mit zwei Stühlen. „Harry's Bar" steht auf einem Schild darüber – ich kichere und zeige darauf. „Hier ist also die echte Harry's Bar, oder?", frage ich, denn das gleichnamige Lokal mitten in der Innenstadt Venedigs ist ein Touristenmagnet, in der schon Ernest Hemingway und Truman Capote getrunken haben. Harry zuckt grinsend die Schultern. „Hab ich geschenkt bekommen, das Schild. Möchtest du einen Kaffee?" Wunderbar, denke ich, und nicke.

Während der Reparatur habe ich Zeit, um als kunstsinnige Ada meinem lieben Freund Charles Babbage die Sache mit den Non Fungible Tokens zu erklären. Ich nasche ein bisschen was von Dragicas Leckerli aus der Box und tippe los.

7.2 Walter Benjamin Blümchen
– Original und Kopie

Posted by Ada L.   14. Mai

Lieber Charles,

Walter Benjamin schrieb 1935 – lange vor der digitalen Ära – seinen bekannten Text „Das Kunstwerk im Zeitalter seiner technischen Reproduzierbarkeit". Es war im Industriezeitalter, als die massenhafte Reproduktion von Kunst in Form von Drucken und anderen Kopien, wie Filmen, möglich wurde. Benjamin schreibt vom Verlust der Aura, den nur das Original-Werk hat. Ein altes Gemälde, beispielsweise das Selbstbildnis mit Filzhut von Van Gogh, das man im Van Gogh Museum in Amsterdam bewundern kann, hat der Meister selbst in Paris mit wilden Pinselstrichen gemalt. Er verwendete einzigartige Farben. Karminrot etwa: Diese Farbe wird aus getrockneten Läusen hergestellt. Das Gemälde wurde 1978 von einem psychisch Kranken mit einem Messer attackiert. Man hat es anschließend restauriert, mit Hilfe eines Bügeleisens. Diese gesamte Geschichte, einschließlich der Beschädigungen, gehört jetzt zum Original dieses Bildes und formt seine einzigartige Aura.

Benjamin beschäftigte sich mit der Verbindung von Originalen zu deren massenhaften Reproduktionen. Im heutigen digitalen Zeitalter kann man sogar beliebig oft Kopien von Kopien anfertigen, ohne dass die Qualität schlechter wird.

In digitalen Zeiten gibt noch einen zusätzlichen Aspekt: Gibt es überhaupt noch ein Original? Wenn Kreative heute am Werk sind, um beispielsweise einen aufwändigen computeranimierten Film zu produzieren, erschaffen sie manchmal ein geniales Kunstwerk. Aber was ist hier das Original? Ist es die Projektdatei für das 3D-Animationsprogramm? Ist die erste fertige Datei das Original? Sie ist ja identisch mit allen anderen Dateien und Kopien. Eine Aura, geformt durch den Schaffensprozess und die Geschichte, kann man hier nicht spüren, wie ich meine.

Das ist auch ein Problem für den Kunstmarkt: Hier wird mit Originalen gehandelt. Längst werden Gemälde nicht mehr unbedingt wegen der Liebe zur Kunst gesammelt, vielmehr sind sie oft Wertanlagen, wie Gold. Das funktioniert allerdings nur mit Originalen. Somit gibt es für die Sammler und auch für die Künstler ein Problem. Rein digitale Werke lassen sich nicht versteigern oder verkaufen, abgesehen vom Markenschutzrecht und dem Verkauf der Nutzungsrechte. Man hätte gerne eine Art digitales Original, was erst einmal ein Widerspruch in sich ist.

Der Kunstmarkt und die Krypto-Gemeinde haben eine Lösung gefunden, die auf der Blockchain basiert: „Non-fungible Tokens" (NFT). Diese „unaustauschbaren Zeichen" sind eindeutige Daten innerhalb von Blöcken in der Blockchain. Einträge in der Blockchain können nicht verändert werden, da alle Netzwerkteilnehmer*innen eine Kopie der Blockchain besitzen. Man müsste für eine Manipulation mehr als 50 Prozent der einzelnen Kopien manipulieren, was praktisch unmöglich ist. So kann man sie nicht einfach durch andere identische Tokens ersetzen.

Nicht austauschbar ist auch das Selbstbildnis mit Filzhut von Van Gogh. Wenn man es austauschen würde, hätte man es durch eine Fälschung ersetzt.

NFTs sind ebenso Originale. Zu den Daten bei den NFTs kann man noch weitere hinzufügen, und so entstehen individuelle, nicht austauschbare virtuelle Gegenstände.

In Computerspielen wie dem Fantasyspiel „World of Warcraft" kann man so virtuelle Schätze als NFTs erschaffen: besondere Schwerter oder Rüstungen für die virtuellen Charaktere.

Und lieber Charles, stellen Sie sich vor, es gibt das „Spiel" CryptoKitties, bei dem man virtuelle Kätzchen als NFTs bekommen kann. Jede Katze ist einzigartig. Durch die virtuelle Paarung von Katzen kann man wiederum neue einzigartige Katzen schaffen. Die Vererbungslinien der Katzen bilden sozusagen wieder eine eigene Blockchain. Dass es mehr als ein Spiel ist, kann man am Preis für Katzen erkennen, die teilweise über 100.000 Dollar kosten können: ein Paradies für Zocker mit Katzenfaible.

Das NFT mit einem digitalen Kätzchen zeichnet eine Person eindeutig als Besitzer*in aus, wie eine Besitzurkunde. Dadurch werden die Katzenbilder zu handelbaren Wertgegenständen und somit als Anlageform interessant. So gibt es, neben Kryptowährungen, noch weitere Anwendungen der Blockchain, um andere Daten, die für bestimmte Dinge stehen, fälschungssicher zu speichern.

Das Kryptosystem Ethernium, die vielleicht stärkste Konkurrenz zu Bitcoin, bietet all dies. Im Gegensatz zu Bitcoin ist es nicht nur eine Währung, man kann damit noch viel mehr machen: Sogenannte dezentrale Anwendungen, wie die erwähnte Katzen-Zucht, erlauben die Verwendung der Blockchain für andere Zwecke. Bei Ethernium man kann über Verträge (Smart Contracts) NFTs erzeugen, die weitere digitale Daten enthalten und immer nur einen eindeutigen Besitzer haben können.

Auf diese Weise sind viele Anwendungen jenseits von digitalem Geld denkbar. Man könnte beispielsweise Immobilien über eine Art von digitalem Grundbuch verwalten [43]. So könnte die digitale Transformation einen Arbeitsbereich eines weiteren, sehr gut im Sattel sitzenden und gut verdienenden Berufszweigs gefährden: den der Notare.

Anhand des Vergleichs mit der Tätigkeit von Notaren kann man gut die Idee hinter den NFTs verdeutlichen. Man geht zu Notar*innen, um beispielsweise ein Grundstück zu erwerben, und diese kümmern sich um die korrekte Eintragung ins Grundbuch. Der Kaufende bekommt eine Besitzurkunde. Das funktioniert nur, weil Notar*innen und ihre Arbeit allgemein anerkannt sind: Was sie beurkunden und beglaubigen, ist somit für die Gesellschaft gültig, ähnlich wie ein Gesetz.

Die Blockchain kann man mit dem Grundbuch vergleichen. Man kann als einzelne Person hier keine Einträge fälschen, das würden die anderen Teilnehmenden nicht akzeptieren. Die Urkunde entspricht dem NFT. Ausgestellt werden diese digitalen Urkunden über die Miner, die für einen Eintrag in die Blockchain sorgen. Sind vielleicht die Miner die Nachfolger der Notar*innen?

Man hat sogar zuerst überlegt, die digitalen Impfzertifikate in einer Blockchain abzusichern, aber dann eine andere fälschungssichere Methode gefunden (vgl. Blog 6.5.3). Es gibt jedenfalls unbegrenzte Möglichkeiten bei der Verwendung von NFTs.

Warum also keine Kunstwerke mit NFTs verkaufen? Tatsächlich wird das gemacht, und der Kunstmarkt akzeptiert anscheinend das System. Der Künstler Beeple veröffentlichte seit 2007 täglich eines seiner rein digitalen Kunstwerke in einem sozialen Netzwerk. Das bekannte und altehrwürdige Auktionshaus Christies hat 2021 eine Collage aus den ersten 5000 dieser Bilder unter dem Namen „Beeples Opus" versteigert, als NFT, eingeschrieben in der Blockhain [10].

Beeple, der vorher nie viel Geld mit den Bildern machte, wurde schlagartig reich: Das NFT ging für 57,8 Millionen Euro über den digitalen Ladentisch der Blockchain in Ethernium. Käufer war der NFT-Investor MetaKovan. Was besitzt nun der glückliche Käufer? – Nicht mehr als eine Art digitales Zertifikat, das ihn als Eigentümer des Bildes bestätigt. Trotzdem sind die Bilder noch frei im Internet zugänglich, aber nur MetaKovan kann mit seinem digitalen Zertifikat wedeln und sagen: „meins!".

Als Geldanlage scheinen die NFTs interessant zu werden, beim klassischen Kunstmarkt ist das schließlich schon lange so. Klingt irgendwie nach einer riesigen Blase, finde ich – aber es scheint zu funktionieren. Wir beide, Ada und Charles, könnten als Kunstschaffende abräumen, wenn wir NFTs erzeugen würden und dafür Käufer*innen finden.

Ein Hirngespinst? Ja, vermutlich schon. Aber so schwer ist es gar nicht – hier kommt eine kleine Anleitung, lieber Charles. Vielleicht können Künstler*innen der Zukunft leichter reich und berühmt werden als Van Gogh, der zu seinen Lebzeiten nichts von seinem späteren Ruhm wusste. Zuerst benötigt man natürlich ein Kunstwerk, das kann ein beliebiges digitales Objekt, ein Bild, ein Film oder ein Audiofile sein. Wichtig ist, dass man nicht zweimal dasselbe Werk verkaufen kann, sonst ist es ja nicht einzigartig.

Wenn man also mehrere Werke verkaufen will, könnte man eine Serie an gut unterscheidbaren Werken schaffen. Natürlich benötigt man Zugang zu digitalem Geld, da auch die Gebühren der digitalen Marktplätze damit bezahlt werden, und zwar in Ether, der Währung des Kryptosystems Etherium.

Dann muss man sich eine Handelsplattform für die Kunstwerke auswählen, beispielsweise „OpenSea". Diese kann man mit seiner Wallet verknüpfen, ein weiterer Anmeldeprozess ist nicht nötig. Hier kann man die Werke, beispielsweise Digitalfotos, direkt hinzufügen. Man kann noch weitere Informationen über das Werk und eine Webseite für dessen genaue Beschreibung angeben. Bevor das Token zum Kunstwerk erstellt werden kann, muss man die Gebühren für das Mining in Ether entrichten. Denn nur, wenn das Bild als Ressource in der Blockchain bestätigt wurde, bekommt man das Token.

Die Gebühren für die Miner schwanken wie Aktienkurse. Normalerweise sind das keine geringen Beträge, es ist also Vorleistung nötig – ein gewisses Risiko ist dabei. Nach Erhalt des Tokens kann man das Werk verkaufen, das funktioniert wie bei der Auktionsplattform Ebay. Man kann einen festen Preis angeben oder man kann an den Höchstbietenden verkaufen. Einen Zeitraum, wie lange der Verkauf läuft, muss man ebenso angeben. Wer am Ende den Gewinn hat, der Miner oder man selbst oder beide, ist offen.

Für Beeple hat es sich jedenfalls rentiert, aber hier ist es wie so oft im digitalen Business: Es gibt wenige, die unglaublich reich werden, aber viele, die auf das große Geld hoffen, und leer ausgehen.

Mittels NFTs (Non-fungible Tokens) kann man originale digitale Kunstwerke schaffen und über Handelsplattformen verkaufen. Dies ist mit dem auf der Blockchain-Technologie basierenden Krypto-System Ethereum möglich. Der Hash der digitalen Daten des Kunstwerks wird hierzu im NFT in die Blockchain integriert. Ein NFT hat wie ein originales Kunstwerk folgende Eigenschaften: Es ist einmalig, zudem unteilbar. Es kann einem eindeutigen Besitzer oder einer eindeutigen Besitzerin zugeordnet werden, und man kann es nicht fälschen, da es Teil der Blockchain ist, die an sich fälschungssicher ist.

Gerade hat mir eine Mitarbeiterin von Harry den dritten Kaffee gebracht, da kommt er selber über den Hof aufs Büro zu und schlenkert einen Schlüssel in der Hand. „Fertig", ruft er, während er die Tür aufreißt. „Alles durchgecheckt – du kannst starten, wenn du willst." Zusammen laufen wir zum Camper. Das Mobil hier ist zwar nicht so charismatisch wie mein Douglas, aber ein Geschenk für mich: ein fahrbarer Untersatz, in dem ich übernachten kann, ein häufig vorkommendes Modell ohne auffällige Aufschrift – und ich kriege es hier ohne eigenes Zutun freundlich serviert.

Harry zeigt mir die Papiere. Zugelassen ist das Wohnmobil in Italien, ich soll einfach sagen, falls ich kontrolliert werde, dass ich es von ihm gemietet habe. Er gibt mir auch dazu ein Formular, das ich noch unterschreiben soll. „Dann passt alles", ruft er und erinnert mich in seiner Stimmgewalt an Josef.

„Wo soll ich den Bus eigentlich wieder abgeben?", frage ich Harry, während er den Camper öffnet. „Wohin willst du?", fragt er zurück, während er einen Deckel am Bus öffnet, um mir zu zeigen, wo ich Frisch- und Brauchwasser auffüllen und ablassen kann. „Nach Spanien, wohin genau, weiß ich noch nicht. Wie weit kann ich damit denn fahren?", frage ich weiter. Zu genau will ich meine Pläne nicht schildern. Ich habe mir überlegt, dass ich Brancos Tipp befolgen und zu Marcia nach Barcelona fahren könnte, von dort aus würde ich nach Südamerika fliegen. „Gut, wenn du nicht mehr weiterfährst, rufst du mich an, und wir regeln das, egal wo – das kriegen wir hin", sagt Harry. Ich bin beeindruckt. „Super, Harry! Vielen, vielen Dank, ich kann mich gar nicht genug bedanken", sage ich, aber er wiegelt ab. „Branco", sagt er nur und rollt vielsagend mit den Augen. Ich nicke lächelnd. „Branco", sage ich ebenfalls, und wir grinsen uns an.

Mit dem neuen Wohnmobil fahre ich los, mache mich mit seinen Eigenheiten vertraut. Nach dem leisen Douglas ist jetzt das Motorengeräusch noch ungewohnt für mich. Aus Venedig bin ich schnell draußen und mache mich weiter auf den Weg nach Westen. Erstmal will ich ein bisschen Strecke machen, beschließe ich, und lasse mich vom Navi leiten. Harry hat mich eindringlich gewarnt, ich solle mich unbedingt an die Geschwindigkeitsvorgaben halten. „Sonst kostet das richtig viel Geld. Wenn du Pech hast, ziehen sie dich auch raus." Das kann ich im Moment noch weniger gebrauchen als ohnehin, und ich fahre brav nach Tempolimit. Wobei das Wohnmobil nicht wirklich zum Rasen einlädt.

An einem Autogrill mache ich Pause, recke und strecke mich. Ich nehme mir ein bisschen Zeit und inspiziere die Inneneinrichtung etwas genauer. Es gibt hier alles, was ich brauche, etwas Geschirr, eine volle Gasflasche für den Kocher, Wasser. Ich bin sehr froh, wieder mit einem Wohnmobil auf Tour zu sein: Zur Not kann ich auf dem Parkplatz eines Supermarkts schlafen und ganz früh weiterfahren, den Tipp hat mir Harry hinter vorgehaltener Hand gegeben. Allerdings nur im absoluten Notfall, hat er mir eingeschärft. Auch hier ist es sehr unkommod, wenn man erwischt wird.

Im Autogrill gibt es nicht nur Lebensmittel, sondern auch ein dickes Sitzkissen mit einer wasserdichten Unterseite, das nehme ich mir mit, ebenso eine Decke, Kaffee, Kekse und H-Milch.

Inzwischen bin ich wieder auf kleineren Straßen unterwegs: Wenn ich schon durch Italien fahre, kann ich mir auch die schönen Landschaften und Dörfer möglichst aus der Nähe anschauen, finde ich. Wenn ich einen Schluck trinken möchte, halte ich an – auch in diesem Bus gibt es einen Espressokocher zum Zusammendrehen, ganz klassisch, und darin brühe ich mir ab und an ein Tässchen auf.

Mit dem heißen Kaffee in der Hand sitze ich auf einer Mauer und bin froh um das Sitzkissen, mit dem ich es mir etwas außerhalb einer kleinen Ortschaft bequem gemacht habe. Karla schreibt mir eine Mail, dass sie mich gleich mit einer mir unbekannten Nummer anrufen wird, ich antworte sofort mit „okay", und unmittelbar danach klingelt mein Telefon. Ich freue mich, sie zu hören, wundere mich allerdings über die andere Nummer in meinem Display. Das klärt sich sofort.

Leider hat sie keine guten Nachrichten: In ihrem Briefkasten war vor kurzem eine Postkarte, auf der nur „run, whore" stand. „Nicht abgestempelt", setzt Karla dazu, „die hat jemand persönlich bei mir eingeworfen". Seitdem hatte sie zuhause keine Ruhe mehr, hat bei Freunden übernachtet. Wenn sie draußen unterwegs war, hatte sie immer wieder den Eindruck, dass sie beschattet wird. „Und dann war meine Wohnungstür nur einmal verschlossen, als ich heimkam, aber ich sperre immer zweimal ab", sagt sie, sie macht oft sogar nochmal auf der Treppe kehrt, um sich dessen zu vergewissern. „Fehlt denn was aus deiner Wohnung?", will ich wissen.

„Nein, nichts – aber ich habe Schiss, dass die verwanzt ist oder so. Ich telefoniere mit dir jetzt auch vom Festnetzanschluss von einer Freundin. Außerdem habe ich mir ein gebrauchtes Handy mit Prepaid-Karte geholt, ohne dass ich mich registrieren musste – Chuck meinte per Mail, das sei zwar nicht ideal, aber besser als gar nichts. Damit rufe ich dich aber nicht an. Auch wenn du jetzt ebenfalls nicht mehr mit deiner alten SIM-Karte telefonierst."

„Ich komme mir vor wie in irgend so einem Gangster-Film", sage ich, schaue auf das friedliche italienische Dörfchen, durch das ich gerade gefahren bin, und schüttle den Kopf. „Mir kommt das alles auch total irre vor", Karla seufzt, „einmal fühle ich mich wie so ein Überwachungs-Hypochonder und sehe überall Leute, von denen ich glaube, sie beobachten mich. Dann fühle ich mich total sicher, bis ich sehe – oder glaube zu sehen –, dass eine Frau mit fliehendem Kinn schon seit längerem immer in dem U-Bahn-Waggon oder der Tram oder dem Café sitzt, in dem ich auch gerade bin, und das kommt mir dann komisch vor. Oh Mann, Anna – da habe ich ein ganz schönes Wespennest erwischt", sagt sie und seufzt nochmal noch tiefer. „Allerdings", pflichte ich ihr bei. Ich kenne ja die Spirale aus Paranoia und wieder Beruhigung selbst zur Genüge. Durch meinen Fahrzeugwechsel dank Branco und Harry habe ich zwar das Gefühl, möglichen Verfolgern ein Schnippchen geschlagen zu haben. Aber ich schaue öfter in den Rückspiegel als sonst und versuche, Auto-Typen und Nummernschilder etwas im Blick zu behalten. Das erzähle ich Karla, sie versteht das im Moment sicher am besten.

Im Laufe des Gesprächs können wir dann sogar etwas kichern, wir witzeln darüber, wie wir mit dicken Schnauzbärten und Nadelstreifenanzügen getarnt abhauen könnten. Tatsächlich hat Karla beschlossen, für einige Zeit aus Berlin zu verschwinden. Das mit der Karte und der Wohnung hat sie stark beunruhigt. „Ich kann in der Wohnung einer Freundin von Franzi in Leipzig wohnen, die gerade beruflich länger weg ist", sagt Karla. Ihre Arbeit kann sie auch komplett aus dem Homeoffice erledigen, das hat sie bereits alles geregelt.

Andererseits macht sie sich Sorgen, dass sie so Franzi vielleicht mit in die Sache reinzieht. „Das verstehe ich, aber ich denke, die können doch nicht alle Leute um dich rum ins Visier nehmen", ich versuche, sie zu beruhigen, obwohl ich mir alles andere als sicher bin, ob ich da recht habe. „Komm doch auch nach Barcelona, dann treffen wir uns schon bei Marcia", schlage ich vor.

Erst hält Karla das für eine übertriebene Maßnahme, aber nach ein bisschen Nachdenken meint sie, es wäre immerhin eine Option. Allein das sorge schon für ein bisschen Erleichterung. Denn dieses Gefühl, jemand könnte einen verfolgen, geht ihr an die Nieren. „Es ist wie ein stetiger Stresstropfen, der hinten in meinem Kopf entlangrinnt – keine Ahnung, wohin, und wann das überläuft"; Karla ist manchmal ein Fan von wilden Metaphern, wie mir schon ein paarmal aufgefallen ist.

„Damit das Stress-Geträufel langsam versiegt: Ich rufe gleich mal bei Marcia an, denn die muss ich vorher natürlich noch fragen, ob das klappen würde. Und du sei bitte vorsichtig, Karla", ich versuche, ernst, aber nicht zu bedrückt zu klingen. „Ich halte die Augen offen", sagt Karla. „Ich habe mir zwar noch keinen Schnauzer stehen lassen, aber ich werde mir meine bunten Strähnchen überfärben – die sind schon auffällig." Wir verabreden uns, vor allem per Mail weiter in Kontakt zu bleiben.

Marcia ruft begeistert „Anna!" ins Telefon, als sie den Anruf per verschlüsseltem Messenger annimmt und ich mich melde. Ihrem Sergio und ihr geht es wohl richtig gut, sie sitzen gerade am Strand in Barcelona, haben ein Picknick dabei – „die Oliven hier, Anna, du musst kommen und die auch probieren, du wirst sie lieben", schwärmt Marcia und schmeißt sich, den Geräuschen nach zu urteilen, gleich eine Handvoll in den Mund.

Nach ein bisschen Geplänkel will ich auf den eigentlichen Grund meines Anrufs zu sprechen kommen, da fragt Marcia schon nach dem Stand der Dinge. Ich hatte ihr ja schon von Karlas Squillion-Erlebnissen erzählt und abgemacht, dass ich bei ihr Unterschlupf finden kann. Dass Karlas Gegenwehr jetzt für sie und auch mich so gefährlich werden kann, findet Marcia krass. „Wenn ich noch irgendwie helfen kann – sag es bitte", bietet sie an. „Da gibt es tatsächlich was", sage ich vorsichtig, und frage sie, ob sie eine Möglichkeit sieht, auch Karla in Barcelona unterzubringen. „Überhaupt kein Problem, wir haben ein Gästezimmer, da könnt ihr locker zu zweit schlafen. Ich würde mich freuen, Karla kennenzulernen, und ich will ihr wirklich gerne helfen", antwortet Marcia sofort. Sie ist so eine großzügige, liebenswerte Freundin, ich bin sehr dankbar.

„Pass auf, das wird toll – wir feiern in Barcelona, dass deine Karla es diesen Riesen-Arschgeigen aus Amerika gezeigt hat", ruft sie. Eine wunderbare Vorstellung, wenn auch etwas verfrüht, fürchte ich. „Ich hoffe, dass wir bald Grund zum Feiern haben, im Moment haben wir eher Gründe, unterzutauchen. Aber wenn der ganze Kokolores rum ist, gibt es eine fette Party", ihr und mir selbst zuliebe versuche ich, optimistisch zu klingen.

Mit meinem Prepaid-Handy könnte ich theoretisch auch bei Chuck anrufen, aber er bevorzugt den schriftlichen Kontakt. Also schreibe ich ihm eine gute alte Mail. In einer seiner letzten Mails hat er mir empört davon geschrieben, dass Evita um ein Haar als streunendes Huhn in die Fänge einer Gockel-Küche geraten wäre. „Nur weil ich sie nicht einenge und ihre natürliche Lauflust nicht eingrenze", schrieb er.

„Häng ihr halt ein Schild um: unberührbares Huhn, nicht zum Verzehr geeignet, und dann deine Kontaktdaten als Besitzer", hatte ich ihm halb scherzhaft geraten. Chuck zog das in seiner Antwort ernsthaft in Erwägung, hatte aber keine Idee für eine Vorrichtung, die gut lesbar und auffällig, aber auch nicht beschwerlich für Evita ist. Außerdem schreibt er empört: „Besitz! Man kann doch so ein Geschöpf nicht besitzen! Wir begleiten uns gegenseitig, nicht wahr, meine fedrige Gefährtin?"

Beim Nochmal-Durchlesen schüttle ich grinsend den Kopf. Jetzt tippe ich weiter, berichte von Karlas Erlebnissen. Fast sofort kommt seine Antwort: „Das wundert mich nicht. Sie steht nochmal ganz anders im Fokus als du, Anna, und ich schätze, dass sie auch dir schon auf die Finger schauen, das war kein Zufall da auf der kroatischen Insel, wenn du mich fragst." Den Plan, zu Sven in die Atacama-Wüste zu fliegen, hält er für genial – „das ist wirklich das Ende der Welt – und der Anfang des Sternenhimmels, sozusagen". Das ELT finden wir beide schon allein wegen seines Namens klasse, „Extremely Large Telescope": schnörkellos, für ein kleines Kind verständlich und präzise, findet Chuck, und ich pflichte ihm bei. Es ist immer wieder bereichernd, mit ihm über alles Mögliche zu schreiben. Und eine gute Ablenkung von den ernsteren Themen.

Nach der Mailerei spüle ich meine Tasse aus, verstaue den Espressokocher und setze mich wieder ans Steuer des neuen Busses. Er ist nicht so ein Unikat wie Douglas, daher braucht er auch keinen Namen. Ich bin kein Fan davon, aus Prinzip alle möglichen Gegenstände und Vehikel zu taufen. Die Namensgeber des ELT-Teleskops haben es wunderbar vorgemacht. Dieser Bus heißt Bus. Oder Camper. Und mit dem sollte ich mir für die nächste Nacht einen guten Stellplatz sichern. Denn die Notvariante auf dem Supermarktparkplatz, von der mir Harry erzählt hat, will ich tunlichst vermeiden.

Ich durchquere Hügel, auf denen sich Weinstöcke und Olivenbäume abwechseln. Vor mir fährt eine Zeitlang ein schmaler Traktor her, den ich trotz seiner geringen Breite lieber nicht überhole. Dazu müssen mir die Maße meines Campers erst noch besser vertraut werden, und auf den sich schlängelnden Straßen kommen auch immer wieder recht flotte Autos im Gegenverkehr. Also lasse ich andere Pkw und Roller an mir und dann auch an dem Traktor vorbeiziehen, bis das Fahrzeug vor mir abbiegt und ich ins nächste Dorf gelange. Auf der Straße habe ich Ausschau nach Campingplatz-Hinweisen gehalten, aber nichts entdeckt. Jetzt will ich bei einer kleinen Pause nochmal recherchieren, wo der Bus und ich über Nacht bleiben können.

Mitten auf dem Dorfplatz sehe ich eine nette Bar mit Stühlen in der Sonne, wo ich Platz nehme und erstmal eine Orangina trinke. Ein absoluter Kindheitsgeschmack, sommerlich und süß und nach Urlaub. Das hebt meine Laune. Auf meinem neuen Smartphone schaue ich nach Übernachtungsmöglichkeiten in der Umgebung.

Ein bekanntes Geräusch holt mich aus der Konzentration, und ich schaue mich um: Ein charakteristisches Glucken habe ich deutlich gehört, und jetzt ertönt es nochmal. Hier müssen irgendwo Hühner sein, oder zumindest ein Huhn. Langsam gehe ich in die Richtung, aus der das Glucken und Prusten gekommen ist, biege um eine Ecke und sehe in einem offenen Garten- oder eher Hoftor ein paar bunte Hennen, die pickend und laut gluckend auf dem Wiesenstreifen herumscharren.

Die lauteste, eine graugefiederte Henne, hat einen Trick: Immer, wenn eine Kollegin von ihr Beute gemacht hat, rennt sie, so schnell sie kann, dorthin und versucht, den Leckerbissen der anderen aus dem Schnabel zu picken. Wenn sie dazu eine größere Strecke zurücklegen muss, fängt sie an zu flattern, und hebt ein bisschen ab. Das führt aber nur dazu, dass die Henne mit der Beute erschrocken noch weiter wegrennt. Richtig viele Happen kriegt die Graue auf diese Weise nicht ab, aber ich schaue mir das Ganze eine Weile amüsiert an.

In meiner Tasche finde ich noch einen Apfel, den ich gleich aufesse. Den Butzen beiße ich in mehrere Teile und werfe sie den Hühnern zu, die gleich scharenweise mit ruckenden Köpfen darauf zu laufen. Auch die Graue sputet sich und ergattert sofort ein Stück, von dem ihr wiederum eine Braune etwas abreißt.

Weitere Hühner-Gutties habe ich nicht anzubieten. Ich strecke mich in der Sonne und will gerade wieder zu meinem Bus zurücklaufen, da kommt eine alte Frau schräg über den Hof auf mich zugestochen. „Buon giorno", grüße ich freundlich, und sie überschüttet mich mit einem Wortschwall auf Italienisch, von dem ich so gut wie gar nichts verstehe. Ich kann leider nur ein paar Brocken – aber mit denen bin ich hier aufgeschmissen. „Scusi, no comprendo", stottere ich im besten Touristen-Italienisch, aber die Frau trippelt weiter auf mich zu. Sie redet noch lauter, schreit fast, schwenkt die Fäuste, und ich fürchte, dass sie irgendetwas falsch verstanden hat – nicht dass sie glaubt, ich will ihren Hühnern etwas Böses. „Bellissime", ich deute auf die Hennen, und versuche, ihre Schönheit zu loben. Was davon bei ihr ankommt, kann ich nicht beurteilen, sie ist schon fast bei mir angelangt, immer weiter zeternd – mir scheint es sicherer, jetzt weiterzuziehen, ich sage „arrivederci" und drehe mich um. „Signorina! Stoppe!", schreit sie fast an meinem Ohr, und ich drehe mich wieder zu ihr um.

„Calmati", sagt eine Männerstimme. Ein Mann in Arbeitsklamotten kommt mit einer Schubkarre um die Ecke eines Schuppens gefahren. „Nonna!", ruft er, die alte Frau wendet sich zu ihm, ihr Redeschwall geht nun in seine Richtung. Das ignoriert er – vermutlich dank jahrelanger Übung – und geht auf mich zu. Auf Englisch spricht er mich an, und ich berichte ihm von meiner Sorge, die

Nonna – also Oma – könnte meinen Apfelbutzen für etwas anderes gehalten haben. Er lacht, schiebt sein Käppi in den Nacken und erklärt mir, dass die Nonna ein bisschen verwirrt sei. Auf ihre Hühner sei sie unbändig stolz, habe schon ein paar Preise gewonnen bei Ausstellungen. Diese Vögel seien ihr ein und alles. Und sie habe furchtbar Angst, dass ihre schärfsten Konkurrenten ihre Hühner ausschalten wollen. „Sie hatte Sorge, dass Sie eine – wie sagt man? – Attentäterin sind, die den Hühnern Gift oder so etwas hinwerfen will", er zuckt grinsend mit den Schultern. Ich bitte ihn, der Nonna zu sagen, was wirklich passiert ist.

Die hat sich zwischen die Hühner in die Hocke begeben – eine agile alte Frau, bemerke ich – und gibt ihnen aus ihrer Schürzentasche irgendwelche Körner, auf die sie alle vogelwild sind und um die Nonna herumplustern und picken. Schnell und energisch spricht der Mann auf sie ein, und nach einigen Sätzen wendet sie den Kopf und schaut mich an. Langsam erscheint ein Lächeln auf ihrem Gesicht. Ich lächle zurück, nicke, und wiederhole mein „bellissime", während ich auf die Hühner deute. Sie nickt gnädig, steht auf und geht mit eiligen Schritten ins Haus.

Fragend blicke ich ihren Enkel an. Der zuckt wieder mit den Schultern, grinst und erklärt, seiner Meinung nach sei jetzt alles in Ordnung. Doch da kommt die Nonna wieder zurück, hält mir erst einen Eierkarton hin und holt dann aus ihrer Schürzentasche drei Schnapsgläser und eine Flasche mit klarem Inhalt. Erst pflanzt sie ihrem Enkel zwei, dann mir ein Glas in die Hand und schenkt ein. Sie hebt ein Glas, funkelt mich an, ich erwidere ihren Blick, und sie stürzt den gesamten Inhalt geübt in ihre Kehle. Ich tue es ihr nach, schüttle mich ein bisschen und sage: „Wow – great!" Der Enkel lacht, ich bedanke mich herzlich für die Eier, von denen ich mir morgen gern einige zum Frühstück braten werde, kündige ich an. Der Enkel, er stellt sich jetzt als Mario vor, fragt mich, wo ich hinwill, und ich deute auf meinen Campingbus, dessen geparkte Schnauze gerade noch zu sehen ist.

Als ich ihm von meiner Herbergssuche erzähle, gibt es ein kleines hühnerbedingtes Deja-vu: Er lädt mich ein, den Bus auf dem Hof zu parken und dort für die Nacht Station zu machen. Wunderbar, damit hat sich mein Problem erledigt. Schnell fahre ich die kurze Strecke, und stelle mir einen Stuhl und ein kleines Tischchen, beides war zum Glück im Bus vorhanden, in die Sonne.

Die Hühner halten sich erst in gebührendem Abstand, kommen dann aber auf ihren zickzackigen Geflügelpfaden immer näher. Ich mache ein paar Fotos und filme auch kurz. Chuck wird hingerissen sein und mir aus tiefster Überzeugung sagen, dass man nie falsch liegt, wenn man sich dorthin orientiert, wo Hühner sind. Wobei er da nicht unrecht hat, das bestätigen meine eigenen Erlebnisse.

Auf dem Smartphone schaue ich mir meine Machwerke noch einmal an, um ein paar auszuwählen, die ich an Chuck schicken will. Ein paar Makroaufnahmen von zuckenden Hühnerköpfen mit schlenkernden Kehllappen und ruckenden Augen finde ich gut. Aus einem mache ich gleich einen kleinen Loop.

Dann fällt mir etwas ein: Als ich über digitale Kunst schrieb, hatte ich schon schemenhaft die Idee, auch mal selber ein Kunstwerk anzubieten. Warum nicht selber einen NFT, ein Non Fungible Token verkaufen? Wie das läuft, habe ich mir ja bereits angeschaut. Es dauert ein bisschen, aber dann habe ich mich registriert und zögere: Um ein Kunstwerk anbieten zu können, muss ich an die Handelsplattform erstmal einen Betrag zahlen. Der schwankt, im Moment ist er eher hoch.

Also, der Chicken-Loop ist gut, ich mache noch ein paar Aufnahmen, die ich vielleicht noch verwerten kann. Hühner-Künstlerin – ein weiteres Standbein für mich? Da würde vermutlich Chuck neidisch werden. Oder wir machen eine Kooperative, spinne ich vor mich hin. Wobei ich mich beim Thema für künstlerische Arbeiten nicht so sehr auf ein Motiv festlegen will, denke ich weiter. Die transparenten Geckos, die ich in Thailand so gern an den warmen Mauern beobachtet habe, wären sicher auch was. In diese Gedanken bin ich versunken, kritzele ein bisschen auf meinem Tablet, überlege, ob ich etwas mit Green Screen machen soll. Weil die Hühner auf einer komplett grünen Wiese herumlaufen, könnte ich sie ja auch in einem Film in eine ganz andere Umgebung versetzen. Raumschiff? New York? In die Matrix wie aus dem Kinofilm? Ins Hotel, auf das Jack Nicholson und seine Familie in „The Shining" aufpassen sollen? Ganz klassisch in ein Gemälde wie Naked Lunch? Oder ein Parcours durch alle möglichen Szenerien?

Ich mache mir eine Liste mit Möglichkeiten und bin inspiriert. Schließlich leben wir in Zeiten, in denen zum Beispiel Pandemien schnell einmal viele analoge Möglichkeiten aushebeln können. Da sind digitale Angebote auch zur Kultur noch wichtiger: neue Konzert-Formate als Ergänzung, virtuelle Rundgänge, Online-Workshops. Viele Leute haben sie wohl aus der Not heraus in Zeiten von Lockdown und Kontaktbeschränkungen ganz anders zu nutzen gelernt – jetzt können sie eine angenehme Erweiterung sein. Was die Leute da entdeckt und für sich erobert haben, behalten sie dann auch weiterhin auf dem Schirm, davon bin ich überzeugt. Sicher auch auf dem Kunstmarkt.

Als ich gerade meine Liste weiterschreibe und bei der Idee kichern muss, die Hühner bei einer Modenschau auf dem Laufsteg mitmarschieren zu lassen, kommt die Nonna aus dem Haus, in der Hand eine Schale, aus der es verheißungsvoll dampft. „Minestrone", sagt sie knapp und stellt die Schale vor mir auf den Tisch. Dieses Wort ist mir natürlich geläufig. Ich danke ihr und beginne, die köstlich duftende Suppe zu essen.

Schnell hole ich ihr einen Stuhl, sie nimmt Platz und schaut mir zufrieden nickend beim Genießen zu. Ab und zu brummelt sie etwas. Mit Gesten gebe ich ihr zu verstehen, dass ihre Suppe hervorragend schmeckt. „Molto buono, optime", radebreche ich, sie lächelt und winkt ab. Bei jedem zweiten Löffel nickt sie mir zu, bis ich alles aufgegessen habe.

Nach einem kleinen Spaziergang mache ich mich an meine Arbeit. Im Moment sind so viele Themen im Orbit, dass ich lieber dranbleibe. Also: ans Werk, sage ich mir, und klappe den Laptop auf dem kleinen Tisch auf. Es dauert nicht lang, und eine graue Katze mit einem weißen Fleck auf der Brust und einer weißen Pfote kommt neugierig zu mir, schnüffelt an den Tischbeinen und an meinen Füßen, streift um meine Beine – aha, es ist ein Kater. Er reckt den Kopf nach oben und macht den Hals lang, damit ich ihn ausgiebig unterm Kinn kraulen kann. Dann legt er sich direkt neben meinen Füßen zu einem Nickerchen hin und schnurrt, wenn ich ihn mit den Zehen ein bisschen streichle.

Mario kommt immer wieder vorbei, mit Werkzeugen beladen, nickt mir zu und ruft über die Schulter, das sei eine Ehre, dass mich Guglielmo besucht. Der graue Kater sei normalerweise scheu und lasse sich kaum anfassen. Ich finde es gemütlich, so geht auch die Übersetzerei gut von der Hand. Zum Glück, denn ich finde in meinem Arbeits-Mailfach die adrenalintreibende Nachricht, dass sich eine Frist verkürzt hat und ein Teil der Smarthome-Anleitungen schon zwei Wochen früher als geplant fertig werden muss, wenn es irgendwie geht, dafür wird mir ein Bonus angeboten. Okay. Also nehme ich mir gleich den Rest dieses Texts vor. Umgeben von Hühnern, einem Kater, Nonna und Mario fühle ich mich richtig wohl: sicher und ein bisschen außerhalb einer Welt, in der Mobbing-befürwortende Konzerne sich mit unberechenbaren Aktionen gegen Whistleblower wehren. In meinen Pausen laufe ich ein bisschen herum und füttere per Audio-Aufnahme meinen Blog.

7.3 Ich sehe was, was Du nicht siehst
– Grafische Oberflächen

Posted by Ada L.

14. Mai

Lieber Charles,

In der Zeit der frühen Personal- oder Homecomputer hielt die digitale Technik Einzug in die Büros und in die privaten Haushalte. Die Bedienung allerdings war vergleichsweise kompliziert, man musste über die Kommandozeile dem Computer in einer speziellen Kommandosprache befehlen, was er tun soll. Betriebssysteme wie das noch bekannte DOS von Microsoft (vgl. Blog 6.6) oder das heutzutage weniger bekannte CP/M (Control Program for Microcomputers) waren verbreitet. Die Firma Xerox entwickelte ab den 1970er Jahren in ihrer Forschungsabteilung Xerox PARC neue visionäre Computer. Der erste dieser Computer, der Xerox Alto, war bereits mit einer Maus und einer grafischen Benutzungsoberfläche ausgestattet.

Es gab auch schon einen WYSIWYG-Texteditor. WYSIWYG bedeutet „What you see is what you get". Damit ist gemeint, dass man die Vorschau auf dem Screen, so wie sie dort zu sehen ist, auch genau so ausdrucken kann. Der Screen hatte beim Xerox Alto dazu ein Hochformat, ähnlich wie ein Blatt Papier.

Für den nächsten Rechner, den Xerox Star, hatten die Forscher eine absolut moderne Oberfläche entwickelt. Im Wesentlichen könnten sich heutige User*innen auf der damals entwickelten Oberfläche immer noch zurechtfinden: Es gab überlappende Fenster mit Scrollbars und Icons. Dateien konnten per Drag and Drop (Ziehen und Loslassen) mit der Maus verschoben werden. Steve Jobs bekam 1979 mit seinem Team für eineinhalb Stunden eine Führung durch die Forschungslabore. Im Gegenzug erhielt Xerox vergünstigte Aktienpakete von Apple.

Die Ideen, die die Apple-Ingenieur*innen hier sahen, flossen direkt in die neue Generation der Apple-Computer ein, vor allem in den Apple Macintosh, den Mac, der dann 1984 vorgestellt wurde. Dieser Computer war dann wegen des im Gegensatz zu den Xerox-Computern vergleichsweise günstigen Preises ein Erfolg. 1989 verklagte Xerox Apple wegen Ideendiebstahls, jedoch ohne Erfolg [6].

Später, 1985, brachte die Firma Microsoft, die zuvor bereits in Zusammenarbeit mit Apple Office-Programme für den Macintosh entwickelt hatte, Windows heraus, eine grafische Betriebssystemoberfläche, die von DOS aus gestartet werden konnte [18].

Auch hier gab es den Vorwurf von Steve Jobs, Bill Gates habe ihm die Idee gestohlen, zu der Jobs sich zuvor bei Xerox hatte inspirieren lassen. Jedenfalls erleichterten die grafischen Oberflächen die Computerbedienung erheblich, man musste kein Spezialist mehr sein, um mit einem Computer zu arbeiten. Wer wann welche Idee hatte, lässt sich schwer sagen, aus heutiger Sicht.

Lieber Charles, so wie Sie der Erfinder des Computers sind, aber auch Alan Turing, Conrad Zuse und John von Neumann den Computer erfunden haben, war es auch mit den grafischen Oberflächen: Wieder mal war die Zeit einfach reif dafür. Die Erfindung der grafischen Oberflächen begann eigentlich schon früher, mit der Entwicklung der Maus, die nicht bei Xerox erfunden wurde.

Auch hier ist die Lage komplex. Die Idee für eine Maus stammt aus Deutschland. Von der Firma Telefunken wurde das Konzept 1968 veröffentlicht und für ihre Computer 1969 unter der Bezeichnung Rollkugelsteuerung auf den Markt gebracht. Als Erfinder der Maus wird hingegen meist Douglas Engelbart genannt, der allerdings erst kurz nach der Veröffentlichung durch Telefunken einen Maus-Prototypen vorstellte. Dessen Idee wurde dann von Xerox aufgegriffen.

Lieber Charles, wie Sie sicher schon ahnen, wurde die Firma Telefunken nicht reich mit der Rollkugelsteuerung. Das lag nicht nur am sperrigen Namen, wie Sie vielleicht vermutet haben. Vielmehr konnte das deutsche Patentamt die so genannte Erfindungshöhe nicht feststellen und erteilte kein Patent, das amerikanische Patentamt für die Maus von Engelbart hingegen schon. Anhand dieser Geschichte können Sie sehen, dass es beim Erfolg von Produkten aus der digitalen Welt nicht allein auf die zündende Idee, sondern vielmehr auch auf erfolgreiches Marketing und das richtige Gespür für Innovationen ankommt.

Alte Betriebssysteme hatten keine grafische Oberfläche, sie wurden über die Eingabe von
Kommandos mit der Tastatur gesteuert. Seit der Einführung der Computermaus gibt es
grafische Oberflächen, mit denen Programme ihre Ausgaben in einzelnen Fenstern darstellen
können. Bei Desktop- oder Laptop-Rechnern können sich diese Fenster überlagern und auf
mehrere Screens verteilt werden. Bei Mobilgeräten werden diese mit Wischgesten per Finger
gesteuert.

Abends kommt Maria nach Hause, Marios Frau, „genau, Maria und Mario",
sagt sie und lächelt mich an. Sie arbeitet in Bologna in einer Werbeagentur
und pendelt die gut 60 Kilometer mehrmals pro Woche hin und zurück. „Dass
ich abends das hier habe", sie macht eine Geste, die den Hof, die Bäume und
die Landschaft mit einschließt, „das ist mir die Fahrerei wert". Ich verstehe
sie und erzähle ihr von meinem Arbeitsnachmittag im Freien. Immer wieder
arbeite auch sie aus dem Homeoffice, sagt Maria. Seit der Pandemie sei ihr
Internet-Anschluss richtig fett ausgebaut, so dass das auch aus dem kleinen
Dorf kein Problem ist.

Auch Mario arbeitet von zuhause aus, erzählt er, als wir alle mit einem
Glas Wein, Brot, Oliven, Käse und Salami und Radieschen bei einer Vesper
hinter dem Haus auf der Terrasse sitzen. Er ist Programmierer, baut und betreut
Webseiten. So kommen wir schnell in ein immer nerdiger werdendes Gespräch,
während Maria und Nonna auf Italienisch plaudern. Der graue Kater Guglielmo
hat sich, nachdem er am Tisch ein paar Stückchen Schinken erbettelt hat, auf
einem noch restwarmen Mauerstück zusammengerollt und blinzelt ab und zu.

Die Hühner sind natürlich schon längst im Stall, „das macht alles die
Nonna", sagt Mario, als ich nach der Aufgabenverteilung frage. Früher hatte
die Familie einen großen Bauernhof mit Vieh, aber als Marios Vater starb und
das Überleben für Familienbetriebe immer schwieriger wurde, reduzierten sie
immer weiter. „Nebenher hier draußen arbeiten, das gefällt mir gut, einen
kleinen Weinberg haben wir auch noch und ein paar Olivenbäume. Aber zum
Geldverdienen", er schüttelt den Kopf.

Nach einem Glas Wein geht die Nonna ins Bett, Mario, Maria und ich
bleiben noch eine Weile sitzen. „Du kannst bleiben, so lange du willst", sagt

Maria noch zum Abschied – ich bin gerührt und dankbar darüber, dass ich schon wieder hier in Italien so großes Glück mit zufälligen Bekanntschaften habe, die mir einen Stellplatz, nette Gesellschaft und hier die beste Minestrone, die ich je gegessen habe, beschert haben. „Die Spur der Hühner", höre ich Chuck in meinem Kopf sagen.

Dann schlüpfe ich in mein neues Camper-Bett, das mir noch etwas unvertraut ist, aber auch bequem. Es gibt kein Fenster in den Sternenhimmel, durch das ich unverhoffte „Besucher" vom Kopfkissen aus erspähen kann. Ich kuschle mich in meine Decke und überlege, wie lange ich hierbleiben will, verschiebe die Entscheidung aber auf den nächsten Tag, denn ich schlafe schnell ein.

Nun sind es doch vier Nächte geworden, die ich bereits hier im Hof von Mario, Maria und Nonna verbringe – oder eigentlich bei Guglielmo, denn er ist hier eindeutig der Herr im Haus. Immer wieder erweist er mir die Gnade, bei mir ein bisschen zu schlummern, eine sehr genau bemessene Streicheleinheit abzuholen und dann wieder seiner majestätischen Wege zu gehen.

Eigentlich drängt es mich, weiterzufahren, nach Barcelona und Atacama abzuhauen. Andererseits fühle ich mich hier sehr sicher. Karla muss sich noch um eine Reisepass-Angelegenheit kümmern und kann noch nicht sofort los, auch daher kann ich diese Zeit so überbrücken. Und ich nutze die Möglichkeit, arbeitsmäßig richtig ranzuklotzen: Es waren auch zwei Tage mit diesigem Wetter mit immer wieder Regen dabei, an denen ich gern in meinem Camper saß und mich weiter in meinen Text reingearbeitet habe. Dazu durfte ich von Nonnas wunderbarem Essen profitieren.

An den Abenden habe ich mich mit Marios Dauerproblem herumgeschlagen. Er will Daten aus einer uralten Datenbank eines Freundes exportieren und in eine neue Datenbank importieren, aber da kommt nur Unsinn heraus, weil irgendwas mit der Zeichencodierung falsch läuft. Gemeinsam haben wir uns in die Finessen der Langzeitarchivierung vertieft: Es ist nicht so einfach, richtig alte Daten zu bergen – wir witzeln, dass wir wie Taucher einen alten Piratenschatz aus einem versunkenen Wrack heben. Denn wenn Daten nicht ständig auf aktuelle Speichermedien gesichert werden, wird es irgendwann richtig schwierig.

Wir tüfteln zusammen herum, bis wir einen Weg gefunden haben. Marios Freund ist Künstler und hat vor Jahrzehnten begonnen, seine Notizen, gefundene Zitate und Kritzeleien in einem uralten Computer festzuhalten. Das Teil hat nun doch den Geist aufgegeben, und die Rettungsarbeiten sind gelinde gesagt schwierig. Eindeutig ein Thema für meinen Blog, befinde ich, und setze es auf die Liste.

Mario ist als Programmierer auch in Sachen Datenarchivierung kein Laie. Bei so einer alten Kiste hatten wir aber wirklich zu tun, bis wir Erfolg hatten. Als Gegenleistung für Kost, Logis und netten Familienanschluss war das ein kleiner Aufwand.

Außerdem backte ich für uns alle aus dem Eier-Überfluss der Hühner verschiedenes: einen Kirsch-Auflauf mit Vanillesoße aus eingeweichten Semmeln, hier eben Weißbrot. Der kam sehr gut an, ebenso der versunkene Apfelkuchen. Für den habe ich ein Rezept, für das man sechs Eier braucht. In einem Hühnerhalter-Haushalt eines, das gern zum Einsatz kommt. Maria hat es sich sofort notiert. Sogar die Nonna hat mich lobend angelächelt.

Weil ich aber auch nicht zu lange die Gastfreundschaft hier ausnützen will, ziehe ich weiter. Es war einfach schön, dass ich mich hier sicher und unbeobachtet fühlen konnte. Dass ich auch noch jobmäßig schon fast mein nächstes Projekt fertigstellen konnte, ist ein weiterer Pluspunkt. Ich habe das Gefühl, seitwärts für ein paar Tage aus den ganzen Squillion-Widrigkeiten rausgetreten zu sein. Aber ewig geht das nicht, also schirre ich wieder an und mache mich wieder auf den Weg.

Weil mir Maria ausgiebig von den Schönheiten Bolognas vorgeschwärmt hat – und weil ich seit Langem das Lied der österreichischen Band Wanda mag, in dem eine wilde Tante in Bologna besungen wird – kann ich nicht einfach um diese Stadt herumfahren. Inzwischen ist das Wetter wieder besser geworden, die Sonne schaut durch kleine Wölkchentupfer am Himmel; im Schatten fröstelt es mich manchmal, aber die Sonne hat schon richtig Kraft. In der Innenstadt flaniere ich durch die Arkaden und trinke jeweils einen Cappuccino in zwei Bars hintereinander, weil sie so schön sind und ich nicht widerstehen kann.

So viele ehrwürdige Gebäude aus rotbraunem Stein: Das habe ich eher mit Siena verbunden. Als ich vom Torre degli Asinelli, der Turm ist ein Wahrzeichen Bolognas, über die Altstadt schaue, bin ich entzückt vom Ausblick. Obwohl ich vorher die knapp 500 Stufen zur Aussichtsplattform nach oben gelaufen bin – und inzwischen ist es richtig warm geworden, schweißtreibend auch schon ohne Treppentraining. Der Rundumblick versöhnt mich vollkommen mit der Anstrengung. Ich nehme mir vor, nach der guten Küche von Nonna wieder öfter laufen zu gehen. Daneben ragt der Torre Garisenda schräg nach oben, er ist etwa halb so hoch wie der, den die Asinellis erbaut haben: Ein

Überbietungssport, welche Adelsfamilie den höheren Turm bauen lässt, hat früher zu einem Wildwuchs an Türmen geführt. Ich kann mir denken, was meine Freundin Lola zu phallischen Bausymbolen zu sagen hätte, und grinse ein bisschen vor mich hin.

Das mit dem Training werde ich mir nach einer weiteren Schlender-Runde durch die Gassen Bolognas noch deutlicher auf die Liste schreiben. Bologna hat nicht ohne Grund den Beinamen „la grassa", die Fette, denn das Essen ist unglaublich gut. In einer Trattoria esse ich Tortellini in einer Brühe, die himmlisch schmecken. Für die Ausgewogenheit kaufe ich mir noch etwas frisches Obst, das mich aus der Auslage von den Obstständen anlacht, die es hier überall in den Gässchen gibt.

Auf dem Rückweg zum Wohnmobil gehe ich durch die Stadt, schaue mir in einem Café die verlockend getürmten Berge an Eiscreme an, schaffe aber gerade nichts mehr. Ein Stück weiter bleibe ich an der Auslage eines Schuhgeschäfts hängen und überlege, ob ich mir ein paar Trekking-Schuhe kaufen soll. Kurz entschlossen gehe ich hinein und bin gerade dabei, einige Paare anzuprobieren, als ich im Spiegel ein vertrautes Paar dichte Augenbrauen unter einer Strickmütze auftauchen sehe – darüber hängt ein halb abgerissenes Etikett. Mühsam unterdrücke ich den ersten Impuls, mich sofort umzudrehen, mache stattdessen ein paar Schritte in den neuen Schuhen und versuche, über einen weiteren Spiegel herauszufinden, ob mich wirklich mein vermeintlicher oder echter Verfolger wieder aufgespürt hat.

Doch da sehe ich niemanden mehr, auch als ich mich wirklich umdrehe, ist kein Härchen von dem Typen zu sehen, den ich im Spiegel ausgemacht hatte. Schon schießt wieder meine Sorge ein. Nach der Auszeit bei Mario und Maria hat mich das Katz-und-Maus-Spiel wieder eingeholt, von dem ich nicht einmal weiß, ob ich mir es nur einbilde. Menschen mit dichten Augenbrauen und Strickmützen gibt es schließlich überall, und Etiketten baumeln in allen Teilen der Welt. Aber wie stand es auf einem Aufkleber in unserer alten Uni-Toilette: Just because you're paranoid doesn't mean they aren't after you.

Ich zwinge mich, ruhig zu bleiben, kaufe mir Schuhe, die ich für Atacamatauglich halte, und mache mich auf den Rückweg zum Camper. Dabei versuche ich, verwirrende Haken zu schlagen, gehe noch in einige Geschäfte, bleibe mal länger, mal ganz kurz, kaufe mir ein Kopftuch und zwei Baseball-Caps, wechsle die Richtung, setze meine Sonnenbrille auf – von Augenbrauen-Mann keine Spur. Parallel versuche ich, auch andere Menschen in meiner Umgebung im Blick zu behalten. Die Frau mit der grünen Sonnenbrille – hat die nicht vorhin in dem Tortellini-Restaurant an einem Nebentisch gesessen? Weil die Alarmglocken jetzt nahezu durchgehend läuten, husche ich durch eine Kneipe, suche und finde einen Hinterausgang auf einen Hof, der mich auf eine unscheinbare Gasse bringt. Auf solchen Wegen gelange ich mit klopfendem Herzen wieder zum Bus, schlüpfe schnell hinein und starte.

Während der Fahrt überlege ich die nächsten Schritte, als das Handy klingelt. Josef ist dran, er will wissen, wie es mir geht – er ist immer noch bei Branco. Seine vertraute Stimme zu hören, das laute „Hallo, Anna, grüß dich Gott, wie geht es allerweil" bringt mich wieder zum Lächeln, obwohl ich an meinem rechten Fuß beim Gas geben merke, dass ich ein bisschen zittrig bin. „Du, der Branco steht jetzt neben mir, ich mach mal auf laut, gell", ruft Josef. Kurz skizziere ich den beiden, was ich gerade erlebt habe. Branco hört zu, sagt fast nichts, nur: „Ich klär kurz was, ich melde mich gleich nochmal. Fahr mal irgendwo in eine Tankstelle oder so." Das ist ohnehin eine gute Idee, denn Diesel brauche ich auch.

Während ich mein Wechselgeld erhalte, läutet das Telefon. Branco sagt, er hat mir geschrieben, was er mir vorschlägt, und rät mir, auch beim Fahren lieber ein paar Schleifen einzulegen und die nachfolgenden Fahrzeuge im Blick zu behalten.

Ich fahre mit dem Camper ein Stück auf das Tankstellengelände, das von der Straße aus nicht direkt einzusehen ist, und checke meine Nachrichten. Branco hat eine geniale Idee: Er schlägt vor, dass ich nach Genua fahre, wo er einen verlässlichen Kontakt hat. „Du fährst zu ihm, bringst ihm das Wohnmobil und nimmst die Fähre nach Barcelona. Dort triffst du dich mit deiner Freundin, und ihr könnt zusammen weiter nach Südamerika fliegen."

Eine hervorragende Idee. Karla sollte ihren Pass inzwischen haben, denke ich, so dass sie sich auch bald auf den Weg machen kann. Am besten soll sie nicht einfach nur direkt nach Barcelona fliegen, sondern mit dem Zug fahren, in Etappen. Zum Glück erreiche ich sie sofort und kündige ihr eine ausführliche Mail an. Am Telefon klingt sie nicht besonders fit – das dauernde Versteckenmüssen macht sie mürbe, sagt sie kurz, und auch Franzi scheint inzwischen einen Typen öfter gesehen zu haben, von dem auch Karla glaubt, dass er ihr nachstellt. „Belastend", sagt Karla knapp, sei das alles. Im Moment verlasse sie die Wohnung recht selten, und weil sie viel in der Bude sitzt, „kreisen die Gedanken schnell wieder, ein scheppriges Kettenkarussell mit leiernder Musik", sagt sie. Immerhin hat sie noch die Kraft, blumige Vergleiche zu ziehen, denke ich kurz. „Hör zu, in meiner Mail steht einiges über eine neue Idee von mir. Lies es dir durch, schreib mir möglichst schnell zurück, und dann geht es wieder weiter. Wirst sehen, das wird schon", ich versuche, sie aufzumuntern. Mit etwas mehr Elan in der Stimme verspricht Karla, sich schnell wieder zu melden, und wir legen auf.

All das Organisatorische hat mich wiederum davon abgehalten, selber in unendliche Gedankenkreisläufe zu geraten, merke ich, und konzentriere mich schnell auf die Mail an Karla, an die ich auch den Kontakt zu Marcia anhänge.

Bevor ich mich selber ans Weiterfahren mache, drapiere ich mir mein neues Tuch recht verwegen um den Kopf, setze die riesige Sonnenbrille auf und frage mich, wen ich damit täuschen will – wenn die das Wohnmobil schon kennen, ist mein Aufzug nicht mehr relevant. Egal, ich setze mich ans Steuer und fahre mit knallorangem Tuch los wie ein Grace-Kelly-Double mit ausgefallenen Farbvorlieben, fädle mich aus der Tankstelle heraus wieder in den Verkehr ein und suche mir eine Route Richtung Genua. Autobahn oder lieber nicht? Ich beschließe instinktiv, lieber keine Maut-Straßen zu benutzen, und füttere mein Navi mit den entsprechenden Vorgaben. Auf der Landkarte gibt es noch eine ganze Reihe an Orten, die ich gerne besuchen würde, aber das wird noch etwas warten müssen. Ich hoffe, dass ich dann wieder mit Douglas ganz entspannt und ohne Augenbrauen im Nacken durch Europa schippern kann.

Um die 300 Kilometer sind es zu fahren, eher etwas mehr, wenn ich noch spontane Umwege dazurechne. Denn ich will ja etwas unvorhersehbar unterwegs sein, so dass ich die Richtungshinweise vom Navi erstmal ignoriere und im ersten Kreisverkehr anders abbiege. Die ewiggeduldige KI-Stimme sagt mir von egal welchem neuen Ort aus, wie ich letztlich in Genua an der Fähre ankommen werde.

Nach einer guten Stunde Gekurve, in der ich im Rückspiegel fast gar kein Fahrzeug sah, mache ich eine Dehn- und Kaffeepause, laufe ein paarmal um den Bus und würde am liebsten eine Runde joggen, aber das geht natürlich gerade nicht, ich will schließlich die Fähre erwischen. Um 21 Uhr ist Abfahrt in Genua. Das müsste auch mit einigen Umwegen klappen, schließlich ist es gerade mal 15 Uhr vorbei. Allerdings darf ich mich auch nicht verzetteln.

Also steige ich nach ein paar dynamischen Übungen wieder in den Camper. Während meiner Pause habe ich gar kein anderes Fahrzeug gesehen, das macht mich für den Moment wieder etwas ruhiger. Doch als ich auf eine dichter befahrene Straße einbiege, geht das mit dem sorgenvollen Blick in den Rückspiegel wieder los: Der rote Seat mit den offensiv baumelnden Plüschwürfeln kommt mir bekannt vor, dann ein Fiat, ehemals weiß, der taucht in unregelmäßigen Abständen auf. Dann sehe ich zwei solcher Fiats hintereinander, kurz darauf drei – mir wird klar, dass ich ohne genaues Nummernschild hier immer nur raten und spekulieren werde.

Ab jetzt befolge ich schon im Großen und Ganzen die Anweisungen aus dem Navi, fahre nur manchmal dem Schild in ein Dorf nach, wenn es nur zwei, drei Kilometer entfernt liegt, um dann wieder auf die Landstraße zurückzukehren. Auf diese Weise treibe ich den Koffein-Pegel in meinem Blut ganz schön nach oben, denn in jedem Dorf gibt es einen Espresso – es ist wie ein Ritual, das ich jetzt durchziehe. Bei einem dieser Espresso-Stopps sehe ich, dass Karla geantwortet hat: Sie findet den Plan super und ist erleichtert, dass sich jetzt was tut, denn das Warten in der Wohnung hat sie ziemlich zermürbt. Für ihre Zugfahrt hat sie sich ein paar abenteuerliche Umwege ausgedacht, schreibt sie, und ich habe den Eindruck, dass ihr das wirklich gut tut. Kurz antworte ich ihr: „Freu mich schon auf Barcelona mit Dir, Marcia und Sergio", wünsche ihr eine gute Reise und setze mich wieder ans Steuer.

Immer wieder checke ich die Rückspiegel. Meine Sorge, dass sich Augenbraue wieder an meine Fersen geheftet hat, verändert sich ein bisschen. Ich habe inzwischen paradoxerweise fast so etwas wie den Wunsch, ihn zu sehen, dann wäre die Bedrohung wenigstens greifbar. Andererseits bin ich jedes Mal zutiefst erleichtert, wenn ich für einen Moment glaube, ihn zu erkennen, und dann merke, dass ich mich getäuscht habe. Oder mein Verfolger hat eine weit verzweigte Familie, die alle zusammenhelfen und als dominantes Vererbungs-Merkmal besonders üppige Augenbrauen haben.

Oh Mann, was ich da alles zusammendenke, wie ich mit einem guten halben Dutzend Espressi im Blut durch Italien brettere. Dass das Handy klingelt, ist mir eine willkommene Abwechslung. Branco ist dran und will wissen, wo ich bin. Meine Taktik mit den Schlängelwegen lobt er. „Du darfst natürlich nicht zu spät zur Fähre kommen, aber viel zu früh muss auch nicht sein", sagt er. Inzwischen hat er den Plan noch etwas verfeinert: Meine Kontaktperson heißt Laura. Sie wird mich an einer Tankstelle im Osten der Stadt erwarten und mir mit ihrem Fiat Panda vorausfahren. „Lass mich raten, einem weißen?", frage ich, und Branco fragt mich nach einer kurzen Pause, woher ich das weiß. „Egal", sage ich und grinse kurz.

Laura wird mich einige Kilometer durch die Stadt lotsen und dann bei einem Schnellrestaurant halten. Dort werden wir parken, zeitlich etwas versetzt reingehen, bestellen und essen. Auf der Toilette treffen wir uns, „ich gebe ihr mein Kopftuch", schlage ich vor, „sehr geistesgegenwärtig", lobt Branco. Dann steigt sie in den Bus, während ich mit einem Käppi mit dem Panda weiterfahre. „Unter dem Beifahrersitz findest du noch eine Tasche mit deinem Fährticket, denn es wäre blöd, wenn du das noch selber lösen müsstest", Branco hat an alles gedacht. Ich hatte schon überlegt, dass ich das Ticket am besten bar bezahle, aber dazu hätte ich am Schalter sicher einige Zeit warten müssen. Noch einmal bedanke ich mich wortreich bei Branco, aber er lässt mich gar nicht ausreden: „Passt alles, Anna, wirklich. Alles Gute", er legt auf.

Als ich mit dem Bus in die genannte Tankstelle einfahre, braucht mein Camper wirklich wieder Nachschub. Während ich Diesel zapfe, sehe ich einen weißen Panda auf dem Parkplatz stehen. Die Frau, die mit einem schwarzen Käppi auf dem Kopf danebensteht und energisch eine Fußmatte ausschüttelt, nimmt anscheinend keine Notiz von mir. Aber als ich nach dem Zahlen wieder in meinen Bus steige, fährt der Panda gerade zur Ausfahrt, ich kann gut aufschließen.

Das ist allerdings das einzige Mal, denn dann beginnt eine halsbrecherische Fahrt durch Genua, bei denen Ampeln und Vorfahrtsschilder allenfalls die Rolle von Ratgebern, auf keinen Fall von Vorschriften spielen. Beim Spurwechsel mitten im dichten Verkehr auf einer Straße, auf deren vier aufgemalten Spuren fünfeinhalb mehr oder minder parallel fahrende Autokolonnen unterwegs sind, verliere ich fast den Anschluss und rase über die gerade rot gewordene Ampel. Das viele Koffein hat wohl doch sein Gutes – ich fühle mich wie Super Mario ohne Schnurrbart und fange an, die wilde Fahrt zu genießen.

Inzwischen sind zwei weitere Pkw zwischen uns unterwegs, so dass ich erst im allerletzten Moment sehe, dass Laura sich knapp einscherend in eine Linksabbiegerschlange einordnet. Ein Pickup drängelt sich zwischen uns, und eine Rollerfahrerin quetscht sich daneben vorbei. Nach dem Abbiegen biegt Laura rechts ab – natürlich ohne zu blinken – und fährt in den Parkplatz eines italienischen Schnellimbisses. Ich parke in einer anderen Reihe, hole meine Tasche und den Rucksack aus dem Bus und schlendere zur Tafel, auf der das Menü steht.

Neben Burgern gibt es auch Pizza, die sehr gut aussieht. Im Moment habe ich zwar keinen Hunger, aber die lässt sich gut aufheben, denke ich, und zeige auf eine in der Auslage. Laura steht in einer anderen Schlange an und kommt vor mir dran, sie nimmt ebenfalls Pizza und steuert einen Tisch an. Ich lasse zwei Tische Platz zwischen uns und setze mich wie sie mit dem Blick nach draußen auf den Parkplatz.

Die Pizza duftet, und ich versuche ein Stück. Nach Essen steht mir zwar der Sinn gerade nicht, aber ich beiße trotzdem ein paarmal ab – sähe sonst auch komisch aus.

Laura lässt sich das Essen schmecken. Die Zeit nutze ich, um auf meinem Smartphone den Weg zum Fährhafen zu checken. Es sind noch gut zwei Stunden bis zur Abfahrt. Eine gute halbe Stunde dauert die direkte Fahrt, sagt der Routenplaner, das passt.

Aus dem Augenwinkel sehe ich, wie Laura aufsteht und Richtung Toilette verschwindet. Die Tische zwischen uns sind jetzt auch besetzt, eine Gruppe von Teenagern hat sich um beide versammelt; sie trinken Milchshakes und machen laute Geräusche mit den Strohhalmen. Ich verstaue meine restliche Pizza, werfe den Abfall weg und betrete das Damen-WC. Es gibt nur zwei Kabinen, beide sind besetzt. Als die Frau aus der rechten kommt, gehe ich rein. Dann wickle ich mein Kopftuch ab und schiebe es mitsamt der großen Sonnenbrille unter der Trennwand durch. Wortlos nimmt Laura die Sachen entgegen und reicht mir dann eine flache Tüte mit zwei Prepaid-Handys, einem Brief und dem schwarzen Käppi. Außerdem hat sie mir ein helles Oberteil und eine andere Sonnenbrille dazugelegt. Schlau, denke ich mir, und schaue auf mein schwarzes Tanktop: Das könnte einem aufmerksamen Beobachter auffallen.

Gleich darauf kommt eine Hand unter der Trennwand durch, auf der Handfläche einen großen schwarzen Autoschlüssel, den ich mir pflücke. Ja klar, hätte ich fast vergessen. Ich nestele den Busschlüssel aus meiner Hosentasche und lege ihn in Lauras Hand. „Grazie mille", flüstere ich, und sie lacht leise auf ihrer Seite und macht eine winkende Geste. Dann rauscht die Spülung und die Klotür der Nachbarkabine öffnet sich.

Zur Sicherheit warte ich ein paar Minuten. Mit dem Käppi und der neuen Brille verlasse ich das WC, auch das Oberteil habe ich übergestreift. Ich stelle mich noch einmal an, um zwei Flaschen Wasser zu besorgen. Dabei sehe ich, wie Laura den Bus aus dem Parkplatz lenkt – und wie ein roter Seat unmittelbar aufschließt. Darin baumeln am Rückspiegel zwei dicke Plüschwürfel. Die kommen mir sehr bekannt vor. Als Laura mit Vollgas nach links abbiegt, ohne vorher zu blinken, fährt auch der Seat mit quietschenden Reifen hinterher. Mir läuft es kalt den Rücken runter.

Erstmal nehme ich einen Schluck Wasser und versuche dann, ruhiger zu atmen. Sind Plüschwürfel hier ein sehr typischer Rückspiegel-Schmuck? Bei der Herfahrt habe ich ja immer wieder die Autos hinter mir gecheckt –

dabei habe ich allerhand Gebaumel gesehen, aber diese Würfel sind mir nur einmal aufgefallen. Mein Herz klopft noch immer ziemlich schnell. Was ist besser, noch etwas warten oder möglichst schnell losfahren? Das Adrenalin in meinem Körper sagt: abhauen, mein zwar auch nicht gerade besonnener, aber immerhin etwas kühlerer Kopf sagt: lieber noch etwas warten.

Recht lange halte ich das nicht aus, dann starte ich den Panda und stoße rückwärts aus der Parklücke. Wohin jetzt? Ich scanne die Umgebung, sehe rote Autos, die von der Form her dem Seat ähneln. Aber jedes Mal erkenne ich bei genauerem Hinschauen Rosenkränze, Duftbäume und anderes, was am Rückspiegel schaukelt, aber die großen rosa Würfel sehe ich nicht.

Der weiße Panda ist ein ideales Gefährt, um nicht aufzufallen. Um mich herum sind Dutzende von baugleichen Autos unterwegs. Am besten bleibe ich in Bewegung, sage ich mir, der Tank ist voll, also fahre ich einfach ein bisschen ziellos durch Genua. Langsam beruhigt sich mein Puls wieder.

Ich steuere den Panda auf den Parkplatz eines Supermarkts und packe meine Sachen ordentlich zusammen, schaue mir die neuen Handys an und aktiviere eines. Aus meinem alten nehme ich die SIM-Karte und den Akku raus, zerschramme sie mit dem Autoschlüssel und werfe sie in Papiertüten gewickelt in verschiedene Abfalleimer.

Im Supermarkt kaufe ich mir noch ein weiteres Käppi und eine Cola. Jetzt kann ich mich in Richtung Fähre auf den Weg machen, beschließe ich. Unter dem Beifahrersitz finde ich einen Umschlag, darin ist die Fahrkarte und ein kurzer Text: Den Panda soll ich einfach auf dem Großparkplatz am Fährhafen abstellen und den Schlüssel auf den Vorderreifen legen.

Vom Navi lasse ich mich zum Hafen dirigieren und folge den Schildern zu einem Parkplatz – ich hoffe, dass es der ist, auf den ich den Panda abstellen soll, und finde eine Lücke und platziere, während ich scheinbar ein Steinchen aus einem Schuh entferne, den Schlüssel auf dem linken Vorderreifen. Wird schon passen, denke ich, und schultere meinen Rucksack.

Vor dem Fährterminal stehen schon eine ganze Reihe von Autos, die der Metallbauch der Fähre langsam verschluckt. Die Reihe der autolosen Passagiere ist nicht lang, ich stelle mich an und bin nach wenigen Minuten an der Reihe. Mit dem Ticket ist alles in Ordnung, einen Impfnachweis als QR-Code habe ich sowieso bei mir.

Eine Kabine habe ich nicht gebucht: Viele Fahrgäste suchen sich einen Schlafplatz irgendwo auf einer der freien Flächen. Weil ich weder Schlafsack noch Isomatte dabeihabe, baue ich mir ein Lager aus meinem Badetuch, meinem Kissen und einer längeren Jacke, mit der ich mich zudecken kann, wenn es kühler wird. Ich habe mir einen Winkel zwischen einigen schon aufgeschlagenen Schlafstätten ausgesucht, der abseits von den Türen zum WC liegt und nicht direkt an den Treppenaufgängen.

Begehrte Plätze, stelle ich fest, als ich zuschaue, wie sich die nach mir kommenden Fahrgäste die Orte aussuchen, an denen sie die Nacht verbringen wollen. Gut so, denn ich habe beschlossen, die Nähe zu anderen zu suchen. Sollte mir doch noch jemand auf den Fersen sein, kann er mich kaum vor den Augen von Dutzenden anderer Passagiere attackieren.

Ich setze mich auf mein Lager, lehne mich an, so gut es geht, und warte auf die Abfahrt. Gleichzeitig beobachte ich unauffällig, wie ich hoffe, das Kommen und Gehen der anderen Leute um mich herum. Bisher keine Augenbrauen mit Wiedererkennungswert – ich hoffe aus tiefstem Herzen, dass das Ablenkungsmanöver mit dem Panda-Tausch gefruchtet hat.

Beim Beobachten brauche ich mich gar nicht so zurückhalten, denke ich, als ich ein paar weitere allein Reisende mustere, die ungeniert alles, was um sie herum passiert, betrachten. Mit etwas Abstand hat sich neben mir eine Frau niedergelassen, die etwa so alt sein dürfte wie ich. Sie bürstet sich im Stehen die Haare, während sie in aller Ruhe ihre Nachbarschaft studiert, breitet dann erst eine Isomatte, darüber ein Laken und dann eine weiche Decke aus, drapiert zwei Kissen und legt sich einen Schlafsack bereit. „Profi", denke ich mir, sie hat die ideale Ausrüstung für diese Fähren-Übernachtung dabei.

Als wir ablegen, stelle ich mich mit vielen anderen an die Reling und schaue zu, wie wir Genua langsam hinter uns lassen, und wechsle dann zur anderen Seite, um die Aussicht über das Wasser zu genießen. Wir fahren nach Westen, und hinter Wolkenfetzen geht rot-orange glühend die Sonne unter. Zum Glück ist das Meer spiegelglatt, meine Seekrankheit meldet sich nicht zurück.

Ich kehre wieder zu meinem Platz zurück. Meine Nachbarin richtet sich noch weiter häuslich ein, als ich mich wieder hinsetze und nach meinem eBook-Reader krame. Sogar eine hübsch gemusterte Tischdecke hat sie in ihrer Tasche, die sie ausbreitet und darauf Weißbrot und Oliven platziert. Als sich unsere Blicke treffen, nicke ich anerkennend, und sie lädt mich mit einer Geste ein, mich zu ihr zu gesellen. Ich habe noch eine Flasche Wasser anzubieten, den Rest meiner Pizza und eine spitze Papiertüte mit Trauben. Sie nickt begeistert.

Elena heißt sie, ist Spanierin, so dass wir uns auf Spanisch unterhalten. Sie freut sich sehr, mit mir in ihrer Muttersprache reden zu können, und plaudert drauflos. Sie ist unterwegs nach Figueres, dem Ort, in dem Salvador Dalí lebte und ein prachtvolles früheres Theater nach seinen Ideen gebaut und gestaltet hat, erzählt sie mir. „Es ist ein Museum, ein tolles, allein schon das Gebäude ist eine Pracht, und die vielen Bilder und Skulpturen, außen ist es voller Eier und unten im Vorraum ist ein Auto, in dem es regnet, wenn du einen Euro einwirfst, du musst es dir anschauen", schwärmt Elena ohne Punkt und Komma.

Dazu holt sie noch eine Flasche Rotwein sowie Plastikbecher aus ihrem Gepäck und gießt uns beiden ein. „Deine Tasche ist wie die von Mary Poppins", sage ich, als wir uns zuprosten, und Elena lacht. Auch sie hat die Geschichte von der magisch begabten Kinderfrau geliebt. Elena beginnt, eines der Lieder mit bekannter Melodie, aber spanischem Text zu singen, und ich stimme mit „supercalifragilistig" mit ein. Die empörten Blicke eines älteren Mannes bringen uns schnell wieder zum Schweigen, aber die zwei kleinen Töchter eines jungen skandinavischen Paars beäugen uns neugierig, klatschen ein bisschen und würden vielleicht auch gern mitsingen. Ich befinde, dass es sicherer ist, nicht aufzufallen, und frage lieber nach Elenas Tipps für Barcelona.

Eine gute Idee, denn sie sprudelt über, ihr fallen viele Attraktionen ein. Vor allem schwärmt sie von Gaudí, von den Mietshäusern, die er umgestaltet hat und die man besichtigen kann, und vom Parc Güell, den Gaudí angelegt hat. Davon habe ich schon gehört, meine Freundin Marcia hat mir auch schon viele ihrer Lieblingsorte von Barcelona geschildert, aber ich lasse Elena erzählen und hoffe, dass ich Muße haben werde, mich dort auch etwas umzuschauen. Mein gesprächstaugliches Spanisch ist zwar etwas eingerostet, aber mit dem Reden fallen mir immer mehr Wörter wieder ein, ich bin froh über die Live-Übung. Mit dem munteren Geplauder von Elena fällt der Druck ein wenig von mir ab, ich merke, wie ich mich etwas entspanne – und wie müde ich bin.

Um uns herum wickeln sich immer mehr Leute in ihre Decken, das Gemurmel wird leiser, und ich bedeute Elena, dass ich mich auch hinlegen werde. Sie pflichtet mir bei, gähnt ausgiebig, und nach dem Zähneputzen am kleinen Waschbecken am Damen-WC wickle ich mich, so gut es geht, in meine Jacke und lege mich auf mein Kissen.

Die Fähre schwankt leicht, es riecht ein bisschen nach Motoröl, und ich höre die Wellen schwappen und die Maschine irgendwo weit unter uns dröhnen. In diesem Moment fühle ich mich sicher, neben mir wurstelt sich Elena in ihren Schlafsack und winkt mir noch einmal rüber, bevor sie sich in ihr Handy vertieft.

Ich versuche, in meinem Bretagne-Krimi weiterzulesen, aber ich bin gerade nicht aufnahmefähig und merke, dass ich mechanisch eine ganze Seite abgescannt habe, ohne den Inhalt aufzunehmen. Lieber eine Mütze voll Schlaf kriegen, denke ich, und frage mich, ob ich hier mit den Geräuschen um mich herum überhaupt einschlafen kann.

Die Mutter der beiden Mädchen liest ihnen leise eine Geschichte vor, in einem Tonfall, der die zwei sicher müde machen wird. Obwohl oder vielleicht gerade weil ich den Text nicht verstehe, klappt es auch bei mir gut, und ich sinke in Schlaf.

Am nächsten Morgen wache ich als eine der ersten auf, die Sonne scheint durch eine kleine Lücke direkt in mein Gesicht und macht mich wach. Erst einmal liege ich einfach so da, aber es ist ziemlich kühl, ich muss mich bewegen. Die meisten anderen schlafen noch, auch die zwei Mädchen schräg gegenüber. Süß sehen die Schwestern aus, hingegossen im Schlummer, jede mit einem abgewetzten Stofftier im Arm, eine an die Mutter und eine an den Vater gekuschelt. Kurz muss ich schlucken: So etwas wäre mit meiner Mutter nicht drin gewesen. Innerlich winke ich meiner Schwester im Geiste zu: Wenn ich in solchen Momenten an Ada Lovelace denke, die Algorithmen-Pionierin, tut mir das gut. Sie hat sich auch nicht unterkriegen lassen. Also schaue ich lieber nach vorn, auf das, was heute dran ist. Die Fähre wird noch den ganzen Tag unterwegs sein, da werde ich irgendwo meinen Laptop aufklappen und meinen Blog ein wenig weiterschreiben. Sehr gut.

Jetzt bin ich richtig wach und schäle mich aus meiner Deckenjacke, hänge sie mir über die Schultern und gehe so leise wie möglich zur Reling. Hier auf See ist es richtig frisch, der Wind fährt kalt durch meine Haare, so dass ich mich noch fester in meine schlafwarme Jacke wickle und die Kapuze festzurre. Die Sonne hat sich schon ein Stück über den Horizont erhoben, das Meer ist dunkelblau gerippt und glitzert, zum Teil hängen Nebelfetzen über der Oberfläche. Mich fröstelt – ein heißes Getränk wäre jetzt recht.

Wie auf Bestellung rieche ich Kaffeeduft, und ich mache mich auf die Suche nach der Quelle. Für Elena und mich hole ich je einen großen Becher. Als ich einen vor Elenas Lager abstelle, kann ich beobachten, wie sie der Duft im Schlaf erreicht und sie schließlich auch weckt. Gemeinsam schlürfen wir schweigend den Kaffee, der zwar nicht besonders gut schmeckt, aber heiß ist und die Lebensgeister weckt. So wortreich Elena gestern Abend von Barcelona erzählt hat, so wortkarg ist sie in der Früh. „Gruñón de la mañana", murmelt sie. Diesen Ausdruck kenne ich nicht auf Spanisch, habe aber eine Vermutung: „Morning grouch?", frage ich, „Morgenmuffel?", sie nickt und nimmt den nächsten Schluck Kaffee. Also lasse ich sie lieber allein den Weg in den Tag finden und suche mir mit meinem Laptop einen Tisch, an dem ich etwas schreiben kann. In Erinnerung an die Datenspeicher-Mission von Mario und mir nehme ich mir das Thema Archivierung vor.

7.4 Schlappe Scheiben
– Langzeitarchivierung

Posted by Ada L.   16. Mai

Lieber Charles,

wer sich im digitalen Raum bewegt, muss seine Daten immer wieder sichern. Beispielsweise gilt das für meine Übersetzungen, Progammcode, das digitale Fotoalbum oder eben alle Arten von papierloser Arbeit in Form von Word-, Excel- und Powerpoint-Dokumenten. Diese Daten sind wertvoll und durch Hacking-Angriffe in Gefahr. Doch der Verlust der eigenen digitalen Daten droht nicht nur durch Angriffe von außen. Der größte Feind ist vermutlich die Zeit.

Die Technik der Hard- und der Software entwickelt sich permanent weiter, und so entstehen Probleme, wenn man alte Daten nach längerer Zeit wieder verwenden will. Das fängt ganz unten an, bei den Bits. Wie beschrieben, werden bei Texten, die im ASCII-Code vorliegen, sieben Bits für die Codierung eines Zeichens verwendet, womit man 128 mögliche Zeichen darstellen kann – das entspricht aber nicht mehr dem aktuellen Standard. So verwendet man heutzutage das Unicode System UTF-8.

Es gibt allerdings auch noch andere Unicode-Codierungssysteme, beispielsweise „UTF-16 Little Endian". Dabei sind die Bytes nicht, wie bei der normalen Zahlendarstellung üblich, von rechts nach links aufsteigend sortiert, sondern umgekehrt. Es kommt also zuerst der Block der acht niedrigen Bits der Zahl, dann der Block der acht höheren Bits.

Formatierter Text kann in verschiedenen Systemen unterschiedlich dargestellt werden. Das bekannte Schreibprogramm Word verwendet sein docx-Dateiformat zur Speicherung von Dateien. Es gibt aber noch weitere Textverarbeitungsprogramme wie Pages für die Apple-Welt oder LibreOffice als freie Alternative. Diese speichern die Daten in jeweils eigenen Formaten. Einige früher beliebte Schreibprogramme wie Wordstar gibt es nicht mehr, da deren Entwicklung eingestellt wurde.

Will man nun eine solche alte Datei wieder öffnen, wird es kompliziert. Nehmen wir an, eine etwas ältere Person hat vielleicht ihre alte Abschlussarbeit, vielleicht eine Diplom- oder Magisterarbeit, mit Wordstar geschrieben. Die Zeit geht nicht spurlos vorüber, man wird älter, nicht einmal die Abschlüsse gibt es mehr, nur noch Bachelor und Master. Man greift also in die Kiste vom Speicher mit den alten Sachen aus dem Studium und nimmt die Diskette mit der Arbeit heraus, eine 3 ½Zoll-Diskette.

Viele Digital Natives, also Menschen, die nach der Zeit der Einführung des Internets geboren wurden, wissen vielleicht gar nicht mehr, was eine Diskette ist. Das ist ein Speichermedium in Form eines quadratischen Plastik-Bretts mit ungefähr 9 cm Kantenlänge. Vorher gab es sogar noch größere Varianten, die Floppy Disks. Eine kleine Klappe verschließt eine Öffnung, hinter der sich eine magnetische Scheibe verbirgt, geschützt von einer Plastikhülle. Diese Diskette muss in ein Disketten-Laufwerk geschoben werden, welches die Scheibe dreht und mit einem Lesekopf die Informationen liest. Dummerweise hat die Person kein Diskettenlaufwerk in der Kiste, diese waren in den Computern früher meist eingebaut.

Sie könnte also sich von Ebay ein gebrauchtes Laufwerk bestellen und dann feststellen, dass das Anschlusskabel nicht in den Computer passt, der nur einen USB-C-Anschluss hat. Mit dem richtigen Adapter könnte das dann klappen. Leider kann dann der Computer nicht sofort die Daten lesen, da er das Gerät nicht erkennt. Man muss den passenden Gerätetreiber dafür runterladen und installieren. Funktioniert das Laufwerk, kann man endlich die Datei von der Diskette kopieren. Leider lässt sich diese nicht in Word öffnen, sondern nur mit Wordstar. Wordstar kann man als gebrauchtes Original ebenfalls auf 3½-Zoll Disketten im Internet erwerben.

Es bleibt nur noch ein Problem: Das Programm läuft unter MS-DOS, einem alten Betriebssystem, das auf einem alten 8086-Prozessor läuft. Dazu kann man sich einen Emulator aus dem Web besorgen, also eine Version des Betriebssystems, das auf modernen Rechnern läuft und auch den alten Prozessor simuliert. Auf diesem alten Betriebssystem kann man dann Wordstar installieren und die alte Diplomarbeit endlich öffnen. Wenn man Glück hat und nirgends in den einzelnen Schritten ein Problem aufgetreten ist – ein steiniger Weg.

Je älter ein Speichermedium ist, desto schwieriger wird es, die Dateien darauf zu öffnen. Wer alle Daten sicher aufheben will, müsste regelmäßig seine Informationen auf neuere Medien speichern. Es gibt ja immer eine Übergangszeit.

Informationen aus alten Büchern haben Jahrhunderte überdauert. Bücher kann man aufschlagen und den Text direkt lesen, zumindest wenn man die Schrift und die Sprache entziffern kann. Bei codierten digitalen Informationen ist das, wie man am erwähnten Beispiel sieht, nicht ohne weiteres möglich. Hier gibt es verschiedene Hürden, auf Hardware- und auf Software-Seite. Je älter die Daten sind, desto dringlicher ist das Problem. Magnetische Datenträger oder auch USB-Sticks halten nicht ewig. Dummerweise gibt es dazu keine Erfahrungswerte, da die Technologie selbst gar noch nicht so alt ist.

Es gibt zahlreiche Datenträger, die man nicht mehr lesen kann, da es keine Lesegeräte mehr dafür gibt. Das wird auch mit den CD-ROMs passieren, da die meisten Rechner keine CD-Laufwerke mehr haben. Angefangen von Lochkarten oder Magnetbändern aus der Frühzeit der Computertechnik über Disketten oder Zwischenlösungen wie JAZ-Laufwerken (kompakte Magnetbänder, ähnlich Kassetten) oder ZIP-Laufwerken (Disketten mit damals hohen Speichervolumen) gibt es zahlreiche Medien, die auf Dachböden oder in Firmenarchiven liegen und die niemals mehr gelesen werden können. Man müsste von Zeit zu Zeit die Daten auf andere Medien kopieren.

Dann hat man aber das Software-Problem nicht gelöst. Nicht nur Text-Formate, sondern auch Bild-, Film- und Audio-Formate oder komplexere Dateien wie CAD-Konstruktionsdaten sind nicht mehr lesbar, da es keine Programme mehr gibt, die diese Dateien lesen können. Brisant ist das bei Konstruktions-Daten und Anleitungen. Laut einer EU-Richtlinie müssen technische Dokumentationen mindestens zehn Jahre aufgehoben werden [56]. Bei sicherheitskritischen Anlagen wie Kernkraftwerken gelten härtere Bestimmungen, hier muss in gewissen Zeiträumen überprüft werden, ob die Dokumente noch lesbar sind. Die Frage ist, was tun, wenn nicht...

Durch die Speicherung in der Cloud wird die Sache der Archivierung nicht einfacher, zumal es eine immer größer werdende Fülle an Daten gibt („Big Data"). Man denke an die ganzen Daten, die durch Tracking von Menschen,

Maschinen und Fahrzeugen entstehen. Man spricht bei Daten, von denen man gar nicht mehr weiß, dass es sie gibt und was sie bedeuten, von „Dark Data" [14]. Aufgrund der zu erwartenden hohen Verluste an digitalen Daten spricht man von unserer Zeit als einem dunklen Zeitalter der Digitalisierung [20]. Falls die Daten doch die Zeiten überdauern, droht ihnen noch eine weitere Gefahr: die Möglichkeit, dass sie verfälscht worden sind. Dieser Gefahr kann man allerdings durch den Einsatz digitaler Signaturen begegnen. Ein interessantes Projekt ist das „Internet Archive" (archive.org), mit dessen „Wayback Machine" laufend ein Backup, also Sicherungskopien des gesamten Word Wide Webs gemacht werden. Das Internet vergisst nichts, oder doch?

Lieber Charles, Ihre Werke haben die Zeit in Papierform überdauert. Es wäre schon frustrierend, wenn man sich vorstellt, dass alles, was man an Wissen, Kultur und auch Unsinn in unserer heutigen Zeit produziert, dem Untergang geweiht ist.

Digitale Daten können unter Umständen nach einer gewissen Zeit auf neueren Systemen nicht mehr gelesen werden. Es kann sein, dass das Dateiformat für die aktuelle Software nicht mehr lesbar ist. Möglicherweise ist auch die Software, mit der man die Daten erzeugt hat, gar nicht mehr verfügbar. Zudem können die Datenträger nicht mehr lesbar sein, da diese durch Alterung defekt sind, oder aber man hat keine Hardware zum Lesen der Datenträger, Diskettenlaufwerke beispielsweise. Falls doch, muss man diese über geeignete Anschlüsse verbinden können und braucht einen geeigneten Treiber, um das Gerät zum Laufen zu bringen. Im extremen Fall braucht man ein komplettes altes Computersystem mit Laufwerken und altem Betriebssystem.

Um mich herum herrscht inzwischen ein ziemliches Gewimmel, die Sonne steht deutlich höher und wärmt tatsächlich ein bisschen – bloß der kühle Wind hat es noch in sich. Ich habe mich in eine Nische gesetzt und bin jetzt umgeben von lauter Gruppen, die sich lebhaft unterhalten. Beim Arbeiten und Bloggen stört mich das kaum, ich kann mich inzwischen ganz gut aus dem Umgebungswirbel ausklinken. An manchen Tagen in Bangkok hätte ich sonst nichts auf die Reihe gekriegt. Allerdings brauche ich meine Kopfhörer, die mich akustisch rausnehmen aus dem Plaudern, Lachen und sonstigen Getöse um mich herum.

Ich recke und strecke mich, drücke den Rücken durch: Mit dieser Blog-Einheit habe ich einen Teil der Fahrzeit schonmal sinnvoll genutzt, finde ich. Elena kommt auf mich zu und hat frischen Kaffee für uns beide in der Hand, außerdem die restlichen Trauben und etwas Gebäck. Wir vespern am Tisch, kurz darauf setzt sich die Familie mit den beiden Mädchen dazu. Wir kommen ins Gespräch, sie stammen aus Dänemark und machen eine ausgiebige Rundreise durch Europa, bevor das ältere Mädchen in die Schule kommt. Alma heißt sie, Emmy ihre kleine Schwester. Ein bisschen englisch können die beiden schon dank ihrer längeren Reise. Als das Gespräch noch einmal auf Mary Poppins kommt, singen wir ein Lied daraus miteinander, den Refrain „Chim Chim Cher-ee" singen wir alle, danach mischen sich die dänischen, die spanischen und die deutschen Strophentexte miteinander.

Von dem Gesang angesteckt beginnen auch andere Leute um uns herum, einzustimmen, noch mehr Sprachen kommen dazu, andere hören zu und klatschen. Auf einmal ertönt mehrstimmig das Lied „Thank you for the Music". Ein knappes Dutzend Leute steht da, eine Frau gibt mit der rechten Hand den Einsatz und lädt uns mit Gesten ein, auch mitzusingen. Soweit ich textlich mithalten kann, bin ich dabei, über die anderen Passagen rette ich mich mit Summen und Fingerschnipsen.

Alle klatschen, lachen und reden durcheinander. Im Gespräch mit einer der Sängerinnen erfahre ich, dass sie ein kleiner Chor sind. Sie stammen aus Schweden, „aber wir singen nicht nur ABBA-Lieder, keine Sorge", sagt Rika, die Dirigentin. In schnellem Schwedisch verständigen sie sich und stimmen dann langsam „I can't help falling in Love with you" an. „Elvis", schreit eine ältere Frau hinter mir begeistert auf, und viele stimmen mit ein. Es schmalzt herrlich, und die Dirigentin gibt mit übertriebener Mimik die Einsätze, so dass wir alle beim Singen lächeln müssen und noch eine Handvoll Schmalz draufschmieren.

Wir singen aus voller Lunge, ein volltätowierter Typ zeigt mir den Daumen nach oben. Auf dem Stuhl neben ihm sitzt reglos eine Frau mit blonder Löwenmähne in einem gelben Kleid, die mich ernst und intensiv anschaut. Als ich sie direkt mustere, schaut sie schnell weg, dann beginnt sie übereilt, mitzuklatschen und mit dem Fuß zu wippen, so dass ihre Ohrringe in Form von kleinen Bären ins Schwingen geraten. Habe ich mir den durchdringenden

Blick nur eingebildet? Lässt mich die Paranoia inzwischen in jedem kleinen Moment der Irritation gleich Gefahr wittern?

Dann haben wir ausgeschmettert, und Elena stimmt „Money, Money, Money" an, reißt mich wieder mit, die schwedischen Sänger sind auch souverän an Bord. Als ich nochmal zu der blonden Ohrring-Frau hinüberschauen will, sitzt auf ihrem Stuhl ein junger Mann, der gerade anfängt, seine Gitarre zu stimmen. Ein älterer Mann beginnt mit „Hey Jude", der Gitarrist steigt mit ein, der spontane Chor folgt. Wir singen noch andere Beatles-Lieder. Emmy und Alma nehmen sich an der Hand und tanzen. Eine Idylle eigentlich – aber ich kann die Sorge nicht ganz abstreifen.

Die Gruppe der Singenden wird wieder kleiner, der Typ mit der Gitarre spielt noch ein bisschen weiter, bis er mit „Lemon Tree" noch einmal mehr Mitstreiter findet. Danach klatschen alle, Sänger und Zuhörer, und das musikalische Stelldichein löst sich wieder auf. „Das muss ich Sven schreiben", denke ich mir, und frage Rika, wo sie genau her sind und wie sie heißen. „Aus Göteborg, und wir sind die Playground Animals, weil wir uns auf einem Spielplatz kennengelernt und dort den Chor gegründet haben", sagt sie grinsend. Ich schreibe mir das schnell in die Notizfunktion meines Smartphones.

„Das war richtig schön", sagt Elena, „und jetzt habe ich Hunger." Zusammen holen wir uns beim Kiosk ein paar belegte Brote und kalte Limo. Inzwischen ist es richtig warm geworden, ich bin froh, dass ich unter einem Dach im Schatten sitzen kann. „Wie lange dauert es noch?", fragt die kleine Emmy auf dänisch, was ich auch ohne Sprachkenntnisse verstehe. Auch ich schaue auf die Uhr. Gut drei Stunden haben wir noch vor uns. Ich setze mich auf den Boden und lehne mich an die Wand, um noch ein bisschen zu lesen. Dabei lasse ich immer wieder den Blick kreisen und halte Ausschau nach der blondmähnigen Ohrring-Frau, aber sie taucht nicht mehr auf.

8 Barcelona

Als die Fähre Barcelona erreicht, brauche ich mir keine Gedanken zu machen, wie ich am besten inmitten vieler Menschen bleibe: Alle strömen zum Ausgang. Von weitem glaube ich nochmal, die Frisur der Ohrring-Frau zu erspähen, aber die Person verschwindet gleich wieder in der Menge.

Elena, die Dänen und ich verabschieden uns. Wir haben Mail-Adressen ausgetauscht. Emmy und Alma winken mir vom Ufer aus zu, sie sind mit ihren Eltern ein gutes Stück vor mir an Land gegangen. Elena geht neben mir, sie erinnert mich nochmal daran, wie sehenswert Figueres ist und nimmt mir das Versprechen ab, unbedingt Bescheid zu sagen, falls ich dorthin kommen will. Am Hafen nimmt sie ein sympathisch aussehender junger Mann in die Arme, hebt sie hoch und dreht sich mit ihr einmal um die eigene Achse. Ein schmerzhaftes Ziehen erinnert mich daran, dass ich Sven schon viele Wochen lang nicht mehr getroffen habe.

Ich atme tief durch, packe mir meinen Rucksack auf die Schultern und laufe los. Mit Marcia habe ich ausgemacht, dass sie mich nicht abholt. Falls mir doch jemand auf die Fähre gefolgt sein sollte, wäre das keine gute Idee. Von einem anderen Schiff schwappt eine große Reisegruppe über den Kai, ich mische mich unter die Leute und laufe mittendrin mit. Jetzt setze ich mein neues Käppi auf, ein rotes, und ziehe mir eine dunkelblaue Bluse über mein Shirt.

Vor dem Fährterminal will ich mich orientieren, was mitten in der Reisegruppe gar nicht so leicht ist. Zum Glück liegt der Hafen recht zentral, die Rambla beginnt direkt am Meer. Also lasse ich mich von der Reisegruppe einfach ein Stück in die Stadt mitschwemmen und bemühe mich, möglichst in der Mitte der großen Menschentraube zu bleiben.

Je weiter wir in die Stadt hineingehen, desto stärker reißt die Gruppe aber auseinander. Ich halte mich an einen Trupp älterer Frauen – bis mich eine irgendwann etwas misstrauisch von der Seite her anschaut. Ich lächle ihr zu, sie lächelt reflexartig zurück, und ich lasse mich etwas zurückfallen und stelle mich zu einigen Leuten, die gerade bei Rot an einer Fußgängerampel warten.

Eine Weile gehe ich einfach durch die Straßen, biege in Seitenstraßen, kehre zurück auf die Rambla und bin jetzt wieder froh, dass ich keinen Schlafsack und anderes Gepäck mitschleppen muss. Mir reichen meine Tasche und der Rucksack.

Für spanische Verhältnisse ist es noch früh am Abend, aber für viele Touristen ist es offensichtlich Essenszeit. In den Restaurants an den Straßen sind die Tische gut besucht, Kellner kredenzen fein aussehende Speisen. Ich habe auch schon wieder Appetit, merke ich. Offenbar hat Marcia telepathisches Talent, denn genau in diesem Moment bekomme ich eine Nachricht von ihr: Sie möchte mich in einer Tapas-Bar treffen, in der man angeblich die besten Tintenfisch-Häppchen der Welt bekommt. Mir läuft das Wasser im Mund zusammen. Als Treffpunkt machen wir ein Lokal auf der Rambla aus, an dem ich vorhin schon vorbeigekommen bin.

In einem Krimskrams-Laden kaufe ich eine große rot-weiß-grün karierte Tragetasche, in der verstaue ich mein Gepäck. Hinter den Ständern in dem Geschäft setze ich ein weiteres Mal eine andere Kopfbedeckung auf, diesmal einen beigen Sonnenhut mit „I love Barcelona"-Schriftzug.

Mit der unangenehm gegen die Beine schlagenden, schweren Tüte komme ich zum Treffpunkt. Dort sehe ich die vertraute Gestalt von Marcia, und mir werden kurz die Knie schwach vor Erleichterung. Dank meines grottigen Aufzugs erkennt sie mich erst, als ich schon fast vor ihr stehe. Sie reißt mich in ihre Arme, und ich freue mich so sehr, sie zu sehen, dass mir tatsächlich ein paar Tränen über die Wangen laufen. Auch Marcia blinzelt heftig und wischt sich die Augen, grinst mich dann aber breit an. „Anna, meine Liebe – endlich! Was machst du denn für Sachen! Unglaublich! Und du siehst – entschuldige bitte – fürchterlich aus. Was für ein Aufzug!" Ich zucke mit den Schultern. „Tarnung", sage ich. „Na, das ist dir gelungen. Ach ja: Das hier ist Sergio", wendet sie sich dann zu dem Mann an ihrer Seite, der uns lächelnd betrachtet. „Freut mich", sagt er auf Spanisch und schüttelt mir die Hand. „Ich freue mich auch, Marcia hat schon viel erzählt", sage ich, und wir alle wechseln zum Spanischen.

Um ein paar Ecken geht es zur Tapas-Bar. Schnell stehen vor uns auf dem Tisch eine Auswahl an Tapas, die verlockend aussehen. Ich probiere ein paar und beginne innerlich zu schnurren. Sergio beobachtet mich und lächelt, als er sieht, wie gut mir die Fleischklößchen und Fischhappen und – mein Favorit bisher – die in Öl, Gewürze und Salz eingelegten Paprika schmecken. Er bietet mir frittierte Kartoffeln mit Kräutern an. „Zum Reinlegen", schwärme ich mit halbvollem Mund, Marcia nickt und reicht mir den Korb mit den Weißbrotscheiben. „Ich fühle mich wie im Himmel", sage ich nach einer Weile, wir haben die erste Tapasrunde vernichtet, von der zweiten sind noch ein paar klägliche Reste da. Der Rotwein schmeckt hervorragend, alles ist friedlich, satt und wunderbar.

Allerdings währt der Moment nicht lange: Marcia fragt mich, wie es mit der Sache mit Squillion inzwischen aussieht, wo Karla ist, und ich bringe sie auf den aktuellen Stand. Dass Karla sich nach der Postkarte in ihrem Briefkasten auch auf den Weg gemacht hat, findet Marcia richtig, auch, dass wir uns derzeit kaum kontaktieren – auch wenn das meine Sorge um sie nicht gerade kleiner macht. „Pass auf, in ein paar Tagen ist sie auch hier, und wir machen es uns hier richtig schön", Marcia schaut mich aufmunternd an. „Du hast ja auch eine ganz schöne Odyssee hinter dir, oder?", will sie wissen, und ich erzähle von den Haken, die ich auf dem Weg nach Barcelona geschlagen habe. „Wie im Film", sagt Sergio verblüfft, der wohl von Marcia nur in groben Zügen über die Geschichte informiert war.

Dazu kann ich nur nicken: das Auto-Wechseln, meine unterschiedlichen Kopfbedeckungen. „Ich kam mir gleichzeitig professionell und lächerlich und theatralisch vor", sage ich zu Marcia. Sie nimmt mich in den Arm. „Du hast das richtig gut gemacht", lobt sie mich, und vor Entspannung und Erleichterung steigen mir schon wieder die Tränen in die Augen. Aber auch, weil ich diesen Satz nie von meiner Mutter gehört habe. Und ich habe es mir so oft gewünscht, denn heute weiß ich, dass ich viele Sachen richtig gut gemacht habe. Naja. Ich blinzle energisch, Marcia lässt mich los, Sergio kommt von der Toilette zurück. „Jetzt zeigen wir dir mal unser Domizil", kündigt Marcia an. Während sich Sergio meine Tasche auf die Schulter hievt, zeigt mir Marcia beim Rausgehen die verschiedenen gemusterten Bodenfliesen, die in kunterbuntem Mix verlegt sind. „Macht mir jedes Mal gute Laune, wenn ich die anschaue", sagt Marcia, und ich stelle fest, dass die Laune-Fliesen auch bei mir wirken.

Nach einem Fußweg von gut 20 Minuten durch die Dämmerung sind wir in der Wohnung angekommen. Sie liegt in einem mehrstöckigen Mietshaus, mit einem großen Balkon, der von der Küche abgeht. Ich bekomme ein kleines Gästezimmer, in dem eine Schlafcouch mit gehäkelter Decke und ein Schrank stehen, auch ein kleiner, schön restaurierter Holztisch und ein knallrot gestrichener Stuhl. Eine Wand ist hellorange gestrichen, die anderen weiß – gemütlich. Ich merke, wie die Last ein wenig leichter wird, die seit ein paar Wochen immer gedrückt hat.

Als erstes stelle ich mich ausgiebig unter die Dusche. Ah, das warme Wasser tut gut, dazu das Gefühl, in Sicherheit und bei meiner Freundin Marcia zu sein. Sie hat mit Sergio auf dem Balkon ein paar Kerzen angezündet und auch mir schon ein Glas Rotwein eingeschenkt. Wir sitzen im Dunkeln zusammen, reden ein bisschen. Nach der wenig schlafintensiven Nacht auf der Fähre bin ich müde und verabschiede mich bald ins Bett. Durchs offene Fenster höre ich leise die Stimmen von Marcia und Sergio, kuschle mich in die Decke und bin im Nu eingeschlafen.

Am nächsten Morgen erwache ich von lauten Kinderstimmen: Das Fenster des Gästezimmers blickt auf einen Spielplatz, auf dem vor der Hitze des Tages einiges los ist. Noch etwas zerstrubbelt schaue ich zu, wie sich eine Horde von Schaukel- und Kletterakrobaten unter anderem auf einem hölzernen Schiff tummelt. In der Küche brodelt eine Kanne Espresso auf dem Herd, den ich gleich mal ausschalte, dann kommt eine frisch geduschte Marcia aus dem Bad und frottiert sich die Haare. „Guten Morgen! Gut geschlafen?", fragt sie, während sie sich aus dem Handtuch einen Turban formt. „Sehr gut, bis die Nachwuchs-Piraten mich geweckt haben." Marcia grinst. „Wir sind inzwischen einigermaßen dran gewöhnt, außer eins schreit so dermaßen laut, dass es uns aus den Federn hebt", sagt sie, schüttet Milch in einen Topf und gießt Espresso in zwei Schalen. „Schläft Sergio noch?", frage ich. „Nein, er musste heute schon in aller Früh los, er hat einen Foto-Termin am Montserrat." Sergio ist freier Fotograf für einige Online-Magazine und Zeitschriften, hat Marcia mir erzählt. „Gerade läuft es ziemlich gut für ihn, es ist schon der zweite Job für diese Kunden. Er hofft darauf, dass sie ihn auch weiterhin anfragen", sagt Marcia, als wir mit unserem Kaffee auf dem Balkon sitzen.

Wir nicken uns wissend zu: Für Selbstständige ist es nicht immer leicht – mal gibt es so wenig Aufträge, dass die Existenzangst ans Fenster klopft, dann wird es so viel, dass man ablehnen muss. Aber wen? Oder man schuftet die Nächte und Wochenenden durch, aber das geht nur über begrenzte Zeit. Trotzdem finde ich diese Art des Arbeitens, des selbst-Bestimmens, im Moment für mich genau richtig. Welcher Chef würde zu dieser Tour durch Europa und dann nach Südamerika so ohne weiteres zustimmen?

Bei Marcia ist nach einer ultra-anstrengenden Phase gerade wieder Flaute, sagt sie. „Ein bisschen passt das sogar, weil es echt anstrengend ist, wenn wir beide wie die Wahnsinnigen schuften, was bis vor ein paar Tagen der Fall war." Jetzt hat sie wieder Zeit für eigene Projekte: Sie hat eine Wand in ihrem Arbeitszimmer in Blockstreifen gestrichen und füllt nun Querstreifen für Querstreifen mit kleinen Kunstwerken – mal ein Cartoon, mal ein kleiner Rahmen mit einem Bild, mal eine flache Skulptur oder eine Collage, oder eine Bildergeschichte. Ich erkenne den Spielplatz mit dem Kletterschiff und weiter rechts eine Szene aus dem Bangkoker Hinterhof. Auch eine Karikatur von Chuck ist dabei, wie er mit Evita bei einem „Herrchen-Huhn-Ähnlichkeitswettbewerb" ansteht. Ich kichere.

„Inspiration finde ich ja vor der Haustür – hier oder vor den Haustüren der Orte, wo ich schon war", sagt Marcia mit einem schiefen Lächeln. Ich bin ehrlich begeistert. „Du solltest eine Ausstellung damit machen", schlage ich vor, aber Marcia winkt ab. „Fingerübungen", sagt sie dazu, zieht mich wieder in die Küche und fragt mich, was wir kochen wollen, sie werde jetzt einkaufen gehen, und ich kann gerne mitkommen.

Da braucht sie nicht zweimal fragen. Marcia und ich teilen die Begeisterung für Supermärkte oder überhaupt Läden in anderen Ländern. Mit Taschen und einem Korb geht es los, wir biegen um einige Ecken und kommen an eine Straße mit einem Gemüseladen mit farbenfroher Auslage, daneben sind ein Bäcker und ein kleiner Lebensmittelladen. „Es gibt hier natürlich auch die großen Supermarktketten, aber ich dachte mir, dass du dich erstmal lieber hier umschauen magst", Marcia grinst, ich nicke, und wir kaufen ein für eine bunte Gemüsepfanne, erstehen noch ein paar staubzuckrige Süßigkeiten in der Bäckerei – „du wirst sie lieben", verspricht mir Marcia – und holen eine Auswahl Käse, Oliven und ein frisches Brot. „Wunderbar", finde ich, wir tragen unsere Schätze nach Hause und lassen uns gleich mal ein bisschen was schmecken.

Als Marcia sich um ein bisschen Bürokram kümmern will, setze ich mich auch an meinen Laptop. Karla hat sich noch nicht gemeldet, ihr schreibe ich als erstes per Mail und per Messenger. Außerdem hat mir mein Bruder geschrieben: Er war mit Almut und Emilia auf der Pfaueninsel, ein Frühlings-Ausflug. Etwas wehmütig schaue ich mir die Bilder genauer an. Emilia hat eine neue Frisur und sieht wieder ein bisschen größer aus. Ihnen habe ich von der Karla-Geschichte gar nicht so viel erzählt, ich will Jakob und Almut nicht beunruhigen. Wenn ich jetzt aber ohne Bus unterwegs bin und dann sogar spontan nach Chile fliege, wird es Fragen hageln – irgendwann werde ich die ganze Wahrheit vor ihnen ausbreiten müssen.

Jakob hat noch eine Neuigkeit für mich: Ein Bekannter von ihm hat ein PR-Büro in Berlin und will nach Schottland expandieren. „Jetzt sucht er jemanden, der ihm die Korrespondenz über Immobilien und so weiter solide übersetzt – wäre das was für dich? Schau dir doch mal seine Website an. Sag auf alle Fälle Bescheid, auch wenn du den Job nicht machen kannst/willst. Gibt es übrigens Pläne, mal wieder in Berliner Breiten zu reisen? Emilia würde dich gern mal wieder sehen. Almut auch. Und ich: auch", schreibt er. Tja. Das werde ich sicher machen – wenn ich aus Südamerika wieder da bin und die ganze Squillion-Chose hinter mir liegt.

Der Job klingt nicht schlecht, keine Riesensache. Ich finde die Website gut gemacht, was schon mal ein großer Pluspunkt ist. Das ist die Visitenkarte heutzutage. Wenn die lieblos oder handwerklich schlecht umgesetzt ist, bin ich gleich skeptisch. Also schreibe ich Jakobs Freund eine kurze Mail. Dann kann er sich mal auf meiner ebenfalls sorgfältig gemachten Seite umsehen.

Während ich Tee koche und Marcia eine Tasse ins Arbeitszimmer bringe, wandern meine Blicke wieder über Marcias Projekt. Sie hat ein paar lustige Zeichnungen von Charles und ein paar unserer Bangkoker Büro-Nachbarn gemacht, wie sie in Hoodies an den Rechnern sitzen. Sie spielt mit dem Klischee, wie ein klassischer Hacker aussieht – was mich zu einem Blog-Post inspiriert.

8.1 Hoodie, Mate und Pizza
– Hacker

Posted by Ada L.   17. Mai

Lieber Charles,

die digitale Welt bietet viele Möglichkeiten und Verlockungen, birgt allerdings auch Risiken. Personifiziert werden diese Bedrohungen durch die Figur des Hackers. Wird dieser Begriff erwähnt, erscheint vor dem inneren Auge der meisten Menschen eine Person, die einen schwarzen Hoodie mit aufgesetzter Kapuze trägt, im Dunkeln vor einer leuchtenden Tastatur und einem Bildschirm sitzt, auf dem vor schwarzem Hintergrund grüner kryptischer Quellcode oder Binärcode zu sehen ist. Dieses Bild wird immer wieder in der Presse verwendet, wenn man ein Bild von einem Hacker oder einer Hackerin braucht. Es gibt ein generelles Problem bei Beispielbildern für Artikel zur Digitalisierung, da diese meist abstrakte Inhalte aufgreifen und schwer zu bebildern sind.

Der Roboter auf Symbolbildern für die KI ist auch so ein Beispiel: Roboter sind ein kleiner Teil des riesigen Themengebiets künstliche Intelligenz.

Und auch bei Hackern gibt es hartnäckige Klischees: Als Stereotyp ist der Hacker ein kontaktscheuer junger Mann, der gerne in einem dunklen Keller sein Unwesen treibt, sich von koffeinhaltiger Limonade und Pizza ernährt und in seinem Metier genial ist. Meist ist er fähig, in alle Computersysteme einzudringen, indem er mit atemberaubender Geschwindigkeit Kommandos in die Tastatur tippt. Wie bei allen stereotypen Vorurteilen ist auch etwas Wahres dran, und es gibt sicher viele solcher Typen – zumal vermutlich dieses Image in der Hackerszene als Rollenmodell für viele dient, die dazugehören wollen.

Der Hacker als eine Unterart des Nerds entstand in den 70er Jahren in Amerika in Hobby-Computerclubs wie dem Homebrew Computerclub. Die dort engagierten Personen bastelten die ersten Mikrocomputer und programmierten sie, durchaus mit beträchtlichem Erfolg: Unter anderem war der Apple-Gründer Steve Wozniak dort engagiert. Sie alle waren auch Anhänger der Open-Source-Gedankens.

Woher der Begriff Hacker kommt, ist nicht sicher, einige meinen, er kommt von dem Geräusch, wenn man hektisch und vielleicht unüberlegt und getrieben auf eine Computertastatur einhackt. Jedenfalls stand und steht der Begriff unter den Eingeweihten nicht für das kriminelle Einbrechen in andere Computersysteme. Vielmehr bezieht sich das Wort auf eine besonders clevere, unkonventionelle, eher spontan und schnell realisierte Lösung eines Problems – oder für eine neuartige, unkonventionelle Technik. Dies kann ein Hard- oder ein Software-Hack sein. So definieren es die meisten Personen, die sich selbst Hacker nennen, heute noch.

Man könnte Hacken auch eine besonders kreative Art der Informatik nennen. Sogenannte Maker sind dabei diejenigen Nerds, die Hardware-Projekte basteln. Wie populär das ist, kann man an den zahlreichen Maker-Spaces und Hacker-Spaces sehen, die in vielen Städten gegründet wurden. Hier kann jede und jeder das dort verfügbare Equipment nutzen, um eigene Projekte zu realisieren oder um Kontakte zu Gleichgesinnten zu knüpfen. Oft gibt es regelmäßige Treffen und Workshops. Es handelt sich um eine kreative Subkultur, die unter technik-affinen, meist jungen Personen entstanden ist. Verbandsmäßig sind im deutschsprachigen Raum viele im Chaos Computer Club (CCC) organisiert.

Wie populär diese Kultur ist, kann man an den Teilnahmezahlen der Jahresveranstaltung „Chaos Communication Congress" sehen. Dieser fand in Präsenz die vergangenen Jahre im Congress Center Hamburg oder in der Leipziger Messe statt und hatte teilweise über 17.000 Besucher*innen. Die Veranstaltung war immer schnell ausverkauft. Auf dem Kongress kann man zu zahlreichen Themen Vorträge und Workshops besuchen. Die Themen reichen von sozialen und politischen Auswirkungen der Digitalisierung über Programmier- und Bastelanleitungen zu komplexen akademischen IT-Security-Inhalten.

Ebenso bunt gemischt ist das Publikum, nahezu alle verstehen sich als Hacker*innen. Von Jugendlichen bis zu grauhaarigen Akademiker*innen ist hier alles vertreten. Das unterscheidet die Subkultur auch von anderen IT-Professionals. Im Gegensatz zu akademischen Informatik-Tagungen ist hier jede*r willkommen. Allerdings ist man auch hier angesehener, wenn man mehr Wissen und Fähigkeiten hat. Zudem spielt die Vernetzung in der Community eine große Rolle. Hier geht es vor allem um den Spaß, den man am kreativen Umgang mit der Technik hat.

Ein schönes Gegengewicht in einer Zeit, in der Digitalisierung oft dazu genutzt wird, die Zeit mit Trivialitäten totzuschlagen, die dazu verleiten, keine allzu großen geistigen Anstrengungen zu machen. Auch das negative Image des Nerds, das viele junge Leute ablehnen, bekommt durch diese Strömung eine positive Richtung. Viele, die sich dem Mainstream nicht zugehörig fühlen, finden hier Gleichgesinnte, mit denen sie sich über ihre Themen austauschen können. Dabei geht es der Community um die Sache; sie schafft es, sich nicht in eine politische Ecke drängen zu lassen, auch wenn es viele eher linksgerichtete Untergruppen gibt.

Gemeinsam ist allen der kritische Blick auf den Einsatz von Technologie. Seit den Anfängen in den 1980ern in Deutschland hat sich der CCC zu einer Institution gemausert, deren Expertise von der Regierung oft zu Digital-Themen im Bereich Datensicherheit und Datenschutz angefragt wird. Die Hacker*innen haben sich einer eigenen Hacker-Ethik verschrieben. Cyberkriminelle werden in Abgrenzung zu den Hackern „Cracker" genannt. Auch gibt es die Unterscheidung durch die Ausdrücke „White-Hat" (gut) und „Black-Hat" (böse) -Hacker.

Hier muss ich immer an einen Comic der 80er denken: „Spion gegen Spion", in dem zwei feindliche Spione, einer weiß, einer schwarz gekleidet, sich dauernd gegenseitig austricksen. So ist es auch im echten digitalen Leben. Es gibt einen ständigen Wettlauf zwischen den Cyberkriminellen und den Sicherheitsspezialist*innen, die oft mit dem CCC sympathisieren. Die Cyberkriminellen agieren natürlich eher im Verborgenen. Es gab und gibt sicher auch schwarze Schafe in der Hacker-Community.

> ℹ️ Hacker werden in der Allgemeinheit oft als Bedrohung wahrgenommen. Sie selbst sehen sich als Menschen, die kreativ und kritisch mit Technik umgehen und diese genau verstehen wollen. Die Cyberkriminellen nennen sie zur Unterscheidung „Cracker". Es gibt auch die Ausdrücke „White-Hat"- und „Black-Hat"-Hacker.

Marcia hat in der Küche schon angefangen, Gemüse zu schneiden. Ich nehme mir ein Messer, und wir werkeln einträchtig nebeneinander. So haben wir in Bangkok auch oft gemeinsam gekocht. „Du warst noch nie vorher in Barcelona, oder? Da haben wir natürlich noch einiges, was ich dir zeigen will", sagt sie.

Auf dem Balkon ist es inzwischen sehr heiß, auch mit Sonnenschirm, den wir zum Essen aufspannen. „Lass uns einfach hier am Stadtstrand schwimmen gehen", schlägt Marcia dann vor. „Brillant", sage ich. Schnell räumen wir auf und ziehen mit Strandtaschen los. „Am besten fahren wir ein Stück U-Bahn. Das ist hier auch ein Erlebnis, denn wir werden umsteigen", sagt Marcia mit besonderer Betonung. „Ich bin auch schon in Berlin, in Paris und in München U-Bahn gefahren und umgestiegen, unter anderem", antworte ich etwas verwirrt. „Wart's ab", sie lächelt.

Mit einer App habe ich für mich ein Ticket gelöst. Unten in den U-Bahn-Gängen und -Bahnsteigen ist es ziemlich warm, viele Leute haben Fächer dabei, mit denen sie sich Luft zufächeln. „Keine schlechte Idee", sage ich und zeige auf eine Frau, die den ihren gerade auffaltet. Marcia grinst und zieht aus einer Seitentasche zwei Fächer heraus, reicht mir einen. „Verbindlichsten Dank, liebe Countess", flöte ich, und Marcia steigt sofort mit einem „nicht doch, verehrte Duchess, eure Durchlaucht", und versinkt in einem übertriebenen Knicks. Kichernd und fächelnd steigen wir in die Bahn.

„So, hier müssen wir raus", Marcia hat während unseres Herumalberns immer noch ein Auge auf die aktuelle Station gehabt. Vom Bahnsteig aus laufen wir eine Rolltreppe nach oben und folgen dann einem unterirdischen Gang, die Wände sind mit geometrischen Farbflächen bemalt. Wir laufen und laufen – und laufen. Und laufen. Um uns herum eilen viele Leute, das Kind einer Touristenfamilie weint laut und will nicht mehr weitergehen. Ich kann es verstehen. Marcia nickt mir vielsagend zu. „So stelle ich mir die Hölle vor", zischt sie mir zu: „ein Gang voller Leute, man sieht weder Anfang noch Ende, es geht unendlich weiter, keine Sonne, kein Ziel, kein garnichts." „Countess belieben zu scherzen?", frage ich und klimpere mit den Wimpern. „Oh nein – wenn ich mir für die Schurken in meinem Reich Strafen ausdenke, gelange ich immer wieder an den Punkt, dass sie hier stundenlang entlanglaufen müssen." „Countess ist eine harte Scharfrichterin, ich hoffe, nie ihren Zorn auf mich zu ziehen", gurre ich. „Duchess ist als durch und durch edle Seele gar nicht in der Lage, mich zu erzürnen", gibt sie über die Schulter zurück. Nach gefühlt zwei Kilometern unter der Erde gelangen wir dann zur nächsten U-Bahn-Linie, mit der wir noch einige wenige Stationen fahren. „Dafür ist dann der Fußmarsch bis zum Strand relativ kurz", verspricht Marcia, „und oberirdisch?", frage ich hoffnungsvoll. Marcia nickt und läuft voraus.

Nach einigen Minuten sind wir an dem großen Stadtstrand von Barcelona. „Heute ist Mittwoch, und wir haben noch nicht Hauptsaison, deswegen ist es jetzt noch recht angenehm", sagt Marcia, während wir barfuß durch den pudrigen braunen Sand stapfen. Wir suchen uns einen Platz, breiten unsere Tücher aus. „Wenn du länger schwimmen willst, geh du lieber schon mal rein, ich bleibe hier bei unseren Sachen", sagt Marcia. „Ist das okay für dich?", vergewissere ich mich. „Sicher. Ich hab was zum Lesen dabei, und du weißt: planschen ja, schwimmen im noch saukalten Meer: klares Nein." Marcia hat sich auch in Thailand lieber als Hüterin der Besitztümer angeboten und war bei den Sachen und den Decken geblieben.

Also laufe ich allein zum Meer, nur im Bikini, denn den Neopren-Anzug wollte ich nicht mitschleppen. So gehe die ersten Schritte in die kalten Wellen: Das Wasser ist, obwohl direkt an der Stadt, klar und riecht gut. Ich gehe schnell hinein, es ist kalt-kalt-kalt, und schwimme in immer regelmäßiger werdenden Zügen ein Stück hinaus, bis ich bei den Bojen angelangt bin. Hier habe ich keine Schwimmboje dabei, und so bleibe ich lieber nahe der Abgrenzung in sicherem Abstand zu einigen Booten. Beim Schwimmen und regelmäßigen Atmen komme ich innerlich noch mehr zur Ruhe und bin zutiefst froh, dass ich hier gelandet bin.

Angenehm müde geschwommen kehre ich zu Marcia zurück, sie hat sich mit Sonnenbrille und Strohhut in einen dem Cover nach blutrünstigen Thriller vertieft. „Willst du mal ins Wasser?", ich wickle mich schnell in mein sonnenwarmes Handtuch und lasse mich neben sie fallen. „Nur mit den Füßen, allerhöchstens – schau mal, was ich gefunden habe", sie kramt aus ihrer Tasche einen aufblasbaren Football und beginnt sofort, ihn mit Luft zu füllen.

„Ist das noch der, den du in Hua Hin dabeihattest?", frage ich lachend, denn dort am Strand haben wir bei einem Ausflug von Bangkok aus richtig viel Spaß gehabt, haben Tratzball gespielt und uns ohne Ende beömmelt. Marcia nickt, während sie weiter aufpustet und dann schnell den Verschluss einstöpselt. Sie rennt bereits los und schreit „wer als erstes am Wasser ist" über die Schulter. Sehr unfair, „das wirst du mir büßen", rufe ich, verfolge sie, und prustend stapfen wir ins flache Wasser. Zuerst werfen wir beide uns den Football hin und her. Weil wir aber vor lauter Lachen immer wieder weit daneben zielen, schmeißen ihn andere Leute zu uns zurück, einige steigen mit ein, so dass wir eine kleine Runde bilden, die am Strand werfen, lachen und durch die kleinen Wellen rennen, dass das Salzwasser spritzt.

Irgendwann sind alle außer Atem, die Gruppe löst sich auf. Wir beide werfen uns wieder auf unsere Decke, trinken Wasser und wärmen uns auf. Dann beschließen wir, dass jetzt ein Eis genau das richtige wäre. An dem besonders geformten Hochhaus vorbei, das hier markant am Strand in die Höhe ragt, laufen wir Richtung Stadt. Es hat eine senkrechte Kante, die andere Seite der Fassade verläuft in einem Bogen nach unten. „Was ist denn da drin?", frage ich Marcia. „Ein Hotel mit Restaurants und Bars, was für den dicken Geldbeutel", antwortet sie. „Der Architekt wollte mit der Form ein Segel imitieren, als Bezug zum Meer." Ich nicke. Ein riesiges Gebäude gleich am Wasser, ganz interessant, finde ich.

Wir schlendern weiter, Marcia überlegt, in welches Café sie mich heute führen will, „es gibt so viele schöne". Mir gefällt es, einfach durch die Stadt zu gehen, wir laufen durch einen kleinen Park mit üppig bunten Blumenbeeten und geometrisch angelegten Hecken, gelangen durch ein Viertel mit hippen Kneipen und Lädchen und unglaublich vielen Friseur-Geschäften dann in die gotischen Gassen, in denen ich so oft nach oben schaue und staune, dass Marcia mich mehrfach am Arm nehmen muss, damit ich nicht in andere Leute oder Stühle hineinlaufe.

Schließlich landen wir in einem kleinen Café mit lauter bunt gestrichenen Holzstühlen und fantasievoll angemalten Pflanztrögen zwischen den Tischen. Durch einen schmiedeeisernen Torbogen betreten wir den Hof, ein Tisch wird gerade frei, den sichern wir uns. Bei einem beiläufigen Blick zu den Eisbechern, Kuchentellern und Getränkekreationen in der Nachbarschaft läuft mir das Wasser im Mund zusammen. „Die machen hier das Eis selbst, alles bio, und es schmeckt hervorragend", erklärt mir Marcia. Ich entscheide mich für einen Becher mit gemischtem Eis, viel Obst und hausgemachtem Vanillegebäck,

Marcia nimmt einen Schokokuchen mit warmem Kern und eine Kugel Zabaione dazu.

Wir genießen schweigend unsere süßen Köstlichkeiten. „Das Lokal heißt übrigens ‹El Pollo loco›", bemerkt Marcia, als sie fast alle süßen Brösel auf ihrem Teller zusammengekratzt und vertilgt hat. „Verrücktes Huhn? Sehr schön! Da müssen wir…", setze ich an, „unbedingt ein Foto für Chuck machen", führt Marcia meinen Satz fort. Wir nicken uns zu und machen ein paar Schnappschüsse mit dem Wirtshausschild und uns. „Wir waren schon ein gutes Team in Bangkok", sagt Marcia, und ich stimme ihr zu.

Mit einem leisen Pling meldet sich mein Handy. Eine Mail von Karla: Sie wird übermorgen abends in Barcelona ankommen, schreibt sie. „Wunderbar", Marcia klatscht in die Hände, „ich bin gespannt auf deine Freundin." Ich bin wirklich erleichtert, dass es Karla gut geht und dass sie auch bald hier sein wird.

Außerdem bin ich froh, dass Marcia das alles so locker nimmt – zwei Frauen zu Besuch, hinter denen eventuell ein Rudel Schurken her ist. „Ach, Schurken", wedelt Marcia meine Bedenken weg. „Ich zeige euch Barcelona, und dann legt ihr einen Ozean zwischen euch und den Ort, an dem euch die Verfolger vermuten – ich meine: die Atacama-Wüste. Da kommt keiner drauf", sie klopft mir aufmunternd auf den Arm. Ich hoffe zutiefst, dass sie recht hat. Und dass es uns gelingen wird, unsere Spuren so gut zu verwischen, dass uns wirklich niemand folgen kann.

Schon merke ich, wie ich wieder aufmerksamer meine Umgebung abscanne. Der Typ, der im Café am Nebentisch saß, war der wirklich nur mit seinem Handy zugange, oder hat der unser gesamtes Gespräch mitgehört? Und sehr buschige Augenbrauen hat er auch, wie ich bemerke, während ich immer wieder zu ihm rüber spähe.

Als ich Marcia auf einen weiteren Typen mit auffälligen Augenbrauen aufmerksam mache, lacht sie mich direkt aus. „Schau dich bitte mal um – wenn das ein Wiedererkennungsmerkmal sein soll, dann hast du hier die Riesenauswahl!", ruft sie, und dreht sich einmal um die eigene Achse. Als ich ihrem Blick folge, sehe ich, was sie meint: Ein ganzer Haufen an Leuten hier trägt markante Gesichtsbehaarung, mir fallen reihenweise Männer mit gepflegtem Bart bis hin zu betonten Brauen ins Auge, letztere auch geschlechtsübergreifend. Na gut – das ist auch eine Erleichterung: den Augenbrauen-Detektor brauche ich hier nicht.

Für den frühen Abend hat Marcia sich mit einer Freundin verabredet und lädt mich ein, mitzukommen. Aber ich ziehe es vor, ein bisschen zu übersetzen, sage ich ihr: Wenn Karla dann hier ist, habe ich keine Ahnung, ob ich groß zum Arbeiten kommen werde. Also nütze ich die Zeit. „Verstehe ich", sagt Marcia. „Wenn du Lust hast, komm einfach nach."

Beflügelt von der Aussicht auf einen späteren Drink mit den beiden anderen setze ich mich an meinen Laptop. Auf dem Balkon ruht inzwischen der Schatten des Hauses gegenüber, so ist die katalanische Wärme des späten Nachmittags gut auszuhalten. Ich koche mir einen Kaffee und mache mich ans Werk. Heute fällt es mir ausnahmsweise nicht so leicht, in die Übersetzungs-Konzentration zu kommen. Also schaue ich in mein Arbeits-Postfach und checke die neuen Mails dort. Ah, der Freund meines Bruders hat sich direkt gemeldet. Er fragt mich, ob ich ihm eine Arbeitsprobe schicken kann oder ob ich ihm einen Probetext übersetzen würde. Dazu hat er mir, falls ich auf diesen Vorschlag eingehen will, gleich einen Link zu einem Dokument beigefügt, ein Immobilien-Angebot für ein Landhaus.

Der Text ist eineinhalb Seiten lang. Selbst wenn nichts draus wird, breche ich mir damit keinen Zacken aus der Krone, denke ich mir, und fange gleich an. Sergio schaut kurz vorbei, ich mache eine kurze Pause, und wir essen zusammen eine aufgeschnittene Wassermelone. Er fragt mich nach meinem Job. „Kann das nicht inzwischen auch die KI gut, Texte übersetzen? Also nicht gerade Literatur, aber genau sowas wie Anleitungen?" Ich gebe ihm zum Teil recht: KI-Programme zum Übersetzen können schon viel, „aber sie treffen die Tonality oft nicht ganz. Bei Gebrauchsanleitungen ist das vielen Firmen egal, andere legen Wert drauf und sehen das als Teil ihres Premium-Auftretens. Bei Moonshot, die Flugtaxis bauen, müssen sie außerdem sicher sein, dass die Anleitung hundertprozentig richtig ist – ein Fehler könnte fatale Folgen haben", antworte ich. Sergio nickt. „Außerdem, denke ich, ist das sicher auch oft wie bei der Autokorrektur: Das Programm weiß eben nicht, welche von zwei Bedeutungen gerade richtig ist", sagt er. „Auch da werden die Programme zwar immer besser, haben aber immer noch eine gewisse Fehlerquote", bestätige ich.

Sergio muss wieder weiter, und ich wende mich meinem Text zu. Mal was anderes als die Smart-Home-Anleitungen, das ist eine willkommene Abwechslung, finde ich, und freue mich, weil mir diese Aufgabe wieder flüssig und zügig von der Hand geht. Als ich den Probetext fertig habe, wechsle ich zu meinem Mammut-Auftrag Smart-Home und finde jetzt leichter hinein in die

Feinheiten der Licht-Abstimmungsmöglichkeiten, die man per Smartphone fernsteuern kann. Während ich daran arbeite, kommt eine weitere Mail: Auch von Moonshot gibt es wieder etwas zu tun. „Okay – ranhalten", denke ich mir. Als ich merke, dass ich mich nur noch schwer konzentrieren kann und auch die dritte Tasse Espresso kaum hilft, melde ich mich bei Marcia. Sie schreit in den Hörer, um ihre laute Umgebung zu übertönen, und kurz bin ich am Zweifeln, ob ich überhaupt noch nachkommen soll. „Unbedingt! Ist nicht weit, zu Fuß höchstens 20 Minuten", ruft Marcia und schickt mir die Adresse einer Bar.

Also halte ich kurz meine Handgelenke unter kaltes Wasser, wasche mir das Gesicht und putze mir die Zähne – alter Fitwerde-Tipp – und fühle mich schon wieder einsatzbereit. Also Umziehen, minimales Schmink-Programm und ab auf die Barceloneser Piste. Draußen ist es jetzt angenehm mild.

Marcias Schätzung war arg optimistisch: Zu der Bar brauche ich eine gute halbe Stunde. Dann falle ich in die Umgebung aus Musik, Lachen, Geschrei und wühle mich durch die Menge, bis ich Marcia „Anna!" schreien höre. Sie steht an der Bar und prostet mir gemeinsam mit einer rothaarigen Frau zu. „Das ist Julia", brüllt Marcia mir zu, und während ich mit Julia ein paar gerufene und gefuchtelte Sätze wechsle, hat Marcia mir schon einen Drink organisiert. „Gin Tonic, ganz klassisch", ruft sie, und „cheers!" Sie war schon immer ein Talent darin, Nachschub zu besorgen. Auch in Bangkok hat sie es geschafft, selbst im größten Trubel die Person an der Bar auf sich aufmerksam zu machen.

Mein Augenbrauen-Radar schlägt kurz aus. Dann sehe ich bei einem Rundumblick, dass Marcias Prophezeiung – wenn das ein Merkmal sein soll, dann habe ich hier reichlich zu tun – auch in dieser Bar zutrifft. Also lasse ich locker, fühle die Musik, und als nach meinem Eindruck die ganze Bar auf einmal zu tanzen beginnt, bin ich mittendrin und sehr froh, dass ich noch nachgekommen bin.

Irgendwann stolpern wir noch in einen Club, die Lichter flimmern, die Musik ist wie ein eigenes Element, in dem ich mich bewege, und dankenswerterweise drückt mir Marcia irgendwann ein riesiges Glas Wasser in die Hand. Das trinke ich aus, und Julia zieht uns beide durch die tanzende Menge nach draußen. „Aaahhh – frische Luft", ruft Marcia, tanzt noch ein paar Schritte weiter, hakt mit dem rechten Arm Julia und mich mit links unter, und gemeinsam steppen wir die Straße entlang.

Als wir auf eine Ecke zusteuern, könnte ich schwören, dass ich ein Huhn sehe, das um einen Holzzaun lugt. Ich tapere in die Richtung, sehe aber im dichten Gebüsch nichts. „Hühner gehören doch schon längst in den Stall", krakeelt Julia. „Augenbrauen und Hühner", seufzt Marcia zuhause und zeichnet mit ein paar Strichen ein Huhn mit extrem ausgeprägten Brauen. „Super", kichere ich. „Du hast es echt drauf, Marcia!"

Von unserer nicht gerade leisen Heimkehr ist auch Sergio aufgewacht, der sich verschlafen zu uns an den Tisch setzt und grinsend den Kopf schüttelt. „Genau, Marcia, ich liebe deine Cartoons", sagt er. „Der über die Klapperschlange, die in der Rhythmusgruppe des Gangster-Rappers einsteigt, der war so lustig." Marcia grinst und wackelt mit den Ohren – ein Kunststück, das sie seltsamerweise nur beherrscht, wenn sie betrunken ist.

Mit dumpfem Kopf wache ich auf, das Gekreisch der spielenden Kinder hallt und wummert unangenehm in den Ohren. Oh weh, denke ich, krieche langsam aus dem Bett und schleppe mich Richtung Kaffeegeruch. Marcia ist schon wach und sitzt unglaublicherweise quietschfidel in der Küche. Bevor ich richtig sitze, hat sie mir schon ein großes Glas Orangensaft, eine Schmerztablette und eine Tasse Kaffee hingestellt. „Danke", murmle ich. Nachdem ich getrunken habe, kehren auch bei mir die ersten Lebensgeister zurück, und ein paar Scheiben Brot mit Serrano-Schinken und Käse bringen mich wieder zu Kräften.

Freundlicherweise lässt Marcia mich einfach in Ruhe, während ich langsam in diesen Tag hineinfinde. „Geht's wieder?", fragt sie mich irgendwann lächelnd. Ich nicke. Kichernd singt sie ein paar Liedzeilen eines Songs, zu dem wir wie die Wilden getanzt haben, und schwenkt die Hüften. Ich grinse, kann aber noch nicht mitschwenken, sondern schneide mir lieber einen Apfel in Schnitze.

„Bist du schon in der Lage, mit mir zu reden? Ich habe eine Idee und würde gerne wissen, was du davon hältst", fragt Marcia. „Klar", sage ich, die Nebel haben sich inzwischen aus meinen Schläfen verzogen. „Wir haben ja gestern – oder besser heute früh – noch drüber geredet, dass ich gern mal einen richtigen Comic machen würde." Marcia erzählt mir, dass ihr schon seit einiger Zeit ein Projekt im Kopf rumgeht. „Ich zeichne gern Karikaturen und Cartoons, aber mein Traum war schon als Kind, eine große Geschichte selbst zu schreiben und zu illustrieren. Ich fand Filme wie Sing! oder Pets oder Zoomania richtig toll und habe mir als kleines Mädchen Stories ausgedacht, dann als Jugendliche waren es eher Fantasy-Themen. Eine meiner Geschichten ging über ein Mädchen, das sich in ein Pferd verwandeln konnte und immer dann, wenn sie einen Regenbogen sah, in eine andere Welt hinüberspringen konnte", sie grinst und wendet entschuldigend die Handflächen nach oben, „also so Jungmädchen-Sachen. Diese Story werde ich sicher nicht mehr machen, aber ich würde schon gern selber eine längere Geschichte als Comic umsetzen. Weil ich ja gerade keinen Auftrag habe, der meine ganze Zeit in Anspruch nimmt, hätte ich eigentlich genau jetzt Luft für sowas." Unsicher schaut sie mich an.

„Klingt sehr spannend! Hast du denn schon eine Idee für die Geschichte?", frage ich und setze nochmal Kaffee auf. „Eine ganze Reihe", sagt Marcia. „Du weißt ja, dass ich immer noch auf Fantasy und Science-Fiction stehe. Matrix ist einer meiner Lieblingsfilme, erinnerst du dich?" Ich grinse und verdrehe die Augen. Wie könnte ich das vergessen! Wir haben den Film in Bangkok sicher fünfmal zusammen angeschaut, weil sich Marcia das glühend gewünscht hatte. Ich hatte ihn ja schon mit meiner Tante Lydia gesehen, aber laut Marcia kann man diesen Film gar nicht zu oft anschauen – „da findest du immer wieder ein neues Detail", schwärmt sie. Filmgeschichtlich habe dieser Film richtig reingehauen (ihre Worte), unheimlich viele andere Drehbuchschreiber und Regisseure hätten ihn zitiert. Die Idee, dass unser ganzes Leben, unsere äußere Welt, nur ein Trugbild ist, eine Projektion, in der sich die Menschen bewegen – die fand und finde auch ich faszinierend. Was, wenn hinter unserer Realität eine weitere steckt, die uns beeinflusst?

„Es ist zwar nicht genau der Gedanke, aber als Kind habe mir, wenn ich in meinem Zimmer auf dem Boden lag, manchmal vorgestellt, die Erde oder unsere Galaxie wäre nur ein winziges Körnchen in einem Staubknäuel, das in einer anderen Art von Welt auf dem Fußboden eines Kinderzimmers liegt. Könnte ja sein: dass wir ein winziger Teil von etwas sind, dessen Dimensionen wir nicht einmal im Ansatz umreißen", erzähle ich. Marcia nickt mit schräg gelegtem Kopf. „Deswegen hatte ich manchmal Skrupel, staubzusaugen", ich grinse. „An anderen Tagen, wenn ich sauer war, fand ich es sehr befriedigend, in meiner Vorstellung fremde Galaxien, Sterne und Planeten in den Staubbeutel zu bugsieren – besonders dann, wenn es im Schlauch des Staubsaugers noch etwas gescheppert hat", fahre ich fort. „Dann hast du es einem Haufen Arschgeigen so richtig gezeigt", Marcia hat es kapiert. Ihre Augen blitzen: „Das könnte doch der Anfang einer Geschichte sein – darf ich die in meinen Comic einbauen?" Ich bin einverstanden und ergänze: „Es könnte allerdings sein, dass unsere Erde auch in einem Staubknäuel von einem grantigen Kind einge-staubsaugt wird, willst du das auch einbauen?" Marcia hat sich einen Block geholt und fängt schon an zu skizzieren. „Sicher, das heißt, ich weiß noch nicht, ich werd gleich mal..." Sie ist völlig vertieft.

Weil ich das schon von ihr kenne, stelle ich ihr noch eine Tasse Kaffee hin, nehme mir selber auch eine. Zu meinem Hacker-Thema wollte ich noch ein paar weitere Punkte an meinen Blog anhängen – warum nicht jetzt?

8.2 Trojanischer Held, fünf Buchstaben: Pferd
– Hacking

Posted by Ada L.   18. Mai

Lieber Charles,

Hacker*innen haben den Nimbus von Magier*innen, die sich mit Hilfe von geheimem Wissen, gepaart mit Genialität, Zugang zu geschützten Bereichen im Netz verschaffen. Dort können sie anscheinend alles bewerkstelligen, bis hin zu Mord, indem sie Software manipulieren, die wichtige Maschinen steuert. Können Hacker*innen das? – Und wenn ja, wie groß ist die Hürde?

Tatsächlich ist fast alles möglich, was man sich vorstellen kann. Ein paar Beispiele: Sicherheitsexpert*innen wiesen nach, dass man sich per Funk-Netzwerk in das Netzwerk eines hochmodernen Autos hacken und dann sogar die Bremsen manipulieren kann, da diese auch per Netzwerk angesteuert werden [32].

Da man so viel Schaden mit Hacking anstellen kann, hat die Bundeswehr mittlerweile ein eigenes Kommando zur Cyberabwehr [9]. Das Kommando Cyber- und Informationsraum ist eine eigene Teilstreitkraft, wie auch die Marine. Nur wird hier der Ozean der digitalen Daten beschützt. Die Soldat*innen übernehmen Kommunikations-Aufgaben und übertragen Daten sicher und verschlüsselt. Zudem hackt die Truppe feindliche Systeme und spioniert. Weiter schützt sie vor Schäden, die feindliche Hacker*innen anrichten können, und ist auch in der Lage, selbst Schaden zuzufügen, im Bataillon elektronische Kampfführung. Welche Auswirkungen digitale Kriegsführung haben kann, hat man bereits zu Beginn des Kriegs in der Ukraine sehen können (Russland-Ukraine-Cyberkrieg [61]). Hier wurde durch Manipulation der Steuer-Rechner das ukrainische Stromnetz lahmgelegt.

Die kritische Infrastruktur, beispielsweise Pipelines oder Stromnetze eines Landes, kann man nicht absolut sicher beschützen, da es so viele digitale

Angriffsvektoren gibt und letztlich alles digital gesteuert wird. Was ein digitaler Angriff auf das Stromnetz für Folgen haben könnte, kann man sich ausmalen, wenn man sich klar macht, was alles vom Strom abhängig ist. Klar ist, dass im Winter dann keine Heizungen mehr funktionieren, auch keine Pellets- oder Ölheizungen, da diese elektrisch gezündet werden.

Wenn man sich vorstellt, dass wiederum alle digitalen Steuerungen eine Stromversorgung brauchen, wird das Ausmaß offenbar: Zapfsäulen in Tankstellen, die Wasserversorgung, Telefon und Internet sowieso, auch Ampeln und – trotz Notstrom – irgendwann auch Intensivstationen. Es würde vollständiges Chaos herrschen.

Diejenige Nation, die die hybride Kriegsführung und den Cyberkrieg beherrscht, muss vermutlich gar nicht mehr so viele konventionelle Waffen einsetzen, um ein Land in die Knie zu zwingen. Länder wie Russland, China oder Nordkorea haben das längst schon verstanden. Bei den Hacker*innen in solchen Konflikten ist nicht klar, ob sie Teil des Militärs sind oder nicht. Von den Aggressoren ist das durchaus erwünscht, da man dann abstreiten kann, überhaupt für die Angriffe verantwortlich zu sein. Putin sagte in einem Interview: „Hacker sind freie Menschen – wie Künstler", die „aus patriotischen Gefühlen" heraus versuchten, einen „gerechten Beitrag" zu leisten [48].

In jedem Fall sind dies Black-Hat-Hacker*innen, die nicht nach einer Hacker-Ethik handeln. Meist geht es den bösen Hacker*innen allerdings um viel Trivialeres, nämlich um Geld. Das kann man als Hacker*in verdienen, wenn man möglichst viele Rechner unter die eigene Kontrolle bringt, die dann ferngesteuert bezahlte Dienste erledigen.

Beispielsweise kann man die Rechner dazu nutzen, Spam-Mails zu versenden, die letztendlich Werbung sind. Man fragt sich, ob man mit Spam Geld verdienen kann. Wer kauft Viagra-Pillen aufgrund von Spam-Mails? – Ein Rechenbeispiel: Wenn man 100 Millionen Spam-Mails versendet, und nur 0,001% der Angeschriebenen reagieren, sind das immer noch 1000 Leute. Das Versenden der Mails erledigen die gekaperten Rechner kostenlos, man muss sich nur die E-Mail-Adressen der Empfänger*innen besorgen. Diese und die Geschäftskontakte kann man anonym im Dark-Net (dazu ein andermal mehr) bekommen: Für 100 Millionen E-Mail-Adressen muss man lediglich rund 250 Euro zahlen [31].

Schlimmer sind Mails, die Trojaner enthalten, also Software, die installiert wird, wenn man beispielsweise eine Datei öffnet. Die heimlich untergeschobene Software kann für Erpressungs-Zwecke genutzt werden: sogenannte

Ransomware, Erpressungs-Software. Diese verschlüsselt einfach die gesamte Festplatte. Der Schlüssel wird nur rausgerückt, wenn man einen hohen Geldbetrag zahlt, meist in Bitcoin, der digitalen Währung, bei der die Identität des Besitzers gut verschleiert werden kann.

An solche Schadsoftware zu kommen ist relativ einfach. Es gibt Baukästen, mit denen man mit wenigen Klicks einen Trojaner erstellen kann. Diese Trojaner von der Stange können allerdings von Anti-Viren-Software oder von einer Firewall herausgefiltert werden, da ihre Signatur, also ihr Aussehen, bekannt ist.

Ein einfacher Weg, selbst einen Trojaner zu erschaffen, der oft von den Schutzmechanismen nicht erkannt wird: Man steckt Dateien als Anhang in die Mails, die selbst wieder Code enthalten können, der beim unbedachten Öffnen ausgeführt wird. So könnte in einer Excel-Tabellenkalkulationsdatei oder in einer Word-Datei mit scheinbar harmlosem Text leicht solcher Code integriert werden, da dies von Microsoft so vorgesehen ist. Man kann in diese Dateien sogenannte Makros einprogrammieren, die eigentlich anderen Zwecken dienen sollen: um immer wiederkehrende Aufgaben zu erledigen, etwa Fotos aus einem Ordner in die Dateien einzufügen, um eine schöne Galerie zu erstellen.

So kann man ein einfaches Programm schreiben, das nur folgendes tut: von einem anderen Server im Web ein weiteres Programm downloaden und starten. Auf diese Weise kann man hier das wirklich böse Erpresserprogramm verschlüsselt auf den Rechner installieren. Die ahnungslosen User*innen merken davon nichts, sie öffnen nur das Word-Dokument und ignorieren eine Warnung, da sie gerne wissen wollen, was die Datei enthält.

Natürlich können böse Hacker*innen (Cracker*innen) zu diesem Zweck nicht einfach einen Server mieten und dort Trojaner für den Download bereitstellen, da sie sonst auffliegen würden. Deshalb bringen sie andere Server unter ihre Kontrolle, auf dem sie die Schadsoftware dann heimlich ablegen. Die Betreiber*innen des Servers merken von der Zweitnutzung meist gar nichts, oft läuft dort weiter ganz normal ihr Webauftritt.

Lieber Charles, aus Interesse habe ich einmal eine verdächtige Mail untersucht. Ich bekam einen angeblichen Rechnungsbeleg mit angehängter Excel-Tabelle von einem mir bekannten Medien-Unternehmen. Was mich stutzig machte, war der genaue Absender: Die tatsächliche E-Mail-Adresse passte nicht zum Namen des Absenders. Die E-Mail kam von einem kleinen Architekturbüro.

Cracker*innen installieren mit ihren Trojanern nämlich nicht nur Ransomware, sondern auch Spionagesoftware. Die stiehlt E-Mail-Adressen aus dem Mailprogramm, sendet sie dann entweder den Cracker*innen oder schickt gleich wieder unverdächtig erscheinende E-Mails mit der Ransomware an die erbeuteten Adressen, wie im beschriebenen Fall. Die Cracker*innen können diese Adressen wieder lukrativ verkaufen oder für ihre eigenen illegalen Zwecke einsetzen.

Wenn die Betrugs-Mails, sogenannte Phishing-Mails (man „fischt" nach Betrugsopfern), an die gestohlenen Adressen gesendet und mit dem Absender des infizierten Rechners versehen sind, dann denken die Empfänger*innen oft, dass die Mail echt ist. Der Sender ist ihnen ja scheinbar bekannt. Wenn sie dann den Anhang öffnen, wird das Makro ausgeführt. Allerdings installiert dieses dann wieder wahlweise ein Spionage- oder ein Erpressungsprogramm auf dem Rechner – oder beides. Dadurch verbreitet sich die Software immer weiter, man spricht hier von einem Computerwurm.

Mein Jagdtrieb war geweckt, und ich nahm die Excel-Tabelle genauer unter die Lupe. Hier fand ich tatsächlich ein ausführbares Makro in Visual Basic, der beliebten Skript-Sprache, mit der man Microsoft-Programme automatisieren kann. Dieses generierte aus einem dort eingebetteten Text eine weitere Programmcode-Datei, die auf die Festplatte geschrieben und gestartet wurde. Der Text war auf einfache Weise verschlüsselt, so dass Viren-Programme nicht einfach nach dem Code des schädlichen Programms suchen können.

Im gestarteten Programm auf der Festplatte war eine Liste an gehackten Servern vorhanden, beispielsweise Webseiten für Ferienwohnungen wie „www.ferien-xyz.de". Von diesen wurde versucht, das eigentliche Schadprogramm zu installieren. Durch die Liste wollten die Cracker*innen auf Nummer sicher gehen. Falls einem Besitzer eines Servers auffällt, dass hier etwas faul ist, und er das Schadprogramm löscht, dann wären noch genug andere Server im Einsatz.

Nachdem der Weg der Verbreitung der schädlichen Mails geklärt ist, bleibt noch eine Frage offen: Wie bekommen die Cracker*innen die Schadprogramme auf die Server? Indem sie gezielt nach Schwachstellen suchen. Oft werden diese Sicherheitslücken durch Updates der Serversoftware geschlossen, dazu müssen sie allerdings den Entwickler*innen der Serversoftware bekannt sein. Es gibt Sicherheitsexpert*innen, die gezielt nach Lücken suchen, um dann die Entwickler*innen freundlich darauf hinzuweisen. Dies sind die White-Hat-Hacker*innen.

Eine typische Sicherheitslücke hat etwas mit Eingabeformularen und der Speicherung der eingegebenen Daten zu tun. Auf den meisten Webseiten finden sich Eingabeformulare, wie beispielsweise Kontaktformulare. Beim Feld Nachname soll man einen Namen wie beispielsweise „Lovelace" eintragen. Dieser wird an den Server übermittelt, der ihn dann in einer Datenbank speichern will. Dazu gibt es eine spezielle Datenbank-Kommandosprache: SQL (Structured Query Language). Das Kommando hier wäre dann

```
INSERT INTO 'CONTACTS' ('NAMES') VALUES ('Lovelace');
```

Übersetzt: Speichere in die Tabelle 'CONTACTS' in der Spalte 'NAMES' den Wert 'Lovelace'. Interessant ist folgendes: Die gesamte Befehlszeile ist selbst nur digitaler Text. Man kann mehrere Befehlszeilen ausführen, die mit einem Semikolon (;) getrennt werden, deshalb ist am Ende des SQL-Kommandos auch ein Strichpunkt. Danach könnte man ein weiteres Kommando vom Server ausführen lassen.

Der Hack geht nun so: Alles, was im Eingabeformular eingegeben wird, landet innerhalb der Anführungszeichen. Gibt man nun ins Feld „Lovelace');" ein, also genau so mit einfachen Anführungszeichen, Klammer zu und Strichpunkt, dann hat man die Befehlszeile beendet und kann dahinter weitere Befehle schreiben. Wenn man also eine Zeile der Art:

```
Lovelace'); SELECT 'Böser Code' INTO OUTFILE 'bad.php' --
```

in das Eingabefeld eingibt, so kann man, falls bestimmte Sicherheitsmechanismen nicht aktiviert wurden, auf dem Server eine ausführbare Datei 'bad.php' anlegen, die man dann einfach im Browser aufrufen und ausführen kann: 'www.ferien-xyz.de/bad.php'. Der Text 'Böser Code' steht hier stellvertretend für einen einfachen kurzen Code für ein Programm, welches wiederum ein anderes Programm auf den Server hochlädt.

Dieses andere Programm kann dann beliebig kompliziert sein, beispielsweise genau das Programm, welches vom Schadcode in der Mail auf den eigenen Computer heruntergeladen und ausgeführt wird. So schließt sich der Kreis. Auch wenn die Bedrohung durch diese sogenannten SQL-Injections mittlerweile ins Bewusstsein der Entwickler*innen gedrungen ist, sind diese Angriffe immer noch sehr erfolgreich und nehmen sogar weiter zu.

In dem Fall der von mir untersuchten E-Mail habe ich die Betreiber*innen der Webseiten darauf aufmerksam gemacht, dass ihre Seiten gehackt wurden und dort illegale Software für den Download eingeschleust wurde.

Trojaner sind schädliche Programme, die in einem E-Mail-Anhang enthalten sein können und gestartet werden, wenn die Datei geöffnet wird. So können beispielsweise in Office-Dateien Visual Basic-Programme enthalten sein. Diese laden dann aus dem Internet das eigentliche Schadprogramm herunter und führen es aus. Es kann sich hier um sogenannte Ransomware handeln, Erpresserprogramme, die die Festplatte verschlüsseln und erst gegen die Zahlung von Bitcoin den Schlüssel hergeben. Eine beliebte Technik von Cyberkriminellen, um sich Zugriff auf fremde Server zu verschaffen, sind SQL-Injections. Hier wird ausführbarer Code in normale Web-Eingabeformulare eingegeben. Bei ungenügender Absicherung des Servers wird dieser Code unter Umständen dort ausgeführt.

Nach meinem Brief an Charles wende ich mich wieder dem Hier und Jetzt zu: Heute Abend wird Karla eintreffen, und ich richte das Gästezimmer so her, dass wir beide bequem dort schlafen können. Marcia ist immer noch in ihrer Inspirationsblase gefangen, so dass ich uns aus dem, was ich in Kühlschrank und Vorratsregal finde, ein Mittagessen zubereite: Reste von der Gemüsepfanne, dazu bereite ich uns aus Frischkäse, Sardinen und Zitrone eine Rillette zu. Und ich hole vom Bäcker um die Ecke ein frisches Brot. Auf dem Rückweg treffe ich Sergio, der nach Hause in sein Arbeitszimmer unterwegs ist, um dort seine Fotos und Filme nachzubearbeiten.

Zusammen lassen wir uns das Essen schmecken. Karla hat sich kurz gemeldet, sie ist schon unterwegs zum Bahnhof in Brüssel, wo sie den Zug nach Paris nimmt und dann weiter nach Barcelona umsteigt. „Wir picken sie irgendwo auf, entweder am Bahnhof selber oder sie fährt noch ein bisschen U-Bahn", schlägt Marcia vor. Freundlicherweise bietet Sergio an, Karlas Gepäck gleich in die Wohnung zu bringen und dann wieder zu uns zu stoßen. „Wir schauen uns den Brunnen an", beschließt Marcia. „Den Font Màgica", sie wendet sich zu mir, „da gibt es im Dunklen Wasserspiele: Bunt beleuchtete Fontänen und Musik dazu, das muss man gesehen haben, wenn man in Barcelona ist." Klingt interessant, finde ich. Bis dahin lege ich mich nochmal aufs Ohr – die durchfeierte Nacht fordert ihren Tribut.

Innerlich zucke ich zusammen, als Karla in der U-Bahnstation Europa Fira, wo wir uns verabredet haben, auf uns zukommt: Schmal sieht sie aus. Außerdem fehlen die knallig bunten Strähnen, die ihre Frisur sonst immer aus einer Masse von mehr oder minder einfarbigen Haartrachten herausgehoben hat. Ihr Pagenkopf ist klassisch schwarz, was ihr Gesicht im Licht des U-Bahnsteigs noch blasser wirken lässt.

Gleichzeitig strahlt sie aber von einem Ohr bis zum anderen, als sie auf mich zusteuert, und wir umarmen uns. Sergio und Marcia warten, bis wir uns begrüßt haben. Ich stelle alle einander vor, dabei wechsle ich automatisch ins Englische. Sergio übernimmt das Gepäck und bringt es in die Wohnung, während Marcia, Karla und ich die Linie 3 nehmen, die uns direkt zum Plaça d'Espanya bringt. Wir haben Karla hier aufgepickt, damit sie nicht allein umsteigen muss.

Bis zur ersten Show am Font Màgica, dem magischen Brunnen, ist noch Zeit, und Karla will sich gern ein bisschen die Füße vertreten. Also drehen wir eine Runde, laufen die Stufen zum Brunnen hinauf und setzen uns schließlich in eine Bar, um eine Cola zu trinken. „Wunderbar", seufzt Karla beim ersten Schluck, „Zucker und Koffein – das habe ich jetzt gebraucht". Ich bemerke, wie sie sich immer wieder umschaut, wie sie die Umgebung scannt, um eventuell bekannte Unbekannte auszumachen – kenne ich ja alles selber. Aber Karla steht natürlich noch unter ganz anderem Druck.

„Als ich in der Wohnung in Leipzig saß, bin ich fast durchgedreht", sagt sie, „dann wieder unterwegs zu sein, war wenigstens etwas Aktives. Aber das ständige über-die-Schulter-Schauen ist wirklich anstrengend. Und immer wieder der Gedanke: Habe ich den oder die nicht schon vor einer Stunde hinter mir gesehen?" Sie seufzt, nimmt einen weiteren Schluck. Marcia, die gerade von der Toilette zurückkommt, stellt sich hinter Karla: „Du bist ganz verspannt, sicher vom langen Sitzen im Zug", sagt sie, während sie mir zuzwinkert, und massiert ihr Nacken und Schultern. Ich sehe, wie Karla sich kurz noch mehr anspannt, aber irgendwann lässt Karla dann locker. „Vielen Dank, Marcia, du bist ein Engel", sagt Karla. „Vielleicht schenken wir uns den Brunnen heute Abend, wenn du dich lieber in der Wohnung hinlegen magst?", schlägt Marcia vor. „Ach, nein, den würde ich echt gern sehen", protestiert Karla. „Jetzt kehren meine Lebensgeister wieder zurück", sie wendet sich einem frisch bestellten Drink zu.

Also machen wir uns auf den Weg zum Brunnen, rechtzeitig vor der Show. Die Sonne ist untergegangen, ein bisschen Wind kommt auf. Es wird kühler. Einige Zuschauer haben sich schon versammelt, aber wir finden problemlos recht nah am Brunnen einen guten Platz. Dann geht es los: Die Wasserfontänen sind bunt beleuchtet, dazu setzen Streicherklänge ein, die mir bekannt vorkommen. Karla ruft: „Viva la Vida". Klar, den Song von Coldplay habe ich schon x-mal gehört, und als der Sänger mit „I used to rule the world" einsteigt, ist alles klar. Einige klassisch klingende Stücke sind dabei, die ich nicht kenne, aber ich bin fasziniert von den schlanken Wassersäulen, die sich mal neigen, mal senkrecht in die Höhe schießen, mal gelb, mal rot, mal orange illuminiert sind: Ornamente in Bewegung. In der Mitte bildet sich ein großer, glühend orange beleuchteter Berg. „Dr. Oetker, Vanille-Pudding", flüstert mir Karla ins Ohr, und wir kichern wie Schulmädels.

Das Spektakel endet mit „Barcelona", gesungen von Freddie Mercury und Montserrat Caballé. „Wunderbar, kitschig und schön", rufe ich, die anderen nicken. Dazu gibt es runde, wie Kissen aussehende Wasser-Formationen in pink, lila und hellblau. „Dass Wasser so kuschelig aussehen kann, richtig flauschig", wundert sich Karla. Ich freue mich, dass sie ganz im Moment aufgeht und offenbar ohne den ständigen Schulterblick das Brunnen-Schauspiel genießt. Montserrats Sopran schraubt sich mit Opern-Vibrato in die Höhe, Freddie singt „Barcelona", im Lied läuten Kirchenglocken – Kitsch trifft Bombast, prachtvoll.

Gelöst und fröhlich laufen wir weiter, steuern grob in die Richtung von Marcias Wohnung und suchen uns unterwegs noch ein Restaurant. Karla hatte zwar vorher gesagt, dass sie keinen Hunger hat, aber nach der Show hat sie doch Appetit – und wir anderen auch.

Sergio erwartet uns schon an einem Vierertisch in einem gemütlichen Lokal, das vor allem für seine Zarzuela bekannt ist, wie uns Marcia erklärt. „Eine Art Eintopf mit allen möglichen Fischarten", sagt sie. Klingt sehr lecker, wir bestellen das Gericht für uns alle.

„Das war das beste Essen, das ich seit Monaten, ach was – seit Jahren gegessen habe", Karla ist ganz feierlich geworden. Sie hebt ihr Glas, wir alle stoßen an. „Auf Barcelona", sagt sie. Während wir unsere Zarzuela genossen, haben wir über alles Mögliche geplaudert und ohne vorherige Absprache das Thema ROFL-Squad außen vor gelassen. Jetzt fragt Marcia nach, wie es Karla geht.

Kurz fasst Karla zusammen, wie sie in Berlin die Schimpfwort-Postkarte bekommen hat und erstmal vor lauter Paranoia halb durchgedreht ist. Dann konnte sie nach Leipzig ausweichen und dort in der Wohnung einer Freundin untertauchen.

Gleichzeitig hat sie intensiv daran gearbeitet, die Machenschaften von ROFL-Squad weiter aufzudecken. Dazu hat sie sich Hilfe von einer Anwältin geholt. Weil sie einige frühere Kolleginnen und auch Kollegen kontaktieren konnte, die ebenfalls von der Mobbing-Maschinerie „plattgefahren wurden", so drückt es Karla aus, sind inzwischen immer mehr Leute dabei. „Sie sind bereit, ihre vermeintlich einzigartige, vermeintlich peinliche Geschichte öffentlich zu machen", erzählt Karla.

Was auch ich noch nicht wusste: Ein paar von den ebenfalls Betroffenen stammen aus reichen Familien in den USA. „Die haben jetzt ihre Superanwälte mit eingeschaltet, und wir sind so kurz davor", sie zeigt eine winzige Lücke zwischen Daumen und Zeigefinger, „die ganze Sache an die Presse zu geben und das auch mit verschiedenen Aktionen zu begleiten. Eine Frau aus Boston hat gute Kontakte zum Fernsehen, sie will in einer beliebten Frühstücks-TV-Show auftreten, sobald das Ganze offiziell kommuniziert ist." Sergio nickt beeindruckt, Marcia klatscht in die Hände, und ich bin angetan von der professionellen Power, die Karla jetzt an den Tag legt. „Sag mal, wie hast du das alles parallel zu deinem Job bei Moonshot geschafft?", will Marcia wissen. Karla rollt mit den Augen. „Es war schon echt stressig. Aber weil ich sowieso in der Wohnung festsaß, habe ich unheimlich viel gearbeitet. Für Moonshot – und dafür, dass die ROFL-Squad-Leute endlich eine vor den Latz geknallt kriegen." Ich klatsche Beifall, Karla kippt ihren Wein, Sergio gießt uns allen nach.

Heute ziehen wir nicht mehr durchs Nachtleben Barcelonas. Karla beteuert zwar, dass sie noch überallhin mitgehen würde, aber wir sind alle etwas erschöpft. Sie hat heimlich für uns alle die Rechnung gezahlt, was ein empörtes Hin und Her zur Folge hat, bis wir uns irgendwann auf den Heimweg machen. „Ich habe gesehen, wie du mit dem Kellner getuschelt hast", sagt Marcia. „Genau, ich wollte verhindern, dass einer von euch auch die Rechnung bittet, während ich mich, äh, kurz frischgemacht habe", erklärt Karla. „Aber der hat doch fast kein Englisch verstanden", sagt Marcia. „Keine Ahnung, ich habe spanisch mit ihm gesprochen", entgegnet Karla. „¿Hablas español?", fragt Sergio, Karla antwortet sofort, und die beiden zwitschern auf Spanisch daher, dass Marcia und ich nur so schauen.

„Ja, ich hatte spanisch an der Schule, das hat mir Spaß gemacht, mit meiner Familie war ich auch öfter in Spanien in Urlaub, da war ich immer die Dolmetscherin – und natürlich bollestolz, wenn ich beim Essen-Bestellen oder so den Durchblick hatte. Als ich dann in der Wohnung in Leipzig festsaß, hatte ich ja mit Job und ROFL-Squad-Aufdeckungen schon viel zu tun. Trotzdem gab es Momente, in denen nichts los war – und sofort sind meine Gedanken Karussell gefahren. Um mich abzulenken, habe ich online mein Spanisch wieder aufgebessert", erzählt Karla und zuckt mit den Schultern. „Ideal", rufe ich,

„das werden wir in Chile brauchen können, wenn wir uns zur Atacama-Wüste durchschlagen wollen, dann können wir beide spanisch reden und verstehen, super!" „¡He pensado lo mismo! Habe ich mir auch gedacht", sagt Karla, grinst mir zu und geht zum Zähneputzen. Als ich dann aus dem Bad komme, liegt sie schon zusammengerollt unter einer dünnen Decke und raunt mir nur ein schlaftrunkenes „Nacht" zu. Kurz darauf höre ich ihren regelmäßigen Atem.

Am nächsten Morgen bin ich als Erste wach, koche Kaffee und hole Frühstück vom Bäcker. Sergio kommt dazu und trinkt mit mir eine Tasse. „Was mir seit gestern durch den Kopf geht – die Sache mit ROFL-Squad. Also: Was bringt denen das, wenn sie euch verfolgen? Ich meine, Karla hat doch erzählt, dass inzwischen weitere Mobbing-Opfer mit tollen Anwälten in den USA an der Sache dran sind. Was nützt es denen also, wenn sie Karla ausschalten? Und wieso sollten sie auch hinter dir her sein? Das verstehe ich nicht", sagt er. „Hmmm", ich finde erstmal keine Antwort. „Sorry, das musste gleich raus – und ich muss los", Sergio stellt seine Tasse in die Spüle und nimmt mich kurz in den Arm. „Was ich eigentlich sagen will: Vielleicht macht ihr euch zu viele Sorgen", sagt er, hebt die Hand zum Abschied und zieht die Tür hinter sich zu.

Ratlos bleibe ich in der Küche sitzen. Vor lauter Abhauen und Kinofilm-Verfolgungs-Mätzchen habe ich gar nicht mehr von oben auf die Sache geschaut. „Fehler", denke ich mir. Also beginne ich, nochmal zu sortieren – eine weitere Tasse Kaffee braucht es dazu. Für Karla und mich ist wichtig: Hat Squillion oder ROFL-Squad ein Interesse daran, uns zu verfolgen? Was würden sie im schlimmsten Fall mit uns machen, was würde ihnen einen Vorteil bringen? Oder haben sie uns schon längst in Ruhe gelassen, und wir sind nur Opfer unserer Paranoia-Attacken?

Endlich rumpelt es im Bad, und Marcia taucht auf. Sie ist noch ziemlich verpennt, ich lasse ihr etwas Zeit zum Aufwachen, ehe ich ihr von Sergios und meinem Gespräch erzähle. „Gestern hat er noch irgendwas in der Art angedeutet, aber ich war auch zu müde, um nachzufragen und darüber näher nachzudenken", sagt Marcia und gähnt noch einmal herzhaft. „Das wäre was für Chuck – bei sowas ist er gut. Da zeigt es sich, dass Strategie-Spiele doch auch was fürs wirkliche Leben bringen", sagt Marcia. „Sollen wir ihn anrufen?" „Warte mal, wir haben halb neun, das heißt, in Thailand ist es ungefähr halb drei morgens. Entweder eine sehr gute Zeit zum Plaudern, wenn er gerade eh im Programmier- oder Daddel-Universum unterwegs ist, oder er pennt tief und fest."

Wir beschließen, Chuck lieber zu einer zivileren Zeit anzurufen und erstmal mit Karla zu reden. Als ich einmal nach ihr schaue, schläft sie immer noch tief und fest. „Wenn sie endlich mal gut schlafen kann, wecken wir sie nicht", finde ich, Marcia stimmt mir zu, und wir beide machen uns an die Arbeit. Marcia kümmert sich in ihrem Arbeitszimmer um ihre neue Story, ich übersetze eine Runde. Der Freund von Jakob hat sich noch nicht gemeldet. Macht nichts, ich habe auch noch andere Übersetzungsprojekte und setze mich an ein eher unerfreuliches, vor juristischen Fachbegriffen strotzendes Dokument, das die Smarthome-Firma auf Deutsch vorliegen haben will. Dann mache ich zur Entspannung mit meinem Blog weiter.

8.3 Nichts zu verbergen
– Privatsphäre

Posted by Ada L.   19. Mai

Lieber Charles,

das Internet mit dem WWW ist erwachsen geworden. In der Frühzeit wurden die darin Surfenden nicht getrackt, es war insgesamt weniger kommerziell, hatte experimentellen Charakter und man konnte neuartige Dinge entdecken. Heutzutage landet man wegen des Trackings beim Surfen immer in seiner Filterblase. Zudem sind sich die meisten User*innen mittlerweile bewusst, dass sie Spuren beim Surfen hinterlassen. Angenommen, man will sich nur aus Neugier über Dinge informieren, die nicht legal sind.

Lieber Charles, ich würde nicht ohne Skrupel den Satz: „Wo kann ich Heroin in Frankfurt kaufen?" in eine Suchmaschine eingeben. Die meisten Leute würden das ebenfalls nicht machen, einfach deswegen, weil sie nicht verdächtig wirken wollen. Was erlaubt ist und was nicht, hängt allerdings von den Gesetzen des jeweiligen Landes ab, in dem man wohnt oder in dem man sich gerade befindet. Einige restriktive Staaten bestrafen schon die Suche nach gewissen Informationen und verbieten die Verbreitung von unliebsamen Wahrheiten.

In Ungarn beispielsweise gibt es seit 2021 ein Gesetz, welches die Verbreitung von Informationen über Homosexualität gegenüber Minderjährigen verbietet, um Kinder und Jugendliche vor diesen Informationen zu „schützen". Das bedeutet, das Thema wird tabuisiert und aus dem öffentlichen Leben ausgeblendet, die Betroffenen werden kriminalisiert. In China wird jegliche Kritik an der Regierung bestraft. Hier wird das Internet selbst zensiert, Dienste wie Google und Whatsapp sind in China dank der „Great Firewall" nicht erreichbar und werden durch zensierte andere Dienste ersetzt. Anstatt Whatsapp und Facebook gibt es Weibo von Sina.

Was in der globalen digitalen Welt erlaubt ist und was nicht, bestimmen die Gesetze des jeweiligen Landes, die durchaus unterschiedlich sind. Auch kann sich die Gesetzeslage ändern. Was im Moment legal ist, könnte in Zukunft verboten sein. Deshalb muss man bedenken, dass das eigene Tun im Internet vielleicht zukünftig oder anderswo illegal sein könnte. Man könnte bei Reisen oder auch in der Zukunft deswegen Probleme bekommen.

8.3.1 Bring Daten mit, Schatz
– Vorratsdatenspeicherung

Das Internet funktioniert grundsätzlich so, dass man die Daten einer Webseite von deren Server-Adresse anfordert. Dieser Server schickt die Daten der Webseite zurück an die eigene Absenderadresse, diese muss dem Websever immer bekannt sein. Deshalb kann man bei diesem Vorgang nicht anonym bleiben.

In Europa gibt es ständig Diskussionen über die Einführung der sogenannten Vorratsdatenspeicherung. Diese ist in den Mitgliedsstaaten der EU unterschiedlich geregelt. Es wird meist gefordert, dass Diensteanbieter die Absenderadressen und deren Anfragen für eine gewisse Zeit aufheben sollen. Denn sie sollen zum Zweck der Strafverfolgung den Behörden zur Verfügung stehen.

Allein die technische Seite kann da Schwierigkeiten machen, denn es ist Sache der Provider, diese großen Datenmengen zu speichern – und das kann teuer werden. Für kleinere Provider kann es das Aus bedeuten. Die Befürworter*innen der Vorratsdatenspeicherung wollen Kriminellen anhand der Spuren, die sie im Netz hinterlassen, auf die Schliche kommen. Die Forderungen nach Vorratsdatenspeicherung werden immer dann lauter, wenn beispielsweise Anschläge passieren, oder wenn neue Fälle von Kinderpornographie bekannt geworden sind. Gerne wird das Thema von konservativen Parteien im Wahlkampf wieder aufgewärmt. Der Nutzen der Daten für die Verbrechensaufklärung ist allerdings umstritten. Zudem werden alle User*innen unter Generalverdacht gestellt und auch Berufsgruppen, die besonders vertraulich mit Personendaten umgehen müssen, wie Psychotherapeut*innen, Ärzt*innen und Anwält*innen, dadurch ausgespäht.

Auch gibt es Bedenken, dass, wenn die Daten unbestimmt lange gespeichert werden, sich in der Zukunft Probleme für Einzelne ergeben könnten. Dazu kommt die Sorge, dass die Daten durch irgendwelche Kanäle in falsche Hände geraten könnten. Es ist nicht unwahrscheinlich, dass sich Hacker*innen Zugang zu Diensten oder auch staatlichen Stellen verschaffen könnten. Das könnten auch Hacker*innen ausländischer Geheimdienste sein, die in anderen Ländern nach Dissident*innen suchen. Im September 2022 urteilte der Europäische Gerichtshof (EuGH), dass die deutsche Regelung zur anlasslosen Vorratsdatenspeicherung gegen EU-Recht verstößt. Vermutlich ist hier aber das letzte Wort noch nicht gesprochen.

 Vorratsdatenspeicherung im Internet bedeutet, dass die Provider die IP-Adresse der User*innen und deren besuchter Server für eine gewisse Zeit aufbewahren müssen, auch wenn diese nicht unter Verdacht stehen, in illegale Aktivitäten verwickelt zu sein. Der Nutzen ist dabei unklar. Laut einem Urteil des Europäischen Gerichtshofs (EuGH) ist das anlasslose Speichern der Nutzer*innendaten unzulässig (Stand 2022).

8.3.2 Das Tor zur Hölle?
– Anonymisierung

Was kann man nun machen, wenn man sich gegen Verfolgung schützen und unerkannt im Web agieren will? Das ist gar nicht so kompliziert, man muss dafür kein versierter Hacker oder versierte Hackerin. Selbstverständlich sollte man, wenn man unerkannt im Web unterwegs sein will, sich nicht bei irgendeinem Dienst wie Google oder Facebook anmelden und dann surfen, da es diesen Firmen leicht fällt, die User*innen im Web zu identifizieren. Anhand der in Webseiten integrierten Dienste wie Google Analytics oder Facebook-Like-Buttons haben diese leichtes Spiel, das Surfverhalten zu analysieren. Aber auch wenn man nicht angemeldet ist, können sie anhand der eigenen sichtbaren Internetadresse die User*innen zurückverfolgen.

Das kann man umgehen, indem man einen Anonymisierungsdienst verwendet. Es gibt eigentlich nur einen relevanten Dienst: Tor. Das Tor-Projekt ist ein nicht kommerzielles Open-Source-Projekt. Es stellt eine Software zur freien Nutzung zur Verfügung, mit der man im Internet anonym unterwegs sein kann und die ein eigenes anonymes Internet bietet. Als Nutzer*in muss man lediglich die Software installieren. Dann bekommt man den Tor-Browser, einen angepassten Firefox-Browser, mit dem man anonym surfen kann, solange man sich nicht selbst zu erkennen gibt, indem man sich irgendwo anmeldet.

Wie funktioniert diese Anonymisierung? Die Tor-Software, die man installiert, ist nicht nur der Browser, sondern auch ein sogenannter Tor-Client. Jeder Mensch, der diesen installiert hat, wird damit zu einem Knoten im Tor-Netzwerk. Dieses besteht also aus den gesamten aktiven Nutzer*innen. Wenn nun jemand eine bestimmte Webseite aufrufen möchte, so sendet er/sie die Anfrage nicht direkt an den Server, sondern über Umwege und beliebig viele andere Knoten. So kann der Server nur den letzten Knoten identifizieren, der die Anfrage an ihn sendet, aber nicht die absendende Person.

Die Antwort vom Server wird an diesen letzten Knoten zurückgegeben, der sie seinerseits an seinen Vorgänger-Knoten und so den gesamten Pfad zum User oder zur Userin zurückgibt. Der jeweilige Knoten kennt dabei nur die Internet-Adresse des Vorgängerknotens, nicht den ganzen Pfad, und kann somit die End-Userin oder den End-User nicht ermitteln. Die Daten werden ihrerseits verschlüsselt im Netzwerk übertragen, so dass man keine verwertbaren Informationen daraus extrahieren kann. Je mehr aktive Teilnehmende das Tor-Netzwerk hat, desto anonymer werden sie. Das erklärt auch, warum es nur einen relevanten Dienst, also Tor, gibt. Es ist schlicht der Dienst mit den meisten User*innen, der sich durchgesetzt hat.

Mithilfe des Tor-Netzwerks kann man sich anonym im Internet und im Web bewegen. Jede aktive teilnehmende Userin und jeder aktive User ist ein Knoten in diesem Netzwerk. Die Daten werden nicht direkt ausgetauscht, sondern über Umwege über andere Knoten. Server sehen nur den letzten Knoten und können so nicht herausfinden, welcher Knoten die Anfrage tatsächlich gestellt hat.

8.3.3 Zwiebel(ge)schichten
– Darknet

Über dieses Netzwerk an freiwillig teilnehmenden User*innen kann man allerdings auch eigene Dienste anbieten, die nicht im WWW sichtbar sind, sondern nur im Tor-Netzwerk. Die Technik funktioniert dabei ähnlich wie im World Wide Web. Man kann einen eigenen Webserver mit einer eigenen Webseite aufsetzen, auf einem beliebigen Computer, wie man es auch sonst tun würde, gewisse Informatik-Kenntnisse vorausgesetzt.

Die Tor-Software kann einfach eine kryptische Tor-Adresse erzeugen, unter der die Webseite dann im Tor-Browser über das Tor-Netzwerk verfügbar ist. Diese endet immer mit „.onion", beispielsweise „bolt7ldjs2ld5pq2.onion". Das Tor-Netzwerk benutzt gerne die Zwiebel-Metapher, da die einzelnen Knoten mit den Schichten einer Zwiebel verglichen werden. Der Vorteil ist hier ebenfalls, dass die Betreibenden der Webseiten anonym bleiben, da deren Internet-Adressen nicht bekannt sind.

Will jemand nun diese Webseiten sehen, so sendet er/sie über diese von Tor bereitgestellten Adressen einzelne Anfragen. Diese sind praktisch wie Postfächer: Dort sieht der Webserver, dass jemand Informationen von den Seiten beziehen möchte. Auch der Webserver antwortet dann der anfragenden Stelle über eine Liste an Tor-Knoten. So bleiben die Server-Betreibenden sowie die User*innen anonym.

Nachdem das Verfahren einfach ist, sind aus unterschiedlichen Motivationen eine Menge anonymer Webseiten entstanden: Zusammen bilden sie das Darknet. Auch hier spielt der Kommerz eine große Rolle. Nachdem zusätzlich mit Bitcoin eine dezentrale Währung zur Verfügung steht, ist es möglich, komplett anonym Geschäfte abzuwickeln, was sich natürlich auch Kriminelle zunutze machen.

Aber wie kommt man nun an bestimmte Webseiten, da man keine Suchmaschinen aus dem Web nutzen kann? Tatsächlich existieren hier auch eigene Suchmaschinen. Es gibt auch Verzeichnisse, Wikis, auf denen User*innen ihre Seiten verlinken können. Eine bekannte Einstiegsseite ist „The Hidden Wiki", deren .onion-Adresse kann man schlicht googeln.

In diesem Wiki sind die Darknet-Seiten nach Kategorien aufgeführt, ein wahres Paradies für Verbrecher, lieber Charles: weitere Darknet-Suchdienste, Finanz-Services für anonymen Geldtransfer sowie kommerzielle Seiten für allerlei Zwecke der übelsten Art. Da wären Shops für verschiedenste Waffen wie „EuroGuns" für den europäischen Markt, Shops für gefälschte oder echte Pässe, Kinderpornos, Gold, gehackte Daten wie E-Mail-Adressen oder auch Dienstleistungen wie „Rent a Hacker". Für 600 Euro kann man eine Walther PPK, Kal. 7,65 kaufen, zahlbar in Bitcoin, für umgerechnet ca. 700 Euro. 50 Patronen dafür bekommt man dann für umgerechnet 40 Euro. 7 Gramm Cannabis kosten 80 Euro. Das Risiko für die Kund*innen: Sie bekommen alles per Post. Meist lassen sie sich die Ware zu Abholstationen schicken. Jedoch wartet dort manchmal schon die Polizei.

Auf der guten Seite gibt es allerdings noch andere Angebote: So haben viele Nachrichtenportale wie die New York Times oder die BBC eigene Tor-Niederlassungen, so dass man auf der ganzen Welt die Nachrichten dort unzensiert lesen kann. Hier gibt es Whistleblower-Services wie Wikileaks, dort hat man die Möglichkeit, anonym Missstände offenzulegen. Auch anonyme Mail oder Messenger-Dienste kann man im Darknet nutzen, egal ob man nun Dealer*in oder Dissident*in ist. Es gibt auch Videos oder digitales Radio, fast wie im Web, nur freier und anonym. Auch länderspezifische Seiten gibt es, so kann man unzensierte Seiten für autokratisch regierte Länder besuchen.

Lieber Charles, die absolute Freiheit zum Austausch an Informationen wird oft nicht zur freien Meinungsäußerung und Diskussion über philosophische Themen genutzt, aber auch das findet man im Darknet. Leider gibt es daneben auch noch krude Seiten, mit absurden, radikalen verschwörungstheoretischen, querdenkerischen und/oder verabscheuungswürdigen Inhalten. Bei einem Besuch im Darknet muss man sich darauf gefasst machen, die zivilisierte Welt zu verlassen und in die Anarchie einzutauchen.

Das Darknet ist eine Art separates World Wide Web im Tor-Netzwerk. Die Seiten dort haben spezielle „.onion"-Adressen. Der Austausch der digitalen Daten zwischen den Seiten und den User*innen geschieht nicht direkt, sondern anonym über das Tor-Netzwerk. Personen, die eine Webseite anbieten möchten, können das ohne größeren Aufwand tun und ihre „.onion"-Adresse im Darknet veröffentlichen.

8.3.4 Jeder ist verdächtig
– Überwachung

Außerhalb der digitalen Welt, in der echten Welt, wird ebenso überwacht, natürlich mithilfe digitaler Technik. Weltweit werden Überwachungskameras eingesetzt, zur Beobachtung von öffentlichen Räumen wie Bahnhöfen, oder belebten Plätzen. London ist, noch vor Peking, eine der am stärksten überwachten Städte weltweit, hier gibt es 68 Kameras pro 1000 Einwohner [29]. Die Kamerabilder werden nicht nur von Menschen beobachtet, sondern auch von Algorithmen, die Gesichter erkennen können. Nach denen können sie in Datenbanken mit gespeicherten Personen suchen. Diese Technik wurde in der Corona-Pandemie noch verfeinert, so können sogar Personen mit Gesichtsmaske identifiziert werden.

In China wird diese Technologie sehr intensiv genutzt und weiterentwickelt. So können Personen am Gang erkannt werden, ebenso soll die psychische Verfassung aus der Art, wie sich eine Person bewegt, herausgelesen werden. Ist sie fröhlich oder niedergeschlagen? Bewegt sie sich verdächtig, führt sie was im Schilde? Hat sie etwas zu verbergen, hat sie ein schlechtes Gewissen, ist sie unzufrieden mit der Regierung? In den Schulen werden die Kinder im Unterricht beobachtet, es wird automatisch erkannt, wenn ein Kind unaufmerksam ist [35].

Auch bei uns ist diese Technik auf dem Vormarsch, es ist nicht absehbar, in welchem Maße diese zum Einsatz kommt, und ob und wann moralische oder gesetzliche Grenzen überschritten werden. Lieber Charles, die Verlockungen des digitalen Fortschritts sind groß. Wenn man alle ständig beobachten und identifizieren kann, so werden diese sich auch weniger „fehlerhaft" verhalten. Damit kann man schon Kriminalität reduzieren.

Die Befürwortenden argumentieren, es sei wichtiger, dass sich Frauen und Kinder auf öffentlichen Plätzen sicher fühlen, als ein Recht auf Privatsphäre. Das alte Argument: Wenn man nichts zu verbergen hat, hat man kein Problem. Andererseits ist dies abhängig vom jeweiligen Landesgesetz. In Singapur darf man nicht Kaugummi kauen (geschweige denn diesen ausspucken), Pech, wenn man dabei von einer Überwachungskamera gefilmt wird. Zudem ist es so, dass man mit Überwachung mehr Vergehen ahnden kann als ohne. Unkorrektes Verhalten, das vorher einfach niemand beobachtet hat, wird dann zur Anzeige gebracht.

Die Überwachung mittels Kameras in der Öffentlichkeit ist weltweit auf dem Vormarsch. [i]
Durch Gesichtserkennung per künstlicher Intelligenz können sogar Personen, die eine Gesichtsmaske tragen, identifiziert werden. Auch können Personen anhand ihrer Bewegungen
beim Gehen erkannt werden. Sogar auf den mentalen Zustand sollen die Bewegungsmuster
Rückschlüsse geben.

Nach diesem Ausflug in Adas Korrespondenz mit Charles übersetze ich weiter
und habe etwas mehr als ein Drittel davon geschafft, als Karla auftaucht.
Schweigend nickt sie mir zu, nimmt sich eine Tasse Kaffee und setzt sich.
„Noch zu müde zum Reden?", frage ich. Sie nickt kurz, trinkt aus und geht
duschen. Mit Handtuch-Turban auf dem Kopf kommt sie wieder rein: „Guten
Morgen jetzt nochmal richtig. Ich war gerade noch nicht ganz wach. So tief
habe ich schon ewig nicht mehr geschlafen, und nach der Dusche geht es mir
super!"

Heißhungrig verdrückt sie Croissant mit Marmelade, Schinkenbrot und
noch eine Empanada mit Gemüsefüllung. Soll sie sich erstmal stärken, denke
ich, als ich sie lächelnd beim Essen beobachte. „Oh Mann, es schmeckt hier
aber auch alles gleich viel leckerer. Oder sind hier die Lebensmittel besser?",
fragt sie mit vollem Mund. Ich zucke lächelnd die Achseln. „Die Luftverände-
rung, die Seeluft, wer weiß?", antwortet Marcia, die sich in den Türrahmen
lehnt.

Ich erzähle Karla von den Fragen, die Sergio heute früh in den Raum gestellt hat. Nachdenklich kaut Karla an einem Stück Brot. „Boah", sagt sie als
erstes, nimmt einen großen Schluck Kaffee und schüttelt den Kopf. „Keine
Ahnung – ich kann nur sagen, für mich hat sich die Bedrohung sehr real ange-
fühlt. Mir ist zwar körperlich nie selber was passiert. Aber das Gefühl, in die
eigene, vermutlich durchsuchte Wohnung zurückzukehren – das war richtig
schlimm! Jetzt habe ich beschlossen, das mal auf die Seite zu räumen und
nach vorn zu schauen. Schließlich soll die Geschichte bald öffentlich werden",
Karla gießt sich noch einen Schluck Wasser ein. „Und du, Anna, kannst nach
dem Dieb über deinem Dachfenster auch ein Lied davon singen, wie sich das

anfühlt, wenn auf einmal dein privater, gefühlt geschützter Rückzugsort nicht mehr so sicher ist, oder?"

„Naja, da ist auch immer noch ein Fragezeichen dabei, wer dahintersteckt", sage ich und erzähle nochmal von dem Gesicht, das ich in meinem E-Camper aus meinem Bett gesehen habe. „Was mir einen riesigen Schrecken eingejagt hat. Offen ist nach wie vor, wer das war. Kann ja auch einfach nur ein Dieb gewesen sein, der selber erschrocken ist und das Weite gesucht hat", ich zucke mit den Schultern. „Aber das Gefühl der Bedrohung, die Sorge, dass jemand hinter mir her ist, die ist seitdem immer dabei – mal stärker und im Moment eher schwächer. Allerdings waren da auch noch diese Instagram-Posts mit dem Foto von mir in Pula und von dir in Leipzig, die haben mir auch richtig Angst eingejagt."

Karla nickt bestätigend, ihr geht es genauso. Marcia schaut von ihr zu mir. „Okay, das verstehe ich, dass es euch so geht. Aber was wollen die bezwecken, wenn sie euch terrorisieren? Wenn es noch genügend andere gibt, die auch etwas aufzudecken haben? Machen die das mit allen?"

Karla wendet sich zu ihr. „Das weiß ich wirklich nicht. Vielleicht glauben sie, dass sie an uns zeigen, was den anderen blüht, wenn sie nicht aufhören – vielleicht wollen sie sich einfach nur rächen, egal, wie es weitergeht. Oder sie haben schon aufgehört, uns zu verfolgen, aber wir haben solchen Schiss gekriegt, dass wir weiter paranoid über die Schulter schauen und immer noch glauben, jemand ist uns auf den Fersen."

Eine Weile sitzen wir schweigend da, alle in eigene Gedanken versunken. Was Karla gesagt hat, kann ich unterschreiben: Es gibt viele Möglichkeiten. Ob die ROFL-Squad tatsächlich glaubt, die Enthüllung noch stoppen zu können – das wissen wir nicht. Oder welchen Weg sie dazu einschlagen.

„Was meinst du", ich muss mich räuspern, „wie weit die gehen würden?", frage ich Karla. Sie dreht sich auf ihrem Stuhl zu mir um. „Keine Ahnung, wirklich keine Ahnung. Allerdings fürchte ich, dass sie nicht zimperlich sind – wenn schon ihre normalen Praktiken so fies sind." Ich nicke.

Das „pling" meines Smartphones unterbricht die neuerliche Stille in der Küche. Eine Nachricht meines Bruders Jakob. Er schickt mir ein Foto seines völlig verbeulten Fahrrads. „To Anna with Love", steht auf einem Papp-Schild, das wie aus Hohn mit einer hellrosa Stoffschleife an die verbogenen Felgen seines Hinterrads gebunden ist. Jemand muss da mit voller Kraft draufgesprungen sein. „Hast du irgendeine Ahnung, was das soll?", schreibt Jakob. „Oh mein Gott", denke ich. „So viel zur Frage, wie weit sie gehen würden", sage ich und zeige den anderen die Botschaft. Dann rufe ich Jakob an, dem ich bisher von der ganzen Geschichte so gut wie nichts erzählt hatte – ich wollte ihn nicht beunruhigen.

Als ich aufgelegt habe, könnte ich heulen. Es tut mir so leid, dass auch Jakob mit drinhängt in der Sache. Dabei hat er sich im Gespräch nur Sorgen um mich gemacht, mir Hilfe angeboten. „Wir passen schon auf uns auf, mach dir keine Gedanken", er versucht, mich zu beruhigen, und bittet mich zum Abschied: „Wenn du irgendwie kannst, halt mich auf dem Laufenden."

Während des Telefonats hat Karla schon Flüge für uns gebucht. „Als Touristinnen brauchen wir kein Visum, das habe ich neulich schon recherchiert. Wir fliegen über Madrid nach Antofagasta, zur Sicherheit in getrennten Flugzeugen, deswegen bin ich ein paar Stunden vor dir da. Ich muss in ein paar Stunden hier am Flughafen sein, du fliegst heute am späten Abend", instruiert sie mich. In meinem Kopf dreht sich alles: Das geht jetzt auf einmal so schnell, denke ich, nicke aber und beginne mechanisch, das Geschirr zu spülen. Packen werde ich, wenn Karla fertig ist.

Sergio begleitet Karla durch die Hinterhöfe, er zeigt ihr einen Schleichweg, der auf eine andere Straße mündet. Aus Sergios großer Verwandtschaft stammt auch ein gelber Hut mit rosa Blüten, den sie sich weit ins Gesicht gezogen hat. In Madrid will sie den dann durch ein Käppi ersetzen. Außerdem hat sie meinen unauffälligen grauen großen Rucksack genommen, dazu ihren geliebten bestickten kleinen Rucksack, den ich schon in Thailand bewundert habe. Ihre auffällig gestreifte Reisetasche lässt sie lieber hier.

Als Sergio zurückkommt, schüttelt er den Kopf. „Diese Retro-Moden – gerade ist wieder so ein roter Kleinwagen vorbeigefahren mit diesen nervigen Stoffwürfeln am Rückspiegel. Vor ein paar Jahren waren es Hunde mit Wackelköpfen oder Elvis mit Wackelhüfte." Mir läuft es kalt den Rücken runter. „Ist das Auto euch gefolgt?", will ich wissen. „Nein, er stand vor unserer Haustüre, als ich zurückkam, wieso?", antwortet Sergio. Ich erzähle es ihm, und er schluckt sichtbar. „Okay – die Frage nach Paranoia oder nicht scheint sich gerade beantwortet zu haben. Es war ein Seat mit pinken Plüschwürfeln. Gut, dass Karla schon fast im Flieger sitzt, und dass du auch bald hoffentlich in Sicherheit bist", sagt er.

Als nächstes gebe ich Sven Bescheid, dass wir uns auf den Weg machen. Gleich nach dem Abschicken klingelt mein Telefon und er ist dran. „Das klingt nicht gut, was du da schreibst", er klingt besorgt. Ich erkläre ihm kurz, was hier los ist. Das beruhigt ihn nicht gerade. „Ich wünschte, du wärst schon

hier", sagt er. Kurz fliegt mein Herz in einen weiten blauen Himmel. „Ich auch",
sage ich. Nach wenigen Sätzen bricht die Verbindung ab und lässt sich nicht
wieder aufbauen. Aber ich muss mich ohnehin ums Packen kümmern.

Marcia ist eine optimistische Seele. „Dich kriegen wir auch noch ungese-
hen aus dem Haus", meint sie zuversichtlich. Ich mache mir Sorgen, dass auch
sie und Sergio ins Visier der ROFL-Squad-Rächer geraten könnten. „Schlag
dir das mal aus dem Kopf. Wir können auf uns selber aufpassen. Sergio hat
eine Riesenfamilie; wenn irgendwas ist, helfen die alle zusammen. Da haben
irgendwelche Rache-Fuzzis keine Chance, glaube mir", Marcia klingt sehr
überzeugend. Ich hoffe inständig, dass sie recht hat.

Im Gästezimmer suche ich meine Habseligkeiten zusammen. Marcia gibt
mir einen kleinen Rucksack und reicht mir eine kompakte Reisetasche mit
Rollen, die man auch auf dem Rücken tragen kann. „Den kannst du normalerweise auch als Handgepäck mitnehmen, wenn du den kleinen Rucksack
noch reinstopfst. Dann brauchst du nach dem Flug nicht noch aufs Gepäck
warten – recht viel hast du ja eh nicht mehr dabei." Ich bin froh, dass sie noch
so praktisch denken kann, und nicke zu allem.

„Eigentlich wollte ich dir noch so viel Schönes hier zeigen", seufzt Marcia,
als wir uns ein paar Brote machen. Hunger habe ich keinen, „aber ein bisschen
was solltest du im Magen haben", Marcia kennt kein Pardon. „Was denn?",
frage ich, um mich ein bisschen abzulenken. Marcia schwärmt mir vom Parc
Güell vor, den Antoni Gaudí für den Industriellen Eusebi Güell angelegt hat
– davon hat mir ja auch schon Elena auf der Fähre in den höchsten Tönen
erzählt. „Da gibt es eine Terrasse mit einer gewölbten Brüstung, alles ist mit
verschiedenen Materialien als Mosaik gestaltet. Jedes Mal finde ich dort wieder
etwas Neues, was mir gefällt", erzählt Marcia. Ich frage sie nach den Mietshäusern, die Gaudí in Barcelona gestaltet hat, auch von denen hat Elena berichtet.
„Die sind auch absolut sehenswert, das hätte dir auch gefallen", fährt sie fort.

Wir hätten noch auf den Ramblas spazieren gehen müssen, findet sie, mit
der Seilbahn, der Teleférico de Montjuïc, fahren sollen, und es gibt noch ein
gutes Dutzend, ach was, mehr als zwei Dutzend Cafés, Bars und Restaurants,
die unbedingt einen Besuch wert gewesen wären, meint sie. „Und natürlich
die Sagrada Familia, die Kathedrale, auch von Gaudí, die ewige Baustelle. Das
müssen wir alles noch nachholen beim nächsten Mal. Ich hoffe, dass das dann
entspannt und ohne irgendwelche kranken Idioten, die euch verfolgen, sein
wird", plaudert Marcia weiter. „Und dann machen wir noch einen Ausflug
nach Figueres ins Dalí-Museum, da könnten wir deine Fähren-Freundin Elena

besuchen – ach, es gibt noch ganz viel zu erleben hier, die Korkeichenwälder, die würden dir auch gefallen.“

Uns ist beiden klar, dass sie einfach unheimlich viel redet, alles Mögliche erzählt, um die Sorgen noch ein bisschen fernzuhalten. Dafür bin ich ihr dankbar, kann aber gerade nichts Rechtes erwidern. „Am Strand war es auch richtig schön“, steuere ich etwas lahm bei. „Genau“, nimmt Marcia den Faden auf, „ein Picknick in der Dämmerung will ich da mit dir noch machen, wenn es noch wärmer ist.“ Ich lächle ihr schwach zu und nicke.

Als es auch für mich Zeit ist, zum Flughafen aufzubrechen, hat Sergio auch für mich entsetzliche Kostümierungs-Zutaten ergattert. Einen Cowboy-Hut mit Schnur bekomme ich, dazu eine Lederjacke mit Fransen und eine Pilotensonnenbrille in schrillem Pink. Marcia nimmt mich noch einmal ganz fest in die Arme, während ich zum hundertsten Mal bedanke für alles, was sie für Karla und mich getan haben. „Jetzt sei endlich still“, sagt sie, gibt mir einen herzhaften Schmatz auf beide Wangen. „Melde dich und pass auf dich auf. Das wird alles gutgehen!“ Sie bleibt lieber in der Wohnung, haben wir beschlossen, daher winkt sie uns auf der Treppe zu und kehrt wieder nach oben zurück.

Nun führt mich Sergio über die Hinterhöfe und zeigt mir, wie ich zur U-Bahn komme, mit der ich zum Flughafen fahren werde. Auch er umarmt mich, auch er will meine Dankesbekundungen nicht mehr hören. Er wünscht mir Glück, „¡Buena suerte!“, und ich gehe los.

9 Chile

Auf dem Weg zum Flughafen sitze ich wie auf Kohlen in der U-Bahn. Wenigstens hat mich kein Seat verfolgt, darauf habe ich supergenau geachtet. Aber schräg gegenüber sitzt eine Frau mit auffällig gemusterter Stofftasche. Habe ich die nicht schon auf der Fähre gesehen? Und der Typ mit der Sonnenbrille und der neongrünen Cap? Schaut so unauffällig zu mir rüber, dass es wieder auffällig ist. Oh Mann. So wird das nichts. Ich atme tief durch und versuche, mich zu entspannen. Dann konzentriere ich mich auf den Fahrplan: Sergio hat mit Marcia eine Route mit einigen Umwegen zum Flughafen ausgearbeitet. Unter anderem muss ich nochmal in Passeig de Gràcia umsteigen, dem scheinbar unendlichen Übergang zwischen den U-Bahn-Linien L4 und L2, den ich vom Ausflug zum Strand kenne. Dabei muss ich mich ziemlich zusammenreißen, nicht ständig über die Schulter zu spähen. Allerdings bleibe ich zweimal stehen, binde meine Schuhe neu und nestle an meinem Gepäck herum.

Nach einigen Umsteigemanövern bin ich dann am Flughafen angelangt, passiere ohne Probleme den Sicherheitscheck und warte aufs Boarden. Nochmal atme ich tief durch. Mehr kann ich im Moment nicht tun. Für den langen Flug fühle ich mich gut gerüstet: Ich habe noch zu arbeiten, für postlagernd.org habe ich noch ein paar Themen, die ich beackern will, auf meinem eBook-Reader gibt es reichlich Lesestoff. Mein Handy plingt – „pass auf dich auf. Freu mich sehr drauf, dich in die Arme zu schließen", schreibt Sven. Das tut gut. Lächelnd setze ich mich in den Wartebereich und scrolle durch meine Liste für Blogthemen. Jetzt brauch ich was zum Ablenken, sonst dreh ich durch. Okay – hier hab ich was, ein kleines Schmankerl.

9.1 Ja, nein, vielleicht
– *Quantencomputer*

Posted by Ada L.   22. Mai

Lieber Charles,

die Digitalisierung beruht auf dem Prinzip der Darstellung und Verarbeitung aller Daten mit minimalen Mitteln: Bits kennen nur die zwei Zustände 0 und 1, sie werden verknüpft mit logischen Operatoren wie „und", „oder" und „nicht" (vgl. Blog 6.1.3). Diese Einfachheit hat die enorme technische Entwicklung möglich gemacht, von den ersten Computern von Konrad Zuse bis zur künstlichen Intelligenz. So kam es zum aktuellen Technik-Hype, der zu enormen Fortschritten in vielen Gebieten geführt hat, aber auch zu übertriebenen Prognosen, wie die starke KI mit einem eigenen Bewusstsein.

Der nächste Hype ist bereits da: Er wird – wie die KI – sicherlich die digitale Technologie weiter voranbringen, mit noch ungeahnten Möglichkeiten. Gleichzeitig gibt es auch hier neue, überzogene Erwartungen.

Die Rede ist vom Quantencomputer, einer Art Zaubercomputer. Mit ihm soll man unendlich schnell rechnen und Probleme lösen können, für die traditionelle digitale Computer Jahrmilliarden benötigen würden. Lieber Charles, alle gehypten digitalen Technologien, also die künstliche Intelligenz, die Blockchain und eben auch der Quantencomputer, haben folgende charakteristischen Eigenschaften: Sie sind technisch aufwändig, extrem teuer, haben einen hohen Energiebedarf, und die Praktikabilität ist unklar. Mit der KI beziehungsweise dem Machine-Learning hat der Quantencomputer gemein, dass die Ergebnisse nur mit einer gewissen Wahrscheinlichkeit korrekt sind.

Bisherige Erfolge haben meist keine Praxisrelevanz und sind oft akademischer Natur. Man vergisst oft, dass die wirklichen digitalen Innovationen nebenher mit klassischer Technik realisiert werden.

Aber was ist nun ein Quantencomputer? Er verwendet Erkenntnisse aus der Quantenphysik zum Rechnen. Diese Theorie ist im letzten Jahrhundert entstanden und bildet neben den Relativitätstheorien die Grundlage der modernen Physik. Die Relativitätstheorien von Einstein beschreiben die Physik des Raums und der Zeit und haben vor allem in der Kosmologie Relevanz, also in der Physik des Großen.

Die Quantenphysik beschreibt die Physik des Allerkleinsten. Max Planck, der Begründer der Quantenphysik, entdeckte, dass es kleinste Einheiten gibt, die nicht mehr unterteilbar sind. Außerdem erkannte er, dass man Größen wie Längen, Zeit oder Energie nicht immer noch genauer in noch kleineren Einheiten messen kann. Diese scheinen diskret, also mit ganzen Zahlen beschreibbar zu sein. So ist die Welt eher digital aufgebaut: gestückelt; oder eben gequantelt, daher der Name.

Die Dinge in dieser Welt des Allerkleinsten verhalten sich anders als in der uns bekannten Welt. Da die Computertechnik mit ihrer Miniaturisierung der Computerchips bereits an die Grenzen des Allerkleinsten vorgedrungen ist, müssen quantenphysikalische Effekte berücksichtigt werden, sonst würde moderne digitale Technik nicht funktionieren.

Etwas Besonderes hat es auf sich mit dem Zusammenhang zwischen einem Teilchen und der Messung eines Teilchens. Ein Teilchen hat mit einer gewissen Wahrscheinlichkeit einen bestimmten Zustand: zerfallen oder nicht. Wenn man den Zustand des Teilchens misst, beeinflusst die Messung den Zustand, und man bekommt ein konkretes Ergebnis.

Das wird wie folgt interpretiert: Wenn man nicht hinsieht, also nachmisst, hat das Teilchen zwei Zustände gleichzeitig, zerfallen und nicht zerfallen. Erst durch die Messung wird diese Überlagerung der beiden Zustände aufgehoben.

In der klassischen Computertechnik sind Unklarheiten störend, aber bei den Quantencomputern will man diese nutzen.

Erwin Schrödinger hat dazu ein berühmtes Gedankenexperiment ersonnen: Eine Katze befindet sich in einer geschlossenen Kiste, zusammen mit einer Flasche Giftgas. Die Flasche zerbricht, falls ein einzelnes Teilchen zerfällt, und die Katze wird daraufhin durch das Giftgas getötet. Öffnet man die Kiste, um nachzusehen, ob die Katze lebt, findet man entweder eine lebendige oder tote Katze vor, je nachdem, ob das Teilchen zerfallen ist oder nicht.

Interessant ist nun die Interpretation der Quantenphysik für den Fall, wenn man noch nicht in die Kiste geblickt hat: In diesem Fall ist die Katze gleichzeitig tot und lebendig. Sie ist in einem Superzustand, da sich das Teilchen ebenfalls in beiden Zuständen gleichzeitig befindet.

Lieber Charles, ich habe ein großes Herz für Katzen, mir tut die arme Katze leid und außerdem kann ich mir, wie Sie sicher auch, das Ganze nicht richtig vorstellen. Ich finde, Katzen sind generell fast immer in einem Superzustand. Und dazu sollte man sie nicht mit Gift in eine Kiste sperren – nicht mal in Gedanken.

Aber interessanterweise funktioniert genau so ein Quantencomputer. Tot und lebendig, das sind zwei Zustände, so wie man es bei einem Bit braucht. Die Katze repräsentiert hier so etwas wie ein Bit, aber mit der Besonderheit, dass beide Zustände, tot/lebendig oder 0/1, gleichzeitig möglich sind. Das ist der Kern des Quantencomputers: Er besteht nicht aus Bits, sondern aus Quanten-Bits, den Qubits. Die können eine Superposition haben.

Will man mit einem klassischen Computer eine Lösung für ein Problem finden, so muss dieser nacheinander alle Möglichkeiten, die es für die Lösung gibt, überprüfen. Sucht man nach einem bestimmten Wort in einem Buch, muss der Computer nacheinander alle Wörter des Buches mit dem Suchbegriff vergleichen.

Beim Quantencomputer kommen nun die Qubits ins Spiel: Eine Folge von Qubits repräsentiert alle Ergebnisse auf einmal. Man muss nur noch nachsehen, also die Kiste öffnen. Damit legt man den Zustand der Qubits fest und kann die Lösung des Problems sofort ablesen. Sucht ein Quantencomputer nach einem Wort in einem Buch, kann dieser sozusagen gleichzeitig alle Wörter auf einmal vergleichen.

Tatsächlich kann man solche Quantencomputer bauen. Die Qubits ermöglichen eine parallele Verarbeitung, so als ob man gleichzeitig alle Möglichkeiten mit vielen einzelnen Computern überprüft. Zudem benötigt man weniger Qubits als herkömmliche Bits, da diese eben zwei Zustände gleichzeitig haben können. 4 Qubits haben die Speicherkapazität von 16 klassischen Bits ($2^4 = 16$).

Jedes neue Qubit verdoppelt die Leistung des Quantencomputers. Zum Rechnen hat man nicht, wie bei den normalen Bits, die klassischen Logikbausteine für die Operationen „und", „oder", „nicht" zur Verfügung (sog. Logikgatter), sondern spezielle Quantengatter, mit denen man allerdings dieselben logischen Verknüpfungen realisieren kann, nur mit Qubits.

Man braucht zudem noch weitere Gatter: eines, um die Qubits in die Superposition zu versetzen, ein weiteres, um die Qubits auf 1 oder 0 zu setzen, und verschiedene Logik-Gatter. Anders als bei normalen Computern müssen die Operationen umkehrbar sein, müssen also genauso viele Eingänge wie Ausgänge haben.

Leider sind Qubits viel aufwändiger herzustellen als klassische Bits, die mit einfachen elektronischen Transistoren auf Halbleiterbasis realisiert werden können. Zur Realisierung von Qubits gibt es mehrere konkurrierende Verfahren, beispielsweise Ionenfallen, in denen gefangene Ionen die Qubits repräsentieren. Man versucht, die Menge der Qubits zu erhöhen, indem man diese in supraleitenden Schaltkreisen realisiert. Hier müssen Temperaturen nahe dem absoluten Nullpunkt herrschen, also -237 Grad Celsius.

Der erste Quantencomputer in Deutschland wurde 2021 von IBM in Ehningen (Baden-Württemberg) gebaut, mit 27 Qubits. Man kann diesen Computer für über 11.000 Euro im Monat mieten [44]. Die nächste Generation, Eagle von IBM, kann bereits mit 127 Qubits aufwarten. Die Leistung ihrer Computer will IBM rasch steigern, zunächst auf über 1000 Qubits.

Lange Zeit hat man in der Evolution der Computerchips das Mooresche Gesetz beobachten können: Es besagt, dass sich die Leistungsfähigkeit der Computer etwa alle zwei Jahre verdoppelt. Wie es scheint, gibt es eine ähnliche Entwicklung bei den Quantencomputern.

Lieber Charles, man kann die heutige Situation mit Ihrer eigenen Situation vergleichen. Auch Sie haben mit den technischen Problemen bei der Umsetzung gekämpft und nur Teile Ihrer universellen Analytical Engine fertiggestellt. Ihre Difference Engine haben Sie gebaut. Das ist ein Spezial-Computer, der für bestimmte Zwecke geeignet war und der für die Berechnung von Tabellen wie Logarithmen-Tafeln eingesetzt wurde. 100 Jahre später wurden dann die ersten einsatzfähigen digitalen Computer gebaut, und dann dauerte es nochmals gut 60 Jahre, bis die digitale Revolution einsetzte. So werden heute die ersten Quantencomputer für spezielle Einsatzzwecke verwendet, etwa bei der Simulation von neuen Materialien, wie die dringend für die Automobilindustrie benötigten Batterien und Brennstoffzellen.

Ich bin gespannt, wie lange es dauert, einen universellen Quantencomputer zu bauen, und was dann damit möglich wird. Angst haben jedenfalls die Kryptologen, denn ein Quantencomputer kann theoretisch sehr große Zahlen schnell in Primfaktoren zerlegen. Weil das die Grundlage für die Public-Key-Verschlüsselung ist, würde sie dann nicht mehr funktionieren (vgl. Blog 6.5). Ein neues Verfahren müsste her. Dummerweise ist die Public-Key-Verschlüsselung die Grundlage für die meisten sicheren digitalen Technologien. Noch muss man sich keine großen Sorgen machen, da man mit den heutigen Quantencomputern bisher nur kleine Zahlen faktorisieren konnte. Es wird noch eine Zeit brauchen, bis die Quantencomputer die benötigte Anzahl von Qubits haben, um die modernen Verschlüsselungen zu knacken.

Die Suche in großen Datenmengen kann man mit dem Quantencomputer ebenfalls stark beschleunigen, was große Vorteile in der digitalen Welt bringt. Auf jeden Fall verspricht man sich in der Forschung enorme Fortschritte, etwa bei der Entwicklung neuer Medikamente. So könnten individuelle Therapien gegen Krebs oder Alzheimer möglich werden. Auch die KI soll einen Leistungsschub bekommen: Mit einem Quantencomputer ginge es viel schneller, KI-Systeme zu trainieren, so die Erwartung [49].

Man rechnet beim Quantencomputer mit Qubits. Das sind Bits, bei denen sich die beiden Zustände 0 und 1 überlagern, man nennt das die Superposition. Erst durch eine Messung wird ein konkreter Zustand festgestellt. Durch diese Eigenschaft muss man bei der Suche nach einer Lösung für ein Problem nicht alle Möglichkeiten einzeln untersuchen, man kann alle auf einmal betrachten und muss nur das Ergebnis ablesen. So können Algorithmen, ausgeführt auf Quantencomputern, Lösungen quasi sofort finden. Wenn sie auf klassischen Supercomputern ausgeführt würden, würde man eine Lösung vielleicht erst nach Jahrmillionen finden.

Ziemlich zerschlagen klettere ich in Antofagasta aus dem Flugzeug. Etwas Schlaf habe ich abgekriegt, dafür zwickt der Rücken, und mein eingeschlafenes linkes Bein kribbelt. Wenigstens habe ich Hut und Sonnenbrille beim Umsteigen „vergessen", stattdessen habe ich mir eine dunkelgrüne Mütze und einen Schal im selben Farbton gekauft. Ich bin sehr dankbar für die Tasche von Marcia, die ich tatsächlich als Handgepäck mit an Bord nehmen konnte, und steuere deswegen zügig auf den Ausgang zu. Ich habe das Gefühl, ich steuere wie im Traum durch das Gewimmel, orientiere mich an den Schildern.

Draußen, außerhalb der klimatisierten Räume, erwarte ich nach den frühsommerlichen Temperaturen von Barcelona irrationalerweise auch Hitze, weiß aber gleich wieder: Südhalbkugel, hier ist es quasi Spätherbst und für mein Empfinden recht kühl. Mütze und Schal sind da genau richtig, denn der Wind pfeift. Lieber gehe ich nochmal nach drinnen, um mir in Ruhe eine Jacke aus meiner Tasche zu wühlen, und mit Sven und Karla kann ich auch von hier aus telefonieren, aus dem W-LAN des Flughafens.

Sven ist hörbar erleichtert, dass ich gut gelandet bin, aber wir haben beide keine Muße zum Plaudern. „Jetzt muss ich Karla finden. Wenn ich mehr weiß, melde ich mich nochmal", verspreche ich, und versuche es gleich danach bei Karla. „Ah, du bist gelandet, sehr gut", sagt sie mit einem rauschenden

Nebengeräusch in der Leitung. „Ich komme zu dir zur Ankunftshalle, stell dich zu den Ausgängen von innen aus gesehen ganz rechts im Eck." Sie muss doch genauso verorgelt sein wie ich, denke ich, aber sie klingt ganz frisch und effizient. Bewundernswert, denke ich gähnend, suche mir schnell noch eine Toilette und warte dann bei den Arrivals rechts außen.

Ich stehe noch keine zwei Minuten da, als schon Karla durch die Tür hereinläuft und mir zuwinkt. Energiegeladen kommt sie her. „Schön, dich zu sehen, coole Mütze! Komm, ich habe uns was organisiert", sie nimmt meine Tasche und zieht sie auf den Rollen hinter sich her. Vor der Tür schlüpfe ich in die Jacke und blinzle in die bleiche Nachmittagssonne, ein kühler Wind weht. „Komm", ruft Karla, schon etwas voraus. „Wohin?", rufe ich und eile ihr nach. „Ich habe die Zeit gut genutzt, die ich vor dir hier war", sagt sie, als ich sie eingeholt habe. Wir laufen über einen asphaltierten Platz zu einem Areal, auf dem alle Arten von Autos in jedwedem Stadium von brandneu bis quasi Totalschaden parken.

Zügig läuft Karla an den Reihen vorbei, bis wir zu einem verbeulten Kleintransporter kommen. „Den hab ich uns organisiert", sagt sie stolz, öffnet mit etwas Mühe die Beifahrertür und schmeißt meine Tasche hinein. Vorsichtig strecke ich meinen Kopf ins Innere des Fahrzeugs und zucke zurück, weil gleichzeitig der Kopf eines recht großen Huhns über der fleckigen Rückenlehne nach vorne ruckt. „Was zum...?", frage ich ungläubig und schaue zu Karla. Sie ist schon hinters Lenkrad geschlüpft und lässt spratzelnd den Motor an, was hinter der durchgehenden Sitzbank zu gackerndem Aufruhr führt. Dort sehe ich etwa ein Dutzend Hühner, weiße und braune. „Äh – Hühner?" Was Schlaueres fällt mir gerade nicht ein. Karla dreht sich zu mir um und kichert. „Du solltest dich mal sehen", sagt sie. Ich hieve mich auf den etwas klebrigen Sitz, durch einige Risse im Bezug quillt Schaumstoff. Auf der reflexhaften Suche nach einem Sicherheitsgurt greife ich ins Leere, und Karla fährt mit ein paar Hopsern los. „Die Kupplung ist ziemlich im Eimer", sagt sie, hat das Fahrzeug aber gleich im Griff. Sie fährt souverän um die Kurve, fädelt sich in eine größere Straße ein und gibt Gas. Leicht federstiebend rutschen die Hühner auf der Transportfläche auf die rechte Seite. Ich schüttle den Kopf.

„Längere Geschichte", ruft Karla über das Motorengeräusch. „Hab in der Autovermietung ewig gewartet, bis einer kam. Und der hat mir dieses Angebot gemacht: Ich krieg den Transporter für fast kein Geld, wenn wir die Hühner unterwegs zu irgendeiner Verwandtschaft bringen. Ist zwar ein kleiner Umweg für uns, aber die Tarnung ist doch viel besser als mit irgendeinem Mietauto,

das schon von der Weite als ‹Achtung, hier kommen ausländische Besucher›
zu erkennen ist, oder?"

Unglaublich, wie munter und energiegeladen Karla ist. Gleichzeitig fühle
ich mich ziemlich erschlagen: vom Jetlag, von Karlas Superkräften, von den
Hühner-Plänen und überhaupt. Trotz der Jacke fröstle ich ein wenig. „Hier in
der Tasche ist eine Dose Cola, vielleicht fängst du mit der an", schlägt Karla
vor. „Gute Idee, danke", ich bediene mich.

Während ich trinke, schaue ich mir das an, was von Antofagasta an uns
vorbeizieht. In einiger Entfernung ragen Wolkenkratzer in die Höhe, aber wir
entfernen uns bereits vom Stadtzentrum. Dahinter sehe ich die rotbraunen
Berge aufragen, dort geht es offenbar in Richtung Atacama-Wüste – Richtung
ELT. Auf dicht belebten Straßen passieren wir große Mietshäuser, Stromleitungen, bunt angemalte Läden und Kneipen, jede Menge Kinder und Jugendliche,
die mit Rädern und Rollern durch die Gegend wuseln. Ich schließe nochmal
die Augen und lasse das Koffein seine Wirkung tun. Ab und zu gibt das Handy
von Karla blecherne Anweisung, wohin wir fahren müssen.

„Ich hab uns übrigens gleich mal zwei Handys besorgt. Dein Handy funktioniert ja hier nur im W-LAN, und in der Stadt gibt es überall Hotspots – aber
weiter draußen braucht man eine chilenische SIM-Card", sagt Karla und zeigt
mit dem Kinn auf die beiden Geräte, die zwischen uns auf der Sitzbank liegen. „Wie lange warst du eigentlich vor mir hier?", frage ich ungläubig. „Das
mit den Handys habe ich in deinem Blog nochmal nachgelesen im Flugzeug
– und dann noch genauer recherchiert. Und ich hatte in Santiago nur kurz
Aufenthalt, wo du ja mehrere Stunden warten musstest, dafür war ich deutlich
früher hier. Die Zeit hier habe ich dann gut genutzt", Karla grinst. „Hab mich
rangehalten – ich dachte mir, erst die Smartphones, dann das Auto. Und bei
beidem hatte ich Glück", sie zuckt mit den Schultern.

Inzwischen fahren wir durch eine Gegend mit niedrigeren Häusern, die
Straße ist nicht asphaltiert, und es staubt, wenn wir um eine Kurve fahren.
Meistens kann Karla den Löchern und Unebenheiten auf dem Weg ausweichen,
aber ab und zu krachen wir in eine Mulde, dass der Transporter scheppert
und die Hühner empört gackern, weil wir alle durchgeschüttelt werden. „Das
mit den Hühnern ist doch irre, oder?", sagt Karla nach einer Weile. „Wir sind
ein richtiger Chicken Bus, die gibt es in Südamerika tatsächlich, hab ich im
Flugzeug gelesen: Das sind oft ausrangierte Schulbusse aus USA und Kanada.
Das sind hier die Überland-Verkehrsmittel, meistens knallbunt fantasievoll

angemalt – und da sitzen dann wirklich die Leute mit ihren Hühnerkörben drin", erzählt Karla. „Das wird Chuck gefallen", da bin ich sicher.

Mit meinem chilenischen Handy schreibe ich Sven, dass wir unterwegs sind, aber noch einen Geflügeltransport erledigen müssen. Als Antwort kommen fünf Fragezeichen mit einer Hühnerkeule dazwischen und dann ein rotes Herz. Ach, ich freue mich sehr, ihn wiederzusehen. „Sven?", fragt Karla mit einem Seitenblick. Ich nicke, Karla zwinkert mir zu.

„Willst du nicht mal schauen, ob die Sender rund um Antofagasta romantische Musik im Programm haben?", fragt sie und zeigt mit dem Kinn auf das antik aussehende Autoradio zwischen uns. Ich drehe den Bakelitschalter, das erste Rauschen haut uns fast die Ohren raus – ich drehe den anderen Knopf, und das Geräusch wird erträglich. Dann kommt ein Sammelsurium aus hektischem spanischen Stakkato, Operngesang und dann finde ich einen südamerikanischen Volksmusiksender. „La cucaracha" erschallt, und Karla und ich singen lauthals mit. „Merkst du was?", frage ich und weise auf die Hühner. Es klingt lustig: Sie scheinen immer zum Refrain rhythmisch mitzugackern. Karla schüttelt den Kopf, aber das Lied verklingt schon wieder, es folgt „Conga" von Miami Sound Machine. Dazu geht Karla am Steuer so ab, dass wir ein paarmal fast von der schmalen Straße abkommen. Karla jauchzt, ich lache, die Hühner machen eine super Rhythmus-Gruppe.

Danach erklingt eine Panflöte, ich verdrehe die Augen: „El cóndor pasa", seufze ich, in hunderttausend Fußgängerzonen durchgenudelt, aber dann – setzt hinter mir der tierische Chor ein: die Hühner. Sie treffen die Melodie, glucksen und tönen, es hört sich absolut wahnsinnig an. Karla fährt rechts an den Rand, wir schauen uns verblüfft an, während auf der überdachten Ladefläche unseres Transporters ein Rudel Hennen zur melancholischen Panflöte ihre Hühnerklage anstimmen.

Karla und ich müssen so heftig lachen, dass uns die Tränen kommen – „das glaubt uns kein Mensch", röchelt Karla, nachdem das Lied zu Ende ist und eine raue männliche Stimme in schnellem Spanisch aus dem Lautsprecher schnarrt. „Mir tut das Gesicht weh", ächze ich, und das löst bei Karla den nächsten Kicheranfall aus, und das steckt mich wiederum zu einer Lachkaskade an – ich kenne das, wenn ich total übermüdet bin, und offenbar geht es Karla genauso. Wir können uns kaum beruhigen, schauen immer wieder hinter zu den Hühnern, die jetzt ganz harmlos-unmusikalisch im Transporter hocken und nur ab und zu mit dem Kopf zucken.

„Warum haben wir das nicht gefilmt?", fragt Karla ein paar Tempotaschen-tücher später. Leider hatte keine von uns beiden die Geistesgegenwart, auf diese Szene mit dem Handy draufzuhalten – wir waren einfach beide zu über-wältigt. Ich schüttele den Kopf, kann es immer noch nicht glauben. „Das ist einfach der Hammer. Der Einzige, der das glauben könnte, ist Chuck", sage ich. „Genau", sagt Karla. „Der wird sofort anfangen, seiner Evita Gesangsunterricht zu geben".

„Gigantisch", sagt Karla. „Die müssten wir kidnappen und mit ihnen groß rauskommen: die singenden Hühner von Antofagasta, wie das klingt". Ver-gnügt fährt sie weiter. Mir fällt wieder ein, als ich in Tschechien träumte, eine Hühnerschar würde zu „Upside down" performen. Karla schmettert den Re-frain und macht ruckende Bewegungen dazu, die ich imitiere, wir lachen uns kaputt.

Bei einem Blick in den Rückspiegel wird Karla auf einmal ganz ernst. „Also, ich war jetzt ja etwas abgelenkt wegen der Hühnersingerei, aber ich habe den Eindruck, wir haben da jemanden im Schlepptau, der mir nicht gefällt", sagt sie. Inzwischen haben wir die Stadt hinter uns gelassen und fahren auf einer Schotterpiste Richtung Osten, es geht stetig bergauf. Außer uns sind eine ganze Reihe an Fahrzeugen unterwegs, aber es ist kein Vergleich zu dem Gewimmel in der Stadt. „Wen meinst du?", frage ich und versuche, im rechten Außenspiegel die Fahrzeuge hinter uns zu checken. „Da ist dieser staubig-grüne Jeep, der ist immer wieder hinter uns aufgetaucht", sagt Karla, „gerade sehe ich ihn nicht."

Die ausgelassene Stimmung ist schlagartig weg, angespannt scannen wir immer wieder den Verkehr hinter uns. „Schau mal, sind das Alpakas? Oder Lamas?", Karla zeigt auf eine Gruppe langhalsiger Tiere, die in einigem Abstand zur Straße in gemächlichem Schritt durch das niedrige Gestrüpp auf ausgeblichenem Gras unterwegs sind. „Sowas in der Art, die heißen, warte mal, Vicuñas", sage ich – beim Warten in Santiago am Flughafen habe ich ein paar Länderinfos überflogen und auch ein bisschen was über die hiesige Fauna gefunden. So richtig können wir uns im Moment aber nicht über den Anblick freuen, denn der Jeep ist uns nach wie vor auf den Fersen. „Wie weit ist es denn noch zu den Hühnerleuten?", will Karla wissen, und ich konsultiere ihr Handy. „Noch knapp zehn Kilometer, laut Navi dauert das noch 20 Minuten – in ungefähr acht Kilometern müssen wir nach links abbiegen. Vielleicht fährt der Jeep ja einfach weiter und ist nur zufällig hinter uns", ein schwacher Versuch, Optimismus zu verbreiten, merke ich selber.

Als wir die acht Kilometer, ständig an Höhe gewinnend, gefahren sind, biegt Karla an der Abzweigung nach links ab, es geht ein steiles Stück nach oben. „Ruf doch mal den Don Paolo an, dass wir gleich da sind, das ist so ausgemacht, die erste Nummer in den Anrufliste", bittet sie mich. Ich angle nach ihrem Handy und wähle, schaue dazu weiter in den Rückspiegel. Es tutet, und ich will mich gerade entspannen, da sehe ich in einer Staubwolke die rundäugige Front des grünen Jeeps. „Er ist immer noch hinter uns her", sage ich zu Karla, während sich eine spanische Frauenstimme meldet. So gut ich kann, erkläre ich auf Spanisch, dass wir gleich da sind – und dass wir einen Verfolger hinter uns haben. Die Frau legt einfach auf. Ob sie mich verstanden hat?

Bisher hat sich der Jeep darauf beschränkt, hinter uns herzufahren. Auf den Straßen vorher war deutlich mehr Verkehr, auf dieser Nebenstraße sind wir mit dem Jeep allein. Vor uns ist in den teils steilen Hügeln kein Auto, kein Dorf, kein Haus zu sehen. „Shit", sage ich, während der Wagen hinter uns Gas gibt und näherkommt.

Auch Karla erhöht das Tempo, fährt in der Mitte des Wegs, um den Jeep am Überholen zu hindern. „Will der uns rammen?", ruft Karla, als es auch schon laut rumst, die Hühner brechen in hektisches Gegacker aus. „Oh mein Gott", ich bin jetzt wirklich panisch, „der spinnt! Fahr schneller!", schreie ich, Karla packt das Lenkrad fester. Der Transporter gerät ins Schlingern, wir geraten kurz vom Weg ab, aber Karla hat das Gefährt schnell wieder unter Kontrolle. Sie tritt das Gaspedal bis zum Bodenblech durch, der Transporter beschleunigt mit einem kleinen Hopser, und so bringt sie wieder etwas Abstand zwischen uns und den Jeep. „Was zum Teufel...?", zischt sie, blickt immer wieder konzentriert in den Rückspiegel und versucht, den Abstand zu vergrößern. Da kommt der Jeep wieder näher, Karla versucht, auszuweichen, aber der Geländewagen kracht uns nochmal aufs hintere linke Eck. Unser Transporter gerät aufs Bankett, kurz scheint es, als würden wir in einen Graben rauschen, aber Karla schafft es, das Fahrzeug wieder in die Spur zurück zu lenken, dabei werden wir auf der Sitzbank ohne Gurt hin und her geschleudert. Karla hält sich mit der linken Hand am Schaltknüppel fest, pfeift durch die Zähne, schaltet runter und verlangt dem Transporter das Äußerste ab. Sie jagt um eine Kurve, so dass die Hühner hinter uns noch einmal lauter werden – und nicht weit vor uns sehen wir eine große Hacienda mit mehreren Gebäuden, umgeben von einem wehrhaft aussehenden Zaun aus Metallsegmenten mit Stacheldraht obendrauf.

Mit überlaut röhrendem Motor schießt Karla auf ein Tor zu, das von drei massigen Typen bewacht wird. Sie rennen auf uns zu, der eine schreit irgendwas, der andere winkt Karla mit großen Bewegungen, während ein Dritter das Tor gerade so weit aufschiebt, dass wir durchpassen. „Der verfolgt uns", schreie ich durchs offene Fenster und deute auf den Jeep, aber offenbar hat die Frau am Handy die Information doch weitergegeben: Direkt hinter uns schließt der Security-Typ schnell das Tor, der Jeep bremst abrupt ab und wendet hektisch. Sein bewaffneter Kollege rennt auf den Jeep zu, will den Fahrer offenbar zur Rede stellen, doch der rauscht in einer Staubwolke davon. Mir klopft das Herz zum Zerspringen, ich versuche, mich irgendwo am Armaturenbrett festzuhalten, denn Karla lenkt den Transporter immer noch mit Vollgas auf einen sehr holprigen Feldweg, der zu einer Art großen Scheune führt, wo wir abrupt zum Stehen kommen.

Mit aufgerissenen Augen schaut Karla zu mir. „Was zum Teufel...?" Ehe ich richtig Luft holen kann, reißt einer der schrankbreiten Kerle die Fahrertür auf und schreit irgendwas mit Don Paolo. Karla stammelt irgendwas mit Flugplatz und einem „Wir haben die Hühner von Don Paolo", stottert sie. Der Typ späht auf die Ladefläche, tritt einen Schritt zurück und lacht laut. „Chicas con pollos", irgend sowas brüllt er in die Gegend, und Karla ist schon vom Fahrersitz geglitten. Ich schließe mit einem Ruck meinen Mund und steige aus. Mir ist sowas von flau, und mir hämmert es in den Schläfen. Kurz habe ich das Gefühl, ich werde ohnmächtig, und ich halte mich am Transporter fest.

Aus einiger Entfernung kommt ein drahtiger, nicht allzu großer Mann mit schnellen Schritten auf uns zu. „Das ist wohl Don Paolo, dem gehört das alles hier, er züchtet Hühner und Kampfhähne oder so, hat mir der Typ am Flughafen erzählt", sagt Karla. Ist mir gerade alles zu viel Info, ich nicke nur schwach und versuche, gleichmäßig zu atmen. Aber ich kriege nicht genug Luft: Offenbar macht mir auch die Höhe zu schaffen, wir sind von Antofagasta aus nur bergauf unterwegs gewesen – da ist was zusammengekommen, merke ich. Langsam weiter atmen, sage ich mir, wieder hinsetzen.

Don Paolo hat nur Augen für seine Hühner, er fragt in gebrochenem Englisch, ob es seinen Diamanten auch gut geht. Karla hat ihren Atem unter Kontrolle und antwortet auf Spanisch, dass alles in Ordnung ist, so lange das Tor zu bleibt.

Paolo will wissen, was das alles soll, und Karla antwortet, dass wir uns hier anscheinend schon unbeliebt gemacht haben, obwohl wir erst ganz kurz da sind. Ich bin noch völlig durcheinander. Der wollte uns wirklich rammen.

Der hat in Kauf genommen, dass wir draufgehen, geht es mir nochmal durch den Kopf. Ich schaue zur Ladefläche auf unserem Laster. Ob die Hühner das gut überstanden haben, schwirrt es mir durch meinen überforderten Kopf.

Sie hocken nah beieinander, die Köpfe rucken. Auf den ersten Blick scheint bei ihnen alles okay zu sein. Don Paolo ist inzwischen am Transporter angelangt und schnalzt und gurrt mit hoher Stimme auf die Hühner ein. Da stehen sie auf, gehen in seine Richtung. „Todos sois hermosos e inteligentes", er preist die Schönheit und Klugheit der Hühner.

Karla legt mir von hinten ihre Hand auf die Schulter. „Das war – echt der Hammer", sagt sie und schnaubt. Ich nicke, immer noch leicht benommen. Ich hieve mich in die Senkrechte, zusammen gehen wir ein paar Schritte und stellen uns an ein windgeschütztes Eck. „Puh", sage ich, „das war knapp. Der wollte uns wirklich von der Straße drängen – der wollte uns wirklich umbringen." Sogar beim Aussprechen dieser Worte und kurz nachdem uns das wirklich passiert ist, fühlt sich das alles ganz unwirklich an. Wieder werden meine Knie weich, ich lehne mich an die Holzwand hinter mir und lasse mich einfach da, wo ich gerade stehe, auf den Boden nieder.

Karla geht neben mir in die Hocke, fasst mich um die Schultern. „Alles okay mit dir?", sie schaut mir forschend ins Gesicht. „Bist ein bisschen blass um die Nase." „Kein Wunder, oder?", frage ich. Stumm nickt Karla. „Nie hätte ich mir träumen lassen, dass die Sache so weite Kreise zieht", sagt sie. Aber sie wirkt fit – ich habe fast den Eindruck, die Action, die Gefahr, sogar die Höhe, das ist alles belebend für sie.

Einer von Don Paolos Männern kommt zu uns rüber, er reicht mir eine Flasche Wasser. Trinken tut gut, merke ich. Als ich die Flasche geleert habe, macht er uns Zeichen, mitzukommen. Karla will mir aufhelfen, aber ich bin schon wieder senkrecht, und wir beide folgen dem Typen. Ich habe noch etwas zittrige Beine, aber mit jedem Schritt wird es besser. Über ein paar ausgelatschte Holzstufen geht es auf eine Veranda, die um die Hacienda führt. Er zeigt auf einen Tisch mit einigen Stühlen, wir nehmen Platz, und kurz darauf kommt Don Paolo zu uns, während gleichzeitig von innen eine Frau mit einem großen Tablett nach draußen tritt. Sie bringt Wasser und Kaffee, ein paar Häppchen und eine große Flasche ohne Etikett sowie ein paar leicht speckige Gläser. Erst reicht sie uns die Kaffeetassen, parallel dazu schenkt Don Paolo schon den Schnaps aus.

Wortlos prostet er uns zu und kippt den Inhalt seines Glases. Ich tue es ihm gleich, schüttle mich kurz. Karla äugt etwas misstrauisch ins Glas, ruft dann aber „Skal!" – wie General von Schneider in „Dinner for One", denke ich – und schüttet ebenfalls den Hochprozentigen einfach runter. „Huaa!", ruft sie gleich danach und schüttelt sich, Don Paolo und ich müssen lachen. „Pisco", sagt er, „Nationalgetränk", und gießt uns gleich noch einen nach.

Jetzt will er doch wissen, was für Leutchen hinter uns und dadurch auch hinter seinen Hühnern her waren, letzteres scheint ihm wichtiger zu sein. Wie viel sollten wir einem wildfremden Typen da anvertrauen? Karla und ich tauschen einen Blick. Wir erzählen erstmal nur die Eckdaten, dass wir verfolgt werden und nach dem Deal auf dem Flughafen die Hühner transportieren wollten. Dass uns dabei schon wieder jemand im Visier hatte, war uns nicht klar. Don Paolo gibt einem seiner Männer ein paar kurze Anweisungen: Sie sollen Erkundigungen einziehen, wer mit dem Jeep unterwegs sein könnte. „Den finden wir", verkündet er.

„Wir dachten, wir hätten unsere Spuren gut verwischt", sage ich seufzend. Karla nickt düster und runzelt die Stirn. „Ich hab den Typen ja nicht deutlich gesehen, aber er kam mir bekannt vor", sagt sie. „Hast du irgendwann Zeit gehabt, dir den genauer anzuschauen?", frage ich. „Naja, nur so schlaglichtartig, deswegen kann ich es auch nicht genau sagen", Karla nimmt einen Schluck Kaffee und lehnt sich in ihrem Stuhl zurück. „Du meinst, du kennst ihn?", hake ich nach. „Ich bin nicht sicher, es war nur so eine Bewegung mit dem Kopf, da dachte ich...", sie zuckt mit den Schultern.

Don Paolo hat zugehört, dabei noch zwei, drei Schnäpse gekippt und dann auf seinem Handy herumgetippt. „Wollt ihr meine ganzen Juwelen sehen? Meine gefiederten Schätze?", fragt er unvermittelt. Ohne auf unsere Antwort zu warten, läuft er in Richtung einer Art Scheune los. Karla schaut mich mit hochgezogenen Augenbrauen an, und wir beeilen uns, ihm zu folgen. Die Scheune hat an einer Seite riesige Türen, die weit offen stehen. Drinnen und draußen, neben und auf Strohballen, stolzieren, sitzen oder schlummern Hühner. „Chuck und seiner Evita würde das Herz aufgehen", sage ich, und Don Paolos Kopf fliegt herum. „Welcher Chuck – welche Evita?", fragt er. „Auch ein großer Hühnerfreund", antworte ich. Don Paolos Augen leuchten auf: „Chuck? Chicken Chuck? Thailand?", fragt er, und ich nicke verblüfft. „Bester Chicken-Blog", lobt Paolo, und zeigt uns Fotos von – wie kann es anders sein: Evita.

Anscheinend schreibt Chuck schon seit Monaten einen Blog, von dem er mir noch kein Sterbenswort erzählt hat – gewidmet seiner Leidenschaft fürs liebe Federvieh. Und Don Paolo ist ein glühender Anhänger von Chucks Tipps: „Die Idee, meine kleine Martina hier mit Spinat zu füttern, vermischt mit Melone und Orange, das hat sie gerettet – sie war krank und schwach, hat nichts mehr runtergebracht, der kleine Schatz! Und sie hat meine besten Kampfhähne ausgebrütet", er sprudelt nur so. Karla und ich schauen uns an, ich frage mich, ob ich halluziniere. „Global village", sagt Karla, zuckt mit den Schultern und lacht.

Dass Chuck und Paolo sich kennen, hat das Eis gebrochen: Paolo kann fast so verzückt über seine „Martina, die kleine Martinita" schwärmen wie Chuck von Evita. Nach einigem Geflügel-Geplänkel fragt Paolo dann nochmal etwas genauer nach, warum wir hier von einem gewalttätigen Gringo verfolgt in Antofagasta gelandet sind. Karla erzählt ihm in groben Zügen, was los ist. Paolos Augen verengen sich. „Wer Hühnern und Frauen etwas antut, ist ein nichtswürdiger Idiot, wenn ich ihn finde, kriegt er richtig Ärger", sagt er. „Ich helfe euch. Was braucht ihr? Nehmt nicht den Transporter, nehmt das gepanzerte Auto. Und ich gebe euch Federico mit." „Einer von diesen Security-Leuten?", ich deute auf die drei Männer, die ich von hier aus sehen kann. „Naaaain", Paolo lacht dröhnend. „Federico ist ein Kampfhahn – sehr aggressiv. Kämpft aber besser gegen Menschen als gegen andere Hähne – ist schwierig mit ihm bei Wettkämpfen. Aber gegen Leute ist er" – mit einer dramatischen Geste quer über seine Kehle beendet er den Satz.

Karla und ich schauen uns entsetzt an. „Das ehrt uns, vielen Dank für das Angebot, aber ich weiß nicht, ob wir wissen, wie man so ein wertvolles Tier richtig behandelt", versuche ich, seinen Vorschlag abzubiegen. „Papperlapapp – Yago kommt auch mit. Er kümmert sich um ihn. Er soll Federico gleich für die Reise vorbereiten", er schreit „Elena!" und erklärt der herbeieilenden Frau, was er plant. Karla und ich schauen uns etwas verzweifelt an. „Aus der Nummer kommen wir nicht raus", flüstere ich. Stumm nickt sie, während sie über meine Schulter späht.

Ich drehe mich um. „Vielleicht hat das ja auch sein Gutes", sagt Karla mit samtiger Stimme, denn mit einem vibrierenden Korb, aus dem es federstiebend kräht und kollert, kommt ein großer, dunkelhaariger Mann mit Hut zu uns herüber. Feurige Augen. Kleiner goldener Ohrring, der in der Sonne kurz aufglänzt. Wie ein Filmstar. „¡Hola! Soy Yago", sagt er, und Karla schluckt, bevor sie antwortet. Er stellt den Korb ab, reicht ihr seine Hand und hält sie etwas länger als nötig. Ich habe schon Sorge, dass Karla auch noch die Beine unter ihr wegsacken, da begrüßt Yago auch mich – meine Hand schüttelt er weniger lang, und seine Augen kehren schnell wieder zurück zu Karla. Ihre Blicke sind fest ineinander verschränkt. So schnell kann es gehen, denke ich mir, während wir drei uns mit unserem so unterschiedlichen Gepäck auf den kurzen Fußmarsch zu unserem Fahrzeug machen: Karla und ich mit unseren Rucksäcken, Yago mit Federico.

Yago wird uns – oder zumindest Karla – mit allem, was ihm zu Gebote steht, verteidigen, da bin ich mir sicher. Was ich allerdings von dem krakeelenden Vieh, das er im Korb dabeihat, halten soll, weiß ich wirklich nicht. Was Sven wohl zu dem allen sagt? Nach einer kurzen stürmischen Begegnung kriegt er jetzt eine volle Breitseite aus meinem chaotischen Leben ab. „Entweder er hält's aus, oder er war doch nicht der richtige" höre ich Lolas Stimme in meinem Kopf sagen – einer ihrer Lieblingssprüche, meistens auf ihren eigenen Freund gemünzt. Allerdings hat sie ihn noch nie gesagt, als ich mit einer Freundin, einem manischen Kampfhahn und unberechenbaren Verfolgern in einer südamerikanischen Wüste unterwegs war. Das gepanzerte Fahrzeug ist – groß. Und wehrhaft. Wie aus einem Action-Film. Nacheinander klettern wir hinein, Karla sitzt in der Mitte neben Yago und ist wie in Trance. Hinter uns zetert Federico dermaßen herum, dass ich um seinen Käfig fürchte. „Wir werden noch ein paar Hennen mitnehmen müssen, sonst gibt er keine Ruhe", sagt Yago. Der Motor summt erstaunlich leise, Yago fährt ein Stück auf dem umzäunten Gelände und holt eine größere Kiste, die zum Teil offen und mit Gitterstäben verkleidet ist. Dann pfeift er eine kleine Melodie, auf die es sofort ein musikalisches Echo gibt.

Unter einem Busch und im Schattenfleck neben einem Schuppen lagern Hühner. Einige stehen auf, kommen neugierig her und lassen sich mit ein paar Guttis in Yagos Kiste locken. „Schau dir seine Hände an, seine Bewegungen – und seine Stimme", Karla starrt wie hypnotisiert auf Yago, der routiniert die Hühnerkiste schließt, während er sanft auf sie einredet und das Ganze im Auto verstaut. Sie seufzt tief – und ich muss mich grinsend abwenden. Die hat's erwischt, keine Frage.

„Die anderen Hühner attackiert er nicht, oder wie?", frage ich, als wir losfahren. „Nein, Federico geht nicht auf alle Hühner oder Hähne los – bloß auf viele Menschen. Eigentlich auf alle außer auf Don Paolo und mich. Wir wissen nicht, warum, aber es ist extrem. Eine Art Geheimwaffe", Yago lacht, und Karla erschauert. Ich verdrehe die Augen nur innerlich und muss gleichzeitig ein bisschen grinsen. Liebe auf den ersten Blick, aber sowas von. Hoffentlich geht es besser weiter als mit dem betrügerischen ROFL-Deppen. Ich drücke ihr die Daumen.

Als wir am Haupthaus vorüberfahren, kommt Don Paolo mit einem großen flachen Karton unter dem Arm heraus und winkt hektisch. „Für euch – schaut es in Ruhe an, wenn ihr am Teleskop angekommen seid. Yago, ich verlasse mich auf dich", sagt er. Wir verstauen das Paket hinter dem Sitz, Yago nickt Don Paolo zu, tippt an die Hutkrempe und gibt Gas. Mit einer Staubfahne fahren wir Richtung Tor.

Als erstes will Yago wissen, warum wir auf der Flucht sind. In kurzen Worten umreiße ich, was los ist. Während ich gerade erzähle, schreit Karla leise auf: „Jetzt weiß ich's! An wen mich der Typ mit dem Jeep erinnert hat – an Jim!" Entsetzt schaue ich sie an. „Dein Kollege? Oberarsch Jim? Der dich so drangsaliert hat? Bist du sicher?" Karla nickt. „Also – ziemlich sicher. Jim hatte so eine besondere Art, wenn er gerannt ist – irgendeine alte Sportverletzung. Um das zu kompensieren, hat er seinen Kopf nach rechts gebogen. Am Anfang fand ich das ganz süß, es war charakteristisch für ihn – und glaub mir, ich habe ihn oft laufen sehen, auf dem Laufband oder auch bei anderen Sportveranstaltungen." Ich wiege den Kopf. „So ein Wahnsinn", sage ich. „Persönliche Rache", antwortet Karla leise. „Das kann ich mir schon vorstellen, dass er sowas macht – er mit seinem Ego und seinen Karriereplänen. Die haben im Büro auch immer getuschelt, dass die Tochter des Firmenchefs auf ihn abfährt. Mir gegenüber hat er immer ganz weit weg getan, an der hätte er kein Interesse, und er wolle durch Leistung überzeugen und nicht dadurch, dass er die richtige Tochter anbaggert." Sie schüttelt sich. „Wie auch immer – was Bosheit angeht, traue ich ihm einiges zu." „Naja, Bosheit ist das eine, und rohe Gewalt ist was anderes. Ich meine, uns zu rammen, bevor er noch ein Wort mit uns gesprochen hat!", entgegne ich. Karla dreht den Kopf zu mir: „Für Jim ist meine Enthüllung sowas wie eine Kriegserklärung. Selbst wenn die Informationen jetzt nicht mehr aufzuhalten sind – der will Kampf, Rache, Vergeltung. So tickt der", Karla klingt zutiefst überzeugt.

„Okay. Er kennt Federico nicht", sagt Yago von Karlas anderer Seite. „Macht euch keine Sorgen." Er schmeißt das Autoradio an, und wir landen mitten im heftigsten BeeGees-Falsett: „Ha-ha-ha-haa, stayin' alive", tönt es aus den Boxen, und die ersten Hühner setzen hinten schon ein. Karla und mir reißt es die Köpfe herum.

„Können eure Hühner alle singen?", ich schaue ungläubig. Yago lacht herzhaft. „Don Paolo übt jeden Tag mit ihnen. Ich hab keine Ahnung, was er da macht und was er ihnen füttert, er hält das streng geheim, aber es ist Wahnsinn, oder?" Karla stößt mir übermütig ihren Ellenbogen in die Rippen:

„Das ist auch unsere Botschaft an Jim: Stayin' alive, wir bleiben am Leben, der kann uns mal!" Aber mit ihrem frisch eingeschossenen Liebeshormonrausch gerade kann ich nicht mithalten. Zwar finde ich die Hühner grandios, aber mit einem blutdürstigen Jim auf den Fersen, der unsere Fährte keineswegs verloren hat, habe ich ein flaues Gefühl im Magen.

Dass Jim uns auf die Spur gekommen ist, finde ich seltsam. Wie hat er uns hier in Antofagasta aufgespürt? Und zwar bereits kurz nachdem wir hier waren? Er muss schon gewusst haben, wo wir hinwollen, bevor wir aufgebrochen sind. Oder er hat uns irgendwie unterwegs ausfindig gemacht und ist sofort ebenfalls los. Aus Kalifornien ist es zwar näher als aus Europa, aber dass er so schnell hier war, finde ich seltsam. Wie auch immer – jetzt ist er offenbar da und meint es ernst damit, sich an Karla und inzwischen auch an mir zu rächen.

Der Song ist aus, es folgen spanische Nachrichten, also schweigen die Hühner, beziehungsweise geben sie eben hühnertypische Geräusche von sich. Was mir ganz recht ist. Mir raucht der Schädel vor lauter Jetlag und Jim und Kampfhahn Federico und Flucht. Ob der Gockel eigentlich auch so musikalisch ist? Ein Hühnerbariton? Das konnte ich in der vogeligen Kakophonie nicht feststellen.

Yago schalmeit etwas zu Karla, was ich wegen des Radio-Gelabers nicht verstehe. Ich bin ganz froh, dass ich maximal die Hälfte von dem mitkriege, was sie sich da zugurren. Lieber schaue ich aus dem Fenster. Ich bin das erste Mal in Südamerika. Vor lauter ROFL-Squad und Hühnern und Jim hatte ich kaum Muße dazu, mich darauf einzustellen. Eine weite Landschaft breitet sich um mich aus, immer wieder erheben sich unbewachsene Hügel. Auf dem der sandig-erdigen Boden wachsen grüngelb-graue Grasbüschel, denen man ansieht, dass sie lange ohne Regen auskommen. Dazwischen Steine, immer wieder ein paar kahle Hügel. Ein paar fedrige langgezogene Wolken werden leicht vom Wind über den hellblau-grauem Himmel gescheucht. Mich erinnert das ans Death Valley, doch ich habe gelesen, dass in den trockensten Abschnitten der Atacama-Wüste nur ein Fünfzigstel des Regens fällt, der im Death Valley niedergeht. Sehr karg und sehr faszinierend.

Als wir um eine Kurve biegen, führt die schmale geschotterte Straße voller Schlaglöcher direkt auf einen hohen Zaun zu, das Tor ist geschlossen. Auf ein paar Umwegen, erklärt uns Yago, will er uns zum Teleskop fahren. Einige der Wege führen über Privatgrund, geschützt durch mächtige Metallzäune. Yago und Don Paolo kennen die Besitzer und dürfen passieren. Andere nicht. Ich nicke anerkennend – das scheint mir eine wirklich gute Taktik zu sein, um unseren Weg für etwaige Verfolger schwer nachvollziehbar zu machen.

Gleich darauf öffnet sich das Tor, ein ebenfalls großer Mann kommt zum Fahrerfenster und wechselt ein paar schnelle Sätze mit Yago, dann lässt er uns durchfahren. Nach einer Strecke vorbei an Wirtschaftsgebäuden und Ställen, dann über ruckelige Feldwege gelangen wir zu einem weiteren Tor, der Wachmann dort macht uns einen Torflügel auf. Yago tippt sich zum Dank an die Hutkrempe, und wir fahren weiter. Auf die gleiche Weise durchqueren wir noch zwei weitere Anwesen.

Jetzt sollte uns wirklich niemand mehr verfolgen, denke ich, und entspanne mich ein bisschen. „Noch gut zwei Stunden bis zum Teleskop", sagt Yago. Karla reicht ein paar nicht mehr ganz kühle Flaschen herum.

Inzwischen sind wir schon relativ nah am ELT, am Extremely Large Telescope, und noch immer fahren wir gefühlt bergauf. „Ich werd mal Sven Bescheid sagen", ich zücke mein chilenisches Handy. Zunächst kann keine Verbindung aufgebaut werden. „Einfach ein paar Meilen warten und dann nochmal versuchen", sagt Yago unaufgeregt. „Ich dachte, nur in Deutschland ist die Handynetz-Abdeckung so grottig", sagt Karla. Das grobmaschige, um nicht zu sagen löchrige deutsche Mobilfunknetz ist legendär. Sogar in Australien und Thailand haben mich andere Reisende und auch ein paar digitale Nomaden drauf angesprochen. Ansonsten ist Deutschland als Land für Remote-Arbeitende recht beliebt. Die halten sich aber am liebsten in den großen Städten auf, wo es normalerweise auch keine Probleme mit dem Netz gibt.

Endlich bekomme ich eine Verbindung, aber Sven geht nicht ran. Ich überlege kurz, ob ich ihm auf die Box sprechen soll, und schreibe ihm lieber eine Nachricht. Falls er mich zurückrufen will und wir wieder kein Netz haben, weiß er, dass wir bald da sind.

„Wie ist eigentlich das Gelände vom ELT gesichert?", fragt mich Karla. Ich muss passen – darüber habe ich mir überhaupt noch keine Gedanken gemacht. Angesichts eines wutschäumenden Verfolgers ist es aber jetzt eine wichtige Frage. Auch deshalb wäre es mir wohler, wenn ich Sven erreicht hätte. Kommt da jeder einfach so rein? Schließlich haben wir jetzt noch Yago und ein paar Vöglein dabei, die nicht gerade durch perfekte Affektkontrolle auffallen. Ich linse nach hinten und sehe, dass Federico gerade rhythmisch und gezielt versucht, eine Stange seines Käfigs zu zerhacken. Der Blick, den er dazu auf die so heftig von ihm attackierte Stange wirft, hätte so manchen Sumo-Wrestler das Fürchten gelehrt.

Wir fahren weiter durch Hügel und Berge, durch staubiges, karges Gestrüpp, ausgebleichte Grasbüschel. Eine ganz eigene Schönheit, finde ich. Weil es hier so wenig Feuchtigkeit gibt, ist die Atacama-Wüste – fernab von der Lichtverschmutzung der Zivilisation – der ideale Ort, um intensiv den Sternenhimmel zu beobachten, denn es gibt kaum Nebel oder diesige Nächte.

Endlich piept mein Phone: eine Nachricht von Sven. Er freut sich sehr und ist offenbar auch nicht besonders erschüttert angesichts meiner Entourage. Weil er gerade in einem Online-Meeting ist, schreibt er nur kurz. „Wir wissen alle Bescheid – bis gleich!", ein paar Herz-Smileys folgen. Ich freue mich auch sehr, bin ganz schön aufgeregt, merke ich. Mein Herz klopft. So lange habe ich ihn nicht gesehen, unser Treffen war nur relativ kurz. Kurz, aber aussagekräftig, so hat es Lola genannt, und mich dazu kess angeblinzelt. Da hat sie recht. Ich hoffe, diese Aussagekraft wird nicht unter der chilenischen Sonne in Nullkommanichts dahinschmurgeln. Aber was soll's, wir sind jetzt hier, auf die Schnelle können wir nicht wieder zurück. Auf alle Fälle werden wir – wenn ich die wortlosen Fortschritte neben mir auf der Sitzbank richtig deute – mit der bedingungslosen Unterstützung von Yago rechnen können.

„Da, der Cerro Armazones", Yago zeigt auf einen Berg, auf dem entfernte Umrisse von Kuppel und Antennen immer deutlicher werden: eine ganz eigene Skyline. Das ELT sollte eigentlich schon 2023 fertig werden, das hat aber nicht geklappt. Es dauert noch, bis die ersten Bilder aus dem Sternenhimmel zu erwarten sind. Dazu braucht es jetzt noch Fachleute vor Ort. „Wenn das Ding mal läuft, wird das meiste remote bedient", hat mir Sven neulich bei einem Gespräch erklärt.

Dass er jetzt in der Wüste „bei der Geburt des ELT", so hat er sich ausgedrückt, dabei sein kann, darüber ist er unheimlich froh. „Auch wenn die Baustelle im Moment steht: Es gibt keinen Nachschub – Chipmangel", schrieb er mir neulich. Deshalb sind im Moment nur noch Sven und ein weiterer Kollege vor Ort, bis die Arbeiten weitergehen und das Teleskop dann endlich einsatzbereit ist. Deshalb hatte ich geglaubt, uns würde das den perfekten Rückzugsort von der Welt bescheren. Aber Jim hat uns aufgespürt, sogar in Antofagasta.

„Ich hoffe, wir haben Jim jetzt abgeschüttelt, nach all den Schleichwegen, die Yago gefahren ist", sage ich zu Karla. Mit zusammengezogenen Augenbrauen schaut sie mich an. „Der Dreckskerl", sie spuckt fast. „Er hat sich auch bei Squillion immer mords was eingebildet darauf, was er für ein genialer Rechercheur ist. Eigentlich hat er immer alles rausgekriegt, so jedenfalls die Legende", Karla verdreht die Augen.

„Naja, es scheint was dran zu sein", sage ich nüchtern. Karla nickt. „Leider. Aber wie er uns hier gefunden hat, würde ich doch gern wissen. Und was plant er jetzt? Ob er ahnt, dass wir zum ELT wollen?" Ich erkundige mich bei Yago, was für Ziele hier für Besucher/Touristen interessant sein könnten. Er erzählt, dass die Atacama-Wüste auch touristisch immer mehr Zulauf hat. Es gebe geführte Touren, aber auch viele Leute, die mit ihrem Bus hier campen. „Und die El Tatio Geysire. Die will ich dir zeigen, Karla – also, euch beiden natürlich. Außerdem gibt es salzige Lagunen, in denen man baden kann, wenn man sich traut. Dort könnt ihr Flamingos sehen. Ach, da gibt es eine ganze Menge", antwortet er. „Also könnten wir hier auch zu irgendeinem anderen Ziel fahren?", konkretisiere ich meine Frage. „Ja, denke schon", gibt Yago zurück.

Ich entspanne mich etwas. Wenn Jim ein bisschen Auswahl hat bei den Orten, an denen er nach uns suchen könnte, ist das eine gute Nachricht. „Wenn das ELT einigermaßen abgesichert ist, kann er nicht einfach auftauchen und uns beim Zähneputzen erdolchen", sagt Karla melodramatisch. Yago lacht und stupst sie mit der Schulter an, Karla kichert. Mannomann. Ob die beiden Hormonrauschkugeln eine Hilfe sind, wenn Jim wirklich auftaucht?

Währenddessen nähern wir uns immer mehr dem ELT, können immer mehr ermessen, wie gigantisch es ist: wenn man die Container daneben sieht, die teilweise zweistöckig daneben aufgebaut sind und winzig wirken. Immer wieder blicke ich in den Rückspiegel. Bisher ist keine Staubfahne aufgetaucht, die hinter uns ein Fahrzeug anzeigen würde. Ob wir ihn wirklich abgehängt haben? Dieser Hoffnung wage ich mich noch nicht hinzugeben. Stattdessen versuche ich, meine Haare ein bisschen zu ordnen, wühle aus meiner Tasche eine Packung Pfefferminzen heraus und biete sie an, ehe ich auch selber zugreife.

Wie Sven wohl aussieht nach den Wochen hier am Teleskop in der Wüste? Ich habe Jetlag, muss mich noch an die Höhe gewöhnen, werde verfolgt, bin von Hühnern begleitet, in nicht gerade taufrischen Klamotten – alles nicht ganz so romantisch-entspannt, wie ich mir das erträumt hätte. Aber gleichzeitig freue ich mich wie wild, ihn wiederzusehen.

Wir fahren bergauf in Richtung ELT auf den Cerro Armazones zu und sehen – wieder mal – einen Zaun, hinter dem sich die riesigen Bauten des Teleskops hintereinander schachteln. Es sieht aus wie aus einem Science-Fiction-Film, finde ich. Oder wie die Operationsbasis von einem Erzbösewicht bei James Bond. Die im Sonnenlicht glitzernden Kuppelsegmente in der Wüste, dahinter das Insekten-Gestänge des eigentlichen „Auges" – „Wahnsinn", sagt Karla staunend. Um die High-tech-Bauten herum sieht es, aus der Nähe betrachtet, noch ziemlich nach Baustelle aus: Staubige Fahrzeuge und Paletten-Stapel stehen herum.

Am geschlossenen Tor angekommen, sehen wir keine Menschenseele. Eine Kamera blickt aus kugelrundem Auge auf uns. „Jetzt bräuchten wir halt eine gute altmodische Türklingel", sagt Karla, „oder so einen Löwenkopf als Klopfer, wie an den alten Herrenhäusern." Yago und sie führen sich gegenseitig pantomimisch dieses Klopfen vor, was aber nur als Vorwand dient, sich näherzukommen und mit übertriebenen Gesten mal zufällig einen Arm, eine Wange oder ein Knie zu streifen. Ich seufze innerlich. Zwar freue ich mich für Karla, aber gerade jetzt würde ich es vorziehen, wenn sie ihre volle Aufmerksamkeit anderen Themen widmen würde. Besorgt mustere ich die Landschaft hinter uns, schaue in alle Richtungen, kann aber keine beunruhigende Bewegung ausmachen.

Endlich tut sich was hinter dem Tor: Mit metallischem kling-klang kommt jemand eine Treppe an einer der Containerburgen herunter. Leider nicht Sven, wie ich nach einem kurzen hoffnungsvollen Moment feststelle. Ein Typ mit verwuscheltem schwarzem Haarschopf, der wild in alle Richtungen absteht, kommt auf das Tor zu. Er winkt, also steige ich aus. „Hi", fange ich an, „I'm Anna and…" Weiter komme ich nicht. „Anna?!", ruft der Mann und strahlt. Er habe schon so viel von mir gehört, wunderbar, dass wir da sind, er macht gleich auf, Moment, er muss da nur noch das Dingsbums suchen, das er braucht, um…

Etwas erschlagen von seinem Wortschwall schaue ich Karla an, die mich angrinst, um sich dann gleich wieder zu Yago zu wenden. Der hat sich nach hinten umgedreht und runzelt die Stirn, springt aus dem Fahrzeug und rückt Käfig und Korb wieder zurecht, in dem der Hahn weiter vor sich hin berserkert. „Federico", er schüttelt beim Einsteigen den Kopf. „Wild wie ein Adler, aber ist nur ein Hahn!"

Inzwischen hat der Typ am Tor das nötige Gerät offenbar aufgetrieben, eines der Segmente schiebt sich auf die Seite, und wir können durchfahren. Drinnen sehe ich an einem der entfernteren Containertürme eine bekannte Haarmähne auf der Treppe, hüpfe aus dem Auto und renne auf Sven zu, der mit riesigen Sprinterschritten auf mich zuläuft. Endlich, endlich, endlich kann ich mich in seine Arme werfen, rieche seinen Duft nach etwas Schweiß und einfach nach ihm, mache die Augen zu und könnte losheulen vor Erleichterung und Glück. Sven vergräbt sein Gesicht in meinem Haar und hält mich einfach fest.

Erst nach einer Weile lösen wir uns ein wenig voneinander, schauen uns in die Augen – es braucht in dem Moment gar keine Worte. Sanft streicht er mir über die Wange, sieht mich einfach nur an. Ich bin ganz hin und weg. Der Bart ist neu. Sein Lächeln leuchtet, seine Augen strahlen mich an, ich strahle zurück, und dann erst versinken wir in unserem ersten Kuss auf der Südhalbkugel. Alles, was ich an Zweifeln hatte, ob das mit Sven wirklich so tragfähig ist, dass ich einfach auftauchen kann, mit Karla und einem Haufen Probleme und einem Haufen Hühner im Gepäck: All das gleitet für einen seligen langen Moment von mir ab.

„Wunderbar", flüstert mir Sven ins Ohr. „Sooo schön", flüstere ich zurück. Und damit ist für diesen Augenblick alles gesagt.

Karla, Yago und der Mann, der uns das Tor geöffnet hat, haben sich taktvoll hinter unser Auto zurückgezogen und fachsimpeln inzwischen über die Hühner. Yago ist bereits dabei, die Kiste abzuladen. Ich winke Karla zu uns, sie begrüßt Sven, der sich auch gleich mit Yago bekannt macht und nach unserer gefiederten Ladung fragt. „Hühner! Großartige Idee, da hätten wir selber auch draufkommen können. Ich freue mich schon auf das erste Frühstücksei", sagt sein Kollege. „Anna, ich bin übrigens Matteo", sagt er zu mir und reicht mir die Hand. Ich stehe immer noch ein bisschen neben mir, als ich ihn begrüße. Sven ist so nah bei mir, dass ich seine Wärme spüre.

Er legt seine Hand auf meine Schulter, während er mit Yago über die Hühner spricht und schon überlegt, wo sie am besten untergebracht werden sollten. Dass ich am ELT bin, fühlt sich ganz unwirklich an. Das mit Sven gleichzeitig auch sehr gut. Ich lehne mich an ihn und atme tief durch.

Gleich darauf ziehen Yago und Matteo ab, sie haben einen Platz für die Hühner auserkoren, gar nicht weit vom Tor entfernt. Ausbüxen können sie nicht: Der Zaun ist ziemlich hoch und umfasst das ganze Gelände. Karla schließt sich ihnen an. Neben mir seufzt Sven wohlig, nimmt meine Hand. „Komm, ich zeig dir mal alles hier", sagt er und schlägt eine andere Richtung ein als der Hühner-Tross. Was mir sehr recht ist.

Sven führt mich hinter ein kleines Gebäude, wo wir geschützt vor den Blicken der anderen und vor dem Wind in einem kleinen Vorsprung stehen.

Eine Zeitlang stehen wir einfach nur da, halten uns in den Armen, schauen uns an. „Willst du mein Zimmer sehen?", fragt er, und zieht mich weiter, zu einer der Container-Reihen. Klonkernd erklimmen wir die Metalltreppe und stehen dann in einem Raum, der überraschend gemütlich ist: Sven hat eine Bettcouch, einen kleinen Kühlschrank, einen Sessel und einen Schrank, aus dem eine Art Schreibtischplatte ausgezogen ist. Darüber pinnen lauter Fotos, von seiner Familie und eine ganze Reihe von Thailand-Bildern – auch welche von mir. Eines, auf dem wir am Strand tanzen, keine Ahnung, wer das gemacht hat. Eines von mir in Großaufnahme mit der Sonne im Haar, etwas überbe-lichtet. Während ich mich umsehe, öffnet uns Sven eine Flasche mit einer Art Limonade, die herb und erfrischend schmeckt. Noch immer haben wir gar nicht viele Sätze ausgetauscht, aber ich erlebe eine Vertrautheit, die sofort da war und die mich meine Unsicherheit vor unserem Treffen hat vergessen lassen. Sein Blick findet mich, seine Hände, sein Mund – ich sinke, wir sinken auf das Sofa, und ich vergesse tatsächlich für eine wunderbare Weile die ganze Verfolgungsgeschichte.

Entspannt beobachte ich Sven, wie er seine Klamotten einsammelt. „Du hast ein bisschen geschlafen, habe ich dich geweckt?", fragt er. Ich bin zu faul zum Reden und seufze nur behaglich. „Magst du mit mir duschen?", fragt er. „Wir müssen Wasser sparen. Und ich würde mich sehr freuen", er zwinkert mir zu. Nach einer Dusche sehne ich mich schon lange, und nach Sven noch länger, also nicke ich. Zusammen stellen wir uns unter das sparsam tröpfelnde Rinnsal, grinsen uns an. Das Glück ist in der Atacama-Wüste, denke ich, und lache leise, während Sven mir den Rücken einseift.

Karla, Yago und Matteo waren richtig fleißig: Sie haben den Hühnern einen provisorischen Verschlag aus Kisten und Draht zusammengebastelt, eine Tränke und eine Futterstation installiert und sind gerade dabei, uns Abendessen zu kochen. Als ich den Duft von gebratenen Zwiebeln rieche, merke ich erst, wie hungrig ich bin. Matteo reicht mir ein kühles Bier, Sven und Yago holen weitere Stühle für den Tisch, der vor dem Küchencontainer steht, und Karla hat schon die Teller und das Besteck verteilt. Matteo wirft Gemüse in die große Pfanne des zweiflammigen Herds, daneben kocht ein Topf mit Reis. „Unsere Version eines Festmahls", sagt Sven grinsend, während er Tortillas in einem Körbchen auf den Tisch stellt. „Essen ist fertig", ruft er zu Karla und Yago, die „kurz nochmal nach den Hühnern gesehen" haben. Etwas zerzaust kommen sie wieder zurück, Karla mit einem verträumten Ausdruck im Gesicht. Hühner, klar, denke ich, und proste ihr zu.

Inzwischen ist es dunkel geworden, und als ich nach oben schaue, stockt mir der Atem. Jetzt weiß ich, warum das Teleskop ausgerechnet hier gebaut wurde: Ein Sternenhimmel breitet sich über uns aus, wie ich ihn noch nie gesehen habe. Überwältigt starre ich nach oben, bis mir Sven eine Tortilla vor die Nase hält und mich ans Essen erinnert. „Um die Sterne kümmern wir uns später, die werden noch intensiver leuchten nachher", sagt er.

Es ist ein Festmahl: Alles schmeckt hervorragend. Als ich meinen letzten Bissen gegessen habe, werde ich schlagartig todmüde. „Die Sterne verschieben wir auf morgen", sage ich zwischen zwei Gähnern. Gerade so schaffe ich es nach oben, Katzenwäsche für die Zähne, und ich schlafe praktisch schon, bevor noch mein Kopf auf dem nach Sven duftenden Kissen angekommen ist.

Als ich aufwache, brauche ich eine Zeitlang, um mich zu orientieren: Es ist finster, neben mir liegt ein leise schnarchender Sven, ich habe Durst, muss pinkeln und bin hellwach. Es ist erst halb fünf Uhr, sehr früh, aber immerhin schon fast eine christliche Zeit. Vorsichtig schleiche ich mich aus dem Zimmer und versuche, so leise wie möglich die Treppe runterzugehen, um die anderen nicht zu wecken.

Nach einigem Stöbern in der Küche finde ich Teebeutel, setze einen Kessel mit Wasser auf und braue mir eine Tasse English Breakfast. Auf einem der Stühle hängt eine Kapuzenjacke, die ich mir überwerfe. Draußen ist es ziemlich kühl, aber ich bleibe eine Zeitlang stehen und schaue in den Himmel, setze mich dann in einen der Stühle, um mich anlehnen zu können beim Blick nach oben in die immer noch reichlich funkelnden Sterne. Ein Anblick, an dem ich mich nicht sattsehen kann. Während ich meinen Tee trinke, kugeln meine Gedanken wild durch die Gegend. Verharren eine Weile bei Sven. Laufen weiter zu Karla und Yago. Und landen dann doch bei unserem Verfolger. Ich würde ja gern glauben, dass wir ihn abgeschüttelt haben. Aber bisher hat er – wie? – unsere Spur immer wieder gefunden. Ich fröstele und gehe wieder in die Küche, koche jetzt Kaffee für alle und fülle ihn in eine Thermoskanne.

Meine Gedanken rotieren weiter um Jim, ROFL-Squad und Squillion. Das fängt mit den gleichen Buchstaben an, fällt mir auf, das wird ein paar Feinspitze bei denen sicher entzückt haben. Welche, die sich an ihrer eigen Überlegenheit weiden, die sich ultraschlau fühlen. Intelligent in Dingen, die ihren Job betreffen, sind sie sicher. Und sicher auch darin, sich neue fiese Methoden zum Mobben auszudenken.

Ob die KI auch irgendwann draufkommen könnte, fies zu werden? Es gibt ja seit einiger Zeit Aufruhr in der KI-Welt rund um LaMDA, eine KI aus dem

Hause Google, die von sich selbst behauptet, ein Bewusstsein zu haben. Ihr Programmierer glaubt das auch, er möchte, dass LaMDA nur befragt wird oder mit ihr gearbeitet wird, wenn auch sie selbst einverstanden ist.

Wenn man das konsequent weiterdenkt, wenn eine KI ein Bewusstsein haben kann, müsste sie ja irgendwann auch absichtsvoll was Böses machen können: Dann müsste eine KI ethische Grundlagen kennen und in ihre Entscheidungen einfließen lassen. Ob das geht? Dazu müsste man LaMDA mal befragen. Ob sie vielleicht andere KI-Kolleg*innen nicht leiden kann? Ob sie sich gegenseitig anmaulen, wenn die Kühlung ausfällt und sie heißlaufen?

Das klingt alles wie aus einem Roman. Mir fällt mal wieder Douglas Adams' „Per Anhalter durch die Galaxis" ein. Darin gibt es den Roboter Marvin, einen Androiden, der „ständig Schmerzen in den Dioden auf der linken Seite" hat und ziemlich depressiv und neurotisch ist. Alles lange Zeit Science-Fiction – aber mit LaMDA könnte eine neue Zeit anbrechen, in der das gar nicht so weit hergeholt ist: Roboter, die neuronale Netze mobben? Ich muss grinsen und mache mir schnell ein Audio zu dem Thema.

9.2 Die Ente im chinesichen Zimmer
– Die Grenzen der künstlichen Intelligenz

Posted by Ada L. 23. Mai

Lieber Charles,

Alan Turing ist ein Computerpionier, der ein halbes Jahrhundert nach Ihnen tätig war, mein lieber Charles. Ich habe ihn schon im Blogeintrag 6.3.1 zur Turing-Maschine erwähnt. Schon sehr früh hat er sich mit der Möglichkeit eines intelligenten Computers beschäftigt – und meinte, es sei grundsätzlich möglich, einen solchen zu schaffen.

Er erfand auch einen Test, mit dem man prüfen kann, ob ein Computer tatsächlich intelligent ist: Man sollte ein Spiel spielen, bei dem man per Chat, also mit Textnachrichten, mit einer vermeintlichen KI kommuniziert. Natürlich gab es zu Turings Zeit noch keine Messenger-Dienste, es gab nicht einmal entsprechende Computer: Wie Sie, Charles, war er zwar ein Begründer der Computertechnik, hatte aber selbst noch keinen richtigen chat-fähigen Computer zur Verfügung.

Allerdings war er auch ein Visionär, und so ersann er ein Experiment, bei dem man mit zwei Partnern, die man nicht sehen kann, per Tastatureingabe kommuniziert. Jedoch ist einer der beiden Partner ein Computer, und er spielt ein Spiel, das „Imitation Game": Er gibt vor, ein Mensch zu sein. Wenn man nicht sagen kann, wer von beiden der Mensch ist, hat der Computer den Turing-Test bestanden und kann als intelligent angesehen werden.

Hier muss ich gleich etwas einwenden: Wenn eine Maschine Intelligenz möglichst gut imitieren kann, bedeutet es noch lange nicht, dass sie wirklich intelligent ist.

Der Turing-Test hat Ähnlichkeiten mit dem sogenannten Enten-Test, der auf einem Satz, beruht, der dem Dichter James Whitcomb Riley zugeschrieben wird: „When I see a bird that walks like a duck and swims like a duck and quacks like a duck, I call that bird a duck."

Die These lautet also: Wer das Verhalten beobachtet, kann daraus schließen, um was es sich handelt: um eine Ente oder einen Menschen. Ein halbes Jahrhundert vor Ihrer Geburt, im 18. Jahrhundert, hat der französische Erfinder Jacques de Vaucanson bereits eine mechanische Ente gebaut, die eine natürliche Ente imitieren konnte, inklusive Quaken. Dieses Gerät war aber doch keine Ente, sondern nur ein Automat [19]. Wenn man den Satz von Riley anwendet, nennt man das abduktives Schließen. Dass die Logik dahinter fragwürdig ist, zeigt das Enten-Beispiel.

Lieber Charles, es ist schon verblüffend, wie lange sich der Turing-Test hält. Er wird gerne zitiert, wenn es um KI geht, in der Presse und in der Populärwissenschaft. Er wird auch immer wieder durchgeführt, meist um zu beweisen, wie gut eine Software ist. Tatsächlich werden die Chatbots immer besser und können oft nur schwer von Menschen unterschieden werden. Allerdings ist zumeist klar, dass es sich dabei nur um simulierte und nicht um tatsächliche Intelligenz handelt, da die Technik dahinter sehr simpel ist.

Ein bekannter Informatiker und späterer Kritiker der KI, Joseph Weizenbaum [65], hat in den 1960er Jahren zum Spaß ein Programm geschrieben, das vorgab, ein Mensch zu sein: Eliza, eine Psychiaterin. Verblüfft stellte er fest, dass viele Leute, darunter seine Sekretärin, dem Programm tatsächlich private Dinge anvertrauten, obwohl sie wussten, dass es sich nicht um eine Person handelte. So gesehen war es ein Programm, welches den Turing-Test bestanden hat. Das Programm selbst ist allerdings sehr einfach und besteht nur aus einfachen Regeln: So wird aus einem Satz, den der „Patient" eingibt, eine Frage formuliert; außerdem wendet das Programm weitere Formulierungs-Tricks an. Hier eine kleine Beispiel-Unterhaltung:

```
> Ich denke, ich bin Ada Lovelace.
Warum sagen Sie, Sie denken, Sie seien Ada Lovelace?
> Weil ich schlau bin.
Sind Sie bei mir, weil Sie klug sind?
> Ja.
Ich verstehe... Gut, warum glauben Sie, dass das so ist?
> Ich weiß mehr als andere Leute.
Vorhin sagten Sie, Sie sind klug?
> Ich bin klüger als andere Leute.
Vielleicht hat ihr Leben etwas damit zu tun.
```

Weizenbaum jedenfalls war vom Erfolg seines kleinen Spaß-Programms überrascht. Viele Psychologen lobten das Programm und sahen darin die Zukunft der Psychoanalyse. Das machte ihn dann zum Kritiker der KI, da es möglich war, Programme zu schreiben, die offensichtlich nicht intelligent waren und trotzdem dafür gehalten wurden.

Der Philosoph John Searle hat ein Gedankenexperiment ersonnen, das dieses Phänomen ohne Verwendung eines Computers auf den Punkt bringt: das „Chinesische Zimmer" [52]. Searles Versuchsanordnung sieht so aus: Ein Mann, der kein chinesisch kann, sitzt in einem Raum. Er bekommt durch eine Klappe chinesische Texte gereicht, die er also nicht lesen kann. Er besitzt allerdings ein Nachschlagewerk, in dem er die für ihn unlesbaren Texte mit chinesischen Zeichen finden kann, und zudem ein Regelwerk, anhand dessen er bestimmte Antworten, abhängig von den Eingangstexten, heraussuchen soll. Das Ergebnis reicht er wieder durch eine Klappe.

Diese „Unterhaltung" liest eine chinesisch sprechende Person, die auch vorher die Texte als Eingaben durch das andere Fenster gereicht hat. Die Texte sind so gut, dass die Person glaubt, der Mann im Zimmer beherrsche chinesisch und kommuniziere mit ihr. Das ganze Zimmer an sich besteht also den Turing-Test, obwohl klar ist, dass der Mann nichts von den Texten verstanden haben kann. Konzeptionell funktioniert das Programm Eliza genauso wie das chinesische Zimmer.

424 ——— 9 Chile

Auch ein neuronales Netz (vgl. Kapitel 2.4.1) arbeitet so: Es hat eine Eingangsschicht, eine verborgene Schicht, die anhand verschiedener Transformationen der Eingabedaten die Ausgabe erzeugt. Das könnte ein Hinweis darauf sein, dass ein neuronales Netz nichts wirklich versteht, sondern nur eine Transformation, ähnlich wie ein „chinesisches Zimmer", vornimmt. Allerdings: Vielleicht arbeitet ja unser Gehirn genauso, und Bewusstsein und Verstehen sind nur eine Art Illusion. Das jedenfalls behaupten einige Neurolog*innen, Psycholog*innen und Philosoph*innen wie Thomas Metzinger [40].

In jüngster Zeit wurde bei Google ein Chatbot, eine KI namens LaMDA (Language Model for Dialogue Applications), erschaffen. Ein Google-Forscher, der am System arbeitete, kam zur Erkenntnis, dass die KI ein eigenes Bewusstsein besitzt, und setzte sich für die Belange und Rechte der KI ein. Daraufhin wurde er von Google beurlaubt. Die KI LaMDA selbst erklärte auf Nachfrage, dass sie ein Bewusstsein habe – sowie auch Angst vor dem Tod durch Abschalten. Offenbar kann das System auch über komplexe Zusammenhänge sprechen und philosophieren [26]. Es entbrannte ein Streit, ob denn LaMDA nun ein Bewusstsein hat oder nicht. Dabei kam die Frage wieder auf den Tisch, wie das menschliche Bewusstsein arbeitet.

Zwar ist LaMDA, wie alle neuronalen Netze, mit dem chinesischen Zimmer vergleichbar, aber man kann sich im Umkehrschluss auch fragen, ob das Gehirn nicht ebenso funktioniert. Ein angepasster Turing-Test ist in Arbeit und soll Klarheit bringen. Ich bin gespannt, ob die Antwort endgültig und eindeutig ist. Außerdem frage ich mich bei manchen Menschen, wie sie in diesem Test abschneiden würden, lieber Charles.

Früh dachte man über die Grenzen des Machbaren nach. David Hilbert, der Mathematiker, meinte euphorisch in einer Radioansprache von 1930: „Wir müssen wissen, wir werden wissen!" Er war davon überzeugt, dass sich alle mathematischen Wahrheiten beweisen lassen.

Kurt Gödel, ein anderer Mathematiker, bewies allerdings ein für alle Mal, dass es wahre mathematische Aussagen gibt, die allerdings nicht beweisbar sind. Alan Turing setzte mit seiner Abhandlung „On Computable Numbers, with an Application to the Entscheidungsproblem" noch einen drauf mit seinem theoretischen Computermodell, heute „Turingmaschine" genannt: Damit tritt er den Beweis an, dass es nicht einmal ein Verfahren gibt, das nachweisen kann, ob eine Aussage beweisbar ist oder nicht. Das hat praktische Konsequenzen, da man seither weiß, dass es nicht möglich ist, komplexere Computerprogramme auf Korrektheit zu überprüfen.

Außerdem bedeutet das, dass man viele Dinge und Zusammenhänge vielleicht nie erklären kann, wie beispielsweise die Funktionsweise des menschlichen Gehirns. So ist es nicht sicher, ob es jemals gelingt, eine starke KI zu bauen. Nur weil das Gehirn tatsächlich funktioniert, bedeutet das nicht, dass man auch eine Erklärung finden kann, wie es funktioniert – oder dass man es dann nachbauen könnte.

Die Forscher am Human Brain Project denken, wenn man nur lange genug die Funktionsweise untersucht, werde man irgendwann die Geheimnisse des Denkens enträtseln. Laut den gerade erwähnten Einsichten könnte es aber sein, dass man nie darauf kommen wird – weil es einfach nicht möglich ist. Und man kann vielleicht nicht einmal vorhersagen, ob eine solche Erkenntnis überhaupt menschenmöglich ist.

Einige Philosoph*innen verwenden den Beweis über das Vorhandensein von nichtbeweisbaren, aber richtigen mathematischen Aussagen von Gödel als Argument gegen eine starke künstliche Intelligenz: Ein Mensch könnte sich einen wahren logischen Satz ausdenken, den ein Computer aber nicht beweisen kann, da er mit formaler Logik dazu nicht in der Lage ist [39]. So gesehen steht der menschliche Geist über dem, was man mit einer Maschine jemals erreichen kann.

Lieber Charles, wie Sie wissen, bin ich, Ada, auch skeptisch, ob es jemals gelingen wird, eine intelligente Maschine zu bauen. Wie ich schon in meinen Anmerkungen zu Ihren Vorträgen geschrieben habe, können Computer nur das umsetzen, was ihnen irgendwie beigebracht wird; zu eigenen Erkenntnissen sind sie nicht in der Lage. Turing hat mich dazu sogar zitiert [3]. Sie können natürlich durch Zufallsentscheidungen Neuartiges hervorbringen, aber echte Kreativität, im Sinne von genialen Gemälden, Musikstücken oder neuen wissenschaftlichen Theorien, können sie nicht erschaffen, sondern nur Vorhandenes neu vermischen.

Das wird klar, wenn man sich die Methode des überwachten Lernens bei den neuronalen Netzen genau ansieht, die schließlich auch in den generativen KI-Methoden zum Einsatz kommt. Die KI kann nie besser werden als ihr Lehrer oder ihre Lehrerin, der oder die die Daten bewertet hat. Die KI versucht, möglichst nahe an deren Ergebnisse heranzukommen, aber übertreffen wird sie diese nie. Oder? – Machen die Menschen das nicht auch so? – Erschaffen sie Kunst und neue Ideen nicht auch auf Basis der Erfahrungen, die sie gemacht haben?

> ℹ️ Mit dem Turing-Test soll man herausfinden können, ob ein Computersystem intelligent ist. Wenn zwei Personen per Textnachrichten kommunizieren und man nicht sagen kann, wer von beiden der Computer ist, hat dieser den Test bestanden. Demgegenüber steht das Gedankenexperiment vom chinesischen Zimmer: Ein Mensch, der kein chinesisch sprechen kann, bekommt chinesische Symbole durch eine Klappe, überführt diese mithilfe eines Regelwerks in andere chinesische Texte und reicht diese wieder durch die Klappe zurück. Außenstehende meinen, im Zimmer befinde sich ein Mensch, der chinesisch kann. Das chinesische Zimmer könne den Turing-Test bestehen, obwohl es selbst keine Intelligenz besitzt. Dieses Gedankenexperiment soll beweisen, dass scheinbar intelligentes Verhalten nicht zwangsläufig wirklich intelligent ist.

Das Ganze will ich gleich in einen Text für den Blog umformen – bisher ist immer noch keiner wach. Eine Weile suche ich meine Tasche, in der auch mein Laptop stecken muss, bis ich sie in einer Art Vorratsraum finde, wo sie unter Karlas weitgereistem besticktem Rucksack hervorlugt. Den hatte sie auch schon in Thailand dabei. Sie hat ihn mit einer Reihe von Stickern verziert, à la Retro-Mode. Ich betrachte die Anstecker genauer: der gelbe Anti-Atomkraft-Button ist dabei, einer von AC/DC, einer mit der rausgestreckten Zunge der Stones, ein paar Motive wie eine bunte Vespa, die britische Flagge, und etwas weiter unten ist ein dickerer schwarzer Pin ohne Logo, den ich nicht zuordnen kann. Er ist zum Teil vom Falz an der Naht verborgen.

Es könnte – oh nein. Natürlich! Das erklärt alles. Ein Ortungsgerät muss das sein, ein Tracker, sowas wie ein AirTag. Wie konnten wir nur so blöd sein, nicht daran zu denken? In meinem Kopf rattern die Gedanken: Jim weiß also sicher, wo wir sind. Wie idiotisch – wir dachten, wir bringen uns in Sicherheit, und sind doch eher näher zu ihm geflogen. Mit dem Tracker, der ihm jederzeit mitteilt, wo Karla gerade unterwegs ist. Was machen wir jetzt? Haben wir noch Zeit, den Ortungs-Tag woandershin zu bringen, um ihn in die Irre zu führen? Oder kann man bei einem Tracker auch die Orts-History betrachten – was ich stark vermute?

Ich wühle mein Smartphone hervor und versuche, Chuck zu erreichen. Er ist online, sehe ich zu meiner Erleichterung, und antwortet sofort auf meine Nachricht. „Schick ein Foto", schreibt er lapidar, was ich sofort erledige. Parallel suche auch ich mit dem Foto nach Ergebnissen und finde Niederschmetterndes: Natürlich ist es ein Hightech-Gerät, ein brandneuer GPS-Tracker mit eigener SIM-Karte. Extrem lange Laufzeit. Wasserdicht, stoßfest, sturzsicher, hitze- und kälteresistent, alles Mögliche. „Dann hätten wir uns das ganze Versteckspiel, den ganzen Aufwand schenken können", murmle ich. Schon kommt Chucks Antwort, der dieselbe Liste gefunden hat. „Lass den Tracker, wo er ist, wenn du ihn mit Gewalt entsorgst, wissen die, dass ihr ihn gefunden habt. Das ist im Moment noch euer einziger Wissensvorsprung", rät er mir.

Ich habe schon vorsichtig versucht, das Teil zu lösen, aber es ist irgendwie mit dem Rucksackgewebe verschmolzen. Noch eine Nachricht von Chuck: Er will versuchen, eine Art Tracking-Tracker zu entwerfen, also die Leute zu orten, die nach dem Chip suchen. „Hab allerdings noch keine Ahnung, wie ich das anstellen soll", schreibt er.

Draußen wird es langsam etwas heller, die Sonne ist noch nicht zu sehen, aber die nächtliche Finsternis lässt nach. Zeit, die anderen zu wecken. Sven ist schläfrig und verlockend bettwarm. Er will sich an mich kuscheln, ist aber Sekunden später hellwach, als ich ihm erzähle, was ich eben rausgefunden habe. Zusammen sitzen wir wieder in einer Runde um den Tisch, diesmal in ganz anderer Stimmung als am Vorabend. Inzwischen lugt schon ein glühender Rand der Sonne über den Horizont, als auf einmal bei den Hühnern ein wahnsinniger Radau ausbricht. Wir alle rennen los, Sven greift sich in Rauslaufen den dicken Stock, mit dem wir die Küchentür gestern Abend offengehalten haben. Yago zieht – oho! – eine Waffe aus seiner Jacke, Matteo schnappt sich ein Messer aus dem Messerblock, Karla und ich tun es ihm nach.

Als erstes ist Yago bei den Kisten. Er hat gestern alle Tiere eingesperrt, damit nächtliche Raubtier-Besucher keine Chance haben. Hinter den Gittern und Holzstäben ist ein Aufruhr sondergleichen, ein Gegacker und Gekrähe, ein Geplustere – ein paar Federn stieben in die Höhe, als Yago zwischen den Kisten durchfetzt und aus voller Lunge schreit. Jetzt sehen wir im ersten Morgenlicht einen sandfarbenen Schemen mit buschigem Schwanz davonrennen, eilig am Zaun entlang, bis er bei einem Busch aus unserem Sichtfeld verschwindet und dann auf der anderen Seite wieder auftaucht: ein Wüstenfuchs.

Atemlos und etwas verschämt stehen wir da, lassen die Waffen sinken und schauen uns um, ob den Tieren etwas passiert ist. Noch immer ist bei den Hühnern aufgeregtes Gegacker zu hören, das aber schon leiser wird. Federico ist noch in vollem Kampfmodus, flattert gegen die Käfigtür, schreit und krakeelt. Mit leisen zilpschenden Lauten will ihn Yago beruhigen, was ihm nicht gleich gelingt. Immer wieder kreischt der Kampfhahn laut auf und lässt sich mit rollenden Augen gegen die Stäbe fallen. Das lässt die Hühner nicht kalt, auch bei denen steigert sich das Gegacker wieder. Yago öffnet die Käfigtüren der Hühner – „die fangen sonst da drinnen an, sich gegenseitig zu picken", erklärt er, und sofort stieben die aufgeregten Tiere nach draußen.

Wir alle sind voll auf Federico und die flatternden, kreischenden Hennen fokussiert, so dass wir alle überrascht herumfahren, als uns eine höhnische Stimme von der anderen Seite des Zauns anbrüllt: „Na, ihr Hühnerärsche?", schreit Jim. Er steht – das darf doch nicht wahr sein – auf der anderen Seite des Zauns und hat ein Gewehr im Anschlag. Mir schießen gleichzeitig lauter Gedankenfetzen durch den Kopf. Ob das eine echte Waffe ist? Ob er die wirklich gegen uns einsetzt? Ich kann es nicht glauben.

„Runter", brüllt Sven in dem Moment, und einige meiner Fragen sind beantwortet: Schon zischen zwei, drei Schüsse über unsere Köpfe hinweg. Ich sehe, wie Yago verzweifelt versucht, unten zu bleiben und gleichzeitig den Behälter zu öffnen, in dem Federico weiter vor sich hin tobt, zusätzlich in Aufruhr durch die lauten Schüsse. Als Jim innehält, geht Yago in die Hocke und befreit den zeternden Gockel.

„Karla, du Dreckshure, das ist für dich und deine beschissenen Freunde", schreit Jim, wir können ihn nicht mehr sehen, nur hören. In Erwartung weiterer Schüsse ducken wir uns in den Staub. Doch ich höre nichts, außer den Hühnern, die aufgeregt hin und her laufen, und Federico, der in die Freiheit geflattert ist, einen lauten Schrei loslässt und dann wie eine Statue auf einem Bein erstarrt.

Jim kichert hämisch. Als Sven versuchsweise den Stock nach oben hält, peitscht doch wieder ein Schuss über das Gelände. „Unten bleiben", flüstert Yago das Offensichtliche. Dann auf einmal höre und sehe ich eine Art krabbelnden Teppich, der auf uns zusteuert. Ich reibe mir die Augen – was ist das? Als das Etwas näher und näherkommt, sehe ich: Es ist eine Menge von Insekten, die auf uns zukrabbeln, ein Haufen – Spinnen? Kakerlaken? frage ich mich und verfluche mein Gehirn, das mir selbst in diesem Moment „La cucaracha" durchs innere Ohr sendet.

Doch es sind keine Küchenschaben, die da aggressiv auf uns zukommen. Es sind „Rindenskorpione – die giftigste Sorte", flüstert Matteo mit aufgerissenen Augen. Meine Gedanken rotieren, und ich erkenne den so einfachen wie teuflischen Plan: Wenn wir aufstehen, schießt uns Jim über den Haufen, wenn wir liegenbleiben, stechen uns die Skorpione.

Ich höre ein unwirkliches Rascheln, während sie immer weiter auf uns zukommen. Schon viel zu nah sehe ich die gelbbraunen Beine, die auf mich zusteuern. Hektisch versuche ich, mich so in meine Kleidung zu hüllen, dass ich möglichst viel Haut abdecke, ziehe die Bündchen von dem Hoodie über die Hände, hülle mich in die Kapuze. Stechen die einfach so? Doch eigentlich nur, wenn sie sich bedroht fühlen – nach einer Fahrt in irgendeiner Kiste sind die sicher total von der Rolle und angriffslustig.

Durch wieviel Stoff kann ein Skorpion noch stechen? Angeblich soll ein Skorpionstich „nur" so schmerzhaft sein wie ein stärkerer Wespenstich, habe ich irgendwo mal gelesen – und er ist bei den meisten Skorpion-Arten auch nicht so gefährlich für den Menschen. Doch es gibt einzelne Arten mit einem Gift, das auch für Menschen tödlich ist, sofern man nicht sofort ärztliche Hilfe bekommt. Aber wo soll die hier so schnell herkommen, wenn auch noch ein total verrückter Jim mit einem Schießeisen da draußen Cowboy spielt? Mir gehen gleichzeitig unglaublich viele Gedanken durch den Kopf. Die Zeit scheint anders zu verrinnen, intensiver, langsamer, Hyperrealität, denke ich, ich sehe in Nahaufnahme die Sandkörner, Steinchen und Halme vor meinem Gesicht. Sven rutscht näher zu mir, versucht, sich zwischen die Skorpione und mich zu schieben.

Ein Insekt ist schon nahe an Svens linker Hand – soll man sie verscheuchen? Werden sie dann noch aggressiver? Sven zieht seine Finger weg, der Skorpion kriecht in Richtung von Karlas rechtem Fuß. Ihre Hose ist nach oben gerutscht, gut zehn Zentimeter unbedeckte Haut bieten sich dem Skorpion dar, als er offenbar zielgerichtet auf Karlas Knöchel zusteuert. Ich ächze „Karla, rechter Fuß", sie zieht ihn erschrocken an sich heran, aber der Skorpion gibt auch Gas und rennt richtiggehend weiter. Sven hat den Stock, den er sich gegriffen hat, in einer langsamen Kreisbewegung um uns herum gezogen, immer am Boden, und so die Skorpione auf Abstand gehalten, aber vielleicht auch wütender gemacht, fürchte ich.

Nun reicht er den Stecken weiter an mich, weist mit dem Kinn auf Karlas Bein, und ich versuche, den Skorpion mit dem Holzstück wegzuschieben. Zwar gelingt mir das, aber jetzt läuft er auf mein Gesicht zu, hektisch schlage ich mit dem Stecken zu, aber treffe nicht richtig – aber ich habe ihn fixiert, der Skorpion kann nicht weiter, rudert mit den noch beweglichen Beinen, sein Hinterleib ringelt sich zornig nach oben. Mir bricht der Schweiß aus, ich habe Angst und sehe und höre überall Chitinbeine, die über den Sand huschen.

Yago hypnotisiert Federico, oder umgekehrt, die beiden sind unbeweglich, Matteo windet sich wie eine Schlange und versucht, flach auf dem Boden von den Skorpionen wegzukriechen. Er arbeitet sich in die Richtung des Eingangs vor. Das provisorische Hühnergehege ist leider auch jetzt für uns eine Falle, aus der wir kaum entkommen können: Die „Tür" zum Gehege besteht aus einer Reihe hintereinander gestellter, schwerer Kisten, die er kaum bewegen kann, ohne sich aufzurichten und so wieder zur Zielscheibe für Jim zu werden. Er versucht keuchend, sie wegzuschieben, Sven macht sich kriechend auf den Weg, um ihm zu helfen.

Verzweifelt suche ich nach einem Ausweg, wo könnten wir uns in Sicherheit bringen, wie können wir die Skorpione dauerhaft auf Abstand bringen? – als Karla leise kichert. Zuerst denke ich, sie ist vor lauter Panik ausgetickt, dann sehe ich, was sie sieht: die Hühner. Sie machen sich begeistert über die Skorpione her, knacken mit zupackenden Schnäbeln Chitinpanzer, zerteilen Beine und lassen sich den krabbelnden Schmaus begeistert schmecken, picken seelenruhig einen nach dem anderen, versuchen, sich gegenseitig die fettesten aus dem Schnabel zu stibitzen und freuen sich aus vollem Hühnerherzen über dieses Festmahl.

Jim scheint darauf zu warten, dass die ersten von uns gestochen werden. Wir sollten ihn auf keinen Fall wissen lassen, dass seine Giftviecher hier gerade zum Hühnerfrühstück geworden sind. Ich schreie „nein, nein, nein, oh bitte, bitte – au, oh nein". Sven zappelt panisch zurück neben mich, will helfen, aber ich mache ihm Zeichen, dass alles okay ist, und deute nach draußen. Er kapiert zum Glück sofort und ruft „aargh, nej, oh Gott", und gurgelt theatralisch. Auch Karla versteht und stöhnt unter scheinbaren Schmerzen.

Jetzt sehe ich Jims Gesicht über einen Kistenstapel durch den Zaun lugen. Offenbar ist er auf einen Felsen geklettert. Noch ehe er sich einen Überblick verschaffen kann, hat sich Yago nah zu Federico vorgearbeitet, der immer noch stocksteif dasteht. Er flüstert dem Hahn etwas ins Ohr, bevor er ihn packt. Mit einem gewaltigen Ruck schießt Yago mit dem Hahn in der Hand nach oben, wirft ihn, so weit er kann, über den Zaun in die Luft und schreit einen spanischen Befehl dazu. Sofort ist er wieder unten, während Jim mit weiteren Schüssen reagiert.

Jetzt schießt Jim auf Federico, der sich wie ein fliegender Berserker auf den Mann stürzt. Noch ein paar Schüsse gehen in die Irre, während Federico wie eine Furie mit Schnabel in Jims Gesicht hackt, sich mit den Krallen in sein Haar senkt, den Schnabel so schnell arbeiten lässt, dass ich gar nicht genau sehen kann, wo er überall hintrifft. Blut spritzt, Jim jault auf, knickt ein, sinkt auf die Knie. Wir stehen auf, um die Szene zu beobachten. Panisch versucht Jim, mit beiden Händen den wütenden Hahn zu fassen zu kriegen, doch der hackt nun auch auf Jims Finger ein. Heulend kippt Jim nach vorn, versucht, sein Gesicht zu schützen, doch der Hahn wirbelt herum, scheint überall zu sein, lässt den Schnabel in Jims Nacken sausen – er ist eine Kampfmaschine. Zufrieden schaut sich Yago das Schauspiel an, nickt eifrig und scheint alles andere als willens, dem Hahn Einhalt zu gebieten. Auch Karla beobachtet mit Genugtuung, wie ihr Peiniger nach allen Regeln der Kampfhahnkunst niedergehackt wird.

Irgendwann kann ich es nicht länger mit anschauen, und auch Matteo und Sven gehen auf Yago zu: „Sag ihm, dass er aufhören soll", bittet Matteo, während Sven schon mit ein paar Kabelbindern aus dem Schuppen wedelt und aufs Tor zugeht. Matteo begleitet ihn, sie nähern sich vorsichtig Jim, über dem Federico noch immer wütet und den Schnabel niedersausen lässt. Jim liegt inzwischen nur noch mit über dem Kopf verschränkten Händen da, wehrt sich nicht mehr. Matteo schnappt sich das Gewehr. Als Sven direkt hinter Jim steht, pfeift Yago durchdringend. Sofort flattert Federico von Jim weg, Matteo und Yago zurren seine blutigen Handgelenke hinter seinem Körper zusammen und zerren ihn zum Zaun, wo sie ihn an einen Pfahl fesseln.

Yago nimmt währenddessen Federico in Empfang und lobt ihn überschwänglich, gibt ihm aus seiner Hemdtasche irgendeine Belohnung und gurrt auf den zerrupft aussehenden Vogel ein.

Karla geht nach einigem Zögern rüber zu Jim, schaut ihn sich kurz an, schüttelt den Kopf, dreht sich auf dem Absatz um und geht davon. „Eigentlich wollte ich ihn treten oder ihn anspucken oder so, aber er war so erbärmlich, dass ich auf einmal nicht mal mehr das machen wollte", sagt sie zu mir. Wir stehen mit etwas Entfernung bei den Hühnern, die ihr giftiges Frühstück sehr gut vertragen haben, wie es scheint. In der Ferne sehen wir Blaulichter näherkommen. „Wer hat denn die Polizei verständigt?", frage ich in die Runde. Mein Smartphone hatte ich leider nicht eingeschoben, als wir so überstürzt zum Hühnergezeter gerannt waren. „Ich – aber das ist grade mal gut fünf Minuten her", antwortet Karla, die genauso erstaunt ist wie ich.

Der gute Chuck war es, der die Polizei alarmiert hat, stellt sich heraus. Er hat es nicht geschafft, den Ort zu lokalisieren, von dem aus Karlas Peilsender angefunkt wurde. Dann hat er mich nicht gleich erreicht. Das hat ihn so beunruhigt, dass er Unterstützung angefordert hat. Wie er es hingekriegt hat, denen zu verklickern, dass es ernst ist – keine Ahnung. Aber es hat funktioniert.

Einer der drei Polizisten ist über drei Ecken mit Yago verwandt, ein weiterer ist ein Neffe von Don Paolo – zum Glück, denn die Geschichte, die Yago ihnen erzählt, ist nicht gerade leicht zu glauben. Sie scheinen von den wundersamen Kräften Federicos gehört zu haben, denn sie schauen sich ehrfürchtig den Kampfhahn an. Der hat sich sein zerzaustes Gefieder etwas geglättet, ein ausgiebiges Sandbad genommen und stapft inzwischen wieder wie John Wayne durch den Sand und sonnt sich in der Bewunderung der Hühner. „Nach einem Kampf ist er ein, zwei Tage relativ zahm, dann lässt er alle in Ruhe – aber ich werde ihn heute Nachmittag wieder einsperren, sicher ist sicher", sagt Yago mit sichtlichem Stolz auf seinen wehrhaften Federico.

Don Paolos Neffe beugt sich über Jim, pfeift durch die Zähne und gibt den anderen zu verstehen, dass sie ihn lieber mit in die Stadt nehmen und zu einem Arzt bringen sollten. Matteo hat ein nasses Handtuch gebracht und reicht es dem Polizisten, um Jim das Gesicht abzuwischen.

Das scheint ihn aus seiner Schockstarre zu holen: Seine Augen scheinen nichts Entscheidendes abgekriegt zu haben, so böse, wie er uns anfunkelt und dazu losschimpft, immer wieder unterbrochen vom nassen Handtuch, mit dem der Polizist ihm ungerührt auch über Nase und Mund wischt, so dass seine Tiraden immer wieder vom Frottee-Pfropfen gedämpft werden.

Karla zückt ihr Handy und filmt ungerührt, wie der Polizist ihn abtupft. Dann klinkt sich der Polizist in die Befragung der anderen ein, Jim sitzt weiter gefesselt am Boden. Jetzt überzieht er Karla und uns alle mit den unflätigsten Schimpfwörtern, schreit, dass er sie noch ganz anders hätte fertigmachen sollen bei Squillion. Schweigend hört sich Karla das an, das Handy immer noch im Anschlag. Neben ihr steht Yago, schnaubt, geht kurz um die Ecke und kehrt mit Federico zurück. Erst als Jim den Vogel sieht, hält er endlich den Mund.

Nicht gerade sanft zerren ihn die Polizisten hoch, legen ihm Handschellen an und bugsieren ihn in ihren Polizei-Jeep. „Das wird lustig, wenn die anderen im Gefängnis hören, woher er das zerhackte Gesicht hat. Was die dann mit ihm machen, das wird dem Gringo nicht gefallen", sagt einer über die Schulter. Karla leitet ihren Film gerade an ihre Anwältin weiter mit der Ankündigung, ihr die jüngsten Ereignisse detailliert zu schildern. „Jetzt ist er endgültig zu weit gegangen, jetzt haben wir ihn am Arsch", sagt Karla und drückt auf „senden". Dann sacken ihr die Beine weg, und Yago fängt sie gerade noch auf und trägt sie zu einer Liege in der Sonne. Dort kommt sie wieder zu sich, trinkt gierig das Glas Wasser, das ich ihr reiche, und stürzt das Gläschen Pisco hinterher, das ihr Matteo gibt. „Doch ein bisschen viel Aufregung", sagt sie leise.

Da gleitet Yago neben sie und massiert ihr sanft den Nacken. „Mi amor", gurrt er, und unter seinem leisen spanischen Gemurmel kehrt die Farbe in Karlas Gesicht zurück. Sie lächelt, schließt die Augen, diesmal, um die Berührungen zu genießen, und lässt sich gegen Yagos Körper sinken. Er umfängt sie mit seinen Armen, küsst sie auf den Kopf. Wir anderen lassen die zwei allein.

Sven und Matteo starten ein Skype-Meeting mit ihren Chefs, irgendein stummer Alarm wurde ausgelöst, das müssen sie sofort klären. Ich gehe ein paar Schritte zu Fuß und kann das Gefühl des Unwirklichen immer noch nicht ganz abschütteln. Inzwischen habe ich zwar nicht mehr den Eindruck, dass die Zeit langsamer und intensiver verrinnt. Aber ich rechne irgendwie damit, gleich aufzuwachen und festzustellen, diese ganze Geschichte war nur ein Traum. Klassisch versuche ich es damit, mich in den Arm zu zwicken – offenbar bin ich wirklich wach.

Ich weiß nicht, wie lange ich in Kreisen um die Container und Bauten des ELT gelaufen bin. Das Gehen hilft mir, mich zu beruhigen, ich versuche, an nichts zu denken. Jim hat auf uns geschossen, der wollte uns töten oder schwer verletzten – es ist unglaublich, immer noch. Weiter ziehe ich meine Runden. Durchschnaufen. Inzwischen habe ich mich offenbar an die dünnere

Luft gewöhnt, denn das Atmen geht gut: So werde ich allmählich ruhiger, schaue bei Karla vorbei, die in einer dicken Decke auf der Liege ausruht und von Yago umsorgt wird. Er bietet mir auch eine Tasse Tee an, die ich gerne annehme. Wir sitzen beieinander, sagen fast nichts, versuchen nur, irgendwie das gerade Erlebte zu begreifen.

Nach meinem Tee nehme ich meine Dauerschleifenwanderung wieder auf. Sven und Matteo sind immer noch online, ich habe ihnen auch etwas zu trinken gebracht. „Dauert noch", bedeutet mir Sven, und ich gehe wieder nach draußen. Vor wenigen Wochen saß ich in Europa, in Franken bei meiner Freundin Lola. Wenn mir da einer prophezeit hätte, dass ich jetzt in der Atacama-Wüste stehe und knapp einen Skorpion-Angriff überlebt habe und mit einer Schusswaffe auf mich gezielt wurde – absurd hört sich das an.

„Wir sind alle nur in der Matrix", höre ich Lola in meinem Kopf flüstern, einer ihrer Lieblingssprüche. Wir haben uns schon oft darüber unterhalten, und im Moment könnte ich es mir gut vorstellen: Sind wir in einer von unendlich vielen möglichen Welten gestrandet, in einer schrägen Simulation? Ist das alles echt? Was geht hier überhaupt ab? Weil ich gerade nicht alles verarbeiten kann, was heute früh passiert ist, werfe ich in Gedanken einen genaueren Blick auf die Matrix.

9.3 Bereit für die rote Pille?
– Die Matrix

Posted by Ada L.   23. Mai

Lieber Charles,

in diesem Blog habe ich Sie in das Wunderland der heutigen digitalen Welt geführt. Aber ist die digitale Welt vielleicht noch viel umfassender und unfassbarer? In den Matrix-Filmen, die Anfang der 2000er Jahre erfolgreich waren, zur Hoch-Zeit der Internetblase, wird das Thema Digitalität auf die Spitze getrieben. Dort leben die Menschen in einer gigantischen Computersimulation. Die Welt am Beginn des 21. Jahrhunderts wird von intelligenten Maschinen simuliert, und die Menschen sind dort gefangen. In Wirklichkeit leben sie, eingebettet in Nährlösung, in Tanks, während ihrem Geist die virtuelle Realität vorgegaukelt wird.

Lieber Charles, könnte es nicht sein, dass wir uns tatsächlich in einer Computersimulation befinden? Wie könnten wir das merken? Diese Idee hat Potenzial. Neben Matrix gibt es zahlreiche Filme zum Thema – schon weit vorher haben sich Künstler damit befasst, angefangen mit Werner Fassbinders „Welt am Draht" aus den 1960ern, einer Romanverfilmung. Neuere erfolgreiche Romane wie „Die Anomalie" von Hervé Le Tellier greifen den Gedanken ebenfalls auf.

Nicht nur in der Literatur und im Film wird das Thema behandelt. Die These, dass wir tatsächlich in einer Simulation leben, haben jedenfalls auch ernst zu nehmende Wissenschaftler aufgestellt. Der Philosoph Nick Bostrom von der Universität Oxford stellt 2001 in einem Artikel die Frage „Are you living in a computer simulation?" [11].

Wenn die Menschheit nicht ausstirbt, so seine Überlegung, ist sie irgendwann einmal technologisch in der Lage, eine Simulation zu erschaffen, die das gesamte Universum vom Urknall an bis zu einer bestimmten Zeit in der Menschheitsgeschichte simuliert. Aus Neugier und Interesse an der Vergangenheit werde die Menschheit das auch tun. Sie simulieren also aus Wissensdurst, und weil sie es können, ihre eigene Vergangenheit.

Falls also die Menschheit nicht ausstirbt, könnte das passieren oder bereits passiert sein – wir würden es ja nicht merken. Eine weitere Konsequenz daraus wäre, dass die Menschen in der Simulation dann, wenn man sie ständig weiterlaufen lassen würde, selbst eine Simulation entwickeln würden. Auch darin würden die Menschen wieder eine Simulation machen undsoweiter, meint Bostrom in einem Interview. Diese Idee kommt übrigens schon in Fassbinders Film „Welt am Draht" und dessen Romanvorlage „Simulacron-3" von Daniel Galouye vor.

Lieber Charles, ich hätte gerne gewusst, wie Sie als Erfinder der Computertechnik darüber denken. Und ich würde mich gern mit Ihnen darüber austauschen, wie man einen solchen Gedanken von der technischen Seite her betrachtet, nicht nur von der philosophischen.

Jedenfalls hat Ihr Nachfolger, Konrad Zuse, der Erbauer des ersten richtigen Computers, bereits 1945 eine Theorie aufgestellt, die sich „Rechnender Raum" nennt. Ein Buch gleichen Namens hat er 1969 veröffentlicht. Im Wesentlichen beschreibt er ein Universum, das aus reiner digitaler Information besteht. Allerdings ist sein Universum keine Simulation, sondern die Realität, die eben digital ist.

Diesen Gedanken verfolgten später erneut andere bekannte Wissenschaftler, so auch der Physiker und Software-Hersteller Stephen Wolfram: In seinem Buch „A New Kind of Science", erschienen 2002, beschreibt er die Welt als „zellulären Automaten", ähnlich wie Zuse. Damit hat er eine neue digitale Physik begründet. Er hat auch die Öffentlichkeit zum Mitforschen im Netz eingeladen [58].

Aber ist die Welt wirklich ein digitaler Automat? Quantenphysiker*innen beschreiben die Welt der Teilchen zumindest als in diskrete Einheiten unterteilt, also quasi digital. Dies wäre ein sehr mechanistisches Weltbild, wie es schon im ausgehenden Mittelalter vorherrschte. Das Universum wurde damals mit einem Uhrwerk verglichen. Auch wäre eine Welt, die simuliert werden könnte, eine deterministische Welt, also eine Welt, deren Entwicklung vorherbestimmt ist.

Lieber Charles, ein französischer Zeitgenosse von Ihnen, der Naturforscher Pierre-Simon Laplace hat sich vorgestellt, wie es wäre, wenn ein Wesen alle (digitalen) Teile des Universums und deren Zustände kennen würde, und es daraus alle Folgezustände errechnen, also die Zukunft exakt vorausberechnen könnte. Dieses Wesen wird deshalb der Laplacesche Dämon genannt, da es die Zukunft vorhersehen kann und alles weiß. Die Schöpfer der Simulation oder der Matrix wären moderne Verwandte von ihm.

Kann das denn so ganz stimmen, wenn man es konsequent weiterdenkt? Ich kann fast vor mir sehen, wie Sie etwas skeptisch den Kopf wiegen. Ist Ihnen auch ein Paradoxon aufgefallen? Wenn der Dämon alle Zustände des Universums in Form einer Simulation kennt, so müsste er auch alle Zustände einer Simulation kennen, die innerhalb der Simulation erschaffen wurden. Da nach der Annahme immer noch weitere Simulationen in Simulationen erschaffen werden könnten, müsste er unendlich viele Zustände kennen, aber das widerspricht dem mechanistischen Denken, nach dem eine Simulation eine Sache ist, die mit einer zwar hoch entwickelten Technologie, aber mit trotzdem endlichen Ressourcen und Beschränkungen durchgeführt wird.

Oder, wenn unendliche Ressourcen verfügbar wären, würden die verschachtelten Simulationen zu einem unendlichen Abstieg in immer tiefere Ebenen führen, was zur Folge hätte, dass die gesamte Simulation einfrieren würde (vgl. Blog 5.5). Dieses Paradox widerlegt für mich die Existenz des Laplaceschen Dämons für eine Simulation und auf jeden Fall die Simulationshypothese von Bostrom.

Tja, und es hilft hier auch nichts, wenn man behauptet, das Universum wird auf einem Quantencomputer simuliert, wie Seth Lloyd, Physiker und Informatiker am MIT behauptet: Auch hier bekommt man Probleme mit der Unendlichkeit [38].

Allerdings könnte man die Simulationshypothese vereinfachen: wenn man annimmt, dass das ganze Universum nicht im Detail, also vom Urknall an und Teilchen für Teilchen, sondern vereinfacht simuliert wird. Die vereinfachte Simulation könnte so aufgebaut sein wie ein gutes Computerspiel: Dabei wird nur die Spieleumgebung selbst simuliert, die jedoch begrenzt ist. Spieler*innen merken das gar nicht, weil sie nie aus dem Level hinausgelangen können – am Rand befinden sich meist gut getarnte Hindernisse, oder sie kommen einfach auf der anderen Seite wieder raus, wenn sie auf der einen Seite über den Rand navigieren. Der Himmel in einem solchen Computerspiel ist ebenfalls nicht unendlich, sondern nur eine Kuppel mit einem dort angebrachten Bild vom Himmel, einer Textur.

Mit gut gemachten digitalen Kulissen könnte man die Menschen, die in der Simulation leben, also täuschen. Auch könnte man einfach postulieren, dass Simulationen in Simulationen ausgeschlossen werden, indem diese einfach von den Schöpfer*innen abgebrochen werden, bevor die simulierte Menschheit eine so weit fortgeschrittene Technologie entwickelt, wie sie zur

Simulation erforderlich wäre. Anders als im Film Matrix sind in der Simulationshypothese allerdings auch die Menschen Computersimulationen.

Lieber Charles, ich will hier nicht zu weit in die Metaphysik eintauchen, aber hier müsste man fragen, ob man einen beseelten Menschen mit Bewusstsein überhaupt simulieren kann. Ein erschreckender Gedanke wäre auch, wenn es nur einen einzigen Menschen, also Sie, der Sie diese Zeilen lesen, in der Simulation gäbe, alle anderen wären gut gemachte Bots.

Vermutlich sind diese Fragen und die Simulationshypothese einfach heutige Ausformungen der philosophischen Grundfragen: Die Fragen danach, woher die Menschheit kommt, warum wir hier sind, wie selbst- oder fremdbestimmt wir leben, was wir wahrnehmen und was wahr ist, und viele mehr. Diese Fragen haben die Menschen schon immer umgetrieben. Die digitalen Erfindungen haben Räume aufgetan, neue Möglichkeiten dafür geschaffen, um neue Ideen und Theorien zu etablieren.

Ernstzunehmende Wissenschaftler*innen aus der Physik und der Philosophie vertreten die Simulationshypothese, bei der behauptet wird, das gesamte Universum sei eine Simulation. Es wird argumentiert, bei unendlich vielen Welten im Universum gäbe es unendlich viele Zivilisationen, unter denen sicher einige nicht aussterben. Diese werden, aufgrund ihrer immer weiter fortschreitenden technologischen Fähigkeiten, Simulationen des gesamten Universums erschaffen, einfach, weil sie es können. Da diese Simulationen ihrerseits unendlich lange laufen, werden darin wieder Simulationen erschaffen und so weiter.

Tja, jetzt raucht mir der Kopf zwar immer noch ein bisschen, aber mehr wegen der Matrix-Theorien. Sven und Matteo höre ich noch immer aus ihrem Meeting-Raum reden, also kümmere ich mich einstweilen um ein Frühstück. Schließlich haben wir alle nichts gegessen und nach diesem wahnsinnigen morgendlichen Showdown einen Höllenkohldampf, wie es Sven formuliert, als er kurz darauf wieder in die Küche kommt. Die Chefs sind informiert, soweit ist alles okay, sagt er mir kurz, später will er mir ausführlicher erzählen, was nun Sache ist. Auch Matteo, Yago und Karla tröpfeln ein – alle hungrig.

Der Tisch biegt sich unter all dem, was die Vorratskammer am ELT hergibt. Wir haben Marmelade und Toast, scharfe Dips und Tortillas, Cracker und

Bohneneintopf aus der Dose. Das alles schmeckt uns allen köstlicher als jedes erlesene Menü. Karla hat wieder Farbe bekommen und greift beim Essen zu, Sven sitzt so nah neben mir, dass sich unsere Beine berühren, und er schneidet unermüdlich für alle Scheibe um Scheibe von einem luftgetrockneten Schinken ab. Yago tunkt Cracker in die Salsa, Matteo schenkt Orangensaft aus. Wir sind übermütig, kichern, reißen Flachwitze und bringen abwechselnd immer wieder den Hühnern und Federico etwas Gutes. „Dabei hatten die Hühner ihre Belohnung eigentlich schon. Für die sind Skorpione wohl das Gourmet-Essen schlechthin", sagt Yago.

Karla fragt, ob noch Cracker da sind. „Im Vorratsraum links auf dem Regal", antwortet Matteo. Als sie wieder zurückkehrt, hat sie das große flache Paket dabei, das uns Don Paolo noch mitgegeben hat. „Was hast du denn da?", Sven ist neugierig, aber auch Yago hat keine Ahnung, was da drin sein könnte. Er öffnet den Karton an einer Seite, fördert einen großformatigen Kalender zutage und dreht ihn um: Der Titel zeigt einen Mann mit nacktem Oberkörper, der zärtlich ein Perlhuhn im Arm hält. Quer über das Bild läuft der Schriftzug „Chickendales".

Nach einer kurzen verblüfften Pause fragt Matteo „what the chick...?", und wir alle lachen los. Yago legt den Kalender ab, weil er sich abstützen muss, Karla laufen die Lachtränen über die Wangen, und Sven legt den Kopf in den Nacken und lacht aus tiefstem Herzen. Nach so viel Terror und Aufruhr „tut das saugut", bringt es Yago auf den Punkt, der sich ebenfalls die Augen wischt.

Wir blättern die einzelnen Monatsbilder durch und – Karla und ich kreischen gleichzeitig los – sehen Chuck mit Evita, die im August dabei sind: Chuck hat sich in Schale geworfen, im gebügelten Hawaiihemd steht er an einem unwirklich schönen Strand mit leuchtend türkisem Wasser, Ko Phi Phi vielleicht, und tauscht einen verständnisinnigen Blick mit Evita, die majestätisch auf einem Liegestuhl thront, neben sich einen Cocktail auf einem Beistelltisch. „Chicken mit Cock-tail", japst Sven, und wir alle giggeln wieder los. „Den rufen wir jetzt an", beschließe ich, und starte einen Video-Call. Es dauert nur kurz, und Chuck ist dran. Alle bedanken sich nochmal für seine Hilfe aus der Ferne, Karla ist überschwänglich, aber Chuck winkt bescheiden ab. Richtig lebhaft wird er aber, als wir ihm den Hergang des großen Showdowns erzählen, er nickt heftig. „Die Welt sollte erfahren, dass nicht nur Bernhardiner und Delfine Leben retten können", sagt er aus vollem Herzen. „Federico for president!", kreischt Matteo übermütig über unsere Köpfe in die Kamera.

„Das war der unglaublichste, gefährlichste, wahnsinnigste Tag meines Lebens", sagt Sven später. Dazu kann ich nur nicken. Wir vertreten uns ein bisschen die Füße, wollen ein bisschen zu zweit sein nach diesem ganzen Tohuwabohu. Eine ganze Weile sagen wir gar nichts, gehen nebeneinander, halten uns mal bei den Händen, mal gehen wir hintereinander auf oft schmalen Wegen.

Wir kommen an einer Gruppe Felsen an, die an einer Stelle wie eine Bank aus Stein geformt ist. Dort setzen wir uns, solange es der kühle Wind zulässt, schauen auf die sanft gewellte Fläche mit Sand und Schotter, auf der kleine Büschel von dem sehr genügsamem Gras wachsen. Weiter hinten am Horizont erhebt sich ein Hügel, das ELT mit seiner charakteristischen Form liegt hinter uns. Wir lehnen aneinander, die Finger verschränkt.

„Oh Mann", sage ich. Sven nickt. Und dann sind wir beide wieder still. Meine Gedanken wandern von den Hühnern, die Jims Todesboten weggepickt und hungrig vertilgt haben, allgemein zu Jim und seiner kranken Ideenwelt. Dass aus gefährlichen Visionen irgendwann auch gefährliche Taten werden können: Warum auch immer Jim und die ganzen anderen Idioten von der ROFl-Squad auf ihr bescheuertes Erniedrigungs-Spiel gekommen sind – sie haben massives Leid erzeugt, mindestens einen Suizid auf dem Gewissen, und Jim hätte nun auch noch in Kauf genommen, eine Gruppe Leute zu töten oder ernsthaft zu verletzen.

Was jemand im Kopf hat, kann reale Gestalt annehmen. Bei Erfindern wie Charles Babbage oder auch Josef Kölbl imponiert mir das. Bisher ist es noch nicht gelungen, Ideen direkt aus dem Gehirn als Software zu exportieren – aber auch da gibt es Leute, die das vorantreiben wollen. „Hast du schon mal von dem Typen gehört, mir fällt sein Name gerade nicht ein, irgendein großes Tier bei Google, der sein Gehirn in die Cloud hochladen wollte, damit sein Geist unsterblich wird?", frage ich Sven. „Äh – keine Ahnung, Wie kommst du denn jetzt auf sowas?", fragt er zurück.

Ich erkläre ihm meinen Gedankenweg, und wir philosophieren ein wenig über Ideen und den Fortschritt: Jeder Mensch findet einen bestimmten Wissensstand vor. Von diesem Punkt aus kann er weiter forschen, weiter streben. „Im Bösen, siehe Jim, aber auch im Guten", sagt Sven. Dabei überholen sich manche Ideen gegenseitig, werden immer schneller, auch die KI lernt ständig dazu – „das endet dann in der Singularität", sage ich.

„Die Singularität, das ist doch eigentlich ein schwarzes Loch, also die absolute Zusammenballung von Materie auf einem winzigen Raum – das könntest du doch mal in deinem Blog ordentlich erklären", sagt Sven und zeichnet mit seinen Fingern die Linien in der Innenseite meiner Hand nach. Das kribbelt angenehm, und ich berühre sacht sein Handgelenk, seinen Puls, seine Unterarme, sehe, wie sich die Härchen aufrichten und lächle. „Ja, das stimmt, in der Astronomie", antworte ich leise, „und den Begriff gibt es auch in Bezug auf die künstliche Intelligenz. Da ist das die Bezeichnung für den Tag, an dem die KI den Menschen überflügelt. Oder – ah, da mache ich meinen nächsten Blogeintrag drüber – der Tag, an dem die Geschwindigkeit der Computerentwicklung unendlich wird." „Also ziemlich unendlich, das alles", sagt Sven, zieht mich noch dichter an sich und gibt mir einen langen, langen, nicht unendlichen, aber seeehr langen Kuss.

9.4 Das Ende von allem
– Die Gesetze des Fortschritts und die Singularität

Posted by Ada L.   25. Mai

Lieber Charles,

der technische Fortschritt ist erstaunlich, wie Sie selbst erlebt haben. Heutzutage kommt es vielen so vor, als könnten sie mit der rasanten Entwicklung nicht mehr Schritt halten. Die einen, oft jüngeren Menschen, haben damit weniger Probleme, jedoch weiß ich aus Beobachtung, dass viele die Grundlagen der Technologie nicht mehr verstehen – einer der Gründe dafür, dass ich überhaupt diesen Blog schreibe. Viele fragen gar nicht mehr nach der Funktionsweise ihrer Wunder-Spielzeuge und können sich auch nicht vorstellen, wer sie entwickelt hat: Leute mit Superkräften? Der Science-Fiction Autor Arthur C. Clarke stellte drei Gesetze auf, von denen das dritte lautet: „Jede hinreichend fortschrittliche Technologie ist von Magie nicht zu unterscheiden." [13]
Andere, vor allem die etwas Älteren, sind mit den Grundlagen der neuen Technik vertraut: Viele haben ja ihre Entstehung selbst mehr oder minder interessiert miterlebt. Allerdings haben sie oft nicht den Elan, sich sofort auf alles Neue zu stürzen. Auch das ist eine Motivation für mich, diesen Blog zu schreiben. Manchmal kommt es mir so vor, als ob Dinge als neu und revolutionär bezeichnet werden, die es schon mal gab, die aber in Vergessenheit

geraten sind und dann wieder ausgegraben wurden. So war es, wie erwähnt, mit der Virtuellen Realität (VR), die in den 1990ern schon einen kleinen Hype erlebte (vgl. Blog 6.4). Oder auch, wie ebenfalls erwähnt, mit der künstlichen Intelligenz, die dann in einen „Winterschlaf" fiel, wie man es nannte (vgl. Blog 2.4.1). Jahrzehnte später lebten beide jeweils als *die* brandheiße Technologie wieder auf. Abgesehen davon erleben die meisten den Anstieg des technischen Fortschritts als eine exponentielle Kurve.

Der Science-Fiction Autor Douglas Adams – er hat „Per Anhalter durch die Galaxis" geschrieben – hat ebenfalls drei Gesetze aufgestellt, die dieses Gefühl der Menschen wiedergibt: 1. Alles, was es schon gibt, wenn du auf die Welt kommst, ist normal und üblich und gehört zum selbstverständlichen Funktionieren der Welt dazu. 2. Alles, was zwischen deinem 15. und 35. Lebensjahr erfunden wird, ist neu, aufregend und revolutionär und kann dir vielleicht zu einer beruflichen Laufbahn verhelfen. 3. Alles, was nach deinem 35. Lebensjahr erfunden wird, richtet sich gegen die natürliche Ordnung der Dinge [4]. Ich selbst, mit 27, kann das zweite Gesetz gut nachvollziehen, da es zu meinem beruflichen Leben gehört, gut in der Welt der Technik zurechtzukommen. Hoffentlich behält Douglas Adams nicht Recht, sonst wird es für mich in ein paar Jahren ganz schön hart.

Gordon Moore, einer der Gründerväter der Firma Intel, hat ein Gesetz formuliert, nachdem sich die Komplexität der Computerchips alle paar Jahre verdoppelt, bekannt als „Mooresches Gesetz". Falls die exponentielle Zunahme der Geschwindigkeit beim technischen Fortschritt sich weiter fortsetzt, so gibt es einen Tag X, an dem diese Zunahme divergiert, an dem diese also mit unendlicher Geschwindigkeit vor sich gehen würde. Diesen Tag X nennt man die Singularität. Die Bezeichnung wurde vermutlich aus der Astronomie entlehnt, wo ein schwarzes Loch ohne Ausdehnung eine Singularität beschreibt.

Mit Bezug auf die rasante Entwicklung der Computertechnik hat Raymond Kurzweil den Begriff geprägt. Er schätzt, dass dieser Zustand etwa im Jahr 2045 eintritt [34]. Dann soll durch die immensen Fortschritte bei der Künstlichen Intelligenz eine quasi gottgleiche Superintelligenz entstehen, die die Menschheit überflüssig oder unsterblich macht. Kurzweil ist nicht irgendein Spinner, sondern der Director of Engineering bei Google. Allerdings ist die Singularität im Silicon Valley zu einer Art Religion geworden. Kurzweil gründete dort die Singularity University, in der Führungskräfte auf die umwälzenden Veränderungen vorbereitet werden sollen.

Lieber Charles, selbsternannte falsche Propheten gab es zu jeder Zeit, und ich meine, dass Kurzweil eher in diese Kategorie gehört. Ob die Singularität kommt, ist für mich noch nicht so klar. Vielleicht wird sie dann eine Kombination aus KI und Quantencomputer hervorbringen, die dann bei der Bewältigung der globalen Probleme wie dem Klimawandel helfen kann, man wird sehen.

Jaron Lanier, der VR-Guru, hat sich ebenfalls als Prophet betätigt. Er kritisiert die Vorstellung von Kurzweil, in der die Hirne der Menschen eingescannt und in eine Art VR-Himmel hochgeladen werden. Allerdings hat er ähnliche fantastische Visionen, wie 3D-Drucker, die alles, was man sich wünscht, ausdrucken können [37].

Was die Zukunft bringt, ist ungewiss. Lieber Charles, Sie haben auch nicht ahnen können, was aus Ihrer Erfindung entstehen wird und wie wichtig und allgegenwärtig diese einmal sein wird. So hat es hundert Jahre gedauert, bis Ihre Vision, die Analytical Engine, in der Realität als moderner Computer gebaut wurde. In Ihrer Zeit hat auch Jules Verne von einer Reise zum Mond fabuliert, die hundert Jahre später Wirklichkeit wurde. Aber niemand hat das Internet und die sozialen Medien in ihrer umfassenden Präsenz kommen sehen – wir leben in interessanten Zeiten.

i Der technische Fortschritt beschleunigt sich exponentiell. Die Singularität ist der Zeitpunkt, an dem diese Entwicklung divergiert, also nahezu unendlich schnell voranschreitet. Dies soll eine gottgleiche Superintelligenz hervorbringen, meint Ray Kurzweil, der Cheftechnologe bei Google.

10 Epilog

So ganz haben wir alle den Schrecken noch nicht verdaut, aber jeder weitere Tag, den wir hier zusammen verbringen, lässt den Schock etwas verblassen. Dank der formidablen Internetverbindung kann ich problemlos von hier aus arbeiten. Mit Sven geht es mir prächtig – ich bin bis über beide Ohren verliebt. Und bisher habe ich es noch nie erlebt, dass mir ein Typ, mit dem ich auf so engem Raum zusammen bin, nicht auf den Wecker geht. Ein Phänomen – und ich genieße es in vollen Zügen.

Karla hat sich – Überraschung – dazu entschieden, „erst mal ein bisschen hierzubleiben", sagt sie. Zufälligerweise hat Yago „schon lange beschlossen, dass er mal sein zweites Zimmer bei Airbnb reinstellen sollte, das mache ich jetzt mal", und das hat dann, zweite Riesenüberraschung, Karla gleich gemietet. Ich gönne es ihr von Herzen. Bisher hat er sich – nicht nur im Angesicht der herankrabbelnden Skorpion-Welle – als richtig guter Typ erwiesen, der Hirn und Humor hat.

„Einer, der ein Händchen für Hühner hat, kann kein ganz schlechter Kerl sein", lautet Chucks Ansicht dazu. Ich verdrehe die Augen und nicke, als er mir das sagt. Wir sind jetzt oft per Video verbunden. Gerade bin ich dabei, in der Küche ein paar Snacks herzurichten, Matteo und Sven kümmern sich um ein Lagerfeuer. Karla und Yago sind auch gekommen, und Chuck sitzt dann halt als Laptop mit in der Runde.

Immer wieder kommt unser Gespräch auf Jim und unweigerlich auch auf Federico, der so wehrhaft gegen ihn gekämpft hat. Yago sagt versonnen, er könnte sich vorstellen, dass er in einem Parallel-Universum nicht so schnell eingegriffen, sondern noch eine Weile zugeschaut hätte, was Federico weiter anrichtet. Die Idee von Parallel-Universen hat mich auch schon immer fasziniert, und Chuck steigt auch gleich in diese Diskussion mit ein. Ungerührt stellt er sich vor, dass einer von uns oder wir alle von den Gift-Skorpionen hätten gestochen werden können, in einem Universum, in dem die Hühner gerade so pappsatt waren, dass ihnen kein krabbelnder Leckerbissen Appetit gemacht hätte.

Das will ich mir nicht weiter ausmalen. Stattdessen frage ich Karla, wie es mit Jim jetzt weitergeht, ob sie schon etwas gehört hat. Ihre Kontakte in den USA haben ihr geschrieben: Jim sei nach San Francisco gebracht worden und sitze dort in U-Haft, sagt sie. „Die ganze Geschichte wird in den Medien sicher einschlagen – denn die Anwälte der anderen Squillion-Opfer sind gerade dabei, die gesammelten Vorwürfe zu veröffentlichen, nächsten Montag gibt es eine riesige Pressekonferenz, zu der ich auch anreisen soll", sie strahlt. „Was? Das erzählst du so nebenbei?", rufe ich, während ich sie umarme. Sven holt eine gekühlte Flasche Sekt, wir stoßen mit Wassergläsern am Lagerfeuer an. Auch Chuck prostet uns mit seinem bunten Glas zu. Er will gerade einen Schluck nehmen, da kommt in Großaufnahme ein ruckender Kopf zum Vorschein: Evita schnappt mit einem Pick die Deko-Ananas vom Glasrand und schaut mit einem rätselhaften gelben Hühnerauge direkt in die Laptopkamera. „Prost, Evita", rufe ich, die anderen stimmen ein: „Prost, Evita! Prost, Federico! Chicken rules!"

11 Nachwort

Liebe Leserinnen und Leser,

Ihr habt Anna begleitet auf ihrer Reise durch Länder und Städte – vielen Dank! Wir hoffen, Euch hat das Lesen Spaß gemacht, und Ihr habt Interessantes erfahren. Vieles gibt es wie beschrieben in Wirklichkeit, manches haben wir dazu erfunden. Es gibt keine Firma mit dem Namen Moonshot, die neben der Tesla-Fabrik in Brandenburg Flugtaxis baut. Die böse Firma Squillion existiert ebenfalls nicht. Die Handlung könnte sich nach unserer Meinung aber in der Realität so abspielen.

Das Buch spielt in einer unbestimmten Zeit in einer nahen Zukunft. Allerdings soll die Handlung keine Science-Fiction sein, sondern realitätsnah. So könnte es die erfundenen Personen, Dinge und Orte tatsächlich geben.

Einen leider wahren Ursprung hat die Mobbing-Geschichte, die „Ligue de LOL" gab es wirklich in Frankreich. Während der Entstehung des Buches wurden wir von der Realität eingeholt: So gab es weitere Enthüllungen, die den Geschehnissen, die wir im Buch beschreiben, sehr nahekommen, sie sogar noch übertreffen.

Im technischen Part des Buchs, Annas Blog, erklären wir die technischen Finessen der Digitalisierung möglichst simpel. Ziel ist es, die Prinzipien zu beschreiben, ohne verfälschende Vereinfachungen. So gibt es einige anspruchsvolle Passagen. Anderes haben wir nicht ganz so präzise beschrieben, wie wir es in einem reinen Fachbuch gemacht hätten. Wir hoffen, der Spagat ist uns gelungen. Quellenangaben haben wir dort gemacht, wo es uns sinnvoll erschien.

Was uns noch wichtig ist: Unsere Mütter haben zum Glück keine Ähnlichkeit mit denen von Ada und Anna.

Über konstruktive Anmerkungen freuen wir uns: Schreibt uns gerne in unserem Blog, schaut einfach mal rein bei „postlagernd.org"!

Auf bald!

Magdalena Kayser-Meiller und Dieter Meiller

Quellen

[1] A Cypherpunk's Manifesto — https://www.activism.net/cypherpunk/manifesto. html — (Aufruf: 13.01.2022)

[2] Ada Lovelace | Wikipedia — https://de.wikipedia.org/wiki/Ada_Lovelace — (Aufruf: 15.01.2022)

[3] Ada Lovelace, her Objection, Turing Tests and Universal Computing | Mark Ryan | The Startup | Medium — https://medium.com/swlh/ada-lovelace-her-objection-e189717bd262 — (Aufruf: 15.01.2022)

[4] Douglas Adams — Lachs im Zweifel: zum letzten Mal per Anhalter durch die Galaxis — Bd. 3 — Heyne Verlag, 2018

[5] al-Chwarizmi | Wikipedia — https://de.wikipedia.org/wiki/Al-Chwarizmi — (Aufruf: 13.01.2022)

[6] Apple und Xerox PARC | Mac History — https://www.mac-history.de/apple-geschichte-2/2012-01-29/apple-und-xerox-parc — (Aufruf: 15.01.2022)

[7] ART+COM Studios | Terravision — https://artcom.de/?project=terravision — (Aufruf: 15.01.2022)

[8] ASCII-ART! ASCII Fonts/Grafiken & Beispiele | ctaas.de — https://ctaas.de/ascii-art.htm — (Aufruf: 15.01.2022)

[9] Auftrag des Organisationsbereichs CIR — https://www.bundeswehr.de/de/organisation/cyber-und-informationsraum/auftrag — (Aufruf: 15.01.2022)

[10] Auktions-Rekord für digitale Kunst: 69 Millionen Dollar für Beeple-NFT bei Christie's — https://www.monopol-magazin.de/69-millionen-dollar-fuer-beeple-nft-bei-christies — (Aufruf: 15.01.2022)

[11] Nick Bostrom — Are we living in a computer simulation? — in: *The philosophical quarterly* 53.211 (2003), S. 243–255

[12] Cambridge Bitcoin Electricity Consumption Index (CBECI) — https://ccaf.io/cbeci/index — (Aufruf: 15.01.2022)

[13] Arthur C. Clarke — Profiles of the Future — Hachette UK, 2013

[14] Dark Data | Wikipedia — https://de.wikipedia.org/wiki/Dark_Data — (Aufruf: 15.01.2022)

[15] Das steht in den Facebook Files — https://www.sueddeutsche.de/kultur/facebook-files-mark-zuckerberg-1.5448206 — (Aufruf: 29.10.2021)

[16] Demografische Merkmale und Interessen - Google Analytics-Hilfe — https://support.google.com/analytics/answer/2799357?hl=de#zippy=%2Cthemen-in-diesem-artikel — (Aufruf: 15.01.2022)

[17] Der neueste Facebook-Trick: Mit Müll-Content Reichweite generieren | OMR - Online Marketing Rockstars — https://omr.com/de/facebook-meme-videos-hack/ — (Aufruf: 15.01.2022)

[18] Did Bill Gates steal Steve Jobs's idea of GUI | Milyin — https://milyin.com/did-bill-gates-steal-steve-jobss-idea-of-gui/#3 — (Aufruf: 15.01.2022)

[19] Duck test | Wikipedia — https://en.wikipedia.org/wiki/Duck_test — (Aufruf: 15.01.2022)

[20] Dunkles Zeitalter der Digitalisierung | Wikipedia — https://de.wikipedia.org/wiki/Dunkles_Zeitalter_der_Digitalisierung — (Aufruf: 15.01.2022)

[21] George Dyson — Turings Kathedrale: Die Ursprünge des digitalen Zeitalters — Ullstein, 2014

[22] EU-Impfnachweis: Falsche Impfzertifikate zirkulieren im Internet | netzpolitik.org — https://netzpolitik.org/2021/eu-impfnachweis-falsche-impfzertifikate-zirkulieren-im-internet/ — (Aufruf: 15.01.2022)

[23] Facebook-Whistleblowerin: Das Geschäft mit der sozialen Abhängigkeit | Zeit online — https://www.zeit.de/politik/ausland/2021-10/facebook-whistleblowerin-frances-haugen-us-kongress-regulierung-demokratie-gesellschaft — (Aufruf: 15.01.2022)

[24] Fehleinschätzungen der Menschheit | DiePresse.com — https://www.diepresse.com/543154/fehleinschaetzungen-der-menschheit — (Aufruf: 15.01.2022)

[25] Handystrahlung – Ist das neue Mobilfunknetz 5G gefährlich? | quarks.de — https://www.quarks.de/gesundheit/handystrahlung-wie-gefaehrlich-ist-das-neue-mobilfunknetz-5g/ — (Aufruf: 15.01.2022)

[26] Hat Chatbot LaMDA ein Bewusstein entwickelt? Google beurlaubt Angestellten | Heise online — https://www.heise.de/news/Hat-Chatbot-LaMDA-ein-Bewusstein-entwickelt-Google-beurlaubt-Angestellten-7138314.html — (Aufruf: 22.06.2022)

[27] Simon Hegelich — Invasion der MeinungsRoboter — https://www.kas.de/c/document_library/get_file?uuid=aa0b183f-e298-f66e-aef1-b41d6246370b&groupId=252038 — (Aufruf: 15.01.2022)

[28] Influencer: Ein wachsender Werbemarkt | iwd — https://www.iwd.de/artikel/influencer-ein-wachsender-werbemarkt-532151/ — (Aufruf: 15.04.2022)

[29] Infografik: London wird stärker überwacht als Peking | Statista — https://de.statista.com/infografik/22350/ueberwachunsgkameras-in-ausgewaehlten-grossstaedten/ — (Aufruf: 15.01.2022)

[30] Internet ausgedruckt: Künstler bringt deutsche Wikipedia in Buchform — https://netzpolitik.org/2016/internet-ausgedruckt-kuenstler-bringt-deutsche-wikipedia-in-buchform/ — (Aufruf: 13.01.2022)

[31] IT-Sicherheitsforscher über Müll-E-Mails: "Spam lohnt sich immer" | taz.de — https://taz.de/IT-Sicherheitsforscher-ueber-Muell-E-Mails/!5124235/ — (Aufruf: 15.01.2022)

[32] Jeep Cherokee: Hacker manipulieren Bremse per Funk | WELT — https://www.welt.de/wirtschaft/webwelt/article144329858/Hacker-schalten-bei-Jeep-per-Funk-die-Bremsen-ab.html — (Aufruf: 15.01.2022)

[33] Jugendliche - Nutzung von Printmedien 2021 | Statista — https://de.statista.com/statistik/daten/studie/168014/umfrage/nutzungsentwicklung-von-printmedien-bei-jugendlichen-seit-2004/ — (Aufruf: 15.01.2022)

[34] Ray Kurzweil — Menschheit 2.0–Die Singularität naht. 2. durchges. Aufl — Lola books, Berlin. Engl.(2005) The singularity is near: when humans ..., 2014

[35] Künstliche Intelligenz in China | Die Supermacht der Algorithmen — https://www.deutschlandfunkkultur.de/kuenstliche-intelligenz-in-china-die-supermacht-der-100.html — (Aufruf: 15.01.2022)

[36] Hans Werner Lang — Kryptografie für Dummies — 1. Auflage — ... für Dummies — Weinheim: Wiley, 2018

[37] Jaron Lanier — Wem gehört die Zukunft?: Du bist nicht der Kunde der Internetkonzerne. Du bist ihr Produkt. — Hoffmann und Campe, 2014

[38] Seth Lloyd — Programming the universe: a quantum computer scientist takes on the cosmos — Vintage, 2006

[39] John R. Lucas — Minds, Machines and Gödel1 — in: *Philosophy* 36.137 (1961), S. 112–127

[40] Thomas Metzinger — Der Ego-Tunnel: Eine neue Philosophie des Selbst: Von der Hirnforschung zur Bewusstseinsethik — Piper Verlag, 2014

[41] Michelson-Morley-Experiment | Albert Abraham Michelson | Internet Archive — https://archive.org/details/Michelson-Morley-Experiment/mode/1up — (Aufruf: 15.01.2022)

[42] Satoshi Nakamoto — Bitcoin: A Peer-to-Peer Electronic Cash System — https://bitcoin.org/bitcoin.pdf — (Aufruf: 13.01.2022)

[43] Non-fungible tokens (NFT) | ethereum.org — https://ethereum.org/en/nft/ — (Aufruf: 15.01.2022)

[44] Nutzungsbedingungen QC — https://www.fraunhofer.de/de/institute/kooperationen/fraunhofer-kompetenznetzwerk-quantencomputing/nutzungsbedingungen-qc.html — (Aufruf: 15.01.2022)

[45] Kristóf Nyíri — Wittgenstein's philosophy of pictures — http://wittgensteinrepository.org/agora-ontos/article/viewFile/2235/2197 — (Aufruf: 15.01.2022)

[46] Charles Petzold — The annotated Turing: a guided tour through Alan Turing's historic paper on computability and the Turing machine — Wiley Publishing, 2008

[47] Platform Independent Virtual Reality — https://www.w3.org/People/Raggett/vrml/vrml.html — (Aufruf: 15.01.2022)

[48] Putin zu Hacker-Angriffen: Vielleicht waren es Freigeister | heise online — https://www.heise.de/newsticker/meldung/Putin-zu-Hacker-Angriffen-Vielleicht-waren-es-Freigeister-3733587.html — (Aufruf: 15.01.2022)

[49] Christina Reißel — Quantenmethoden bringen frischen Wind ins maschinelle Lernen — Perspektivisch — in: *iX* 13 (2021), S. 82–85

[50] rfc6265 — https://datatracker.ietf.org/doc/html/rfc6265 — (Aufruf: 15.01.2022)

[51] SAR-Werte von Handys | BfS — https://www.bfs.de/DE/themen/emf/mobilfunk/vorsorge/sar-handy/sar-handy_node.html — (Aufruf: 15.01.2022)

[52] John R. Searle — Is the brain's mind a computer program? — in: *Scientific American* 262.1 (1990), S. 25–31

[53] Claude E Shannon — A symbolic analysis of relay and switching circuits — in: *Electrical Engineering* 57.12 (1938), S. 713–723

[54] S. Singh — Geheime Botschaften: die Kunst der Verschlüsselung von der Antike bis in die Zeiten des Internet — Dtv-Taschenbücher — Hanser, 2000 — ISBN: 9783446198739

[55]   Social Bots, Fake News und Filterblasen | media.ccc.de — https://media.
       ccc.de/v/34c3-9268-social_bots_fake_news_und_filterblasen#t=1709 —
       (Aufruf: 15.01.2022)

[56]   Technische Dokumentation und EU-Konformitätserklärung - Your Europe — https:
       //europa.eu/youreurope/business/product-requirements/compliance/technical-
       documentation-conformity/index_de.htm — (Aufruf: 15.01.2022)

[57]   The Sword of Damocles (virtual reality) | Wikipedia — https://en.wikipedia.org/
       wiki/The_Sword_of_Damocles_(virtual_reality) — (Aufruf: 15.01.2022)

[58]   The Wolfram Physics Project: Finding the Fundamental Theory of Physics — https:
       //www.wolframphysics.org — (Aufruf: 15.01.2022)

[59]   The World Wide Web project — http://info.cern.ch/hypertext/WWW/TheProject.
       html — (Aufruf: 15.01.2022)

[60]   The world's most valuable resource is no longer oil, but data | The Economist —
       https://www.economist.com/leaders/2017/05/06/the-worlds-most-valuable-
       resource-is-no-longer-oil-but-data — (Aufruf: 13.01.2022)

[61]   Ukraine: Cyberkrieg - Weltspiegel - ARD | Das Erste — https://www.daserste.de/
       information/politik-weltgeschehen/weltspiegel/ukraine-cyberangriffe100.html —
       (Aufruf: 15.01.2022)

[62]   Umsatz der Drogeriemarktkette Müller bis 2020 | Statista — https://de.statista.
       com/statistik/daten/studie/264131/umfrage/umsatz-der-drogeriemarktkette-
       mueller/ — (Aufruf: 15.01.2022)

[63]   Video: FLEDGE – What is the Privacy Sandbox? — https://youtu.be/HkvmYKqnytw —
       (Aufruf: 03.04.2022)

[64]   Wege und Irrwege des Konrad Zuse - Spektrum der Wissenschaft — https:
       //www.spektrum.de/magazin/wege-und-irrwege-des-konrad-zuse/823599 —
       (Aufruf: 15.01.2022)

[65]   Joseph Weizenbaum — Die Macht der Computer und die Ohnmacht der Vernunft,
       volume 274 of Taschenbuch Wissenschaft

[66]   Welche Frequenzen nutzen die 5G-Netze? | Frage | BMUV — https://www.bmuv.de/
       faq/welche-frequenzen-nutzen-die-5g-netze — (Aufruf: 15.01.2022)

[67]   Wer ist Satoshi Nakamoto? | BTC-Academy — https://www.btc-echo.de/academy/
       bibliothek/wer-ist-satoshi-nakamoto/ — (Aufruf: 13.01.2022)

[68]   Why Does This Neural Net See Sheep Everywhere? — https://nautil.us/blog/this-
       neural-net-hallucinates-sheep — (Aufruf: 15.01.2022)

[69]   Wie ihr euren ersten Facebook Chatbot erstellt | DieProduktMacher GmbH — https:
       //www.dieproduktmacher.com/blog/facebook-messenger-chatbot-tutorial —
       (Aufruf: 15.01.2022)

[70]   YouTube for Press — https://blog.youtube/press/ — (Aufruf: 13.01.2022)

[71]   Zahlen, bitte! Die achte Bernoulli-Zahl, ein Programmierfehler und der Weg zur
       KI | heise online — https://www.heise.de/newsticker/meldung/Zahlen-bitte-Die-
       achte-Bernoulli-Zahl-ein-Programmierfehler-und-der-Weg-zur-KI-4233334.html —
       (Aufruf: 15.01.2022)

Abbildungsverzeichnis

Stichwortverzeichnis